実用モード解析入門

博士（工学） 長松 昌男
工学博士 長松 昭男 共著

コロナ社

ま え が き

著者の一人が本「モード解析入門」を執筆した 1900 年初頭には，欧米発のモード解析理論を我が国の自動車会社がいち早く導入し巧みに活用して，振動・音響性能が世界一優れた車を製造していた．それから四半世紀後の現在，モード解析は各種機械の製造業界全体に広がり，ものづくりに携わるすべての技術者に必須の基盤実用技術として，広く定着している．著者らは，この間の変遷を考慮して機械の製品開発におけるモード解析技術の立ち位置を見直した結果，本「モード解析入門」の続編として，実用性をさらに重視した本書を発行するに至った．

本書は，下記の点に留意して執筆されている．

① 分かりやすい．

振動や数学を知らない初心者が気軽に読んでいくだけで，内容を容易に理解・習得できる．

② すぐに役立つ．

現場での実用を常に意識しながら学術の基本を論じる．また，振動試験の技術・技能や実験中に生じる様々な誤差の原因と対処方法など，他の専門書からは得られない実験知識・ノウハウ・留意点を詳細に説明する．

③ なぜ？から始める．

現象の物理学的理解の基本に戻り，How to? からではなく Why? から始める．これによってモード解析を，記憶の学問から納得の学問に変える．

④ 数学に頼らない．

"初めに数式あり"では，正常な初心者はアレルギーを発症し力学や振動が嫌いになる．そこで，物理現象の理解を数式展開に常に優先させる．またすべての数学表現には，それを導く理論的根拠を示し，頭ごなしに数式を突き付けることを避ける．高度な数学を極力廃し，最小限必要な数学は，高校卒業者が容易に理解できる程度に，初歩から徹底的に分かりやすく記述する（補章 A）．やむを得ず用いる複雑な数式記述は，本章から分離して詳細に説明する（補章 B）．

⑤ 多様なニーズに対応できる．

本書は，基本的には "0 から学ぶ入門書" であるが，初心者・専門外技術者から先進者まで，また学生・設計担当者・CAE 技術者・実験担当者・現場技能者・先端研究者等，多種多様な方々のニーズに対応できるように執筆されている．

力学の素養を得たい方・振動学を基礎から学びたい初心者・専門外技術者は第 2 章を読まれたい．モード解析の基本を知りたい方は第 3 章を読まれたい．振動・音響関連の実験技術者・技能者は第 4 章と第 5 章を読まれたい．工学に必要な基礎数学を初歩から習得したい方は補章 A を読まれたい．モード解析の理論を精確に理解したい方は補章 B を読まれたい．自励振動の初歩を知りたい方は補章 C を読まれたい．力学・振動学の研究者・先端技術者は，補章 D と E を読まれたい．

以下に，本書の概要を述べる．

第 2 章 "1 自由度系" では，なぜ振動するか・自由振動がなぜ固有振動数で生じるか・共振とは・共振点で位相が変る理由・周波数応答関数とは・などの物理現象を平易に説明する．また，力・運動ではなくそれらの根幹を支えるエネルギーを基軸にした力学への入口を紹介し，それを用いれば振動を従来よりも明解に説明できることを示す．

第 3 章 "多自由度系" では，固有モードとは何か，固有モードの直交性の物理学的意味は，モード質量・モード剛性・モード減衰とは・モード座標の理論的根拠と実用上の利点など，モード解析の理解に必要な基礎知識を詳しく説明する．

第 4 章 "信号処理" では，フーリエ変換の理論と技術，振動実験で発生する誤差の原因と防止・対策方法，コヒーレンスの意味と使い方などを説明する．

第 5 章 "振動試験" では，実験モード解析のための振動試験に必要な様々な実用知識・現場技術・方法・留意点・注意事項・ノウハウを記述する．

補章 A "数学基礎" では，三角関数・複素指数関数・ベクトル・行列・固有値・直交性・相関・最小自乗法など，機械力学に最小限必要な数学基礎を，初歩から徹底的に分かりやすく説明する．本補章は，工学数学の素養を得たい方・昔勉強した数学を忘れた方・モード解析を数学的に理解したい方のための補章である．

補章 B "さらなる学習へ" では，数学的に高度・複雑な部分を本章から分離して説明する．振動学の理論を精確に学習したい方のための補章である．

補章 C "自励振動" では，自励振動の正体・発生原因・解析方法の初歩を解説する．

補章 D "力学の再構成" では，固体・熱・流体・電気・化学などの複合物理領域間を縦横・自在に変身・横断するエネルギー変換を統合する昨今の CAE ものづくりのニーズに応えるために，機械工学にしか通用しない力と運動からなる在来力学を再構成し，物理学の全領域を統合する唯一の物理量であるエネルギーを直接表に出した新しい力学理論を提唱する[8)-11)]．

補章 E "粘性の正体" では，機械力学において重要な役割を担うにもかかわらず従来不明であった粘性の正体を，物理学の立場から新しく解き明かす[9)]．まず，弾性と粘性が共に，力学ポテンシャル場が発現するエネルギー現象であることを説明する．次に，粘性の発生メカニズム・力学エネルギーの熱への変換・散逸のからくり・粘性が速度に比例する抵抗力を出す理由を，原子論の立場から説明する．また，同じ物質が温度により固体・液体・気体に変身する理由，および融解・凍結・蒸発の物性変化のからくりを，新しく明らかにする．

本書執筆にあたり，著者が長年師事し様々なご指導いただいた，鈴木浩平首都大学東京名誉教授と吉村卓也同大学教授に対し，心から感謝申し上げます．また本書は，モード解析を実用し，振動・音響関連のコンサルティング・技術指導・受託実験・実験モード解析用 FFT 装置と CAE の製作・販売を長年行ってきたキャテック株式会社の全面的な技術支援の下に著されている．数多くのご教示・ご助力をいただいた当社の天津成美氏・角田鎮男工学博士・西留千晶博士（工学）・岩原光男工学博士に対し，心から感謝申し上げます．

2017 年 9 月 　　著者代表 　　長松昌男

目　　　次

第1章　初　　め　　に

1.1　振　動　と　は 1

1.2　振動が大切な理由 2

    1.2.1　振動と私達　2　　　　　　1.2.3　今なぜ振動か　3

    1.2.2　金属疲労　2

1.3　振　動　の　種　類 4

    1.3.1　自由振動　4　　　　　　1.3.3　振動中のエネルギー流れ　6

    1.3.2　強制振動　5　　　　　　1.3.4　複雑な振動　8

1.4　加　振　の　種　類 8

    1.4.1　力　加　振　8　　　　　　1.4.2　速　度　加　振　9

1.5　動力学におけるモデル化 9

1.6　今なぜモード解析か 11

1.7　単　　　　　　位 14

1.8　力　学　と　数　学 14

    1.8.1　力学から観る振動　14　　　　1.8.2　数学から観る振動　15

第2章　1　自　由　度　系

2.1　なぜ振動するか 17

    2.1.1　力と運動からの考察　17　　　2.1.2　エネルギーからの考察　22

2.2　不減衰系の自由振動 29

    2.2.1　振動の数式表現　29　　　　2.2.3　振動の解と図示　33

    2.2.2　固有振動数　32　　　　　　2.2.4　力学エネルギー　35

2.3　粘性減衰系の自由運動 37

    2.3.1　運動の形態　37　　　　　　2.3.3　粘性減衰自由振動　39

    2.3.2　無周期運動　39　　　　　　2.3.4　減衰の働き　40

2.4　不減衰系の強制振動 42

    2.4.1　応　答　解　析　42　　　　　2.4.2　共振のからくり　44

2.5 粘性減衰系の強制振動 47

2.5.1 応 答 解 析　47	2.5.3 仕事とエネルギー　52
2.5.2 共振のからくり　49	2.5.4 系と基礎間の振動伝達　55

2.6 周波数応答関数 57

2.6.1 周波数応答関数とは　57	2.6.3 図　　　示　60
2.6.2 数 式 表 現　59	2.6.4 特別な現象を生じる振動数　67

第3章　多 自 由 度 系

3.1 不減衰系の自由振動 68

3.1.1 運 動 方 程 式　68	3.1.2 力とエネルギーの数式表現　70

3.2 固有振動数と固有モード 71

3.2.1 2 自 由 度 系　71	3.2.4 構 造 体 と 振 動　77
3.2.2 多 自 由 度 系　74	3.2.5 発 現 機 構　78
3.2.3 定 義 と 意 味　76	

3.3 固有モードの直交性 78

3.3.1 直 交 性 と は　78	3.3.3 力学から観た正体　79
3.3.2 定　　　義　79	3.3.4 振 動 現 象　81

3.4 モード質量とモード剛性 81

3.4.1 定　　　義　81	3.4.3 質量正規固有モード　84
3.4.2 等価1自由度系　82	

3.5 モ ー ド 座 標 84

3.5.1 座 標 変 換 式　85	3.5.3 運動方程式の座標変換　87
3.5.2 2自由度系の例　86	3.5.4 固有モードの省略　89

3.6 粘性減衰系の振動 90

3.6.1 自由振動の運動方程式　90	3.6.3 一 般 粘 性 減 衰 系　95
3.6.2 比 例 粘 性 減 衰　91	3.6.4 強 制 振 動　96

3.7 周波数応答関数 97

3.7.1 言 葉 の 定 義　97	3.7.4 片持はりの例　100
3.7.2 定 式 化　97	3.7.5 対象外固有モードの省略　103
3.7.3 共 振 と 反 共 振　99	

3.8 数 値 例 105

3.8.1 2 自 由 度 系　105	3.8.2 3 自 由 度 系　111

目次　　　　　　　　　　　　　　　　　　　　　　　　　　　　　　　　v

第4章　信　号　処　理

4.1　初　め　に 117
4.2　フーリエ変換 120
4.2.1　フーリエ級数　120 　　　　4.2.3　離散フーリエ変換　130

4.2.2　連続フーリエ変換　128 　　4.2.4　フーリエ変換の例　142

4.3　相関とスペクトル密度 146
4.3.1　相　　　関　146 　　　　4.3.3　周波数応答関数とコヒーレンス

4.3.2　スペクトル密度　149 　　　　　　　　　　　　　　　150

4.4　誤　　　　差 153
4.4.1　入　力　誤　差　153 　　　4.4.4　分　解　能　誤　差　159

4.4.2　折　返　し　誤　差　155 　　　4.4.5　漏　れ　誤　差　160

4.4.3　量　子　化　誤　差　159 　　　4.4.6　フーリエ変換と誤差の関係　168

第5章　振　動　試　験

5.1　初　め　に 171
5.2　供試体の支持 172
5.2.1　自　由　支　持　172 　　　5.2.3　弾　性　支　持　175

5.2.2　固　定　支　持　173

5.3　加　振　方　法 175
5.3.1　種　類　と　特　徴　175 　　5.3.3　油　圧　式　加　振　器　176

5.3.2　機械式加振器　176 　　　5.3.4　圧　電　式　加　振　177

5.4　動電式加振器 177
5.4.1　構　造　と　特　徴　177 　　5.4.4　加　振　器　の　取付け　181

5.4.2　共振点での加振力の急減　178 　　5.4.5　駆　　動　　棒　183

5.4.3　その他の短所　181

5.5　加　振　波　形 187
5.5.1　定　　常　　波　188 　　　5.5.4　非　定　常　波　210

5.5.2　周　　期　　波　195 　　　5.5.5　自　然　加　振　210

5.5.3　不　規　則　波　199 　　　5.5.6　比　　　　較　211

5.6 打　撃　試　験 212

5.6.1 初　め　に　212

5.6.2 長所と短所　212

5.6.3 打撃ハンマー　214

5.6.4 加　振　力　217

5.6.5 現場校正　222

5.6.6 誤差と窓関数　223

5.6.7 非　線　形　227

5.6.8 減　　衰　228

5.6.9 信号処理　228

5.6.10 検　　証　229

5.7 変　　換　　器 230

5.7.1 必要事項　230

5.7.2 校　　正　233

5.7.3 加速度計の取付け　235

5.8 非　線　形 237

5.8.1 様々な非線形　237

5.8.2 非線形系の周波数応答関数　240

5.8.3 観察とモデル化　242

5.9 周波数応答関数の信頼性 244

5.9.1 コヒーレンス　244

5.9.2 相　反　性　246

5.9.3 曲線適合　246

5.9.4 そ　の　他　247

補章A　数　学　基　礎

補章A1　三　角　関　数 248

A1.1 基　　本　248

A1.2 加法定理　250

A1.3 微分と積分　251

補章A2　複素指数関数 252

A2.1 複　素　数　252

A2.2 指数関数と対数関数　255

A2.3 テーラー展開　256

A2.4 複素指数関数　258

補章A3　ベクトルと行列 260

A3.1 定　　義　260

A3.2 ベクトルの演算　262

A3.3 ベクトルの相関と直交　264

A3.4 行列の演算　266

A3.5 行　列　式　268

A3.6 固有値と固有ベクトル　270

A3.7 固有ベクトルの直交性　275

A3.8 正規直交座標系　282

補章A4　関　　数 288

A4.1 実関数の大きさ　288

A4.2 実関数の相関と直交　290

A4.3 複　素　関　数　291

A4.4 正規直交関数系　293

目次　　　　　　　　　　　　　　　　　　　　　　　　　　　　vii

補章 A5　最 小 自 乗 法 296

補章 A6　積の微分と積分 300

補章B　さらなる学習へ

補章 B1　1 自由度系の自由振動 301

　　B1.1　不 減 衰 系　301　　　　　　　B1.2　粘 性 減 衰 系　303

補章 B2　1 自由度系の強制振動 306

　　B2.1　不減衰系の共振解析　306　　　B2.3　周波数応答関数　317

　　B2.2　粘 性 減 衰 系　307　　　　　B2.4　周波数領域における自由振動　319

補章 B3　多自由度系の自由振動 321

　　B3.1　$g^2-4dh>0$ の証明　321　　　B3.2　固有モードの直交性　321

補章C　自 励 振 動

補章 C1　自 励 振 動 と は 325

補章 C2　理 論 解 析 326

補章 C3　発 生 機 構 327

　　C3.1　固 体 摩 擦　327　　　　　　C3.3　カ ル マ ン 渦　330

　　C3.2　バ イ オ リ ン　328　　　　　C3.4　フ ラ ッ タ　331

補章 C4　成 長 限 界 332

補章 C5　強制振動と自励振動の違い 332

補章 C6　防 止 方 法 333

補章D　力 学 の 再 構 成

補章 D1　今なぜ再構成か 334

　　D1.1　対称性と因果律　334　　　　D1.3　ものづくりと力学　336

　　D1.2　在来力学の特徴　334　　　　D1.4　何を再構成するか　336

補章 D2　状　　態　　量 337

補章 D3　力 学 特 性 338

　　D3.1　在来力学の考え方　338　　　D3.4　エネルギーに基づく機能定義　341

　　D3.2　弾性体の力学特性　338　　　D3.5　質量と弾性の対比　343

　　D3.3　エネルギーと力学特性　339

補章D4　力　学　法　則 344

D4.1　力と運動の法則　344

D4.2　フックの法則　346

D4.3　運動量の法則　347

補章D5　力学エネルギー 348

D5.1　エネルギーとは　348

D5.2　対称性の導入　350

補章D6　概念の明確化 352

D6.1　力　の　釣　合　352

D6.2　速　度　の　連　続　354

D6.3　慣　　性　　力　355

D6.4　作　　　用　356

補章D7　補章Dのまとめ 357

補章E　粘　性　の　正　体

補章E1　粘　性　と　は 359

E1.1　歴　史　的　背　景　359

E1.2　機　　　能　360

補章E2　ポテンシャルエネルギー場における粘性 362

補章E3　粘性の発生機構 366

E3.1　原子間ポテンシャルと粘性　366

E3.2　力学エネルギーの散逸　371

E3.3　速度比例抵抗力の発生理由　375

補章E4　固体・液体・気体の物性 377

参　考　文　献 381

索　　　　　引 383

第1章 初 め に

1.1 振 動 と は

振動の定義としてまず考えられるのは「繰り返す現象」であろう．しかし，心臓の鼓動，潮の干満，交流電気，昼と夜等々，毎日の出来事の多くは周期性を有しており，どれが振動でどれが振動でないかを決めるのは難しい．ただ，力学的なものに話を限れば，かなりはっきりしてくる．

振動は，JISでは「ある座標系に関する量の大きさが平均値より交互に大きくなったり小さくなったりするような変動．通常は時間変動である．」と定義されている．また機械工学事典 [28] では「物理量が，基準値に比べ，より大とより小の場合を交互に反復するのを振動的といい，その系は質量（慣）性と復元（弾）性を兼備して，両要素の間をエネルギーが往復する作用が（自由）振動現象の基本形態である．」と定義されている．

振動は物質の基本的属性であり，量子・原子から天体・宇宙までの森羅万象は常に（自由）振動（1.3.1項）している．物質が存在することとエネルギーが存在することと振動していることは，同義であると考えてよい．

機械は，エネルギーの移動・変換によって使命を遂行する道具であり，エネルギーが運動エネルギーの形態をとり運動を伴う部分を必ず持っている．機械は有限の大きさであり，その部分は運転・稼働中ずっと連続的に運動するので，その部分の運動は必然的に周期運動となり振動を発生させる．このように，振動は機械の永遠の伴侶であり，振動を生じない機械は存在しないと言える．

振動と言えば，誰でも直ちに正弦振動（サイン波）を連想する．しかし実際の振動は，単一周波数からなる正弦振動のようなきれいな繰返しとはかけ離れた複雑な時刻歴波形が多い．それどころか，1発で終る衝撃や2度と同じ波形を繰り返さない不規則現象も振動に入れている．

すべての動的現象は調和振動（単一周波数の振動）の重合せで表現できることが分かっている（4.2.1項）．**図 1.1** はその例であり，同図aの方形波を正弦波成分に分解して最も低い周波数から順に3個までの正弦波成分を同図bに示し，それら3個を合成したものを同図cに示す（詳細は図4.4）．同図cのように，低次3個の正弦波を合成するだけで元の方形波にかなり近い波形になっている．このことから，調和振動の勉強が，すべての振動現象を理解するための第一歩であることが分かる．

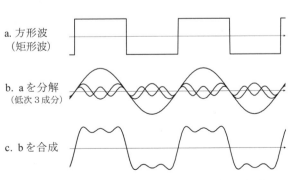

図1.1　方形波を正弦波成分に分解・合成

1.2 振動が大切な理由

1.2.1 振動と私達

振動は私達と深いかかわりを持っている．肺から吐く空気で声帯を自励振動させて声を出し，周辺の空気を振動させて波動を生じ，相手の鼓膜と内耳を振動させ，それを通して相手の脳を刺激し，会話で意志を通じ合う．バイオリンの弦やピアノの鋼線を振動させて名曲を演奏する．また，セシウム原子の振動を計測して世界標準時間を決め，振動を重ねて人工音声を創り，超音波で体内を診察するなど，振動の利用分野は限りなく広い．このように人間は，振動無しでは生きられない．

反対に，振動から守らなければならない最も重要な対象は，私達自身である．長周期振動による乗物酔い，継続する大音響による難聴のように，振動や音は人に様々な悪影響を与える．**図 1.2** には，どの周波数（0.1Hz～10^6Hz のうち黒い部分）の振動・騒音が私達にどのような悪影響を与えるかを示している．

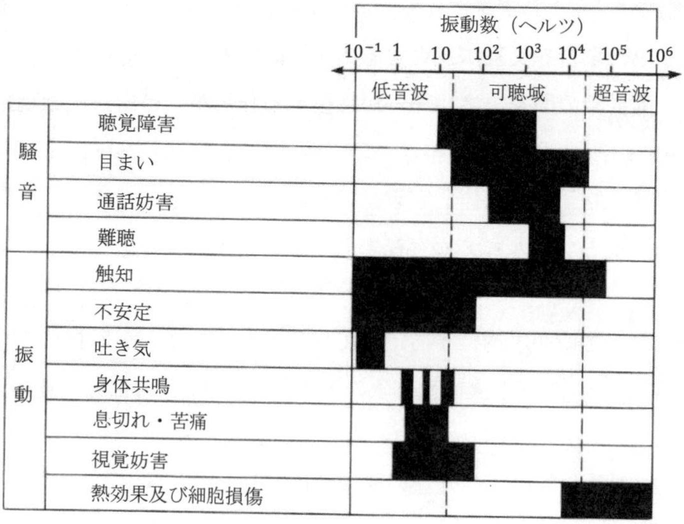

図1.2　振動と騒音の人への影響

人間が身近に使う機械では，振動・騒音が小さいことや心地よく振動することが商品価値になっている．例えば自動車は，エンジンや路面から様々な加振を受け，低周波振動から高周波騒音までの様々な振動・音響が発生する．しかし，1トン以上の車を時速 100km 以上で走らせることができる強大なエネルギーを生み出すために，運転者のわずか 1m 前方で内燃エンジンが耳を劈く強烈な連続爆発を続けているにもかかわらず，車室内では音楽を聞きながら居眠り運転ができるほど静かで快適である．この魔法の箱を作るために，自動車会社では常時多数の技術者と多大な費用を振動・騒音の対策と問題解決に使っている．

1.2.2 金属疲労

すべての物体は振動を繰り返し受けると必ず疲労する．機械や構造物の主材料である鋼も例外ではない．通常，金属が 1 回の衝撃で破壊することはまずない．しかし，金属が長時間振動し続けていると，小さい振幅でも原子・分子間の結合が崩れ，それが拡大してサブミクロンのかすかな割れが無数に発生する．発生した割れの周辺部分の応力は緩むので，割れの成長は一旦止まり，その間

に他の部分で割れが新しく発生する．こうして割れは全体に広がり，そのまましばらく定常状態を続ける．やがて進行状態に入り，無数の割れのうち少数個が大きく成長して破壊に至る．これを**金属疲労**という．

疲労破壊を生じさせる応力は，**図 1.3** のように，破壊までの繰返し回数が多いほど小さくなる．通常，繰返し回数が $10^7 \sim 10^8$ 回のときの破壊応力を**疲労限度**といい，振動や繰返し応力を受ける構造の設計時の許容応力と決められている．

繰返し応力に一定の静応力が重なると，疲労限度は低下する．海水に接した金属が振動すると疲労と腐蝕が重なる．高温中の金属が振動すると疲労と変質劣化が重なる．このような場合には疲労限度が低下するので，船・航空機・内燃エンジン・ガスタービン・ボイラー・化学プラント等では疲労が重大な問題になることがある．

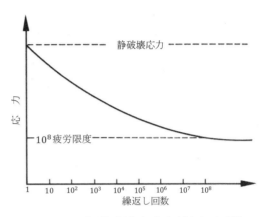

図1.3　疲労破壊応力と繰返し回数

疲労破壊を防ぐには，応力が疲労限度以下になるように設計すればよいが，実動時に生じる全部品の負荷・振動を設計段階で正確に予測することは困難である．都合が悪いことに振動は，疲労限度設定の基準となる $10^7 \sim 10^8$ 回にすぐに到達する．例えば40Hzの振動は，わずか3日で 10^7 回以上も繰り返すのである．航空機のように疲労破壊が重大事故を引き起こす機械では，疲労破壊の可能性がある部品を定期的に検査し，必要に応じて新品に交換している．

1.2.3　今なぜ振動か

近年の機械で振動が特に重要であるのは，以下の理由による．

① 　機械の形態が変化してきた．柔軟マニピュレータのように柔らかい機械，LSI基板製造装置のように超精密な機械，巨大長橋や超高層建物のような大型構造物，新幹線や航空機のような高速乗物．これらには，一般の常識が通用しない振動問題が生じている．

② 　ものづくりは，激しい生存競争の中で高出力，軽量，低コスト，エネルギー高効率利用の限界打破への厳しい要求に常時直面している．これらは，互いに矛盾した背反関係にあるが，都合が悪いことに，振動・騒音を増大させるという一点に関してだけは，共通している．多くの機械は，従来のままでは振動・音響性能の面ですでに限界にきており，さらなる進展への常識を超える形態変化を迫られている．その際，現有の知識・技術・経験・ノウハウが通用しない新しい振動・騒音問題が発生する可能性が大きい．

③ 　安全性の至上命題の下で，静かさ・やさしさ・快適さが重要になっている．振動・騒音に関

する法規制が厳しくなり，例え実害は生じていなくても，法律に触れれば，機械製品は則販売禁止となる．これらは大変結構なことであるが，ものづくり技術者には厳しい課題になる場合がある．

1.3 振 動 の 種 類

1.3.1 自 由 振 動

振動は，自由振動と強制振動と複雑な振動に大別できる．

自由振動は，外作用が変化すると必ず発生する．叩く，変形させて放す，などのように，物体に外部から動的な作用を加えるときにはもちろん，今まで加えていた加振力を除去するとき，加振中に加振力の位置・大きさ・方向・周波数を変化させるときにも，自由振動が新しく発生する．

同じ物体に同じ外作用変化が加われば，同じ自由振動が発生するが，同じ物体でも外作用変化の様相が異なると，異なる自由振動を発生する．

自由振動は，単一振動数で生じることはまれであり，大抵の場合数多くの振動数成分が重なり合って複雑な様相を示すから，計測して得られた時刻歴波形を観ても，そのままでは振動の形も振動数も分からない．そこで，モード解析[2)4)6)] を用いて，これを構成する複数の単一振動数成分に分解することにより，正体を探る．

一旦生じた自由振動は，外から何もしないでも自分自身だけで自由勝手に振動し続ける．物体に粘性などの減衰が存在しない場合には，自由振動は永遠に持続する．物質を構成する原子には減衰が存在しないから，すべての原子は常にそして永遠に自由振動し続けている．物質が存在すること・エネルギーが存在すること・自由振動し続けること，の3項は，同義である．

減衰が存在する系の自由振動は，力学エネルギーが熱などの他のエネルギーに変化して漏れ出すため，次第に小さくなりやがて消えて行く．

通常の物体に生じた自由振動は，大抵速かに消え，強制振動ほど大きい問題を生じないことが多い．しかし自由振動は，天体から原子・量子に至るまでのあらゆる物質に生じている力学現象の根幹であり，また次の2つの理由で振動試験に多用されるので，しっかり学んでおかなければならない．

① 強制振動・自励振動・非線形振動など他のすべての振動を生じる原因になる物体の動特性が，自由振動の中にすべて含まれている．したがって自由振動を計測し分析すれば，対象物体の動特性を知ることができ，他の振動に対してもその発生機構が分かり，振動により生じる問題の原因究明や不具合対策が可能になる．

② 自由振動は，外環境とは無関係に物体内部のエネルギー循環のみによって継続する現象であり，物体固有の力学特性（質量と剛性）だけに支配され，発生の瞬間を除いては外部の影響を受けない．そこで，自由振動を計測するだけで，物体固有の力学特性を容易に知ることができる．

1.3 振動の種類

　自由振動は，打撃などの外作用を与えた直後に外部から隔絶された自由な状態のみで生じる現象であると思われがちであるが，必ずしもそればかりではない．外作用が与えられ続けていても，周辺から拘束され続けていても，外作用が変化しさえすればその瞬間に必ず発生する．そして一旦発生すれば，外作用の種類・大きさ・拘束の有無などの外部状況には無関係に持続する．連続する加振状態で外作用が与えられ続けている場合には，それに対する応答である強制振動（次項）はもちろん継続しているが，外作用に非定常成分が混入すれば，その瞬間に必ず自由振動が，継続中の強制振動とは別の現象として，新しく発生する．

　自由振動は，1 自由度系では最初の振幅の大きさ・振動の速さ・消え易さ，という 3 つの現象量で表現される．多自由度系では，これらがそれぞれ固有モード・固有振動数・モード減衰比の 3 つのモード特性に対応する．一方，これらのモード特性の代りに，多自由度である実対象系と等価な 1 自由度系の力学特性として固有モード毎に定義されるモード質量・モード剛性・モード減衰の 3 つで，代替表現することもできる．振動を支配する基になる力学特性は質量，剛性，減衰の 3 種類であり，3 という数が振動を支配する動特性の基本数となっている．

　実機の自由振動の様相は千差万別であるから，自由振動はどのような形態でもとり得るように思われるが，実はあらかじめ決まった形（固有モード）と速さ（固有振動数）と消え易さ（モード減衰比）でしか振動できないのである．また，特定の形がどのような速さと消え易さでも振動できるのではなく，特定の形は特定の速さと特定の消え易さでしか振動できず，これら特定同士の組（トリオ）が複数（自由度と同数）存在する．自由振動ではこれら複数の組が重なり合って発生し，その重なり方は千変万化であることが，自由振動の様相を千変万化にしている．この重なりを分離し 1 自由度系に分解するのが，モード解析 [2)4)6)] である．

1.3.2　強　制　振　動

　強制振動は，外部からの加振に対する応答であり，加振開始と同時に必ず発生し，加振が存在する間は継続し，加振終了と同時に消滅する．強制振動は，必ず加振と同一の振動数で振動し，加振に含まれない振動数で振動することはない．

　一方，自由振動は，外作用が変化すると必ず発生する．加振開始は外作用変化の一形態であるから，加振開始時には，自由振動が強制振動と同時に必ず発生する．自由振動は，一旦発生した後には，加振の有無・振動数・形態には無関係に，物体自身が有する固有の力学特性（質量・剛性）のみによって決まる固有の形（固有モード）と固有の速さ（固有振動数）で継続し，減衰が存在する場合には固有の消え易さ（減衰比）で減衰する（前項）．

　強制振動と自由振動は力学的に異なる現象であるから，加振振動数が固有振動数に等しい共振時以外では，両者は別現象として個別に推移する．しかし現象としては，両者が重なって現れ，複雑な振動波形を示す．減衰を有する物体では，自由振動は減衰してやがて消え，強制振動だけが残存し続ける．

加振開始後のこのような変化の様子を**図 1.4** に示す．図 1.4 上図は，柔らかく固有振動数が低い対象を高い振動数で加振する場合であり，初期にはゆっくりした自由振動と速い強制振動が混合しているが，自由振動は減衰してやがて消え，強制振動だけが残存する．同下図は，硬く固有振動数が高い対象物を低い振動数で加振する場合であり，初期には速い自由振動とゆっくりした強制振動が混入しているが，自由振動は速やかに減衰して消え，強制振動だけが残存する．一般に自由振動は，固有振動数が高いほど減衰の効果が大きく，速く減衰し消滅する．

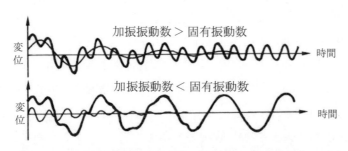

図1.4　加振開始後の振動（細線は自由振動のみ）

自由振動は，加振開始時だけでなく，加振中に加振の大きさや振動数が変化するときにも新しく発生する．

強制振動は，加振終了の瞬間に完全に消滅する．しかし，加振終了は外作用変化の一形態であるから，その瞬間に新しい自由振動が必ず発生し，加振終了後にもしばらく続く．私達は，加振終了後もそれまでの振動がわずかの間そのまま残存し続けるように感じるが，加振中は強制振動のみ，終了後は自由振動のみであり，両者は形も振動数も全く別物である．これは，私達が強制振動から自由振動への瞬時移行を感知できないための錯覚である．

1.3.3　振動中のエネルギー流れ

図 1.5 は，自由振動と強制振動におけるエネルギーの移動・変換の様相を示す．以下に，この図について説明する．

物体（弾性体）は，質量（慣性）と弾性（ばねの本質である柔軟性：剛性すなわち復元性の逆数）からなり，これら両者の間には必ず**力学エネルギーの閉回路**が形成されている．物体（系）への外作用が変化すると，その瞬間に不均衡力学エネルギーが外部からこの閉回路に投入される．衝撃を与えると質量に運動エネルギーが，強制していた変形を開放すると弾性（ばね）に弾性エネルギーが，初期に投入される．その直後に系を自由状態に置くと，外部から投入された不均衡力学エネルギーがこの閉回路内を循環し始める．

自由振動は，不均衡力学エネルギーが閉回路を通って質量と弾性の間を行き来する循環現象であり，"質量と弾性間のエネルギーのキャッチボール"と考えればよい．

質量は力学エネルギーを運動エネルギーとして速度（運動という目に見える移動現象として外部に展延される外延量）の形で保有する（式 2.6）から，すべての不均衡力学エネルギーが質量にある

瞬間には，系の速度が最大になる．この瞬間にはばねは，力学エネルギーを保有しないから，自然長で力（弾性力）を持たず変形していない．

弾性は力学エネルギーを弾性エネルギー（弾性における位置エネルギー）として力（内部に包含される内包量＝内力：弾性力）の形で保有する（式 2.8）．すべての不均衡力学エネルギーが弾性内にある瞬間には，系の弾性力は最大になり，固体の場合には変形（式 2.7），流体の場合には等体積では圧力・等圧力では体積，が最大になる．この瞬間には質量は運動エネルギーを保有しないから，物体は静止している．

不減衰系の場合には，初期に系内に投入された不均衡力学エ

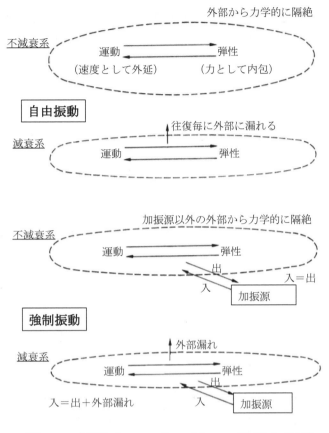

図1.5　振動中のエネルギーの移動と変換

ネルギーは，外部から隔絶されたままで，質量と剛性間のエネルギー閉回路内を循環し続け，外部に漏れ出すことはないから，振動は一定振幅のままで永遠に継続する．

減衰系の場合には，閉回路に外部に通じる細い開路が生じ，内部循環しつつある不均衡エネルギーが少しずつ外部に漏れ出し散逸される．その結果，内部循環中の不均衡エネルギーは次第に減少し，振動は減衰してやがて消滅する．

強制振動の主役は加振源と対象物体（系）の間の力学エネルギーのやり取りである（2.4.2項〔2〕）．そしてこれに同調して，系内部の質量と剛性の間で力学エネルギーのやり取りが起こる．これら両やり取りの速さは同一であり加振振動数に一致する．不減衰系の場合には，加振源と対象系間の力学エネルギーのやり取りにおける加振源から系への入と，系から加振源への出の量は同じである．減衰系の場合には，入の方が出より量が多く，その差の分だけエネルギーが系内部のやり取り中に外部に漏れ出して散逸する（入＝出＋外部漏れ）．

1.3.4 複 雑 な 振 動

複雑な振動としては，**自励振動**と**非線形振動**がある．自励振動は，外部に加振源がなく摩擦や風のような定常エネルギー源のみが周辺に存在する場合に，物体や系が何らかのじょう乱をきっかけにして，エネルギーを外部の定常エネルギー源から内部に取り込み始め，それを振動エネルギーに変換して自身を励振しながら，自分勝手に成長していく振動である．例としては，バイオリンの音，工作機械のびびり振動，自動車のクラッチジャダーやブレーキ鳴き，旗やこいのぼりのはためき，人や動物の声などがある．1950 年代に，初期の超音速航空機が翼の自励振動による疲労破壊で次々と墜落し，米国航空宇宙機構がこれを緊急解決する過程で有限要素法（Finite Element Method：FEM と略記）が誕生した．

自励振動については，補章 C で詳しく分かりやすく説明する．

非線形振動は，物体や系の構造や材料が非線形性を有することにより生じる動現象である．非線形振動の発生原因や機構は千差万別であり，それらを一律に論じることは困難である．振動解析に用いられる運動方程式や FEM などは原則として線形系を対象にしているから，非線形振動を統一的に扱う手法は現存せず，問題毎に個別で対応している．

1.4 加 振 の 種 類

1.4.1 力 加 振

強制振動を生じさせる加振作用は，一般にはすべて力で行われると考えがちであるが，実際には力加振・速度加振・両者の中間，の 3 種類に分けられる．

力加振は，加振源の質量が対象の質量より小さい場合の加振であり，加振源の弾性（ばね）と対象の質量の間での力学エネルギーのやり取りである．加振源のばねが出す弾性エネルギーが復元力の形で対象の質量に投入されて加振するため，加振作用は力の形をとる．加振力は，加振源の弾性（ばね）から出る復元力（加振源のばねが内包する弾性力の反作用力）であるから加振源のみによって決まり，対象に対しては既知量として作用するから，対象の質量が変っても加振力の大きさは変化しない．

片手で持てる動電式加振器で 1 トン以上の自動車を加振する場合や，ハンマーで重量構造物を打撃加振する場合のように，通常の振動試験は力加振である．これは，次の 2 つの理由による．

① 振動試験で求める周波数応答関数は，出力の運動（変位・速度・加速度）を入力の力で除した量として定義される（2.6.1 項）から，加振力を対象には無関係に加振源だけで決めて既知量として与えれば，周波数応答関数の分母が既知になり，対象に生じる運動を計測するだけで簡単に周波数応答関数を得ることができて，便利である．

② 運動方程式や FEM などによる理論振動解析は，加振力を既知として与えて運動を求める手法である．そこで力加振で振動実験を行えば，理論と実験で共に加振力が既知として与えられ，両者間の協調がとりやすく，便利である．

1.5 動力学におけるモデル化

1.4.2 速度加振

速度加振は，加振源の質量が対象の質量より大きい場合の加振であり，加振源の質量と対象の弾性（ばね）の間での力学エネルギーのやり取りである．加振源の質量が出す運動エネルギーが速度の形で対象のばねに投入されて加振するため，加振作用は速度の形をとる．加振速度は，加振源の質量が保有する速度であるから加振源のみによって決まり，対象に対しては既知量として作用するから，対象が変っても変化しない．

地震は速度加振の典型例であり，大地の質量が加振源となる．大地の質量は地上の建造物の質量よりはるかに大きいから，大地は建造物の有無には無関係に同じ速度で振動し，大地だけで一方的に決まる速度で建造物を加振する．自動車では，エンジンブロック本体がそれに付属するオイルパンや補器を加振する場合や，メインフレームが薄板の車体を加振する場合が，この例である．

実際の加振では，力加振と速度加振の中間が多く，その場合には加振の力も速度も加振源と対象の両者の影響を受けて決まる．

力加振と速度加振の区別は，対象の振動・音響の問題解決や対策にとって重要である．力加振の場合には，対象から見て加振力が一定であるから，対象の剛性を増加させれば生じる応力・変形・音は減少し，対策はうまくいく．これに対して速度加振の場合には，対象から見て加振速度が一定であるから，対象の剛性を増加させれば生じる応力・変形・音は増加し，対策の意図と逆行する．そこで速度加振の場合には，対象の剛性は減少させ，併せて振動絶縁，吸振，遮音，免震など，加振エネルギーを対象以外で吸収するか対象への伝達を遮断する対策をとる必要がある．例えば超高層ビルでは，低階層に生じる応力集中を軽減するために，建物の剛性を意図的に小さくして柔軟構造にし，それにより増加する高階層の揺れを吸収する免震装置を頂上に設置する，などの対策をとっている．

前述のように，振動解析に用いる FEM や運動方程式は，加振力を既知量として与える形になっているので，速度加振の場合には加振速度を加振力に等価変換する必要がある（例えば式 B2.59）．

1.5　動力学におけるモデル化

モデルは，対象が有する様々な属性のうち目的に必要なものだけを取り出して対象を表現した仮想体である．例えば，自動車の外見の姿・形を決めるデザインでは，中身は不要であるから，粘土で作るクレイモデルを用いる．設計図面や CAD 出力図は，工場で実機を加工・製作するのに必要な情報だけで対象を表現する，製品・部品のモデルである．

モデルを作ることを**モデル化**という．モデル化は，製品開発の良否を決める中核プロセスである．FEM・CAE などの解析ツールは，同一のモデルを入力すれば同一の結果を出力する単なる死んだ道具にすぎず，これを活かすも殺すもモデル化次第である．モデル化は，通常軽視されやすいが，人の英知・独創性・感性・思い・努力・工夫・経験が最も必要で有効な高度の創造作業である．

力学の解析には**力学モデル**が必要になる．力学モデルとは，対象（系・物体）が有する様々な属

性のうちで力学的に有意で必要な属性だけを取り出して対象を表現した仮想体である．力学モデルに必要な属性は，目的によって異なる．物体の変形を無視し運動のみを扱う場合には，質量のみを属性として採用する．そして，並進運動では**質点**（物体の空間的な大きさと変形を無視し点で表現した質量）からなる**質点モデル**，複数質点間の相対運動では**質点系モデル**，並進運動＋回転運動では**剛体モデル**（**剛体**：物体の大きさを考慮し変形を無視した質量体であり質量の空間的広がりが作る慣性モーメントからなる）を用いる．

振動解析のように物体の運動と変形を共に扱う場合には，質量と弾性（通常は剛性（弾性の逆数）で表現）からなる弾性モデルを用いる．質量と弾性からなる物体を**弾性体**という．物体の運動・変形が力学エネルギーの損失を伴う場合には，質量と弾性に加えて減衰を用いる．減衰は運動方程式を線形にする粘性で代表されることが多い．質量・剛性・粘性をまとめて**力学特性**という．

系の運動を表すのに必要かつ十分な変数の数を，その系の**自由度**という．力学モデルの作成に際しては，まず自由度を決める必要がある．力学モデルでは，原則として変数（空間座標）の原点を質点にとる．1個の質点は，1次元直線運動では1自由度，2次元平面内の並進運動では2自由度，3次元空間内の並進運動では3自由度になる．

図 1.6 に，振動解析に用いる力学モデルの概念を示す．力学モデルには，空間座標を用い力学特性で対象を表現する**空間モデル**と，モード座標を用いモード特性で表現する**モードモデル**に大別で

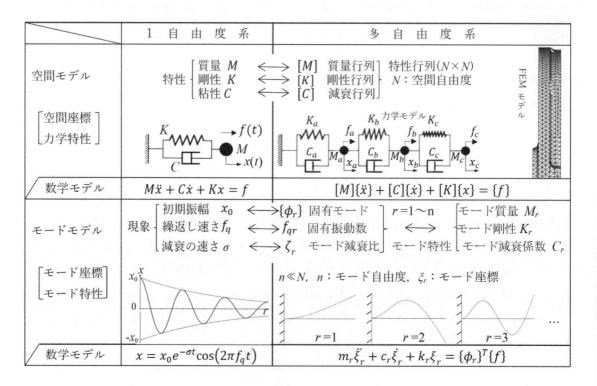

図1.6　力学モデルの概念

きる．多自由度系空間モデルは，複数の 1 自由度系空間モデルの連鎖として抽象化し表現する力学モデルと，対象の原形を忠実に保持・表現する FEM モデルに分けられる．空間モデルに用いる力学特性は，1 自由度系では質量・剛性・粘性の 3 種類であり，多自由度系ではそれらが各々行列で表現され，質量行列・剛性行列・減衰行列と呼ばれる．

モード特性は，1 自由度系では初期振幅・繰返しの速さ・減衰の速さの 3 種類であり，多自由度系ではそれらが各々固有モード・固有振動数・モード減衰比で表現される．モードモデルでは，モード特性の代りに固有モード毎の等価 1 自由度系の力学特性であるモード質量・モード剛性・モード減衰係数を用いてもよい．多自由度系の場合，物理モデルでは自由度を省略できないが，モードモデルでは自由度を大幅に省略してモデルを小自由度にすることができる（3.5.4 項）．

すべての力学モデルは，コンピュータで解析・処理される際に**数学モデル**（運動方程式・力の釣合式・エネルギー方程式・状態方程式など）に変換される．

モデルは実体ではなく仮想体であり，自在勝手に作成できる．そこで，それを用いて実機を表現する際には，モデルを実機と正しく対応させる"同定"の手続きが不可欠になる．同定とは，モデルを構成する力学特性などのパラメータに定量値を与え，モデルが実体を忠実に表現するように具体化させて，モデルに魂を入れる作業である．電気回路を間違って組めば電源をつないでも電燈が灯らないように，モデルに不具合があれば正しい同定ができないから，同定することはモデルを検証することでもある．

同定に使う定量値は実験や実機試験を基にして決めるから，実機の正体を正しく検出・把握するための実験技術がモデル化の鍵になる．最近，可能な限り試作レス・シミュレーションのみのフルCAE でものづくりをしようとする傾向があるが，試作試験を抜きにして実機製品を作る際に用いる製品モデルには，正しい同定が絶対条件になる．特に振動問題では，CAE が進歩するほど実験技術の重要性が増す．これに対応できるように，本書の第 4 章と第 5 章では，実験・同定に用いる信号処理と振動試験の技術・技能・ノウハウを詳しく論じている．

1.6　今なぜモード解析か

モード解析は，連続系や多自由度系などの複雑な線形系の振動解析に用いる振動学の理論であり，提唱者は不明であるが1900 年代初頭から存在していたと言われている．モード解析は次の 2 つの長所を持っている（3.5 節）．

① 多自由度系の振動を，その固有モード毎の互いに独立な複数の 1 自由度系の振動に分離して扱うことができる．

理論振動解析では，モード解析を用いることにより多自由度系の運動方程式を非連成化できる（3.5.3 項）ので，多元連立微分方程式を直接解く必要はなく，その自由度数と同数の 1 自由度微分方程式を別々に解いてそれらの結果を重ね合せるだけで，連立微分方程式を直接解くのと同一の解を得ることができる．例えば，FEM で 10,000 自由度の構造物の振動解析を行う際に用いる運動方程

式は，10,000 元 2 次連立微分方程式になり，これをまともに実行すれば，スーパーコンピュータを用いても長時間を要する．しかしモード解析を用いれば，互いに独立な 1 自由度系の解を 10,000 個重ね合せることにより，簡単に解を求めることができる．

一方，実験振動解析では，測定で得られた多自由度系の複雑な時刻歴挙動にモード解析を適用して，それを構成する各固有モードの成分に分解でき，実機振動現象の計測結果を用いた振動問題の現象究明や対策が著しく容易になる．

② 前述のように，運動方程式を固有モード毎の互いに力学的に独立である 1 自由度微分方程式に分解できるので，一部の固有モード成分を省略しても他の固有モードが生じる現象には影響を与えない．これを利用すれば，解くべき 1 自由度微分方程式の数を著しく少なくすることができる．

上記①の例では，10,000 個の 1 自由度系の解のうち対象周波数から離れた周波数領域における大多数の解を無視し，対象周波数近傍の数個～数十個だけを採用して重ね合せるだけで，実用上問題ない精度の近似解を瞬時に得ることができる．

コンピュータが生まれる以前には手作業で連立微分方程式を作成し解いていたので，どんなに複雑な対象でも数自由度以下にモデル化しないと解くことができなかった．そこで，モード解析の理論が存在していてもそれが有する上記の長所を活用できず，モード解析が現在のように振動解析の強力な武器になるなどとは夢にも思われていなかった．1940 年代にコンピュータが生まれると，上記の 2 つの長所は次の 2 項に関して驚異的な有効性を発揮し，モード解析は一躍脚光を浴びてきた．

① 有限要素法による解析への適用

FEM は 1950 年代に NASA で開発された．その後，構造物の静強度や熱流体の解析への応用は進展したにもかかわらず，振動問題への応用は遅れた．これは，大自由度系のモード解析に不可欠な固有モードを計算する手段が存在しなかったため，モード解析を FEM に適用できなかったからである．1970 年代に大規模固有値問題を効率良く解く新しい数学理論が開発され，FEM による大自由度系の振動解析が可能になった．現在，数十万自由度の振動問題が FEM で苦もなく解けるのは，FEM で大自由度モデルを作成し，この数学理論を用いた固有値解析によりその固有モードを求めた後に，モード解析の理論を用いて解いているからである．こうして，モード解析が有する上記の 2 つの長所は，FEM との結合によって，振動の理論解析に絶大な効果を発揮するようになった．

② 実験解析への適用

1960 年代に，振動試験で得られた多自由度系の周波応答関数をモード解析の理論を用いて 1 自由度系に分解する手段が実用化され，同時に高速フーリエ変換（FFT）の方法（4.2.3 項〔3〕）が実用化された．これにより，振動試験で固有モード・固有振動数を実験同定することが容易になり，振動試験が現場に普及した．モード解析は現在，振動工学を支える大黒柱として，理論と実験の両者を支配し，モード解析無しでは振動解析ができなくなっている．

1.6 今なぜモード解析か

図 1.7 は，企業で行われているコンピュータ援用（CAE）振動解析の手順の例を示す．これは FEM 解析と実験解析の 2 通りの流れに始まる．FEM 解析では，対象構造の CAD 情報を FEM モデルに変換すれば，エネルギー原理を用いて特性行列（質量行列と剛性行列）が自動的に作成される．続いて，固有値問題を解いてモード特性（固有振動数と固有モード）を導き，それらを用いてモード解析により周波数応答関数を求める．これを支える基礎理論は第 3 章で説明する．

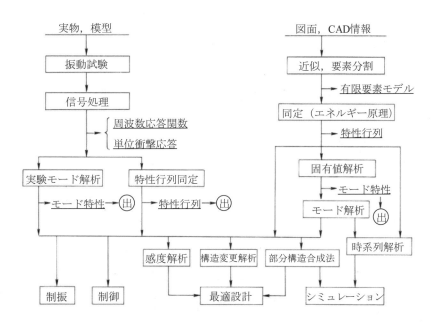

図1.7　コンピュータ援用による振動解析

一方，実験解析では，振動試験で得た加振力と応答の計測結果から信号処理によって周波数応答関数を求め，次にモード解析の理論を用いてモード特性を同定する．この流れを**実験モード解析**という．信号処理と振動試験については，第 4 章と第 5 章で説明する．

FEM 解析と実験解析の流れを合体し，シミュレーション・部分構造合成法・感度解析・最適設計・制振制御などの多用な解析・設計に進む．

モード解析は，線形系の仮定に基づく振動理論であるから，非線形振動には直接には適用できない．しかしそれにもかかわらず，モード解析は非線形振動に対しても力を発揮する．それは次の理由による．

① 非線形振動には適切な近似により線形振動として解析できるものが多い．
② モード解析が直接には適用できない種類の振動現象も，線形振動と同一の系の動特性が原因で発生するので，実験モード解析により求めた動特性の知識が，非線形振動の現象理解・問題解決への鍵になる．

1.7 単　　　位

本書で用いる主な物理量の**単位**について説明する．国際規格機構（ISO）では，質量を kg（キログラム），長さを m（メートル），時間を s（秒）とし，これらの 3 量を基本にして，力学系の単位を構成している．そして他の量は，これらから派生したものと考える．

まず速度は，位置を 1 回時間微分した量であるから，m/s になる．加速度は，位置を 2 回時間微分した量であるから，m/s² になる．力は，質量と加速度の積であるから，kgm/s² になるが，これを N（ニュートン）ともいう．剛性は，単位長さだけ変位させるのに必要な力（kgm/(s²m)）であるから，kg/s² または N/m になる．弾性は，剛性の逆数であるから，m/N になる．粘性は，単位速度で動かすのに必要な力（kgm/(s²m/s)）であるから，kg/s または Ns/m になる．振動の周期は，1 回繰り返すのに何秒かかるかを表すから，s になる．振動数あるいは周波数は，1 秒間に何回繰り返すかを表すから，1/s であるが，これをヘルツ（Hz）という．角振動数は，1 秒間に進む角度であるから，rad/s になる．これらをまとめれば，**表 1.1** のようになる．

表 1.1　単位（ISO）

基 本 単 位	派　生　単　位		
質量　kg（キログラム）	速度　　m/s	剛性　kg/s², N/m	周期　　　s
長さ　m（メートル）	加速度　m/s²	弾性　s²/kg, m/N	振動数（周波数）Hz
時間　s（秒）	力　　kgm/s², N	粘性　kg/s, Ns/m	角振動数　rad/s

1.8 力 学 と 数 学

1.8.1　力学から観る振動

運動の法則によれば，力が作用する物体には作用力に同期してその質量に逆比例する加速度が生じる．加速度は，速度の変動であるから時間の経過と共に蓄積（時間積分）され，その結果として速度が生じる．速度は，位置の変動であるから時間の経過と共に蓄積（時間積分）され，その結果として位置が変化し変位が生じる．蓄積（時間積分）には時間を要するから，それにより生じる現象は時間遅れを伴う．因果律によれば，すべての物理事象は原因と結果を有し，結果は原因より必ず時間的に遅れて生じるから，"**力すなわち加速度が速度の原因・速度は加速度の結果であり，速度が変位の原因・変位は速度の結果**"と考えるのが正しい．

周期 1 秒の調和振動における加速度（力）・速度・変位の位相関係を，**図 1.8** に示す．同図横軸は角 rad で表現した時間軸であり，力

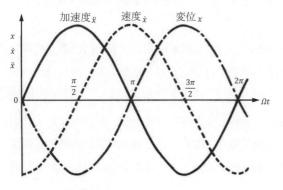

図1.8　同一振動における
　　　加速度，速度，変位の位相関係

が作用し始める時刻を $t = 0$ としている．作用力に同期して発生する加速度（実線）は正弦関数で表現され，時間 $0 < \Omega t < \pi$ では正，時間 $\pi < \Omega t < 2\pi$ では負になっている（Ω［rad/s］は角振動数）．そこで，加速度の蓄積(時間積分)である速度は，時間 $0 < \Omega t < \pi$ では増加し続け，時間 $\pi < \Omega t < 2\pi$ では減少し続けることになる．これを加速度と同じ調和振動（調和振動の時間積分は同じ調和振動になる）として図示したのが点線であり，速度（点線）は加速度（実線）より位相 $\Omega t = \pi / 2 = 90° = 1/4$周期 だけ時間が遅れて生じていることが分かる．また同図から，点線の速度は時間 $\pi / 2 < \Omega t < 3\pi / 2$ では正，時間 $0 < \Omega t < \pi / 2$ と $3\pi / 2 < \Omega t < 2\pi$ では負になっていることが分かる．そこで，速度の蓄積（時間積分）である変位は，時間 $\pi / 2 < \Omega t < 3\pi / 2$ では増加し続け，時間 $0 < \Omega t < \pi / 2$ と $3\pi / 2 < \Omega t < 2\pi$ では減少し続けることになる．これを速度と同じ調和振動として図示したのが鎖線であり，変位（鎖線）は速度（点線）より位相 $\Omega t = \pi / 2 = 90° = 1/4$周期 だけ時間が遅れて生じていることが分かる．

図 1.8 から，振動は 1 回時間積分する毎に時間（位相）が $\Omega t = \pi / 2 = 90° = 1/4$周期 だけ遅れることが分かる．これは，1.3.3 項で述べた力学エネルギーの内部循環により生じる力学現象であり，そのメカニズムは 2.1 節で詳しく述べる．変位は，加速度を 2 回時間積分して得られるから，振動の場合には，加速度より時間（位相）が $\Omega t = \pi = 180° = 1/2$周期 だけ遅れて生じる．したがって，"加速度と変位は正負が必ず互いに逆になる"（式 2.16）．これは振動試験に有用な知識であり，加速度と変位の測定結果が真逆になっていなければ，計測がおかしいことになる．

1.8.2 数学から観る振動

振動を含む力学現象を数学で表現し解析する際には，必ず微分方程式を用いる．振動解析では，運動方程式（微分方程式）を解いてまず変位を求め，次に変位を 1 回時間微分して速度を求め，さらにもう 1 回時間微分して加速度を求める．力学現象の解析に微分方程式を用いる以上，このことは不可避である．

そこで私達は，運動の基本状態量は変位（長さ・位置）であり，速度は変位を微分した結果として，また加速度は速度を微分した結果として得られる，と考える．そして，振動を 1 回時間微分する毎に位相が 90° 進むと教えられるから，変位を基本状態量にとり，速度は変位より 90° 進んだ派生状態量，加速度は速度よりさらに 90° 進んだ派生状態量として導き，下式のように数式表現する．

$$\text{変位} = x(t), \quad \text{速度} = \frac{dx(t)}{dt} = \dot{x}(t), \quad \text{加速度} = \frac{d\dot{x}(t)}{dt} = \frac{d^2 x(t)}{dt^2} = \ddot{x}(t) \tag{1.1}$$

微分という数学操作は，微分以前の実現象がすでに存在して初めて可能になる．そこで数学では，速度は予め変位が存在して初めて存在し，加速度は予め速度が存在して初めて存在すると考える．図 1.8 に示したようにこのことは，明らかに実世界の因果律に反しており，力学の立場からは受け入れることができない．微分すれば位相（時間）が 90° 進むということは，微分後の現象が微分前の現象に時間的に先んじて生じ，すでに実在していることを意味するから，微分自体が力学上の矛

盾を含む数学操作であることになる.

これは，微分という数学上の手続き（操作）を実現象の物理的解釈に混入させたために生じる誤認識であり，エネルギーの移動・変換・蓄積（時間積分）で生じる実現象を，因果律に反し物理学的な矛盾を含む微分の世界である数学で扱う際に生じやすい落し穴である.

ただし，位置・変位を基準に運動を観るこの認識は，形状・寸法・変形が命のものづくりでは実に便利である．また，微分方程式が主体の数学の世界では，この認識は自然である．したがって技術屋は，実現象を扱う場合にのみ上記のことに留意すれば，この認識を捨てる必要は全くない.

数学は，世界全体の共通言語であり，すべての学問に必須の道具であり，あいまいさ・ごまかしを許さない論理手続きであり，代替手段がない人類共有の至宝である．しかしものづくりの世界では，"**力学 ＝ 数学**"と考えてはいけない．**数学はあくまで言語・道具に過ぎず，力学の本質は物理学である**．振動に関係する技術屋を志す学生や新人社員は，振動はどうして生じるか，なぜ共振するか，固有振動数・固有モードとは何か，などの振動現象を，運動方程式の作り方・処理方法・CAE の使い方より優先させてしっかり勉強しておかなければならない．本書の第 2 章と第 3 章は，この目的で書かれている.

私達は高等学校や大学で，まず数学を学んだ後に，それを駆使して力学を初歩から学び，力学の根幹は数学であるいう認識のままで企業に就職し，現場でものづくりを担当して初めて実機の性能未達やトラブルに直面し，問題の解決・対策を迫られる．その際まず，実現象を素直に観察し，何が起こっているか・力はどこから入ってどう流れどこから出るか・運動エネルギーと弾性エネルギーはどこに集中しているか（両者は異なる），などを，数学から離れて考察することが肝要であり，数学はその後に使うべきである．問題現象を目の前にして，物理現象の観察・洞察より先にまず運動方程式や CAE ツールが頭に浮かぶのは，ものづくりの技術屋としては好ましいことではない.

ものづくりに直接関係せず新知見の発見や学問の発展を志す学者・研究者にとっては，事情が少し異なる．学者は，物理現象の観察から離れて力学を数学の世界で扱うことが多い．**ニュートン**（1643-1727）は，自然現象を数学処理の俎上に乗せることにより力学を創生した．**ラグランジュ**（1736-1813）は，力学を個々の物理事象から離れた数理問題に変えて統合することにより，解析力学を創生した．解析力学は，さらに数理化・抽象化され，量子力学を生み出した．**マクスウエル**（1831-1879）は，真空中を伝搬する電磁波（光・電波）の世界を数学表現するマクスウエルの方程式を提唱し [9]，電磁気学を電流・電圧という実物理現象の世界から五感を超えた"場"の世界へと止揚させた.

これらのことから明らかなように，数学無くしては力学の新天地は開けない．ただし，力学の創生は，**ガリレイ**（1564-1642）・**ケプラー**（1571-1630）による，自然現象の仮説・前提を設けない素直・精確な観察の前提があって初めて実現できたように，学者・研究者も技術屋と同様に，出発点は数学を伴わない物理現象の観察・考察・理解であることに変りない.

第2章　1 自 由 度 系

2.1　なぜ振動するか

2.1.1　力と運動からの考察

〔1〕　物体の性質と力学特性

地球や月は球であり一定の速度で回っている．海は水平で山は高い．この世にあるすべての物体が現状を保っているのは，現状が最も安定しているからであり，一般に作用を受けない物体は変化しない．これから，"**物体はあるままの状態を保とうとする性質を持っている**"と解釈できる．色・艶・触感などとは無関係な力学では，速度・形（流体では体積）・位置の 3 種類が，"あるままの状態"の対象となる．

表 2.1 を用いてこの性質を説明する．

表 2.1　物体の力学的性質

性　　質	性質の名称	変　化	抵抗力	
慣　性（今の速度でいたい）	質量　M	加速度 $\ddot{x}(t)$	慣性力	$f_M(t) = -M\ddot{x}(t)$
復元性（本来の形でいたい）	剛性　K	変　形 $x(t)$	復元力	$f_K(t) = -Kx(t)$
粘　性（今の位置にいたい）	粘性　C	速　度 $\dot{x}(t)$	粘性抵抗力	$f_C(t) = -C\dot{x}(t)$

① 　動く物体は動いているまま，静止した物体は静止しているまま，物体は"**今あるままの速度を保とうとする**"性質を有する．この性質を実験事実として発見したのは**ガリレイ**（1564-1642）である [23]．**ニュートン**（1643-1727）は，これを力から運動への関係を規定する力学の第 1 法則とし，この性質の強さを**質量**と呼んだ．質量 M は物体が今あるままの速度に慣れる性質すなわち**慣性**であり，この法則は慣性を記述するから，**慣性の法則**と呼ばれる．

　　速度（速さと方向）の変動は，**加速度** $\ddot{x}(t)$（t は時間）である．今あるままの速度を保とうとする物体は，加速度を嫌い，抵抗力を出してそれに抵抗する．この抵抗力は，慣性によって生じるので**慣性力**と言う．慣性力 $f_M(t)$ は，慣性の大きさである質量と速度変動の大きさである加速度の両者に比例し，抵抗力であるから負号が付き

$$f_M(t) = -M\ddot{x}(t) \tag{2.1}$$

　　慣性力に抗して物体に加速度を与えるには，外から力 $f(t)$ を作用させる必要がある．この外力の大きさも，質量と加速度の両者に比例する．ニュートンはこれを力学の第 2 法則：**運動の法則**：とし，**オイラー**（1707-1783）はこの第 2 法則を $f(t) = M\ddot{x}(t)$（式 2.9）と数式表現し

た[23]．同じ加速度を与えるのに必要な作用力の大きさは，慣性の大きさである質量に比例するから，質量は**"単位加速度を生じる力の大きさ"**（D3.1 項）と定義される．

慣性力について少し論じる．$f_M(t) = -f(t)$ の関係にあるから，力の作用反作用の法則（ニュートンの第3法則）によれば，慣性力は作用力に対する反作用力であり実在の力である．一方，高校教科書[25]には，慣性力が次のように記されている．「慣性力は見かけの力であり，実在の力ではないので，反作用を伴わない．」これら両者は一見矛盾しているように思えるが，なぜだろう？ 実は慣性力と言う言葉は，互いに異なる次の2通りの意味で用いられているのである．まず，高校教科書に記されている慣性力は，動き始めた電車の中のように座標系自身が加速度を持つ（この系を**非慣性系**，自身が加速度を持たず等速度直線運動をする系を**慣性系**という）場合のみに現れる**仮想の力**である．これに対し，本項で対象とする慣性力は，慣性系・非慣性系を問わず質量に力が作用すれば必ず生じる**実在の力**である．慣性力に関しては，補章D6.3 項で詳しく説明されている．

② 丸い物は丸いまま，四角い物は四角いまま，形ある物体すなわち固体は **"本来あるままの形を保とうとする"** 性質を有する．この性質を発見したのは**フック**（1635-1702）である．フックは，固体は変形したら本来の形に復元しようとする性質すなわち**復元性**を有することを発見し，この復元性の強さを**剛性**と呼んだ．フックが発見したこの性質を**フックの法則**と呼ぶ．

すべての固体は，形が変ることすなわち変形を嫌う．1自由度系では，変形は変位 $x(t)$ であるから，物体は変位を嫌いそれに抵抗する．抵抗は，抵抗力となって現れる．この抵抗力は，復元性によって生じるので**復元力**と言う．復元力 $f_K(t)$ は，復元性の強さである剛性 K と変位の両者に比例し，抵抗力であるから負号が付き

$$f_K(t) = -K\,x(t) \tag{2.2}$$

復元力に抗して固体に変形を強制・拘束・維持するには，外から拘束力 $f(t)$ を加える必要がある．拘束力の大きさは，剛性と変位の両者に比例し，$f(t) = Kx(t)$ と記される．$f_K(t) = -f(t)$ の関係にあるから，拘束力は復元力の反作用力である．固体に変形を強制するのに必要な力（拘束力）の大きさは，復元性の強さである剛性に比例する．復元力の大きさは変形を生じている固体の内力の大きさに等しいから，剛性は **"単位変位を生じる力の大きさ"** （D3.1 項）と定義される．

③ 空気・水・油などの流体自身あるいは流体に接し囲まれている固体は，**"今あるままの位置を保とうとする"** 性質を有する．この性質は，流体が粘いために生じるので**粘性**と言う．流体に囲まれた固体が動くと，その周辺の流体は粘いために固体とくっついて一緒に動く．一方，固体から離れた場所にある流体は，静止したままであり，やはり粘いために，固体のまわりの流体とは不連続にはなれず，固体の動きを止めて静止させようとする．

位置の変動は**速度** $\dot{x}(t)$ である．流体中の物体は，速度を嫌いそれに抵抗する．抵抗は抵抗力となって現れる．粘性 C により生じるこの抵抗力を**粘性抵抗力**と言う．粘性抵抗力 $f_C(t)$ は，

性質の強さである粘性と速度の両者に比例し，抵抗力であるから負号が付き

$$f_C(t) = -C\dot{x}(t) \tag{2.3}$$

式 2.3 の粘性抵抗力は物体の動きを減衰させるから，**粘性減衰力**とも言う．粘性 C は，式 2.3 右辺の係数になっているから，**粘性減衰係数**とも言う．粘性抵抗力に抗して物体に速度を与えるには，外から粘性に比例する力を作用させる必要があるから，粘性は"**単位速度を生じる力の大きさ**"（D3.1 項）と定義される．

物体が有する慣性（質量）・復元性（剛性）・粘性という 3 種類の性質を，**力学特性**という．

力学特性のうち慣性と復元性は，互いに協調して物体の動現象を発生させる，動力学の主役である．これに対して粘性は，よろず動くことを嫌い速度に常に抵抗する性質であり，速度を有するあらゆる動現象を阻止・抑制し減衰させるだけで，その発生には関与しないから，動力学の主役にはなり得ない．

粘性の正体（発生機構・エネルギー原理との関係など）は，補章 E で詳しく説明されている．

〔2〕**力学モデル**

図 2.1 は，力学特性を用いて物体を表現した 1 自由度系の**力学モデル**である．この力学モデルでは，質量が黒丸，剛性（ばね）がギザギザ，粘性がダッシュポットで表示され，互いに別物として描かれているが，これらは同一の物体が有する 3 種類の性質である．

実際の物体・構造物はすべて連続体または多自由度系であり，それを 1 自由度系で正確にモデル化できることはあまりない．しかし，1 自由度系は力学の基本であり，これを学ぶことは振動学の習得に最も大切である．多自由度系は，モード解析によって，力学的に互いに独立した複数の 1 自由度系に分離できる（3.5 節）．そこで，連続体や多自由度系の振動問題を扱うには，まず 1 自由度系の振動をしっかりと理解・習得しておくことが不可欠の前提である．

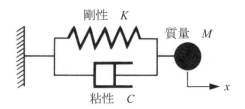

図2.1　1 自由度力学モデル
（粘性減衰系）

〔3〕**力の釣合と運動方程式**

外作用を変化させると，物体にはそれに応じて速度・形・位置の変動が生じ，"あるままの状態を保とうとする"と言う上記の 3 種類の力学特性は，それぞれ慣性力 $f_M(t)$・復元力 $f_K(t)$・粘性抵抗力 $f_C(t)$ を出して，これらの変動に抵抗する．その直後に外作用の変化を除き，同時に物体を外部から力学的に隔絶すると，物体にはこれら 3 抵抗力だけが残存する．残存した 3 抵抗力間には力の釣合が成立するから，$f_M(t) + f_C(t) + f_K(t) = 0$，すなわち（式 2.1〜2.3 より）

$$M\ddot{x}(t) + C\dot{x}(t) + Kx(t) = 0 \tag{2.4}$$

式 2.4 は，力の釣合式であると同時に，運動（位置 $x(t)$・速度 $\dot{x}(t)$・加速度 $\ddot{x}(t)$）を表し求める方

程式であるから，**運動方程式**と言う．

上記のように，粘性は動現象をただ抑制・減衰させるだけであり，動力学の主役ではないから，なぜ振動するか？ 振動の正体は？などを論じる際には，粘性は省略する方が分かりやすい．粘性を省略した系は減衰しないから，**不減衰系**と言う．

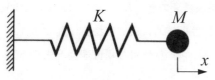

図2.2　1自由度力学モデル
　　　　（不減衰系）

1自由度不減衰系の力学モデルを**図2.2**に示す．この系の運動方程式は，式2.4に$C=0$を代入して

$$M\ddot{x}(t)+Kx(t)=0 \qquad (2.5)$$

ここで，"**力の釣合**"という概念について考える．

高校教科書[25]には，力の釣合が次のように定義されている．「1つの物体にいくつかの力が同時に働いていて，それらの合力が0のとき，これらの力は釣り合っていると言う．物体に働く力が釣り合っているとき，物体は静止または等速直線運動をする．」これを逆に見れば，加速度を生じ速度が変化しながら運動している物体はすべて力の不釣合状態にあることになる．

また，ケルビン（1824-1907）は，「静力学は力の釣合を扱い，動力学は物体の運動を生み出すないしは運動を変化させる，釣り合っていない力の効果を扱う．」と述べている[23]．これによれば運動方程式は，加速度を含み運動が生み出され変化する状態を表現しているから，すべて力の不釣合式であることになる．

一方，ダランベール（1717-1783）は，"**釣合の法則**"を提唱し，力の釣合は力学全体でいかなる場合にも成立する，とした[22)23)]．後世の力学者は，この法則に基づいて「静力学と動力学は力の釣合によって統一できる」とし，これを"**ダランベールの原理**"と称した[1]．法則・原理は例外を許さないから，これによれば力の釣合が成立しない力学状態は存在しないことになる．事実私達は日常，力の釣合がいかなる場合にも成立することを暗黙の前提として，式2.4のような力の釣合式を作成し運動方程式を導いている[2]．

これらは一見矛盾しているように思われるが，なぜだろう？ 実は現在，"力の釣合"の言葉は2通りの意味で用いられているのである．本書でもこれに従っており，運動方程式2.4を導く際には"力の釣合はいかなる場合にも成立する"としたのに対し，後述2.1.2項〔2〕(3)では，"質量は力学エネルギーの不均衡を力の不釣合で受けてそれを加速度に変換する"としている．すなわち力の不釣合は，前者ではこの世に実在しないのに対し，後者では実在し，質量に加速度を生じさせる原因である，としている．この矛盾を解消したい方は，補章D6.1項を読まれたい．

〔4〕**振動のからくり（力の釣合から）**

質量と剛性からなる図2.2の不減衰系を対象に，振動のからくりを論じる．

この系は，安定状態では平衡点（変位$x=0$の位置）で静止（加速度$\ddot{x}$と速度$\dot{x}$が共に0）している．この系に，剛性（ばね）を伸ばすか縮めるかして位置を平衡点からずらす，衝撃力を加えてそれまで静止していた質量に速度を持たせる，などの初期外乱を与えた直後に，系を外部から力学

的に隔絶すると，自由振動を発生する．この隔絶状態では外から何の作用もないので，系には復元力 $f_K = -Kx$ と慣性力 $f_M = -M\ddot{x}$ 以外の力は存在しない．1.8.1 項で図 1.8 を用いて説明したように，変位 x は加速度 $\ddot{x}$ より半周期（π rad）遅れて生じるから，変位と加速度は必ず互いに逆方向を向いている．そして，式 2.5 に示した力の釣合は常に成立するので，復元力と慣性力は必ず大きさが等しく，互いに打ち消し合っている．

これら 2 力の相互作用によって自由振動が発生するからくりを，図 2.2 と同一の系である**図 2.3** を見ながら，説明する．

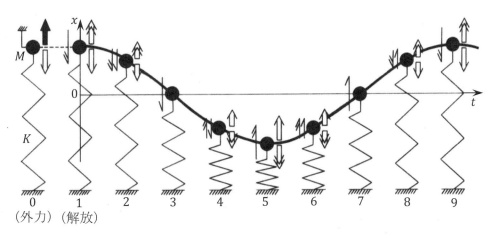

図2.3　不減衰自由振動における力と運動の推移（初期変位を与えて開放）
M：質量，K：剛性，x：変位，t：時間
⬆：外力，⇧：慣性力 $= f_M = -M\ddot{x}$，⇧：復元力 $= f_K = -Kx$，
↑：速度 $= dx/dt = \dot{x}$ ，↑：加速度 $= d^2x/dt^2 = \ddot{x}$

まず，質量に上方向の拘束力を外から加えて系を保持する．このとき，ばねは伸び（変位 $x > 0$），これに抵抗する復元力がばねから質量に下方向に作用し，拘束力（外力）と復元力が上下方向に釣り合った状態で質量が静止している．

外力を急に除去し系を開放する瞬間（時刻 1）から，時刻 t を始める．外力を除去した瞬間には，下方向の復元力は残存したままであり，この復元力がばねに接続された質量に下方向に作用するから，質量には下方向の加速度が生じ，質量は下方に動き始める．この静から動への速度変動（加速度）に抵抗する質量は，上方向の慣性力を生じ，これが外からの拘束力に代って復元力と釣り合う．

質量が下方に移動し $x = 0$ の平衡点に近づくにつれて，ばねの変位は減少するから，ばねから質量に作用する復元力は小さくなり，復元力に比例する下方向の加速度は減少していく．しかし，それまでの加速度は蓄積（時間積分）されて速度になり，下方向の速度は増加していく（時刻 2）．

やがて平衡点に到達する（時刻 3）．この瞬間のばねには伸びも縮みもなく，本来の形（自然長）でいたいという性質を満足しているため，復元力は 0 になり，それと釣り合う慣性力も 0 になり，

質量に加速度は生じない．しかし質量は，動いているままの状態でいたいという自らの性質（慣性）により，ばねにとって最も望ましい位置（自然長：平衡点 $x=0$）を上から下へと最大速度で通過していく．

そうするとばねは縮み始め，それに抵抗する上向きの復元力がばねに発生して質量に作用する．これを受ける質量には，上向きの加速度が発生し，それに抵抗する下向きの慣性力が生じ，これがばねからの上向きの復元力と釣り合う．この上向きの加速度は下向きの速度に制動をかけるため，速度は次第に小さくなっていく．しかし，それまでの速度は蓄積されて変位に変り，その結果下方の変位が増加し続け，ばねは縮んで行く．そうすると，それに抵抗する上向きの復元力が増加して質量に作用し，質量の上向きの加速度が増加し，それに抵抗する下向きの慣性力が増加し，上向きの復元力と釣り合う（時刻 4）．

やがて速度が 0 になり静止した瞬間に，上向きの復元力と下向きの慣性力が共に最大になる．そして質量は，最大の加速度で上向きに動き始める（時刻 5）．

初期からこの時刻まで（時間 1〜5）が振動の半周期である．この後は，それまでと上下方向が逆転した同じ現象が生じ（時刻 6），平衡点を下から上へと通過し（時刻 7），ばねは伸び（時刻 8），やがて正の変位が最大の点に到達する（時刻 9）．初期からこの時刻まで（時間 1〜9）が振動の 1 周期であり，この後はこれまでと同一の現象を周期的に繰り返す．

図 2.3 において，時刻 1 と 5 では，ばねが自身の復元性（本来の形（自然長）に復元したいという性質）を満足させようとして，質量の慣性（静止したままでいたいという性質）を乱す．時刻 3 と 7 では，質量が自身の慣性（最大の速度のままでいたいという性質）を満足させようとして，ばねの復元性（自然長のままでいたいという性質）を乱す．このように，初期に外作用が変化した物体（弾性体）は，2 種類の性質である慣性と復元性を同時に満足させることができないから，相手を乱すことによって自身を満足させようとする．この自己防衛の繰返しが自由振動である．

2.1.2　エネルギーからの考察
〔1〕　今なぜエネルギーか

力学は，エネルギーという概念がこの世にまだ存在しなかったガリレイ・ニュートン・オイラーの時代に，目に見える運動（動く星や落ちるリンゴ）を観察し，運動の裏にはその原因となる力が存在することを発見し，力から運動への関係を数式表示して学術として扱うことにより創生された学問である．上記 2.1.1 項では，この在来の力学を用いて物体の力学的性質と自由振動の現象を説明した．力学の創生から 100〜150 年後にエネルギー原理が確立し，力と運動の関係の根幹にはエネルギーの保存・移動・変換があることが判明した．

さて，近年のものづくりでは，製品開発の最上流である企画段階で実機を仮想運転し，構造・形状・寸法を決定する以前に種々の機能・性能を適正に決定し，同時に実働時に生じる諸問題（振動を含む）を事前に洗い出して対策する，"モデルベース開発"または"デジタル開発"の導入が急務

2.1 なぜ振動するか

になっている．力学・熱・流体・電気・化学などの異なる物理領域間を自在に移動・変換するエネルギーによって使命を果たす機械のモデルベース開発には，様々な形態のエネルギーを統合的に扱う複合物理領域シミュレーションと，それを可能にするモデル化手法が必要になる．電磁気学など他の物理領域では通用しない"力から運動への関係"を根幹に置く在来の古典力学は，単独で用いる場合には何の問題も生じないが，この新しい時代の要求に対しては十分な機能を発揮できない．

著者は，昨今のものづくりにおけるこの切迫した要求に応じるために，全物理領域を貫く唯一の物理量であるエネルギーを直接表に出すように，力学の再構成を試みている[8)-11)]．以下に，この試みの概要を紹介し，それを用いて振動というエネルギー現象の正体を探る．その内容は補章Dで分かりやすく説明されている．本項の内容をさらに詳しく知りたい方は，補章Dを読まれたい．

〔2〕 **力学の再構成**

（1） 状態量　自然は対称である[26) 27)]．振動は，時間と空間の両者に関して対称性（振動の周期性は時間対称性の典型）と閉じた因果関係（因果律）を有する力学エネルギーの変換・循環現象である．振動の発生機構と現象を正しく説明するには，力学理論自体が，エネルギーを表に出し，対称性と因果律を有している必要がある．在来力学は，この要求に対応できていない（D1.2項）．

力学における状態量は力と速度である．力と速度の積は瞬時エネルギー（仕事率：パワー）になる（式 D.1）から，**力と速度は力学エネルギーに関して対称・双対の関係にある**．また，それらを時間積分した**運動量（力積）と位置（速度積）は対称・双対の関係にある**（D2節）．ちなみに，ハミルトンの正準方程式やシュレーディンガーの運動方程式の状態量は，位置と運動量である．

（2） 力学エネルギー　弾性体は**質量** M（＝物体そのもの）と**弾性** H（位置エネルギーの場）からなる．力と運動の関係を論じる在来力学では，弾性を剛性 K（弾性の逆数：$K=1/H$）として扱っている．剛性は，こわさ・硬さ・復元性（表2.1）であり，同一の変形における力（弾性力：復元力の反作用力）の大きさである．これに対して弾性は，しなやかさ・柔らかさ・力学エネルギーの蓄積しやすさ（D3.3項）であり，同一の力における変形の大きさ（式D.3）である．

後述のように，弾性体（形を形成せず変形が定義できない流体を含む）は変形ではなく力（内力：弾性力）で力学エネルギー（弾性エネルギー）を保有するから，エネルギーの立場から力学を論じる場合には，弾性体の力学特性を剛性ではなく弾性とする方が自然である．ただし本書では，力から運動への関係からなる在来力学の理論体系を順守する立場から，原則として剛性を用い，本項のようにエネルギーを直接表に出して力学を論じる場合に限り，弾性を用いる．

力学エネルギー（以下単にエネルギーと記す）は，運動エネルギーと位置エネルギーからなる．物体（弾性体）は，エネルギーを質量と弾性で保有する（D3.3項）．質量が 0 なら運動エネルギーを保有できず，弾性が 0（剛性が無限大＝剛体）なら弾性エネルギー（弾性体の位置エネルギー）を保有できない．

運動エネルギー T は，質量 M が速度 v の形で保有する力学エネルギーである．

$$T = \frac{1}{2}Mv^2 \qquad \text{(式 D.4)} \tag{2.6}$$

在来力学では，**弾性エネルギーUは剛性Kが変形xの形で保有するエネルギー**とされていた．

$$U = \frac{1}{2}Kx^2 \qquad \text{(式 D.5)} \tag{2.7}$$

式 2.7 は，形を形成する固体が変形する場合のみに有効な表現式であり，形を形成しない弾性体である流体，および固体における変形を伴わないエネルギーの変動・蓄積，には適用できない．一定体積の流体あるいは変形を生じないように拘束した固体に熱を加えれば（等積変化），内圧力（弾性力）が増大しエネルギーが増加する．このときのエネルギーは，熱エネルギーであると同時に，自らが膨張して外部に力を作用させ仕事をする能力すなわち力学エネルギーでもある．固体と流体におけるこれら全現象に共通するのは，**弾性体はエネルギーを力（内力＝弾性力）の形で保有する**，という事実である．したがって弾性エネルギーは，変形xではなく弾性力fを用いて表現するのが正当・妥当である．そこで著者は，式 2.7 に$K = 1/H$とフックの法則$x = f/K = Hf$（式 D.3）を代入して得られる弾性エネルギーの以下の表現式を，新しく提示する。

$$U = \frac{1}{2}Hf^2 \qquad \text{(式 D.6)} \tag{2.8}$$

速度vと力fが対称・双対の関係にあり，また質量Mと弾性Hが対称・双対の関係にある（本項の（3）に後述）から，式 2.6 と 2.8 を比較すれば，運動エネルギーTと弾性エネルギーUは対称・双対の関係にあることが分かる（D3.3 項）．弾性エネルギーを式 2.7 で表現していた在来力学では，この対称・双対関係は不明であった．

大きい質量Mは，速度変動（加速度）を生じにくく，力の不釣合を解消するのに必要な速度の変化を得る（質量の動的機能：本項の（3）に後述）ためには多量のエネルギーを吸収する必要がある（式 2.6）．大きい弾性H（小さい剛性K）は，力変動を生じにくく，速度の不連続を解消するのに必要な力の変化を得る（弾性の動的機能：本項の（3）に後述）ためには多量のエネルギーを吸収する必要がある（式 2.8）．重く柔らかい物体では状態（速度・力）の変化に多量のエネルギーの移動・吸収が必要になるから，状態の変化が遅く（自由振動では固有角振動数が小さく：固有角振動数$\Omega = \sqrt{K/M} = \sqrt{1/(HM)}$：D3.2 項），逆に軽く硬い物体では状態（速度・力）の変化に少量のエネルギーの移動・吸収で済むから，状態の変化が速い（自由振動では固有角振動数が大きい）．

（3）　物体の性質と力学特性　2.1.1 項〔1〕で，"物体はあるままの状態を保とうとする性質を持っている"と述べ，それを力と運動の関係に基づいて説明した．著者は，エネルギーを表に出す立場から，この性質をさらに本質的・具体的に考察し，次のように記述する．"**物体は力学エネルギーの均衡状態ではそれを保ち，不均衡状態では均衡状態に復帰しようとする性質を持っている．**"

これに基づき，質量と弾性の機能を，以下のように新しく定義する．

質量の静的機能　**：　力学エネルギーの均衡状態では，０を含む一定の速度（慣性の法則）で力学**

エネルギーを保有する（式2.6）．

質量の動的機能 ： 力学エネルギーの不均衡状態では，その不均衡を力の不釣合で受け，それに比例した速度変動（加速度）に変換する（運動の法則）．速度変動は，時間の経過と共に蓄積され，速度を変化させる．質量は，この速度の変化分の力学エネルギーを吸収することにより，力の不釣合を解消し，力学エネルギーの均衡を回復させる．

弾性の静的機能 ： 力学エネルギーの均衡状態では，0を含む一定の力（弾性の法則：後述(4)）で力学エネルギーを保有する（式2.8）．

弾性の動的機能 ： 力学エネルギーの不均衡状態では，その不均衡を速度の不連続（両端間の速度差）で受け，それに比例した力変動に変換する（力の法則：後述(4)）．力変動は，時間の経過と共に蓄積され，力を変化させる．弾性は，この力の変化分の力学エネルギーを吸収することにより，速度の不連続を解消し，力学エネルギーの均衡を回復させる．

エネルギーを表に出した上記の定義では，質量と弾性の機能が，互いに対称・双対の関係にある "力" と "速度" および "力の不釣合" と "速度の不連続" の相互入換以外には，同一の文章で表現されている．これは，**弾性体では質量と弾性が対称・双対の関係にある**，ことを意味する．このことは，固有角振動数が $\sqrt{K/M} = \sqrt{1/(MH)}$ と表現できる（D3.2項）ことから明らかである．重くなる（$M \to$ 大）ことと柔らかくなる（$H \to$ 大：$K \to$ 小）ことは共に固有振動数を下げる．ちなみに，エネルギー現象を直接扱う電磁気学における共振角周波数は $\sqrt{1/(CL)}$（C は静電容量，L はインダクタンス）であり [9)-11)]，力学との相似性が成立している．

次に，粘性の機能を定義する．

粘性の機能 ： 力学エネルギーの不均衡を速度の不連続（両端間の速度差）で受け，力を生じることによってそれを吸収する．そして，吸収した力学エネルギーを直ちに熱エネルギーに変換・散逸させることによって，力学エネルギーの均衡を回復させる．

粘性は，質量・弾性とは異なり，力学エネルギーを蓄積・保有できない．また粘性は，速度が存在する動的状態のみで機能するから，静的機能は有しない．粘性は，速度を嫌い速度に抵抗するから，すべての動現象を阻止し抑制するだけで，その発生には関与せず，力学の主役にはなり得ない．

粘性では不連続速度の作用と力の発生が同時であるから，因果関係を逆転させて "力を受けて不連続速度を生じる" と見なすこともできる．力学では，これを **"塑性"** と呼んでいる．

力学特性のうちで，質量と剛性はエネルギー原理との関係を明解に説明できるが，粘性はこれまで不明とされていた．著者は，粘性の正体（発生機構と機能）をエネルギー原理の立場から説明することに初めて成功している．粘性の発生原因は？ なぜ物体は温度を上げれば溶解・流動し支配特性が剛性から粘性に変るのか？ 粘性が力学エネルギーを熱エネルギーに変換するメカニズムは？ 粘性はどうして速度に比例する抵抗力を生じるのか？ 固体・液体・気体の物性はどうして異なるか？などを知りたい方は，補章Eを読まれたい．

(4) 力学法則　ニュートンは，古典力学の根幹となる次の3法則を提唱した.

慣性の法則：力が作用しない物体は速度を有しないか一定の速度を有する.

運動の法則：力が作用する物体は力に比例する速度変動（加速度）を生じる.

力の作用反作用の法則：作用力に対し反作用力は常に逆向きで大きさが等しい.

著者は，力学法則に対称性を導入し，上記の3法則と対称・双対の関係にある下記の3法則を新しく提唱している[8)-11)]（D4.1節）.

弾性の法則：速度が作用しない物体は力を有しないか一定の力を有する.

力　の　法　則：速度が作用する物体は速度に比例する力変動を生じる.

速度の作用反作用の法則：作用速度に対し反作用速度は常に逆向きで大きさが等しい.

ニュートンの3法則と著者が提唱する3法則は，力と速度，力の釣合と速度の連続，の相互入換以外には，同一の文章で表現されている. これは，これらの3法則が互いに対称・双対の関係にあることを意味している.

慣性の法則と運動の法則は質量を支配する. これらの法則で"力が作用する"とは，質量に不釣合力を加えることである. 弾性の法則と力の法則は弾性を支配する. これらの法則で"速度が作用する"とは，弾性に不連続速度（両端間の速度差）を与えることである. 一方，力の作用反作用の法則と速度の作用反作用の法則は，質量・弾性には関係なく力学全体を支配する. そして，これらの作用反作用の法則における"作用"の意味は，上記とは異なる（D6.4項）.

運動の法則と力の法則を数式表現すれば，それぞれ

$$f = M\dot{v} \qquad （式 D.9） \tag{2.9}$$

$$v = H\dot{f} \qquad （式 D.10） \tag{2.10}$$

力 f と速度 v，質量 M と弾性 H がそれぞれ対称・双対の関係にあるから，式 2.9 と 2.10 は対称・双対の関係にある.

弾性 H を不変定数として式 2.10 を時間積分すれば

$$x = Hf \qquad （式 D.3） \tag{2.11}$$

式 2.11 はフックの法則（ $f = Kx$ ： $K = 1/H$ ：式 D.2）に他ならない. これから，著者が提唱した力の法則（式 2.10）はフックの法則（式 2.11）の時間微分形であることが分かる. ただし，フックの法則は厳密には弾性 H すなわち剛性 K が不変定数である線形弾性系にしか適用できないのに対し，力の法則は線形・非線形を問わずすべての弾性体に適用できる，フックの法則よりも普遍性を有する基本法則である.

〔3〕 振動のからくり（エネルギーから）

質量は，外から力を受けてそれに比例する速度変動を生じる力学的性質であり，**力を受けることはできるが，速度を受けることはできない**. 例えば，静止している質量にどのような作用を加えても，瞬時（無限小時間）に有限の速度を与えることはできない（D3.5項〔3〕）.（ただし実現象でなく数学の世界では可能）

2.1 なぜ振動するか

これに対して弾性は，外から速度（両端間の速度差）を受けてそれに比例する力（弾性力）変動を生じる力学的性質であり，**速度を受けることはできるが，力を受けることはできない**．例えば，自然長の弾性の他端を固定し一端に力を加えようとしても，“のれんに腕押し”で反力が返ってこないから力が入らず，両端間に不連続速度（速度差）を与えているだけであり，力を加えることはできない．また，自然長ではなく変形している弾性の両端に外から加えている力は，変形を強制・拘束・保持する拘束力（両端間の釣合力）であり，エネルギーの移入すなわち仕事を伴う作用力（両端間の不釣合力）ではない．（D3.5 項〔3〕）

人も物体も，持っているものしか出すことができない．質量は，エネルギーを速度の形で保有する（式 2.6）から，**速度を出して外部に仕事をすることしかできない**（D3.5 項〔4〕）．質量が他の物体に衝突した瞬間には，他の物体の衝突部分を質量と同一の速度にするだけで，その部分に力を加えてはいない．人に質量が衝突すると痛いのは，衝突部分の肉体が受けた衝突速度が蓄積し圧縮の弾性力に変って初めて痛感を生じるからである．

一方，弾性は，エネルギーを力（弾性力）の形で保有する（式 2.8）から，**力（復元力＝弾性力の反作用力）を出して外部に仕事をすることしかできない**（D3.5 項〔4〕）．弾性は，それと連結する他の物体（質量）に力（復元力）を加えることはできるが，他の物体に速度を加え瞬時（無限小時間）に有限の速度変化を与えることはできない．

すべての物体は質量と弾性が共存する弾性体である（運動体の力学で扱う質点・剛体は物体の近似表現）．**力しか受けられず速度しか出せない質量と，速度しか受けられず力しか出せない弾性は，互いに自身の出入が相手の入出に一致するから，必ず連結し合って，物体内部にエネルギーの閉回路を形成する**．

エネルギーを力で受け速度に変えて出す質量は，**「力が原因で速度が結果」**の片方向の因果関係を演じる．反対に，エネルギーを速度で受け力に変えて出す弾性は，**「速度が原因で力が結果」**の逆片方向の因果関係を演じる．弾性体では，質量と弾性が協調して，双方向の閉じた因果関係を演じ，因果律を成立させる．**この閉じた因果関係の連鎖が，自由振動なのである**．

物体への外作用を変化させれば，この閉回路に不均衡エネルギーが投入される．

不釣合力を加える形で不均衡エネルギーを物体に投入すれば，それは質量に入る．質量は，これを受けて，運動の法則（式 2.9）に従って速度変動を生じ，時間の経過と共にそれを蓄積（時間積分）し自身の速度に変えて，質量と連結した弾性の連結端に与える（他端は固定→不連続速度）．弾性は，この不連続速度を受けて，力の法則（式 2.10）に従って力変動を生じ，時間の経過と共にそれを蓄積（時間積分）し自身の力（弾性力）に変えて，その反作用力である復元力を質量に加える．

不連続速度を与える形で不均衡エネルギーを物体に投入すれば，それは弾性に入る．弾性は，これを受けて，力の法則に従って力変動を生じ，時間の経過と共にそれを蓄積（時間積分）し自身の弾性力に変えて，その反作用力である復元力を弾性と連結した質量に加える．質量は，それを不釣合力として受けて，運動の法則に従って速度変動を生じ，時間と共に自身の速度に変えて弾性に与

える．

　こうして初期に外から投入された不均衡エネルギーは，質量と弾性の間を循環し続ける．閉回路内のエネルギーは，質量から弾性へと移動する際には速度の形を，弾性から質量へと移動する際には力の形をとる．これが自由振動であり，自由振動の正体は物体に内在し続ける不均衡エネルギーの内部循環である．

　エネルギーの移動・変換によって自由振動が発生するからくりを，**図 2.4** を見ながら説明する．

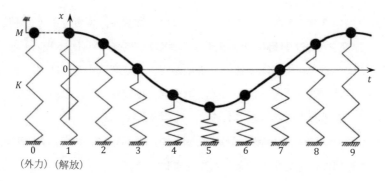

図2.4　不減衰自由振動（初期変位を与えて開放）
M：質量，K：剛性，x：変位，t：時間

　質量に上方向の拘束力を外から加えて系を保持する．このとき，正の弾性力を有して伸びている弾性（ばね）は，自然長に復元したい，という復元性による下方向の復元力（弾性力の反作用力）を生じ，質量に加える．質量は，外からの拘束力とばねからの復元力（このときの復元力はまだエネルギーの移動（仕事）を伴う作用力ではない）が釣り合う，という力の釣合でエネルギーの均衡を維持している．そこで，質量は静止しており運動エネルギーを保有していない．一方ばねは，上下端共に静止している，という速度の連続でエネルギーの均衡を維持している．またばねは，正（引張）の弾性力を有し弾性エネルギーを保有している．したがって系は，外から力学エネルギーを弾性エネルギーの形でばねに強制的に挿入された安定状態で，保持・拘束され静止している．

　外からの拘束力を急に除去する瞬間（時刻 1）から，時刻 t を始める．

　拘束状態でばねが保有している弾性エネルギーは，拘束から解放さればねが自由になった瞬間に不均衡エネルギーに変る．これは，この瞬間に外から系に不均衡エネルギーを投入することを意味する．外からの拘束力が除去され，ばねからの復元力のみが作用する質量は，力の不釣合というエネルギー不均衡状態になる．釣合力（拘束力）から不釣合力（作用力）へと変身した復元力は，質量に仕事をし始め，初期にばねが保有していた不均衡エネルギーを質量に移動させる．ばねから質量へのエネルギーの移動は力の形でなされる．質量は，自身に速度変動（加速度）を生じることで，ばねから力の形で受けた不均衡エネルギーを吸収し，新しい均衡状態に移行しようとする．加速度は時間と共に蓄積（時間積分）され，速度が増加する．こうして質量は，ばねから力で受けた不均衡エネルギーを速度に変え，運動エネルギーに変換して速度の形で保有する．これにより，ばねの

2.2 不減衰系の自由振動 29

弾性力は減少し，変位 x も減少し，代りに質量の速度が増加し，ばねが初期（時刻 1）に保有していた弾性エネルギーは質量が保有する運動エネルギーに変化していく（時刻2）.

　やがて質量は，中立点（$x=0$）に到達する（時刻 3）.この瞬間には，弾性力とその反作用力である復元力が共に 0，変位が 0（ばねが自然長），加速度が 0，速度が最大，になり，初期にばねが保有していた弾性エネルギーはすべて質量に移動し，運動エネルギーに変換されている.そしてばねは，上端が最大速度，下端が固定，という最大の速度の不連続状態に置かれる.

　質量は，中立点を上から下へと最大速度で通過しながら，ばねの上端に速度を与える（下端は固定）ことによってばねに仕事をし始め，質量からばねへと不均衡エネルギーを移動させる.質量からばねへのエネルギーの移動は速度の形でなされる.ばねは，自身に力変動を生じることで，質量から不連続速度の形で受けた不均衡エネルギーを吸収する.力変動は時間と共に蓄積（時間積分）され，力（弾性力）が増加する.こうしてばねは，質量から速度で受けた不均衡エネルギーを力に変え，弾性エネルギーに変換して力の形で保有する.これにより質量の速度は減少し，代りにばねの弾性力が増加し，質量が中立点（時刻 3）で保有していた運動エネルギーはばねの弾性エネルギーに変化していく（時刻4）.

　やがて質量は速度を出し切って停止する（時刻 5）.この瞬間には，圧縮弾性力とその反作用力である上方向復元力が共に最大，下方向変位が最大，速度が 0，になり，中立点で質量が保有していた運動エネルギーはすべて，ばねが保有する弾性エネルギーに変換されている.最大の復元力が上方向に作用する質量は最大の力の不釣合状態になり，最大の上方向加速度が発生して，速度が負から正へと速やかに転じる.

　初期（時刻 1）からこの時点（時刻 5）までが振動の半周期である.この後の半周期（時刻 5〜9）には，この時点までの現象がすべて，上下方向を逆転した形で推移し反復する.

　上記のように，初期にばねに投入された不均衡エネルギーは，エネルギーの閉回路を 1 周して，半周期後に再びばねに戻る.不均衡エネルギーは，振動の半周期でばねと質量間を 1 回往復するのである.これは，**自由振動の 1 周期で不均衡エネルギーが質量と弾性（ばね）の間に形成されているエネルギーの閉回路を 2 周する**，ことを意味する.またこれは，物体内における質量と弾性間の 1 回のエネルギー移動・変換・蓄積（エネルギーの閉回路内の 1 回の片道通行）には，振動の 1／4 周期の時間を必要とすることを意味する.これが，振動を 1 回時間積分すると時間（位相）が 90°（$\pi/2$）遅れ（図 1.8），1 回時間微分すると時間（位相）が 90°（$\pi/2$）進むことの，エネルギーから見た物理学的理由である.

2.2　不減衰系の自由振動

2.2.1　振動の数式表現

　これまで自由振動という現象を物理学の立場から論じてきた.ここでは，これを数学的に扱ってみる.前述のように，1 自由度不減衰系の運動方程式は

$$M\ddot{x}(t) + Kx(t) = 0 \qquad\qquad\qquad (2.5,\ \text{再掲})$$

式 2.5 は，時間 t を独立変数・変位 $x(t)$ を従属変数とする 2 階微分方程式である．

在来の振動学の教科書では，式 2.5 を解いて自由振動を求める手順が，次のように説明されている．

式 2.5 を満足する解である変位を，次の 2 通りに仮定する．

$$x(t) = X_c \cos\Omega t + X_s \sin\Omega t \qquad\qquad\qquad (2.12)$$

または

$$x(t) = X_1 e^{j\Omega t} + X_2 e^{-j\Omega t} \qquad\qquad\qquad (2.13)$$

ここで，X_c と X_s または X_1 と X_2 は未定係数である．一方，時間 $t = 0$ における変位と速度を，**初期条件**として次のように与える．

$$x(t = 0) = x_h, \quad \dot{x}(t = 0) = v_h \qquad\qquad\qquad (2.14)$$

式 2.12 または 2.13 を式 2.5 に代入し，式 2.14 を用いて未定係数を決めれば，自由振動の解が得られる．

この説明を異和感なく受け入れることのできる人は，振動をすでにしっかりと修得し終えている人か，振動を数学の世界で理解している人である．前者は尊敬に価するが，後者は注意を要する（1.8 節）．振動を勉強し始めた普通の人は，ここで何らかの疑問を感じるか，振動学が嫌いになるのが自然・当然であろう．そこで，解を求める前に，初心者が感じるであろう疑問に解答しておこう．

【疑問1】 式 2.12 の $\sin\Omega t$ や $\cos\Omega t$ とは何だろう？ 式 2.13 の $e^{j\Omega t}$ や $e^{-j\Omega t}$ とは何だろう？

（解答） $\sin\Omega t$ と $\cos\Omega t$ は**三角関数**と言う．また $e^{j\Omega t}$ と $e^{-j\Omega t}$ は**複素指数関数**と言う．これら両者は，**角周波数 Ω** で同じ値を繰り返す同一の**周期関数**であり，**調和関数**と呼ばれる．このことは，オイラーにより証明されている（オイラーの公式）．これらの関数については，補章 A1 と A2 に初歩から説明してある．これらは振動学の基本であるから，不慣れな人は補章 A を読んでほしい．

【疑問2】 式 2.7 の $e^{j\Omega t}$ と $e^{-j\Omega t}$ は虚数を含む**複素数**の一種である．この世には存在しない**虚数**を用いて実現象を表現してよいのか？

（解答） 実在するすべての物理事象は，時間と空間という互いに独立した 2 つの素からなっている．これを実数で表現すれば，1 個の事象について 2 個の数が必要になる．これに対して複素数は，1 個の数字が実部と虚部あるいは大きさと位相という 2 つ（複）の素を有する（式 A2.2）ので，1 個の物理事象を 1 個の数で表現でき，数学処理が簡単・便利になる．例えば振動では，1 個の複素数で，空間上の大きさ（振幅）と時間上の推移（位相の変化）の両者を同時に表示できる．実現象の解析に複素数を用いる理由は，この便利さ以外の何物でもない．そのために，複素数は力学のみならず物理学全体で多用される．

複素数のうち，現時点で実際に起こっている現象を表現するのは実部のみ（2.2.3 項）であり，虚部は現時点の現象としては意味を持たない． このことさえ心得ていれば，実在しない虚数を含む複素数を用いて実現象を表現しても問題は生じない．

2.2 不減衰系の自由振動

【疑問3】 どうして式 2.12 または式 2.13 のような仮定が成立するのか？

（解答） 式 2.5 は，力の釣合という力学法則であり例外を許さないから，どのような条件下でも時間 t に無関係に常に成立する．この式は，ある関数 $x(t)$ とそれを2回微分した $\ddot{x}(t)$ に力学特性（正の定数）を乗じて加えたら0になることを意味する．このことが常に例外なく成立するためには，関数 $x(t)$ を2回微分して得られる関数 $\ddot{x}(t)$ が元の関数 $x(t)$ と同形で負値になる必要がある．

正弦関数（sin）と余弦関数（cos）はこのことを満足し（式 A1.36）ており，これらを採用したのが式 2.12 である．一方，指数関数は，2回微分しても同一関数になるが元の関数の負値にはならない．2回微分すれば同一関数の負値になるためには，指数に $\sqrt{-1} = j$ を入れて虚数にした複素指数関数（A2.4 節）でなければならない．これを採用したのが式 2.13 である．

疑問1への解答で述べたように，三角関数と複素指数関数は相互変換が可能な同一の周期関数である（式 A2.50〜A2.53）から，式 2.12 と 2.13 は同一式の別表現であり，共に角振動数 Ω の調和振動を示す．上記の条件を満足する関数はこれら以外にはないから，式 2.5 の解は式 2.12 または 2.13 以外には存在しない．**"外作用が変化した直後に自由状態に置かれた系における力の釣合が調和振動を生じる"**ことは，このように運動方程式を解く前にすでに明らかなのである．

【疑問4】 なぜ2個の未定係数が必要なのか？ なぜ2個の初期条件が必要なのか？

（解答） 2階微分方程式を解くためには，2回積分する必要がある．積分1回毎に不確定定数が1個生じる（0を積分すると不確定定数になる）から，2個の未定係数をあらかじめ解（積分結果）の中に含ませておかないと，2階微分方程式の解として成り立たない．そして，これら2個の未定係数を決めて解を確定するには，これと同数の2個の条件を与える必要がある．自由振動の場合には，これらの条件として，初期（振動が始まる瞬間）の系の状態である初期変位と初期速度を与える．一般に，微分方程式を解いて確定した解を得るためには，微分方程式の階数と同数の条件を与えることが必要である．

【疑問5】 なぜ式 2.12 で sin と cos の両方を使うのか？ 片方だけではだめなのか？

（解答） $t = 0$ では $\sin\Omega t = 0$ であるから，$\sin\Omega t$ だけでは0以外の初期変位を表現できない．一方，$t = 0$ では $d\cos\Omega t / dt = 0$ であるから，$\cos\Omega t$ だけでは0以外の初期速度を表現できない．このように，片方だけでは与えられる初期条件に制限を受ける．

【疑問6】 なぜ式 2.13 で $e^{j\Omega t}$ と $e^{-j\Omega t}$ の両方を使うのか？ 片方だけではだめなのか？

（解答） 実現象は実数でしか表現できない．式 2.13 が実現象を正しく表現するには，両辺共に時刻 t に関係なく常に実数でなければならない．しかし式 2.13 では，数学上便利であるという理由で複素数を導入している．複素数を用いて実数を表現しようとすれば，複素数（式 A2.4）とその共役複素数（式 A2.9）の和によって虚部を消去するしかない（式 A2.14）．そのために，実現象を複素数 $e^{j\Omega t}$ で表現しようとすれば，その共役複素数 $e^{-j\Omega t}$ も合せて用いざるをえない．

後述のように通常，振動を式 2.13 の代りに $x(t) = Xe^{j\Omega t}$ （式 2.25）と表現することが多い（X

は複素数：式 2.66）．式 2.25 右辺は複素数であり，実数である式 2.13 右辺とは明らかに異なる．しかし，式 2.25 右辺の実部は式 2.13（実数）と等しくなり，実際の振動現象を表現している（2.2.3 項）．

2.2.2 固 有 振 動 数

運動方程式 2.5 が力の釣合という力学法則として常に例外なく成立する条件について検討する．式 2.5 の解である式 2.12 と 2.13 は，同一関数の別表現でありどちらを用いてもよいから，ここでは式 2.13 を用いる．変位である式 2.13 を時間 t で微分すれば（式 A2.46），速度と加速度は

$$\dot{x}(t) = j\Omega X_1 e^{j\Omega t} - j\Omega X_2 e^{-j\Omega t} \tag{2.15}$$

$$\ddot{x}(t) = (j\Omega)^2 X_1 e^{j\Omega t} + (-j\Omega)^2 X_2 e^{-j\Omega t} = -\Omega^2 x(t) \tag{2.16}$$

式 2.13 を 2 回時間微分すれば元の関数と同形で負値になることが，式 2.16 から分かる．式 2.13 と 2.16 を式 2.5 に代入すれば

$$(-\Omega^2 M + K)x(t) = 0 \tag{2.17}$$

式 2.17 は例外を許さない力学法則であるから

$$x(t) = 0 \quad \text{または} \quad -\Omega^2 M + K = 0 \tag{2.18}$$

が時間 t に無関係に常に成立する必要がある．式 2.18 のうちで $x(t) = 0$ は系が常に静止していることを示すが，これは動力学的には意味がない．そこで，式 2.18 右式が常に成立しなければならず，そのためには

$$\Omega = \sqrt{\frac{K}{M}} \quad \left(= \sqrt{\frac{1}{MH}} \; : \; H = \frac{1}{K} \text{は弾性}\right) \tag{2.19}$$

Ω は，1 秒間に振動が何 rad 進むかという角振動数であるから，式 2.13 は角振動数 Ω の周期関数を表す．式 2.19 は，系が必ずこの角振動数で自由振動し，これ以外では振動しないことを意味する．式 2.19 のように Ω は，系が自然の（natural）状態で自由に振動する角振動数であり，図 2.2 の不減衰系固有の力学特性 M と K で決まるので，これを**固有角振動数**（natural angular frequency）という．振動の 1 周期は 2π ラジアン（rad）であるから，Ω を 2π で割ると，振動が 1 秒間に何周期繰り返すかという量になり，$\Omega/2\pi = f_n$（Hz）を**固有振動数**という．また $T_n = 1/f_n = 2\pi/\Omega$ は，1 周期の振動に何秒かかるかという量になり，**固有周期**という．

これまで，力が作用しない状態の運動方程式 2.5 が有意な解を有するための条件として，固有振動数を導いてきた．しかし固有振動数は，運動方程式が成立するから存在するのではなく，以下のように，数式の有無とは無関係に存在し物理的意味を有する実際の物理現象である．

質量は，系が一定の運動（速度）を保持したいという性質（慣性）であり，常に速度の変動（加速度）をなくそうとする．それに対して剛性は，系が本来の形を保持したいという性質（復元性）であり，常に形の変化（変位）をできるだけ速やかになくそうとする．その結果，質量は振動をゆっくりさせ，剛性は速くさせようとする．このように速さ（振動数）に対して逆の働きをする質量

2.2 不減衰系の自由振動

と剛性が互いに協調し合って初めて生じる自由振動の発生は，両者が折り合って妥協できる速さでのみ可能になる．この"折り合う"ことの物理的意味を，以下に述べる．その際，振動を $x = Xe^{j\Omega t}$（式 2.25）（$\dot{x} = j\Omega Xe^{j\Omega t} = j\Omega x$, $\ddot{x} = -\Omega^2 Xe^{j\Omega t} = -\Omega^2 x$）と記す．

まず，力から観た意味は，慣性力と復元力が互いに打ち消し合い，力の釣合が常に成立することである．そのためには，質量が出す慣性力 $-M\ddot{x} = M\Omega^2 x$ と剛性が出す復元力 $-Kx$ が常に互いに逆向きで大きさが等しくならなければならず，この $M\Omega^2 = K$ の関係を満足する式 2.19 の角振動数でのみ，自由振動が可能になる．

次に，エネルギーから観た意味は，質量と剛性が連結して物体内部に形成しているエネルギーの閉回路を循環中の不均衡エネルギーが，エネルギー保存の法則を満足していることである．そのためには，全エネルギーを質量が保有する瞬間の運動エネルギーの最大値 $(M\dot{x}^2/2)_{max} = M\Omega^2 X^2/2$ と，全エネルギーを剛性が保有する瞬間の弾性エネルギーの最大値 $(Kx^2/2)_{max} = KX^2/2$ が等しくなければならず，この $M\Omega^2 = K$ を満足する式 2.19 の角振動数でのみ，自由振動が可能になる．

2.2.3　振動の解と図示

2.2.1 項で，初心者が抱くであろう様々な疑問に解答することによって，式 2.12 または 2.13 を運動方程式 2.5 の解としてよいことが理解できた．そこで，初期条件の式 2.14（初期変位 x_h，初期速度 v_h）を用いて式 2.12 と 2.13 に含まれる未定係数を決め，解を確定する．ただし，この途中説明は補章 B1.1 項に譲り，ここでは結果だけを記す．

三角関数を用いる場合の解は

$$x(t) = X\cos(\Omega t + \varphi) \qquad \text{（式 B1.7）} \tag{2.20}$$

ここで

$$X = \sqrt{x_h^2 + (\frac{v_h}{\Omega})^2}\ , \quad \tan\varphi = \frac{\sin\varphi}{\cos\varphi} = -\frac{v_h}{x_h\Omega} \qquad \text{（式 B1.4 と B1.5）} \tag{2.21}$$

X を**振幅**，$\Omega t + \varphi$ を**位相**，φ を**初期位相**または単に位相という．

複素指数関数を用いる場合の解は

$$x(t) = \frac{X\{e^{j(\Omega t + \varphi)} + e^{-j(\Omega t + \varphi)}\}}{2} \quad \text{（式 B1.14）} \tag{2.22}$$

式 2.5 の正しい解は式 2.22 である．しかし，振動を式 2.22 の代りに

$$x(t) = Xe^{j(\Omega t + \varphi)} \qquad \text{（式 B1.16）} \tag{2.23}$$

と表現することが多い．式 2.23 右辺は複素数であり，その実部が式 2.22 右辺（実数）と一致し，時刻 t における実現象を表現する（2.2.1 項疑問 2 の解答）．

図 2.3 に示したように，ばねを伸ばして止めた状態から外力を開放する例を考える．開放した瞬間の初期条件は $x_h = X$, $v_h = 0$ であるから，式 2.21 より　$\varphi = 0$．したがって式 2.22 は

$$x(t) = \frac{X(e^{j\Omega t} + e^{-j\Omega t})}{2} \tag{2.24}$$

あるいは式2.23と同様に，式2.24の代りに複素数で表現して

$$x(t) = Xe^{j\Omega t} \tag{2.25}$$

または，式2.20より

$$x(t) = X\cos\Omega t \tag{2.26}$$

図2.5aは，振動を複素平面（図A2.1）上で表現したものである．式2.25は，図2.5aに示した半径Xの円の円周上を反時計方向に回る軌道で表されるが，振動の実現象は，この円周上を回転するのではなく，実軸（横軸）上で原点の左右を往復するだけである．これを正しく表現しているのが式2.24である．式2.24が式2.25の実軸上への投影を数学的に正しく表現した実関数であることは，図2.5a中で，時間tと共に円周上を反時計方向に回る関数$Xe^{j\Omega t}$と，それと共役で円周上を時計方向に回る関数$Xe^{-j\Omega t}$を足し合せて2で割ったものが，時間tに関係なく常に実軸上への投影になっていることから，明らかである．一般に，時刻歴現象を複素関数$z(t)$で複素平面を用いて表現するとき，実現象はその実軸上への投影であり，その正しい記述は実関数$\{z(t) + \bar{z}(t)\}/2$である．

一方，図2.5bは，式2.26を時空平面上で表現したものであり，時間軸（縦軸）の方向に進む波形曲線になる．しかし実際の振動は，波動のようにうねりながら空間を移動するのではなく，ただ変位を表す空間軸（横軸）上で原点の左右を往復しているだけである．つまり，実現象は式2.26が表す曲線の変位軸（空間軸）への投影である．通常時空平面は，図2.5bを反時計回りに90°回転させ，横軸右方を時間軸とする方式で図示される（例えば図2.3）．

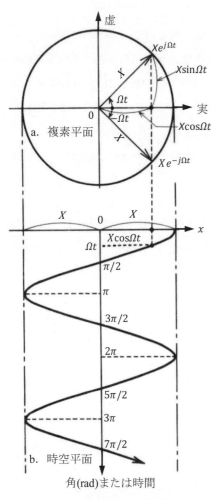

図2.5　振動の2通りの図示方法

変位の式2.26を微分すれば，式A1.35，A1.28，A1.30より，速度と加速度は

$$\dot{x} = -X\Omega\sin\Omega t = X\Omega\cos(\Omega t + 90°) \tag{2.27}$$

$$\ddot{x} = -X\Omega^2\cos\Omega t = X\Omega^2\cos(\Omega t + 180°) \tag{2.28}$$

通常，変位を基準にして式2.26〜2.28の位相を上から順に見て，速度は変位より90°進み，加速度

2.2 不減衰系の自由振動

は速度よりさらに 90°進んでいる，という．しかし，これはあくまで数学上の表現であり，実現象から位相を見れば，むしろ逆に，速度は加速度より 90°遅れ，変位は速度よりさらに 90°遅れて生じる，というべきである．なぜなら，速度は加速度を蓄積（時間積分）し，変位は速度を蓄積（時間積分）して初めて生じるからである．因果律からいえば，結果が原因より位相が進む（時間的に先に生じる）ことはありえないから，まず作用力に同期して加速度が生じ，その蓄積結果速度が生じ，さらにその蓄積結果変位が生じるのである．図 1.8 はこの関係を示し，同一の振動では，加速度，速度，変位の順に 90°づつ遅れて生じていることが分かる．数学は微分の世界，実現象は積分の世界である（1.8 節）．

2.2.4 力学エネルギー

〔1〕 仕事と力学エネルギー

エネルギーとは，仕事をする能力である（D5.1 項）．そこで，弾性体に対する仕事の定義式から力学エネルギーを導く．

まず運動エネルギーについて述べる．質量 M は力しか受けられない（D3.5 項〔3〕）から，質量に対する作用は力でなされる．質量は受けた作用力を速度変動（加速度）に変え，運動の法則（ $f = M(dv/dt)$：式 2.9）が成立するから，初期（ $t = 0$ ）の速度を v_0 とすれば，作用力 f が質量になす仕事は，式 D.1（ $P = fv$ は仕事率：単位時間になす仕事）と 2.6 より

$$W = \int_0^t P\,dt = \int_0^t fv\,dt = \int_0^t M\frac{dv}{dt}v\,dt = \int_0^t \frac{d}{dt}\left(M\frac{v^2}{2}\right)dt = \frac{1}{2}Mv^2 - \frac{1}{2}Mv_0{}^2 = T - T_0$$

(2.29)

式 2.29 は，質量に力が作用してなす仕事の量は運動エネルギーの変化量に等しいことを意味する．

次に弾性エネルギーについて述べる．弾性 H は速度しか受けられない（D3.5 項〔3〕）から，弾性に対する作用は速度でなされる．弾性は受けた作用速度を力変動に変え，力の法則（ $v = H(df/dt)$：式 2.10）が成立するから，初期（ $t = 0$ ）の力（弾性力）を f_0 とすれば，作用速度 v が弾性になす仕事は，式 D.1 と 2.8 より

$$W = \int_0^t P\,dt = \int_0^t vf\,dt = \int_0^t H\frac{df}{dt}f\,dt = \int_0^t \frac{d}{dt}\left(H\frac{f^2}{2}\right)dt = \frac{1}{2}Hf^2 - \frac{1}{2}Hf_0{}^2 = U - U_0$$

(2.30)

式 2.30 は,弾性に速度が作用してなす仕事の量は弾性エネルギーの変化量に等しいことを意味する．

式 2.29 と 2.30 が互いに対称・双対の関係にあることは，一見して明白である．こうして，**弾性体になされる仕事とそれによる力学エネルギーの変化の関係が明らかになり，同時に 2 種類の力学エネルギー間にこれまで不明であった対称・双対性を導入できた**．

〔2〕 エネルギー原理と運動方程式

弾性体を支配するエネルギー原理は，力学エネルギー保存の法則である．自由振動は，質量と弾性が連結して形成されるエネルギーの閉回路内を，初期に投入された不均衡エネルギー E が保存されながら周回する現象である（2.1.2 項〔3〕）．自由振動中に，質量から弾性へのエネルギーの移動によって，運動エネルギーが T_0 から T に減少し，それに伴って弾性エネルギーが U_0 から U に増加したとする．閉回路内を周回中の全エネルギー量 E は保存されるから

$$T_0 + U_0 = T + U = E \, (\text{一定})$$ (2.31)

式 2.6 と 2.8 を式 2.31 に代入すれば

$$\frac{1}{2}Mv^2 + \frac{1}{2}Hf^2 = E \quad : \quad (U = \frac{1}{2}Hf^2 \text{は著者が提唱する表現式})$$ (2.32)

物体が形を形成する固体であり，かつそれが変形（1 自由度系では変位 x）を伴う場合に限っては，式 2.8 の代りに式 2.7 を用い，v を $\dot{x}$ と記せば

$$\frac{1}{2}M\dot{x}^2 + \frac{1}{2}Kx^2 = E \quad : \quad (U = \frac{1}{2}Kx^2 \text{は在来力学における表現式})$$ (2.33)

式 2.32 または 2.33 が，弾性体における**力学エネルギー保存の法則**である．

次に，物体が固体であり変形を伴う場合の力学エネルギー保存の法則（式 2.33）から運動方程式を求める．微分関係

$$\frac{d(\dot{x}^2)}{dt} = \frac{d(\dot{x}^2)}{d\dot{x}}\frac{d\dot{x}}{dt} = 2\dot{x}\ddot{x} \,, \quad \frac{d(x^2)}{dt} = \frac{d(x^2)}{dx}\frac{dx}{dt} = 2x\dot{x}$$ (2.34)

と，定数 E を微分すれば 0 になることを用いて，式 2.33 を時間 t で微分すれば

$$(M\ddot{x} + Kx)\dot{x} = 0$$ (2.35)

動力学では一般に $\dot{x} \neq 0$ であり，また例外を許さない法則である式 2.35 は常に無条件で成立するから，下記の運動方程式が得られる．

$$M\ddot{x}(t) + Kx(t) = 0$$ (2.5)

さて，エネルギーの概念がまだこの世に存在しなかった時代に創生された古典力学の根幹は，ニュートンの運動の法則とダランベールの原理（力の釣合の法則）であった [8]．古典力学創生の百数十年後にエネルギー原理が確立されたとき，当時の力学者は，当然ながら下記のように，運動の法則と力の釣合の法則を表す運動方程式を基にしてエネルギー保存の法則を導き，その正当性を証明した．

0 を積分すれば定数になるから，運動方程式 2.5 を変位 x で積分すれば

$$\int M\ddot{x}dx + \int Kxdx = E$$ (2.36)

ここで，E は定数である．式 2.36 に $dx = (dx/dt)dt = \dot{x}dt$ の関係を代入すれば

$$M\int \ddot{x}\dot{x}dt + K\int x\dot{x}dt = E$$ (2.37)

式 2.34 の関係を用いれば，式 2.37 から式 2.33 が得られ，力学エネルギー保存の法則が導かれる．

力の釣合式である運動方程式を基本にしてエネルギー保存の法則を導くこの説明方式は，力の釣

合の根幹にエネルギー原理が存在することが明白である現在にも，受け継がれている[1]．

式 2.33 を変形すれば，$M\dot{x}^2/2 = E - Kx^2/2$ である．この式の左辺は 0 または正であるから，$E \geq Kx^2/2$．変位 x の最大値と最小値は上式で $\dot{x}=0$ と置き

$$\pm(x_{\max}) = \pm\sqrt{\frac{2E}{K}} = \pm X \quad :振動の変位振幅 \tag{2.38}$$

一方，式 2.33 より，$x=0$ のとき速度 $\dot{x}$ は最大と最小になり

$$\pm(\dot{x}_{\max}) = \pm\sqrt{\frac{2E}{M}} = \pm\sqrt{\frac{K}{M}}\sqrt{\frac{2E}{K}} = \pm\Omega X$$
$$:振動の速度振幅 \tag{2.39}$$

図 2.6 に示すように，弾性エネルギー U は変位 x の関数であり，放物線で表現できる（式 2.7）．そして，$U \leq E$ すなわち $-X \leq x \leq X$ （$X = x_{\max}$）の範囲のみで運動が可能である．この図から，振動中の任意の変位 x における運動エネルギー T と弾性エネルギー U の割合が分かる．

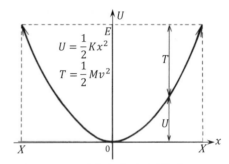

図2.6　不減衰自由振動中の力学エネルギー

2.3　粘性減衰系の自由運動

2.3.1　運動の形態

これまで振動を，減衰を省略して調べてきた．しかし，実際の系には必ず減衰が存在する．ここでは，系の運動方程式を線形にする唯一の減衰である粘性で減衰を代表し，粘性が存在するときの運動を調べる．なお，粘性の発生メカニズム・粘性とエネルギー原理の関係は，補章 E で詳細に説明されている．

対象になる系は図 2.1 であり，その運動方程式は式 2.4 になる．

$$M\ddot{x}(t) + C\dot{x}(t) + Kx(t) = 0 \tag{2.4}$$

式 2.4 は，時刻歴関数 $x(t)$ とそれを 1 回と 2 回時間微分したものにそれぞれ力学特性という正の数を乗じて加えれば 0 になる，という式である．運動方程式 2.4 は力の釣合の法則（D6.1 項：ダランベールの原理）を表現している．原理・法則は例外を許さないから，式 2.4 はどのような条件の下でも時間 t に無関係に常に成立する．そのためには時刻歴関数 $x(t)$ は，何回時間微分しても同一の時間関数で表現できなければならない．これを満足するのは次の指数関数しかない．

$$x = Xe^{\lambda t} \tag{2.40}$$

このように，式 2.4 の解が指数関数であることは，運動方程式を解く前から明らかである．

式 2.40 を時間 t で 1 回と 2 回微分すれば

$$\dot{x} = \lambda X e^{\lambda t}, \quad \ddot{x} = \lambda^2 X e^{\lambda t} \tag{2.41}$$

もし指数 λ が正の実数であれば，x と $\dot{x}$ と $\ddot{x}$ はすべて同符号になり，右辺が 0 である式 2.4 は決して成立しないから，λ は負の実数か複素数でなければならない．λ が負の実数であれば $\dot{x}$ の符号が逆転し，λ が虚数を含めば $\ddot{x}$ の符号が逆転する．このことも，運動方程式を解く前から明らかである．

式 2.40 と 2.41 を式 2.4 に代入すれば

$$X(M\lambda^2 + C\lambda + K)e^{\lambda t} = 0 \tag{2.42}$$

関数 $e^{\lambda t}$ は 0 にはならないから，式 2.42 が任意の時刻 t で成立するためには

$$M\lambda^2 + C\lambda + K = 0 \quad \text{または} \quad X = 0 \tag{2.43}$$

式 2.43 のうちで $X = 0$ は系が常に静止していることを意味するから，運動を生じるためには，式 2.43 左式が成立しなければならない．これは λ に関する 2 次方程式であるから，根の公式より

$$\lambda = \frac{-C \pm \sqrt{C^2 - 4MK}}{2M} = -\frac{C}{2M} \pm \sqrt{\left(\frac{C}{2M}\right)^2 - \frac{K}{M}} = \sqrt{\frac{K}{M}}\left(-\frac{C}{2\sqrt{MK}}\right) \pm \sqrt{\frac{K}{M}}\sqrt{\left(\frac{C}{2\sqrt{MK}}\right)^2 - 1} \tag{2.44}$$

ここで，式 2.44 を簡明表示するために

$$C_C = 2\sqrt{MK}, \quad \zeta = \frac{C}{C_C} \tag{2.45}$$

で定義される C_C と ζ を導入し，これらと $\Omega = \sqrt{K/M}$（不減衰固有角振動数：式 2.19）を用いて式 2.44 を書き換えれば

$$\lambda = -\Omega\frac{C}{C_C} \pm \Omega\sqrt{\left(\frac{C}{C_C}\right)^2 - 1} = -\Omega\zeta \pm \Omega\sqrt{\zeta^2 - 1} = \lambda_1, \ \lambda_2 \tag{2.46}$$

このように，λ は λ_1 と λ_2 の 2 通り存在し，式 2.40 から，式 2.4 の解は $e^{\lambda_1 t}$ と $e^{\lambda_2 t}$ のどちらでもよいことになる．そこで，解が 2 個存在する場合の実現象は，これら 2 個が重なって生じ，その解はこれら各々に定数を乗じて加え合わせた次式になる．

$$x = X_A e^{\lambda_1 t} + X_B e^{\lambda_2 t} \tag{2.47}$$

ここで X_A と X_B は未定係数である．

式 2.46 の右辺は ζ の関数である．ζ は式 2.45 のように物理定数 M，K，C から成るから，0 か正であり負になることはない．$\zeta = 0$ すなわち $C = 0$ の場合には，式 2.46 より $\lambda = \pm j\Omega$ であり，式 2.47 は不減衰自由振動を表す式 2.13 に一致する．

式 2.46 は平方根を含む．実現象を表現する数式が平方根を含むとき，その中身の正負によって異なる現象が出現することは，容易に想像できよう．この平方根 $\sqrt{\zeta^2 - 1}$ の中身は，$\zeta \geq 1$ の場合には 0 か正，$0 < \zeta < 1$ の場合には負になる．前者は無周期運動，後者は減衰自由振動を生じる．

2.3.2 無周期運動

減衰が大きく $C \geq C_c$ すなわち $\zeta \geq 1$ の場合について考える．$\zeta > \sqrt{\zeta^2-1}$ であるから，式2.46の λ_1 と λ_2 は共に負の実数になる（λ が正の実数になり得ないことは式2.40の導入の際にすでに明らかであった）．負の実数を指数とする指数関数 $e^{\lambda t}$ $(\lambda<0)$ は $t=0$ で1，$t\to\infty$ で0になるから，式2.47は，**図2.7**のように，時間と共に大きさが単調に減少し0に収れんして行く**無周期運動**を表す．図2.7 中下方の線は，わずかに上方に引張り下方に強く叩いたときに生じる運動であり，2通りの単調減少運動が重なり中立点（$x=0$）を1回よぎっているが，振動しているのではない．

図2.7 減衰が大きい場合の無周期運動 ($C \geqq C_c$)

2.3.3 粘性減衰自由振動

減衰が小さく $C<C_c$ すなわち $0<\zeta<1$ の場合について考える．このとき λ_1 と λ_2 は，共に実部が負である次のような複素数になる．

$$\lambda_1, \lambda_2 = -\Omega\zeta \pm j\Omega\sqrt{1-\zeta^2} \tag{2.48}$$

ここで

$$\sigma = \Omega\zeta, \quad \omega_d = \Omega\sqrt{1-\zeta^2} \tag{2.49}$$

という量を導入する．式2.49を式2.48に代入し，それを式2.47に代入すれば

$$x = X_A e^{(-\sigma+j\omega_d)t} + X_B e^{(-\sigma-j\omega_d)t} = e^{-\sigma t}(X_A e^{j\omega_d t} + X_B e^{-j\omega_d t}) \tag{2.50}$$

式2.50右辺かっこ内は，式2.13で Ω を ω_d に置き換えた式である．式2.13は角振動数 Ω の自由振動を表していたので，これは，角振動数 ω_d の自由振動を表す．またその係数 $e^{-\sigma t}$ は，$t=0$ で1から $t\to\infty$ で0へと単調に減少する関数である．したがって式2.50は，振幅が単調に0へと減少する減衰自由振動を表している．オイラーの公式A2.50とA2.51を用いて，式2.50を三角関数に変換すれば

$$\begin{aligned}x &= e^{-\sigma t}\{X_A(\cos\omega_d t + j\sin\omega_d t) + X_B(\cos\omega_d t - j\sin\omega_d t)\}\\ &= e^{-\sigma t}\{(X_A+X_B)\cos\omega_d t + j(X_A-X_B)\sin\omega_d t\}\end{aligned} \tag{2.51}$$

式2.51が運動方程式2.4の解である．これが実現象を正しく表現するためには，右辺が実数でなければならない．$e^{-\sigma t}$ も三角関数も実数であるから，これを満たすためには，X_A+X_B と $j(X_A-X_B)$ が共に実数でなければならない．そこで，これらをそれぞれ実数 X_D と X_E と記せば

$$X_A + X_B = X_D, \quad j(X_A - X_B) = X_E \tag{2.52}$$

式2.52から

$$X_A = \frac{(X_D - jX_E)}{2}, \quad X_B = \frac{(X_D + jX_E)}{2} \tag{2.53}$$

式 2.53 から，X_A と X_B は互いに共役な複素数であることが分かる．式 2.52 を式 2.51 に代入すれば

$$x = e^{-\sigma t}(X_D \cos\omega_d t + X_E \sin\omega_d t) \tag{2.54}$$

式 2.54 を見ると，三角関数で表現される周期運動(振動)の振幅に時間を指数とする指数関数 $e^{-\sigma t}$ が付いている．式 2.49 より $\sigma > 0$ であるから，$e^{-\sigma t}$ は，初期時刻 $t=0$ で 1 であり，時間の経過と共に単調に減衰し 0 に漸近していく．そこで式 2.54 の $x(t)$ は，この粘性減衰系に固有の角振動数 ω_d で振動しながらその振幅が減衰していくことを表現している．ω_d rad/s（s は秒）を**減衰固有角振動数**という．これを振動の 1 周期 2π rad で割った $f_d = \omega_d/(2\pi)$ Hz（1/s）を**減衰固有振動数**という．この逆数 $T_d = 1/f_d = 2\pi/\omega_d$ s を**減衰固有周期**という．式 2.54 の振幅は，1 秒間（$t=1$ s）に $e^{-\sigma}$ だけ減少すなわち減衰していくので，σ を**減衰率**という．

これまで，$0 < \zeta < 1$ の場合には運動の形態は，式 2.50 または 2.54 で表現される減衰自由振動になることを述べてきた．運動方程式 2.4 の解を求めるためには，初期条件を与えて，式 2.50 または 2.54 に含まれている未定係数 X_A, X_B または X_D, X_E を確定する必要がある．これについては，補章 B1.2 項で説明する．

2.3.4 減衰の働き

〔1〕振動への影響

粘性が自由振動に与える影響について考える．

式 2.54 において $X_E = 0$ の特別な場合を考えれば

$$x = X_D e^{-\sigma t} \cos\omega_d t \tag{2.55}$$

式 2.55 を時空平面（横軸を時間，縦軸を空間とする平面）上に描けば，**図 2.8** の実線のようになる．一方，同図の一点鎖線は，粘性が存在しない不減衰自由振動の式 2.26（$X = X_D$ とする）を図示したものであり，図 2.5b を反時計回りに 90 度回転させた図と同一である．図 2.8 の実線と一点鎖線を比較すれば，粘性は振動に次の 2 種類の作用を及ぼしていることが分かる．

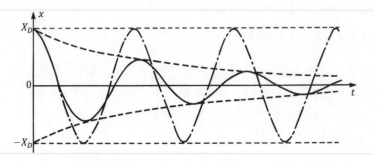

図2.8　減衰振動と不減衰振動の比較
　　実線：粘性減衰振動，一点鎖線：不減衰振動

① **時間と共に振動を減衰させる．**

減衰は，力学エネルギーを熱エネルギーに変えて散逸させる作用の総称であり，粘性はその一形態である．1.3.3 項で，自由振動は初期に外から物体に投入された不均衡エネ

2.3 粘性減衰系の自由運動　　　　　　　　　　　　　　　　　　　　　　　　41

ルギーの質量と弾性（ばね）間のキャッチボールのようなものだと説明した（図1.5）．減衰がある場合には，エネルギーボールに微細な穴が開いており，キャッチボール中に少しずつエネルギーがこの穴から外に漏れ出して散逸し，ボールが次第にしぼんで行くと考えればよい．こうして，実線は時間と共に減衰し，振幅が減少していく．

②　**振動をゆっくりさせる**．

図2.8の一点鎖線の振動は不減衰固有角振動数Ωであるのに対して，実線は式2.49の減衰固有角振動数 $\omega_d = \Omega\sqrt{1-\zeta^2}$ （$\omega_d < \Omega$）であり，明らかに一点鎖線より振動数が小さく周期が長くなっている．これは，動くことを嫌う粘性が，速度に対して抵抗し振動にブレーキをかけるために生じる現象である．そして，$\omega_d = 0$ になる $\zeta = 1$ かそれより粘性が大きくなると，ブレーキが効きすぎて振動が初めから発生せず，初期に投入された不均衡エネルギーは，質量と剛性がエネルギーのキャッチボールを始める前にすべて外に漏れ出し，初期に系に与えた外乱は単調に減少して0（静止）に収れんする（図2.7）．

〔2〕　**臨界粘性減衰とは**

これまで系は，$0 < \zeta < 1$ なら振動し，$\zeta \geq 1$ なら振動しないことを，数式を用いて導いてきた．$\zeta = C/C_C$ であるから，粘性減衰係数CがC_Cよりも小さければ振動を生じ，等しいか大きければ生じない．振動するかしないかの臨界状態における粘性減衰の大きさを**臨界粘性減衰**，C_Cを**臨界粘性減衰定数**という．以下に，式2.44を簡明表示するために式2.45で導入したC_Cとζの物理的意味を説明する．

物質の本質を質量とする古典力学の立場から**図2.1**の力学系を見ると，剛性Kと粘性Cという2種類の力学特性が質量Mに並列に作用している．剛性は，質量と協力して，質量単独では決して生じない振動という力学現象を発生させる．また，変位を生じたときできるだけ速く変位がない本来の形（ばねの自然長）に復元しようとする復元性である剛性は，発生させた振動を速くし盛んにする（剛性を大きくすれば不減衰固有角振動数$\Omega = \sqrt{K/M}$が大きくなる）．これに対して粘性は，動くこと（速度）自体を嫌う性質であるから，速度を有し動く現象である振動を発生させないようにし，発生したらゆっくりさせ減衰させる（上記②）．

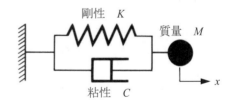

図2.1　1自由度力学モデル
（粘性減衰系）

このように，剛性と粘性は振動に対して相反する作用をするから，系の動的現象を説明するには，どちらが優勢かを比較する必要がある．一般に2種類の物理量を比較するには，両者の次元（単位）と尺度を等しくしなければならない．表1.1のように，剛性の単位は kg/s^2，粘性の単位は kg/s であり，両者は異なるから，このままでは比較できない．そこで，剛性の単位と尺度を粘性に合せる．

式 2.45 と 2.19 より，C_C は次のように記される．

$$C_C = 2\sqrt{MK} = \frac{2}{\sqrt{K/M}}K = \frac{2}{\Omega}K \tag{2.56}$$

式 2.56 から分かるように C_C は，粘性 C とは無関係であり，明らかに剛性 K を表現している．表 1.1 より，固有角振動数 Ω の単位は 1/s（角 rad は無単位）であるから，式 2.56 右辺から分かるように C_C の単位は kg/s^2/(1/s) = kg/s であり，表 1.1 の粘性と同一である．このように C_C は，剛性を粘性の単位で表示しているから，粘性とは無関係であるにもかかわらず，**臨界粘性減衰係数**と呼ばれる．

式 2.56 の C_C は，剛性 K に $2/\Omega$ を乗じた値になっている．これは，剛性がこの C_C の値になるときに式 2.44 の平方根の中身が 0 になり，無周期運動と自由振動の境目になるように，剛性の尺度を決めたものである．このように，尺度という具体的な数値を決める際には，現象を定量値で表現する数式を用いる必要がある．

こうして，剛性の次元（単位）と尺度を共に粘性と同一にしたので，初めて両者を $\zeta = C/C_C$ という比の形で直接比較することができる．ζ は，粘性の土俵上で定義した粘性と剛性の比であるから，**粘性減衰比**あるいは単に**減衰比**と呼ぶ．

$\zeta \geq 1$ すなわち $C \geq C_c$ の場合には，振動を発生さないようにする粘性減衰の方が発生させようとする剛性よりも優勢であるから，どのような初期外乱を与えても，自由振動は決して発生しない．この状態を**過減衰**という．反対に，$\zeta < 1$ すなわち $C < C_c$ 場合には，剛性の方が粘性減衰よりも優勢であるから，どのような初期外乱を与えても，必ず自由振動は発生する．この状態を**不足減衰**という．

2.4　不減衰系の強制振動

2.4.1　応 答 解 析

図 2.9 に示すように，1 自由度不減衰系に外から**加振力**が作用するとき，不減衰系を構成する質量と剛性は，それぞれ慣性力と復元力を出してこれに抵抗する．このとき系に存在する力は，質量からの慣性力 f_M（式 2.1），剛性からの復元力 f_K（式 2.2），外からの加振力 f の 3 力であり，これらは釣り合っているから

$$f_M + f_K + f = 0 \quad \text{または} \quad -M\ddot{x} - Kx + f(t) = 0 \tag{2.57}$$

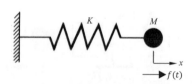

図2.9　加振力が作用する
1 自由度不減衰系

したがって運動方程式は

$$M\ddot{x} + Kx = f(t) \tag{2.58}$$

式 2.58 は，力学法則（力の釣合）であるから，時間に無関係に常に成立する．そのためには，$f(t)$ と $x(t)$ と $\ddot{x}(t)$ が同一の時間関数で表現されていなければならない．また，式 2.58 は $f(t)$ が 0 の場合を含んで成立するから，関数 $x(t)$ を 2 回時間微分すれば正負が逆転しなければならない．これら

2.4　不減衰系の強制振動

を満足する関数 $x(t)$ は，単一角振動数 ω の三角関数か複素指数関数しかない．そこで $f(t)$ と $x(t)$ を次のようにおく．

$$f(t) = Fe^{j\omega t} \tag{2.59}$$

$$x(t) = Xe^{j\omega t}, \quad \ddot{x}(t) = -\omega^2 Xe^{j\omega t} \tag{2.60}$$

式 2.59 と 2.60 は，**系が必ず加振振動数と同一の振動数 ω で応答し，それ以外の振動数で振動することはない**，ことを意味する．またこの運動方程式は，加振力が単一の角振動数 ω のみを有する調和振動の場合にしか解析的に解くことができない（ただし，応答の時刻歴を数値的に算出することはできる）ことを意味する．そこで，多くの振動数成分を含む一般の加振力 $f(t)$ に対しては，まずフーリエ変換（第 4 章）を用いてそれを複数の単一周波数の調和振動成分に分解し，運動方程式を成分毎に解いた後に，それらの解を合成することによって，元の加振力に対する応答を求めることになる．

加振力が単一の角振動数 ω からなる場合には，式 2.59 を式 2.58 に代入して

$$M\ddot{x} + Kx = Fe^{j\omega t} + 0 \tag{2.61}$$

式 2.61 右辺に 0 の項を加えたのは，微分方程式では右辺が 0 でも 0 以外の解を有するからである．一般に微分方程式の解は，一般解と特解からなる．一般解は，加振力の有無や種類に関係ない一般的な解であり，式 2.61 の右辺が 0 である運動方程式 2.5 の解であり，系の不減衰固有角振動数 Ω の自由振動を表す式 2.12 または 2.13 になる．一方，特解は，加振力が式 2.59 である特定の場合の解であり，式 2.61 右辺第 1 項に対する加振角振動数 ω の応答（式 2.60）になる．

一般に，運動方程式の右辺が 2 項の和からなる場合には，各々の項に対する解が重なって発生する．これは，加振開始時に必ず自由振動（一般解：固有角振動数 Ω）と応答（特解：加振角振動数 ω）が重なって発生する（図 1.4）という実現象に対応する．一般には Ω と ω は異なるので，これら両振動は，互いに無関係な現象として持続する．不減衰系では自由振動は永遠に続くが，応答は加振力が存在する間は継続し，加振力を除去する瞬間に消滅する．

自由振動については 2.2 節ですでに説明したので，ここでは，式 2.61 右辺第 1 項の加振力に対する応答である特解を求める．式 2.60 を式 2.61（右辺第 2 項を除外）に代入して両辺を $e^{j\omega t}$ で割れば

$$(-\omega^2 M + K)X = F \tag{2.62}$$

不減衰固有振動数は式 2.19 より $\Omega = \sqrt{K/M}$ であるから，式 2.62 は

$$X = \frac{F}{K - \omega^2 M} = \frac{F/K}{1 - \omega^2(M/K)} = \frac{F/K}{1 - \omega^2/\Omega^2} \tag{2.63}$$

ここで

$$X_{st} = \frac{F}{K}, \quad \beta = \frac{\omega}{\Omega} \tag{2.64}$$

という量を導入すれば，式 2.63 は

$$\frac{X}{X_{st}} = \frac{1}{1-\beta^2} \tag{2.65}$$

X_{st} は系に一定の静荷重 F を加える場合の静変位であり，式 2.65 は応答の振幅をこの静変位で割った振幅比（無次元量）を示す．また，β は加振角振動数 ω を固有角振動数 Ω で割った振動数比（無次元量）である．

式 2.65 から，$\beta>1$ では X が負であるが，実現象では応答振幅が負になることはない．この矛盾は，X を大きさ（空間要因）と位相（時間要因）という 2 個の素を有する複素振幅と考えることによって解決する．式 A2.54 のように，複素振幅 X を大きさ $|X|$ と位相 φ で表現すれば

$$X = |X|e^{j\varphi} \tag{2.66}$$

式 2.66 を式 2.60 に代入すれば

$$x(t) = |X|e^{j\varphi}e^{j\omega t} = |X|e^{j(\omega t+\varphi)} \tag{2.67}$$

式 2.67 を式 2.59 と比較すれば，応答変位は加振力から位相角 φ だけずれて生じることが分かる．図 A2.3 の複素平面から明らかなように，式 2.66 の X が正の実数ならば $\varphi=0$（$e^{j0}=1$）であり，応答変位は加振力に同期して生じる．一方，X が負の実数ならば $\varphi=\pm\pi$（$e^{\pm j\pi}=-1$）になる．φ が正ということは，応答（結果）が加振力（原因）よりも時間的に先に生じることを意味するが，これは自然法則である因果律に反する．そこで必ず $\varphi=-\pi$ であり，変位は加振力より半周期遅れて生じることになる．式 2.66 を式 2.65 に代入して

$$\frac{|X|}{X_{st}}e^{j\varphi} = \frac{1}{1-\beta^2} \tag{2.68}$$

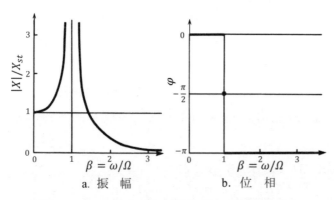

図2.10　1自由度不減衰系の強制振動における変位振幅の大きさと位相

図 2.10 に，式 2.68 で表される応答振幅の大きさ（振幅比）$|X|/X_{st}$ と位相 φ が振動数比 $\beta=\omega/\Omega$ によってどのように変化するかを示す．振幅比は，$\beta=0$（$\omega=0$：静荷重）のとき 1 で，β の増加につれて増大し，$\beta=1$ で無限大になった後に減少し，やがて 0 にぜん近する．一方，位相は，$\beta<1$ では 0，$\beta>1$ では $-\pi$ であり，$\beta=1$ で不連続に変化する．

2.4.2　共振のからくり

〔1〕　なぜ共振するか（力から）

強制振動で振幅が極大（1 自由度系では最大）になる現象を**共振**といい，その山を共振峰，山の

2.4 不減衰系の強制振動

項点を**共振点**という．1自由度系では共振が1個であり，不減衰系では図2.10左図の$\beta=1$（加振角振動数$\omega=$固有角振動数Ω）のときのように振幅が無限大になる．なぜ共振が生じるのかを，力の立場から説明する．

加振力$f(t)=Fe^{j\omega t}$（式2.59）が作用し変位$x(t)=Xe^{j\omega t}$（式2.60）で振動している物体（弾性体）では，質量が慣性力$f_M=-M\ddot{x}=\omega^2 Mx$（式2.1）を，剛性が復元力$f_K=-Kx$（式2.2）を出して加振力に抵抗し，これら3力は釣り合っている．復元力と慣性力は常に正負が逆であるから，これら両抵抗力はあらかじめ一部が相殺され，残りが加振力を打ち消すことになる．

復元力は加振角振動数ωに無関係に一定である．一方，慣性力は，$\omega=0$（静荷重）のとき0であり，ωが小さいときには小さく，$\omega=\Omega\,(=\sqrt{K/M})$のとき復元力と同じ大きさ（$|f_K|=|f_M|$）になり，$\omega$の増加と共に$\omega^2$に比例して増大していく．

① $\omega<\Omega$のゆっくりした加振 ： $|復元力|>|慣性力|$であるから，**剛性が加振力に対する抵抗の主役を演じる**．復元力はωには無関係に一定であるのに対し，慣性力はωの増加と共に増大するから，加振力に対する抵抗力（＝復元力−慣性力）は減少し，応答振幅はωの増加と共に増大していく．

② $\omega=\Omega$（加振振動数＝固有振動数）の加振 ： 慣性力と復元力は大きさが等しく互いに逆方向を向いているから，両者は加振力に抵抗する以前に互いに打ち消し合い（$f_M+f_K=0$：式2.1, 2.2, 2.5），加振力に抵抗する内力が存在しなくなる．抵抗不在の系は，構造としての安定を失い，定常状態の維持に必要な力の釣合（式2.57）を実現できなくなる．そして抵抗力を失った系は，振動させようとする加振力のなすがままに挙動し，応答振幅は時間の経過と共に限りなく増大し続け，無限時間後に無限大になる（実現象ではそれ以前に系が破壊する）．これが共振であり，共振は加振力に対する抵抗が不在になる現象である．系が鋼のように硬い物体でも，共振状態に長期間さらされると必ず疲労破壊（1.2.2項）が生じるのは，このためである．

③ $\omega>\Omega$の速い加振 ： $|慣性力|>|復元力|$であり，**質量が加振力に対する抵抗の主役を演じる**．復元力は一定であるのに対し，慣性力はωの増加と共に増大するから，加振力に対する抵抗力（＝慣性力−復元力）は増大し続け，その結果応答振幅はωの増加と共に減少し0に漸近していく．

〔2〕 **なぜ共振するか（エネルギーから）**

なぜ共振が生じるのかを，エネルギーの立場から説明する．

加振開始の瞬間に，強制振動（応答）と自由振動が同時に発生する（1.3.2項：図1.4）．前者の主役は，加振源と加振対象である系との間のエネルギーのやりとりであり（1.3.3項：図1.5），その角振動数は加振角振動数ωに等しい．一方，後者は，系の内部で質量と剛性の間に形成されたエネルギーの閉回路内を循環する不均衡エネルギーのやりとりであり（1.3.3項：図1.5），その振動数は系の固有角振動数Ωに等しい．前者は，外部から強制される振動であり系はこれを嫌うから，加振源

が系にエネルギーを注入すれば，系はそれに反発し，注入されたエネルギーを加振源に押し戻す．エネルギーの注入と押戻しの繰返しが強制振動である．一方，後者は，系内部で自然に発生する自発的現象であり，系はこれに対しては抵抗しない．

両者の振動数が異なるときには，両振動は別物として互いに無関係に推移する．

しかし，振動数が同一（$\omega = \Omega$）になると，系は，両振動の区別がつかなくなり，強制振動に対しても抵抗せず，加振源が自由振動に同期して注入し続けるエネルギーをすべて受け入れる．そして系は，自由振動に調子を合せて周期的に注入される強制振動のエネルギーをすべて吸収し，そのまま自由振動のエネルギーに加えて蓄積するので，自由振動のエネルギーは増え続ける．エネルギーの増加は振幅の増大として現れ，振幅が時間に比例して直線的に増大し続ける．これが不減衰系の共振振動であり，共振の正体は振幅が増大し続ける自由振動である．

〔3〕 共振の解析

不減衰系の共振振動は，補章 B2.1 項で数学的に解析されている．その結果である式 B2.9 から，共振振動は次式で示される．

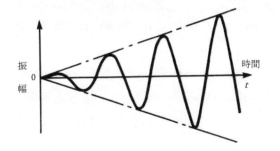

図2.11　不減衰系の共振
（振幅が時間に比例して増加）

$$x = \left(\frac{F}{2M\Omega}t\right)e^{j(\Omega t - \pi/2)} \quad (2.69)$$

図 2.11 に，式 2.69 の共振振動を図示する．共振振動では，加振開始の瞬間に振幅が無限大になるのではなく，振幅が加振時間の経過と共に直線的に限りなく増大し続け，無限時間後に無限大になる．

〔4〕 変位の位相

上記〔1〕で，加振力に対する抵抗の主役は，$\omega < \Omega$ の場合には剛性（ばね），$\omega > \Omega$ の場合には質量であると述べた．そこでここでは，主役のみからなる系を振動的に動かすことを考え，その様相を**図 2.12** に示す．

図 2.12a のように，ばねのみの系の上端を上方向に変位させる（ばねを伸ばす）ためには上方向の力（張伸力）を，下方向に変位させる（ばねを縮める）ためには下方向の力（圧縮力）を加える必要がある．これは，ばねが主役となる強

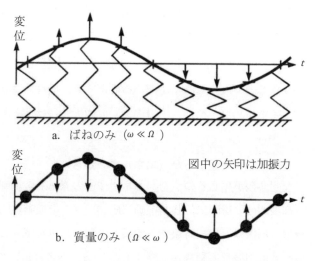

図2.12　ばねのみの系と質量のみの系の
　　　　強制振動における力と変位の関係

制振動では，加振力と変位間が同位相（$\varphi=0$）であることを意味する．

一方，質量のみの系（宙に浮いた質量：重力は無視）は慣性の法則によって等速直線運動を続けようとするから，これを振動的に動かすためには，図 2.12 b のように，上に変位したときには下方向の力を，下方向に変位したときには上方向の力を加えて，変位が 0 の中立点に戻す必要がある．これは，質量が主役となる強制振動では，加振力と変位間が逆位相（応答変位は加振力より半周期遅れて生じるから $\varphi=-\pi$ rad）であることを意味する．

図 2.10 右図に示した位相の逆転変化は，共振振動数（$\omega=\Omega$）における，加振力に対する抵抗の主役がばねから質量に交代することに起因する．

式 2.69 右辺の指数は，共振時の変位の位相が $-\pi/2$ rad であり，加振力から 1/4 周期遅れて変位が生じることを示している．そこで，図 2.10 右図で $\beta=1$ のときには，$\varphi=-\pi/2$ になる．

2.5　粘性減衰系の強制振動

2.5.1　応答解析

図 2.13 のように，1 自由度粘性減衰系に外から加振力が作用するとき，系に存在する力は慣性力 f_M（式 2.1），復元力 f_K（式 2.2），粘性抵抗力 f_C（式 2.3），加振力 f であり，これら 4 力は釣り合っているから

$$f_M + f_K + f_C + f = 0 \quad \text{または} \quad -M\ddot{x} - C\dot{x} - Kx + f(t) = 0 \tag{2.70}$$

加振力が式 2.59 に示した角振動数 ω の調和加振力の場合には，式 2.70 より

$$M\ddot{x} + C\dot{x} + Kx = Fe^{j\omega t} + 0 \tag{2.71}$$

運動方程式 2.71 右辺に 0 を加えたのは，一般に微分方程式は右辺が 0 でも 0 以外の解を有するためである．この解は，加振力の有無や種類に無関係に必ず存在する一般的な解であるから，一般解と呼ぶ．式 2.71 右辺第 2 項の 0 に対応する一般解は，式 2.47 であり，$\zeta \geq 1$ の場合には単調減少する無周期運動，$0<\zeta<1$ の場合には式 2.50 または式 2.54 の減衰自由振動になる．これに対して式 2.71 右辺第 1 項に対応する解（この加振力特有の解であるから特解と呼ぶ）は応答になる．このことは，強制振動では加振開始と同時に自由運動と応答が同時に発生して重なる，という図 1.4 の実現象を数学的に裏付けている（1.3.2 項）．

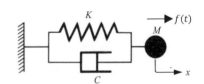

図2.13　加振力が作用する 1 自由度粘性減衰系

自由運動については 2.3 節ですでに説明したので，ここでは，式 2.71 右辺第 1 項の調和加振力に対する応答を求める．運動方程式 2.71 は，力の釣合という例外を許さない力学法則を表しているから，どのような条件下でも時間 t に無関係に常に成立する．そのためには解 x は，1 回・2 回と時間微分しても同一関数になり，かつ加振力と同形関数になることが必要である．そこで解を式 2.60 の

ように仮定する．式 2.60 と $\dot{x}(t) = j\omega X e^{j\omega t}$ を式 2.71（右辺第 2 項を除外）に代入して

$$(-\omega^2 M + j\omega C + K)X e^{j\omega t} = F e^{j\omega t} \tag{2.72}$$

式 2.72 の両辺を $K e^{j\omega t}$ で割れば

$$(-\omega^2 \frac{M}{K} + j\omega \frac{C}{K} + 1)X = \frac{F}{K} \tag{2.73}$$

式 2.19 と 2.45 から

$$\frac{M}{K} = \frac{1}{\Omega^2}, \quad \frac{C}{K} = \frac{2C}{2\sqrt{MK}}\sqrt{\frac{M}{K}} = 2\frac{C}{C_C}\frac{1}{\Omega} = 2\zeta\frac{1}{\Omega} \tag{2.74}$$

ここで，Ω は不減衰固有角振動数，C_C は臨界減衰係数，ζ は減衰比である．

式 2.74 を式 2.73 に代入して

$$\left\{-(\frac{\omega}{\Omega})^2 + 2j\zeta\frac{\omega}{\Omega} + 1\right\}X = \frac{F}{K} \tag{2.75}$$

式 2.64 を用いて式 2.75 を変形すれば

$$\frac{X}{X_{st}} = \frac{1}{1 - \beta^2 + 2j\zeta\beta} \quad \text{ただし } X_{st} = \frac{F}{K}, \quad \beta = \frac{\omega}{\Omega} \tag{2.76}$$

式 2.76 から明らかなように，減衰強制振動の解である式 2.60 の係数 X は複素数になる．1 自由度系の減衰強制振動の解析については，補章 B2.2 項で詳しく述べることとし，ここではそれを適宜引用する．

式 2.76 を式 B2.14 のように複素指数関数で表現すれば，式 B2.14 と B2.16 より

$$\frac{|X|}{X_{st}} = \frac{1}{\sqrt{(1 - \beta^2)^2 + (2\zeta\beta)^2}}, \quad \tan\varphi = -\frac{2\zeta\beta}{1 - \beta^2} \tag{2.77}$$

$|X|$ と φ は，それぞれ変位振幅の大きさと位相（加振力と応答変位間の時間差を角で表した値であり，負値は応答変位の加振力からの時間遅れを意味する）を表している．これらは，β（加振角振動数 ω の無次元化数）と，系の減衰比 ζ の関数である．これらと β の関係を，減衰比 ζ をパラメータとして図示すれば，**図 2.14** のようになる．

図 2.14 から次のことが言える．

変位振幅 $|X|$ は，加振角振動数 ω が極めて小さいときには，静変位 X_{st} に等しい．ω が増加し次第に加振振動数が大きくなると振幅は増大し，ω が Ω より少し小さいところで最大値 $|X|_{max} = X_{st}/(2\zeta\sqrt{1-\zeta^2})$ (B2.22) になった後に急減し，ω が Ω よりはるかに大きくなると 0 にぜん近していく．変位振幅が最大になる角振動数すなわち変位共振の角振動数は $\omega_f = \Omega\sqrt{1-2\zeta^2}$ （式 B2.20）であり，不減衰固有角振動数 Ω より，また減衰固有角振動数 $\omega_d = \Omega\sqrt{1-\zeta^2}$ （式 2.49）より小さい．ω_f と振幅の最大値 $|X|_{max}$ は共に，減衰比 ζ の増加と共に小さくなり，$1-2\zeta^2 = 0$ すなわち $\zeta = 1/\sqrt{2}$ のときに ω_f が 0 になる．$\zeta > 1/\sqrt{2}$ では，変位共振はなくなり，ω が 0 から増

2.5 粘性減衰系の強制振動

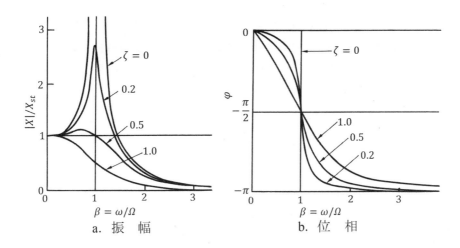

図2.14　1自由度粘性減衰系の強制振動における振幅の大きさと位相

加すれば，$|X|$ は X_{st} から単調に減少し，0 にぜん近していく．

位相 φ は，ω が小さいときには 0 であり，変位応答が加振力に同期して生じる．ω が増加するに従って，φ は次第に大きい負の値をとり，変位応答は加振力より遅れて生じる．$\omega < \Omega$ では，減衰比 ζ が大きいほど変位応答が遅れる度合いが大きくなる．$\omega = \Omega$ では，ζ の値には関係なく $\varphi = -\pi/2$ rad（$-90°$）になる．ω がさらに増加すれば，変位応答はさらに遅れ，$-\pi$ rad（$-180°$）に近づく．$\omega > \Omega$ では，減衰比 ζ が小さいほど応答が遅れる度合いが大きくなる．

2.5.2 共振のからくり

〔1〕 なぜ共振するか（力から）

$\omega = \Omega$ の共振では，大きさが等しく方向が逆である慣性力と復元力は，互いに打ち消し合い，加振力に抵抗する以前に共に消滅する．そして，残存する粘性抵抗力のみで加振力に抵抗し加振力を打ち消すから，**共振振動数の近傍では抵抗の主役は粘性**である．共振峰近傍では，角振動数 ω が増加するに従って，加振力に対する抵抗の主役が，剛性→粘性→質量へと移り変わるのである．

粘性は，主に物体の周辺を囲む流体からの作用に起因する副次的な力学特性であり，物体本来の力学特性である質量・剛性に比べて著しく弱体で，加振力に対する抵抗の効果がはるかに小さい．一方加振力は，加振源のみによって決まるから，系からの抵抗の主役が何であろうと大きさは変わらない．

そこで系は，効果が小さく弱体な粘性 C だけで加振力に抵抗する粘性抵抗力 $f_C = -C\dot{x}$ を作り出すために，速度 $\dot{x}$ を著しく大きくせざるを得ない．しかし，共振時に加振力に対する抵抗力が全く存在しない不減衰の場合とは異なり，弱体とはいえ抵抗力が存在するから，共振点の大きさは無限大にはならない．

共振の本質は，慣性力と復元力が打ち消し合って共に消滅し，残存する粘性抵抗力だけで加振力に抵抗するので，応答速度が最大（多自由度系では極大）になる，速度共振である．慣性力と復元力が打ち消し合うのは $\omega = \Omega$（2.2.2 項）であるから，速度共振の角振動数は，減衰比 ζ の値には無関係に不減衰系の固有角振動数に等しい（$\omega_v = \Omega$：式 B2.25）．

　変位共振の角振動数は速度共振のそれより小さく（$\omega_f = \Omega\sqrt{1-2\zeta^2}$：式 B2.20），加速度共振の角振動数は速度共振のそれより大きい（$\omega_a = \Omega/\sqrt{1-2\zeta^2}$：式 B2.30）．
すなわち，$\omega_f < \omega_v = \Omega < \omega_a$．

〔2〕 なぜ共振するか（エネルギーから）

　$\omega = \Omega$（$\beta = 1$）の共振（速度共振）の位相角は，図 2.14 右図より $\varphi = -\pi/2$ である．$\sin(-\pi/2) = -1$ であるから，共振時に加振力が振動の 1 周期になす仕事は，式 B2.49 より

$$W_{0r} = \pi F|X| \tag{2.78}$$

共振では，加振の開始と共に発生し持続する自由振動に同期して，加振源から 1 周期あたり式 2.78 のエネルギーが入り続け，系内に蓄積されていく．

　一方，式 B2.53 で $\omega = \Omega$ とおけば，減衰（粘性）は 1 周期あたり

$$-W_{Cr} = \pi C\Omega|X|^2 \tag{2.79}$$

のエネルギー（$-W_{Cr} > 0$）を系から吸収し外部に消散させる．

　式 2.78 と 2.79 から分かるように，W_{0r} は振幅 $|X|$ に比例し，$-W_{Cr}$ は振幅の自乗 $|X|^2$ に比例する．加振の開始直後で振幅 $|X|$ が小さいときには，$W_{0r} > -W_{Cr}$ であり，エネルギーの流入が流出を上回るので，自由振動のエネルギーは増加し振幅が増大していく．振幅の増大と共に，W_{0r} は増加し，$-W_{Cr}$ は急増する．そこで，振幅が増大するにつれて $-W_{Cr}$ が W_{0r} に近づき，振幅増大の程度はゆるやかになり，やがて振幅は一定値にぜん近する．そして $W_{0r} = -W_{Cr}$ でエネルギーの入出が等しくなり，自由振動はそれ以上成長しなくなり，振幅一定の定常状態になる．

〔3〕 共振の解析

　粘性減衰系の共振振動（速度共振における振動変位）は，補章 B2.2.3 項で数学的に解析されている．その結果から，粘性 C が小さいときの共振振動は次式で示される．

$$x = \frac{F}{C\Omega}(1-e^{-Ct/(2M)})e^{j(\Omega t-\pi/2)} \qquad \text{（式 B2.41）} \tag{2.80}$$

　式 2.80 右辺の複素指数関数 $e^{j(\Omega t-\pi/2)}$ から，減衰系でも共振点では位相が $-\pi/2$ であり，応答変位が加振力より 1/4 周期遅れて生じることが分かる．

　図 2.15 に式 2.80 を図示する．図 2.14 a の $\beta = 1$ における変位振幅は図 2.15 の定常値（点線）を示す．その値は，式 2.80 右辺の係数（振幅）$F(1-e^{-Ct/(2M)})/(C\Omega)$ に $t = \infty$ を代入すれば

$$|X| = \frac{F}{C\Omega} \tag{2.81}$$

さて，粘性減衰系の変位共振の振幅は，式B2.21 のように $F/(C\omega_d)$ であった．粘性 C が小さく $\zeta^2 = C^2/C_C^2$ が無視できる場合には，$\omega_d = \Omega\sqrt{1-\zeta^2} \to \Omega$ になるから，式2.81は粘性が小さいときの変位共振振幅であることが分かる．このように共振時の振幅は，質量・剛性には無関係に粘性のみによって決まる．これは共振では，慣性力と復元力が互いに打ち消しあい，残存する粘性のみで加振力に抵抗するためである（上記〔1〕）．式2.81において $C \to 0$ とすれば，$|X| \to \infty$ となり，不減衰系の共振（図2.10a）に一致する．

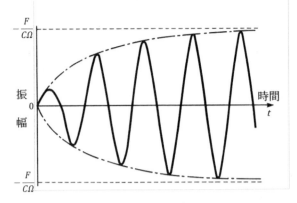

図2.15　粘性減衰系の共振
（0から指数関数的に増加し，一定振幅 $F/C\Omega$ にぜん近）

式2.81を式2.78に代入して

$$W_{0r} = \pi F(\frac{F}{C\Omega}) = \frac{\pi F^2}{C\Omega} \tag{2.82}$$

一方，式2.81を式2.79に代入して

$$-W_{Cr} = \pi C\Omega(\frac{F}{C\Omega})^2 = \frac{\pi F^2}{C\Omega} \tag{2.83}$$

式2.82と2.83は同一の量であり，加振源からの仕事によって系に流入したエネルギーがすべてそのまま粘性によって吸収され外部に流出し消散される（$W_{0r} = -W_{Cr}$）ことが分かる．このように，共振で振幅が一定値にまで成長した定常状態では，加振源→系→外部へのエネルギーの定常流れが実現し，エネルギーの均衡が保たれていることが証明された．

〔4〕　共振時の位相

上記〔1〕で前述したように，$\omega = \Omega$ の共振（速度共振：式B2.25）では，慣性力と復元力が相殺し合って消滅し，粘性抵抗力のみが残存して，粘性単独で加振力を打ち消している．そこで当然のことながら，粘性抵抗力 $-C\dot{x}(t)$（式2.3）は加振力と逆方向を向いており，したがって速度 $\dot{x}(t)$ は加振力と同方向を向いている．これは，速度の位相が0であり，加振力に同期して応答速度が生じていることを意味する．変位は，速度を1回時間積分することにより得られる．振動を1回時間積分する毎に位相（時間）が $\pi/2$ rad 遅れる（1.8節(1)）から，共振における変位の位相は $\varphi = -\pi/2$ になり，加振力から1/4周期遅れて変位が生じるのである．これが，図2.14bにおいて $\beta = 1 (\omega = \Omega)$ で $\varphi = -\pi/2$ になる理由である．

2.5.3 仕事とエネルギー

補章 B2.2.4 項では，加振力と粘性が振動中になす仕事を求めている．まず，式 2.59 の加振力 $f(t) = Fe^{j\omega t}$ が1周期中に系になす仕事 W_o は

$$W_o = -\pi F|X|\sin\varphi \qquad \text{(式 B2.49)} \tag{2.84}$$

このように W_o は，変位応答の位相 φ の関数になる．強制振動における変位応答は加振力より $0 \geq \varphi \geq -\pi \, (=-180°)$ 遅れて生じる（位相 φ の負値は時間遅れを意味する：図 2.14b）．この範囲内では $\sin\varphi \leq 0$ であるから，式 2.84 の W_o は必ず $W_o \geq 0$ になる．そして，$\varphi = 0$ と $\varphi = -\pi$ で最小値 0，$\varphi = -\pi/2$ で最大値 $\pi F|X|$ になる（式 2.78）．

図 2.16 に，加振力が1周期中になす仕事を，$0 \geq \varphi \geq -\pi$ の範囲内の5通りの場合について示す．図中の細線が加振力 f であり，それから位相が φ 遅れた太線は変位応答である．⊕と⊖はそれぞれ，加振力が系になす仕事が正と負になる時間 ωt の間隔を示す．⊕は系が加振力の作用を受容し加振源から注入されるエネルギーを受け入れている時間を示し，⊖は系が加振力の作用に反発し加振源にエネルギーを押し戻している時間を意味する．加振力に対して系が受容と反発を繰り返すのが強制振動である．

図 2.16a は $\varphi = 0$ の場合である．$0 \leq \omega t \leq \pi/2$ では，加振力 f は正（上向きに作用）であり，応答変位 x は増加しつつあり（速度が正），系は f に従って動いている．したがって，f が系になす仕事は正であり，その仕事の分だけエネルギーが加振源から系に注入される．$\pi/2 < \omega t \leq \pi$ では，f が正（上向きに作用）であるにもかかわらず x は減少しつつあり（速度が負），系は下向きに動いている．つまり系が f に逆らって動いているために，f は系に負の仕事をし，系は加振源にエネルギーを押し戻している．$\pi < \omega t \leq 3\pi/2$ では，f は負（下向きに作用）であり，x は減少しつつあり，系は f に従って下向きに動いている．したがって，f がなす仕事は正であり，その仕事の分だけエネルギーが加振源から系内に注入される．$3\pi/2 < \omega t \leq 2\pi$ では，f が負であるにもかかわらず，x は増加しつつあり（速度が正），系は上向きに動いている．つまり系が f に逆らって動いているために，f は系に負の仕事をし，系は加振源にエネルギーを押し戻す．こうして，1周期間に同じ大きさの正と負の仕事を2度繰り返すから，振動の1周期にわたる仕事量の合計は0になる．このように $\varphi = 0$ の場合には，加振力 f は系に対して仕事をせず，加振源と系の間にはエネルギーの移動はない．

図 2.16b は，$0 > \varphi > -\pi/2$ の場合である．上と同じように，f が正で x も正方向に増加していく（速度が正）ときと，f が負で x も負方向に減少していく（速度が負）ときには仕事が正（⊕）であり，逆に，x が f と逆方向に応答するときには仕事が負（⊖）である．この図を見ると，f が系になす仕事が正である時間（ωt）の方が負である時間よりも明らかに長く，仕事の量も多いことが分かる．したがって，1周期に渡る仕事の合計は正であり，応答の経過と共にエネルギーは加振

2.5 粘性減衰系の強制振動　　　　　　　　　　　　　　　　　　　　　　　　　　53

源から系に注入され続ける.

図2.16cは, $\varphi = -\pi/2$ の場合である. この場合には, f が正のときには常に x が正方向に増加し（速度が正）, f が負のときには常に x が負方向に減少（速度が負であり $|x|$ が増加）している. したがって, x は常に f に従って動き, 系は加振源からの作用をすべて受容し続けそれに反発する

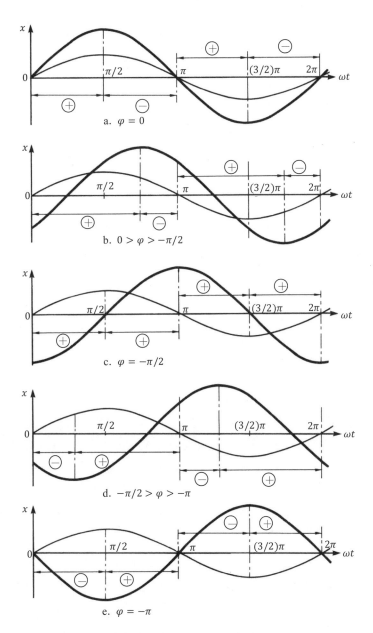

図2.16　強制振動で加振力が1周期の間に行う仕事
　　　　細線：加振力 $f = F\sin\omega t$
　　　　太線：変位応答　$x = |X|\sin(\omega t + \varphi)\ \ 0 \geqq \varphi \geqq -\pi$
　　　　加振力が系になす仕事が正：⊕, 負：⊖

ことはないから，f は系に対して1周期中常に正（⊕）の仕事をし続け，加振源から系にエネルギーが注入され続ける．これが共振現象である．

図 2.16d は，$-\pi/2 > \varphi > -\pi$ の場合である．仕事を調べてみると，図 2.16b の場合と同じように，f が系になす仕事が正（⊕）である時間の方が負（⊖）である時間よりも明らかに長く，仕事の量も多い．したがって，エネルギーは加振源から系に注入され続ける．

図 2.16e は，$\varphi = -\pi$ の場合である．仕事を調べてみると，図 2.16a の場合と同様に，⊕と⊖が同じ時間間隔であり，仕事の正と負の量が等しい．したがって $\varphi = \pi$ の場合には，f は系に対して仕事をせず，加振源と系の間にはエネルギーの移動はない．

図 2.16 から，位相が $0 \geq \varphi \geq -\pi$ の範囲では，0 か $-\pi$ 以外では必ず加振源から系にエネルギーが注入され続けることが分かった．それでは，注入されたエネルギーはどうなるのだろうか．これを知るために，1周期中に粘性抵抗力 $f_C(t) = -C\dot{x}(t)$ がなす仕事 W_C を調べてみる．W_C は，B2.2.4 項〔2〕から

$$W_C = -\pi C \omega |X|^2 \qquad （式 B2.53） \tag{2.85}$$

式 2.85 から，W_C は常に負であり，粘性 C は常に系に対して負の仕事をし，系からエネルギーを吸い取っていることが分かる．減衰が吸い取った力学エネルギーは，熱エネルギーなどに変換され，系外に流出し散逸する．

粘性減衰系の定常強制振動では，加振力 f が行う仕事によって注入されるエネルギーと等しい量のエネルギーを粘性が吸い取ることによって，定常状態が保たれる．このとき，式 2.84 と 2.85 は大きさが同じであり

$$-\pi F |X| \sin\varphi = \pi C \omega |X|^2 \tag{2.86}$$

式 2.64 と 2.45 を用いて式 2.86 を変形すれば

$$\sin\varphi = -\frac{C\omega}{K}\frac{|X|}{(F/K)} = -\frac{C\omega}{K}\frac{|X|}{X_{st}} = -\frac{2C}{2\sqrt{KM}}\frac{\omega}{\sqrt{K/M}}\frac{|X|}{X_{st}} = -2\frac{C}{C_C}\frac{\omega}{\Omega}\frac{|X|}{X_{st}} = -2\zeta\beta\frac{|X|}{X_{st}} \tag{2.87}$$

式 2.87 は，補章 B の式 B2.15 と同一であり，粘性減衰系における振幅の大きさと位相の関係を示している．しかし同時にこの式は，式 2.86 のように，強制振動の応答が定常を保つためのエネルギーの均衡条件なのである．

共振時の位相は $\varphi = -\pi/2$ である（2.5.2 項〔4〕）から，図 2.16c は共振である．この場合には，加振力 f が自由振動と同一の角振動数（$\omega = \Omega$）で作用し，加振力が系本来の性質（固有角振動数）に適合するために，系は加振力に対して反発しなくなり，加振力は常に正の仕事をし，系にエネルギーを流入させ続ける．これが共振（速度共振）の現象である．この場合には，式 2.86 に $\omega = \Omega$ と $\sin(-\pi/2) = -1$ を代入すれば，$|X| = F/(C\Omega)$．この式は式 2.81 と同一である．こうしてエネルギーの均衡条件から共振時の振幅（大きさ）が導かれた．

2.5 粘性減衰系の強制振動 55

不減衰系では，もし加振力 f が系にエネルギーを注入し続ければ，それは系の内在エネルギーとして蓄積され増え続け，応答振幅は時間と共に増大し続け，振動は非定常になる．しかし不減衰系では，共振以外の応答振動は定常であるから，このようなことは起こりえない．図 2.16 を見ると，位相 φ は0か $-\pi$ 以外以外ではすべて加振源から系にエネルギーが流入し続けている．したがって共振以外で定常状態を保ち続けるためには，位相 φ は0か $-\pi$ 以外にはなりえない．これが，不減衰系における応答変位の位相が共振（$\omega = \Omega$）時に0から $-\pi$ に不連続に変化する（図 2.10b）理由である．

2.5.4 系と基礎間の振動伝達

〔1〕 基礎への伝達力

振動する機械や構造物から，それを支える基礎や床に振動が伝わらないようにするために，ゴム，タイヤ，ばねなどで物体を支持することがよく行われる．このような支持部を含んだ振動系を，図 2.13 のような 1 自由度粘性減衰系でモデル化し，機械から基礎にどのように振動が伝達されるか，を考えてみる．

振動する系からそれを支持する基礎に伝わる力の大きさを調べる．式 2.59 の調和加振力が系に作用するときの運動方程式は，式 2.71 であり，その応答の変位 x と速度 $\dot{x}$ は，式 2.60 左式とその 1 回微分と $j = e^{j\pi/2}$ の関係から

$$x = Xe^{j\omega t}, \quad \dot{x} = j\omega X e^{j\omega t} = \omega X e^{j(\omega t + \pi/2)} \tag{2.88}$$

ここで，X は式 2.76 である．

図 2.13 のように，振動する質量と静止している基礎をつなぐのは剛性（ばね）と粘性であり，これら 2 つの経路を通じて質量から基礎へと力が伝達される．ばねに生じる力は Kx，粘性に生じる力は $C\dot{x}$ である．式 2.88 から分かるように，速度は変位より時間的に先行し，これら 2 個の力の間には $\pi/2$ の位相差（時間差）がある．前者の振幅は $K|X|$，後者の振幅は $C\omega|X|$ であり，両者は複素平面（図 A2.3）上で $\pi/2$ の角をなしている．したがって，基礎に伝わる力の振幅 F_t は，直角三角形で直角（$\pi/2$）を挟む 2 辺を与えて斜辺を計算するのと同じ方法（自乗和の平方根）で，上記の 2 力を合成して

$$F_t = |X|\sqrt{K^2 + C^2\omega^2} \tag{2.89}$$

この F_t と加振力の振幅 F の比 λ は，$F = KX_{st}$（式 2.64）と式 2.89 から

$$\lambda = \frac{F_t}{F} = \frac{|X|}{KX_{st}}\sqrt{K^2 + C^2\omega^2} = \frac{|X|}{X_{st}}\sqrt{1 + (\frac{C\omega}{K})^2} \tag{2.90}$$

式 2.87 から分かるように $C\omega/K = 2\zeta\beta$ の関係があるから，これと式 2.77 を式 2.90 に代入して

$$\lambda = \sqrt{\frac{1 + (2\zeta\beta)^2}{(1 - \beta^2)^2 + (2\zeta\beta)^2}} \tag{2.91}$$

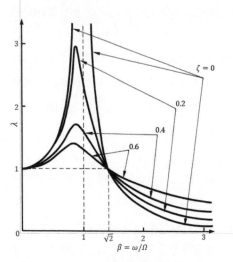

λ を**振動伝達率**という．式 2.91 のように，λ は β すなわち加振角振動数 ω と系の減衰比 ζ の関数であるから，ζ をパラメータとして λ と ω の関係を図示すれば，**図 2.17** のようになる．この図から，ω が Ω より少し小さいときに λ が最大になることが分かる．また，式 2.91 から $\omega = \sqrt{2}\Omega$ すなわち $\beta = \sqrt{2}$ のときに，ζ に無関係に $\lambda = 1$ になることが分かる．

機械の振動が基礎に伝わりにくくするには，λ がなるべく小さい方がよい．$\lambda \geq 1$ では，加振力よりも基礎に伝わる力の方が大きくなるから論外であり，少なくとも $\lambda < 1$ とする必要がある．加動振角振数 ω は加振源によって決まっているので，そのためには，支持ばねと機械の質量からなる系の固有振動数 $\Omega = \sqrt{K/M}$ が少なくとも $\beta > \sqrt{2}$ すなわち

図2.17　1自由度粘性減衰系の振動伝達率 λ

$\Omega < \omega/\sqrt{2}$ になるように，質量 M を大きくするか，剛性 K が小さく柔らかいばねで支持すればよい．質量を大きくすることは，自動車のように軽量化が重要な機械では困難である．また，支持ばねをあまり柔らかくすると，重い質量を支えられない，共振振動数が下る，静たわみが大きすぎて不安定になる，などの問題を生じる．これに対する対策には，静剛性（静荷重に対する剛性）が大きく動剛性（振動のような動荷重に対する剛性）が小さいタイヤや空気ばねが有効である．

図 2.17 を見ると，$\Omega < \omega/\sqrt{2}$ では，減衰が小さい方が床に振動が伝わりにくいことが分かる．しかし，減衰を小さくすると共振振幅が増大する．減衰は，速度に比例する基礎からの反力を利用して共振振幅を抑えるので，共振振幅を減少させるには有効であるが，減衰を大きくすることは，この反力を増大させることにつながるから，基礎への振動伝達率の低減には逆効果になる．

〔2〕　基礎からの振動伝達

振動する基礎や床から，その上に設置した質量（機械や構造物）に伝達される振動を考える．質量を基礎上に支持するのは剛性（ばね）である．ばねは，外からの作用力（不釣合力）は受けられず作用速度（不連続速度：両端間の速度差）しか受けることができない（ばねが外から受ける力はエネルギーの流入を伴わない拘束力）（補章 D3.5 項〔3〕）．そこで，ばねへの加振は力ではなく速度の形でなされ（弾性の動的機能：2.1.2 項〔2〕（3）），加振エネルギーは速度の形で基礎から支持ばねへ流入する（**速度加振**：1.4.2 項）．

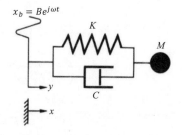

図2.18　基礎を加振する1自由度系（速度加振）

図 2.18 のように，基礎が一定振幅 B で振動し支持ばねの基礎との連結部を速度で加振する速度加

振による質量の応答変位を求める．基礎の振動変位を

$$x_b = B e^{j\omega t} \tag{2.92}$$

絶対空間内の質量の変位を x，振動する基礎から見た質量の変位を y とすれば

$$y = x - x_b \tag{2.93}$$

質量の慣性力 f_M は絶対空間内の加速度 $\ddot{x}$ に比例する．一方，復元力 f_K はばね両端間の変位差 y に比例し，また，粘性抵抗力 f_C は粘性両端間の速度差 $\dot{y}$ に比例する．

$$f_M = -M\ddot{x}, \quad f_K = -Ky, \quad f_C = -C\dot{y} \tag{2.94}$$

系に作用するこれらの力は釣り合うから，運動方程式は

$$M\ddot{x} + C\dot{y} + Ky = 0 \tag{2.95}$$

式 2.95 の解析については，補章 B の B2.2.5 項で説明する．

基礎の速度加振における変位振幅 B に対する質量の応答変位振幅 $|X|$ の比（倍率）$\lambda_b = |X|/B$ は，式 B2.65 のように求められる．この λ_b は，式 2.91 に記した，質量への力加振振幅 F に対する基礎への伝達力振幅 F_t の倍率 $\lambda = F_t/F$ と等しくなり，$\lambda_b = \lambda$．このことは，"質量加振に対する基礎応答の比と基礎加振に対する質量応答の比が等しい" という**相反定理**に基づいている．

2.6　周波数応答関数

2.6.1　周波数応答関数とは

一般に，対象の中身や正体を知ろうとする場合には，対象に入力を与えてそれに応じた出力を調べる．例えば，入社試験では問題を与えてそれを解かせることによって応募者の学力を知る．西瓜を叩いて出る音からその熟れ具合を知る．

系が，時間と共に変化する入力を受け，それに応答して何らかの信号を出力しているとする．このときの入力と出力の比を**伝達関数**という．振動実験では伝達関数を利用することが多い．その際，比の分母となる入力は加振力，比の分子となる出力は応答を採用する．応答としては，運動（変位・速度・加速度）を用いることが多く，応力・ひずみ・音などを用いることもある．

図 2.19 に，系に加える加振力とそれに対する応答（強制振動）の時刻歴波形の例を示す．同図 a と c は，それぞれ測定された加振力と応答の生の時刻歴データである．もし同図 a のような荷重が極めてゆっくりと（準静的に）系に作用

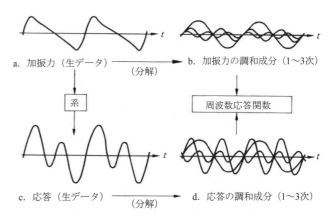

図2.19　加振力と応答の時刻歴波形

すれば，系の力学特性のうち剛性だけが反応するから，それに対する応答は同図 a と同形の時刻歴
となり，両者の比から系の剛性の大きさを簡単に知ることが出来る．これに対し，同図 a のような
加振力が動的に（速度・加速度を伴って）作用すれば，系の 3 つの力学特性（質量・剛性・粘性）
が同時に反応しそれらの効果が複雑に絡み合うから，応答は同図 c のように同図 a とは似ても似つ
かない時刻歴になる．この場合には，加振力と応答の時刻歴 a と c を直接比較しても，両者はどの
ような関係にあるのか見当もつかない．

そこで，加振力と応答の両者を個別にフーリエ変換して調和成分（単一の周波数成分）に分解す
る（フーリエ変換に関しては，第 4 章で詳しく説明する）．図 2.19 の b（加振力）と d（応答）は，
共に最も低い周波数から数えて 3 個目までの調和成分だけを取り出し，時刻歴波形として示したも
のである．単一周波数成分同士の加振力と応答の比較であれば，加振力が系の力学特性を介して応
答に変換される間に，振幅が何倍になっているか（振幅比），および時間がどれだけ経過したか（位
相遅れ），の 2 項だけを知れば，入出力間の関係がはっきり分かる．この例では，最低次から 2 番目
の成分が特に大きく増幅されており，この近傍の振動数に系の共振点があることが推察できる．

加振力と応答の関係をもっと具体的・定量的に表現するために，図 2.19 の b と d に示した調和成
分毎の振幅比と，加振力を基準とした応答の位相を，振動数（周波数）の関数として表現したもの
を，**周波数応答関数**と呼ぶ．周波数応答関数は，伝達関数の一種である．

周波数応答関数の中には，系の動的な情報が含まれている．振動試験によって周波数応答関数を
実験的に求め，その中に含まれる系の動的な性質を，モード特性の形で抽出し特定する一連の手法
が，実験モード解析である [4]．

周波数応答関数には，**表 2.2** に示す 6 通りの種類がある．これらのうちで通常用いられるのは**コ
ンプライアンス・モビリティ・アクセレランス**であり，これらの逆数である**動剛性・機械インピー
ダンス・動質量**はあまり用いられない．中でも最もよく用いられるのがコンプライアンスである．

表 2.2 周波数応答関数の種類

定　義	和　名	英　名	関　係	単位（SI）
変位／力	コンプライアンス	compliance	G	m/N
速度／力	モビリティ	mobility	$j\omega G$	m/(Ns)
加速度／力	アクセレランス	accelerance	$-\omega^2 G$	m/(Ns^2)
力／変位	動　剛　性	dynamic stiffness	$1/G$	N/m
力／速度	機械インピーダンス	mechanical impedance	$-j/(\omega G)$	Ns/m
力／加速度	動　質　量	apparent mass	$-j/(\omega^2 G)$	Ns^2/m

（注 1 ）　コンプライアンスは，レセプタンス（receptance），アドミッタンス（admittance），あるい
　　　　　は動柔性（dynamic flexibility）とも呼ぶ．
（注 2 ）　アクセレランスは，イナータンス（inertance）とも呼ぶ．

2.6 周波数応答関数

これはコンプライアンスが，振動応答のうちで直接の解析対象になる変位を表現しているためである．一方，理論的に最もすっきりしているのはモビリティである．これは，2.5.2 項〔1〕で述べたように，共振の本質が速度共振であることに由来する．またこれは，速度共振振動数だけが粘性の有無や大きさに無関係に一定値をとり，それが不減衰固有振動数 $\Omega = \sqrt{M/K}$ に等しいこと（B2.2.2 項），この $\omega = \Omega$ の速度共振における位相が正確に $-\pi/2$ になること（2.5.2 項〔4〕），ボード線図（両対数目盛）が左右対称であること（図 2.21 b），ナイキスト線図が完全な円になること（B2.3.2 項），から理解できる．したがって ISO 国際規格では，モビリティが周波数応答関数の基準になっている[13].

表 2.2 には，コンプライアンスを $G(\omega)$ と記し，これに対する他の周波数応答関数の関係を示している．これらの関係は，調和振動変位が式 2.60 左式のような複素指数関数で表現できることに由来する．速度は変位を 1 回時間微分して得られるから，モビリティはコンプライアンスに $j\omega$ を乗じたものになる．また，加速度は変位を 2 回時間微分して得られるから，アクセレランスはコンプライアンスに $(j\omega)^2 = -\omega^2$ を乗じたものになる．これらの関係から分かるように，周波数応答関数は，一般には複素数である．図 A2.3 に示すように，$j = e^{j\pi/2}$ であるから，$j\omega$ を乗じることは，振幅を ω 倍し位相を $\pi/2$ 進めることに対応する．

2.6.2 数式表現

表 2.2 の定義に基づいて，周波数応答関数を数式表現する．まず，コンプライアンス G は変位と力の比であるから，式 2.76 に $X_{st} = F/K$ （式 2.64）を代入して

$$G(\omega) = \frac{X(\omega)}{F} = \frac{1/K}{1 - \beta^2 + 2j\zeta\beta} \quad (\beta = \frac{\omega}{\Omega}) \tag{2.96}$$

式 2.96 を実部と虚部に分けて表現すれば，式 B2.11 と B2.12 より

$$\left.\begin{array}{l} G(\omega) = G_R(\omega) + jG_I(\omega) \\[2mm] G_R = \dfrac{(1 - \beta^2)/K}{(1 - \beta^2)^2 + (2\zeta\beta)^2}, \quad G_I = \dfrac{-2\zeta\beta/K}{(1 - \beta^2)^2 + (2\zeta\beta)^2} \end{array}\right\} \tag{2.97}$$

また，振幅と位相に分けて複素指数関数の形に表現すれば，式 2.77 より

$$\left.\begin{array}{l} G(\omega) = |G|e^{j\varphi} \\[2mm] |G| = \dfrac{1/K}{\sqrt{(1 - \beta^2)^2 + (2\zeta\beta)^2}}, \quad \tan\varphi = -\dfrac{2\zeta\beta}{1 - \beta^2} \end{array}\right\} \tag{2.98}$$

モビリティ H は，$H = j\omega G$ であるから，式 2.96 と $\omega = \Omega\beta$ を用いて

$$H(\omega) = \frac{j\omega X}{F} = \frac{j\omega/K}{1 - \beta^2 + 2\zeta\beta} = \frac{j\Omega\beta/K}{1 - \beta^2 + 2j\zeta\beta} \tag{2.99}$$

式 2.99 を実部と虚部に分けて表現すれば，式 2.97 と $\omega = \Omega\beta$ を用いて

$$\left.\begin{aligned}
&H(\omega) = H_R(\omega) + jH_I(\omega) = j\omega(G_R + jG_I) = -\Omega\beta G_I + j\Omega\beta G_R \\
&H_R = -\Omega\beta G_I, \quad H_I = \Omega\beta G_R
\end{aligned}\right\} \tag{2.100}$$

式 2.99 を振幅と位相に分けて表現すれば，式 2.98 と $j = e^{j\pi/2}$ と $\omega = \Omega\beta$ を用いて

$$\left.\begin{aligned}
&H(\omega) = |H|e^{j\varphi'} = j\omega|G|e^{j\varphi} \\
&|H| = \Omega\beta|G|, \quad \varphi' = \varphi + \frac{\pi}{2}
\end{aligned}\right\} \tag{2.101}$$

アクセレランス L は，定義によれば $L = -\omega^2 G$ であるから，式 2.96 と $\omega = \Omega\beta$ の関係を用いて

$$L(\omega) = \frac{-\omega^2 X}{F} = \frac{-\Omega^2\beta^2/K}{1 - \beta^2 + 2j\zeta\beta} \tag{2.102}$$

式 2.102 を実部と虚部に分けて表現すれば，式 2.97 より

$$\left.\begin{aligned}
&L(\omega) = L_R(\omega) + jL_I(\omega) \\
&L_R = -\Omega^2\beta^2 G_R, \quad L_I = -\Omega^2\beta^2 G_I
\end{aligned}\right\} \tag{2.103}$$

式 2.102 を振幅と位相に分けて表現すれば，式 2.98 と $-1 = e^{j\pi}$ と $\omega = \Omega\beta$ を用いて式 2.98 より

$$\left.\begin{aligned}
&L(\omega) = |L|e^{j\varphi''} = -\omega^2|G|e^{j\varphi} \\
&|L| = \Omega^2\beta^2|G|, \quad \varphi'' = \varphi + \pi
\end{aligned}\right\} \tag{2.104}$$

2.6.3　図　　　示

　周波数応答関数を図に表現する．式 2.96 において，剛性 K と減衰比 ζ は系の動特性でありパラメータとみなしてよいので，周波数応答関数は β すなわち角周波数 ω を独立変数とする複素関数になる．補章 A2 で説明するように，複素数は 2 個の互いに独立な素からなる 2 次元数である．周波数応答関数の場合には，2 個の素は，実部と虚部あるいは振幅と位相である．平面上に画く図には 2 個の量間の関係しか表現できないので，これら 2 個の素と周波数という計 3 個の量間の関係を 1 枚の図で同時に表現することは，不可能である．このため，周波数応答関数特有の表現方法を用い，以下の 3 通りの方法のいずれかで図示する．

① 　縦軸に位相（時間）と振幅（大きさ）をとった 2 個の図を，周波数（振動数）を共通の横軸として上下に並べる方法であり，これを**ボード線図**という．コンプライアンスのボード線図は，図 2.14 に示した変位応答のうち位相（同右図）を上に，振幅（同左図）を下に並べて書いたものである．しかしボード線図は，図 2.14 とは異なり，周波数軸と振幅軸共に対数を用いる両対数目盛で表示する．これは以下の理由による．

1) 　広い周波数範囲を収めることができ，かつ多くの振動現象で大切な低周波数域の様子を拡大して図示できる．

2.6 周波数応答関数 61

2) 一般に共振点では, 振幅が大きくなる. 式2.98 は, $\beta = 1$ の共振点のとき $|G| = 1/(2K\zeta)$, $\beta = 0$ の静変位のとき $|G| = 1/K$ であるから, 例えば $\zeta = 0.01$ の減衰を有する系では, 共振点の大きさが静変位の 50 倍になる. このような共振点を通常の目盛で表示すれば, 共振点以外の振幅は小さすぎて判読が困難になる.

これに対して対数目盛では, このような軽減衰の場合でも共振点とそれ以外の振幅を共に容易に判読できる.

3) 後述のように, 振幅を両対数目盛で表示すれば, 剛性 K だけおよび質量 M だけの系の周波数応答関数が, 両方共直線になる. これを利用すれば, 周波数応答関数の図から K と M のおよその値が直接判読できる.

ボード線図は, 共振峰の存在の有無・周波数・大きさを認識しやすく, また全周波数領域の様相を広く見ることができるので, 最もよく使われる.

② 周波数を共通の横軸とし, 縦軸に実部と虚部をとった 2 個の図を縦に並べる方法であり, これを**コクアド線図**（coincidence-quadratic に由来）と言う. この方法は, 共振峰がボード線図よりも急峻なピークとして虚部のみに現れ, また, その頂点で実部が 0 になるので, 共振点の振動数を読みやすいという長所を有する. しかし図の縦軸が正と負の両方にまたがるので, 縦軸に対数目盛を使用できず, 軽減衰の場合に精度が良い表示が困難になる. また, 振動の振幅と位相が直接表示されない. これらの理由から, コクアド線図はあまり用いられない.

③ 実部を横軸に, 虚部を縦軸にとった複素平面（図 A2.1）上に, 実部と虚部の関係を図示する方法であり, これを**ナイキスト線図**という.

周波数応答関数は, 複素数として表現され, 実部と虚部, または振幅の大きさと位相, という 2 種類の量を共に周波数の関数として表現したものであるから, それを図示するためには必ず 2 個の図を必要とする. そこで, ボード線図とコクアド線図は, 共に 2 個の図から成っている. これを強いて 1 個の図で表現したのが, ナイキスト線図である. ナイキスト線図は, 実部・虚部・周波数という, 周波数応答関数の表示に必要な 3 量のうち周波数を省略し, 実部と虚部の関係を複素平面上に表現した図である. そこでナイキスト線図は, 周波数情報が全く表示されないという欠点を有し, 共振が何 Hz で生じているかという振動数を読むためには, ボード線図との併用が欠かせない.

ナイキスト線図の特徴は, 周波数応答関数で大切な共振点近傍だけが拡大されて図示できるのと, 線形系の周波数応答関数が共振点で円を描くことが理論的に分かっており（B2.3 項）, 実験モード解析における測定や信号処理の際に誤差が混入したり, 系に非線形が存在したりすると, それらが円のゆがみや潰れとして現れ, 識別し易いことである.

上記 3 通りの図示方法を具体例で示す. ここでは, 図 2.13 の系において

$$M = 1 \text{ kg}, \quad K = 3943.84 \text{ N/m}, \quad C = 6.28 \text{ Ns/m} \tag{2.105}$$

とした 1 自由度粘性減衰系を取り上げる. 図示する振動数範囲は 0Hz〜100Hz である. 式2.105 を式

2.19 と 2.45 に代入すれば，不減衰固有振動数が 10Hz（$\Omega = 62.8$ rad/s），減衰比が $\zeta = 0.05$ になる．

図 2.20 と**図 2.21** はボード線図であり，両図の a, b, c はそれぞれコンプライアンス，モビリティ，

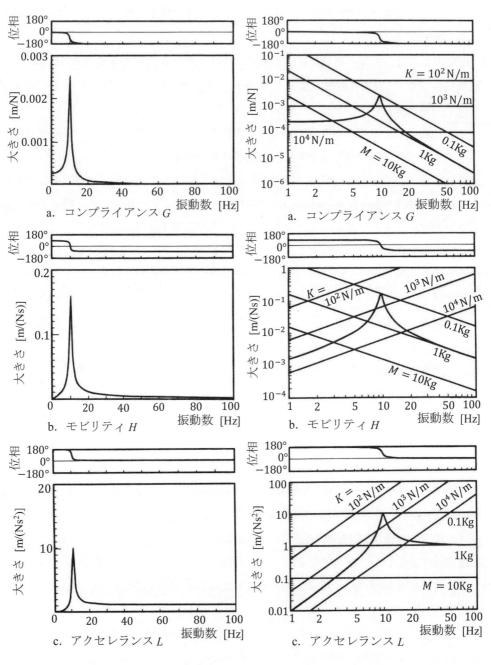

図2.20　ボード線図（普通目盛）　　　図2.21　ボード線図（両対数目盛）
　　　　式2.105の1自由度系　　　　　　　　　式2.105の1自由度系
　　　　　　　　　　　　　　　　　　　　　　直線：ばねのみ，質量のみの系

2.6 周波数応答関数

アクセレランスを示す．縦軸・横軸共に，図2.20は普通目盛（線形目盛）を，図2.21は対数目盛を用いている．これらは，振動数Hzを共通の横軸にとり，上図が位相φ（振動数0Hzのときのコンプライアンスの位相を基準$\varphi=0$とする），下図が大きさ（振幅）を表している．まず，コンプライアンスG（図2.20aと2.21a）について述べる．0Hz（静変位）では$|G|=1/K=2.536\times10^{-4}$ m/N，共振点10Hzでは$|G|_{max}=1/(2K\zeta)=2.536\times10^{-3}$ m/N（式2.98で$\beta=0$と$\beta=1$）である．線形目盛を用いて0Hz～100Hzの範囲を共振峰頂点まで図示した図2.20では，線図が左方に片寄ってしまい，また共振点以外の振動数域，特に高振動数域の大きさが0に近くなり，はっきり様相が読み取れなくなっている．これに対して対数目盛を用いた図2.21では，線図が中央にバランス良く収まり，高周波数領域の広い範囲の様子が分かると同時に，一般に大切な低周波数領域が拡大され，振動数0の点と共振点の値が共に読み取りやすい．また，共振峰近傍とそれ以外の部分の変化の様子が共に良く分かり，両対数目盛を用いることの有利さが理解できる．

コンプライアンスの大きさ$|G|$は，式B2.20とB2.21より，$\omega_f=\Omega\sqrt{1-2\zeta^2}$のとき最大値$|G|_{max}=|X|_{max}/F=1/(2K\zeta\sqrt{1-\zeta^2})$をとる．モビリティの大きさ$|H|$は，式B2.25とB2.26より，$\omega_v=\Omega$のとき最大値$|H|_{max}=|V|_{max}/F=\Omega/(2K\zeta)$をとる．このようにモビリティは，共振振動数$\omega_v$が減衰に無関係に一定$\Omega$であり，対数目盛を用いた図2.21bでは共振点を中心にして左右対称に表示されている．これらのことは，共振の本質が速度共振であることを示唆している．アクセレランスの大きさ$|L|$は，式B2.30とB2.31より，$\omega_a=\Omega/\sqrt{1-2\zeta^2}$のとき最大値$|L|_{max}=|A|_{max}/F=\Omega^2/(2K\zeta\sqrt{1-\zeta^2})$をとる．

剛性だけおよび質量だけの系の周波数応答関数がボード線図上に描く図形を調べる．まず剛性Kのばねだけの場合には，加振力振幅Fに対する応答変位振幅は$X=F/K$であるから，コンプライアンス，モビリティ，アクセレランスの大きさ$|G|$，$|H|$，$|L|$は，表2.2の関係から

$$|G|=\frac{1}{K}, \quad |H|=\frac{\omega}{K}, \quad |L|=\frac{\omega^2}{K} \tag{2.106}$$

式2.106の対数（A2.2項）をとれば

$$\left.\begin{array}{l} \log|G|=\log(1/K)=-\log K, \qquad \log|H|=\log(\omega/K)=\log\omega-\log K \\ \log|L|=\log(\omega^2/K)=\log\omega^2-\log K=2\log\omega-\log K \end{array}\right\} \tag{2.107}$$

対数目盛で表示するために，$\log|G|=G_\ell$，$\log|H|=H_\ell$，$\log|L|=L_\ell$，$\log\omega=\omega_\ell$，$\log K=K_\ell$と記せば，式2.107は

$$G_\ell=-K_\ell, \quad H_\ell=\omega_\ell-K_\ell, \quad L_\ell=2\omega_\ell-K_\ell \tag{2.108}$$

K_ℓは定数であるから，式2.108は，ω_ℓを横軸にとった両対数目盛のボード線図上で，$|G|$は一定（水平），$|H|$は傾き1，$|L|$は傾き2の直線になることを示している．図2.21には，これらの直線群をKの値と共に記入してある．

次に質量 M だけの場合には，加振力振幅 F に対する応答加速度振幅は $\ddot{X} = F/M$ であるから，表 2.2 の関係を用いれば

$$|G| = 1/(\omega^2 M), \quad |H| = 1/(\omega M), \quad |L| = 1/M \tag{2.109}$$

式 2.109 の対数をとれば

$$\log|G| = -2\log\omega - \log M, \quad \log|H| = -\log\omega - \log M, \quad \log|L| = -\log M \tag{2.110}$$

$\log M = M_\ell$ として，式 2.108 と同様に，式 2.110 を対数目盛で表示すれば

$$G_\ell = -2\omega_\ell - M_\ell, \quad H_\ell = -\omega_\ell - M_\ell, \quad L_\ell = -M_\ell \tag{2.111}$$

M_ℓ は定数であるから，式 2.111 は，ω_ℓ を横軸にとった両対数目盛のボード線図上で，$|G|$ は傾き -2，$|H|$ は傾き -1，$|L|$ は一定（水平）の直線になることを示している．図 2.21 は，これらの直線群を K と M の値と共に記入してある．

加振周波数が非常に小さいときと非常に大きいときの周波数応答関数を考える．まず式 2.96 において $\omega \to 0$ （$\beta \to 0$）とすれば，$|G| = 1/K$．これは式 2.106 と同一であり，周波数応答関数は，加振周波数 ω が非常に小さいときには，ばねのみの場合の直線にぜん近することを示している．一方，$\Omega^2 = K/M$，$\beta = \omega/\Omega$ の関係を用いて式 2.96 を

$$G = \frac{-(1/\beta^2)(1/K)}{1 - (1/\beta^2) - 2j\zeta(1/\beta)} = \frac{-\Omega^2/(\omega^2 K)}{1 - (1/\beta^2) - 2j\zeta(1/\beta)} = \frac{-1/(\omega^2 M)}{1 - (1/\beta^2) - 2j\zeta(1/\beta)} \tag{2.112}$$

のように変形して，$\omega \to \infty$ （$\beta \to \infty$）とすれば，$|G| = 1/(\omega^2 M)$．これは式 2.109 と同一であり，周波数応答関数は，加振周波数 ω が非常に大きいときには，質量のみの場合の直線にぜん近することを示している．例えば図 2.21a では，コンプライアンスの $|G|$ 値は，$\omega \to 0$ で $1/K \cong 2.5 \times 10^{-4}$ m/N に，$\omega \to \infty$ で $1/\omega^2$（式 2.109 で $M = 1$ Kg）に漸近しており，この系の剛性と質量がそれぞれ約 4000 N/m と 1 Kg であることが，図 2.21a を見るだけで判明する．これらのことから，1 自由度系の場合には，M と K のおよその値をボード線図上に示した周波数応答関数の曲線から読みとることができる．

周波数応答関数は，ボード線図上では，加振周波数が小さい順に，ばねが主役を演じる準直線領域，共振点を含み変化が激しい中間領域および質量が主役を演じる準直線領域，の 3 領域に分けられることが図 2.21 から分かる．図 2.14a から明かなように，両端の準直線領域は粘性減衰の影響をほとんど受けないが，共振点近傍の中間領域は振幅も位相も粘性減衰の影響を大きく受ける．これは，共振点近傍では，剛性による復元力と質量による慣性力が互いにほとんど相殺されて，粘性抵抗力が加振力への抵抗の主役を演じているためである．

図 2.22 はコクアド線図である．コンプライアンスでは，加振周波数の増加と共に，実部は 一定（正）→ 最大（正）→ 0 → 最小（負）→ 0 のように変化し，一方，虚部は負のままで 0 → 最小 → 0 のように変化する．共振峰は，コクアド線図の虚部では負であり，ボード線図よりも鋭い．コンプライアンスのコクアド線図において，実部が急変して 0 を通過するのは，変位の位相が

2.6 周波数応答関数

$-\pi/2 = -90°$ になる $\omega = \Omega$ のときである.

図2.23 はナイキスト線図である．図中の曲線上の周波数目盛は，1/8 Hz 毎の周波数点を示す．図は 0〜100 Hz の範囲を図示しているが，共振点である 10 Hz の極めて近い周波数領域だけが拡大表示されるので，ナイキスト線図は共振点付近の様子を知るのに便利である．ただし，図中の曲線上の周波数の目盛と数値は，著者が後で書き加えたものであり元々周波数は図中に全く表示されないので，共振周波数の値は，ボード線図かコクアド線図を用いないと判読できない．

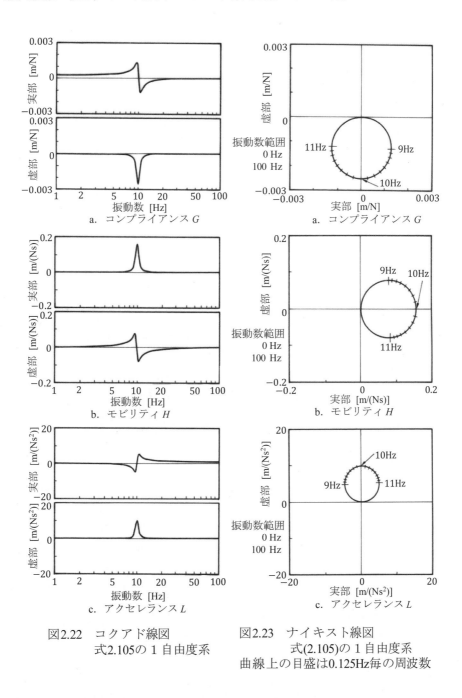

図2.22　コクアド線図
　　式2.105の1自由度系

図2.23　ナイキスト線図
　　式(2.105)の1自由度系
　曲線上の目盛は0.125Hz毎の周波数

ナイキスト線図上では，コンプライアンスは正確な円でなく近似的な円の形をしており，モビリティは正確な円になる．これは補章 B2.3 で数学的に証明されている．アクセレランスも近似的な円を描く．

図 2.24〜図 2.26 は，動剛性・機械インピーダンス・動質量のボード線図である．表 2.2 から分かるように，これらはそれぞれ，コンプライアンス，モビリティおよびアクセレランスの逆数であり，共振点では振幅が最小になっている．また，図中には，剛性のみおよび質量のみの系の周波数応答関数を表現する直線群が記入してある．ただし，動剛性・機械インピーダンス・動質量は，実務現場ではあまり用いられない．

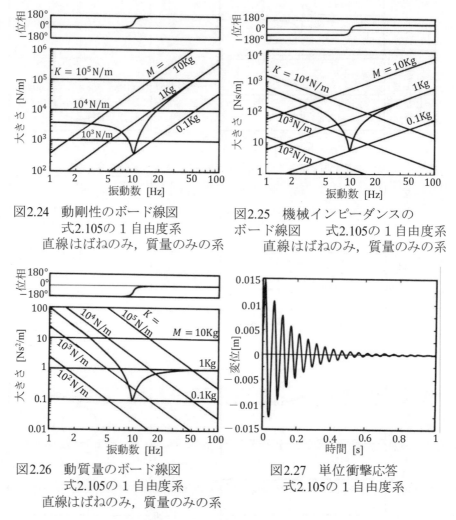

図2.24 動剛性のボード線図
式2.105の1自由度系
直線はばねのみ，質量のみの系

図2.25 機械インピーダンスのボード線図　式2.105の1自由度系
直線はばねのみ，質量のみの系

図2.26 動質量のボード線図
式2.105の1自由度系
直線はばねのみ，質量のみの系

図2.27 単位衝撃応答
式2.105の1自由度系

図 2.27 は，式 2.105 の 1 自由度粘性減衰系の質量が単位衝撃（4.2.4 項〔1〕）を受けるときの自由振動応答である．周波数応答関数を逆フーリエ変換（4.2.2 項〔1〕）し，周波数領域から時間領域に変換したものが単位衝撃応答である．

2.6.4 特別な現象を生じる振動数

1自由度粘性減衰系の振動で特別な現象を生じる振動数を，**表 2.3** に小さい方から順にまとめて示す．一般に，これらの総称として，共振振動数あるいは固有振動数と言う言葉を漠然と用いるが，これらのうちどれを意味しているかは場合によって異なるので，これらをはっきり区別して理解しておく必要がある．

表 2.3　1自由度粘性減衰系の特別な角振動数（ζ は減衰比）

角振動数 [rad/s]	現　　象
$\Omega\sqrt{1-2\zeta^2}$	力加振による強制振動の変位共振
$\Omega\sqrt{1-\zeta^2}$	減衰自由振動の固有角振動数
$\Omega\ (=\sqrt{\dfrac{K}{M}})$	不減衰自由振動の固有角振動数 力加振による強制振動の速度共振 強制振動において変位の位相が$-90°$
$\dfrac{\Omega}{\sqrt{1-2\zeta^2}}$	力加振による強制振動の加速度共振 速度加振による強制振動の変位共振

第3章 多自由度系

3.1 不減衰系の自由振動

本章をしっかり理解・習得するには，行列・ベクトル・行列式・固有値・固有ベクトル・直交性など，数学に関する若干の知識が有用になる．これらは，補章 A3 節に初歩から分かりやすく説明してあるので，必要に応じて参照されたい．

3.1.1 運動方程式
〔1〕自 由 度

機械工学事典[28]には，**自由度**が次のように定義されている．「物体の運動を表すにはいくつかの座標が必要であり，その系において物体の運動を拘束するような条件がなければ，それらの座標は互いに独立である．このような独立座標の数をその系の自由度という．」これを簡単に述べれば，**自由度は系の（運動）状態を決定するのに必要な座標（変数）の数**，と言える．

図3.1は，2個の剛性（ばね）と2個の質量を直列に結合した不減衰系である．各質量は水平方向だけに動くとすれば，この系の状態は，これら2個の質量の水平方向変位（座標の基準点からの位置のずれ）だけで決定できるので，この系は2自由度である．

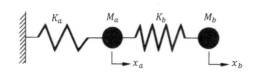

図3.1　2自由度不減衰系

一般に座標の基準点は，自然の状態で質量が存在する位置に置かれる．しかし自由度は，質量やばねの数とは無関係である．例えば，平面上に置かれた1個の質量は，その平面内で x 軸と y 軸の2方向に動き得るので2自由度であり，空間内に置かれた1個の質量は3自由度である．平面上に置かれた1個の質量を3個のばねで周辺の固定部とつないでも，やはり2自由度である．

〔2〕構造と可動機構

一般に機械は，構造と可動機構から構成される．両者の違いについて述べる．

構造では，全自由度が剛性（ばね）を介して力で拘束し合い，互いに相対運動はできるが無関係には動けない．構造内の質量（自由度）Aに外力を加えれば，自由度間を連結するばねを介して他の全自由度に力が伝達され，力の作用反作用の法則によって反力が他の全自由度から自由度Aに返ってきて，外力を打ち消す．そこで，自由度Aでは力が釣り合う．このことが全自由度で成立するから，**構造では力の釣合数と自由度数が等しい**．

3.1 不減衰系の自由振動 69

可動機構（リンク機構・ピストンクランク機構など）では，力による自由度間の拘束数が自由度数より少なく，拘束を受けない自由度が少なくとも 1 個は存在する．この自由度 B は，他の自由度から独立しており，互いに無関係に動ける．この自由度 B に外力が加わっても，他の自由度に力が伝わらず，したがって他の自由度から反力が返ってこない．そこで自由度 B では，外力を打ち消す力が存在せず，力が釣り合わない．このように，力の釣合が成立しない自由度が存在するから，**可動機構では力の釣合数が自由度数より少ない**．

なお，"力の釣合"という概念は，補章 D6.1 項で詳細に説明されている．

〔3〕 力の釣合からの導出

全自由度について力の釣合が成立する構造を対象とする構造動力学では，力の釣合が系の運動を決めるので，力の釣合式が運動方程式となる（2.1.1 節〔3〕）．そこで構造動力学の解析は，全自由度について力の釣合式を立てることから始める．

図 3.1 の 2 自由度不減衰系を例にとり，運動方程式の立て方を説明する．この系が，外部から作用力を受けた直後に自由状態に置かれるときの力の釣合を考える．系は，作用力に抗して質量が慣性力を，剛性（ばね）が復元力を出す．その直後に作用力を除去すれば，系には慣性力と復元力だけが残存し両力は釣り合う．

慣性力は質量の絶対加速度に比例し，復元力はばねの変形（両端間の変位差）に比例する．ばねの変形は，力の釣合式を立てようとしている自由度に接続している端を基準にし，その変位から他端の変位を引いた値とする．例えば図 3.1 のばね K_b の変形は，自由度 x_a における力の釣合式を立てる際には $x_a - x_b$，自由度 x_b における力の釣合式を立てる際には $x_b - x_a$ とする．

自由度 x_a に作用する力は，質量 M_a の慣性力 $-M_a\ddot{x}_a$，ばね K_a の復元力 $-K_a(x_a - 0) = -K_a x_a$，ばね K_b の復元力 $-K_b(x_a - x_b)$ である．また自由度 x_b に作用する力は，質量 M_b の慣性力 $-M_b\ddot{x}_b$，ばね K_b の復元力 $-K_b(x_b - x_a)$ である．

質量 M_a と M_b に作用する力はそれぞれ釣り合うから，この系の力の釣合式は

$$\left.\begin{array}{l} -M_a\ddot{x}_a - K_a x_a - K_b(x_a - x_b) = 0 \\ -M_b\ddot{x}_b - K_b(x_b - x_a) = 0 \end{array}\right\} \tag{3.1}$$

すなわち

$$\left.\begin{array}{l} M_a\ddot{x}_a + (K_a + K_b)x_a - K_b x_b = 0 \\ M_b\ddot{x}_b - K_b x_a + K_b x_b = 0 \end{array}\right\} \tag{3.2}$$

補章 A の式 A3.1 と A3.2 を参照して，式 3.2 を行列とベクトルで表記すれば

$$\begin{bmatrix} M_a & 0 \\ 0 & M_b \end{bmatrix}\begin{Bmatrix} \ddot{x}_a \\ \ddot{x}_b \end{Bmatrix} + \begin{bmatrix} K_a + K_b & -K_b \\ -K_b & K_b \end{bmatrix}\begin{Bmatrix} x_a \\ x_b \end{Bmatrix} = \begin{Bmatrix} 0 \\ 0 \end{Bmatrix} \tag{3.3}$$

次に，**図 3.2** に示す 3 自由度系の力の釣合を考える．自由度 x_a に作用する力は，質量 M_a の慣性力 $-M_a\ddot{x}_a$，ばね K_a の復元力 $-K_a(x_a - 0) = -K_a x_a$，ばね K_b の復元力 $-K_b(x_a - x_b)$ である．自由度 x_b に作用する力は，質量 M_b の慣性力 $-M_b\ddot{x}_b$，ばね K_b の復元力 $-K_b(x_b - x_a)$，ばね K_c

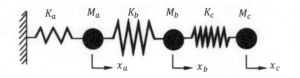

図3.2　3自由度不減衰系

の復元力 $-K_c(x_b - x_c)$ である．自由度 x_c に作用する力は，質量 M_c の慣性力 $-M_c\ddot{x}_c$，ばね K_c の復元力 $-K_c(x_c - x_b)$ である．

自由度 $x_a \cdot x_b \cdot x_c$ に作用する力はそれぞれ釣り合うから，力の釣合式は

$$\left.\begin{array}{l} M_a\ddot{x}_a + (K_a + K_b)x_a - K_b x_b = 0 \\ M_b\ddot{x}_b - K_b x_a + (K_b + K_c)x_b - K_c x_c = 0 \\ M_c\ddot{x}_c - K_c x_b + K_c x_c = 0 \end{array}\right\} \quad (3.4)$$

式3.4を行列とベクトルで表せば

$$\begin{bmatrix} M_a & 0 & 0 \\ 0 & M_b & 0 \\ 0 & 0 & M_c \end{bmatrix}\begin{Bmatrix} \ddot{x}_a \\ \ddot{x}_b \\ \ddot{x}_c \end{Bmatrix} + \begin{bmatrix} K_a + K_b & -K_b & 0 \\ -K_b & K_b + K_c & -K_c \\ 0 & -K_c & K_c \end{bmatrix}\begin{Bmatrix} x_a \\ x_b \\ x_c \end{Bmatrix} = \begin{Bmatrix} 0 \\ 0 \\ 0 \end{Bmatrix} \quad (3.5)$$

式 3.2〜3.5 は，力の釣合式であると同時に，運動（変位・速度・加速度）を規定する方程式であるから，1 自由度系の場合（式2.4）と同様に**運動方程式**という．

多自由度不減衰系の自由振動の運動方程式を，式 3.3 や 3.5 を任意の多自由度系に拡張し一般化した形で表せば

$$[M]\{\ddot{x}\} + [K]\{x\} = \{0\} \quad (3.6)$$

ここで $[M]$ は，各要素が質量であり**質量行列**という．また $[K]$ は，各要素が剛性であり**剛性行列**という．$[M]$ と $[K]$ は，この系の自由度 N と同じ次元の正方行列（式 A3.9）であり，$[M]$ は対角項以外が 0 である対角行列（式 A3.11），$[K]$ は対角項に関して対称な対称行列（式 A3.9 で $a_{ij} = a_{ji}$ $i,j = 1\sim N$）である．$\{\ddot{x}\}$ は各自由度の加速度を縦に並べた列ベクトル（式 A3.7）であり，**加速度ベクトル**という．$\{x\}$ は各自由度の変位を縦に並べた列ベクトルであり，**変位ベクトル**という．

3.1.2　力とエネルギーの数式表現

1 自由度系では慣性力が $f_M = -M\ddot{x}$（式2.1），復元力が $f_K = -Kx$（式2.2），運動エネルギーが $T = Mv^2/2$（式2.6），弾性エネルギーが $U = Kx^2/2$（式2.7：本質は弾性 $H = 1/K$ と弾性力 f を用いる式 2.8 であるが，本書では，在来の力学理論を可能な限り順守する立場から，原則として剛性 K と変位 x を用いる在来の記述方式に従う）で表現された．これに対して多自由度系では，慣性力ベクトルが $\{f_M\} = -[M]\{\ddot{x}\}$，復元力ベクトルが $\{f_K\} = -[K]\{x\}$，運動エネルギーが $T = \{\dot{x}\}^T[M]\{\dot{x}\}/2$，弾性エネルギーが $U = \{x\}^T[K]\{x\}/2$ で表現される．これらを，図3.1 の 2 自由度系とその運動方程式3.3 左辺の係数行列を用いて例証する．まず

3.2 固有振動数と固有モード

$$\{f_M\} = -[M]\{\ddot{x}\} = -\begin{bmatrix} M_a & 0 \\ 0 & M_b \end{bmatrix}\begin{Bmatrix} \ddot{x}_a \\ \ddot{x}_b \end{Bmatrix} = \begin{Bmatrix} -M_a\ddot{x}_a \\ -M_b\ddot{x}_b \end{Bmatrix} \tag{3.7}$$

$$\{f_K\} = -[K]\{x\} = -\begin{bmatrix} K_a + K_b & -K_b \\ -K_b & K_b \end{bmatrix}\begin{Bmatrix} x_a \\ x_b \end{Bmatrix}$$

$$= -\begin{Bmatrix} (K_a + K_b)x_a - K_b x_b \\ -K_b x_a + K_b x_b \end{Bmatrix} = \begin{Bmatrix} -K_a(x_a - 0) - K_b(x_a - x_b) \\ -K_b(x_b - x_a) \end{Bmatrix} \tag{3.8}$$

式 3.7 と 3.8 から，多自由度系の慣性力と復元力がそれぞれ各自由度の慣性力と復元力を縦に並べた列ベクトルで表現されていることが分かる．式 3.6 は，慣性力 $\{f_M\}$ + 復元力 $\{f_K\}$ = 0，という力の釣合式から導かれる．次に

$$T = \frac{1}{2}\{\dot{x}\}^T[M]\{\dot{x}\} = \frac{1}{2}\lfloor \dot{x}_a \quad \dot{x}_b \rfloor\begin{bmatrix} M_a & 0 \\ 0 & M_b \end{bmatrix}\begin{Bmatrix} \dot{x}_a \\ \dot{x}_b \end{Bmatrix} = \frac{1}{2}\lfloor \dot{x}_a \quad \dot{x}_b \rfloor\begin{Bmatrix} M_a\dot{x}_a \\ M_b\dot{x}_b \end{Bmatrix} = \frac{1}{2}M_a\dot{x}_a{}^2 + \frac{1}{2}M_b\dot{x}_b{}^2 \tag{3.9}$$

$$U = \frac{1}{2}\{x\}^T[K]\{x\} = \frac{1}{2}\lfloor x_a \quad x_b \rfloor\begin{bmatrix} K_a + K_b & -K_b \\ -K_b & K_b \end{bmatrix}\begin{Bmatrix} x_a \\ x_b \end{Bmatrix} = \frac{1}{2}\lfloor x_a \quad x_b \rfloor\begin{Bmatrix} (K_a + K_b)x_a - K_b x_b \\ -K_b x_a + K_b x_b \end{Bmatrix}$$

$$= \frac{1}{2}\left\{(K_a + K_b)x_a{}^2 - 2K_b x_a x_b + K_b x_b{}^2\right\} = \frac{1}{2}K_a(x_a - 0)^2 + \frac{1}{2}K_b(x_a - x_b)^2 \tag{3.10}$$

式 3.9 と 3.10 の例のように，多自由度系全体の力学エネルギーは，それを構成する各質量と各剛性が有する個別の力学エネルギーの和として表現できる．

3.2　固有振動数と固有モード

3.2.1　2 自 由 度 系

〔1〕　固有振動数

振動は系全体に渡る力学エネルギーの移動・変換によって生じる一体現象であるから，全自由度の角振動数 $\varOmega$ は同一になる．そこで，図 3.1 の 2 自由度系の運動方程式 3.3 の解を，1 自由度系の式 2.25 と同様に複素指数関数の形で表現して

$$x_a = X_a e^{j\varOmega t} , \quad x_b = X_b e^{j\varOmega t} \tag{3.11}$$

ここで，定数 X_a と X_b は各自由度の振幅である．式 3.11 を時間 t で 2 回微分して

$$\ddot{x}_a = -\varOmega^2 X_a e^{j\varOmega t} , \quad \ddot{x}_b = -\varOmega^2 X_b e^{j\varOmega t} \tag{3.12}$$

式 3.11 と 3.12 をまとめてベクトルの形に書けば

$$\begin{Bmatrix} \ddot{x}_a \\ \ddot{x}_b \end{Bmatrix} = -\varOmega^2 \begin{Bmatrix} x_a \\ x_b \end{Bmatrix}e^{j\varOmega t} , \quad \begin{Bmatrix} x_a \\ x_b \end{Bmatrix} = \begin{Bmatrix} x_a \\ x_b \end{Bmatrix}e^{j\varOmega t} \tag{3.13}$$

式 3.13 を運動方程式（系に外力が作用しない自由状態における力の釣合式）3.3 に代入して，両辺を $e^{j\varOmega t}$ で割れば

$$\left(-\Omega^2 \begin{bmatrix} M_a & 0 \\ 0 & M_b \end{bmatrix} + \begin{bmatrix} K_a + K_b & -K_b \\ -K_b & K_b \end{bmatrix} \right) \begin{Bmatrix} X_a \\ X_b \end{Bmatrix} = \begin{Bmatrix} 0 \\ 0 \end{Bmatrix} \tag{3.14}$$

行列の和に関する定義である式 A3.35 に従って式 3.14 を変形すれば

$$\begin{bmatrix} -\Omega^2 M_a + K_a + K_b & -K_b \\ -K_b & -\Omega^2 M_b + K_b \end{bmatrix} \begin{Bmatrix} X_a \\ X_b \end{Bmatrix} = \begin{Bmatrix} 0 \\ 0 \end{Bmatrix} \tag{3.15}$$

式 3.15 は，力学法則（力の釣合）であるから無条件に成立する．右辺が 0 である式 3.15 が，動力学では無意味な全自由度の静止を表す $X_a = X_b = 0$ 以外の解を有するためには "**左辺係数行列の行列式が 0**" である必要がある．このことの数学的意味については，次項〔2〕で説明する．式 A3.50 の定義から，この行列式は

$$\begin{vmatrix} -\Omega^2 M_a + K_a + K_b & -K_b \\ -K_b & -\Omega^2 M_b + K_b \end{vmatrix} = 0 \tag{3.16}$$

2 行 2 列の正方行列の行列式の求め方は，式 A3.46 で示している．これに従って行列式 3.16 を変形すれば

$$(-\Omega^2 M_a + K_a + K_b)(-\Omega^2 M_b + K_b) - K_b^2 = 0 \tag{3.17}$$

$\Omega^2 = 1/p$ と置けば，式 3.17 は

$$K_a K_b p^2 - (M_a K_b + M_b K_a + M_b K_b)p + M_a M_b = 0 \tag{3.18}$$

この式は，p に関する 2 次方程式である．これを解けば

$$p = \frac{g \pm \sqrt{g^2 - 4dh}}{2d} \tag{3.19}$$

ここで

$$d = K_a K_b, \quad h = M_a M_b, \quad g = M_a K_b + M_b K_a + M_b K_b \tag{3.20}$$

質量 M と剛性 K は力学特性で正であるから，d，h，g は正になる．また，補章 B3.1 項の式 B3.1 で証明するように，$g^2 - 4dh > 0$．さらに，明らかに $g > \sqrt{g^2 - 4dh}$ である．そこで，式 3.19 に右辺復号 ± で示す 2 通りの p は，いずれも正になる．これらを大きい方から p_1，p_2 と書けば

$$\Omega_1 = \sqrt{\frac{1}{p_1}}, \quad \Omega_2 = \sqrt{\frac{1}{p_2}} \quad (\Omega_1 < \Omega_2) \tag{3.21}$$

これらは，1 自由度系の場合（式 2.19）と同様に**固有角振動数**（rad/s），これらを 2π rad で割れば**固有振動数**（1/s = Hz），その逆数を**固有周期**（s）と呼ぶ．こうして，図 3.1 の 2 自由度系の固有振動数を運動方程式から導出できた．

この 2 自由度系は，自由度と同じ数である 2 個の固有角振動数 Ω_1 と Ω_2 を持ち，これら以外の振動数では自由振動しない．

〔2〕 **固有モード**

2 自由度系の運動方程式 3.15 は，X_a と X_b を未知数とする 2 元連立方程式である．ここで，一般に連立方程式の係数行列が 0 であることの意味を，簡単な例を用いて説明する（補章 A3.6.1 項の式

3.2 固有振動数と固有モード 73

A3.55〜A3.60).

次の 2 元 1 次連立方程式を考える.

$$
\left.\begin{array}{l} 3X_a + 5X_b = 0 \\ 6X_a + 10X_b = 0 \end{array}\right\} \quad \text{すなわち} \quad \begin{bmatrix} 3 & 5 \\ 6 & 10 \end{bmatrix} \begin{Bmatrix} X_a \\ X_b \end{Bmatrix} = \begin{Bmatrix} 0 \\ 0 \end{Bmatrix} \tag{3.22}
$$

この連立方程式の左辺係数行列の行列式 D は，式 A3.46 の定義から

$$
D = \begin{vmatrix} 3 & 5 \\ 6 & 10 \end{vmatrix} = 3 \times 10 - 5 \times 6 = 0 \tag{3.23}
$$

一見して明らかなように，式 3.22 を構成する 2 個の方程式は，互いに独立ではなく同一の式であり，このような場合には係数行列の行列式 D が 0 になる．式 3.22 の方程式の数は実質 1 個であり，未知数の数は X_a と X_b の 2 個であるから．この（見かけ上の）連立方程式は解くことができない．しかし，完全に解くことができないのではなく，一方を基準にとれば他方がその何倍かという比は求めることができる．この場合には $X_b = -0.6X_a$ となる．

次の 3 元 1 次連立方程式を考える.

$$
\left.\begin{array}{l} X_a + X_b + X_c = 0 \\ 2X_a + 3X_b - X_c = 0 \\ 4X_a + 5X_b + X_c = 0 \end{array}\right\} \quad \text{すなわち} \quad \begin{bmatrix} 1 & 1 & 1 \\ 2 & 3 & -1 \\ 4 & 5 & 1 \end{bmatrix} \begin{Bmatrix} X_a \\ X_b \\ X_c \end{Bmatrix} = \begin{Bmatrix} 0 \\ 0 \\ 0 \end{Bmatrix} \tag{3.24}
$$

式 3.24 のうち下段の式は，上段の式を 2 倍して中段の式を加えることによって作ったものであり，これら 3 式は互いに独立ではなく，実質は互いに独立な 2 個の式からなる．この連立方程式の左辺係数行列の行列式 D は

$$
D = \begin{vmatrix} 1 & 1 & 1 \\ 2 & 3 & -1 \\ 4 & 5 & 1 \end{vmatrix} \tag{3.25}
$$

$$
= 1 \times 3 \times 1 + 1 \times (-1) \times 4 + 1 \times 2 \times 5 - 1 \times 3 \times 4 - 1 \times 2 \times 1 - 1 \times (-1) \times 5 = 0
$$

このように 3 次元行列の行列式は，2 次元行列の場合と同様に右下り斜めの項の積（3 通り）の和から左下り斜めの項の積（3 通り）を引くことによって計算できる（4 次元以上ではこのように簡単には計算できない）．式 3.24（見かけは 3 元）の互いに独立な式の数は 2 個であり，未知数の数は X_a と X_b と X_c の 3 個であるから．この連立方程式は解くことができない．しかし，完全に解くことができないのではなく，どれか 1 つを基準にとれば，他の 2 つがその何倍か，という比は求めることができる．この場合には $X_b = -0.75X_a$，$X_c = -0.25X_a$ となる．

以上の例のように "**連立方程式を構成するすべての式が独立ではない場合には，この連立方程式の係数行列の行列式の値は 0 になる**" ことが分かった．この場合には，解は比が決まるだけで絶対値は決まらない．

連立方程式が多自由度系の自由振動の振幅を未知数とする運動方程式である場合には，すべての振幅が 0 である（静止）という動力学的に無意味な解以外の解を有するためには，その係数行列の

行列式が 0 でなければならないことは, 式 3.15 で述べた. この場合には, 振幅の絶対値は求まらず, 1 つの自由度の振幅を基準値 (例えば 1) とした振幅比が求められる. 振幅比は振動の形を表し, 形の英語はモードであるから, この系固有の振動の形を**固有モード**という.

Ω が式 3.21 の固有角振動数 Ω_1 と Ω_2 であるときには, 2 自由度系の運動方程式の係数行列の行列式が 0 になり, 式 3.14 を構成する上下 2 個の式が等しくなることは, 式 3.22 の例で説明した. 式 3.14 を書き換えれば

$$\left.\begin{array}{l}(-\Omega^2 M_a + K_a + K_b)X_a - K_b X_b = 0 \\ -K_b X_a + (-\Omega^2 M_b + K_b)X_b = 0\end{array}\right\} \tag{3.26}$$

2 自由度系の運動方程式 3.26 右辺の係数行列は 0 (式 3.16) であり, したがってこの式を構成する上下 2 式は同一の式であるから, 式の数は 1 個しかない. そこで, 式 3.26 を解いて X_a と X_b の両方を決めることはできず, 両者の振幅比 α が決まるだけである.

$$\frac{X_b}{X_a} = \alpha \tag{3.27}$$

式 3.21 に示す 2 通りの Ω に従って 2 通りの振幅比 α が決まるので, これらを α_1, α_2 と書けば, 式 3.26 の上下式が等しいことから

$$\alpha_1 = \frac{K_a + K_b - \Omega_1{}^2 M_a}{K_b} = \frac{K_b}{K_b - \Omega_1{}^2 M_b}, \quad \alpha_2 = \frac{K_a + K_b - \Omega_2{}^2 M_a}{K_b} = \frac{K_b}{K_b - \Omega_2{}^2 M_b} \tag{3.28}$$

ここで, 2 通りの X_a と X_b を添字 1 と 2 によって区別し

$$\alpha_1 = \frac{X_{b1}}{X_{a1}}, \quad \alpha_2 = \frac{X_{b2}}{X_{a2}} \tag{3.29}$$

振幅比である固有モードを実振幅 X と区別するために ϕ と記せば, 式 3.29 から 1 次と 2 次の固有モードは

$$\{\phi_1\} = \begin{Bmatrix} \phi_{a1} \\ \phi_{b1} \end{Bmatrix} = \begin{Bmatrix} 1 \\ \alpha_1 \end{Bmatrix}, \quad \begin{Bmatrix} 1/\alpha_1 \\ 1 \end{Bmatrix}, \quad \begin{Bmatrix} 1/\sqrt{1+\alpha_1^2} \\ \alpha_1/\sqrt{1+\alpha_1^2} \end{Bmatrix}, \quad \{\phi_2\} = \begin{Bmatrix} \phi_{a2} \\ \phi_{b2} \end{Bmatrix} = \begin{Bmatrix} 1 \\ \alpha_2 \end{Bmatrix}, \quad \begin{Bmatrix} 1/\alpha_2 \\ 1 \end{Bmatrix}, \quad \begin{Bmatrix} 1/\sqrt{1+\alpha_2^2} \\ \alpha_2/\sqrt{1+\alpha_2^2} \end{Bmatrix}$$

$$\tag{3.30}$$

式 3.30 は, それぞれ縦の 2 要素が 1 組となる 3 通りの振幅比の表現例である. なお式 3.30 の 3 番目の表現は, ベクトルの大きさ (式 A3.19) が単位量 1 になるように正規化されている.

3.2.2 多自由度系

図 3.1 の 2 自由度系を N 自由度系に拡張し一般化して考えてみよう. 前述のように, 振動は系全体に渡る力学エネルギーの移動・変換によって生じる一体現象であるから, 全自由度の角振動数 Ω は同一になる. そこで運動方程式 3.6 の解を

3.2 固有振動数と固有モード

$$x_i = X_i e^{j\Omega t} \quad (i = 1 \sim N) \tag{3.31}$$

変位 x_i とその振幅 X_i を縦に並べた列ベクトルを $\{x\}$，$\{X\}$ とすれば，式 3.31 は

$$\{x\} = \{X\} e^{j\Omega t} \tag{3.32}$$

式 3.32 を 2 回時間微分すれば，角振動数 Ω と振幅 $\{X\}$ は時間不変であるから

$$\{\ddot{x}\} = -\Omega^2 \{X\} e^{j\Omega t} \tag{3.33}$$

式 3.32 と 3.33 を運動方程式 3.6 に代入して，両辺を $e^{j\Omega t}$ で割れば

$$(-\Omega^2 [M] + [K])\{X\} = \{0\} \tag{3.34}$$

式 3.34 は，式 3.14 でベクトル $\lfloor X_a \ X_b \rfloor^T$ を $\{X\}$ と置いて一般化した式である.

右辺が $\{0\}$ である式 3.34 が静止（$\{X\} = \{0\}$）という動力学的に無意味な解以外の解を有するためには，左辺係数行列の行列式が 0 でなければならないから

$$\left| -\Omega^2 [M] + [K] \right| = 0 \tag{3.35}$$

式 3.34 と 3.35 は，2 自由度系に関する式 3.15 と 3.16 を N 自由度系に一般化した式である. 式 3.34 を**固有値問題**といい，この式を解く方法を**固有値解法**と呼ぶ. 固有値問題については，付録 A3.6 項で初歩からわかりやすく説明してある.

振動学では式 3.35 は，角振動数 Ω を決めるための条件式であるから，**振動数方程式**という. またこの式は，系の力学特性である $[M]$ と $[K]$ だけによって構成される式であるから，**特性方程式**ともいう. 式 3.35 は Ω^2 に関する N 次式であり，N 個の解を有する. このことは，N 自由度系が自由度と同数の N 個の固有振動数を有することを意味する.

式 3.35 が成立する場合には，N 元連立方程式である運動方程式 3.34 を構成する N 個の式のうち $N-1$ 個が互いに独立であり，残りの 1 個は他の $N-1$ 個の方程式を組合せて得られることを，3.2.1 項〔2〕で 2 自由度系の例を用いて説明した. このとき，式 3.34 を構成する N 個の未知数である振幅の絶対値は決まらず，振幅のうち任意の 1 個を基準値（例えば単位量 1）として与えれば，他の $N-1$ 個の振幅は，その基準値に対する比として求められる. このように自由振動の運動方程式は，振幅のそのものではなく振幅比を導く. この振幅比が，この系固有の振動の形であり固有モードである.

多自由度系は，固有振動数と固有モードからなる組を自由度と同数だけ持ち，それ以外の速さ（振動数）と形（振幅比）では自由振動しない. ただし実際の構造物は，無限自由度の連続体であり，理論的には無限数の組を有する.

これらの組のうちで最も振動数が小さい固有振動数を**基本振動数**，その固有モードを**基本モード**と呼ぶ. これは通常，最も小さい振動数の固有モードがその振動現象の基本性質を決めるためである. 例えば，ピアノのハ長調のラの音（440Hz）を聞いてギターの弦を調律できるのは，両楽器の音を構成する周波数成分のうちで最も小さい成分の周波数が同一である，という基本性質による.

振動数が小さい順に数えて r 番目（$r = 1 \sim N$）のものを，r 次固有振動数，r 次固有モードと呼

ぶ．基本モード以外の高次固有モード（振動数が大きいものが高次）は，振動現象の付加的性質を決めることが多い．例えば，同じハ長調のラの音でもピアノかギターかを聞き分けることができるのは，高次成分の混ざり具合が互いに異なり，それぞれ特有の音色を作っているためである．

固有モードは，振幅の絶対値ではなく比であるから，どの自由度を基準にとるか・基準値をいくらにするかによって，同一の固有モードに対して無数の表現の仕方がある（例えば式 3.30）．

ちなみに，英語で固有振動数と固有モードをそれぞれ natural frequency と natural mode と呼ぶのは，これらが物質本来の性質に起因し外作用を受けない自由な状態で持続する自然な（natural）振動の振動数であり形だからである．

N 自由度系は，自由度と同数の N 個の固有振動数と，それら各々に 1 対 1 で対応する N 個の固有モードを有し，それ以外の速さと形では自由振動できない．このことは，実現象とは一見矛盾しているように思われる．なぜならば，実際の機械や構造物の自由振動は千変万化であり，無限に変化し得るからである．この矛盾は，次の 3 通りの理由によって説明できる．

第 1 に，固有モードは振動の形を示しているだけであり，その大きさは無限に変りうる．

第 2 に，単一の固有モードで振動することはまれであり，通常は複数の固有モードが混ざり合って一つの現象を形成している．そして，その混ざり具合は無限に変りうる．そのために，振動を測定した時刻歴生データを見ると，例えば図 2.19 の a や c のように，単一の調和波形（正弦波形）とはかけ離れた複雑な時刻歴波形をしており，周期や振動数が容易に判別できない．

第 3 に，実際の機械や構造物は連続体で自由度が無限大であり，固有モードの数自体が無限大である．

これらのうち第 2 の，"**振動は複数の固有モードが混ざり作って生じる**" という事象とその分解・合成・処理の方法を学問的に扱うのが，モード解析である．

なぜ，運動方程式の解が完全には決まらず，固有の速さと形（固有振動数と固有モード）しか求まらないのだろうか．それは，これまでの説明の道筋が，自由な状態で自ら発生し持続する運動の形態が存在するという事象を明らかにしただけであり，運動方程式を解いたのではないからである．実際に生じる振動の解は，それが自由振動であっても，初期の作用や状態の具体値を条件として与えない限り得ることはできない．

3.2.3 定 義 と 意 味

固有振動数と固有モードは，以下のように定義できる．

固有振動数 ：自由な状態で自発的に発生し継続する振動の速さ（現象の定義）

：加振力が 0 の運動方程式を満足する振動数（数学上の定義）

固有モード ：自由な状態で自発的に発生し継続する振動の形（現象の定義）

：加振力が 0 の運動方程式を満足する振幅比（数学上の定義）

多自由度系における固有振動数の数と固有モードの数は，共に系が自由に位置し移動し変形でき

3.2 固有振動数と固有モード

る状態の数である自由度に等しい．固有の形は固有の速さでしか振動しないから，固有振動数と固有モードは1対1で対になり，この対が系の自由度と同数だけ存在する．

固有振動数と固有モードの意味について考える．上記の定義からすれば，右辺（加振力）が0である運動方程式の有意な（運動するという）解，というのが数学的意味である．しかし，固有振動数と固有モードが存在するのは，この運動方程式（固有値問題）を解いて導かれた数学上の結果ではない．これは，外力が存在しない状態における力の釣合という力学法則に由来する必然的な結果であり，あくまでも物理学的理由によるものである．すなわち，**"外作用がない自由な状態で常に内力が釣合いながら振動できる速さと形"**，というのが力の釣合から見た意味である．また，**"初期に流入した不均衡エネルギーが外界から遮断された状態で系全体として保存されながら振動できる速さと形"**，というのがエネルギー保存則から見た意味である．また，自由振動の速さと形の対がN通り存在するというのは，変形の自由度がN通り存在するということの別表現であり，系がN自由度であるということそのものである．

3.2.4 構造体と振動

3.1.1項〔2〕で，構造では力の釣合式の数が自由度数と同数であり，**可動機構では力の釣合式の数が自由度数より少ない**ことを述べた．一方，3.2.1項〔2〕と3.2.2項で，**自由振動が発生し継続するためには，多自由度系運動方程式の係数行列の行列式が0でなければならず，その場合には運動方程式を構成する力の釣合式のすべてが独立ではなくなり，式の数が自由度数より1個少なくなる**（N自由度系の力の釣合式が$N-1$個になる）ことを述べた．

これら両者を合せれば，**"自由振動は系（構造）が構造としての性質を失い可動機構として振舞う状態である"**ことを意味する．そして**"固有振動数と固有モードはこの可動機構が有する固有の運動形態（速さと形）である"**．**"自由振動は構造体が可動機構に変身する現象なのである"**．これを具体的に述べれば

① 初期にエネルギーを投入すれば，後は何もしないでも系は自ら運動（振動）し続ける．
 ＝ **自由振動**
② 系の固有振動数に等しい振動数で加振し，加振初期に発生した自由振動に同期させて（加振振動数を固有振動数に一致させて）外部から系にエネルギーを供給し続ければ，系はこれをすべて抵抗なく受け入れ，それを自身の自発的運動（自由振動）のエネルギーに変えて内部に蓄積し続けるため，自由振動は増大し続ける（図2.11）．
 ＝ **共振**

すべての系（構造）は，このような運動形態（速さ＝振動数，形＝モード）を自由度と同数だけ持っているのである．

機械では，自らが発生し利用するエネルギーの一部や，外部から混入するエネルギーが，必ず振動を発生させる．すべての機械は構造体を利用してこれに対処している．例えば自動車や航空機で

は，エンジンブロック・フレーム・ボディなどの頑強な構造体を用いて，あらゆる振動・外部衝撃・金属疲労・動的不安定から，乗員・乗客を保護し安全・生命をしっかりと保障している．その命綱の**構造体が構造体でなくなり可動機構に変身する振動数を多数有することは，極めて重大な問題である．機械の製品開発に振動対策が不可欠である最大の理由は，振動・騒音が人を不快にさせ商品価値を下げるからではなく，それが人の安全・生命に直結するからである**．

3.2.5　発現機構

自由振動は，質量からのエネルギーの放出がそのまま剛性への吸収に，剛性からの放出がそのまま質量への吸収になる形で発現する．そこで，質量と剛性が互いに連結して閉鎖系を形成するためには，吸収するエネルギーの総量が質量と剛性で同一であることが必須条件になる．このことは，2.2.2 項で説明した 1 自由度系の場合と同様である．

多自由度系が 1 自由度系と異なるのは，質量と剛性は，単独同士で連結されるのではなく，全体として上記の条件を満足する質量群と剛性群同士が複雑多岐に連結され，自由度と同数の網目状閉鎖循環系が形成される．これらの網目状閉鎖系は，この系固有の質量群・剛性群の空間分布からなり，自由振動の空間的な形（モード）を決定する．これが固有モードである．両群に含まれる自由度の場所と数・両群が占める領域の位置と広さ・閉鎖経路の道筋は，初期外乱の振動数によって自動的に選択されるので，それを構成する振動数成分毎に異なり，選択される固有モードは振動数に依存する．

初期に投入された不均衡エネルギーは，多数の網目状閉鎖系のうち最も循環しやすいものを選んでそれを形成する両群間を交互に渡り歩く循環的空間移動をしながら，力と運動（速度）の 2 種類のエネルギー形態間の変換を繰り返す．

ゆっくりした初期外乱を与えれば，大きい質量群と大きい弾性（小さい剛性）群からなる閉鎖系が自動的に選択されて不均衡エネルギーが変換・流動・循環し，重く柔らかい部分の振動が大きくなる．速い初期外乱を与えれば，小さい質量群と小さい弾性（大きい剛性）群からなる閉鎖系が選択されて不均衡エネルギーが変換・流動・循環し，軽く硬い部分の振動が大きくなる．

このように同じ多自由度系でも，初期外乱が有する周波数成分の違いによって異なる網目状閉鎖系が自動的に選択・形成され，異なる固有モードの自由振動が発現する．

3.3　固有モードの直交性

本節をしっかり理解・習得したい読者は，直交性について初歩から分かりやすく説明してある補章 A3.7 項を一読されたい．

3.3.1　直交性とは

直交性は，大きさだけからなるスカラーではなく，大きさと方向を有するベクトルにおいて成立

3.3 固有モードの直交性

する概念である．ベクトルの直交性には（直接の）直交性と一般直交性の2種類がある．

まず，（直接の）**直交性**を有する．= 互いに独立している．= 一方から他方を作ることができない．= 互いに直角に交わっている．= 内積が0になる．例えば，平面内にある2次元座標系の x 軸単位ベクトル $\lfloor 1 \quad 0 \rfloor$ と y 軸単位ベクトル $\lfloor 0 \quad 1 \rfloor$ は（直接の）直交性を有しており，それらの内積は

$$\lfloor 1 \quad 0 \rfloor \begin{Bmatrix} 0 \\ 1 \end{Bmatrix} = 1 \times 0 + 0 \times 1 = 0 \tag{3.36}$$

次に，**一般直交性**を有する．= 互いに独立している．= 一方から他方を作ることがでいない．= 互いに方向が異なる（挟角は直角ではない）．= 特定の行列を挟んだ内積が0になる（（直接の）内積は0にはならない）．例えば，平面内にある2次元座標系のベクトル $\lfloor 1 \quad 1 \rfloor$ とベクトル $\lfloor -2 \quad 1 \rfloor$ は一般直交性を有しており，それらの（直接の）内積は

$$\lfloor 1 \quad 1 \rfloor \begin{Bmatrix} -2 \\ 1 \end{Bmatrix} = 1 \times (-2) + 1 \times 1 = -1 \neq 0 \tag{3.37}$$

であるが，下記の行列を挟んだ内積は

$$\lfloor 1 \quad 1 \rfloor \begin{bmatrix} 1 & 1 \\ 1 & 3 \end{bmatrix} \begin{Bmatrix} -2 \\ 1 \end{Bmatrix} = \lfloor 1 \quad 1 \rfloor \begin{Bmatrix} 1 \times (-2) + 1 \times 1 \\ 1 \times (-2) + 3 \times 1 \end{Bmatrix} = 1 \times (-1) + 1 \times 1 = 0 \tag{3.38}$$

互いに一般直交性を有する2個のベクトルが与えられれば，それらの間に挟んだ内積の値を0にする行列を求めることができる（シミットの直交化法：補章 A3 の式 A3.111〜A3.124）．

3.3.2 定 義

多自由度系の固有モードは，各自由度における振幅比（基準自由度の振幅値1との比）を要素とするベクトルとして表現される（例えば式3.30）ので，直交性について議論できる．N 自由度系の固有モード $\{\phi_r\}$ と $\{\phi_l\}$ の間には，次式の一般直交性が成立する．

$$\left. \begin{aligned} \{\phi_l\}^T [M] \{\phi_r\} = 0 \\ \{\phi_l\}^T [K] \{\phi_r\} = 0 \end{aligned} \right\} \quad (r \neq l, \ r = 1 \sim N, \ l = 1 \sim N) \tag{3.39}$$

式3.39 が，多自由度系における固有モードの一般直交性の定義式である．ここで，$[M]$ と $[K]$ はそれぞれ式3.6の質量行列と剛性行列である．式3.39 が成立することは，補章 B3.2 項〔1〕で，図3.1の2自由度系の2個の固有モード $\{\phi_1\}$ と $\{\phi_2\}$（式3.30）を例にとって，解析的に証明している．なお，異なる固有モード間には（直接の）直交性は成立しない．

$$\{\phi_l\}^T \{\phi_r\} \neq 0 \quad (r \neq l) \tag{3.40}$$

3.3.3 力学から観た正体

3.3.1 項で述べたように，2個のベクトルが一般直交性を有することは，互いに独立であることと

同義である．多自由度系において互いに異なる任意の 2 個の固有モードは，式 3.39 のように一般直交性を有するので，互いに独立であることになる．行列 $[M]$ と $[K]$ は力学系の特性行列であるから，これらの行列に関して一般直交性を有するという式 3.39 は力学的意味を有し**"多自由度系のすべての固有モード（変形の形）は力学的・エネルギー的に互いに独立している"**ことを意味する．すべての固有モードは，他の固有モードをどのように組み合わせても作り出すことができないのである．

固有モードの一般直交性の力学的意味を論じる．外力が作用しない N 自由度系運動方程式 3.34 において，振幅 $\{X\}$ を固有モード $\{\phi\}$ と書き代えれば

$$(-\Omega^2[M]+[K])\{\phi\}=\{0\} \tag{3.41}$$

式 3.41 は，力の釣合式であり，系の自由度と同一の N 通りの固有振動数 Ω_r と固有モード $\{\phi_r\}\,(r=1\sim N)$ の組について成立する．互いに異なる r 次と l 次（$r \neq l$）の固有モードについて式 3.41 を列記すれば

$$-\Omega_r{}^2[M]\{\phi_r\}+[K]\{\phi_r\}=\{0\} \tag{3.42}$$

$$-\Omega_l{}^2[M]\{\phi_l\}+[K]\{\phi_l\}=\{0\} \tag{3.43}$$

まず，式 3.42 に左から $\{\phi_l\}^T$ を乗じれば

$$-\Omega_r{}^2\{\phi_l\}^T[M]\{\phi_r\}+\{\phi_l\}^T[K]\{\phi_r\}=0 \tag{3.44}$$

次に，式 3.43 を転置する．補章 A3.4 項の式 A3.43 によれば，2 個の行列の積を転置する際には，まず個々の行列を転置し，次にそれらの順序を入れ換えて掛け合わせる．列ベクトルは 1 列の行列であるから，式 3.43 左辺のように行列とベクトルの積についてもこのことは成立する．そこで，式 3.43 の転置は

$$-\Omega_l{}^2\{\phi_l\}^T[M]^T+\{\phi_l\}^T[K]^T=\{0\}^T \tag{3.45}$$

$[M]$ と $[K]$ は対称行列である（例えば式 3.5）から，転置しても変らない．そこで式 3.45 は

$$-\Omega_l{}^2\{\phi_l\}^T[M]+\{\phi_l\}^T[K]=\{0\}^T \tag{3.46}$$

式 3.46 に右から $\{\phi_r\}$ を乗じれば

$$-\Omega_l{}^2\{\phi_l\}^T[M]\{\phi_r\}+\{\phi_l\}^T[K]\{\phi_r\}=0 \tag{3.47}$$

式 3.44 から式 3.47 を引けば

$$(\Omega_l{}^2-\Omega_r{}^2)\{\phi_l\}^T[M]\{\phi_r\}=0 \tag{3.48}$$

異なる次数の固有角振動数である Ω_l と Ω_r は等しくない（$\Omega_l \neq \Omega_r$）から，式 3.48 より固有モードの直交性の定義式 3.39 上式が成立し，これを式 3.47 に代入すれば式 3.39 下式が導かれる．

このように，力の釣合式以外には何も使うことなく，固有モードの一般直交性の定義式を導くことができる．これは **"固有モードの直交性は力の釣合式と同義である"** ことを意味する．力の釣合式は力学法則であるから，固有モードの一般直交性も力学法則であり，例外なく無条件に常に成立する．

力の釣合の別表現である仮想仕事の原理 [28) を用いれば，固有モードの直交性をさらに詳しく証明

3.4 モード質量とモード剛性　　　　　　　　　　　　　　　　　　　　　　　　　　　　81

できる．このことは，補章 B の B3.2 項〔2〕で説明する．

3.3.4 振動現象

前項で，"多自由度系のすべての固有モードは力学的・エネルギー的に互いに独立している"と述べた．振動という力学現象におけるこの意味を説明する．

図 3.1（再掲）の 2 自由度系で質量 M_a に衝撃を与えると，M_a は動かされる．そして衝撃により流入したエネルギーは直ちにばね K_b を介して質量 M_b に加わり，M_b も動かされる．これは，M_a に置かれた自由度 x_a と，M_b に置かれた自由度 x_b が，両自由度間を連結するばね K_b を通して力学的・エネルギーに連成していることによる．もしばね K_b がなければ，M_a と M_b は互いに独立しており無関係であるから，M_a に衝撃を加えても M_b が動くことはない．

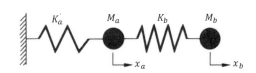

図3.1　2自由度不減衰系

構造では，それを構成する実空間内の全自由度が力学的・エネルギー的に互いに連成している（3.1.1 項〔2〕）．そのために振動は，外作用によって系に入った不均衡エネルギーが系全体にわたって空間的移動を繰り返す一体現象になる．ところが"異なる固有モード間ではエネルギーの移動は決して起こらない"．

固有モードが互いに力学的・エネルギー的に独立しているために，振動では次の現象が生じる．

① ある固有モードで自由振動している系では，新しい外作用が加わらない限り，それが他の固有モードに移り変わったり，他の固有モードが途中で自然に発生したりすることはない．

② 強制振動において，ある固有モードのみを励起する加振力は，その固有モードの振動を生じさせるだけで，他の固有モードは決して励起しない．また，ある固有モードの振動は，それとは異なる固有モードのみを励起する加振力をどのように組み合わせても，決して励起されない．ここで，ある固有モードのみを励起する加振力とは，その固有モードと同一の分布形状でありかつその固有振動数と同一の加振振動数を有する加振力を意味する．

3.4　モード質量とモード剛性

3.4.1 定義

$l \neq r$ の条件下で固有モード間の一般直交性を現す式 3.39 において，この条件を外して $l = r$ と置く．直交性は，互いに異なる固有モード間でのみ成立する関係であり，同一の固有モード間では当然のことながら成立しないから

$$\left.\begin{array}{l}\{\phi_r\}^T[M]\{\phi_r\} = M_r (\neq 0) \\ \{\phi_r\}^T[K]\{\phi_r\} = K_r (\neq 0)\end{array}\right\} \quad (r = 1 \sim N) \tag{3.49}$$

式 3.49 左辺内の固有モード $\{\phi_r\}$ は，基準自由度の振幅値（原則として大きさが単位量1）からの振幅比であり無単位である．また $[M]$ と $[K]$ は，それぞれ質量と剛性の単位を持つ．したがって同式右辺の M_r と K_r は，それぞれ質量と剛性の単位を持つスカラー量である．これらをそれぞれ r 次の**モード質量**，**モード剛性**という．

固有モードの次数が異なればモード質量もモード剛性も異なるから，$M_r \neq M_l$，$K_r \neq K_l$ $(r \neq l)$．また固有モードは，振幅の絶対値ではなく形（振幅比）であるから，同じ次数でも基準自由度をどこにとるかによって表現のしかたは無限に変り得る（例えば式 3.30）したがって，同じ次数の M_r と K_r の値は一義的には決まらず，無限に存在する．そして，基準自由度の位置とその振幅値を指定して初めて，固有モードの絶対値が確定し，M_r と K_r の値は一義的に決まる．

3.4.2 等価 1 自由度系

私達が振動という現象を考えるときには，通常まず 1 自由度系を頭に描く．一方，実際の機械や構造物は，すべて連続体で多自由度系としてモデル化され，直接 1 自由度系としてモデル化できることはほとんどない．そこで，多自由度系をそれと等価な 1 自由度系に置き換えることができる理論・手法があれば，振動問題を扱う際に大変都合が良い．

多自由度系は，多くの次数の固有モード・固有振動数を有し様々な振動数で自由振動する上に，場所（自由度）によって振幅が異なる．一方，1 自由度系は，単一の点（自由度）が単一の振動数で自由振動するだけである．したがって，多自由度系をそれと等価な 1 自由度系に変換する際には，何次の固有振動数・固有モードで振動するかという次数と，質量と剛性を多自由度系内のどの自由度（点）に集中させて等価 1 自由度にするかという基準点（基準自由度）の場所の両方を指定しないと，それと等価な 1 自由度系が確定できない．

そこでまず，固有モードの次数 r と基準自由度 i を指定する．そして，r 次の固有振動数と同一の振動数で，かつ r 次の固有モードで自由振動している多自由度系内の点 i の振幅と同一の振幅で振動する 1 自由度系を考える．

3.4.1 項で定義したモード質量・モード剛性は，実体（多自由度系あるいは連続体）の質量・剛性とは異なる．しかし質量・剛性と呼ばれる以上，何らかの物理的意味を有するはずである．結論から先にいうと，モード質量・モード剛性は，多自由度系が特定の固有振動数・固有モードで振動する際の，それと等価な 1 自由度系の質量・剛性の値である．

モード質量・モード剛性は，同一の系でも固有モードが異なれば異なった値をとるから，等価 1 自由度系の質量・剛性は固有モードの次数毎に異なった値をとる．ここで，"等価"という言葉は，① 振動数に関する等価性，② エネルギーに関する等価性，の 2 通りの意味を有する．以下に，これらについて説明する．

〔1〕 振動数に関する等価性

r 次の固有角振動数 Ω_r・固有モード $\{\phi_r\}$ で振動している質量行列 $[M]$・剛性行列 $[K]$ の N 自由

3.4 モード質量とモード剛性 83

度系運動方程式 3.42 に前から同じ r 次の固有モード $\{\phi_r\}^T$ を乗じれば

$$\Omega_r^2 \{\phi_r\}^T [M]\{\phi_r\} - \{\phi_r\}^T [K]\{\phi_r\} = 0 \quad (r = 1 \sim N) \tag{3.50}$$

式 3.50 に式 3.49 を代入すれば

$$\Omega_r^2 M_r - K_r = 0 \tag{3.51}$$

これは質量 M_r と剛性 K_r からなる 1 自由度系の固有振動数を表す式 2.18 の右式に相当し

$$\Omega_r = \sqrt{\frac{K_r}{M_r}} \quad (r = 1 \sim N) \tag{3.52}$$

Ω_r は N 自由度系の r 次の不減衰固有角振動数であるから，式 3.52 を 1 自由度系における式 2.19 と比較すれば，**M_r と K_r は r 次の固有モードで自由振動する N 自由度系と同一の固有振動数で自由振動する 1 自由度系の質量と剛性である**，ことが分かる．これが振動数に関する等価性である．

〔2〕 **エネルギーに関する等価性**

質量行列 $[M]$・剛性行列 $[K]$ の N 自由度系が r 次の固有角振動数 Ω_r・固有モード $\{\phi_r\}$ で振動しているとき，この固有モードの基準自由度（固有モード（振幅比）の値が基準値 1 となる自由度）i における実現象の振幅を測定した結果，それが X_i であったとする．このときの系全体の変位 $\{x\}$ の実振幅は $X_i\{\phi_r\}$，速度 $\{\dot{x}\}$ の実振幅は $\Omega_r X_i \{\phi_r\}$ である．そして系全体の運動エネルギー T と弾性エネルギー U は，3.1.2 項に 2 自由度系の例で示した式 3.9 と 3.10 のように

$$T = \frac{1}{2}(\Omega_r X_i)^2 \{\phi_r\}^T [M]\{\phi_r\} , \quad U = \frac{1}{2}X_i^2 \{\phi_r\}^T [K]\{\phi_r\} \tag{3.53}$$

式 3.53 に式 3.49 を代入すれば

$$T = \frac{1}{2}(\Omega_r X_i)^2 M_r , \quad U = \frac{1}{2}X_i^2 K_r \tag{3.54}$$

式 3.54 は，質量 M_r・剛性 K_r の 1 自由度系が固有角振動数 Ω_r，変位振幅 X_i（= 元の多自由度系の r 次固有モードの基準自由度である点 i の実振幅），速度振幅 $\Omega_r X_i$ で振動するときの運動エネルギーと弾性エネルギーに他ならない．このことは，**モード質量 M_r・モード剛性 K_r は，r 次の固有角振動数 Ω_r・固有モード $\{\phi_r\}$ で振動する元の多自由度系と，振動数とエネルギーの両者に関して等価な 1 自由度系の質量・剛性を規定する**，ことを意味する．

こうして，多自由度系の質量行列・剛性行列・固有モードが与えられれば，振動数とエネルギーの両者に関する等価性を有する 1 自由度系を決めることができる．前者（振動数）と後者（エネルギー）は，前者が質量と剛性の比で決まる相対量（式 3.52）であるのに対し，後者が実現象の（元の多自由度系の基準自由度における）振幅の絶対値 X_i で決まる絶対量（式 3.54）であることが異なる．固有振動数は，モード剛性とモード質量の相対値（比）で決まる（式 3.52）から，振幅の相対値（比）である固有モードだけが与えれれば，一義的に決まる．これに対してエネルギーは，剛性と質量の絶対値および振幅の絶対値で決まる．そこで，固有モードの基準自由度 i の位置とその

自由度の実際の振幅 X_i を与えて多自由度系全体の実振幅を決め，それを基に式 3.49 からモード質量とモード剛性を計算して，等価 1 自由度系を確定し，その等価 1 自由度系を元の多自由度系の基準自由度 i の実際の振幅 X_i と等しい振幅で振動させることによって初めて，等価性が確定される．

3.4.3 質量正規固有モード

固有モードは，大きさによって，例えば式 3.30 のように様々に表現できるので，式 3.49 の M_r と K_r もそれに応じて大きさが様々に変り，一義的には決まらない．そこで，$M_r = 1$ $(r = 1 \sim N)$ になるように大きさを予め指定した固有モード $\{\phi_r\}_n$ を，**質量正規固有モード**という．

例として，図 3.1 の 2 自由度系の質量正規固有モードを求める．式 3.30 右辺の中の 1 番目の表現による 1 次と 2 次の固有モードにそれぞれ係数 d_1 と d_2 を乗じれば質量正規固有モードになるとする．式 3.49 で $M_r = 1$ と置き，式 3.3 中の質量行列を用いれば

$$d_1^2 \lfloor 1 \quad \alpha_1 \rfloor \begin{bmatrix} M_a & 0 \\ 0 & M_b \end{bmatrix} \begin{Bmatrix} 1 \\ \alpha_1 \end{Bmatrix} = (M_a + \alpha_1^2 M_b)d_1^2 = 1, \quad d_2^2 \lfloor 1 \quad \alpha_2 \rfloor \begin{bmatrix} M_a & 0 \\ 0 & M_b \end{bmatrix} \begin{Bmatrix} 1 \\ \alpha_2 \end{Bmatrix} = (M_a + \alpha_2^2 M_b)d_2^2 = 1$$

(3.55)

式 3.55 より

$$d_1 = \frac{1}{\sqrt{M_a + \alpha_1^2 M_b}}, \quad d_2 = \frac{1}{\sqrt{M_a + \alpha_2^2 M_b}}$$

(3.56)

質量正規固有モードは次式に式 3.56 を代入することによって得られる．

$$\{\phi_1\}_n = d_1 \begin{Bmatrix} 1 \\ \alpha_1 \end{Bmatrix}, \quad \{\phi_2\}_n = d_2 \begin{Bmatrix} 1 \\ \alpha_2 \end{Bmatrix}$$

(3.57)

式 3.57 は，単にそれ自身の大きさが 1 になるように正規化した式 3.30 右辺の 3 番目の固有モードとは表現が異なる．

固有モードとして質量正規固有モードを用いる場合には，$M_r = 1$ であるから，式 3.52 より $K_r = \Omega_r^2$．したがって式 3.49 は

$$\{\phi_r\}_n^T [M]\{\phi_r\}_n = 1, \quad \{\phi_r\}_n^T [K]\{\phi_r\}_n = \Omega_r^2 \quad (r = 1 \sim N)$$

(3.58)

一般の多自由度系で任意の固有モード $\{\phi_r\}$ が与えられるとき，それから質量正規固有モード $\{\phi_r\}_n$ を求める方法を以下に述べる．まず，与えられた $\{\phi_r\}$ から式 3.49 用いてモード質量 M_r を求める．次に，$\{\phi_r\}_n = d_r\{\phi_r\}$ とおけば，$\{\phi_r\}_n$ によるモード質量は 1 になるから

$$\{\phi_r\}_n^T [M]\{\phi_r\}_n^T = d_r^2 \{\phi_r\}^T [M]\{\phi_r\}^T = d_r^2 M_r = 1$$

(3.59)

式 3.50 から，$d_r = \sqrt{1/M_r}$ とすれば $\{\phi_r\}_n$ $(r = 1 \sim N)$ が得られることが分かる．

3.5 モ ー ド 座 標

モード解析は，次の 2 つの長所を有する（1.6 節）．① 多自由度系や連続体からなる複雑な構造物

3.5 モード座標   85

の振動を複数の1自由度系の振動に変換して，解析・処理・問題対策ができる．② 系を構成する自由度のうち当面する問題に無関係な大多数の自由度を省略して自由度を減少させることにより（例えば10,000自由度を10自由度に），振動解析を著しく簡略化できる．これらを可能にする鍵は，**モード座標**にある．

　本項では，モード座標の概要を分かりやすく説明する．モード座標に関する基礎理論を数学的に理解・習得しようとする読者は，補章 A3.8 項を読まれたい．

3.5.1　座　標　変　換　式

　"N次元空間においてN個の互いに独立な（一般直交性を有する）ベクトル群$\{\phi_1\}\sim\{\phi_N\}$が存在すれば，それらを基準とする座標系を形成し，空間座標で表現したN次元ベクトル$\{x\}$を，この座標系で表現できる"．これは広義のフーリエ変換と呼ばれる．その表現式（座標変換式）は（式A3.147）

$$\{x\} = \xi_1\{\phi_1\} + \xi_2\{\phi_2\} + \ldots + \xi_N\{\phi_N\} = \sum_{r=1}^{N}\xi_r\{\phi_r\} = [\{\phi_1\}\{\phi_2\}\ldots\{\phi_r\}\ldots\{\phi_N\}]\begin{Bmatrix}\xi_1\\\vdots\\\xi_r\\\vdots\\\xi_N\end{Bmatrix} = [\phi]\{\xi\}$$

(3.60)

　N自由度系を構成するN個の固有モードは，互いに質量行列$[M]$と剛性行列$[K]$に関して一般直交性を有する力学的に独立したN次元ベクトル群である（式 3.39）から，それらの固有モードを基準ベクトルとするN次元空間座標系を形成することができる．固有モードを基準とする座標系をモード座標と呼ぶ．実際の空間座標で表現されているN自由度系の任意変位$\{x\}$は，このN次元モード座標を用いて表現することができる．この表現式が式 3.60 である．式 3.60 中の行列$[\phi]$は，固有モードを固有振動数が小さい順に左方から横に並べたN行N列の正方行列であり，**モード行列**と呼ばれる．

　式 3.60 中の係数ξ_rは，空間座標上の変位ベクトル$\{x\}$の中にr次の固有モード成分がどの程度含まれているかを示し，$\{x\}$に対する個別の固有モードの影響係数あるいは重み関数であると見なせる．この変換係数ξ_rは，次の方法で求めることができる（式A3.148〜A3.158）．

　式 3.60 内の下添字rをlに書き換えて，前から$\{\phi_r\}^T[M]$を乗じれば

$$\{\phi_r\}^T[M]\{x\} = \sum_{l=1}^{N}\xi_l\{\phi_r\}^T[M]\{\phi_l\} \quad (l = 1 \sim N)$$

(3.61)

式 3.61 右辺のうち，$l \neq r$の項は固有モードの一般直交性を示す式 3.39 よりすべて 0 となり，$l = r$の項だけが残存して，式 3.49 より$\xi_r M_r$となる．したがって

$$\xi_r = \frac{\{\phi_r\}^T [M]\{x\}}{M_r} \quad (r=1\sim N) \tag{3.62}$$

ここで，M_r は r 次のモード質量（式3.49）である．

3.5.2　2自由度系の例

図3.1（再掲）の2自由度系で，質量を $M_a = 2\,\text{kg}$・$M_b = 1\,\text{kg}$，ばねを $K_a = 20\,\text{N/m}$・$K_b = 10\,\text{N/m}$ のように与える．

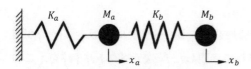

図3.1　2自由度不減衰系

質量行列と剛性行列は，式3.3 より

$$[M] = \begin{bmatrix} 2 & 0 \\ 0 & 1 \end{bmatrix},\ [K] = \begin{bmatrix} 30 & -10 \\ -10 & 10 \end{bmatrix} \tag{3.63}$$

式3.20 と 3.19 より

$$d = K_a K_b = 200,\ h = M_a M_b = 2,\ g = M_a K_b + M_b K_a + M_b K_b = 50,\ p_1 = 0.2,\ p_2 = 0.05 \tag{3.64}$$

固有角振動数は，式3.21 より

$$\Omega_1 = \sqrt{5}\,\text{rad/s},\ \Omega_2 = 2\sqrt{5}\,\text{rad/s} \tag{3.65}$$

式3.28 より

$$\alpha_1 = \frac{K_b}{K_b - \Omega_1^2 M_b} = 2,\ \alpha_2 = \frac{K_b}{K_b - \Omega_2^2 M_b} = -1 \tag{3.66}$$

固有モードは，式3.30 より

$$\{\phi_1\} = \begin{Bmatrix} 1 \\ 2 \end{Bmatrix},\ \{\phi_2\} = \begin{Bmatrix} 1 \\ -1 \end{Bmatrix} \tag{3.67}$$

固有モードの一般直交性は，式3.39 において $l=1$，$r=2$ とすれば

$$\lfloor 1\ 2 \rfloor \begin{bmatrix} 2 & 0 \\ 0 & 1 \end{bmatrix} \begin{Bmatrix} 1 \\ -1 \end{Bmatrix} = \lfloor 1\ 2 \rfloor \begin{Bmatrix} 2 \\ -1 \end{Bmatrix} = 0,\ \lfloor 1\ 2 \rfloor \begin{bmatrix} 30 & -10 \\ -10 & 10 \end{bmatrix} \begin{Bmatrix} 1 \\ -1 \end{Bmatrix} = \lfloor 1\ 2 \rfloor \begin{Bmatrix} 40 \\ -20 \end{Bmatrix} = 0 \tag{3.68}$$

モード質量とモード剛性は，式3.49 より

$$\left. \begin{aligned} M_1 &= \lfloor 1\ 2 \rfloor \begin{bmatrix} 2 & 0 \\ 0 & 1 \end{bmatrix} \begin{Bmatrix} 1 \\ 2 \end{Bmatrix} = 6\,\text{kg},\ K_1 = \lfloor 1\ 2 \rfloor \begin{bmatrix} 30 & -10 \\ -10 & 10 \end{bmatrix} \begin{Bmatrix} 1 \\ 2 \end{Bmatrix} = 30\,\text{N/m} \\ M_2 &= \lfloor 1\ -1 \rfloor \begin{bmatrix} 2 & 0 \\ 0 & 1 \end{bmatrix} \begin{Bmatrix} 1 \\ -1 \end{Bmatrix} = 3\,\text{kg},\ K_2 = \lfloor 1\ -1 \rfloor \begin{bmatrix} 30 & -10 \\ -10 & 10 \end{bmatrix} \begin{Bmatrix} 1 \\ -1 \end{Bmatrix} = 60\,\text{N/m} \end{aligned} \right\} \tag{3.69}$$

座標変換式は，式3.60 より

$$\begin{Bmatrix} x_a \\ x_b \end{Bmatrix} = \begin{bmatrix} \{\phi_1\} & \{\phi_2\} \end{bmatrix} \begin{Bmatrix} \xi_1 \\ \xi_2 \end{Bmatrix} = \begin{bmatrix} 1 & 1 \\ 2 & -1 \end{bmatrix} \begin{Bmatrix} \xi_1 \\ \xi_2 \end{Bmatrix} = \begin{Bmatrix} \xi_1 + \xi_2 \\ 2\xi_1 - \xi_2 \end{Bmatrix} \tag{3.70}$$

変換係数は，式 3.62 より

$$\xi_1 = \frac{1}{6}\begin{bmatrix} 1 & 2 \end{bmatrix}\begin{bmatrix} 2 & 0 \\ 0 & 1 \end{bmatrix}\begin{Bmatrix} x_a \\ x_b \end{Bmatrix} = \frac{x_a + x_b}{3}, \quad \xi_2 = \frac{1}{3}\begin{bmatrix} 1 & -1 \end{bmatrix}\begin{bmatrix} 2 & 0 \\ 0 & 1 \end{bmatrix}\begin{Bmatrix} x_a \\ x_b \end{Bmatrix} = \frac{2x_a - x_b}{3} \tag{3.71}$$

式 3.71 は，2 元連立方程式 3.70 を直接解いて得ることもできる．

3.5.3　運動方程式の座標変換

多自由度不減衰系の強制振動の運動方程式は，式 3.6 右辺に外力 $\{f\}$ を加えて

$$[M]\{\ddot{x}\} + [K]\{x\} = \{f\} \tag{3.72}$$

図 3.1 の 2 自由度系に外力が作用する場合の**図 3.3** の運動方程式 3.72 は，下式のように記述される（式 3.2 参照）．

$$\left.\begin{array}{l} M_a\ddot{x}_a + (K_a + K_b)x_a - K_b x_b = f_a \\ M_b\ddot{x}_b - K_b x_b + K_b x_a = f_b \end{array}\right\} \tag{3.73}$$

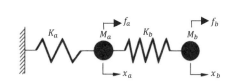

図3.3　外力が作用する2自由度不減衰系

式 3.73 上式は自由度 x_a に関する力の釣合式であるが，その中には自由度 x_b が含まれている．また，式 3.73 下式は自由度 x_b に関する力の釣合式であるが，その中には自由度 x_a が含まれている．このように，式 3.73 は 2 元連立微分方程式であるから，上下式各々を単独で解くことはできない．

図 3.3 内の自由度 x_b に衝撃を加えれば，それにより系内に投入されたエネルギーは，ばね K_b を介して瞬時に自由度 x_a に伝わり，続いてばね K_a を介して支持点に伝わり，支持点で跳ね返って自由度 x_b から x_a へと逆流し，自由端である自由度 x_b で跳ね返る．初期衝撃によって投入されたエネルギーは，これを繰り返して系内を循環する．この例のように，多自由度系内のすべての自由度は力学的・エネルギー的に繋がって（連成して）いるから，振動を自由度毎の互いに独立した現象として扱うことができないのである．

図 3.3 に示す 2 自由度系の固有モード $\{\phi_1\}$ と $\{\phi_2\}$ を用いて，運動方程式を空間座標からモード座標に変換する．式 3.60 とその 2 回微分から，この 2 自由度系の変位と加速度は

$$\{x\} = \{\phi_1\}\xi_1 + \{\phi_2\}\xi_2, \quad \{\ddot{x}\} = \{\phi_1\}\ddot{\xi}_1 + \{\phi_2\}\ddot{\xi}_2 \tag{3.74}$$

式 3.72 に式 3.74 を代入して前からそれぞれ $\{\phi_1\}^T$ と $\{\phi_2\}^T$ を乗じれば

$$\left.\begin{array}{l} \{\phi_1\}^T[M]\{\phi_1\}\ddot{\xi}_1 + \{\phi_1\}^T[K]\{\phi_1\}\xi_1 + \{\phi_1\}^T[M]\{\phi_2\}\ddot{\xi}_2 + \{\phi_1\}^T[K]\{\phi_2\}\xi_2 = \{\phi_1\}^T\{f\} = f_1 \\ \{\phi_2\}^T[M]\{\phi_1\}\ddot{\xi}_1 + \{\phi_2\}^T[K]\{\phi_1\}\xi_1 + \{\phi_2\}^T[M]\{\phi_2\}\ddot{\xi}_2 + \{\phi_2\}^T[K]\{\phi_2\}\xi_2 = \{\phi_2\}^T\{f\} = f_2 \end{array}\right\}$$

$$\tag{3.75}$$

$N=2$ の場合の式 3.39（固有モードの一般直交性の定義式）と式 3.49（モード質量とモード剛性の定義式）を式 3.75 に代入すれば

$$\left.\begin{array}{l} M_1\ddot{\xi_1} + K_1\xi_1 = f_1 \\ M_2\ddot{\xi_2} + K_2\xi_2 = f_2 \end{array}\right\} \tag{3.76}$$

ここで f_1 と f_2 はそれぞれ，外力のうち 1 次と 2 次の固有モードの応答を生じさせる成分の大きさを示す．

こうして，空間座標 $(x_a\ x_b)$ で表現する運動方程式 3.72（すなわち式 3.73）をモード座標 $(\xi_1\ \xi_2)$ で表現する運動方程式 3.76 に変換できた．式 3.76 中の上下 2 式は，共に独立した，式 2.58 と同様の 1 自由度系の運動方程式であり，互いに無関係に単独で簡単に解けて，その解は第 2 章ですでに得られている．これらを個別に解いて得られた固有モード毎の解 ξ_1 と ξ_2 を式 3.74 に代入すれば，連立微分方程式を直接解くのと同一の解を得ることができる．

N 自由度系運動方程式の座標変換は，次のように行う．

空間座標で表現した運動方程式 3.72 に式 3.60 とそれを 2 回微分した式を代入し，前から $\{\phi_l\}^T$ を乗じれば

$$\textstyle\sum_{r=1}^{N}(\{\phi_l\}^T[M]\{\phi_r\})\ddot{\xi_r} + \sum_{r=1}^{N}(\{\phi_l\}^T[K]\{\phi_r\})\xi_r = \{\phi_l\}^T\{f\} = f_l \tag{3.77}$$

式 3.77 左辺のうち $r \neq l$ のすべての項は固有モードの一般直交性（式 3.39）から 0 となり，$r = l$ の項だけが残存するから，l を改めて r と記せば，モード質量 M_r とモード剛性 K_r の定義式 3.49 より

$$M_r\ddot{\xi_r} + K_r\xi_r = f_r \quad (r = 1 \sim N) \tag{3.78}$$

ここで，式 3.78 の右辺 f_r は，加振力ベクトル $\{f\}$ のうち r 次の固有モード $\{\phi_r\}$ を生じさせる成分である．

式 3.78 は，2 自由度系の式 3.76 と同様の，互いに無関係な N 個の 1 自由度系の運動方程式であり，簡単に解ける．こうして得られたモード座標上の解 ξ_r $(r = 1 \sim N)$ を式 3.60 に代入すれば，N 自由度系の運動方程式である N 元 2 次連立微分方程式 3.72 を直接解くのと同一の空間座標上の解を得ることができる．

以上のように “空間座標からモード座標に変換するだけで，多自由度系が複数の互いに独立した 1 自由度系に分離・変換される” のである．

これは，誠に便利であり，自由度が大きい系に対してモード解析が絶大な威力を発揮する理由である．なぜこのような結構なことが起こるのだろうか．

それは，3.3.3 項と 3.3.4 項で説明し，補章 B3.2 項〔2〕で証明したように，固有モードは，互いに力学的・エネルギー的に独立しているからである．言い換えれば，**物が振動するときには，空間的なエネルギーの移動は生じるが，異なる固有モード間のエネルギーの移動は決して生じない．**また言い換えれば，**空間座標上の各自由度は連成するが，モード座標上の各自由度すなわち各固有モードは連成しない．**これが固有モードの直交性の物理学的意味であり，固有モードを座標軸とするモ

ード座標を採用できることの正当性の根拠である．したがって，**多自由度系の運動方程式を固有モード毎に分離すれば，次数毎に互いに無関係になる**．

3.5.4 固有モードの省略

　一般に動力学では，実空間座標系における自由度を省略することは不可能である．自由度を省略することはその自由度の変位を 0 とすることである．例えば，1 質点の 3 自由度空間運動のうち 1 自由度を省略することは，空間運動を平面運動（空間運動の平面上への投影）に変えることである．また，10,000 自由度の構造物のうち 1 自由度を省略することは，その自由度の変位を 0 と置いて固定することであり，この 1 自由度の省略（固定）によって構造物の振動は全く別物に変化する．これは，2 自由度系の運動方程式（式 3.73）に関して説明したように，多自由度系の空間自由度は互いに力学的・エネルギー的に連成しており，単独自由度のみの振動現象は生じ得ないためである．

　これに対し，固有モードを基準座標とするモード空間では自由度の省略が可能になる．このようなことが許されるのは，異なる固有モードが互いに力学的・エネルギー的に独立しているからである．言い換えれば前述のように，振動では，異なる空間自由度間のエネルギー移動は生じるが，異なる固有モード間のエネルギー移動は決して生じないからである．多自由度系の振動現象は，モード自由度毎の互いに独立した振動現象の重合せ（線形結合）であり，異なるモード自由度間には連成が存在せず，ある固有モードに起因する現象は他の固有モードの影響を受けない（3.3.4 項）から，解析に関係ない固有モードを省略しても対象とする固有モードは影響を受けない．

　振動解析においてモード座標を用いる場合には，解析の対象とする現象や周波数帯域近傍に存在する n 個（$n \ll N$）の固有モードだけを採用し，それ以外大多数の固有モードは省略できる．この省略によって，式 3.60 中の和が，次式のように 1〜N から 1〜n に減少する．

$$\{x\} \neq \sum_{r=1}^{n} \xi_r \{\phi_r\} = [\phi']\{\xi'\} \quad (n \ll N) \tag{3.79}$$

これにより，振動解析が大幅に簡略化される．例えば，10,000 自由度の振動を空間自由度のままで直接解析しようとすれば，10,000 元連立 2 次微分方程式を解かねばならず，現在のスーパーコンピュータを用いても時間がかかる膨大な数値計算を必要とする．これに対してモード座標を用いれば，まず，1 自由度系に関する 2 階微分方程式（第 2 章ですでに解かれている）を 10,000 回解くだけでよく，その理論解はすでに第 2 章で与えられているから，簡単に実行できる．

　次に，例えば対象とする周波数帯域に 8 個の固有モードが含まれているとすれば，その前後の固有モードをそれぞれ 1 個加えた 10 個の固有モードだけを採用し他のすべての固有モードを省略すれば（式 3.79 で $N = 10{,}000$，$n = 10$），1 自由度系に関する 2 次微分方程式を 10 回解くだけでよく，瞬時に処理できる．そのため，有限要素法による 10,000 自由度の振動解析に必要なコンピュータ処理時間のほとんどは，固有モードを求めるための固有値解析に使われる．

3.6 粘性減衰系の振動

3.6.1 自由振動の運動方程式
〔1〕 2種類の粘性

粘性を次の2種類に大別して考える．

① **外部粘性** 対象を囲む外界の空気や水などの外部流体からそれと接する対象系表面の個々の自由度に作用する粘性であり，各自由度の絶対速度に比例する粘性抵抗力を生じる．図 **3.4** の減衰 C_M がこれに相当する．この粘性の作用は，各自由度の絶対加速度に比例する慣性力を発生する質量の作用に類似している．

② **内部粘性** 系が内部に元来持っている粘性であり，系の材料の内部エネルギー損失と，部品の結合部や接触部における構造減衰が主な原因になる．これは，

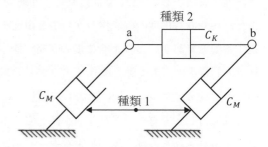

図3.4 2種類の粘性

対象内部で発生し内力として作用する減衰であり，各自由度間の相対速度に比例する粘性抵抗力を生じる．図 3.4 の減衰 C_K がこれに相当する．この粘性の作用は，各自由度間の相対変位に比例する復元力を発生する剛性の作用に類似している．

〔2〕 力の釣合からの導出

上記2種類の粘性が自由度 x_a と x_b に存在する2自由度系を，図 **3.5** に示す．この系に作用する力のうち慣性力と復元力については式 3.1 を導く際に説明したので，ここでは粘性抵抗力についてのみ述べる．

外部粘性 C_{Ma} と C_{Mb} による粘性抵抗力は，それぞれ質量 M_a と M_b の絶対速度に比例し，$-C_{Ma}\dot{x}_a$ と $-C_{Mb}\dot{x}_b$ になる．一方，内部粘性 C_{Ka} と C_{Kb} による粘性抵抗力は両端間の速度差に比例す

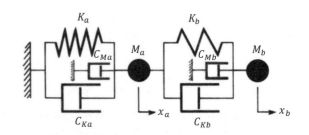

図3.5 2自由度粘性減衰系

るので，復元力と類似の方法で求めればよい．すなわち，対象自由度（点）から見て，自端の速度から他端の速度を引いて粘性を乗じ負号を付加したものを粘性抵抗力とすればよい．この方法によれば，自由度 x_a に作用する粘性抵抗力は，C_{Ka} によるものが $-C_{Ka}(\dot{x}_a - 0)$，C_{Kb} によるものが $-C_{Ka}(\dot{x}_a - \dot{x}_b)$ になる．また自由度 x_b に作用する粘性抵抗力は，$-C_{kb}(\dot{x}_b - \dot{x}_a)$ になる．C_{ka} は M_b に結合されていないので，M_b には力を作用させない．外力が作用しないときのこの系の力の釣合式は，式 3.1 左辺にこれらの力を付加すればよいから

3.6 粘性減衰系の振動　　　　　　　　　　　　　　　　　　　　　91

$$\left.\begin{array}{l} -M_a\ddot{x}_a - C_{Ma}\dot{x}_a - C_{Ka}\dot{x}_a - C_{Kb}(\dot{x}_a - \dot{x}_b) - K_a x_a - K_b(x_a - x_b) = 0 \\ -M_b\ddot{x}_b - C_{Mb}\dot{x}_b - C_{Kb}(\dot{x}_b - \dot{x}_a) - K_b(x_b - x_a) = 0 \end{array}\right\} \quad (3.80)$$

式 3.80 を式 3.3 と同様に行列とベクトルで表せば

$$\begin{bmatrix} M_a & 0 \\ 0 & M_b \end{bmatrix}\begin{Bmatrix} \ddot{x}_a \\ \ddot{x}_b \end{Bmatrix} + \begin{bmatrix} C_{Ma}+C_{Ka}+C_{Kb} & -C_{Kb} \\ -C_{Kb} & C_{Mb}+C_{Kb} \end{bmatrix}\begin{Bmatrix} \dot{x}_a \\ \dot{x}_b \end{Bmatrix} + \begin{bmatrix} K_a+K_b & -K_b \\ -K_b & K_b \end{bmatrix}\begin{Bmatrix} x_b \\ x_a \end{Bmatrix} = \begin{Bmatrix} 0 \\ 0 \end{Bmatrix}$$

$$(3.81)$$

式 3.81 は，粘性が存在する 2 自由度系の運動方程式である．不減衰系の式 3.6 と同様に式 3.81 を N 自由度系に拡張した一般形で表現すれば

$$[M]\{\ddot{x}\} + [C]\{\dot{x}\} + [K]\{x\} = \{0\} \quad (3.82)$$

ここで $[C]$ は，各要素が粘性減衰係数からできている N 行 N 列の正方行列であり，**粘性減衰行列**または単に**減衰行列**と呼ぶ．また $\{\dot{x}\}$ は，各自由度の速度を縦に並べた列ベクトルであり，**速度ベクトル**と呼ぶ．

　式 3.81 を解くことを考える．まず解を，1 自由度粘性減衰系の式 2.40 と 2 自由度不減衰系の式 3.11 を参照して，次のように仮定する．

$$x_a = X_a e^{\lambda t}, \quad x_b = X_b e^{\lambda t} \quad (3.83)$$

式 3.83 を時間 t で微分して

$$\dot{x}_a = \lambda X_a e^{\lambda t}, \quad \dot{x}_b = \lambda X_b e^{\lambda t}, \quad \ddot{x}_a = \lambda^2 X_a e^{\lambda t}, \quad \ddot{x}_b = \lambda^2 X_b e^{\lambda t} \quad (3.84)$$

式 3.83 と 3.84 を式 3.81 に代入して両辺を $e^{\lambda t}$ で割れば

$$\left(\lambda^2 \begin{bmatrix} M_a & 0 \\ 0 & M_b \end{bmatrix} + \lambda \begin{bmatrix} C_{Ma}+C_{Ka}+C_{Kb} & -C_{Kb} \\ -C_{Kb} & C_{Mb}+C_{Kb} \end{bmatrix} + \begin{bmatrix} K_a+K_b & -K_b \\ -K_b & K_b \end{bmatrix} \right) \begin{Bmatrix} X_a \\ X_b \end{Bmatrix} = \begin{Bmatrix} 0 \\ 0 \end{Bmatrix}$$

$$(3.85)$$

右辺が 0 である式 3.85 が動力学的に無意味な $X_a = X_b = 0$（静止）以外の解を有するためには，左辺係数行列の行列式が 0 である必要がある（式 3.14〜3.16 参照）．この行列は 2 行 2 列であるから，その行列式は式 A3.46 の例のように展開できる．不減衰系では，この展開式は式 3.17 のように Ω^2 の 2 次式になったから解けたが，式 3.85 の場合には行列式が λ の 4 次式になるから解析的に解くことはできない．

3.6.2　比例粘性減衰
〔1〕定　　義
3.6.1 項〔1〕に記したように，粘性は外部粘性と内部粘性の 2 種類に大別できる．図 3.3 では，前者を C_{Ma} と C_{Mb}，後者を C_{Ka} と C_{Kb} としてモデル化している．式 3.81 左辺内の減衰行列をこれら両者に分けて表現すれば

$$\begin{bmatrix} C_{Ma}+C_{Kb}+C_{Kb} & -C_{Kb} \\ -C_{Kb} & C_{Mb}+C_{Kb} \end{bmatrix} = \begin{bmatrix} C_{Ma} & 0 \\ 0 & C_{Mb} \end{bmatrix} + \begin{bmatrix} C_{Ka}+C_{Kb} & -C_{Kb} \\ -C_{Kb} & C_{Kb} \end{bmatrix}$$

(3.86)

式 3.81 を参照すれば，式 3.86 右辺第 1 項は質量行列 $[M]$ と，また第 2 項は剛性行列 $[K]$ と，それぞれ見かけの形が似ていることが分かる．そこで，これをわずかな手掛りにして，"減衰行列は質量行列に比例する成分と剛性行列に比例する成分からなる"という大胆な仮定を設ける．この仮定に基づいて定義した減衰を**比例粘性減衰**といい，これを有する系を**比例粘性減衰系**という．

図 3.5 の 2 自由度系が比例粘性減衰系であると仮定すれば

$$\begin{bmatrix} C_{Ma}+C_{Kb}+C_{Kb} & -C_{Kb} \\ -C_{Kb} & C_{Mb}+C_{Kb} \end{bmatrix} = \alpha_C \begin{bmatrix} M_a & 0 \\ 0 & M_b \end{bmatrix} + \beta_C \begin{bmatrix} K_a+K_b & -K_b \\ -K_b & K_b \end{bmatrix}$$

(3.87)

ここで，α_C と β_C は比例定数である．式 3.87 を一般の多自由度系に拡張すれば

$$[C] = \alpha_C[M] + \beta_C[K]$$

(3.88)

〔2〕　固有モード

式 3.87 を式 3.85 に代入すれば

$$\left((\lambda^2+\alpha_C\lambda) \begin{bmatrix} M_a & 0 \\ 0 & M_b \end{bmatrix} + (\beta_C\lambda+1) \begin{bmatrix} K_a+K_b & -K_b \\ -K_b & K_b \end{bmatrix} \right) \begin{Bmatrix} X_a \\ X_b \end{Bmatrix} = \begin{Bmatrix} 0 \\ 0 \end{Bmatrix}$$

(3.89)

ここで，式 3.89 を $\beta_C\lambda+1$ で割り

$$p^2 = -\frac{\lambda^2+\alpha_C\lambda}{\beta_C\lambda+1}$$

(3.90)

とおけば，式 3.89 は

$$\left(-p^2 \begin{bmatrix} M_a & 0 \\ 0 & M_b \end{bmatrix} + \begin{bmatrix} K_a+K_b & -K_b \\ -K_b & K_b \end{bmatrix} \right) \begin{Bmatrix} X_a \\ X_b \end{Bmatrix} = \begin{Bmatrix} 0 \\ 0 \end{Bmatrix}$$

(3.91)

式 3.91 は，式 3.14 において $\Omega \to p$ と置き換えた式と同一である．したがって，式 3.91 の解である X_a と X_b からなる振幅比すなわち固有モード $\{\phi\}$ は，不減衰の場合の式 3.14 の解と同一であり，式 3.30 に示した 2 種類の固有モード $\{\phi_1\}$ と $\{\phi_2\}$ が解になる．これは"**比例粘性減衰系の固有モードは不減衰系の固有モードと同一である**"ことを意味している．

以上を N 自由度系に拡張する．まず運動方程式 3.82 の解を 1 自由度粘性減衰系の式 2.40 と N 自由度不減衰系の式 3.32 を参照して，次のように仮定する．

$$\{x\} = \{\phi\}e^{\lambda t}$$

(3.92)

固有モード $\{\phi\}$ は時間不変であるから，式 3.92 を時間 t で微分して

$$\{\dot{x}\} = \lambda\{\phi\}e^{\lambda t}, \quad \{\ddot{x}\} = \lambda^2\{\phi\}e^{\lambda t}$$

(3.93)

式 3.92 と 3.93 を式 3.82 に代入して両辺を $e^{\lambda t}$ で割れば

3.6 粘性減衰系の振動

$$(\lambda^2[M]+\lambda[C]+[K])\{\phi\}=\{0\} \tag{3.94}$$

次に，比例粘性減衰の定義式 3.88 を式 3.94 に代入すれば，式 3.89 を N 自由度系に拡張した次式が得られる．

$$\{(\lambda^2+\alpha_C\lambda)[M]+(\beta_C\lambda+1)[K]\}\{\phi\}=\{0\} \tag{3.95}$$

式 3.95 に式 3.90 を代入すれば，式 3.91 を N 自由度に拡張した式として

$$(-p^2[M]+[K])\{\phi\}=\{0\} \tag{3.96}$$

式 3.96 は，式 3.41 において $\Omega = p$ と置き換えた式と同一である．したがって，式 3.96 の解である固有モード $\{\phi\}$ は，不減衰の場合の式 3.41 の解と同一である．これは，"**比例粘性減衰系の固有モードは不減衰系の固有モードと同一である**"ことを意味している（両系の固有振動数は異なる）．不減衰の固有モードは実数からなる（例えば式 3.30）．これは，各自由度間の振幅に位相差が存在せず，全自由度が同期して振動することを意味する．このような固有モードを**実固有モード**という．そこで，比例粘性減衰系の固有モードも実固有モードになる．

式 3.90 に r 次を示す添字 r を付けた式に $p_r = \Omega_r$ を代入して変形すれば

$$\lambda_r^2+(\alpha_C+\beta_C\Omega_r^2)\lambda_r+\Omega_r^2=0 \quad (r=1\sim N) \tag{3.97}$$

これは r 次の振動を示す式 3.92 の指数 λ_r に関する 2 次方程式であり，その解は

$$\lambda_r=\frac{-(\alpha_C+\beta_C\Omega_r^2)\pm\sqrt{(\alpha_C+\beta_C\Omega_r^2)^2-4\Omega_r^2}}{2}=-\frac{\Omega_r}{2}(\frac{\alpha_C}{\Omega_r}+\beta_C\Omega_r)\pm\Omega_r\sqrt{\frac{1}{4}(\frac{\alpha_C}{\Omega_r}+\beta_C\Omega_r)^2-1}$$

$$\tag{3.98}$$

〔3〕 直 交 性

比例粘性減衰の定義式 3.88 に前から l 次の固有モード $\{\phi_l\}^T$，後から r 次の固有モード $\{\phi_r\}$ $(r\neq l)$ を乗じ，固有モードの直交性の定義式 3.39 を代入すれば

$$\{\phi_l\}^T[C]\{\phi_r\}=\alpha_C\{\phi_l\}^T[M]\{\phi_r\}+\beta_C\{\phi_l\}^T[K]\{\phi_r\}=0 \quad (r\neq l,\ r=1\sim N,\ l=1\sim N)$$

$$\tag{3.99}$$

式 3.99 は，「**比例粘性減衰行列に関しては，質量行列・剛性行列に関する式 3.39 と同様な固有モードの一般直交性が成立する**」ことを示している．

〔4〕 モード減衰

比例粘性減衰の定義式 3.88 に前と後から同じ r 次の固有モード $\{\phi_r\}^T$ と $\{\phi_r\}$ を乗じ，モード質量 M_r・モード剛性 K_r の定義式 3.49 を代入して，左辺を C_r とおけば

$$C_r=\{\phi_r\}^T[C]\{\phi_r\}=\alpha_C\{\phi_r\}^T[M]\{\phi_r\}+\beta_C\{\phi_r\}^T[K]\{\phi_r\}=\alpha_C M_r+\beta_C K_r \quad (r=1\sim N)$$

$$\tag{3.100}$$

C_r を r 次の**モード減衰**と呼ぶ．C_r は，多自由度系と等価な 1 自由度系の粘性減衰である．このように，**比例粘性減衰の場合には，C_r を M_r・K_r（式 3.49）と合せて用いることによって，多自由度**

減衰系に対する r 次の等価 1 自由度系を形成できる.

1 自由度系における式 2.45 を参照して,次の 2 量を導入する.

$$C_{Cr} = 2\sqrt{M_r K_r} \quad (r = 1 \sim N) \tag{3.101}$$

$$\zeta_r = \frac{C_r}{C_{Cr}} \quad (r = 1 \sim N) \tag{3.102}$$

ζ_r は,1 自由度系における減衰比 ζ を多自由度系に拡張したものであり,2.3.1 項で 1 自由度系に関して説明したように,r 次固有モードの振動が発生するか否かの指標になる.ζ_r を r 次の**モード減衰比**と呼ぶ.式 3.100～3.102,3.52 より

$$\zeta_r = \frac{C_r}{2\sqrt{M_r K_r}} = \frac{\alpha_C M_r + \beta_C K_r}{2\sqrt{M_r K_r}} = \frac{1}{2}\left(\alpha_C \sqrt{\frac{M_r}{K_r}} + \beta_C \sqrt{\frac{K_r}{M_r}}\right) = \frac{1}{2}\left(\frac{\alpha_C}{\Omega_r} + \beta_C \Omega_r\right)$$
$$\tag{3.103}$$

式 3.103 を式 3.98 に代入すれば

$$\lambda_r = -\Omega_r \zeta_r \pm \Omega_r \sqrt{\zeta_r^2 - 1} \tag{3.104}$$

式 3.104 から添字 r を除けば,1 自由度系の式 2.46 と同一になる.したがって,1 自由度系の 2.3.1 項で説明したことと同じ現象が,N 自由度系でも生じる.すなわち,$\zeta_r \geq 1$ の場合には λ_r が負の実数になる.これは過減衰の状態であり,このときには,図 2.7 に示した無周期運動になるので,これに相当する固有モードは振動としては発生しない.一方,$\zeta_r < 1$ の場合には

$$\lambda_r = -\sigma_r \pm j\omega_{dr} \tag{3.105}$$

ここで,1 自由度の場合の式 2.49 と同様に

$$\sigma_r = \Omega_r \zeta_r, \quad \omega_{dr} = \Omega_r \sqrt{1 - \zeta_r^2} \tag{3.106}$$

式 3.106 で定義される σ_r と ω_{dr} は,それぞれ比例粘性減衰が存在する場合の r 次の**モード減衰率**と**減衰固有角振動数**である.式 3.106 から $\omega_{dr} < \Omega_r$ であることが分かる.

以上のように,比例粘性減衰の場合には,固有モードは不減衰系の場合と同一であり,固有モードの一般直交性が成立し,多自由度減衰系の等価 1 自由度系を形成するモード減衰が定義できる.しかし固有振動数は,不減衰系の場合より小さくなる($\omega_{dr} < \Omega_r$).

〔5〕 多用される理由

減衰を質量と剛性で表現するという比例粘性減衰は,一見でたらめで乱暴のように思われる.それにもかかわらず現場で多く用いられるのは,次の理由による.

1）減衰は,摩擦・流体粘性・材料減衰・磁気など様々な原因によって生じ,これら物理現象の解明と定式化が困難である.

2）振動解析に不可欠な減衰行列を得る方法は,現在の所これ以外にない.

3）減衰力を 2 種類に大別した 3.6.1 項〔1〕のような見方をすれば,この仮定にも全く根拠がないというわけではない.

3.6 粘性減衰系の振動　　　　　　　　　　　　　　　　　　　　　　　　　95

4）有限要素法では，質量行列$[M]$と剛性行列$[K]$が自動的に得られるので，減衰行列$[C]$をこれらの線形結合で求めるこの仮定は，極めて便利・好都合である．

5）減衰が構造・系の全体に分布している一般の場合には，適切な比例定数α_Cとβ_Cの値を与えれば，この仮定により実現象を実用上問題が生じない程度に再現できる解が得られる．

6）振動は，系全体にわたるエネルギーの移動で生じるから，局所減衰がある場合にもその影響は系全体に拡散され，この仮定が有効であることが多い．

7）減衰行列に関しても固有モードの直交性が成立するので，モード解析の理論が厳密に適用できる．すなわち，多自由度系の運動方程式を空間座標からモード座標に座標変換することによって，互いに独立した複数の1自由度系として解くことができる．

8）減衰が存在しても，固有モードは不減衰系と同一の実固有モードになる．

3.6.3 一般粘性減衰系

式 3.88 のような比例粘性減衰の仮定が成立しない一般の粘性減衰系の場合について論じ，この系を数学的に扱う[2)]．運動方程式 3.82 を次のように書くことから始める．

$$\lfloor C \quad M \rfloor \begin{Bmatrix} \dot{x} \\ \ddot{x} \end{Bmatrix} + \lfloor K \quad 0 \rfloor \begin{Bmatrix} x \\ \dot{x} \end{Bmatrix} = \{0\} \tag{3.107}$$

一方，自明の式 $[M]\{\dot{x}\} - [M]\{\dot{x}\} = 0$ を書き換えて

$$\lfloor M \quad 0 \rfloor \begin{Bmatrix} \dot{x} \\ \ddot{x} \end{Bmatrix} + \lfloor 0 \quad -M \rfloor \begin{Bmatrix} x \\ \dot{x} \end{Bmatrix} = \{0\} \tag{3.108}$$

式 3.107 と 3.108 を上下に並べて一つの式の形に記せば

$$\begin{bmatrix} C & M \\ M & 0 \end{bmatrix} \begin{Bmatrix} \dot{x} \\ \ddot{x} \end{Bmatrix} + \begin{bmatrix} K & 0 \\ 0 & -M \end{bmatrix} \begin{Bmatrix} x \\ \dot{x} \end{Bmatrix} = \{0\} \tag{3.109}$$

ここで

$$[D] = \begin{bmatrix} C & M \\ M & 0 \end{bmatrix}, \quad [E] = \begin{bmatrix} K & 0 \\ 0 & -M \end{bmatrix}, \quad \{y\} = \begin{Bmatrix} x \\ \dot{x} \end{Bmatrix}, \quad \{\dot{y}\} = \begin{Bmatrix} \dot{x} \\ \ddot{x} \end{Bmatrix} \tag{3.110}$$

のように表現すれば，式 3.109 は

$$[D]\{\dot{y}\} + [E]\{y\} = \{0\} \tag{3.111}$$

行列 $[D]$ と $[E]$ は $2N$ 行 $2N$ 列の正方対称行列である．また，$\{y\}$ は $2N$ 行の列ベクトルであり，上半分が変位 $\{x\}$，下半分が速度 $\{\dot{x}\}$ を表す．式 3.111 の解として式 3.92 の仮定を用いれば，式 3.92 と 3.93 より

$$\{y\} = \begin{Bmatrix} \phi \\ \lambda\phi \end{Bmatrix} e^{\lambda t} = \{\Phi\}e^{\lambda t}, \quad \{\dot{y}\} = \begin{Bmatrix} \lambda\phi \\ \lambda^2\phi \end{Bmatrix} e^{\lambda t} = \lambda\{\Phi\}e^{\lambda t} \tag{3.112}$$

式 3.112 を式 3.111 に代入して $e^{\lambda t}$ で割れば

$$(\lambda[D]+[E])\{\varPhi\} = \{0\} \tag{3.113}$$

式 3.113 は式 3.34 と同様な式であり，$2N$ 次元の固有値問題として解くことができる．これについては，参考文献 2 に詳しく説明されている．

式 3.113 の解である固有ベクトル $\{\varPhi\}$（$2N$ 行）のうち，上半分が固有モードの変位振幅，下半分が固有モードの速度振幅になる．式 3.113 が $2N$ 次元であるから，固有値 λ も $\{\varPhi\}$ も $2N$ 通りあるが，これらは，互いに共役な 2 個の複素数の N 通りの組として整理できる．このように，一般粘性減衰の場合には固有モードが複素数になり，これを**複素固有モード**という．

比例粘性減衰の仮定が成立しない場合でも，すべての減衰が速度に比例する抵抗力を出す粘性に起因するものであれば，運動方程式 3.113 が成立し，その解から複素固有モードの現象や挙動が説明できる．しかし実際の減衰は，材料減衰・摩擦・がたなどその発生機構が種々雑多であり非線形性と密接に絡んでいるため，式 3.113 自体も成立しない．したがって，実現象で現れる複素固有モードは正体不明であるという他ない．

3.6.4　強　制　振　動

N 自由度粘性減衰系の強制振動（応答）を表す運動方程式は，式 3.82 右辺に外力 $\{f\}$ を加えて

$$[M]\{\ddot{x}\}+[C]\{\dot{x}\}+[K]\{x\} = \{f\} \tag{3.114}$$

ここで，$\{f\}$ は各点（自由度）に作用する外力を縦に並べた列ベクトルであり，外力が与えられれば式 3.114 を解くことができる．最近の振動解析では一般に自由度 N が数十万自由度以上になり，このような大規模運動方程式を解く方法はモード解析以外にはない．3.6.2 項〔5〕の 7）に記したように，モード解析を適用するためには，減衰行列 $[C]$ を比例粘性減衰と仮定することが不可欠である．そこでこの仮定の下に，式 3.114 を空間座標からモード座標に変換する．変位 $\{x\}$ を表現する式 3.60（次数を表す添字を r ではなく l と記す）を時間で微分すれば，固有モード $\{\phi_l\}$ は時間不変であるから，速度と加速度は

$$\{\dot{x}\} = \textstyle\sum_{l=1}^{N}\{\phi_l\}\dot{\xi}, \quad \{\ddot{x}\} = \textstyle\sum_{l=1}^{N}\{\phi_l\}\ddot{\xi} \tag{3.115}$$

式 3.60（添字を $r \to l$）と 3.115 を式 3.114 に代入して前から r 次固有モード $\{\phi_r\}$ の転置を乗じれば

$$\textstyle\sum_{l=1}^{N}\{\phi_r\}^T[M]\{\phi_l\}\ddot{\xi}_l + \sum_{l=1}^{N}\{\phi_r\}^T[C]\{\phi_l\}\dot{\xi}_l + \sum_{l=1}^{N}\{\phi_r\}^T[K]\{\phi_l\}\xi_l = \{\phi_r\}^T\{f\} \tag{3.116}$$

比例粘性減衰では，減衰行列に関しても質量・剛性（式 3.39）と同様の固有モードの直交性が成立する（式 3.99）から，式 3.116 左辺のうち $l \neq r$ の項はすべて 0 になる．そして $l = r$ の項だけが残り，その値は式 3.49 と 3.100 から，それぞれ r 次のモード質量 M_r，モード減衰 C_r，モード剛性 K_r になる．そこで式 3.116 は

$$M_r\ddot{\xi}_r + C_r\dot{\xi}_r + K_r\xi_r = \{\phi_r\}^T\{f\} = f_r \qquad (r = 1 \sim N) \tag{3.117}$$

ここで，式 3.117 右辺の f_r は，外力 $\{f\}$ のうちで r 次の固有モード $\{\phi_r\}$ の応答を生じる成分の大

3.7 周波数応答関数

きさを示す.

式3.117は,互いに無関係なN個の1自由度系運動方程式（式2.71（右辺の0を除く）と同様）であり,簡単に解ける.こうして得られたモード座標上の解ξ_r $(r=1\sim N)$を式3.60に代入すれば,N自由度系の運動方程式であるN元2次連立微分方程式3.114を直接解くのと同一の空間座標上の解を得ることができる.

以上のように,比例粘性減衰の仮定を導入すれば,減衰が存在する場合にも,空間座標からモード座標に変換するだけで,多自由度系が複数の互いに独立した1自由度系に分解され,大自由度系の振動解析が簡単に実行できる.

3.7 周波数応答関数

3.7.1 言葉の定義

1自由度系における周波数応答関数については,すでに2.6節で説明した.

本項ではまず,多自由度系の周波数応答関数に用いられる言葉を定義する.

節 : 固有モードにおいて振幅が0になり振動しない場所（線）

共振 : 振幅が極大になる現象（多自由度系では複数個存在する）

共振峰 : 共振における周波数応答関数の峰

共振点 : 共振峰の頂点 : 振幅の極大点

共振振動数 : 共振点の振動数

反共振 : 隣接する互いに逆位相の固有モードの振幅が同じ大きさであり消し合うために,周波数応答関数が極小になる現象

反共振溝 : 反共振における周波数応答関数の溝

反共振点 : 反共振溝の極小点

反共振振動数 : 反共振点の振動数

駆動点（または自己）周波数応答関数 : 加振点と応答点が同一である場合の周波数応答関数

伝達（または相互）周波数応答関数 : 加振点と応答点が異なる場合の周波数応答関数

3.7.2 定式化

角振動数ωで振幅F_iの調和加振力が自由度（点）iに作用し,他の全点には外力が作用しない場合には,外力ベクトル$\{f\}$は,i行目が$F_i e^{j\omega t}$で他のすべての行が0の列ベクトルになる.これを式3.117に代入すれば

$$M_r \ddot{\xi}_r + C_r \dot{\xi}_r + K_r \xi_r = \phi_{ri} F_i e^{j\omega t} \quad (r=1\sim N) \tag{3.118}$$

ここで,ϕ_{ri}はr次の固有モード$\{\phi_r\}$のi行目の項である.式3.118は1自由度系における式2.71（右辺の0を除く）と同一である.式3.118の解である応答ξ_rは,加振力と同一の角振動数ωで振動し,

式 2.60 と同形の調和振動で表現されるから，$\dot{\xi}_r = j\omega\xi_r$，$\ddot{\xi}_r = -\omega^2\xi_r$ である．これらを式 3.118 に代入して変形すれば

$$\xi_r = \frac{\phi_{ri}F_i}{-M_r\omega^2 + jC_r\omega + K_r}e^{j\omega t} \quad (r = 1 \sim N) \tag{3.119}$$

式 3.119 により，角振動数 ω の調和加振力に対する応答がモード座標上で求められた．次に空間座標上での応答を求める．式 3.119 を式 3.60 に代入すれば

$$\{x\} = \sum_{r=1}^N \frac{\phi_{ri}F_i}{-M_r\omega^2 + jC_r\omega + K_r}\{\phi_r\}e^{j\omega t} \tag{3.120}$$

式 3.120 は，点 i に調和加振力が作用するときの全自由度（空間座標上の点）の応答を示す．このうち点 j の応答だけを取り出して $x_j = X_j e^{j\omega t}$ とおけば

$$X_j(\omega) = (\sum_{r=1}^N \frac{\phi_{ri}\phi_{rj}}{-M_r\omega^2 + jC_r\omega + K_r})F_i \tag{3.121}$$

多自由度系における点 i と点 j 間の周波数応答関数を，1 自由度系における表 2.2 に従って定義する．多自由度系におけるコンプライアンスは

$$G(\omega) = \frac{X_j(\omega)}{F_i} = \sum_{r=1}^N \frac{\phi_{ri}\phi_{rj}/K_r}{-(M_r/K_r)\omega^2 + j(C_r/K_r)\omega + 1} \tag{3.122}$$

1 自由度系の式 2.74 を多自由度系における r 次の固有モードに拡張して

$$\frac{M_r}{K_r} = \frac{1}{\Omega_r^2}, \quad \frac{C_r}{K_r} = 2\zeta_r\frac{1}{\Omega_r} \tag{3.123}$$

式 3.123 を式 3.122 に代入して

$$\beta_r = \frac{\omega}{\Omega_r}, \quad K_{Er} = \frac{K_r}{\phi_{ri}\phi_{rj}} \tag{3.124}$$

とおけば

$$G(\omega) = \sum_{r=1}^N \frac{1/K_{Er}}{1 - (\omega/\Omega_r)^2 + 2j\zeta_r(\omega/\Omega_r)} = \sum_{r=1}^N \frac{1/K_{Er}}{1 - \beta_r^2 + 2j\zeta_r\beta_r} \tag{3.125}$$

式 3.124 で定義した K_{Er} を r 次の**等価剛性**という．

モード剛性 K_r は加振点 i の位置のみに依存し応答点の位置を変えても変化しないが，等価剛性 K_{Er} は加振点 i と応答点 j の両方の位置によって変化する．そして，K_r も K_{Er} も共に固有モードの関数になっている．$1/K_{Er}$ を**モード定数**あるいは**留数**と呼ぶ．

式 3.125 は，点 i を加振するときの点 j の応答である．加振点と応答点が同一である $i = j$ の場合の周波数応答関数が駆動点（または自己）周波数応答関数，加振点と応答点が異なる $i \neq j$ の場合の周波数応答関数が伝達（または相互）周波数応答関数である．

式 3.124 の K_{Er} の定義から明らかなように，式 3.125 は i と j を入れ換えても変らない．すなわ

3.7 周波数応答関数

ち, 点 i 加振, 点 j 応答の周波数応答関数は, 点 j 加振, 点 i 応答の周波数応答関数と同一であり, **線形系の周波数応答関数には相反定理が成立する** (相反定理：入力と出力を入れ換えて逆にしても変らないという定理).

式 3.125 右辺の和 $\sum$ 内の各項から添字 r を除けば, 1 自由度系のコンプライアンスである式 2.96 と同形になる. このように多自由度系のコンプライアンスは, 例えば**図 3.6** のように, 各固有モード成分と等価な 1 自由度系のコンプライアンスの代数和 (正負を考慮した和), すなわち重合せとして表現できることが分かる. これは, 多自由度系の任意の変位が各固有モード成分の重合せとして表される, という式 3.60 から由来している.

実験モード解析では, このことを利用して, 振動試験で求めた $G(\omega)$ の周波数スペクトル測定データを元にして, モードモデルを同定する. そして, 固有振動数 Ω_r, 固有モード $\{\phi_r\}$, モード減衰比 ζ_r という**モード特性**を, 式 3.125 に適合するように決定する[4].

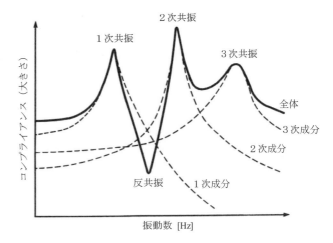

図3.6　固有モード成分の重合せとして
　　　　表現できるコンプライアンス
実線：多自由度系のコンプライアンス
点線：固有モード成分による
　　　等価1自由度系のコンプライアンス

コンプライアンス $G(\omega)$ が式 3.125 のように与えられれば, 表 2.2 の関係を用いて, 他のすべての周波数応答関数を求めることができる. モビリティは $j\omega G$, アクセレランスは $-\omega^2 G$ である. また動剛性, 機械インピーダンスおよび動質量は, それぞれコンプライアンス, モビリティおよびアクセレランスの逆数である. これらの定義から推察できるように, コンプライアンス, モビリティ, アクセレランスについては, 多自由度系が各固有モード成分の等価 1 自由度系の重合せになるという性質があるが, 動剛性, 機械インピーダンス, 動質量については, このことが成立しない. これは, $c = a + b$ であるとき, $1/c = 1/a + 1/b$ が成立しないことと同様である. そのため, この重合せの性質を利用する実験モード解析では, 動剛性, 機械インピーダンス, 動質量は用いない.

3.7.3　共振と反共振

図 3.6 の例では, 1 次と 2 次の共振の間には反共振が存在するが, 2 次と 3 次の間には存在しない. 共振と反共振については, 次のことが言える.

① 隣接する共振の間には, 反共振が存在する場合としない場合がある. 存在しても 1 つに限ら

れ，反共振が共振を挟まず2つ以上連続して存在することはない．

② 位相は，周波数が増大する方向に，共振では0から$-\pi$に，反共振では$-\pi$から0に，変化する．

③ 共振周波数は，系全体で同一であり，加振点・応答点が変化しても変化しない．これに対して反共振周波数は，加振点・応答点の片方または両方が変化すれば変化する．

④ 加振点と応答点が同一である駆動点周波数応答関数では，隣接する2つの共振の間に必ず1つの反共振が存在する．

⑤ 加振点と応答点が異なる伝達周波数応答関数では，ある共振から次の共振に周波数が変化する間に，加振点と応答点の間に存在する振動の節の数が，0を含めて偶数変化する場合には反共振が1つ存在し，奇数変化する場合には反共振が存在しない．（上記④の駆動点周波数応答関数では，加振点と応答点が同一点であり，同一点間には節は存在せず節の数の変化は0であるから，隣接する共振点間には必ず反共振が1つ存在する．）

3.7.4 片持はりの例

図 3.7 は，左端を固定した水平方向の片持はりの自由端（右端）を上下方向に単一周波数の加振力で調和加振し，加振振動数を1次固有振動数よりわずかに小さい周波数から2次固有振動数よりわずかに大きい周波数まで次第に増加させていったときの変位応答を，1〜7の7通りの周波数について示したものであり，加振力が上方に作用している時刻の変位応答が描かれている．

図3.7中のi，j，k，lははり上の点であり，iは先端，kは2次固有モードの節の点，jはiとkの中間点，lはkと固定端（左端）の中間点である．

周波数1と2の間に1次共振周波数があり，そこで1次固有モードの位相が0°（同相）から$-180°$（逆相：半周期遅れ）に反転する．1次固有モード成分は，周波数1では加振と同相，周波数2〜7では逆相になっている．また，周波数6と7の間に2次共振があり，そこで2次固有モードの位相が0°（同相）から$-180°$（逆相）に反転する．2次固有モード成分は，周波数1〜6では加振力と同相，周波数7では逆相になっている．周波数が2→6と変化するに伴い，逆相の1次固有モード成分は次第に減少し，同相の2次固有モード成分は次第に増加していく．そしてこれら両成分の代数和（正負を考慮した和）が，図示する変位である．

周波数3では逆相の1次固有モード成分の中に同相の2次固有モード成分がわずかに混入している．周波数4では，加振点（右端）iで位相が互いに逆である両固有モード成分が打ち消し合い，応答変位が0になる．周波数5では，先端点iで2次固有モード成分が優勢になり，点jで両固有モード成分が打ち消し合って応答変位が0になる．周波数6と7間の2次共振周波数で，位相が0°（同相）から$-180°$（逆相）に反転する．

図 3.8 は，図3.7の周波数応答関数を図示するボード線図であり，横軸上に図3.7の周波数1〜7の位置を示す．図3.8aは先端点iの駆動点コンプライアンスであり，先端点が応答の節になる周波

3.7 周波数応答関数

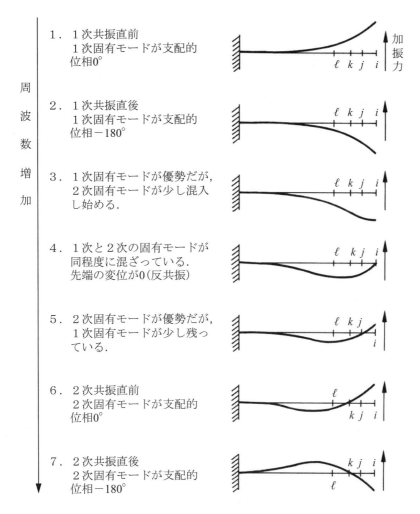

図3.7　単一周波数の加振力で片持ちはりの先端点 i を加振し，周波数を1次共振よりわずかに低い値から　2次共振よりわずかに高い値まで増加させるときの応答．
　　点 k は2次固有モードの節．
　　位相は，駆動点コンプライアンスの位相で，加振力に対する先端の変位の時間ずれ　　（負号は時間遅れ）

数4で大きさが極小になる．このように隣り合う2つの固有モード成分が同じ大きさで互いに逆相であるために打ち消し合う現象が反共振，その溝が反共振溝，その最小点が反共振点である．

　系が2個の固有モードからなる2自由度系であれば，反共振点の大きさは0になる．しかし，実対象系では必ず3次以上の固有モード成分が存在するので，必ずしも0にはならない．

　図3.8bは，先端点 i と点 j 間の伝達コンプライアンスである．1次と2次の共振峰の大きさは共に図3.8aより小さい．反共振周波数は，図3.8aより高く，周波数5になる．共振峰の大きさは応答点が移動すると変化するが，共振周波数は系全体で同一であり加振点や応答点が移動しても変化しない．これに対して反共振周波数は，加振点と応答点のどちらが移動しても変化する．

図 3.8c は，先端点 i（加振点）と 2 次固有モードの節の点 k（応答点）間の伝達コンプライアン

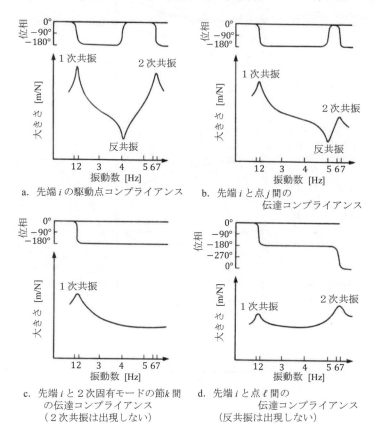

図3.8　片持ちはり（図3.7）の周波数応答関数のボード線図

スである．この場合には，あたかも反共振周波数がさらに高くなって 2 次共振周波数と一致するため，2 次共振峰と反共振溝が互いに相殺し合って共に消滅するように見える．実際には相殺し合うのではなく，元々応答点 k は 2 次固有モードの節であるから 2 次固有モード成分を応答として観測できないためであり，2 次共振そのものが存在していないのではない．これとは逆に点 k を加振して先端点 i を観測するときの伝達コンプライアンスも，図 3.8c と同一になる．これは，2 次固有モードの節点 k を加振しても 2 次固有モードが励起されないために，元々応答中に 2 次固有モード成分が存在しないからである．

図 3.8d は先端点 i と点 l 間の伝達コンプライアンスである．この 2 点間では，1 次共振と 2 次共振で節の数が 0 から 1 へと奇数個変化している．図 3.7 から明らかなように，周波数 2〜6 の間では位相は $-180°$ のままであり，反共振溝は存在しない．位相は，1 次共振で $0°$ から $-180°$ に変化して応答が遅れ，反共振が無いからそのままで 2 次共振に達し，2 次共振でさらに応答が遅れて $-360°$ すなわち $0°$ となり，1 次共振より低い周波数から見ると 1 周期遅れの形で元の $0°$ に戻る．

図 3.8a では，1 次と 2 次の両共振で共に，周波数が増加する方向に共振を通過するときに，位相が $0°$ から $-180°$ に逆転している．これは，各共振付近では該当する次数の固有モードが卓起し，1 自由度系と同様な挙動を生じるので，位相が図 2.14b のように変るためである．このことが可能であるためには，ある共振から次の共振まで周波数が増加する間に，位相が $-180°$ から $0°$ に逆転し元に戻っていなければならない．位相が逆転するのは共振か反共振に限られる．したがって駆動点コンプライアンス上には，共振と共振の間に必ず位相が元に戻る反共振が 1 個存在することになる．

加振点と応答点が異なる伝達コンプライアンスでは，ある共振から次の共振に至るまでに，加振点と応答点の間に存在する節の数が奇数個変化する場合には，隣接する 2 つの共振間に反共振が存

在しない．例えば図 3.7 の点 i と点 l 間のように，節の数が 1 次では 0 個，2 次では 1 個である場合には，節の数が 0 から 1 に変り奇数個変化するので，図 3.8d のように反共振が存在しない．しかし，節の数が 0 を含めて偶数個変化する場合には，隣接共振間に反共振が存在する．例えば図 3.7 の点 i と点 j 間では，1 次と 2 次の固有モードにおける節の数は共に 0 であるから，節の数の変化は 0 であり，図 3.8b のように 2 共振間に反共振が存在する（3.7.3 項⑤）．

図 3.8a〜d を見ると，1 次共振峰は応答点がはりの先端から固定端に移動するに従って小さくなっている．これは，1 次固有モード成分の振幅が固定端に近づくに従って次第に減少するためである．一方，2 次共振峰は，点 k で一旦消え，固定端に更に近づくと逆相で再び出現する．

3.7.5　対象外固有モードの省略

〔1〕　正当性と問題

実在の機械や構造物を有限要素法などによってモデル化する場合の自由度 N は，一般に大きくなる．固有モードは系の自由度 N と同数だけ存在するが，モード解析を用いる振動解析では，N よりはるかに少ない n 個の固有モードのみを採用しただけで実用上十分な精度の解が得られることを，3.5.4 項で述べた．

周波数応答関数の解析や実験同定でも，これと同じことが行われる．すなわち，対象周波数範囲を限定し，この中に含まれる固有モードだけを採用して，その範囲外にある大多数の固有モードを省略する．この省略によって，共振点の周波数は変化せず，共振峰の大きさはほとんど影響を受けないが，それ以外の周波数における周波数応答関数は影響を受けて大きく変化する．このことを，1 次〜3 次の固有モード成分の重合せで形成される周波数応答関数を実線で図示した図 3.6 の例で説明する．

図 3.6 を見れば，実線のうち各共振点の周波数と大きさだけは，実線と各固有モード単独の点線がほぼ一致している．これは，各共振点の周波数と大きさが該当する個々の固有モード単独の成分（それぞれ点線で図示）のみで形成されており，他の固有モード成分の影響をほとんど受けないことを意味している．このことは，次の理由で生じる．

1 自由度系のコンプライアンスのボード線図（図 2.20a，図 2.21a）とコクアド線図（図 2.22a）から分かるように，周波数応答関数は，共振点では位相が $-90°$（$-\pi/2$）であり，実部が 0 で虚部のみで表現されている．これに対し，共振点の近傍以外のすべての周波数領域では位相が $0°$ または $-180°$（$-\pi$）であり，虚部の大きさが 0 で実部のみで表現されている．ある固有モードの共振点近傍は，他のすべての固有モードの裾であり，前者は虚数のみ・後者は実数のみで表現され，互いに直交しているから，両者の重合せは直接の代数和（正負を考慮した和）ではなく自乗和の平方根として算出され，後者の前者に対する影響は直接の代数和ほど大きくはない．

次に，各固有モードの共振点以外の周波数領域では，周波数応答関数を構成するすべての固有モード成分は実数のみで表現されており，必ず同相または逆相になるから，固有モード成分の重合せ

は直接の代数和となる．そのために，一部の固有モード成分を省略すれば，周波数応答関数はその成分をそのまま差し引いたものに変り，大きく変化する．

例えば，図 3.6 で 3 次固有モード成分を省略したとする．これは，図内の実線から 3 次成分の点線を差し引くことを意味する．1 次と 2 次の共振点では周波数応答関数（実線）は該当する各成分のみの単独の点線からなっているから，3 次成分を省略する操作によって，1 次と 2 次の共振周波数は変化せず，実線の大きさはほとんど変化しない．これに対してそれ以外の全周波数領域では，実線から 3 次成分の点線を直接引くことにより，大きく変化する．

〔2〕 近似と補正

上記のように，対象外の固有モード成分を省略すれば，共振点の周波数は変化せず，共振点の大きさはほとんど変化しないが，共振点以外では，この影響を受けて周波数応答関数の大きさが変化する．この影響を最小限に留めるために，省略した固有モード成分を近似項の形で補正する必要がある．以下にその方法を述べる．

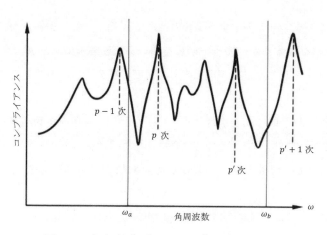

図3.9　多自由度系のコンプライアンス
対象周波数 $\omega_a \leqq \omega \leqq \omega_b$

図 3.9 のように，対象角振動数の範囲を $\omega_a \leqq \omega \leqq \omega_b$ とし，その中に p 次から p' 次までの n 個の固有モードが含まれるとする．$p-1$ 次以下の低次固有モードの固有角振動数は範囲下限よりも小さいので，$\Omega_r << \omega \ (r=1\sim p-1)$ すなわち $\beta_r = \omega/\Omega_r >> 1$ のように近似すれば，これら低次成分については，式 3.125 右辺分母中の β_r^2 以外の項は無視できて

$$\sum_{r=1}^{p-1}\frac{1/K_{Er}}{1-\beta_r^2+2j\zeta_r\beta_r} \cong \sum_{r=1}^{p-1}\frac{1/K_{Er}}{-\beta_r^2} = \sum_{r=1}^{p-1}\frac{\Omega_r^2/K_{Er}}{-\omega^2} = -\frac{1}{\omega^2}\sum_{r=1}^{p-1}\frac{\Omega_r^2}{K_{Er}} = \frac{C_S}{\omega^2}$$

(3.126)

C_S は実数の定数であり，**慣性拘束**と呼ばれる．また $1/C_S$ は，質量と同じ単位を有するから，**剰余質量**と呼ばれる．式 3.126 は，対象外の低次固有モードをまとめて，弾性変形を伴わない剛体運動の固有モード，すなわち剛体モードで近似したものである．

一方，$p'+1$ 次以上の高次固有モードの固有振動数は，範囲上限よりも大きいので，$\Omega_r >> \omega \ (r=p'+1 \sim N)$ すなわち $\beta_r = \omega/\Omega_r << 1$ のように近似すれば，これら高次成分については，式 3.125 右辺分母中の 1 以外の項は無視できて

$$\sum_{r=p'+1}^{N}\frac{1/K_{Er}}{1-\beta_r^2+2j\zeta_r\beta_r} \cong \sum_{r=p'+1}^{N}\frac{1}{K_{Er}} = D_S \tag{3.127}$$

D_S は実数の定数であり，**剰余コンプライアンス**と呼ばれる．また $1/D_S$ は，高次固有モードの影響をまとめて1個の剛性で近似したものであり，剛性と同じ単位を有するから，**剰余剛性**と呼ばれる．式 3.126 と 3.127 を用いて式 3.125 を近似し，$p \sim p'$ 次を改めて1次〜n次と書けば

$$G(\omega) = \sum_{1}^{n}\frac{1/K_{Er}}{1-\beta_r^2+2j\zeta_r\beta_r} + \frac{C_S}{\omega^2} + D_S \tag{3.128}$$

固有モードは通常最低次から採用するので，$p=1$ とすることが多い．この場合には，対象外の低次固有モードは存在しないから，$C_S=0$ である．

このように少数の固有モードだけを用いて周波数応答関数を近似表現する場合にも，各周波数応答関数の間には表 2.2 の関係が成立する．モビリティ $H(\omega)$ はコンプライアンス $G(\omega)$ に $j\omega$ を乗じて得られ，$\omega=\beta_r\Omega_r$ であるから

$$H(\omega) = \sum_{r=1}^{n}\frac{j\beta_r\Omega_r/K_{Er}}{1-\beta_r^2+2j\zeta_r\beta_r} + \frac{jC_S}{\omega} + j\omega D_S \tag{3.129}$$

アクセレランス $L(\omega)$ はコンプライアンス $G(\omega)$ に $-\omega^2$ を乗じて得られ，$j^2=-1$ であるから

$$L(\omega) = \sum_{r=1}^{n}\frac{-\beta_r^2\Omega_r^2/K_{Er}}{1-\beta_r^2+2j\zeta_r\beta_r} - C_S - \omega^2 D_S \tag{3.130}$$

対象外の固有モード成分を省略する際の補正項 C_s と D_s は，式 3.126 と 3.127 のようにいずれも実数である．一方，[1] で前述したように，各共振点における周波数応答関数は，その位相が $-90°$ ($\pi/2$) であり数値が大きい虚数であるから，共振点の大きさ（実数と虚数の自乗和の平方根）に対する対象外の固有モード成分（実数）の影響は小さく，補正項の付加によってもほとんど変化しない．

3.8　数　値　例

3.8.1　2自由度系

図 3.1（再掲）において，質量 $M_a=100$ Kg，$M_b=50$ Kg，ばねこわさ $K_a=5\times10^4$ N/m，$K_b=10^4$ N/m とする．

質量行列と剛性行列は，式 3.3 より

$$[M] = \begin{bmatrix} 100 & 0 \\ 0 & 50 \end{bmatrix} \tag{3.131}$$

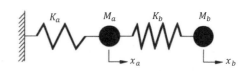

図3.1　2自由度不減衰系

$$[K] = \begin{bmatrix} 6\times10^4 & -10^4 \\ -10^4 & 10^4 \end{bmatrix} \tag{3.132}$$

固有角振動数は，式 3.19〜3.21 より

$$\Omega_1, \ \Omega_2 = 12.45 \text{ rad/s}, \ 25.40 \text{ rad/s} \tag{3.133}$$

固有振動数は

$$f_1 = \frac{\Omega_1}{2\pi} = 1.98 \text{ Hz}, \quad f_2 = \frac{\Omega_2}{2\pi} = 4.04 \text{ Hz} \tag{3.134}$$

固有周期は

$$T_1 = \frac{1}{f_1} = 0.51 \text{ s}, \quad T_2 = \frac{1}{f_2} = 0.25 \text{ s} \tag{3.135}$$

式3.28より$\alpha_1 = 4.44$, $\alpha_2 = -0.45$である．また，式3.56より$d_1 = 0.0304$, $d_2 = 0.0953$である．したがって固有モードは，式3.30と3.57より，次のように表現できる．ただし次式では，$\{\phi_1\}$右辺と$\{\phi_2\}$右辺の対応した順の項同士が1組として扱われ，4通りの表現の例を示している．そして，3番目の組はベクトルの大きさを1としたものであり，4番目の組は質量正規固有モードである．

$$\{\phi_1\} = \begin{Bmatrix} 1 \\ 4.44 \end{Bmatrix}, \begin{Bmatrix} 0.225 \\ 1 \end{Bmatrix}, \begin{Bmatrix} 0.219 \\ 0.976 \end{Bmatrix}, \begin{Bmatrix} 0.0304 \\ 0.135 \end{Bmatrix}, \quad \{\phi_2\} = \begin{Bmatrix} 1 \\ -0.45 \end{Bmatrix}, \begin{Bmatrix} 2.225 \\ -1 \end{Bmatrix}, \begin{Bmatrix} -0.912 \\ 0.410 \end{Bmatrix}, \begin{Bmatrix} 0.0953 \\ -0.0428 \end{Bmatrix} \tag{3.136}$$

式3.136の3番目の表現による固有モードを図示したのが，**図3.10**である．固有モードの一般直交性の式3.40は，例えば式3.136の3番目の表現を用いれば

$$(0.219, \ 0.976) \begin{bmatrix} 100 & 0 \\ 0 & 50 \end{bmatrix} \begin{Bmatrix} -0.912 \\ 0.410 \end{Bmatrix} = 0, \quad (0.219, \ 0.976) \begin{bmatrix} 6\times10^4 & -10^4 \\ -10^4 & 10^4 \end{bmatrix} \begin{Bmatrix} -0.912 \\ 0.410 \end{Bmatrix} = 0 \tag{3.137}$$

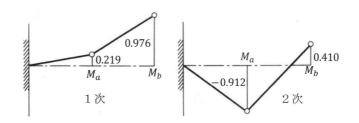

図3.10　2自由度系の固有モードの例
（図3.1の系）
変位は縦方向に描いてあるが
実際の変位は横方向

式3.49で定義されるモード質量とモード剛性は，式3.136の3番目の表現を用いれば

$$M_1 = 52.4, \quad M_2 = 91.6, \quad K_1 = 0.813\times10^4, \quad K_2 = 5.91\times10^4 \tag{3.138}$$

一方，式3.136の4番目の表現である質量正規固有モードを用いれば，式3.58と3.133より

$$M_1 = 1, \quad M_2 = 1, \quad K_1 = 155, \quad K_2 = 645 \tag{3.139}$$

なお，次の例のように，式3.136の1次と2次の固有モードの間には直接の直交性は成立しない．

3.8 数値例

$$\{\phi_1\}^T\{\phi_2\} = \lfloor 0.219 \quad 0.976 \rfloor \begin{Bmatrix} -0.912 \\ 0.410 \end{Bmatrix} = -0.219 \times 0.912 + 0.976 \times 0.410 = 0.200 \neq 0 \tag{3.140}$$

空間座標からモード座標への変換式は，質量正規固有モードを用いれば，式 3.60 と 3.136 より

$$\{x\} = \begin{Bmatrix} x_a \\ x_b \end{Bmatrix} = \xi_1 \begin{Bmatrix} 0.0304 \\ 0.135 \end{Bmatrix} + \xi_2 \begin{Bmatrix} 0.0953 \\ -0.0428 \end{Bmatrix} = \begin{bmatrix} 0.0304 & 0.0953 \\ 0.135 & -0.0428 \end{bmatrix} \begin{Bmatrix} \xi_1 \\ \xi_2 \end{Bmatrix} \tag{3.141}$$

式 3.141 右辺の行列は，質量正規固有モードを用いたモード行列である．係数 ξ_1 と ξ_2 は，式 3.62 より求めることができる．式 3.141 右辺の係数行列は質量正規直交モード行列であり，$M_a = 100$, $M_b = 50$, $M_1 = 1$, $M_2 = 1$ （式 3.131 と 3.139）であるから

$$\begin{Bmatrix} \xi_1 \\ \xi_2 \end{Bmatrix} = \begin{bmatrix} 0.0304 & 0.135 \\ 0.0953 & -0.0428 \end{bmatrix} \begin{bmatrix} 100 & 0 \\ 0 & 50 \end{bmatrix} \begin{Bmatrix} x_a \\ x_b \end{Bmatrix}$$

$$= \begin{bmatrix} 0.0304 \times 100 & 0.135 \times 50 \\ 0.0953 \times 100 & -0.0428 \times 50 \end{bmatrix} \begin{Bmatrix} x_a \\ x_b \end{Bmatrix}$$

$$= \begin{bmatrix} 3.04 & 6.75 \\ 9.53 & -2.14 \end{bmatrix} \begin{Bmatrix} x_a \\ x_b \end{Bmatrix} \tag{3.142}$$

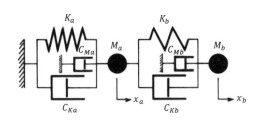

図3.5　2自由度粘性減衰系

次に，図 3.5（再掲）のように粘性減衰がある場合を考える．

$M_a = 100 \mathrm{Kg}$, $M_b = 50 \mathrm{Kg}$, $K_a = 5 \times 10^4 \mathrm{N/m}$, $K_b = 10^4 \mathrm{N/m}$ （以上は上記と同じ），
$C_{Ma} = 0$, $C_{Mb} = 0$, $C_{Ka} = 250 \mathrm{N \cdot s/m}$, $C_{Kb} = 50 \mathrm{N \cdot s/m}$

とする．これは比例粘性減衰であり，式 3.87 で $\alpha_C = 0$, $\beta_C = 0.005 \mathrm{s}$ に相当する．このときモード減衰は，質量正規固有モードの場合には式 3.139 と 3.100 より

$$C_1 = 0.005 \times 155 = 0.775, \quad C_2 = 0.005 \times 645 = 3.225 \tag{3.143}$$

モード臨界減衰定数とモード減衰比は，式 3.139, 3.101, 3.143 より

$$C_{C1} = 24.9, \quad C_{C2} = 50.8, \quad \zeta_1 = 0.0311, \quad \zeta_2 = 0.0635 \tag{3.144}$$

減衰固有振動数は，式 3.133, 3.144, 3.106 より

$$\omega_{\alpha 1} = 12.45\sqrt{1 - 0.0311^2} = 12.44 \mathrm{rad/s}, \quad \omega_{\alpha 2} = 25.40\sqrt{1 - 0.0635^2} = 25.35 \mathrm{rad/s} \tag{3.145}$$

次に，質点 M_a の駆動点周波数応答関数を求める．まず等価剛性は，式 3.124, 3.139 および 3.136 の 4 番目の表現より

$$K_{E1} = \frac{155}{0.0304^2} = 1.72 \times 10^5, \quad K_{E2} = \frac{645}{0.0953^2} = 7.14 \times 10^4 \tag{3.146}$$

式 3.133, 3.144, 3.146 を式 3.125 に代入すれば，駆動点コンプライアンスは

$$G_{aa}(\omega) = \frac{5.81\times 10^{-6}}{1-0.00645\omega^2+0.005j\omega} + \frac{14.01\times 10^{-6}}{1-0.00155\omega^2+0.005j\omega} \quad (3.147)$$

この場合には，すべての固有角振動数が対象周波数範囲内に入っており，また図 3.3 の系は左端が固定されており剛体モードが存在しない．したがって，剰余質量も剰余剛性も考慮する必要がない．駆動点モビリティは，$H_{aa} = j\omega G_{aa}$，駆動点アクセレランスは $L_{aa} = -\omega^2 G_{aa}$ で求められる．これらの駆動点周波数応答関数を図示すれば，**図 3.11**〜**図 3.17** のようになる．

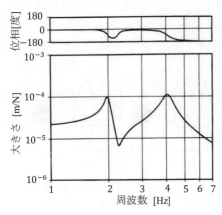

図3.11　駆動点コンプライアンスのボード線図　図3.5の質点 M_a

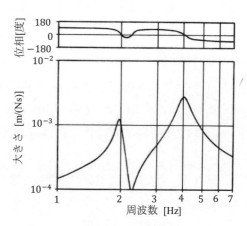

図3.12　駆動点コンプライアンスのコクアド線図　図3.5の質点 M_a

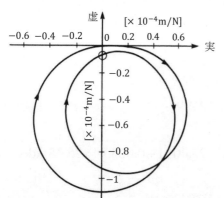

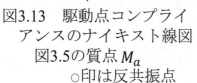

図3.13　駆動点コンプライアンスのナイキスト線図　図3.5の質点 M_a　○印は反共振点

図3.14　駆動点モビリティのボード線図　図3.5の質点 M_a

3.8 数値例

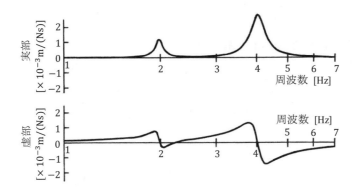

図3.15 駆動点モビリティのコクアド線図　図3.5の質点 M_a

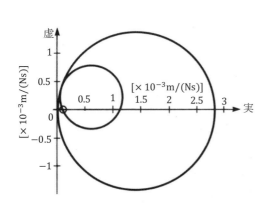

図3.16 駆動点モビリティのナイキスト線図　図3.5の質点 M_a
○印は反共振点

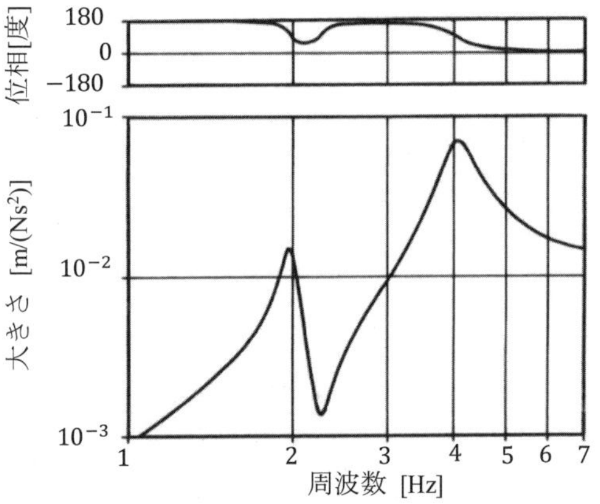

図3.17 駆動点アクセレランスのボード線図　図3.5の質点 M_a

図3.11 から，約 2.2Hz 付近に駆動点コンプライアンスの反共振点が存在し，その点で位相が $-\pi$ から0に戻っていることが分かる．図3.12 のコクアド線図上では，反共振点は実部が負から正に変る0の点になっている．これは図3.13 のナイキスト線図でも同じであり，図中の小丸印が反共振点になっている．

次に質点 M_a と M_b の間の伝達コンプライアンスを求める．等価剛性は，式 3.124，3.139 および 3.136 の4番目の表現より

$$K_{E1} = \frac{155}{0.0304 \times 0.135} = 3.83 \times 10^4, \quad K_{E2} = \frac{645}{-0.0953 \times 0.0428} = -1.58 \times 10^5 \quad (3.148)$$

式 3.133，3.144，3.148 を式 3.125 に代入すれば，伝達コンプライアンスは

$$G_{ab} = \frac{2.65 \times 10^{-5}}{1 - 0.00645\omega^2 + 0.005j\omega} - \frac{0.633 \times 10^{-5}}{1 - 0.00155\omega^2 + 0.005j\omega} \quad (3.149)$$

伝達モビリティは $H_{ab} = j\omega G_{ab}$，伝達アクセレランスは $L_{ab} = -\omega^2 G_{ab}$ で求められる．これらの伝達周波数応答関数を図示すれば，**図 3.18～図 3.24** のようになる．

　図 3.18 の伝達コンプライアンスでは，反共振点が存在しないから位相は変化しないにもかかわらず，一見 $-\pi$ から π に不連続に変化しているように見える．これは目盛の付け方によるためであり，図 3.18 の位相の変化は図 3.8d と同じである．

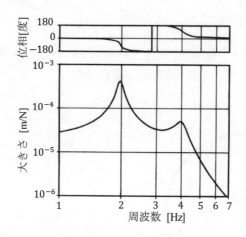

図3.18　伝達コンプライアンス
のボード線図
図3.5の質点 M_a と M_b 間

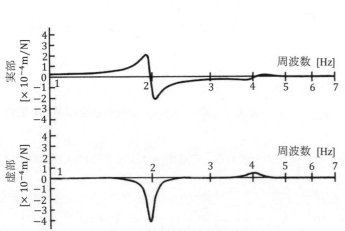

図3.19　伝達コンプライアンスの
コクアド線図
図3.5の質点 M_a と M_b 間

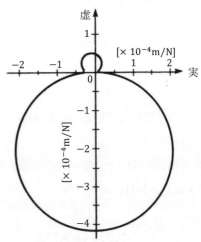

図3.20　伝達コンプライアンスのナイキスト線図
図3.5の質点 M_a と M_b 間

3.8 数値例

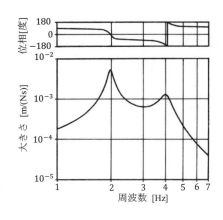

図3.21　伝達モビリティの
　　　　ボード線図
　　図3.5の質点 M_a と M_b 間

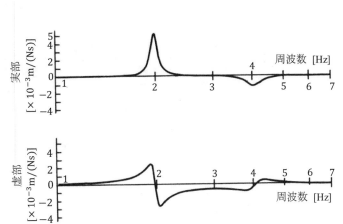

図3.22　伝達モビリティのコクアド線図
　　　　図3.5の質点 M_a と M_b 間

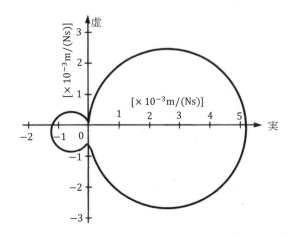

図3.23　伝達モビリティのナイキ
　　　　スト線図
　　図3.5の質点 M_a と M_b 間

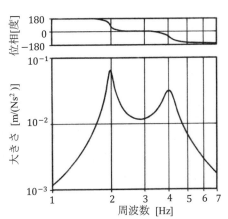

図3.24　伝達アクセレランスの
　　　　ボード線図
　　図3.5の質点 M_a と M_b 間

3.8.2　3自由度系

図 3.25 に示す 3 自由度粘性減衰系の例を取り上げる．この系の自由状態における運動方程式は，式 3.5 で与えられている．

同図から分かるようにこの系では，ばねと粘性が一組になった形で質量に連結されており，3.6.1 項〔1〕に記した 2 種類の減衰のうち❷の内部粘性のみが存在していることが分かる．したがって，粘性減衰行列 $[C]$ は剛性行列 $[K]$ と同形である見なしてよい．

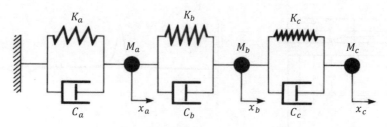

図3.25　3自由度粘性減衰系の例

$M_a = 100$ kg,　$M_b = 100$ kg,　$M_c = 100$ kg,
$K_a = 10^5$ N/m, $K_b = 2 \times 10^5$ N/m, $K_c = 5 \times 10^5$ N/m,
$C_a = 50$ Ns/m,　$C_b = 100$ Ns/m,　$C_c = 250$ Ns/m

質量行列$[M]$・粘性減衰行列・剛性行列に図 3.25 の数値を代入して

$$[M] = \begin{bmatrix} 100 & 0 & 0 \\ 0 & 100 & 0 \\ 0 & 0 & 100 \end{bmatrix}, \quad [C] = \begin{bmatrix} 150 & -100 & 0 \\ -100 & 350 & -250 \\ 0 & -250 & 250 \end{bmatrix}, \quad [K] = 10^5 \times \begin{bmatrix} 3.0 & -2.0 & 0 \\ -2.0 & 7.0 & -5.0 \\ 0 & -5.0 & 5.0 \end{bmatrix}$$

(3.150)

不減衰固有角振動数は，固有値問題の式 3.34 を数値的に解いて

$$\Omega_1 = 16.1933, \quad \Omega_2 = 57.8645, \quad \Omega_3 = 106.7215 \text{ rad/s} \quad (3.151)$$

不減衰固有振動数は，式 3.151 を 2π で割って

$$f_1 = 2.5773, \quad f_2 = 9.2094, \quad f_3 = 16.9853 \text{ Hz} \quad (3.152)$$

図 3.25 の数値から，$\beta_c = C_a/K_a = C_b/K_b = C_c/K_c = 5 \times 10^{-4}$ s であるから，比例粘性減衰の関係が成立し，式 3.150 中の$[C]$と$[K]$は，式 3.88 右辺第 2 項から

$$[C] = 5 \times 10^{-4}[K] \text{ Ns/m} \quad (3.153)$$

モード減衰比は，式 3.103 より

$$\zeta_1 = \frac{\beta_c \Omega_1}{2} = 5 \times 10^{-4} \times 16.19/2 = 4.05 \times 10^{-3}, \quad \zeta_2 = 14.47 \times 10^{-3}, \quad \zeta_3 = 26.68 \times 10^{-3}$$

(3.154)

減衰固有角振動数は，式 3.106 に式 3.151 と 3.154 を代入して

$$\omega_{d1} = 16.1932, \quad \omega_{d2} = 57.8585, \quad \omega_{d3} = 106.6835 \text{ rad/s} \quad (3.155)$$

式 3.125 に示したように，多自由度系の周波数応答関数は 1 自由度系の重合せで表現される．そして変位共振角振動数は，各固有モードについて 1 自由度系の式 B2.20（補章 B2）が適用できて，式 3.151 と 3.154 より

$$\omega_{f1} = \Omega_1 \sqrt{1 - 2\zeta_1^2} = 16.1931, \quad \omega_{f2} = 57.8524, \quad \omega_{f3} = 106.6455 \text{ rad/s} \quad (3.156)$$

変位共振振動数は，3.156 を 2π で割って

$$f_{f1} = 2.5772, \quad f_{f2} = 9.2075, \quad f_{f3} = 16.9731 \text{ Hz} \quad (3.157)$$

3.4.3 項で説明した方法で求めた質量正規固有モードを用いたモード行列は

3.8 数 値 例　　　　113

$$[\phi] = 10^{-2} \times \begin{bmatrix} 4.48 & 8.74 & 1.85 \\ 6.15 & -1.52 & -7.74 \\ 6.49 & -4.61 & 6.06 \end{bmatrix} \tag{3.158}$$

この質量正規固有モードを用いるときのモード質量は，式 3.58 より

$$M_1 = M_2 = M_3 = 1 \tag{3.159}$$

モード剛性は，式 3.49 下式に式 3.150 と式 3.158 を代入して

$$K_1 = \{\phi_1\}^T [K] \{\phi_1\} = 0.262 \times 10^4 , \quad K_2 = 3.35 \times 10^4 , \quad K_3 = 11.39 \times 10^4 \tag{3.160}$$

　次に周波数応答関数の例を，**図 3.26**〜**図 3.32** に図示する．

　図 3.26 は，自由度（質点）M_c の駆動点コンプライアンスである．駆動点コンプライアンスには，隣接する 2 個の共振峰の間に反共振溝が必ず 1 個存在する（3.7.3 項）．位相は，共振点で $-\pi$ 遅れるが，反共振点で π 進んで元に戻る（3.7.3 項②）．図 3.26 は両対数表示であり，図 3.27 は同じ図を縦軸のみを対数目盛で表したものである．周波数軸（横軸）を普通目盛にすると，図 3.27 のように，高周波数域まで表示しようとすれば共振点が低周波数域に片寄る．両対数目盛ではこのようなことが起こらず，図 3.26 のように，低周波数域が拡大されると共に，共振点の分布が図全体に広がり共振周波数が読みやすくなる．

　図 3.28 は，自由度 M_a と M_c 間の伝達コンプライアンスである．この例のように，伝達周波数応答関数上には，隣接する 2 個の共振点の間に反共振点が存在しない場合がある．図 3.28 のように，共振点間に反共振点が存在せず共振峰だけが続く自由度間の周波数応答関数では，高周波数の方向に向かって位相が共振点毎に $-\pi$ づつ遅れていく．図 3.29 は自由度 M_c の駆動点モビリティである．

　図 3.30 は図 3.26 と同じ自由度 M_c の駆動点コンプライアンスである．図 3.30 内の実線は図 3.26 と同一の図であり，3 個の固有モード成分の代数和である．鎖線は 3 次固有モード成分を省略し，1 次成分と 2 次成分のみを重合せた周波数応答関数の曲線である．点線は，同じく 3 次固有モードを省略すると同時に，式 3.127 の剰余コンプライアンスの形で，高次固有モード成分省略で生じる誤差を補正した曲線である．鎖線では，高次モードを省略すれば反共振溝近傍で大きい誤差が現れ，特に 2 次と 3 次の両固有モード成分間の反共振溝が消滅している．一方，省略誤差を補正した点線では，剰余剛性の導入により，3 次固有モード成分の省略に起因する誤差が補正されており，反共振溝も再現されており，鎖線より 3 次固有モード成分を省略しない周波数応答関数である実線に近くなっている．

　2.6.3 項で述べたように，周波数応答関数は，複素数として表現され，実部と虚部，または振幅の大きさと位相，という 2 種類の量を共に周波数の関数として表現したものであるから，それを図示するためには必ず 2 個の図を必要とする．そこで，ボード線図とコクアド線図は，共に 2 個の図から成っている．これを強いて 1 個の図で表現したのが，ナイキスト線図である．ナイキスト線図は，実部・虚部・周波数という，周波数応答関数の表示に必要な 3 個の量のうち周波数を省略し，実部と虚部の関係を複素平面上に表現した図である．

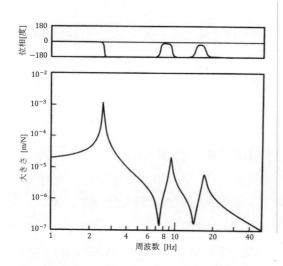

図3.26　駆動点コンプライアンスのボード線図
　　　　図3.25の質点 M_c，両対数表示

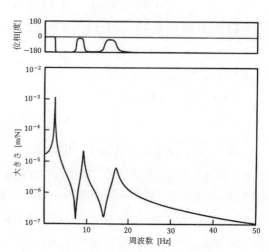

図3.27　駆動点コンプライアンスのボード線図
　　　　図3.25の質点 M_c，片対数表示

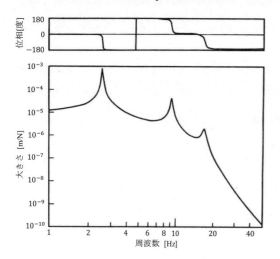

図3.28　伝達コンプライアンスのボード線図
　　　　図3.25の質点 M_a と M_c 間

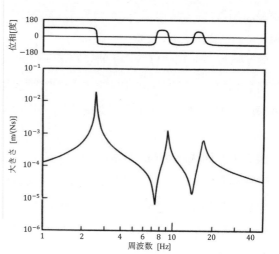

図3.29　駆動点モビリティのボード線図
　　　　図3.25の質点 M_c

　図3.31は自由度 M_c の駆動点コンプライアンスのナイキスト線図であり，0～20Hzの間を1600点で図示し，周波数点間の間隔は0.0125Hzである．この図中の周波数を表示する目盛・数値は，著者が後でボード線図を参照して書き加えてものであり，ナイキスト線図上には元々周波数に関する情報は全く表示されない．

3.8 数 値 例

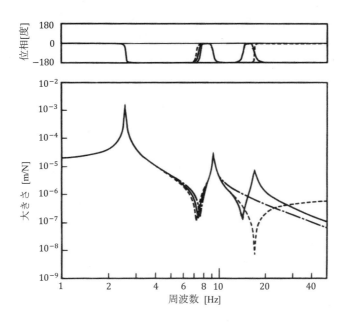

図3.30 駆動点コンプライアンスのボード線図
図3.25の質点 M_c
実線：1次〜3次の全固有モード採用
鎖線：1次と2次の2固有モード採用，剰余剛性無視
点線：1次と2次の2固有モード採用，剰余剛性考慮

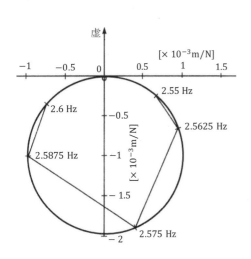

図3.31 駆動点コンプライアンスの
ナイキスト線図
図3.25の質点 M_c

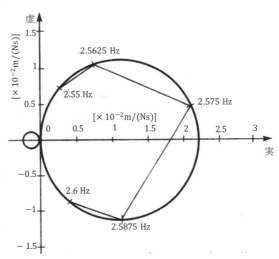

図3.32 伝達モビリティのナイキスト線図
図3.25の質点 M_a と M_c 間

図 3.31 では，1 次共振周波数である 2.5772Hz の極く近傍だけが円として現れ（補章 B の B2.3 項で理論的に証明），他のすべての点は原点に集中して区別できなくなっている．ただ，2 次共振が原点の直下に極めて小さい円として現れているのが，わずかに見える．この場合は駆動点コンプライアンスであり，図 3.26 から分かるように，1 次共振点と 2 次共振点の間に反共振点が 1 個存在する．このように共振点間に反共振点が存在する場合には，両共振点の円は原点から見て同一の側に位置する．

線形系のナイキスト線図では共振点近傍の状態だけが円で表示されるが，系に非線形が存在したり振動試験中に誤差が生じたりすると，円がゆがんだりつぶれたりする．そこで，非線形の有無や程度・振動試験の誤差の混入などを判断するのには，ナイキスト線図は都合が良い．しかし，共振周波数を読む・共振点以外の周波数領域を含む周波数応答関数全体の様相を見る・固有モードの数を数えるなどには，ナイキスト線図は適していない．

図 3.32 は，自由度 M_a と M_c 間の伝達モビリティの例である．図 3.32 は速度を図示しており，変位を図示する図 3.31 よりも位相が 90°進んでいるので，反時計回りに 90°回転した方向の円になっている．モビリティの場合には，共振峰は正確な円になる．図 3.28 から分かるように，M_a と M_c 間の伝達周波数応答関数上には，1 次と 2 次の共振点間に反共振点が存在しないので，1 次共振の大きい円と 2 次共振の小さい円は，原点を挟んで反対側に位置している．

第4章 信 号 処 理

4.1 初 め に

　信号は，情報を含む量であり，時間を独立変数とした物理量の変化を示す時刻歴であることが多い．**信号処理**は，信号から情報を取り出す操作の総称である．

　私たちは，絶え間なく信号処理をしながら生活している．会話をするときには，周囲の雑音から人の声を選別しその意味を理解する．車を運転するときには，目と耳に入る雑多な信号から危険を示す情報を瞬時に察知・識別する．太陽系を離れようとする人工衛星が発信する微弱な電波から美しい木星や土星の姿を目にする・機械が発する音の微細な変化から不具合を判断する・地球の裏側にいる人の顔を見ながら会議をする・ロボットと対話するなど，信号処理は現在の花形技術である．これらの高度な信号処理について記述するのは，著者が到底できることではない．本書では，振動・音響の実験・試験における計測で得られる信号から対象の挙動や性質を知るための信号処理に限定し，その初歩をやさしく説明する．

　信号は，**不規則信号**と**確定信号**に分けることができる．不規則信号は，ある時点で値が分かってもその前後の値を全く確定できない信号である．オーロラの揺らぎは，1 秒後の動きが読めない．一方確定信号は，全時点での値が確定できる信号である．音叉の振動は単一周波数であり，その時間変化の様相は関数の形で数式表現できる．この関数は，調和関数あるいは正弦関数と呼ばれ，一般に $A\sin(\omega t + \varphi)$ の形に書ける．信号の大きさを表す A を**振幅**，繰返しの速さを角度で表す ω [rad/s]を**角周波数**，基準時間からの時間ずれを角で表す φ [rad]を**位相**と呼ぶ．この調和関数の**周波数**は $f = \omega/(2\pi)$ [1/s]，**周期**は $T = 1/f$ [s]になる．信号が振動を表現するとき，角周波数を**角振動数**，周波数を**振動数**と呼ぶ．

　調和関数のように一定の時間間隔で同じ値を繰り返す信号を，**周期信号**という．周期信号の周期が T [s]のとき，この信号を時間軸方向に $T, 2T, 3T, \cdots, nT, \cdots$ ずらしても同じ波形の信号になる．これは，この周期信号は T の他に $2T, 3T, \cdots, nT, \cdots$ という周期を同時に有していることを意味する．このように周期信号は，整数倍の間隔で無数の周期を持っており，この中で最も短い周期 T を**基本周期**という．

　調和波以外の周期信号の例として，**図 4.1** に方形波（矩形波），のこぎり波，三角波を示す．

　自然界における物理現象は，時空間を連続的に推移する連続量であり，隙間なく続いている．このような連続量をアナログ量と呼び，アナログ量の信号を**アナログ信号**という．電流，電圧，温度などがこれに属する．これに対して，一定の間隔ごとの飛び飛びの離散値で表現する量をデジタル量と呼び，デジタル量の信号を**デジタル信号**という．

アナログ信号をデジタル信号に変換する操作は信号処理の典型例であり，**AD変換**という．コンピュータによる信号処理（演算・記録）はすべてデジタル量を対象にするので，AD変換はすべての信号処理の最初に行う不可欠な過程である．

AD変換は次の2通りの**離散化**によって行う．第1は独立変数（多くは時間）の離散化であり，これを**標本化**または**サンプリング**という．第2は従属変数（信号の量または値）の離散化であり，これを**量子化**という．図4.2は時間と共に変化する時刻歴信号の例を示し，独立変数である横軸が時間，従属変数である縦軸が信号の量または値であり，横軸の離散化が標本化，縦軸の離散化が量子化である．

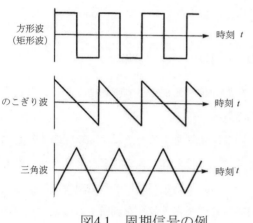

図4.1 周期信号の例

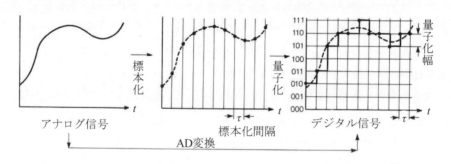

図4.2 アナログ信号からデジタル信号への変換（AD変換）

まず標本化について説明する．時刻歴信号の標本化とは，時間と共に連続変化する信号を一定の時間間隔ごとに採り出して，離散時刻点における量（データ）の集合に変えることをいう．この時間間隔 τ [s] を**標本化間隔**または**標本化周期**という．一方，採取する時刻点の点数を**標本化点数**という．標本化点数 N は有限であり，後で述べる高速フーリエ変換（FFT）では，後処理に都合が良いように，$N = 512(l=9)$ あるいは $N = 1024(l=10)$ のような2のべき乗数 2^l 個にすることが多い．

標本化間隔 τ で N 個の点数を採取するのに必要な時間は $T = N\tau$ [s] であり，この T を**標本化時間**という．一方，標本化間隔が τ [s] であるということは，1秒間に $f_s = 1/\tau$ [1/s=Hz]個の割合でデータを採取することを意味する．f_s はデータ採集の速度または周波数であり，この f_s を**標本化周波数**という．

1周期が標本化時間 T よりも長いゆっくりした波を標本化時間 T で標本化すれば，1周期に満たない時間 T でデータ採取が終ってしまうために，その波が周期波であるか否かを判別できない．このように標本化では，$\Delta f = 1/T = 1/(N\tau)$ [Hz] より小さい周波数のゆっくりした波は観測できず，したがって，標本化の対象であるアナログ量の中に Δf より低周波数成分が混入していても，これ

4.1 初めに

を周期波と認識することができない．この Δf を**分解能周波数**という．

標本化時間 T が長いと，分解能周波数 Δf が小さくなり，ゆっくり変化する長周期の現象まで観測できる．ただし，標本化点数 N が一定のまま標本化時間 T を長くすれば，標本化間隔 τ が大きくなり，時間的に粗いデータ採集になってしまう．

図 4.3 は，図 4.3a に原波形として示す周期 P の正弦波 $\sin(2\pi t/P)$ のデータ採集をどの位の標本化間隔 τ で行えばよいかを示す．図 4.3b は，$\tau = P$ すなわち原波形の周期と同一の時間間隔で標本化する場合であり，必ず同じ値になる．コンピュータは採取データ点の間を最も素直な線でつなぐので，この場合には点線の原信号を実線の直線と誤認識する．図 4.3c は，$P>\tau>P/2$ の場合であり，点線の原信号を実線のように実際より長周期のゆっくりした波と誤認識する．図 4.3d は，$\tau=P/2$ すなわち正弦波の半周期の間隔で標本化する場合であり，必ず 0 の点を標本化し，信号は存在しないと誤認識する．図 4.3e は，$\tau<P/2$ の場合であり，これは原信号を正しく標本化できている．

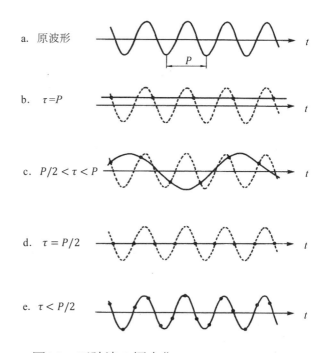

図4.3　正弦波の標本化
P：原波形の周期，　τ：標本化間隔

図 4.3 から"**正弦波の標本化にはその半周期よりも小さい標本化間隔 τ を用いなければならない**"ことが分かる．これを周波数で表現すれば"**周波数 f_c の正弦波の標本化には $2f_c$ より大きい標本化周波数 $f_s(=1/\tau)$ を用いなければならない**"（$f_s > 2f_c$）ことになる．これを**ナイキストの標本化定理**，標本化周波数の下限 $2f_c$ を**ナイキスト周波数**，という．

4.2.1 項で後述するように，一般に信号は様々な周波数の調和波の和からなる．したがって信号を正しく標本化するには，それを構成する調和波のうちで最高周波数成分の 2 倍以上の標本化周波数を用いる必要がある．これを逆にいえば，標本化周波数 f_s で正しく標本化できる周波数の上限は，$f_c = f_s/2$ であることになる．

物理現象は時間と空間という互いに独立した 2 つの素から成るから，物理現象を認知するには，その時間要素と空間要素の両者を知る必要がある．物理現象が調和波の場合には，前者が周波数・後者が振幅であるから，調和波の正しい特定にはこれら 2 種類の情報が必要であり，これを可能にするために，1 周期に最小 2 点の標本化が不可欠になる．これがナイキストの標本化定理の意味で

ある.

次に量子化について説明する. 標本化によって得られた信号の量や値は **2 進法**で表現される. 2 進法とは, 2 になると桁が 1 つ上がる数の表現方法である. 私達が普通用いている 10 進法は, 10 になると桁が 1 つ上がるので 0〜9 の 10 個の数からなるように, 2 進法は 0 と 1 の 2 個の数からなる. 例えば, 10 進法で 0, 1, 2, 3, 4, 5, 6, 7, 8, 9 という数は, 2 進法では 0, 1, 10, 11, 100, 101, 110, 111, 1000, 1001 になる. また, 2 進法で 11011 という数は, 10 進法では $1 \times 2^4 + 1 \times 2^3 + 0 \times 2^2 + 1 \times 2^1 + 1 \times 2^0 = 27$ である. これは, 10 進法で 11011 という数が $1 \times 10^4 + 1 \times 10^3 + 0 \times 10^2 + 1 \times 10^1 + 1 \times 10^0$ であることから, 類推・理解できる.

2 進法の桁の単位を**ビット** (bit : binary digit (2 進数) の略) という. 1 ビットでは 0 と 1, 2 ビットでは 2 進法で 0〜11 (10 進法で 0〜3), 3 ビットでは 2 進法で 0〜111 (10 進法で 0〜7) の数が表現できることは, 上の例から明らかである. センサーや計測機器のビット数は有限であり, すべての量は最小量の整数倍である有限個の離散量として認知・表現される. この最小の刻み量を量子に見立て, 連続量を量子の数で表すという意味で, この離散化を**量子化**という.

2 進数を用いれば, "有 (1) か無 (0) か" という 2 種類の状態だけで物理量を表現でき, 光・磁気・電流などを使って演算・記録を行うコンピュータ・メモリー・処理器に最適である. 量や値の大きさ・強さを考慮せず有無だけを用いて物理量を処理・記録できる 2 進法を採用すれば, 雑音が混入しにくく **SN 比** (Signal to Noize ratio : 信号対雑音の比) が大きくなるため, データの鮮明な保存・変換・加工・再現ができて, 情報の精度と信頼性が格段に向上する. さらにデジタル量に対しては, すべての電子機器が有する**ダイナミックレンジ** (識別できて処理が可能な最小量から正しく線形処理できる最大量までの情報量の範囲) がアナログ量に対するよりもはるかに大きく, センサーや処理機器が有効利用できる.

人が情報を利用する際には, それを実在の物理量として目や耳で直接認知できるようするために, デジタル信号をアナログ信号に変換することが多い. これを **DA 変換**という.

4.2 フーリエ変換

4.2.1 フーリエ級数

〔1〕 三角関数表現

フランス革命の激動時代に生きた数学者**フーリエ** (1768〜1830) は, 「**すべての時刻歴は三角関数の和として表現できる**」という新説を提唱した. これは当時としては大胆な仮説であり, しっかりした理論的証明を与えなかったことから, 学界には容易に受け入れられなかった. 三角関数のようになめらかな周期関数をいくら加えたところで, 衝撃のように 1 回限りで終わってしまう時刻歴, のこぎりのように不連続な傾きを有しぎざぎざに尖った時刻歴, 乱数の集合からなる不規則時刻歴などが表現できるとは, 当時の常人には信じ難かったであろう. この短い仮説が, わずか 300 余年後の現在, 情報化社会の中核になるとは, フーリエ自身夢想だにしなかったに違いない.

4.2 フーリエ変換   121

この仮説を数式表示すれば

$$x(t) = \frac{a_0}{2} + a_1\cos\omega_0 t + a_2\cos 2\omega_0 t + a_3\cos 3\omega_0 t + \cdots + b_1\sin\omega_0 t + b_2\sin 2\omega_0 t + b_3\sin 3\omega_0 t + \cdots$$

$$= \frac{a_0}{2} + \sum_{i=1}^{\infty}(a_i\cos i\omega_0 t + b_i\sin i\omega_0 t)\qquad(i = 1,\, 2,\, 3,\, \cdots)$$

(4.1)

式 4.1 が，三角関数を用いた**フーリエ級数**である．

　式 4.1 の右辺第 1 項 $a_0/2$ は，$x(t)$ の時刻歴平均を表す定数項である．$x(t)$ が電流なら $a_0/2$ は直流成分を表し，それ以外の項がその直流成分を中心とする交流成分を表す．式 4.1 右辺第 2 項以下のうちで最も長周期でゆっくりした角周波数 ω_0 の調和波を**基本波**または**基本調波**，その i 倍の角周波数 $i\omega_0$ の調和波を i 次高調波という．そして，角周波数 ω_0 を**基本角周波数**，周波数 $f_0 = \omega_0/(2\pi)$ を**基本周波数**（$x(t)$ が振動を表す場合には**基本角振動数**，**基本振動数**），周期 $T_0 = 1/f_0 = 2\pi/\omega_0$ を**基本周期**という．i 回の繰返しをまとめて 1 周期と考えれば，i 次高調波も基本周期の周期関数であるから，式 4.1 中の定数項を除く全項が基本周期の周期関数であり，したがって関数 $x(t)$ そのものが基本周期の周期関数である．このようにフーリエ級数は，本来基本波を対象とする数式展開であり，基本波よりもさらに長周期でゆっくり変化する波は，式 4.1 では表現できない．

　フーリエが提唱したように，物理現象が様々な周波数の波の集合によってできていることを理解するための例として，光を考えてみる．大空にかかる美しい虹は，自然界が私たちにフーリエの仮説が正しいことを教えてくれる．光は広い周波数領域にわたる電磁波の集合であり，そのうち波長が約 8000 Å（オングストローム，1 オングストロームは 1mm の百万分の 1）の赤色から約 4000 Å の紫色までの成分の連続分布が，七色の虹となって見える．白色光をプリズムに通すと自然界の虹と同様の七色の光に分離することは，よく知られている．信号を構成周波数成分に分解する解析を，**フーリエ解析**という．

　フーリエ級数を構成する係数を決めることによってフーリエ級数を確定することを，**フーリエ展開**という．三角関数を用いたフーリエ級数である式 4.1 について，フーリエ展開を以下に説明する．

　式 4.1 を基本周期 $T_0 = 2\pi/\omega_0$ の時間区間 $-T_0/2 \sim T_0/2$ で積分すると

$$\int_{-T_0/2}^{T_0/2} x(t)\,dt = \frac{a_0}{2}\int_{-T_0/2}^{T_0/2} dt + \sum_{i=1}^{\infty}\left(a_i\int_{-T_0/2}^{T_0/2}\cos i\omega_0 t\,dt + b_i\int_{-T_0/2}^{T_0/2}\sin i\omega_0 t\,dt\right)$$

(4.2)

　式 4.2 右辺の第 1 項以外の項は，周期が T_0/i（角周波数が $i\omega_0$）である三角関数を i 周期分の時間間隔にわたり積分したものであり，すべて 0 である．そして

$$\int_{-T_0/2}^{T_0/2} dt = [t]_{-T_0/2}^{T_0/2} = T_0$$

(4.3)

であるから，式 4.2 から

$$a_0 = \frac{2}{T_0} \int_{-T_0/2}^{T_0/2} x(t) dt \tag{4.4}$$

式 4.4 は，時刻歴関数 $x(t)$ の時間平均値が $a_0/2$ であることを意味している．

次に，式 4.1 に $\cos l\omega_0 t$ （l は整数）を乗じて基本周期 T_0 の時間区間（$-T_0/2 \sim T_0/2$）で積分すると

$$\int_{-T_0/2}^{T_0/2} x(t) \cos l\omega_0 t \, dt$$
$$= \frac{a_0}{2} \int_{-T_0/2}^{T_0/2} \cos l\omega_0 t \, dt + \sum_{i=1}^{\infty} (a_i \int_{-T_0/2}^{T_0/2} \cos i\omega_0 t \cos l\omega_0 t \, dt + b_i \int_{-T_0/2}^{T_0/2} \sin i\omega_0 t \cos l\omega_0 t \, dt) \tag{4.5}$$

$\cos l\omega_0 t$ は基本周期 T_0 間に l 回繰り返す周期関数であるから，式 4.5 の右辺第 1 項は明らかに 0 である．また，三角関数列が直交関数系である（補章 A4.4 項）ことから，右辺第 2 項のうちで，$i = l$ かつ $a_i = a_l$ である項以外はすべて 0 になる．$a_i = a_l$ の項は，三角関数の倍角の公式（補章 A の式 A1.21）と $\sin i\omega_0 T_0 = \sin(-i\omega_0 T_0) = 0$ （$\omega_0 T_0 = 2\pi$ だから）の関係から

$$a_i \int_{-T_0/2}^{T_0/2} \cos^2 i\omega_0 t \, dt = \frac{a_i}{2} \int_{-T_0/2}^{T_0/2} (1 + \cos 2i\omega_0 t) dt = \frac{a_i}{2} \left[t + \frac{\sin 2i\omega_0 t}{2i\omega_0} \right]_{-T_0/2}^{T_0/2}$$
$$= \frac{a_i}{2} \{ \frac{T_0}{2} + \frac{\sin i\omega_0 T_0}{2i\omega_0} - (-\frac{T_0}{2} + \frac{\sin(-i\omega_0 T_0)}{2i\omega_0}) \} = a_i \frac{T_0}{2} \tag{4.6}$$

式 4.6 を式 4.5 に代入すれば

$$a_i = \frac{2}{T_0} \int_{-T_0/2}^{T_0/2} x(t) \cos i\omega_0 t \, dt \tag{4.7}$$

次に，式 4.1 に $\sin l\omega_0 t$ （l は整数）を乗じて基本周期 T_0 の時間区間（$-T_0/2 \sim T_0/2$）で積分すれば，式 4.7 を導いたときと同じ手順をたどって

$$b_i = \frac{2}{T_0} \int_{-T_0/2}^{T_0/2} x(t) \sin i\omega_0 t \, dt \tag{4.8}$$

式 4.4，4.7，4.8 で示される a_0，a_i，b_i（$i = 1, 2, \cdots$）を**フーリエ係数**という．式 4.1 で a_0 に $1/2$ を付けたのは，単に式 4.4 右辺の積分の前に置く係数を式 4.7，4.8 と同一の $2/T_0$ にするためにすぎない．フーリエ係数は，時刻歴波形 $x(t)$ の中に含まれている該当周波数成分の量を表しており，周波数領域でこの波形を表現する際の該当周波数成分の大きさになる．

式 4.1 を変形して

$$x(t) = \frac{a_0}{2} + \sum_{i=1}^{\infty} c_i (\frac{a_i}{c_i} \cos i\omega_0 t + \frac{b_i}{c_i} \sin i\omega_0 t) \tag{4.9}$$

ここで

4.2 フーリエ変換

$$c_i = \sqrt{a_i^2 + b_i^2}, \quad \cos\varphi_i = \frac{a_i}{c_i}, \quad \sin\varphi_i = \frac{b_i}{c_i}, \quad c_0 = a_0 \tag{4.10}$$

とおいて，式 4.10 を式 4.9 に代入すれば，三角関数の加法定理（式 A1.18）より

$$x(t) = \frac{c_0}{2} + \sum_{i=1}^{\infty} c_i(\cos i\omega_0 t \cdot \cos\varphi_i + \sin i\omega_0 t \cdot \sin\varphi_i) = \frac{c_0}{2} + \sum_{i=1}^{\infty} c_i \cos(i\omega_0 t - \varphi_i) \tag{4.11}$$

式 4.11 は，式 4.1 の別表現式であり，余弦関数 cos のみを用いたフーリエ級数展開である．そして，基本周期 T_0 の関数 $x(t)$ のうちで i 次高調波成分は，振幅が c_i，初期位相（単に位相ともいう）が $-\varphi_i$ であることを意味している．

〔2〕 複素指数関数表現

複素指数関数に不慣れな人は，本項に入る前に，それをわかりやすく説明した補章 A2 を一読されたい．同補章で説明するように，複素指数関数は三角関数と同種の周期関数であり，両関数は以下に記すオイラーの公式を用いて相互に変換できる（ j は単位虚数）．

$$\cos x = \frac{e^{jx} + e^{-jx}}{2}, \quad \sin x = \frac{e^{jx} - e^{-jx}}{2j} \qquad (\text{式 A2.52 と A2.53}) \tag{4.12}$$

$$e^{jx} = \cos x + j\sin x, \quad e^{-jx} = \cos x - j\sin x \qquad (\text{式 A2.55}) \tag{4.13}$$

式 4.12 で $x = i\omega_0 t$ とおいた式と $1/j = j/j^2 = -j$ の関係を式 4.1 に代入すれば

$$
\begin{aligned}
x(t) &= \frac{a_0}{2} + \sum_{i=1}^{\infty}\left\{\frac{a_i}{2}(e^{ji\omega_0 t} + e^{-ji\omega_0 t}) - \frac{jb_i}{2}(e^{ji\omega_0 t} - e^{-ji\omega_0 t})\right\} \\
&= \frac{a_0}{2} + \sum_{i=1}^{\infty}\left\{\frac{(a_i - jb_i)}{2}e^{ji\omega_0 t} + \frac{(a_i + jb_i)}{2}e^{-ji\omega_0 t}\right\}
\end{aligned}
\tag{4.14}
$$

ここで

$$\frac{a_0}{2} = X_0, \quad \frac{(a_i - jb_i)}{2} = X_i, \quad \frac{(a_i + jb_i)}{2} = X_{-i} \qquad (i = 1\sim\infty) \tag{4.15}$$

とおき，式 4.15 を式 4.14 に代入して， $1 = e^{j0\omega_0 t}$ の関係を用いれば

$$x(t) = X_0 + \sum_{i=1}^{\infty}(X_i e^{ji\omega_0 t} + X_{-i} e^{-ji\omega_0 t}) = \sum_{i=-\infty}^{\infty} X_i e^{ji\omega_0 t} \tag{4.16}$$

ここで， X_i と X_{-i} は互いに共役な複素数（ $\overline{X}_i = X_{-i}$ ）である（式 4.15）．

一方，式 4.12 左式で $x = i\omega_0 t - \varphi_i$ とおいた式を式 4.11 に代入すれば

$$x(t) = \frac{c_0}{2} + \sum_{i=1}^{\infty} \frac{c_i\{(e^{j(i\omega_0 t - \varphi_i)} + e^{-j(i\omega_0 t - \varphi_i)})\}}{2} \tag{4.17}$$

式 4.14 と 4.17 は，共に複素指数関数を用いたフーリエ級数であり，両者は別表現の同一式である．

式 4.16 を用いたフーリエ展開を行うこととし，同式右辺の係数 X_i を求める．その準備として，その際に用いる複素指数関数 $e^{j(k-i)\omega_0 t}$ について，予め説明しておく．式 4.13 左式で $x = (k-i)\omega_0 t$ とおけば

$$e^{j(k-i)\omega_0 t} = \cos(k-i)\omega_0 t + j\sin(k-i)\omega_0 t \tag{4.18}$$

$k \neq i$ の場合には，三角関数 $\cos(k-i)\omega_0 t$ と $\sin(k-i)\omega_0 t$ は共に基本周期の時間区間 $T_0 = 2\pi / \omega_0$ 内に $|k-i|$ 回繰り返す周期関数であるから，$e^{j(k-i)\omega_0 t}$ を基本周期の時間区間 T_0 にわたり時間積分すれば，すべて 0 になる．一方，$k = i$ の場合には，$\cos 0\omega_0 t = 1$，$\sin 0\omega_0 t = 0$ であるから，$e^{j(k-i)\omega_0 t}$ は単位実数 1 になり，これを基本周期の時間区間 T_0 にわたり時間積分すれば T_0 になる．

そこで，式 4.16 内の整数 i を k と書き換えたフーリエ級数 $x(t) = \sum_{k=-\infty}^{\infty} X_k e^{jk\omega_0 t}$ に複素指数関数 $e^{-ji\omega_0 t}$ を乗じた関数を，基本周期の時間区間 T_0 にわたり時間積分し時間 T_0 で割れば，この関数の時間区間 T_0 における時間平均値になる．この時間積分では，$k \neq i$ $(k = -\infty \sim \infty)$ の全項は，三角関数の基本周期にわたる時間積分であり，すべて 0 になる．また，$k = i$ の項は，$\cos 0\omega_0 t = 1$，$\sin 0\omega_0 t = 0$ である．これを数式表現すれば，式 4.13 左式より

$$\frac{1}{T_0}\int_{-T_0/2}^{T_0/2} x(t)e^{-ji\omega_0 t}dt = \frac{1}{T_0}\sum_{k=-\infty}^{\infty}\int_{-T_0/2}^{T_0/2} X_k e^{j(k-i)\omega_0 t}dt$$

$$= \frac{1}{T_0}\sum_{k=-\infty}^{\infty}\left(\int_{-T_0/2}^{T_0/2} X_k \cos(k-i)\omega_0 t\,dt + \int_{-T_0/2}^{T_0/2} X_k \sin(k-i)\omega_0 t\,dt\right) = \frac{1}{T_0}\int_{-T_0/2}^{T_0/2} X_i\,dt = \frac{X_i}{T_0}\left[t\right]_{-T_0/2}^{T_0/2}$$

$$\tag{4.19}$$

式 4.19 から

$$X_i = \frac{1}{T_0}\int_{-T_0/2}^{T_0/2} x(t)e^{-ji\omega_0 t}dt \quad (i = -\infty \sim \infty) \tag{4.20}$$

こうして，複素指数関数で表現した式 4.16 右辺のフーリエ係数 X_i が得られた．

〔3〕 フーリエ級数の例

典型的な時刻歴をフーリエ級数に展開してみよう．まず，**図 4.4** 左最上段に原時刻歴として示す，周期 2 秒，振幅 1 の**方形波**を考える．この波の 1 基本周期は次式で表される．

$$\left.\begin{array}{l} x(t) = -1 \quad (-1 \leq t < 0)，\quad x(t) = 1 \quad (0 \leq t \leq 1) \\ T_0 = 2，\quad \omega_0 = 2\pi/T_0 = \pi \end{array}\right\} \tag{4.21}$$

式 4.21 を式 4.4，4.7，4.8 に代入すれば，式 A1.37 より

$$a_0 = \int_{-1}^{0} -1\,dt + \int_{0}^{1} 1\,dt = 0 \tag{4.22}$$

$$a_i = \int_{-1}^{0} -\cos i\pi t\,dt + \int_{0}^{1}\cos i\pi t\,dt = \frac{1}{i\pi}[-\sin i\pi t]_{-1}^{0} + \frac{1}{i\pi}[\sin i\pi t]_{0}^{1} = 0 \tag{4.23}$$

$$b_i = \int_{-1}^{0}(-\sin i\pi t)\,dt + \int_{0}^{1}\sin i\pi t\,dt = \frac{1}{i\pi}[\cos i\pi t]_{-1}^{0} + \frac{1}{i\pi}[-\cos i\pi t]_{0}^{1}$$

$$= \begin{cases} (1+1+1+1)/(i\pi) = 4/(i\pi) & (i \text{ が奇数}) \\ (1-1-1+1)/(i\pi) = 0 & (i \text{ が偶数}) \end{cases} \tag{4.24}$$

式 4.22～4.24 を式 4.1 に代入して

4.2 フーリエ変換

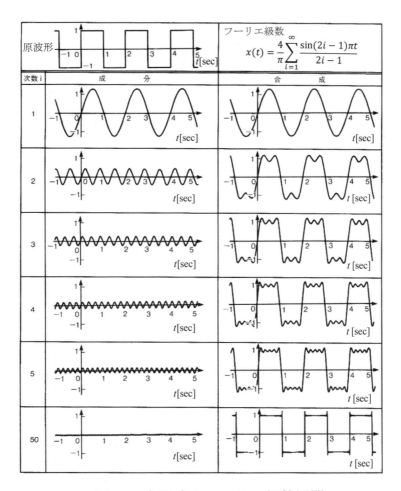

図4.4 方形波のフーリエ級数展開

$$x(t) = \frac{4}{\pi}(\sin \pi t + \frac{1}{3}\sin 3\pi t + \frac{1}{5}\sin 5\pi t + \cdots) = \frac{4}{\pi}\sum_{i=1}^{\infty}\frac{\sin(2i-1)\pi t}{2i-1} \qquad (4.25)$$

図 4.4 は，式 4.25 右辺のうちで次数 $i = 1 \sim 5$, 50 の各単独成分の波形とその次数までの合成波形を示している．$i = 1 \sim 5$ の合成波形はすでにかなり原波形に近づいており，$i = 50$ までの合成波形はほぼ正確な方形波になっている．このように，不連続点を含む波形でも，なめらかな連続関数である三角関数を用いてフーリエ級数に展開できることが分かる．ただし，不連続点近傍で細かい波が消えないで少し残っているのが気にかかるが，これについては後で述べる．

次に，**図 4.5** の左最上段に原時刻歴として示す，周期 2 秒，振幅 1 の**のこぎり波**を考える．この波の 1 周期は次式で表される．

$$x(t) = t \quad (-1 < t \le 1), \quad T_0 = 2, \quad \omega_0 = 2\pi/T_0 = \pi \qquad (4.26)$$

式 4.26 を式 4.4 に代入して

$$a_0 = \int_{-1}^{1} t\,dt = [t^2/2]_{-1}^{1} = 0 \qquad (4.27)$$

式 4.26 を式 4.7 に代入して，部分積分（式 A6.6）を用いれば

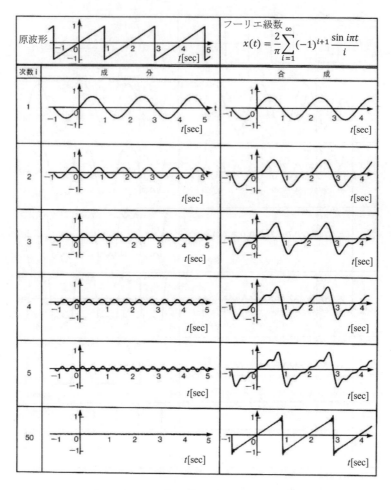

図4.5 のこぎり波のフーリエ級数展開

$$a_i = \int_{-1}^{1} t\cos i\pi t\, dt = [\frac{t}{i\pi}\sin i\pi t]_{-1}^{1} - \frac{1}{i\pi}\int_{-1}^{1}\sin i\pi t\, dt = \frac{1}{i\pi}[t\sin i\pi t]_{-1}^{1} - \frac{1}{(i\pi)^2}[-\cos i\pi t]_{-1}^{1}$$

$$= \frac{1}{i\pi}(0-0) - \frac{1}{(i\pi)^2}(1-1) = 0$$

(4.28)

式4.26を式4.8に代入して，式4.28を導いたときと同一の手順をたどれば

$$b_i = \int_{-1}^{1} t\sin i\pi t\, dt = [-\frac{t}{i\pi}\cos i\pi t]_{-1}^{1} + \frac{1}{i\pi}\int_{-1}^{1}\cos i\pi t\, dt = -\frac{1}{i\pi}[t\cos i\pi t]_{-1}^{1} + \frac{1}{(i\pi)^2}[\sin i\pi t]_{-1}^{1}$$

$$= \begin{cases} -(-1-1)/(i\pi) + (0-0)/(i\pi)^2 = 2/(i\pi) & (i\text{が奇数}) \\ -(1+1)/(i\pi) + (0-0)/(i\pi)^2 = -2/(i\pi) & (i\text{が偶数}) \end{cases}$$

(4.29)

式4.27〜4.29を式4.1に代入して

$$x(t) = \frac{2}{\pi}(\sin \pi t - \frac{1}{2}\sin 2\pi t + \frac{1}{3}\sin 3\pi t - \frac{1}{4}\sin 4\pi t + \cdots\cdots) = \frac{2}{\pi}\sum_{i=1}^{\infty}(-1)^{i+1}\frac{\sin i\pi t}{i}$$
(4.30)

図 4.5 は，式 4.30 右辺のうちで，次数 $i = 1 \sim 5$，50 の各単独成分の波形とその次数までの合成波形を示している．$i = 1 \sim 5$ の合成波形はすでにかなり原時刻歴に近づいており，$i = 50$ までの合成波形はほぼ正確なのこぎり波になっている．ただし，不連続点近傍で細かな波が消えないで少し残っている．

図 4.4 の方形波と図 4.5 ののこぎり波は共に周期的に現れる不連続点を有し，不連続点を有しないなめらかな調和波の集合からなるフーリエ級数には展開しにくい波形であるが，それでも無限個のうち周期が長い少数個の調和波で，ほとんど正しく原波形を再現できている．折曲り点や不連続点を含まない時刻歴では，フーリエ級数の近似精度はこれらの図よりも良くなる．

図 4.4 と 4.5 では，不連続点の近傍で細かい波が消えないで残存している．この原因について述べる．フーリエ級数展開は本来無限項数から成るが，実際には無限項数は採用できず，有限項で打ち切って近似する．そのために生じる原波形との差すなわち有限化誤差は，採用項数が多いほど減少することが，数学的に証明されている．不連続点や折曲り点を含む波形でもこのことは成立するが，いくら多数の項を採用しても，ある限界以上に精度を上げることはできない．**図 4.6** はその一例であり，図 4.4 の方形波の 1 個の山を拡大表示したものである．これを見ると，次数 i を大きくして採用項を増やせば，折曲り点近傍の細かい振動の時間幅はどんどん小さくなって行くが，その振幅は小さくならず，一定量が行き過ぎ量 ε として残存する．方形波の場合には $\varepsilon = 0.179$ であり，全振幅の 17.9% の誤差が残る．これを**ギブス現象**という．

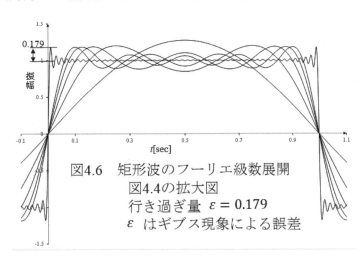

図4.6　矩形波のフーリエ級数展開
図4.4の拡大図
行き過ぎ量 $\varepsilon = 0.179$
ε はギブス現象による誤差

フーリエ級数は，元来連続な周期関数の和である．一方，不連続点や折曲り点（傾きの不連続点）では値やその微分値の不連続変化が生じるので，これを正しく表現するためには無限個の周波数成分が必要になる．級数を有限項で打ち切る限り，いくら多数項を採用しても不連続変化は正確には表現できず，誤差は 0 に収れんしない．無限は有限の合成では，また不連続は連続の合成では，表現できないのである．このようにギブス現象は，有限フーリエ級数では避けることができない．しかしこのことは，「すべての時刻歴は三角関数の和として表現できる」というフーリエの偉大な仮説（4.2.1 項〔1〕）を崩すものではない．周波数が無限大の三角関数を用いればよいからである．

4.2.2 連続フーリエ変換

〔1〕 理 論

式 4.16 は，任意の時間関数 $x(t)$ を，基本角周波数 ω_0 の整数倍の角周波数 $i\omega_0$ の複素指数関数の和として表現したフーリエ級数である．そしてその係数 X_i（式 4.20）は，$x(t)$ の中に含まれる角周波数 $i\omega_0$（$i = -\infty \sim \infty$：整数）の成分の大きさを示している．X_i が角周波数 $i\omega_0$ の関数であることを明示するために，それを $X(i\omega_0)$ と書けば，式 4.16 と 4.20 はそれぞれ

$$x(t) = \sum_{i=-\infty}^{\infty} X(i\omega_0)e^{ji\omega_0 t} \tag{4.31}$$

$$X(i\omega_0) = \frac{1}{T_0}\int_{-T_0/2}^{T_0/2} x(t)e^{-ji\omega_0 t}\, dt \quad (i = -\infty \sim \infty) \tag{4.32}$$

基本周期 T_0 を限りなく大きくすると，基本角周波数 $\omega_0 = 2\pi/T_0$ は限りなく小さくなる．$X(i\omega_0)$ は，$0, \omega_0, 2\omega_0, 3\omega_0, \cdots$ のように角周波数間隔 ω_0 ごとの飛び飛びの離散周波数点における周波数成分の値を示しているから，ω_0 が小さくなる（$\omega_0 \to 0$）と，隣接周波数点同士の間隔が小さくなり，ついには周波数成分の連続分布の状態を表現する連続値になる．しかし同時に $X(i\omega_0)$ 自体は，基本周期 T_0 に反比例して限りなく小さくなる．このことは，式 4.32 が周期関数の積分を T_0 で割った値になっていることから理解できる．そこで，$T_0 X$ を改めて X と記し，この X を角周波数 $i\omega_0 = \omega = 2\pi f$ の周波数スペクトルとする．そして

$$\left.\begin{array}{l} \lim_{\omega_0 \to 0} \omega_0 = d\omega = 2\pi\, df, \quad df = d\omega/(2\pi) = 1/T_0 \\ \lim_{\omega_0 \to 0} i\omega_0 = \omega = 2\pi f, \quad \lim_{\omega_0 \to 0} T_0 X(i\omega_0) = X(f) \end{array}\right\} \tag{4.33}$$

と書く．式 4.31 で $\omega_0 \to 0$ として，式 4.33 を代入すれば

$$x(t) = \sum_{i=-\infty}^{\infty} \frac{X(f)}{T_0} e^{j2\pi f t} = \sum_{i=-\infty}^{\infty} X(f)e^{j2\pi f t}\, df \tag{4.34}$$

式 4.34 内の和 $\sum$ は，$df \to 0$（$T_0 \to \infty$）の極限では周波数軸上の積分に漸近する（A4.1 項）から

$$x(t) = \int_{-\infty}^{\infty} X(f)e^{j2\pi f t}\, df \tag{4.35}$$

また，式 4.32 で $\omega_0 \to 0$（$T_0 \to \infty$）とし，式 4.33 を代入すれば

$$X(f) = \int_{-\infty}^{\infty} x(t)e^{-j2\pi f t}\, dt \tag{4.36}$$

式 4.36 は，時刻歴 $x(t)$ が与えられたときにその周波数スペクトル $X(f)$ を求める式であり，フーリエが提唱した理論を用いて関数を時間領域から周波数領域に変換するという意味で，**フーリエ変換**という．そして式 4.35 は，周波数スペクトル $X(f)$ が与えられたときにその時刻歴 $x(t)$ を求める式であり，フーリエ変換の逆を行うという意味で，**逆フーリエ変換**という．また後述の離散変換と区別するために，これらを**連続フーリエ変換**，**連続逆フーリエ変換**ということもある．$X(f)$ は

4.2 フーリエ変換

複素数であり，その大きさが周波数スペクトルの大きさを，その偏角が位相を表現している．

式4.35では，積分が周波数の負の値に及んでおり，実現象から考えれば一見奇妙に感じる．これは，実現象を複素指数関数で表現することに起因する．実現象である実数を複素数で表現しようとすれば，例えばオイラーの公式4.12に示したように，必ず共役複素数を対として併用する必要がある．そこで実現象の表現では，必ず正の周波数領域の値に伴って（それと共役な）見かけ上負の周波数領域の値が現れる．これは，'共役（$-j$）'を'負の周波数（$-\omega$）'と解釈するために生じた形式的な数式表現にすぎず，物理的には問題を生じない．

周波数 f の代りに角周波数 ω を用いる場合には，式4.35と4.36に $f = \omega/(2\pi)$ を代入して

$$x(t) = \frac{1}{2\pi} \int_{-\infty}^{\infty} X(\omega) e^{j\omega t} d\omega \tag{4.37}$$

$$X(\omega) = \int_{-\infty}^{\infty} x(t) e^{-j\omega t} dt \tag{4.38}$$

〔2〕 基本性質

フーリエ変換が有する基本性質を述べる．

① 対称性

$x(t)$ が実現象の場合には，それは当然実数で与えられる．このとき周波数成分 $X(\omega)$ は，$\omega = 0$ に関して大きさが対称，位相が逆対称になる．

（証明）

角周波数が負 $-\omega$ の場合の周波数成分（実現象の周波数成分は周波数の正領域における値であるから，上述のように，負領域の周波数成分は数学上の形式的表現に過ぎず，物理的には意味を有しない）は，式4.38から

$$X(-\omega) = \int_{-\infty}^{\infty} x(t) e^{-j(-\omega)t} dt = \int_{-\infty}^{\infty} x(t) e^{j\omega t} dt \tag{4.39}$$

共役複素数は，複素数内の単位虚数 j を $-j$ で置き換えた数であり，複素数に上線を添付して表現される（式 A2.9）．共役複素数は，元の複素数と実部が同一で虚部の正負が逆の数であり，大きさが同一で位相（偏角）が逆転した数でもある（図 A2.2）．複素指数関数の場合には，この定義から $e^{j\omega t} = \overline{e^{-j\omega t}}$．また，$x(t)$ は実現象であり単位虚数 j を含まない実数だから $x(t) = \overline{x(t)}$．そして，共役複素数同士の積は元の複素数同士の積の共役複素数になる（式A2.13）．これらと式4.38から，式4.39は

$$X(-\omega) = \int_{-\infty}^{\infty} \overline{x(t)}\,\overline{e^{-j\omega t}} dt = \overline{\int_{-\infty}^{\infty} x(t) e^{-j\omega t} dt} = \overline{X(\omega)} \tag{4.40}$$

このように，$X(\omega)$ と $X(-\omega)$ は互いに共役であり，これを図示すれば**図 4.7**になる．

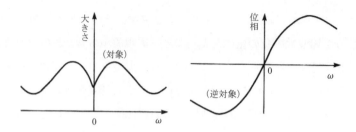

図4.7 実関数$x(t)$の周波数スペクトル

② **線形性**

$$ax_1(t)+bx_2(t) \leftrightarrow aX_1(\omega)+bX_2(\omega) \tag{4.41}$$

(証明)

式2.38より

$$\begin{aligned}\int_{-\infty}^{\infty}(ax_1(t)+bx_2(t))e^{-j\omega t}\,dt &= \int_{-\infty}^{\infty}ax_1(t)e^{-j\omega t}\,dt + \int_{-\infty}^{\infty}bx_2(t)e^{-j\omega t}\,dt \\ &= a\int_{-\infty}^{\infty}x_1(t)e^{-j\omega t}\,dt + b\int_{-\infty}^{\infty}x_2(t)e^{-j\omega t}\,dt = aX_1(\omega)+bX_2(\omega)\end{aligned} \tag{4.42}$$

この逆の変換も，式4.37を用いて同様に証明できる．

③ **時間移動**

$x(t) \leftrightarrow X(\omega)$ のとき，時間 τ だけ遅れた同一の時刻歴波形 $x(t-\tau)$ に対して

$$x(t-\tau) \leftrightarrow X(\omega)e^{-j\omega\tau} \tag{4.43}$$

(証明)

式(4.37)より

$$x(t-\tau) = \frac{1}{2\pi}\int_{-\infty}^{\infty}X(\omega)e^{j\omega(t-\tau)}d\omega = \frac{1}{2\pi}\int_{-\infty}^{\infty}(X(\omega)e^{-j\omega\tau})e^{j\omega t}\,d\omega \tag{4.44}$$

④ **周波数移動**

$x(t) \leftrightarrow X(\omega)$ のとき，角周波数が Ω だけ小さい同一周波数スペクトル $X(\omega-\Omega)$ に対して

$$X(\omega-\Omega) \leftrightarrow x(t)e^{j\Omega t} \tag{4.45}$$

(証明)

式(2.38)より

$$X(\omega-\Omega) = \int_{-\infty}^{\infty}x(t)e^{-j(\omega-\Omega)t}\,dt = \int_{-\infty}^{\infty}(x(t)e^{j\Omega t})e^{-j\omega t}\,dt \tag{4.46}$$

4.2.3 離散フーリエ変換

〔1〕 **理　　論**

離散フーリエ変換（discrete Fourier transform，略して DFT）は，連続量である実現象の時刻歴を計測し AD 変換（4.1節）を経て得られた，飛び飛びの時刻点における離散データ $x(t)$ を用いて行

うフーリエ変換である．式 4.36 または 4.38 に示したように，フーリエ変換は $-\infty$ から $+\infty$ までの無限時間に渡る時間積分によって定義されるので，フーリエ変換をこれらの定義式に従って正しく実行しようとすれば，無限時間に渡る計測データが必要になる．しかし，当然のことながら，計測の開始以前と終了以後のデータは存在せず，得られる離散データは有限時間間隔内の有限個である．標本化間隔 τ ごとに N 個のデータを採取すれば，時間間隔 $T = N\tau$ 内の有限個のデータしか得ることができないのである．このままでは，フーリエ変換を正しく実行することができない．

そこで DFT では"**時間間隔 T 内の計測によって得られた有限時間の時刻歴波形と同一の時刻歴波形がその過去永久・未来永久に繰り返す**"とする．例えば**図 4.8** のように，点線で示される実現象の時刻歴を実線のように時間 T で永遠に繰り返す時刻歴とするのである．こうすれば，計測した時間間隔 T 内で得られた N 個のデータを使って $-\infty \to t \to \infty$ の無限時間 t にわたる無限個のデータを形式上作成でき，フーリエ変換に必要な無限時間積分という数学処理自体は正しく実行できる．

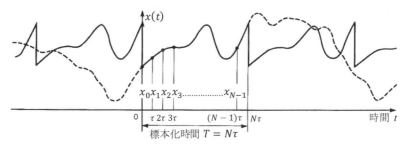

図4.8　離散フーリエ変換における時刻歴 $x(t)$
　　　　実線：フーリエ変換のための仮想の波形
　　　　点線：実現象の波形

図 4.8 の点線と実線の両波形は，一見して明らかに全く異なっている．随分でたらめで乱暴なことをすると思われるだろうが，存外そうでもないのである．その理由を以下に述べる．

図 4.8 に点線で示す実現象の時刻歴は，一般に無限個の連続周波数成分から構成されている．その時刻歴を時間間隔 T で区切りそれが過去・未来永久に繰り返すとする上記の措置によって得られた実線は，実時刻歴を構成する無数の連続周波数成分のうち実際に時間 T で整数回繰り返す成分，すなわち時間 T を基本周期とする角周波数 $\omega = 2\pi/T = 2\pi \Delta f$（$\Delta f$ は分解能周波数）の整数倍の角周波数 $0, \omega, 2\omega, 3\omega, \cdots$ ごとの飛び飛びの離散周波数成分に関しては，周期関数をその周期の整数倍の時間間隔で切り取ってそれを再び繰り返しつなぐことになる．こうすれば元の周期関数に戻るだけであるから，これらの離散周波数成分に関しては，上記の措置では実現象を正しく再現している．ただしこの措置は，その他の周波数成分（Δf より小さい周波数成分と Δf の整数倍以外の周波数成分）に関しては，実現象とは全く異なったでたらめな波形を導出する．

このように図 4.8 実線の $x(t)$ を用いたフーリエ級数は，1 周期の整数倍が標本化時間 T に一致する離散周波数成分のみに関しては，点線の実現象を用いた正しいフーリエ級数と同一の結果を導く．

これは，"時間領域を標本化時間 T で有限化することは，周波数領域を分解能周波数 $\varDelta f = 1/T$ で離散化することである"，ことを意味する．

　ここで注意しなければならないのは，フーリエ級数を行うために用いている時刻歴 $x(t)$ は，連続量ではなく，時間間隔 τ ごとに標本化された N 個の離散量によって表現されていることである．これにより，標本化する離散時刻点以外の時刻における情報は無視される．ナイキストの標本化定理（4.1 節）によれば，周期関数を正しく標本化するには 1 周期に 2 個以上のデータが必要である．そこで，1 周期が時間間隔 2τ より短く（周波数が $1/(2\tau)$ より高く）この標本化では 1 周期内に 2 個以下のデータしか採取できない高周波数成分は標本化できなくなる．これは，"時間領域を標本化間隔 τ で離散化することは，周波数領域を周波数 $0 \sim f_c = 1/(2\tau)$ の範囲内に限定し有限化することである"，ことを意味する．以下に，このことを詳しく説明する．

　標本化時間 T 内における標本化間隔 τ ごとの N 個の離散量で無限時間の時刻歴全体を表現している図 4.8 実線は，N 自由度（有限自由度）とみなすことができる．計測の時間を有限に限定し，かつ時刻を離散化する標本化は，情報の自由度を無限から有限に変えてしまうのである．フーリエ級数を表現する式 4.1 または 4.16 が無限個の級数和からなっているのは，実現象の時刻歴波が無限自由度の連続関数だからである．標本化（＝時間の有限化＋時刻の離散化）した図 4.8 中の実線の時刻歴波（N 自由度）は，フーリエ級数のうち周波数が小さい方から数えて有限（N）個の周期関数の和（$i = 0 \sim N-1$）として表現される．連続量を標本化間隔 τ ごとの有限個の離散量で表現することは，無限フーリエ級数において $i = N \sim \infty$ の高周波数領域における周波数項を無視することと等価である．

　複素指数関数によるフーリエ級数（式 4.16）において，時間間隔を有限化し同時に時刻を離散化，すなわち周波数を離散化し同時に周波数領域を有限化すれば

$$x(t) = \sum_{i=0}^{N-1} X_i e^{ji\omega t} \qquad t = k\tau \quad (k = 0 \sim N-1) \tag{4.47}$$

ただし

$$\omega = \frac{2\pi}{T} = \frac{2\pi}{N\tau} = 2\pi\,\varDelta f \tag{4.48}$$

式 4.47 は，$t = 0, \tau, 2\tau, 3\tau, \cdots, k\tau, \cdots, (N-1)\tau$ の N 個の飛び飛びの離散化時刻のみで，また $f = 0, \varDelta f, 2\varDelta f, 3\varDelta f, \cdots, i\varDelta f, \cdots, (N-1)\varDelta f$ の N 個の飛び飛びの離散化周波数のみで，成立する有限フーリエ級数である（添字 k と i はそれぞれ時間軸上と周波数軸上の離散点番号）．

　ここで，$x(k\tau)$ を x_k と書き，また式 4.48 を用いて

$$e^{-j\omega\tau} = e^{-j2\pi/N} = p \tag{4.49}$$

とおく．そして，離散化時刻 $t = k\tau$ における式 4.47 の $x(k\tau) = x_k$ と，同式右辺各項を構成する複素指数関数 $e^{ji\omega k\tau} = p^{-ki}$ からなる縦 N 行（$k = 0 \sim N-1$）の行ベクトルを，次のように定義する．

4.2 フーリエ変換

$$\left.\begin{aligned}
\{x\} &= \{x_0, x_1, x_2, x_3, \cdots, x_k, \cdots, x_{N-1}\}^T \\
\{e_0\} &= \{1, 1, 1, 1, \cdots, 1, \cdots, 1\}^T \\
\{e_1\} &= \{1, p^{-1}, p^{-2}, p^{-3}, \cdots, p^{-k}, \cdots, p^{-(N-1)}\}^T \\
\{e_2\} &= \{1, p^{-2}, p^{-4}, p^{-6}, \cdots, p^{-2k}, \cdots, p^{-2(N-1)}\}^T \\
&\quad\vdots \\
\{e_i\} &= \{1, p^{-i}, p^{-2i}, p^{-3i}, \cdots, p^{-ki}, \cdots, p^{-(N-1)i}\}^T \\
&\quad\vdots \\
\{e_{N-1}\} &= \{1, p^{-(N-1)}, p^{-2(N-1)}, p^{-3(N-1)}, \cdots, p^{-k(N-1)}, \cdots, p^{-(N-1)^2}\}^T
\end{aligned}\right\} \tag{4.50}$$

ここで，右辺の上添字（^{T}）はベクトルの転置（式 4.50 では行（横）→列（縦））を示す．

有限フーリエ級数である式 4.47 において，時刻 $t = k\tau$（$k = 0 \sim N-1$）とし，式 4.49 を用いれば

$$\begin{aligned}
x_k = x(k\tau) &= \sum_{i=0}^{N-1} X_i e^{ji\omega k\tau} = \sum_{i=0}^{N-1} X_i (e^{-j\omega\tau})^{-ki} \\
&= \sum_{i=0}^{N-1} X_i (e^{-j2\pi/N})^{-ki} = \sum_{i=0}^{N-1} X_i p^{-ki} \quad (k = 0 \sim N-1)
\end{aligned} \tag{4.51}$$

式 4.50 を用いて，離散時刻 $t = k\tau$（$k = 0 \sim N-1$）における式 4.51 をまとめて表現すれば

$$\{x\} = \sum_{i=0}^{N-1} X_i \{e_i\} \tag{4.52}$$

次にフーリエ係数 X_i を求める．時刻歴 $x(t)$ が時間 t の連続関数の場合には，X_i は式 4.20 で求められている．離散フーリエ変換では式 4.20 右辺積分の中味 $x(t)e^{-ji\omega t}$ が，飛び飛びの時刻 $t = k\tau$（$k = 0 \sim N-1$）における値として，式 4.49 より

$$x_k e^{-ji\omega k\tau} = x_k e^{-j(2\pi/N)ki} = x_k p^{ki} \tag{4.53}$$

で与えられる．このように離散化された時刻歴データを用いれば，連続量の時間積分である式 4.20 は，幅が微小時間間隔の棒グラフの面積和になる（補章 A4.1 項）．その際，式 4.33 において $T_0 X$ を改めて X と記したように，$T X_i$ を改めて X_i と記せば，周波数スペクトル X_i は，式 4.53 と 4.20 から

$$X_i = \sum_{k=0}^{N-1} x_k p^{ki} \quad (i = 0 \sim N-1) \tag{4.54}$$

式 4.54 は，時刻歴波 $x(t)$ が $t = 0, \tau, 2\tau, \cdots, k\tau, \cdots, (N-1)\tau$ における離散データ x_k として与えられるとき，$0, \omega, 2\omega, \cdots, i\omega, \cdots, (N-1)\omega$（$\omega = 2\pi/T = 2\pi\Delta f$）という飛び飛びの角周波数点における周波数スペクトルの離散値 X_i（式 4.47 右辺の係数）を求める式であり，**離散フーリエ変換**（DFT）という．また式 4.52 は，周波数スペクトルの離散値 X_i（$i = 0 \sim N-1$）が与えられるとき，時刻 $t = k\tau$（$k = 0 \sim N-1$）における時刻歴波 $x(t)$ の離散値 x_k（$k = 0 \sim N-1$）を求める式であり，**離散逆フーリエ変換**という．

〔2〕 基 本 性 質

上記の時間領域と周波数領域間の相互変換に用いる式 4.49 の数 $p = e^{-j2\pi/N}$ は，標本化点数 N に

依存して決まる複素指数であり，オイラーの公式 4.13 を用いて説明できる次の関係を有する．

$$p^{rN} = e^{-j2\pi r} = \cos(2\pi r) - j\sin(2\pi r) = 1 \quad (r = 0, 1, 2, 3, \cdots) \tag{4.55}$$

式 4.55 と共役関係 $e^{-ja} = \overline{e^{ja}}$（上付線は複素数の共役を意味する：補章 A2.1 項）に由来する，次の 2 つの性質を有する．

$$p^{rN+i} = p^{rN}p^i = p^i \quad (r = 0,\ 1,\ 2,\ 3,\ \cdots) \quad \text{（循環性）} \tag{4.56}$$

$$p^{rN-i} = p^{rN}p^{-i} = \overline{p^i} \quad (r = 0,\ 1,\ 2,\ 3,\ \cdots) \quad \text{（共役性）} \tag{4.57}$$

式 4.56 は，整数 i を 0 から増加させて行くとき，p^i が $i=N$ を 1 周期として同じ値を繰り返す循環数であることを示す．また式 4.57 は，その 1 周期内の N 個の値のうち前半分と後半分は互いに共役の関係にあることを示す．これらにより，式 4.54 で与えられる周波数スペクトル X_i は，離散フーリエ変換に特有の，次の 2 つの重要な性質を有することになる．

第 1 に，式 4.54 と 4.56 より

$$X_{rN+i} = \sum_{k=0}^{N-1} x_k p^{k(rN+i)} = \sum_{k=0}^{N-1} x_k p^{ki} = X_i \quad (r = 0, 1, 2, 3, \cdots) \tag{4.58}$$

これは，整数 i を 0 から増加させて行くとき，周波数スペクトル X_i が，周波数軸上で N 個の離散点（$i = 0 \sim N-1$）ごとに同一の値を周期的に繰り返すことを意味する．式 4.54 に示したように，X_i は分解能周波数 $\Delta f(= \omega/(2\pi) = 1/T)$ [Hz] の幅ごとの N 個（$i = 0 \sim N-1$）の離散周波数点のスペクトル値であるから，それが有効な周波数範囲は 0 [Hz] $\sim$ f_s [Hz]（$f_s(= N\Delta f = N\omega/(2\pi) = N/T = 1/\tau)$ は標本化周波数）になり，式 4.54 は $i = 0 \sim N-1$ すなわち 0 [Hz] $\sim (f_s - \Delta f)$ [Hz] の N 個の離散周波数点でしか定義されていない．このように式 4.54 は，元来 0 [Hz] $\sim (f_s - \Delta f)$ [Hz] の低周波数領域（式 4.58 で $r=0$）の周波数スペクトルを算出する式である．しかし式 4.58 の関係を逆に見れば，式 4.54 は，$i = N \sim 2N-1$ すなわち f_s [Hz] $\sim (2f_s - \Delta f)$ [Hz]（式 4.58 で $r=1$），$i = 2N \sim 3N-1$ すなわち $2f_s$ [Hz] $\sim (3f_s - \Delta f)$ [Hz]（式 4.58 で $r=2$），$i = 3N \sim 4N-1$ すなわち $3f_s$ [Hz] $\sim (4f_s - \Delta f)$ [Hz]（式 4.58 で $r=3$），$\ldots$ という無限の高周波数領域の周波数スペクトルを算出する式でもある．このように式 4.54 を用いて算出した周波数スペクトルは，幅 f_s の周波数領域ごとに同一の値を繰り返すことが分かる．

第 2 に，式 4.54 と式 4.57 より

$$X_{N-i} = \sum_{k=0}^{N-1} x_k p^{k(N-i)} = \sum_{k=0}^{N-1} x_k \overline{p^{ki}} = \overline{X_i} \quad (i = 0 \sim N-1) \tag{4.59}$$

これは，$i = 0 \sim N$ すなわち 0 [Hz] $\sim f_s$ [Hz] の周波数領域内で，両周波数端 0 [Hz] と f_s [Hz] から等距離にある 2 個の離散周波数点における周波数スペクトルが互いに共役（大きさが同一で位相が逆符号：図 A2.2）であることを示している．このように周波数スペクトルは，この周波数領域 0 [Hz] $\sim f_s$ [Hz] の中央点 $f_s/2$ [Hz] に関して，大きさが対称・位相が逆対称になる．これを第 1 の性質（式 4.56）と合せて考えれば，rf_s [Hz] $\sim (r+1)f_s$ [Hz]（$r = 1, 2, 3, \cdots$）の高周波数領域でも，それら

の中央点に関して大きさが対称・位相が逆対称になることが分かる．

DFTによって求めた周波数スペクトルは，上記2通りの性質を有するために，図4.9のようになり，$0\,[\text{Hz}] \sim f_s/2\,[\text{Hz}]$の周波数域内のスペクトルが与えられれば，$0\,[\text{Hz}] \sim \infty\,[\text{Hz}]$の全周波数域のスペクトルを形式的に描くことができる．もちろんこれらは正しいスペクトルではない．

それは次の理由による．**図4.9**に記した$0\,[\text{Hz}] \sim f_s/2\,[\text{Hz}]$の周波数領域内のスペクトルは，$rf_s\,[\text{Hz}] \sim rf_s + f_s/2\,[\text{Hz}]$ $(r = 0, 1, 2, 3, \cdots)$の全周波数スペクトルを同位相で加え合せ，さらにそれに$rf_s + f_s/2\,[\text{Hz}] \sim (r+1)f_s\,[\text{Hz}]$ $(r = 0, 1, 2, 3, \cdots)$の全周波数スペクトルを逆位相で加え合せたものになっている．そして，こうして得られた$0\,[\text{Hz}] \sim f_s/2\,[\text{Hz}]$の周波数領域内のス

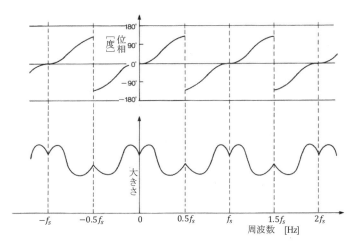

図4.9　離散フーリエ変換によって求めた周波数スペクトルの例　標本化周波数：f_s

ペクトルを使ってすべての周波数領域の周波数スペクトルを形式的に作成しているからである．これは**折返し誤差**（エリアシング）と呼ばれ，これについては4.4.2項で詳しく説明する．

このように，周波数$f_s/2$（標本化周波数f_sの$1/2$←ナイキストの標本化定理（4.1節））より高周波数の成分を含む時刻歴をそのまま標本化して得られたデータを用いれば，必ず折返し誤差が発生するので，離散フーリエ変換（DFT）が不可能になる．そこで，DFTを正しく実行するには，標本化の前に必ず低域フィルタを用いて周波数$f_s/2$より高周波数の成分を原時刻歴から除去しておかなければならない．

標本化時間$T(= N\tau)$を一定にして，標本化間隔τを小さく，標本化点数Nを大きくすれば，標本化周波数$f_s(= 1/\tau)$が大きくなり，ナイキストの標本化定理から，高周波数域まで有効な周波数スペクトルが得られる．一方，τを一定にして，Tを長く，Nを大きくすれば，有効な最高周波数$f_s/2$は同一であるが，有効な最低周波数である分解能周波数$\Delta f(= 1/T)$が小さくなると同時に，離散周波数点の間隔Δfが小さい緻密な周波数スペクトルが得られる．

〔3〕**高速フーリエ変換**

前節で説明したDFTを上記の理論に忠実に従ってそのまま実行するのは，時間がかかり過ぎるために，実用的ではない．この欠点を見事に克服したのが，**高速フーリエ変換**（Fast Fourier Transform，略してFFT）である．FFTは，一般には1965年にCooleyとTukeyが提案したとされているが，1805年にGaussがすでに発見していた計算手法である．FFTの原理は上記理論〔1〕で説明した離散フー

リエ変換（DFT）そのものであるが，複素指数関数の周期性を巧みに利用することによって，DFT よりも著しく少ない演算回数で同一の結果を得ることができる．FFT には，標本化点数 N が 2 のべき乗（4，8，16，32，64，…）個でなければならないという制約があるが，計算速度の利点の方がはるかに大きいため，現在のフーリエ変換はすべて，以下に説明する FFT で実行されている．

DFT の式 4.54 をここに再記すれば

$$X_i = p^0 x_0 + p^i x_1 + p^{2i} x_2 + p^{3i} x_3 + \cdots + p^{ki} x_k + \cdots + p^{(N-1)i} x_{N-1} \qquad (i = 0 \sim N-1)$$

(4.54)

標本化点数 N は 2 のべき乗（偶数）であり，複素指数関数の定義（図 A2.3）から $e^{-j\pi} = -1$ であるから，式 4.49 より

$$p^{(N/2)+i} = e^{-j(2\pi/N)(N/2)} p^i = e^{-j\pi} p^i = -p^i$$

(4.60)

簡単な例として，標本化点数 $N = 2^2 = 4$ の場合について FFT の計算手順を説明する．この場合には，4 点の時系列データ x_0, x_1, x_2, x_3 $(k = 0 \sim 3)$ を与え，次式を用いて，4 点の周波数成分 X_0, X_1, X_2, X_3 $(i = 0 \sim 3)$ を求めることになる．

$$\left.\begin{array}{l} X_0 = p^0 x_0 + p^0 x_1 + p^0 x_2 + p^0 x_3 \\ X_1 = p^0 x_0 + p^1 x_1 + p^2 x_2 + p^3 x_3 \\ X_2 = p^0 x_0 + p^2 x_1 + p^4 x_2 + p^6 x_3 \\ X_3 = p^0 x_0 + p^3 x_1 + p^6 x_2 + p^9 x_3 \end{array}\right\}$$

(4.61)

ベクトルと行列を用いて式 4.61 をまとめれば

$$\begin{Bmatrix} X_0 \\ X_1 \\ X_2 \\ X_3 \end{Bmatrix} = \begin{bmatrix} p^0 & p^0 & p^0 & p^0 \\ p^0 & p^1 & p^2 & p^3 \\ p^0 & p^2 & p^4 & p^6 \\ p^0 & p^3 & p^6 & p^9 \end{bmatrix} \begin{Bmatrix} x_0 \\ x_1 \\ x_2 \\ x_3 \end{Bmatrix}$$

(4.62)

式 4.62 の時刻歴データ x_k $(k = 0 \sim 3)$ を偶数番号と奇数番号に分けて並べ換える．対応する係数行列は，2 列目と 3 列目を入れ換えればよいから

$$\begin{Bmatrix} X_0 \\ X_1 \\ X_2 \\ X_3 \end{Bmatrix} = \begin{bmatrix} p^0 & p^0 & p^0 & p^0 \\ p^0 & p^2 & p^1 & p^3 \\ p^0 & p^4 & p^2 & p^6 \\ p^0 & p^6 & p^3 & p^9 \end{bmatrix} \begin{Bmatrix} x_0 \\ x_2 \\ x_1 \\ x_3 \end{Bmatrix}$$

(4.63)

例えば $p^9 = p^{3+6} = p^3 p^6$ の要領で，式 4.63 右辺係数行列中の 3，4 列目を，1，2 列目に係数を乗じる形に書き換える．そして両者を分ける形で表現すれば

4.2 フーリエ変換

$$\begin{Bmatrix} X_0 \\ X_1 \\ X_2 \\ X_3 \end{Bmatrix} = \begin{bmatrix} \begin{bmatrix} p^0 & p^0 \\ p^0 & p^2 \\ p^0 & p^4 \\ p^0 & p^6 \end{bmatrix} & \begin{bmatrix} p^0 p^0 & p^0 p^0 \\ p^1 p^0 & p^1 p^2 \\ p^2 p^0 & p^2 p^4 \\ p^3 p^0 & p^3 p^6 \end{bmatrix} \end{bmatrix} \begin{Bmatrix} x_0 \\ x_2 \\ x_1 \\ x_3 \end{Bmatrix} \quad (4.64)$$

次に

$$\left. \begin{aligned} \begin{bmatrix} p^0 p^0 & p^0 p^0 \\ p^1 p^0 & p^1 p^2 \end{bmatrix} &= \begin{bmatrix} p^0 & 0 \\ 0 & p^1 \end{bmatrix} \begin{bmatrix} p^0 & p^0 \\ p^0 & p^2 \end{bmatrix} = \begin{vmatrix} p^0 \\ p^1 \end{vmatrix} \begin{bmatrix} p^0 & p^0 \\ p^0 & p^2 \end{bmatrix} \\ \begin{bmatrix} p^2 p^0 & p^2 p^4 \\ p^3 p^0 & p^3 p^6 \end{bmatrix} &= \begin{vmatrix} p^2 \\ p^3 \end{vmatrix} \begin{bmatrix} p^0 & p^4 \\ p^0 & p^6 \end{bmatrix} \end{aligned} \right\} \quad (4.65)$$

ここで，下かっこ $\lfloor\ \rfloor$ は対角行列を意味する．式 4.65 を式 4.64 に代入し，上半分と下半分に分けて記せば

$$\begin{Bmatrix} X_0 \\ X_1 \\ X_2 \\ X_3 \end{Bmatrix} = \begin{bmatrix} \begin{bmatrix} p^0 & p^0 \\ p^0 & p^2 \end{bmatrix} & \begin{vmatrix} p^0 \\ p^1 \end{vmatrix} \begin{bmatrix} p^0 & p^0 \\ p^0 & p^2 \end{bmatrix} \\ \begin{bmatrix} p^0 & p^4 \\ p^0 & p^6 \end{bmatrix} & \begin{vmatrix} p^2 \\ p^3 \end{vmatrix} \begin{bmatrix} p^0 & p^4 \\ p^0 & p^6 \end{bmatrix} \end{bmatrix} \begin{Bmatrix} x_0 \\ x_2 \\ x_1 \\ x_3 \end{Bmatrix} \quad (4.66)$$

指数関数の性質を式 4.66 に適用する．式 4.49 に $N=4$ を代入すれば $p=e^{-j\pi/2}$ になる．このときの p のべき乗を複素面上に描けば $p^2 = e^{-j\pi}$, $p^3 = e^{-j3\pi/2}$, $p^4 = e^{-j2\pi}\cdots$ であるから，図 A2.3 を参照すれば，**図 4.10** のように，実軸正方向から時計回りに 90°づつ回転し単位円上に存在する点になる．この図から，次に述べる p の性質が理解できる．まず，式 4.56 に $r=1$, $N=4$ を代入すれば，$i=0$ と $i=2$ に対応して

$$p^4 = p^0 \quad , \quad p^6 = p^2 \quad (4.67)$$

次に式 4.60 に $N=4$ を代入すれば，$i=0$ と $i=1$ に対応して

$$p^2 = -p^0 \quad , \quad p^3 = -p^1 \quad (4.68)$$

式 4.67 と 4.68 を式 4.66 に代入すれば

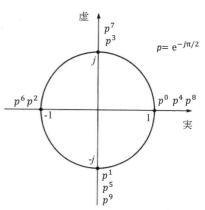

図4.10　4点FFTに用いる複素指数 p のべき乗

$$\begin{Bmatrix} X_0 \\ X_1 \\ X_2 \\ X_3 \end{Bmatrix} = \begin{bmatrix} \begin{bmatrix} p^0 & p^0 \\ p^0 & p^2 \end{bmatrix} & \begin{vmatrix} p^0 \\ p^1 \end{vmatrix} \begin{bmatrix} p^0 & p^0 \\ p^0 & p^2 \end{bmatrix} \\ \begin{bmatrix} p^0 & p^0 \\ p^0 & p^2 \end{bmatrix} & -\begin{vmatrix} p^0 \\ p^1 \end{vmatrix} \begin{bmatrix} p^0 & p^0 \\ p^0 & p^2 \end{bmatrix} \end{bmatrix} \begin{Bmatrix} x_0 \\ x_2 \\ x_1 \\ x_3 \end{Bmatrix} \quad (4.69)$$

図 4.10 より

$$p^0 = 1 \ , \ p^2 = -1 \quad (4.70)$$

式 4.70 を式 4.69 に代入すれば

$$\begin{Bmatrix} X_0 \\ X_1 \\ X_2 \\ X_3 \end{Bmatrix} = \begin{bmatrix} \begin{bmatrix} 1 & 1 \\ 1 & -1 \end{bmatrix} & \begin{vmatrix} p^0 \\ & p^1 \end{vmatrix}\begin{bmatrix} 1 & 1 \\ 1 & -1 \end{bmatrix} \\ \begin{bmatrix} 1 & 1 \\ 1 & -1 \end{bmatrix} & -\begin{vmatrix} p^0 \\ & p^1 \end{vmatrix}\begin{bmatrix} 1 & 1 \\ 1 & -1 \end{bmatrix} \end{bmatrix}\begin{Bmatrix} x_0 \\ x_2 \\ x_1 \\ x_3 \end{Bmatrix} \tag{4.71}$$

ここで，次のような中間変数 y_0, y_1, y_2, y_3 を導入する．

$$\begin{Bmatrix} y_0 \\ y_1 \end{Bmatrix} = \begin{bmatrix} 1 & 1 \\ 1 & -1 \end{bmatrix}\begin{Bmatrix} x_0 \\ x_2 \end{Bmatrix}, \quad \begin{Bmatrix} y_2 \\ y_3 \end{Bmatrix} = \begin{vmatrix} p^0 \\ & p^1 \end{vmatrix}\begin{bmatrix} 1 & 1 \\ 1 & -1 \end{bmatrix}\begin{Bmatrix} x_1 \\ x_3 \end{Bmatrix} \tag{4.72}$$

式 4.72 を式 4.71 に代入すれば

$$\begin{Bmatrix} X_0 \\ X_1 \end{Bmatrix} = \begin{Bmatrix} y_0 \\ y_1 \end{Bmatrix} + \begin{Bmatrix} y_2 \\ y_3 \end{Bmatrix}, \quad \begin{Bmatrix} X_2 \\ X_3 \end{Bmatrix} = \begin{Bmatrix} y_0 \\ y_1 \end{Bmatrix} - \begin{Bmatrix} y_2 \\ y_3 \end{Bmatrix} \tag{4.73}$$

式 4.72 右式より，式 4.73 の右辺第 2 項は

$$\begin{Bmatrix} y_2 \\ y_3 \end{Bmatrix} = \begin{bmatrix} p^0 & 0 \\ 0 & p^1 \end{bmatrix}\begin{Bmatrix} x_1 + x_3 \\ x_1 - x_3 \end{Bmatrix} = \begin{Bmatrix} p^0 x_1 + p^0 x_3 \\ p^1 x_1 - p^1 x_3 \end{Bmatrix} \tag{4.74}$$

式 4.72〜4.74 を通常の式の形に書けば

$$\left.\begin{aligned} &y_0 = x_0 + x_2 \ , \quad y_2 = p^0 x_1 + p^0 x_3 \\ &y_1 = x_0 - x_2 \ , \quad y_3 = p^1 x_1 - p^1 x_3 \\ &X_0 = y_0 + y_2 \ , \quad X_2 = y_0 - y_2 \\ &X_1 = y_1 + y_3 \ , \quad X_3 = y_1 - y_3 \end{aligned}\right\} \tag{4.75}$$

$N = 4$ のときの 4 点 FFT では，標本化時間 $T = 4\tau$ [s]における標本化間隔 τ [s]ごとの 4 点の時系列データ x_0, x_1, x_2, x_3 $(k = 0 \sim 3)$ を与え，式 4.75 を用いて，0 [Hz], $\varDelta f$ [Hz], $2\varDelta f$ [Hz], $3\varDelta f$ [Hz] の 4 周波数点における周波数成分 X_0, X_1, X_2, X_3 $(i = 0 \sim 3)$ を計算すればよい．

図 4.10 に示す p のべき乗値を用いて式 2.62 を書き換えると

$$\begin{Bmatrix} X_0 \\ X_1 \\ X_2 \\ X_3 \end{Bmatrix} = \begin{bmatrix} 1 & 1 & 1 & 1 \\ 1 & -j & -1 & j \\ 1 & -1 & 1 & -1 \\ 1 & j & -1 & -j \end{bmatrix}\begin{Bmatrix} x_0 \\ x_1 \\ x_2 \\ x_3 \end{Bmatrix} = [T_4]\begin{Bmatrix} x_0 \\ x_1 \\ x_2 \\ x_3 \end{Bmatrix} \tag{4.76}$$

次に，標本化点数 $N = 8$ のときの 8 点 FFT を説明する．式 4.49 に $N = 8$ を代入すれば

$$p = e^{-j\pi/4} \tag{4.77}$$

p のべき乗 p^l $(l = 0, 1, 2, 3, \cdots)$ を複素平面上に描けば，**図 4.11** のようになる．この p を用いて式 4.54 を周波数軸上の 8 点 $i = 0 \sim 7$ について作成し，4 点 FFT の場合の式 4.62 と同様に書けば

4.2 フーリエ変換

$$\begin{Bmatrix} X_0 \\ X_1 \\ X_2 \\ X_3 \\ X_4 \\ X_5 \\ X_6 \\ X_7 \end{Bmatrix} = \begin{bmatrix} p^0 & p^0 & p^0 & p^0 & p^0 & p^0 & p^0 & p^0 \\ p^0 & p^1 & p^2 & p^3 & p^4 & p^5 & p^6 & p^7 \\ p^0 & p^2 & p^4 & p^6 & p^8 & p^{10} & p^{12} & p^{14} \\ p^0 & p^3 & p^6 & p^9 & p^{12} & p^{15} & p^{18} & p^{21} \\ p^0 & p^4 & p^8 & p^{12} & p^{16} & p^{20} & p^{24} & p^{28} \\ p^0 & p^5 & p^{10} & p^{15} & p^{20} & p^{25} & p^{30} & p^{35} \\ p^0 & p^6 & p^{12} & p^{18} & p^{24} & p^{30} & p^{36} & p^{42} \\ p^0 & p^7 & p^{14} & p^{21} & p^{28} & p^{35} & p^{42} & p^{49} \end{bmatrix} \begin{Bmatrix} x_0 \\ x_1 \\ x_2 \\ x_3 \\ x_4 \\ x_5 \\ x_6 \\ x_7 \end{Bmatrix} \quad (4.78)$$

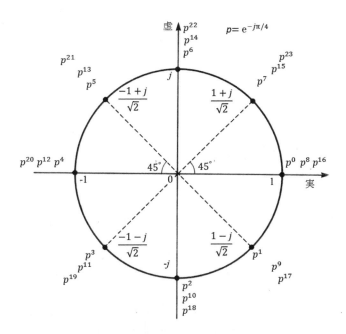

図4.11　8点FFTに用いる複素指数 p のべき乗

式4.78において，時刻歴データ x_k $(k=0\sim7)$ のうちで，時刻歴上の点 k が偶数の項を上半分に，奇数の項を下半分にまとめる．そのためには，式4.78の係数行列のうち0，2，4，6列を左半分に，残りの1，3，5，7列を右半分に集めればよい．このようにした係数行列を4個の4行4列の部分行列に分けて記せば，式4.78は

$$
\begin{Bmatrix} X_0 \\ X_1 \\ X_2 \\ X_3 \\ X_4 \\ X_5 \\ X_6 \\ X_7 \end{Bmatrix} = \begin{bmatrix} \begin{bmatrix} p^0 & p^0 & p^0 & p^0 \\ p^0 & p^2 & p^4 & p^6 \\ p^0 & p^4 & p^8 & p^{12} \\ p^0 & p^6 & p^{12} & p^{18} \end{bmatrix} & \begin{bmatrix} p^0 & p^0 & p^0 & p^0 \\ p^1 & p^3 & p^5 & p^7 \\ p^2 & p^6 & p^{10} & p^{14} \\ p^3 & p^9 & p^{15} & p^{21} \end{bmatrix} \\ \begin{bmatrix} p^0 & p^8 & p^{16} & p^{24} \\ p^0 & p^{10} & p^{20} & p^{30} \\ p^0 & p^{12} & p^{24} & p^{36} \\ p^0 & p^{14} & p^{28} & p^{42} \end{bmatrix} & \begin{bmatrix} p^4 & p^{12} & p^{20} & p^{28} \\ p^5 & p^{15} & p^{25} & p^{35} \\ p^6 & p^{18} & p^{30} & p^{42} \\ p^7 & p^{21} & p^{35} & p^{49} \end{bmatrix} \end{bmatrix} \begin{Bmatrix} x_0 \\ x_2 \\ x_4 \\ x_6 \\ x_1 \\ x_3 \\ x_5 \\ x_7 \end{Bmatrix} \tag{4.79}
$$

式 4.79 右辺の係数行列の右上の部分行列は

$$
\begin{bmatrix} p^0 p^0 & p^0 p^0 & p^0 p^0 & p^0 p^0 \\ p^1 p^0 & p^1 p^2 & p^1 p^4 & p^1 p^6 \\ p^2 p^0 & p^2 p^4 & p^2 p^8 & p^2 p^{12} \\ p^3 p^0 & p^3 p^6 & p^3 p^{12} & p^3 p^{18} \end{bmatrix}
$$

$$
= \begin{bmatrix} p^0 & 0 & 0 & 0 \\ 0 & p^1 & 0 & 0 \\ 0 & 0 & p^2 & 0 \\ 0 & 0 & 0 & p^3 \end{bmatrix} \begin{bmatrix} p^0 & p^0 & p^0 & p^0 \\ p^0 & p^2 & p^4 & p^6 \\ p^0 & p^4 & p^8 & p^{12} \\ p^0 & p^6 & p^{12} & p^{18} \end{bmatrix} = \begin{bmatrix} p^0 \\ p^1 \\ p^2 \\ p^3 \end{bmatrix} \begin{bmatrix} p^0 & p^0 & p^0 & p^0 \\ p^0 & p^2 & p^4 & p^6 \\ p^0 & p^4 & p^8 & p^{12} \\ p^0 & p^6 & p^{12} & p^{18} \end{bmatrix} \tag{4.80}
$$

のように変形できる.

式 4.80 と同様に, 右下の部分行列は

$$
\begin{bmatrix} p^4 p^0 & p^4 p^8 & p^4 p^{16} & p^4 p^{24} \\ p^5 p^0 & p^5 p^{10} & p^5 p^{20} & p^5 p^{30} \\ p^6 p^0 & p^6 p^{12} & p^6 p^{24} & p^6 p^{36} \\ p^7 p^0 & p^7 p^{14} & p^7 p^{28} & p^7 p^{42} \end{bmatrix} = \begin{bmatrix} p^4 \\ p^5 \\ p^6 \\ p^7 \end{bmatrix} \begin{bmatrix} p^0 & p^8 & p^{16} & p^{24} \\ p^0 & p^{10} & p^{20} & p^{30} \\ p^0 & p^{12} & p^{24} & p^{36} \\ p^0 & p^{14} & p^{28} & p^{42} \end{bmatrix} \tag{4.81}
$$

のように変形できる. 式 4.56 と図 4.11 から分かるように, p のべき乗の循環性を利用すれば, p^ℓ で $\ell \geq 8$ のときの値は, すべて l から 8 の倍数を引いた残余である 0〜7 のときの値と同一になる. さらに

$$
p^0 = 1, \ p^2 = -j, \ p^4 = -1, \ p^6 = j \tag{4.82}
$$

これらのことを, 式 4.79 右辺係数の左上部分行列すなわち式 4.80 右辺の行列, および式 4.79 右辺係数の左下部分行列すなわち式 4.81 右辺の行列に適用すれば, 次のように, これらの部分行列はいずれも式 4.76 の行列 $[T_4]$ になる.

4.2 フーリエ変換

$$
\begin{bmatrix}
p^0 & p^0 & p^0 & p^0 \\
p^0 & p^2 & p^4 & p^6 \\
p^0 & p^4 & p^8 & p^{12} \\
p^0 & p^6 & p^{12} & p^{18}
\end{bmatrix}
=
\begin{bmatrix}
p^0 & p^8 & p^{16} & p^{24} \\
p^0 & p^{10} & p^{20} & p^{30} \\
p^0 & p^{12} & p^{24} & p^{36} \\
p^0 & p^{14} & p^{28} & p^{42}
\end{bmatrix}
=
\begin{bmatrix}
p^0 & p^0 & p^0 & p^0 \\
p^0 & p^2 & p^4 & p^6 \\
p^0 & p^4 & p^0 & p^4 \\
p^0 & p^6 & p^4 & p^2
\end{bmatrix}
=
\begin{bmatrix}
1 & 1 & 1 & 1 \\
1 & -j & -1 & j \\
1 & -1 & 1 & -1 \\
1 & j & -1 & -j
\end{bmatrix}
= [T_4]
$$

(4.83)

式 4.80〜4.83 を式 4.79 に代入し，上半分と下半分に分けて記せば

$$
\begin{Bmatrix} X_0 \\ X_1 \\ X_2 \\ X_3 \end{Bmatrix}
= [T_4] \begin{Bmatrix} x_0 \\ x_2 \\ x_4 \\ x_6 \end{Bmatrix}
+ \begin{vmatrix} p^0 \\ p^1 \\ p^2 \\ p^3 \end{vmatrix} [T_4] \begin{Bmatrix} x_1 \\ x_3 \\ x_5 \\ x_7 \end{Bmatrix}
\quad , \quad
\begin{Bmatrix} X_4 \\ X_5 \\ X_6 \\ X_7 \end{Bmatrix}
= [T_4] \begin{Bmatrix} x_0 \\ x_2 \\ x_4 \\ x_6 \end{Bmatrix}
+ \begin{vmatrix} p^4 \\ p^5 \\ p^6 \\ p^7 \end{vmatrix} [T_4] \begin{Bmatrix} x_1 \\ x_3 \\ x_5 \\ x_7 \end{Bmatrix}
$$

(4.84)

式 4.60 と図 4.11 から分かるように

$$
p^4 = -p^0, \quad p^5 = -p^1, \quad p^6 = -p^2, \quad p^7 = -p^3
$$

(4.85)

ここで，4 点 FFT の場合の式 4.72 にならって，次のように $y_0 \sim y_7$，$z_0 \sim z_3$ という中間変数を導入する．

$$
\begin{Bmatrix} y_0 \\ y_1 \\ y_2 \\ y_3 \end{Bmatrix}
= [T_4] \begin{Bmatrix} x_0 \\ x_2 \\ x_4 \\ x_6 \end{Bmatrix},
\quad
\begin{Bmatrix} y_4 \\ y_5 \\ y_6 \\ y_7 \end{Bmatrix}
= [T_4] \begin{Bmatrix} x_1 \\ x_3 \\ x_5 \\ x_7 \end{Bmatrix}
$$

(4.86)

$$
\begin{Bmatrix} z_0 \\ z_1 \\ z_2 \\ z_3 \end{Bmatrix}
= \begin{vmatrix} p^0 \\ p^1 \\ p^2 \\ p^3 \end{vmatrix}
\begin{Bmatrix} y_4 \\ y_5 \\ y_6 \\ y_7 \end{Bmatrix}
= \begin{bmatrix}
p^0 & 0 & 0 & 0 \\
0 & p^1 & 0 & 0 \\
0 & 0 & p^2 & 0 \\
0 & 0 & 0 & p^3
\end{bmatrix}
\begin{Bmatrix} y_4 \\ y_5 \\ y_6 \\ y_7 \end{Bmatrix}
$$

(4.87)

すなわち

$$
z_0 = p^0 y_4, \quad z_1 = p^1 y_5, \quad z_2 = p^2 y_6, \quad z_3 = p^3 y_7
$$

(4.88)

式 4.84 に式 4.85〜4.87 を代入すれば

$$
\begin{Bmatrix} X_0 \\ X_1 \\ X_2 \\ X_3 \end{Bmatrix}
= \begin{Bmatrix} y_0 \\ y_1 \\ y_2 \\ y_3 \end{Bmatrix}
+ \begin{Bmatrix} z_0 \\ z_1 \\ z_2 \\ z_3 \end{Bmatrix}
\quad , \quad
\begin{Bmatrix} X_4 \\ X_5 \\ X_6 \\ X_7 \end{Bmatrix}
= \begin{Bmatrix} y_0 \\ y_1 \\ y_2 \\ y_3 \end{Bmatrix}
- \begin{Bmatrix} z_0 \\ z_1 \\ z_2 \\ z_3 \end{Bmatrix}
$$

(4.89)

すなわち

$$
X_i = y_i + z_i, \quad X_{i+4} = y_i - z_i \quad (i = 0 \sim 3)
$$

(4.90)

以上のことから，8 点 FFT は，式 4.86 に示す 2 回の 4 点 FFT（式 4.76）と式 4.88 の 4 回の乗算を行った後に，式 4.90 に示す少数の簡単な加減代数計算を行うだけで実行できることが分かる．このように $N = 2^3$ すなわち 8 点 FFT は，2 回の 4 点 FFT に分解できる．説明は省略するが，同じく $N = 2^4$

すなわち16点FFTは，2回の8点FFT，つまり$2^2 = 4$回の4点FFTと，少数の簡単な加減代数計算に分解できる．

この例のように，一般に $N = 2^m \ (m \geq 4)$ のときのFFTは，4点のFFTを $2^{m-2} = 2^m/4 = N/4$ 回やれば，後は簡単な代数計算ですむ．このように標本化点数Nを2のべき乗個に選べば，DFTが極めて簡単に実行できるのである．

一般にコンピュータでは，乗除算は加減算の何倍もの時間がかかるので，計算時間は乗除算の回数にほぼ比例すると考えてよい．これまでの説明に記したように，DFTやFFTには除算がないので，両者間の乗算の数を比べてみる．

まず$N = 2^2 = 4$点の場合：式4.61をそのまま計算するDFTでは乗算は$4^2 = 16$回．式4.75で計算するFFTでは乗算は4回すなわち$4 \times 2/2$回．次に$N = 2^3 = 8$点の場合：式4.78をそのまま計算するDFTでは乗算は$8^2 = 64$回．FFTでは乗算が，式4.86に示す4点FFTを2回で$4 \times 2 = 8$回と，それに加えて式4.88中の4回で，計12回すなわち$8 \times 3/2$回．一般に$N = 2^m$点の場合：DFTではN^2回．FFTでは$N \times m/2$回．例えば$N = 2^{10} = 1024$点の場合には，DFTでは$1024^2 = 1,048,576$回，FFTでは$1024 \times 10/2 = 5,120$回であり，FFTはDFTのわずか$1/200$の演算回数で同一の結果を得るのである．このように，標本化点数Nが大きい場合には，計算時間はFFTの方が通常のDFTよりもはるかに有利になる．

FFTでは，例えば8点FFTで式4.78を式4.79に変えたように，時刻歴データの順序を変える必要がある．その際，コンピュータ内の演算が2進数で実行されることを利用すれば，ビット反転という方法で極めて簡単に順序を変えることができる．また，FFTをプログラムにする際には，バタフライ演算とよばれる便利な流れ線図を用いている．これらもFFTの高速化に貢献しているが，これらはプログラム作成上の技術なので，説明を省く．

4.2.4 フーリエ変換の例

〔1〕方形波と単位衝撃

図 4.12 のように，時間軸上の周期T_0，時間幅$2a$，高さ$1/(2a)$の方形波は，時間間隔$-T_0/2 \leq t \leq T_0/2$で次のように定義される．この方形波をフーリエ変換する．

$$\left. \begin{array}{l} x(t) = 0, \ -T_0/2 \leq t < -a \ と \ a < t \leq T_0/2 \\ x(t) = 1/(2a), \ -a \leq t \leq a \end{array} \right\} \quad (4.91)$$

これを，基本周期$T_0 = 2\pi/\omega_0$の複素指数関数によるフーリエ級数で表現する式4.16の係数X_i（周波数軸上の点iは$i = -\infty \sim \infty$の整数）は，式4.91を式4.20に代入して

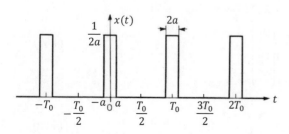

図4.12 方形波
（周期T_0，幅$2a$，高さ$1/(2a)$）
$T_0 \to \infty$とすれば，1回限りの方形パルスになる．

4.2 フーリエ変換

$$X_i = \frac{1}{T_0}\int_{-a}^{a}\frac{1}{2a}e^{-ji\omega_0 t}\,dt = \frac{-1}{2aT_0 ji\omega_0}[e^{-ji\omega_0 t}]_{-a}^{a} = \frac{1}{T_0 ai\omega_0}\frac{1}{2j}(e^{jai\omega_0}-e^{-jai\omega_0}) \quad (4.92)$$

式4.92にオイラーの公式（式4.12右式で$x = ai\omega_0$）を適用すれば

$$X_i = X(i\omega_0) = \frac{1}{T_0}\frac{\sin ai\omega_0}{ai\omega_0} \quad (4.93)$$

式4.93において周期T_0を限りなく大きくすると，基本角周波数$\omega_0 = 2\pi/T_0$とX_iは，共にT_0に反比例して限りなく小さくなる．これは，1回限りの方形パルスが時刻$t = 0$に存在するだけでその前後無限時間は何もない，という単発パルスになるから，これを無限個の周期波の和として表現すれば，個々の周期波の振幅X_iは無限小になることを意味する．これは当然のことではあるが，周波数スペクトルを表示するためには都合が悪い．そこで式4.33では，$i\omega_0$をωと，$T_0 X$をXとおいて有限な値にした．式4.93でもこれと同様におけば

$$X(\omega) = \frac{\sin a\omega}{a\omega} \quad (4.94)$$

さらに，式4.94で$y = a\omega$とおけば

$$S_u(y) = \frac{\sin y}{y} \quad (4.95)$$

式4.95で定義される関数S_uは，**標本化関数**と呼ばれ，**図4.13**のように，振幅がyに反比例して減少する周波数軸上の周期関数で表される．

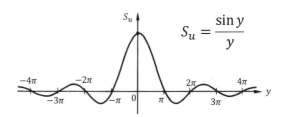

図4.13　標本化関数

式4.94または4.95の標本化関数で表現される周波数スペクトルが0になる周波数点f_zを**零交点**という．周波数スペクトルは$y = a\omega = i\pi$ $(i = 1, 2, 3, \cdots)$のとき0になるから，零交点の周波数は

$$f_z = \frac{\omega}{2\pi} = \frac{i}{2a} \quad (i = 1, 2, 3, \cdots)\ [\text{Hz}] \quad (4.96)$$

1回限りの単発パルスを標本化時間T_0で標本化したデータを用いて行った離散フーリエ変換では，この標本化時間T_0内の時刻歴が図4.8実線のように時間軸上を前後永遠に繰り返すとするから，図4.12のように周期T_0の方形波と解釈してしまう．そこで，単発方形パルスの離散フーリエ変換は式4.94になる．

図4.14は，図4.12の方形波$a = 0.5\,\text{s}$（パルス幅$2a$が1秒）で，標本化時間T_0を3 sと6 sとするときの2種類の離散フーリエ変換の例である．分解能周波数$\Delta f = 1/T_0$は，同左図では$1/3\,\text{Hz}$，同右図では$1/6\,\text{Hz}$であり，標本化時間T_0を長くするほど緻密な周波数スペクトルになる．

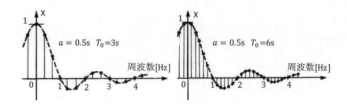

図4.14 方形パルスの離散フーリエ変換の例
幅 $2a$, 標本化時間 T_0

図4.15は，単位面積1の単発方形パルスの連続フーリエ変換において，パルスの時間幅$2a$を1秒，0.5秒，0.25秒，0秒とした例である．このように，時間幅が小さく高さ$1/(2a)$が大きい鋭いパルスほどなだらかな周波数スペクトルになる．時間幅が0秒の方形パルスは，大きさが無限大の**デルタ関数**$\delta(t)$である．これを**単位衝撃**といい，そのスペクトルは周波数に無関係に一定値1になる（式4.96で$a \to 0$）．

$$x(t) = \delta(t=0) \leftrightarrow X(\omega) = 1 \tag{4.97}$$

時刻が$t=0$からτだけ経過して単位衝撃が生じるときの周波数スペクトルは，時間移動の場合の式4.43から

$$x(t) = \delta(t-\tau) \leftrightarrow X(\omega) = e^{-j\omega\tau} \tag{4.98}$$

式4.98を図示すれば，**図4.16**のように，指数関数の周波数スペクトルになる．

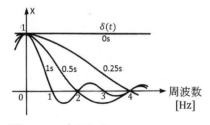

図4.15 方形パルスの連続フーリエ変換
パルス高さ $1/(2a)$
幅 $2a$=1秒, 0.5秒, 0.25秒, 0秒

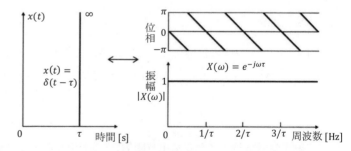

図4.16 時間τ秒における単位衝撃の周波数スペクトル

周波数軸上で周波数が0の点におけるデルタ関数（大きさが無限大で周波数幅が0の関数）の周波数スペクトルは，時間軸上では振幅1の定数（電流では直流）になることは明らかである．

$$x(t) = 1 \leftrightarrow X(\omega) = \delta(\omega=0) \tag{4.99}$$

周波数軸上で$\omega = \Omega$の点におけるデルタ関数の周波数スペクトルは，式4.99と周波数移動の場合の式4.45から

$$x(t) = e^{j\Omega t} \leftrightarrow X(\omega) = \delta(\omega=\Omega) \tag{4.100}$$

4.2 フーリエ変換

式 4.100 は，時間軸上における角周波数 $\varOmega$ の調和波（電流では交流）を示す.

〔2〕 **運動方程式**

1自由度系の運動方程式 2.70 をフーリエ変換する.

$$M\ddot{x}(t) + C\dot{x}(t) + Kx(t) = f(t) \tag{4.101}$$

その際，下記の初期条件を与える.

$$x = 0 \ \dot{x} = 0 \ \ddot{x} = 0 \ (t < 0), \quad x = x_h \ \dot{x} = v_h \ (t = 0), \quad x = x(t) \ \dot{x} = \dot{x}(t) \ (t > 0) \tag{4.102}$$

これは，中立点で静止していた系に，$t = 0$ の瞬間（無限小時間）に無限大の速度インパルスと無限大の力インパルスを与え，その直後から加振力 $f(t)$ を加えることを意味する．これは，実現象では不可能な数学上の初期条件である.

加振力と応答変位のフーリエ変換は，式 4.38 から

$$F(\omega) = \int_{-\infty}^{\infty} f(t)e^{-j\omega t}dt \ , \ X(\omega) = \int_{-\infty}^{\infty} x(t)e^{-j\omega t}dt \tag{4.103}$$

速度のフーリエ変換は，積の積分の公式（補章 A の式 A6.6 と A6.7 で $P \to x$，$G \to e^{-j\omega t}$，$p(= \dot{P}) \to \dot{x}$，$g(= \dot{G}) \to -j\omega e^{-j\omega t}$ と置く）に式 4.102 と 4.103 を適用して

$$\int_{-\infty}^{\infty} \dot{x}(t)e^{-j\omega t}dt = \left[xe^{-j\omega t}\right]_{-\infty}^{\infty} + j\omega\int_{-\infty}^{\infty} xe^{-j\omega t}dt = \left[xe^{-j\omega t}\right]_{0}^{\infty} + j\omega X(\omega) = -x_h + j\omega X(\omega)$$

$$\tag{4.104}$$

加速度のフーリエ変換は，積の積分の公式（補章 A の式 A6.6 と A6.7 で $P \to \dot{x}$，$G \to e^{-j\omega t}$，$p(= \dot{P}) \to \ddot{x}$，$g(= \dot{G}) \to -j\omega e^{-j\omega t}$ と置く）に式 4.102〜4.104 を適用して

$$\int_{-\infty}^{\infty} \ddot{x}(t)e^{-j\omega t}dt = \left[\dot{x}e^{-j\omega t}\right]_{-\infty}^{\infty} + j\omega\int_{-\infty}^{\infty} \dot{x}e^{-j\omega t}dt = \left[\dot{x}e^{-j\omega t}\right]_{0}^{\infty} + j\omega(-x_h + j\omega X(\omega))$$
$$= -v_h - j\omega x_h - \omega^2 X(\omega) \tag{4.105}$$

式 4.101 をフーリエ変換し，式 4.103〜4.105 を代入すれば

$$M(-v_h - j\omega x_h - \omega^2 X(\omega)) + C(-x_h + j\omega X(\omega)) + KX(\omega) = F(\omega)$$

すなわち

$$(-\omega^2 M + j\omega C + K)X(\omega) = F(\omega) + (Mv_h + (j\omega M + C)x_h) \tag{4.106}$$

式 4.106 右辺は 2 項の和であるから，解は次の 2 個の式の解の和になる.

$$(-\omega^2 M + j\omega C + K)X(\omega) = F(\omega) \tag{4.107}$$

$$(-\omega^2 M + j\omega C + K)X(\omega) = Mv_h + (j\omega M + C)x_h \tag{4.108}$$

これは，一般に時間領域における微分方程式の解が特解と一般解の和になることに対応している．そして，式 4.108 が運動方程式 4.101 の一般解（右辺を 0 とおいた式の解）である無周期単調減少運動（2.3.2 項）または粘性減衰自由振動（2.3.3 項）のフーリエ変換を導く．また，式 4.107 が式 4.101 の特解である応答（2.5.1 項）のフーリエ変換を導き，式 2.74 と $\beta = \omega/\varOmega$（式 2.76）の関係から，次のコンプライアンスが得られる.

$$G(\omega) = \frac{X(\omega)}{F(\omega)} = \frac{1}{-\omega^2 M + j\omega C + K} = \frac{1/K}{1 - \omega^2 M/K + j\omega C/K}$$

$$= \frac{1/K}{1 - \omega^2/\Omega^2 + 2j\zeta\omega/\Omega} = \frac{1/K}{1 - \beta^2 + 2j\zeta\beta} \qquad \text{(式 2.96)} \quad \text{(4.109)}$$

4.3　相関とスペクトル密度

4.3.1　相　　　関

〔1〕　実 関 数

本項を精確に会得するには，予め補章 A4 節を一読されることをお勧めする．

まず関数の大きさについて説明する．時刻 t を独立変数とする実関数 $x(t)$ の大きさ $\|x\|$ は，次式で定義される．

$$\|x\| = \lim_{T \to \infty} \sqrt{\frac{1}{T} \int_{-T/2}^{T/2} x(t)^2 \, dt} \qquad (4.110)$$

$x(t)$ が，標本化時間 T ，標本化間隔 $\tau = T/N$ で標本化された N 個の離散値 x_i $(i = 0 \sim N-1)$ で与えられている場合には，式 4.110 右辺内の積分は代数和になり $(dt \to \tau)$ ，その大きさは次式で表現される．

$$\|x\| = \lim_{T \to \infty} \sqrt{\frac{1}{T} \sum_{i=0}^{N-1} x_i^2 \tau} = \lim_{N \to \infty} \sqrt{\frac{1}{N} \sum_{i=0}^{N-1} x_i^2} \qquad (4.111)$$

次に相関について説明する．2 個の実関数 $x(t)$ ，$y(t)$ が与えられるとき，$x(t)$ とそれから時間 t_p だけ経過した $y(t + t_p)$ の間の相互関係の強さを，時間間隔 t_p を独立変数として示す関数を，**相関関数**という．相関関数 $w_{xy}(t_p)$ は次式で定義される．

$$w_{xy}(t_p) = \lim_{T \to \infty} \frac{1}{T} \int_0^T x(t) \, y(t + t_p) \, dt \qquad (4.112)$$

$x(t)$ と $y(t + t_p)$ が共に，標本化時間 T ，標本化間隔 $\tau = T/N$ で標本化された N 個の離散値 x_i ，y_{i+k} $(i = 0 \sim N-1$ ，$t_p = k\tau)$ で与えられる場合には，相関関数は次式で表現される．

$$w_{xy}(t_p) = \lim_{T \to \infty} \frac{1}{T} \sum_{i=0}^{N-1} x_i y_{i+k} \tau = \lim_{N \to \infty} \frac{1}{N} \sum_{i=0}^{N-1} x_i y_{i+k} \qquad (4.113)$$

関数 $x(t)$ ，$y(t)$ 間の相関関数を両関数の大きさの積で割った量 r を**相関係数**という．相関係数は基準化された相関関数であり，$-1 \leq r \leq 1$ の値をとる．

$$r(t_p) = \frac{w_{xy}(t_p)}{\|x\|\|y\|} , \quad -1 \leq r(t_p) \leq 1 \qquad (4.114)$$

$x(t)$ と $y(t)$ が同一関数である $x(t) = y(t)$ の特別な場合の相関関数を，**自己相関関数**という．自己相関関数 $w_{xx}(t_p)$ は，式 4.112 と 4.113 に $x(t) = y(t)$ を代入して，次式で定義される．

4.3 相関とスペクトル密度

$$w_{xx}(t_p) = \lim_{T \to \infty} \frac{1}{T} \int_0^T x(t)x(t+t_p)dt \tag{4.115}$$

関数が離散化されている場合には，$T = N\tau$ の関係から

$$w_{xx}(t_p) = \lim_{T \to \infty} \frac{1}{T} \sum_{i=0}^{N-1} x_i x_{i+k} \tau = \lim_{N \to \infty} \frac{1}{N} \sum_{i=0}^{N-1} x_i x_{i+k} \tag{4.116}$$

自己相関関数は，時間のずれが無い $t_p = 0$ で最大値をとる．このことは，同一時間の同一関数は自分自身であり完全な相関を有することから，明らかである．このときには，式 4.110 と 4.115，あるいは式 4.111 と 4.116 より

$$w_{xx}(0) = w_{xx,max} = \|x\|^2 \tag{4.117}$$

このように，時間のずれが無いときの自己相関関数は，関数の大きさの自乗になり，式 4.114（$x(t) = y(t)$）から相関係数は $r = 1$ となる．

また以下に証明するように，自己相関関数は $t_p = 0$ を中心に対称になる．

$$w_{xx}(-t_p) = \lim_{T \to \infty} \frac{1}{T} \int_0^T x(t)x(t-t_p)dt \tag{4.118}$$

ここで，$t - t_p = t'$ とすれば，t_p は積分に関しては定数であるから，$dt = dt'$．また $t = t' + t_p$ であるから，次のように式 4.118 は式 4.115 と同一になる．

$$w_{xx}(-t_p) = \lim_{T \to \infty} \frac{1}{T} \int_{-t_p}^{T-t_p} x(t'+t_p)x(t')dt' = w_{xx}(t_p) \tag{4.119}$$

これらの性質を有する自己相関関数を図示すれば，例えば**図 4.17**のようになる．

ある信号 $x(t)$ に周期性があるか否かを調べる方法としては，これまで学んできたフーリエ変換が最もよく使われる．しかしもっと直接的に，信号の時間間隔 t_p を変えて自己相関関数を調べてもよい．例えば，$t_p = T, 2T, 3T, \cdots$ で自己相関関数が特に大きいとすれば，$x(t)$ は周期 T の成分を大きく含んでいることになる．

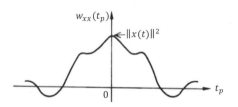

図4.17　自己相関関数 $w_{xx}(t_p)$
t_p は時間のずれ

2 個の関数 $x(t)$，$y(t)$ が異なる（$x(t) \neq y(t)$）場合の相関関数を，自己相関関数と区別するために**相互相関関数**と呼ぶことがある．相互相関関数 $w_{xy}(t_p)$ は，式 4.112 または 4.113 で定義され，振動試験の入力と出力のような 2 つの信号間にどの程度の関連があるかを調べたいときに用いる．相互相関関数は，自己相関関数とは異なり，一般には $t_p = 0$ で最大にならず，また $t_p = 0$ に関して対称にならない．

〔2〕 複 素 関 数

$x(t)$ が複素関数である場合について説明する．まず $x(t)$ の大きさ $\|x\|$ は，次式で定義される．

$$\|x\| = \lim_{T \to \infty} \sqrt{\frac{1}{T} \int_0^T x(t)\bar{x}(t)\,dt} \tag{4.120}$$

ここで，複素関数の上添横線は共役複素関数を示す．

このことは，複素数 $z = a + jb$ の大きさが次式で定義されることから理解できる．

$$\|z\| = \sqrt{z\bar{z}} = \sqrt{(a+jb)(a-jb)} = \sqrt{a^2 - j^2 b^2} = \sqrt{a^2 + b^2} \quad \text{（式 A2.17 と図 A2.2）} \tag{4.121}$$

$x(t)$ が，標本化時間 T，標本化間隔 $\tau = T/N$ で標本化された N 個の離散値 x_i $(i = 0 \sim N-1)$ で与えられている場合には，式 4.120 右辺内の積分は代数和になり（$dt \to \tau$），その大きさは次式で表現される．

$$\|x\| = \lim_{T \to \infty} \sqrt{\frac{1}{T} \sum_{i=0}^{N-1} x_i \bar{x}_i \tau} = \lim_{N \to \infty} \sqrt{\frac{1}{N} \sum_{i=0}^{N-1} x_i \bar{x}_i} \tag{4.122}$$

次に相関について述べる．2 個の複素関数 $x(t)$，$y(t)$ が与えられるとき，$x(t)$ とそれから時間 t_p だけ経過した $y(t + t_p)$ の間の相関関数 $w_{xy}(t_p)$ は，次式で定義される．

$$w_{xy}(t_p) = \lim_{T \to \infty} \frac{1}{T} \int_0^T x(t)\,\bar{y}(t + t_p)\,dt \tag{4.123}$$

$x(t)$ と $y(t + t_p)$ が共に，標本化時間 T，標本化間隔 $\tau = T/N$ で標本化された N 個の離散値 x_i，y_{i+k} $(i = 0 \sim N-1$，$t_p = k\tau)$ で与えられる場合には，相関関数は次式で表現される．

$$w_{xy}(t_p) = \lim_{T \to \infty} \frac{1}{T} \sum_{i=0}^{N-1} x_i \bar{y}_{i+k} \tau = \lim_{N \to \infty} \frac{1}{N} \sum_{i=0}^{N-1} x_i \bar{y}_{i+k} \tag{4.124}$$

複素関数間の相関係数 r は，実関数間の場合と同様に式 4.114 で定義される．

$x(t)$ と $y(t)$ が同一関数である場合の自己相関関数 $w_{xx}(t_p)$ は，式 4.123 と 4.124 に $x(t) = y(t)$ を代入して，次式で定義される．

$$w_{xx}(t_p) = \lim_{T \to \infty} \frac{1}{T} \int_0^T x(t)\,\bar{x}(t + t_p)\,dt \tag{4.125}$$

関数が離散化されている場合には

$$w_{xx}(t_p) = \lim_{T \to \infty} \frac{1}{T} \sum_{i=0}^{N-1} x_i \bar{x}_{i+k} \tau = \lim_{N \to \infty} \frac{1}{N} \sum_{i=0}^{N-1} x_i \bar{x}_{i+k} \tag{4.126}$$

複素関数の場合にも実関数の場合と同様に，自己相関関数は，時間のずれが無い $t_p = 0$ で最大値をとり，式 4.117 が成立し，相関係数は $r = 1$ となる．また，自己相関関数は $t_p = 0$ を中心に対称になる．したがって図 4.17 は，複素指数関数の場合にも有効である．

これまで 2 個の複素関数間の相関について論じてきたが，実関数と複素関数間の場合には，実関数を虚部が 0 の複素関数と見なし，複素関数間の相関とすればよい．その例として，$x(t)$ が振動・

音響の実測値（実関数），$y(t) = e^{ji\omega t}$（複素表示した角振動数 $i\omega$ （i は整数）の調和関数である複素指数関数），$t_p = 0$（時間ずれが無く同時刻）とする． $\bar{y}(t) = e^{-ji\omega t}$ であるから，$x(t)$ と $y(t)$ 間の相関関数は式 4.123（積分範囲を $-T_0/2 \leq t \leq T_0/2$ と記す）より

$$w_{xy}(0) = \lim_{T_0 \to \infty} \frac{1}{T_0} \int_{-T_0/2}^{T_0/2} x(t)\bar{y}(t)dt = \lim_{T_0 \to \infty} \frac{1}{T_0} \int_{-T_0/2}^{T_0/2} x(t)e^{-ji\omega t}dt \tag{4.127}$$

式 4.127 は，複素指数関数で表示したフーリエ級数の表示式 4.16 右辺のフーリエ係数を求める式 4.20 と同一であり，$w_{xy}(0) = X_i$．また，式 4.36 を導く際に説明したように，フーリエ係数を求める式において $T_0 \to \infty$ とすれば連続フーリエ変換（式 4.38）になる．これらのことから，信号の一方を角振動数 ω の調和関数（単一周波数の周期関数）に選んだときの時間ずれが無い場合の相関関数は，もう一方の信号のフーリエ変換になることが分かる．言い換えれば，**時刻歴関数 $x(t)$ のフーリエ変換は，その関数と調和関数間の相関関数である**．このようにフーリエ変換は，相関関数の 1 種類なのである．

4.3.2　スペクトル密度
〔1〕　パワースペクトル密度

時刻歴信号 $x(t)$ に含まれる角周波数 ω の周期成分である周波数スペクトルを $X(\omega)$ とする．$X(\omega)$ は，大きさと偏角（位相）を有する複素数（式 A2.54）として表現される．$X(\omega)$ の大きさの自乗 $\|X(\omega)\|^2$ は，**パワースペクトル密度**とよばれ，この周期成分のパワー（単位時間あたりのエネルギー）の無限時間にわたる平均値を意味する．複素数の大きさの自乗はその複素数と共役複素数の積になる（式 4.121）ので，パワースペクトル密度 $W_{xx}(\omega)$ は，次式で定義される．

$$W_{xx}(\omega) \; (=\|X(\omega)\|^2) = \lim_{T \to \infty} \frac{1}{T} X(\omega)\overline{X(\omega)} \tag{4.128}$$

信号は実現象であり実数だから，$\overline{x(t)} = x(t)$．また 2 個の複素数の積の共役複素数は各々の共役複素数の積に等しい（式 A2.13）から，フーリエ変換の式 4.38 より

$$\overline{X(\omega)} = \overline{\int_{-\infty}^{\infty} x(t)e^{-j\omega t}dt} = \int_{-\infty}^{\infty} \overline{x(t)}\,\overline{e^{-j\omega t}}dt = \int_{-\infty}^{\infty} x(t)e^{j\omega t}dt \tag{4.129}$$

式 4.38 と 4.129 を式 4.128 に代入すれば

$$W_{xx}(\omega) = \lim_{T \to \infty} \frac{1}{T} (\int_{-\infty}^{\infty} x(t')e^{-j\omega t'}dt')(\int_{-\infty}^{\infty} x(t)e^{j\omega t}dt) \tag{4.130}$$

式 4.130 右辺左側の積分は，元々積分範囲が $-\infty < t' < \infty$ であるから，変数 t' の代りに変数 t_p を導入し，両者の関係を $t' = t + t_p$ ，$dt' = dt_p$ としても変らない．そこで式 4.130 は

$$W_{xx}(\omega) = \lim_{T \to \infty} \frac{1}{T} (\int_{-\infty}^{\infty} x(t+t_p)e^{-j\omega(t+t_p)}dt_p)(\int_{-\infty}^{\infty} x(t)e^{j\omega t}dt) = \int_{-\infty}^{\infty} (\lim_{T \to \infty} \frac{1}{T}\int_{-\infty}^{\infty} x(t)x(t+t_p)dt)e^{-j\omega t_p}dt_p$$

$$\tag{4.131}$$

式4.131右辺のかっこ内は式4.115に他ならない．したがって，式4.131における独立変数（時刻）t_p を改めて t と記せば

$$W_{xx}(\omega) = \int_{-\infty}^{\infty} \omega_{xx}(t)e^{-j\omega t}dt \tag{4.132}$$

式4.132を式4.38と比較すれば，**自己相関関数のフーリエ変換がパワースペクトル密度である**ことが分かる．またその逆の

$$\omega_{xx}(t) = \frac{1}{2\pi}\int_{-\infty}^{\infty} W_{xx}(\omega)e^{j\omega t}d\omega \tag{4.133}$$

も同様に証明できる．式4.133は式4.132と相反関係にあり，式4.37を参照すれば，**パワースペクトル密度の逆フーリエ変換が自己相関関数である**ことが分かる．このように"**自己相関関数とパワースペクトル密度のうち一方が分れば他方を導くことができる**"という関係を，**ウイナー・ヒンチンの定理**という．

〔2〕 クロススペクトル密度

2個の時刻歴信号 $x(t)$，$y(t)$ に含まれる角周波数 ω の周期成分である周波数スペクトルを，それぞれ $X(\omega)$ と $Y(\omega)$ とする．$X(\omega)$ と $Y(\omega)$ は共に，大きさと位相を有する複素数として表現される．これらから導かれる式

$$W_{xy}(\omega) = \lim_{T \to \infty} \frac{1}{T}\overline{X(\omega)}Y(\omega) \tag{4.134}$$

で定義される量を**クロススペクトル密度**という．クロススペクトル密度は，一般には複素数であり，次式の関係を有する．

$$W_{yx}(\omega) = \lim_{T \to \infty} \frac{1}{T}\overline{Y(\omega)}X(\omega) = \lim_{T \to \infty}\frac{1}{T}X(\omega)\overline{Y(\omega)} = \lim_{T \to \infty}(\frac{1}{T}\overline{\overline{X(\omega)}Y(\omega)}) = \overline{W_{xy}(\omega)} \tag{4.135}$$

パワースペクトル密度と自己相関関数に関して式4.129〜4.133で説明したように，クロススペクトル密度と相互相関関数の間にも，次のようなウイナー・ヒンチンの定理が成立する．この証明は，パワースペクトル密度の場合と同様であるから，省略する．

$$W_{xy}(\omega) = \int_{-\infty}^{\infty} \omega_{xy}(t)e^{-j\omega t}dt \tag{4.136}$$

$$\omega_{xy}(t) = \frac{1}{2\pi}\int_{-\infty}^{\infty} W_{xy}(\omega)e^{j\omega t}d\omega \tag{4.137}$$

式4.136は，**クロススペクトル密度が相互相関関数のフーリエ変換である**ことを示し，式4.137は**その逆**を示している．

4.3.3 周波数応答関数とコヒーレンス

系への入力を $f(t)$，系からの出力を $x(t)$ とし，それらの周波数スペクトル密度をそれぞれ $F(\omega)$，

4.3　相関とスペクトル密度　　　　　　　　　　　　　　　　　　　　　151

$X(\omega)$ とする．今，入力には誤差が混入せず，出力のみに誤差が混入しているとする．そして，誤差が混入していない場合の正しい出力を $v(t)$，出力に混入する誤差を $n(t)$ とし，それらの周波数スペクトル密度をそれぞれ $V(\omega)$，$N(\omega)$ とする．そうすれば，時間領域と周波数領域で次式が成立する．

$$x(t) = v(t) + n(t) \tag{4.138}$$

$$X(\omega) = V(\omega) + N(\omega) \tag{4.139}$$

簡単のために，式4.134のクロススペクトル密度を $W_{xy} = \overline{X(\omega)}Y(\omega) = \overline{X}Y$ のように表記し，他も同様な表現方法を適用する．式4.139に前から $\overline{F(\omega)}$ を乗じれば

$$\overline{F}X = W_{fx} = \overline{F}V + \overline{F}N \tag{4.140}$$

入力と出力誤差は互いに無相関だから，$W_{fn} = \overline{F}N = 0$．したがって，式4.140は

$$W_{fx} = \overline{F}V = W_{fv} \tag{4.141}$$

誤差を除いた出力 $V(\omega)$ を入力 $F(\omega)$ で割った正しい周波数応答関数 $H_1(\omega)$ は

$$H_1 = \frac{V}{F} \tag{4.142}$$

式4.142右辺の分子と分母に前から $\overline{F(\omega)}$ を乗じて分母を実数にし（式A2.15），式4.141を代入する．入力のパワースペクトル密度を $W_{ff} = \overline{F}F$ と記せば

$$H_1 = \frac{\overline{F}V}{\overline{F}F} = \frac{W_{fv}}{W_{ff}} = \frac{W_{fx}}{W_{ff}} \tag{4.143}$$

このように，出力のみに誤差が混入するときの周波数応答関数は，入力と出力間のクロススペクトル密度を入力のパワースペクトル密度で割れば求められる．このようにすれば，出力に誤差や雑音が混入していても，それらは統計処理により自動的に除かれ，正しい周波数応答関数を推定できる．式4.143を H_1 推定という．

式4.143を式4.142に代入すれば

$$V = FH_1 = F\frac{W_{fx}}{W_{ff}} \tag{4.144}$$

入力の周波数スペクトル $F(\omega)$，入力のパワースペクトル密度 W_{ff}，入出力間のクロススペクトル密度 W_{fx} が与えられれば，式4.144を用いて誤差を除いた正しい出力の周波数スペクトル密度 $V(\omega)$ を求めることができる．

誤差を除いた出力 $v(t)$ のパワースペクトル密度 W_{vv} と誤差を含んだ出力 $x(t)$ のパワースペクトル密度 W_{xx} の比を $\gamma^2(\omega)$ と記せば，式4.144と $W_{ff} = \overline{F}F$ より

$$\gamma^2 = \frac{W_{vv}}{W_{xx}} = \frac{\overline{V}V}{W_{xx}} = \frac{\overline{FH_1}FH_1}{W_{xx}} = \frac{\overline{H_1}\overline{F}FH_1}{W_{xx}} = \frac{\overline{H_1}W_{ff}H_1}{W_{xx}} \tag{4.145}$$

式4.145に式4.143を代入して

$$\gamma^2 = \frac{(\overline{W_{fx}}/\overline{W_{ff}})W_{ff}(W_{fx}/W_{ff})}{W_{xx}} = \frac{\overline{W_{fx}}W_{fx}}{W_{xx}\overline{W_{ff}}} \tag{4.146}$$

入力と出力のパワースペクトル密度は，それぞれその周波数スペクトルの大きさの自乗として定義され（式4.128），角周波数 ω に関係なく実数になるから，$W_{ff} = \overline{W_{ff}} = \|F\|^2$，$W_{xx} = \|X\|^2$．複素数とその共役複素数の積は複素数の大きさの自乗である（式4.121）から，$\overline{W_{fx}}W_{fx} = \|W_{fx}\|^2$．これらを式4.146に代入すれば

$$\gamma^2 = \frac{\|W_{fx}\|^2}{\|F\|^2\|X\|^2} = (\frac{\|W_{fx}\|}{\|F\|\|X\|})^2 \tag{4.147}$$

式4.147によって周波数領域で定義される $\gamma^2(\omega)$ を**コヒーレンス**と呼ぶ．

式4.147を式4.114と比較すれば，$\gamma(\omega)$ は入力 $F(\omega)$ と出力 $X(\omega)$ という2個の周波数スペクトル密度間の相関係数 $r(\omega)$（周波数領域で定義されている）と見做されることが分かる．"**コヒーレンスは周波数領域で定義された相関係数の自乗**"なのである．式4.114に記したように，相関係数は $-1 \le r \le 1$ の値をとるので

$$0 \le \gamma^2 \le 1 \tag{4.148}$$

コヒーレンスは，入力と出力の関係の強さを表す．両者が無相関で $\overline{FV}=0$ なら，式4.140と $\overline{FN}=0$（入力と出力誤差は無相関）より $W_{fx}=0$ であるから，式4.147より $\gamma^2=0$ になる．反対に，出力に入力以外の外乱や誤差が混入せず，出力が入力だけによって一義的に決定されるなら，式4.121, 4.140より $\|W_{fx}\|^2 = \overline{W_{fx}}W_{fx} = \overline{\overline{FX}}\overline{FX} = \overline{XF}FX = \|F\|^2\overline{XX} = \|F\|^2\|X\|^2$ であるから，式4.147より $\gamma^2(\omega)=1$ になる．そして次の場合には，$\gamma^2(\omega)$ は1より小さくなる．

① 系が線形でない場合．信号処理は線形理論に基づくから，非線形系の信号処理は正しく行われない．そして，非線形は出力を変質させ，あたかも入力以外の原因により発生したかに見える動現象を出力中に生じ，それが入力以外の外乱の混入と同じ効果を出力に及ぼす．

② 計測・処理中に，対象とする系以外からの外乱や機器自身が発生する雑音が結果に混入する場合．

③ 計測入力とは別の入力が存在し，出力がこれら両方の影響を受ける場合．

④ 漏れ誤差（後述4.4.5項）が生じる場合．

⑤ 入力や出力の大きさがセンサーや処理機器のダイナミックレンジ（4.1節）の下限（耐ノイズ保証）を下回るかまたは上限（線形処理保証）を越える場合．

これまでは，出力のみに誤差が混入する場合について述べてきた．次に，入力のみに誤差（不規則誤差）が混入する場合について考えよう．このとき，入力 $f(t)$ は次式で定義される．

$$f(t) = u(t) + n'(t) \tag{4.149}$$

ここで，$u(t)$ は誤差が混入しないときの正しい入力，$n'(t)$ は入力誤差である．これをフーリエ変換すれば

$$F(\omega) = U(\omega) + N'(\omega) \tag{4.150}$$

式4.150に前から出力 $X(\omega)$ の共役複素数 $\overline{X(\omega)}$ を乗じれば，式4.134の定義より入出力間のクロススペクトル密度になる．一方，入力誤差 $n'(t)$ は不規則であるから，出力と入力誤差間のクロススペクトル密度は，式4.134に示した無限時間の平均操作により $\overline{XN'} = 0$ になる．したがって

$$\overline{XF} = W_{xf} = \overline{XU} + \overline{XN'} = \overline{XU} = W_{xu} \tag{4.151}$$

入力のみに誤差が存在するときの周波数応答関数 $H_2(\omega)$ は，出力 $X(\omega)$ と正しい入力 $U(\omega)$ の比で与えられ，$H_2 = X/U$ で定義される．式 4.151 を用いれば

$$H_2 = \frac{\overline{XX}}{\overline{XU}} = \frac{W_{xx}}{W_{xu}} = \frac{W_{xx}}{W_{xf}} \tag{4.152}$$

このように，入力のみに誤差が混入するときの周波数応答関数は，出力のパワースペクトル密度を出力と入力間のクロススペクトル密度で割れば求められる．これを H_2 推定という．

ここで注意すべきは，上記の理論が有効なのは入出力に混入する誤差が統計処理によって除くことができる偶然誤差（不規則誤差）に限られることである．それが困難な偏り誤差（4.4.1項）が存在すれば，上記理論は正確には成立せず，周波数応答関数の推定精度は低下する．

$H_1(\omega)$ と $H_2(\omega)$ の比をとってみよう．式4.143, 4.152, 4.135, 4.146より

$$\frac{H_1}{H_2} = \frac{W_{fx} W_{xf}}{W_{ff} W_{xx}} = \frac{W_{fx} \overline{W_{fx}}}{W_{ff} W_{xx}} = \gamma^2 \tag{4.153}$$

このように，周波数応答関数 H_1 と H_2 の比はコヒーレンスになる．$\gamma^2 \leq 1$ であるから，常に

$$H_1 \leq H_2 \tag{4.154}$$

コヒーレンス γ^2 が低下することは，入力と出力間の関連が減少することであり，出力に誤差が混入することを意味する．このとき H_1 は減少し，H_1 と H_2 の差が大きくなる．入出力共に誤差が混入しない場合には $\gamma^2 = 1$ すなわち $H_1 = H_2$ になるから，H_1 と H_2 のどちらを用いて周波数応答関数を推定してもよい．反対に入力と出力の両方に誤差が混入するときの周波数応答関数は，近似的に $H_3 = (H_1 + H_2)/2$ とすることが多い．

4.4 誤　　　　　差

4.4.1 入　力　誤　差

振動・音響の実験で最も大切なことは，**誤差**の発生回避と除去である．実験者の技術・技能が未熟なために混入する実験誤差や精度低下は，技術・技能の向上によって軽減できるが，信号処理の過程で発生する原理的に不可避な誤差に関しては，その正体をよく理解し，必要ならあらかじめ防止策・軽減策を講じておかなければならない．本節では，主に後者について説明する．信号処理における誤差には，計測時に混入する入力誤差，AD 変換で発生する誤差，離散フーリエ変換で発生す

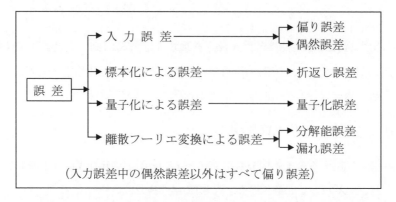

図4.18　信号処理において生じる誤差の種類

る誤差に大別できる．主な誤差を**図4.18**に分類する．

　まず入力誤差について述べる．入力信号に誤差が混入する原因は雑多であり，実験モード解析に限っても，センサーの取付け誤差，計器の処理精度とダイナミックレンジの不足，環境に起因する誤差などがある．入力信号中に混入する誤差は，**偏り誤差**と**偶然誤差**に大別できる．偏り誤差とは，例えばセンサーの取付け位置や角度のずれ，打撃加振の場所や方向のずれなどに起因するもので，誤差として表面に現れずその存在に気付かないものが多くある．しかし認知できるものは，特有の癖や傾向を有し，経験を積めば原因を特定し易くなる．入力の偏り誤差は，混入後に除去することは不可能であり，原因を除くより他に対策方法がない．これに対して偶然誤差は，実験時に周辺環境から混入する振動・騒音などのように，偶発的で原因を特定しにくい誤差である．偶然誤差は，雑音として現れ計測結果を不規則に乱すが，統計処理によって減少または除去できることが多い．

　入力信号に雑音が混入していると認識されるときには，まずその正体を探り，偏り誤差があれば原因を特定して除く．その後，正体不明の偶然誤差が大きいと判断すれば，平均化や統計解析などの処理技術を用いる．信号が本来周期的であることが判明しておりしかも同期をとる，すなわち周期波形の時間起点をそろえる操作が可能な場合には，次の**周期平均**によって雑音を除去できる．

　図4.19のように，原信号 $f(t)$ が本来の情報を含む周期成分 $s(t)$ と不規則な偶然誤差である雑音 $n(t)$ からなるとする．同一の実現象を N 周期（$k=1～N$）繰り返して計測し，N 個の原信号を取得する．$s(t)$ は同一であるが，$n(t)$ は周期ごとに不規則に異なるから，k 周期目の原信号は

$$f_k(t) = s(t) + n_k(t)$$

(4.155)

N 個の原信号を，同期をとって加算し N で割って平均すれば，式4.155より

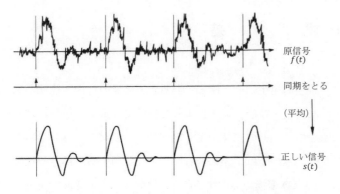

図4.19　不規則な誤差を含む周期信号の周期平均

4.4 誤　　差

$$\frac{1}{N}\sum_{k=1}^{N}f_k(t) = \frac{1}{N}\sum_{k=1}^{N}s(t) + \frac{1}{N}\sum_{k=1}^{N}n_k(t) \tag{4.156}$$

式4.156の右辺第1項は，同じ関数$s(t)$をN回加えてNで割るから，明らかに$s(t)$である．一方，雑音$n_k(t)$は，不規則な偶然誤差であり，加え続けていくと0に収れんすることが，統計学上分かっている．したがって右辺第2項は，Nが大きくなると0に収れんし，式4.156には周期成分$s(t)$だけが残存する．

この方法は，偶然誤差（雑音）の除去には有効であるが，周期信号中に本来含まれ繰り返し出現する偏り誤差の除去には，無効である．

4.4.2 折返し誤差

現在の信号処理は，アナログ信号をデジタル信号にAD変換してから行う．AD変換は，図4.2のように，標本化と量子化からなる．このうち標本化によって生じる**折返し誤差**（aliasing error：エリアシング）について説明する．

図4.20の実線は，調和波$\sin 2\pi t$（周波数$f_0 = 1\,\text{Hz}$）を，標本化周波数$f_s = 3\,\text{Hz}$（1秒間あたり3点，標本化間隔$\tau(=1/f_s) = 1/3\,\text{s}$）で標本化した図であり，黒丸がその標本化点である．ナイキストの標本化定理（4.1節）によれば，この標本化で正しく表現できる調和波の最高周波数は，$f_c = f_s/2 = 1.5$ Hzであるから，周波数$f_0 = 1\,\text{Hz}$の調和波は正しく標本化できる．$f_c = 1.5$ Hzより高い周波数の調和波は，この標本化ではどのようになるだろうか．

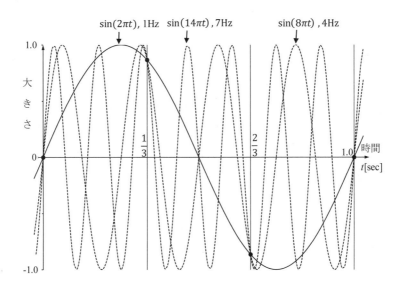

図4.20　振幅1の正弦波
黒丸：標本化点（標本化間隔$\tau = 1/3$ s，標本化周波数$f_s = 3\,\text{Hz}$）
実線：$\sin(2\pi t)$（周波数$f_0 = 1\,\text{Hz}$）
点線：$\sin(8\pi t)$（周波数$1 \times f_s + f_0 = 4\,\text{Hz}$）と
　　　$\sin(14\pi t)$（周波数$2 \times f_s + f_0 = 7\,\text{Hz}$）

まず第1の試みとして，図4.20に$\sin 8\pi t$（周波数$1 \times f_s + f_0 = 1 \times 3 + 1 = 4\,\text{Hz}$）と$\sin 14\pi t$（周波数$2 \times f_s + f_0 = 2 \times 3 + 1 = 7\,\text{Hz}$）の波を，$t = 0$における位相（初期位相）を$\sin 2\pi t$の波と一致させて点線で書き入れてみる．そうすると$4\,\text{Hz}$と$7\,\text{Hz}$の波は，$1\,\text{Hz}$の波と同一のすべての標本化点を通過している．これは，周波数$1\,\text{Hz}$の波に対する標本化周波数$f_s = 3\,\text{Hz}$の標本化が，位相が同一の$4\,\text{Hz}$と$7\,\text{Hz}$の調和波をも同時に標本化していることを示す．そこでもし，$\sin 2\pi t$と$\sin 8\pi t$と$\sin 14\pi t$を重ね合せた時刻歴を$f_s = 3\,\text{Hz}$で標本化すれば，これら各成分の振幅を足し合せた単一調和波が周波数$1\,\text{Hz}$にも$4\,\text{Hz}$にも$7\,\text{Hz}$にも同量存在する，と誤認定する．

このことを高周波数領域に延長し，周波数$f_0 = 1\,\text{Hz}$の波を$f_s = 3\,\text{Hz}$で標本化し，離散フーリエ変換（DFT）して周波数軸上に描けば，周波数$rf_s + f_0$ Hz（$r = 1, 2, 3, 4, \cdots$）すなわち$4, 7, 10, 13, \cdots \text{Hz}$にも，$1\,\text{Hz}$と大きさと位相が共に同一である周波数スペクトルが存在する，という誤った結果を得る．これを逆に見れば，$1\,\text{Hz}$の波と同位相の$4, 7, 10, 13, \cdots \text{Hz}$の波は，$f_s = 3\,\text{Hz}$の標本化では識別できない．

このことを，数式を用いて説明する．位相が周波数$f_0\,\text{Hz}$の正弦波と同一である高周波数$rf_s + f_0$ Hz（$r = 1, 2, 3, 4, \cdots$）の正弦波の，標本化点$t = i\tau$ s（$i = 1, 2, 3, 4, \cdots$）（$\tau = 1/f_s$）における値は

$$\sin 2\pi(rf_s + f_0)i\tau = \sin 2\pi(rif_s\tau + f_0 i\tau) = \sin 2\pi(ri + f_0 i\tau) = \sin 2\pi f_0 i\tau \qquad (4.157)$$

のように，すべての標本化点で，周波数$f_0\,\text{Hz}$の正弦波の同一の値になる．

次に第2の試みとして，**図 4.21**に$-\sin 4\pi t$（周波数$1 \times f_s - f_0 = 1 \times 3 - 1 = 2\,\text{Hz}$）と$-\sin 10\pi t$（周波数$2 \times f_s - f_0 = 2 \times 3 - 1 = 5\,\text{Hz}$）の波（$t = 0$における位相（初期位相）を$\sin 2\pi t$の波と逆転させているから負号がつく）を，点線で書き入れてみる．そうすると$2\,\text{Hz}$と$5\,\text{Hz}$の波（負号付）は，$1\,\text{Hz}$の波と同一のすべての標本化点を通過している．これは，周波数$1\,\text{Hz}$の波に対する標本化周波数$f_s = 3\,\text{Hz}$の標本化点が，位相が逆の（位相を奇数回逆転させた）$2\,\text{Hz}$と$5\,\text{Hz}$の波をも同時に標本化していることを示す．そこでもし，$\sin 2\pi t$と$-\sin 4\pi t$と$-\sin 10\pi t$が重なった時刻歴を$f_s = 3\,\text{Hz}$で標本化すれば，これら各成分の振幅を足し合せた単一調和波が周波数$1\,\text{Hz}$にも$2\,\text{Hz}$にも$5\,\text{Hz}$にも同量存在する，と誤認定する．

このことを高周波数領域に延長し，周波数$f_0 = 1\,\text{Hz}$の波を$f_s = 3\,\text{Hz}$で標本化しDFTして周波数軸上に描けば，周波数$rf_s - f_0$ Hz（$r = 1, 2, 3, 4, \cdots$）すなわち$2, 5, 8, 11, \cdots \text{Hz}$にも$1\,\text{Hz}$と大きさが同一で位相が逆転した周波数スペクトルが存在する，という誤った結果を得る．これを逆に見れば，この標本化では$1\,\text{Hz}$の波と逆位相の$2, 5, 8, 11, \cdots \text{Hz}$の波は，$f_s = 3\,\text{Hz}$の標本化では識別できない．

4.4 誤　　差

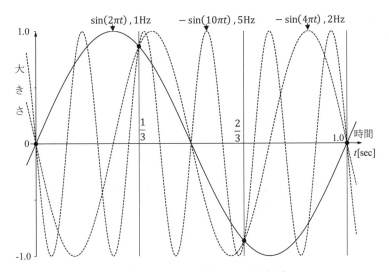

図4.21　振幅1の正弦波
黒丸：標本化点（標本化間隔 $\tau = 1/3$s ，標本化周波数 $f_s = 3$Hz ）
実線： $\sin(2\pi t)$（周波数 $f_0 = 1$Hz ）
点線：$-\sin(4\pi t)$（周波数 $1 \times f_s - f_0 = 2$Hz ）と
$-\sin(10\pi t)$（周波数 $2 \times f_s - f_0 = 5$Hz ）

このことを，数式を用いて説明する．位相が周波数 f_0 Hz の正弦波と逆である高周波数 $rf_s - f_0$ Hz（ $r = 1, 2, 3, 4, \cdots$ ）の正弦波の，標本化点 $t = i\tau$ s（ $i = 1, 2, 3, 4, \cdots$ ）（ $\tau = 1/f_s$ ）における値は

$$-\sin 2\pi (rf_s - f_0) i\tau = -\sin 2\pi (rif_s\tau - f_0 i\tau) = -\sin 2\pi (ri - f_0 i\tau) = -\sin(-2\pi f_0 i\tau) = \sin 2\pi f_0 i\tau \tag{4.158}$$

のように，すべての標本化点で，周波数 f_0 Hz の正弦波の値と同一の値になる．

図 4.20 と 4.21 を合せて考えてみよう．標本化周波数 $f_s = 3$ Hz の標本化で有効な周波数の上限 $f_c = f_s/2 = 1.5$ Hz より高周波数の波は， $13 = 9f_c - 0.5 = 8f_c + 1$ Hz → $11 = 8f_c - 1 = 7f_c + 0.5$ Hz → $10 = 7f_c - 0.5 = 6f_c + 1$ Hz → $8 = 6f_c - 1 = 5f_c + 0.5$ Hz → $7 = 5f_c - 0.5 = 4f_c + 1$ Hz → $5 = 4f_c - 1 = 3f_c + 0.5$ Hz → $4 = 3f_c - 0.5 = 2f_c + 1$ Hz → $2 = 2f_c - 1 = f_c + 0.5$ Hz → $1 = f_c - 0.5 = 1$ Hz のように，周波数 lf_c Hz（ l は整数）を対称点として，紙を折り返すように位相を逆転させながら，次々に低周波数に移り，最後にすべて 1 Hz の波に重なる．その結果，これらすべての波の代数和（位相の正・逆を考慮した和）は，1 Hz の波として誤認識される．

この標本化では 1 Hz の波と同位相の $4, 7, 10, 13, \cdots$ Hz の波，および逆位相の $2, 5, 8, 11, \cdots$ Hz の波を区別できず，これらの波を成分として同時に含む時刻歴波を式 4.54 で算出した周波数スペクトルは，各成分のみの単独波から得られた個別の周波数スペクトルの代数和になる．

これを一般化すれば，周波数 f Hz の時刻歴波を標本化周波数 f_s Hz で標本化する場合には，こ

の波に含まれる $rf_s + f$ ($r = 1, 2, 3, \cdots$) Hz の高周波数成分は位相を偶数回逆転させて，また $rf_s - f$ Hz の高周波数成分は位相を奇数回逆転させて，f Hz の低周波数成分に混入して加算され，これらすべての代数和が f Hz の周波数成分と誤認識される．同時に同じ代数和は，$rf_s + f$ Hz と $rf_s - f$ Hz のすべての周波数成分と誤認識される（図4.9）．

図4.22 に方形パルスの周波数スペクトルの例を示す．これを，標本化周波数を無限大（標本化間隔が無限小）として得た無限個のデータを用いて連続フーリエ変換すれば，図4.13 と式4.95 に示す標本化関数になる．しかし，標本化周波数 $f_s = 2f_c$ で標本化し離散フーリエ変換すると，正しい周波数スペクトルを f_c, $2f_c$, $3f_c$, $\cdots$ で区切った高周波数成分がすべて，区切りごとに次々に位相が逆転し折り返された形で $0 \leq f \leq f_c$ の低周波数域に入り込んでくる．その結果，これらすべてを代数和したものが得られ，正しい周波数スペクトルではなくなる．例えば図4.22 で，周波数 f_e Hz の正しい周波数スペクトルは a であるが，標本化後の周波数スペクトルは $a - b + c - d + \cdots$ であると誤認識される．図4.22 の ⊕ は同相（偶数回の折返し），⊖ は逆相（奇数回の折返し）で加算されることを示している．このように，紙を折り返して重ねるように加算されるから，これを**折返し誤差**という．折返し誤差は，そのまま放置すれば計測自体をでたらめにする重要な誤差である．

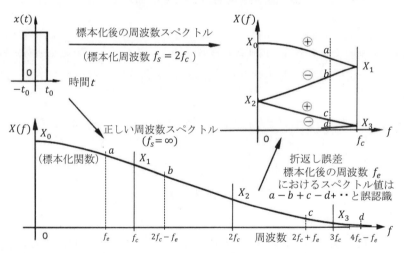

図4.22　方形パルスの標本化における折返し誤差

折返し誤差は，4.2.3項の〔1〕と〔2〕で説明した，時間領域の離散化は周波数領域の有限化を生む，という標本化・離散フーリエ変換の基本性質に基づいて発生するから，高周波数成分が存在する時刻歴波を標本化する限り不可避であり，また標本化後にこの誤差を除去することは不可能である．そこで標本化以前に低域フィルタを用いて，$f_c = f_s / 2$ Hz 以上の高周波数成分を原連続時刻歴信号から除去しておかなければならない．これまで説明したように，折返し誤差はその正体が明らかなので，それを正しく理解した上で低域フィルタを使用すれば，完全に防止できる．

標本化以前の連続時刻歴信号に使用できるフィルタは，アナログフィルタである．アナログフィルタは，ロールオフ特性（dB/oct）という遮断周波数の傾斜を有するから，カットオフ周波数 f_c 近

傍の高周波数成分は完全には除去できず，それが低周波数成分に混入して微小な折返し誤差を生じる．そこで計測結果の信頼性を確保するために，通常カットオフ周波数の 0.8 倍までの低周波数域を FFT の対象周波数とする．例えば，対象周波数が 0〜400 Hz の範囲である場合には，$f_c = 400/0.8 = 500$ Hz とし，標本化周波数 $f_s = 2f_c = 1000$ Hz で標本化すればよい．

図 4.23 は，実際の FFT 装置を用いて左図の方形波を離散フーリエ変換した事例である．高周波数成分を除去する低域フィルタを用いない中央図では折返し誤差を生じているが，低域フィルタを用いる右図では折返し誤差を生じていない．中央の図の左端を見ると，有効周波数として表示されている最高周波数が折返し点の周波数 f_c の 0.8 倍までになっていることが分かる．

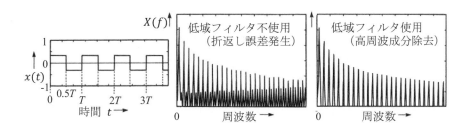

図4.23　方形波の離散フーリエ変換の事例

4.4.3　量子化誤差

これは，実時刻歴の連続値を離散値に変換する量子化（4.1 節）によって生じる誤差であり，**量子化誤差**とよばれる．図 4.2 右図は 4 ビットの量子化の場合の例であり，デジタル信号の黒丸の値は，点線で示した連続波形の正しい値を四捨五入して得られる近似値になっている．標本化（時間軸の離散化）の後に量子化を行えば，離散点は同右図の格子目に限定され，点線からの誤差が発生する．

ただし，最近の信号処理では 32 ビットの以上の高精度・精密・詳細な量子化を行うので，量子化誤差は無視してよい．

4.4.4　分解能誤差

フーリエ変換の最大の難点は，4.2.3 項〔1〕で述べたように，それが $-\infty \to t \to \infty$ の時間積分からなる（式 4.36）ことである．それを正しく行うためには，永遠の過去から永遠の未来に渡る時刻歴データの取得を必要とするが，これは不可能であり，現実には有限の標本化時間 T 内の計測データしか得られない．そのために図 4.8 に示したように，点線で記した実現象時刻歴波のうち実際の計測で得られる $0 \leq t \leq T$ の区間の区分データのみを採用し，実線のようにこの区間の波が永遠に繰り返すと見なす．この措置によって，① 時間区間の有限化による誤差と，② 同一波形を繰り返す際に生じる継ぎ目に実現象では決して存在しない純粋な不連続（この時刻点では値が不確定）が出現することによる誤差が，発生する．まず前者 ① について述べる．

4.2.3 項〔1〕で説明したように，時間間隔有限化の措置では，時間 T の区間内でしかデータを採取しないから，この時間 T で1周期が終了しないほどゆっくりした長周期時刻歴波は，1周期中の一部分しか計測できず周期波とは見なされない．したがって，分解能周波数 $\Delta f = 1/T$ より低い周波数成分は認知できない．

また図 4.8 の実線は，実現象の点線を構成する周期波成分のうち時間 T を周期とする成分（Δf の整数倍：$\Delta f, 2\Delta f, 3\Delta f, \cdots$ の離散周波数成分）のみを忠実に再現しているから，実線を用いたフーリエ変換の結果は，Δf ごとの飛び飛びの周波数点における離散スペクトルだけが正しい値として得られ，それらの中間に位置する周波数のスペクトル値は，それらの離散スペクトル間を単純につないで得られる，実現象とは無関係で異なる値である．4.2.3 項〔1〕で述べたように，時間領域の有限化は周波数領域の離散化を生むのである．

Δf の整数倍以外の周波数成分は，実現象には存在するにもかかわらず認識できないので，**図 4.24** に示すように，周波数応答関数で最も大切な共振点の値が正しく読めないという，重要な誤差を発生する．また，分解能周波数の整数倍以外の単一周波数成分が原波形に存在する場合には，それによって生じる線スペクトルは正しく認識できない．これらの誤差を**分解能誤差**という．

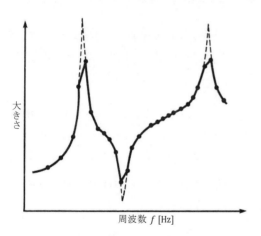

図4.24　離散周波数点による周波数応答関数の表示（実線）（点線が正しいスペクトル）

分解能誤差は，周波数応答関数の共振点付近が不自然に切れたりゆがんだりすることで，発見されることが多い．このようなときには，周波数応答関数で最も重要な共振ピークの大きさが正しく表示されていない可能性があるから，標本化時間 T を長くして実験をやり直す必要がある．その際には，標本化点数 N を変えないで T を増やすと，標本化間隔 $\tau = T/N$ が増大して標本化が粗い時間間隔で行われるため，標本化周波数 $f_s = 1/\tau$ が減少して，高周波数成分が計測できなくなる可能性があることに，注意を要する．このときは，N を T に比例させて増加させればよい．

4.4.5　漏れ誤差
〔1〕現　　象

離散フーリエ変換によって生じるもう一つの誤差について論じる．図 4.8 のように，実現象の時刻歴（点線）を標本化時間 T で切り取ると，切り取った断片波の始点と終点の値は異なるから，それを繰り返し継いだ仮想の周期波（実線）を作れば，時間軸上で連続している実現象には決して存在しない純粋な不連続が継ぎ目に生じ，この継ぎ目の時点におけるデータが不確定になる．そして，この現象が標本化時間ごとに繰り返す．

4.4 誤 差 161

この不連続点（不確定点）の存在により，周波数スペクトルには，実際には存在しない次の3通りの偽現象が発生する．① 共振峰が鈍化しピーク値が減少する．② 共振峰の両側になだらかに広がる裾が出現する．③ 共振峰近傍で位相が複数回反転する．これらのうち①と②は，あたかも周波数軸上で山頂を形成するエネルギーが崩れ，山頂の低周波数側と高周波数側の両裾に漏れ落ちたような形に見えるので，これを**漏れ誤差**（leakage：**リーケージ**）という．

周波数応答関数に漏れ誤差が存在する場合には，次の4通りの問題を生じる．

① 減衰を過大評価する．② 狭い周波数範囲に複数の固有モードが重なっていると誤解する．③ 共振周波数の近傍でコヒーレンスが減少し，計測データの信頼性が失われる．④ 系に非線形が存在すると誤解する．

〔2〕 発 生 機 構

漏れ誤差の発生機構を，**図 4.25** を用いて説明する．同図の左側が時刻歴波形，右側がそれをフーリエ変換した周波数スペクトルである．まず図 4.25a 左図は，原信号である振幅1で周期 T_1 の調和波 $e^{j(2\pi/T_1)t}$ であり，図 4.25a 右図の周波数領域では $f_1 = 1/T_1$ Hz の周波数点における高さ1の線スペクトルになる．

図 4.25b 左図は，高さ1，時間幅 T の方形窓（単発方形波）であり，その周波数スペクトルは標本化関数になることを，4.2.4 項〔1〕の図 4.13 で説明した．図 4.25b 右図は，この標本化関数の大きさ（絶対値）を示し，図 4.13 の負の部分を折り返し（位相を逆転させ）て正にした図であり，$f = 0$ Hz で最大値（頂点）1をとる零交点間の複数の袖山の連なりからなる．図 4.12 に示した時間幅 $T = 2a$ の方形波の標本化関数の零交点が式 4.96 であるから，図 4.25b 左図に示す時間幅 T の方形窓の零交点は $f_z = k\omega/(2\pi) = k/T = k\,\Delta f$ （$k = 1, 2, 3, \cdots$）Hz であり，その周波数スペクトルは，0Hz から分解能周波数 $\Delta f = 1/T$ Hz の周波数間隔ごとに0となる（周波数が負の成分は実在しない（4.2.2 項〔1〕）ので図 4.25 には不表示）．

原信号を標本化時間 T で標本化することは，原信号を時間幅 T で切り取ることであり，これを数学的に表現すれば，原信号に時間幅 T，高さ1の方形窓を乗じることである．フーリエ変換の基本性質の一つである周波数移動を表す式 4.46 によれば，原調和波 $e^{j(2\pi/T_1)t}$ に方形窓（式 4.46 ではこの方形窓を $x(t)$，原調和波の角周波数を $2\pi/T_1 = \Omega$ と表現）を乗じることは，図 4.25b 右図に示す標本化関数 $X(f)$（方形窓の周波数スペクトル）の中心を，図 4.25a 右図に示した線スペクトルの位置である $f = 1/T_1$ Hz まで周波数軸上を右方に移動させることに相当する．そこで，図 4.25a の原調和波を図 4.25b の方形窓で切り取れば，時間領域では，図 4.25c 左図のように区分調和波になり，また周波数領域では，図 4.25c 右図のように，周波数 $f = 1/T_1$ Hz で最大値1をとり，その周波数点から分解能周波数 $\Delta f = 1/T$ Hz ごとに0（零交点）をとる周波数スペクトルになる．

次に離散フーリエ変換を行う．それに使用する波形は，図 4.25d 左図のように，図 4.25c 左図の区分調和波が標本化時間 T ごとに連結され，無限に繰り返す反復波である．一般には $T \neq iT_1$（i は整

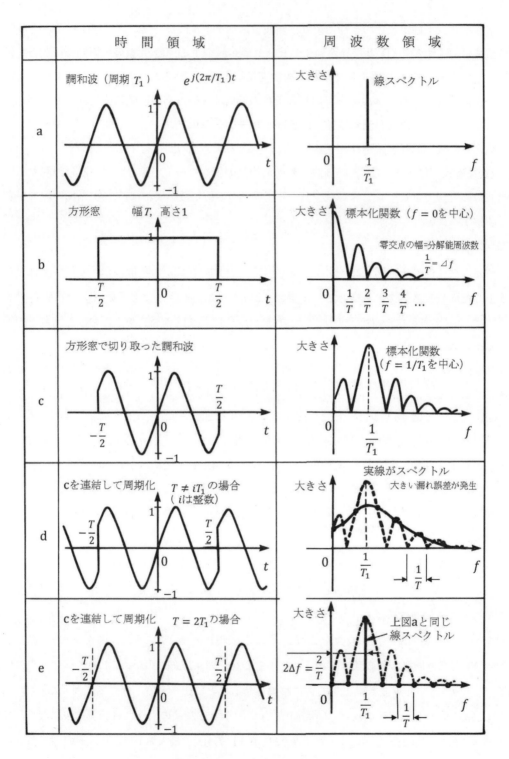

図4.25 調和波の離散フーリエ変換
方形窓の幅＝標本化時間 $= T$, 分解能周波数 $\Delta f = \dfrac{1}{T}$
調和波周期 $= T_1$

4.4 誤　　　差　　　　　　　　　　　　　　　　　　　　　　　　　　　　　　163

数）であるから，この反復波には，図 4.25d 左図に示すように，時間幅 T ごとの時刻 $(l+1/2)T$ （l は整数）で周期的不連続を生じる．これを離散フーリエ変換して周波数領域に示せば，図 4.25d 右図点線（図 4.25c 右図実線と同一）の周波数スペクトル上で，0 Hz から分解能周波数 $\Delta f = 1/T$ Hz ごとの等距離周波数点における離散値をとり，図 4.25d 右図の黒丸になる．これらの黒丸を最も滑らかに結んだ曲線（図 4.25d 右図の実線）が見かけの周波数スペクトルであり，なだらかな山裾を有する．$T \neq iT_1$ の場合には，標本化関数の頂点である $1/T_1$ Hz と分解能周波数 $\Delta f = 1/T$ Hz の整数倍である離散周波数点（黒丸）は一致しないので，図 4.25d 右図の実線である見かけの周波数スペクトルの頂点は，標本化関数（点線）の頂点より小さくなる．このように，原調和波を方形パルスで切り取れば，図 4.25a 右図の線スペクトルが原波形より低い（偽の）頂点となだらかな両裾野を有する緩やかな山の形に変身し，あたかも点線の頂点のエネルギーが低周波数域と高周波数域の両裾野に漏れ落ちたような様相を呈するのである．これが漏れ誤差の正体である．

　次に位相を説明する．図 4.25b 右図は標本化関数の大きさ（絶対値）を示したものであり，本来の標本化関数は，図 4.13 に示したように，零交点を境に正値と負値を繰り返す．このことは，図 4.25b 右図では 1 つの突起ごとに位相が逆転していることを意味する．そこで図 4.25d 右図の黒点は，1 点ごとに位相が 180°逆転し続けることになる．図 4.25a 右図に示した原調和波の線スペクトルには位相の逆転は存在しないから，これは離散フーリエ変換の過程で生じた誤差である．このように離散フーリエ変換では，周波数スペクトル中心の近傍で位相が細かく激しく 180°の逆転を繰り返すという，漏れ誤差特有の偽現象を発生する．振動試験の場合にはこの位相の乱れは，複数の固有モードが重なる現象と誤解されやすい（4.4.5 項〔1〕）．

　標本化時間 T （方形窓の時間幅）が原調和波の周期 T_1 の整数倍に等しい $T = iT_1$ （$i = 1, 2, 3, \cdots$）のときにはどうなるだろうか．これは周期 T_1 の原調和波をその周期の整数 i 倍に同調した時間幅 T で切り取ったことになり，これを再び繰返しつないでも，元の原調和波に戻るだけだから，時刻歴の中に不連続は全く生じない．図 4.25e 左図は $T = 2T_1$ （$i = 2$）の場合であり，原調和波の 2 周期 $2T_1$ に等しい標本化時間 T で原調和波を切り取った後に再び繰返しつないでおり，図 4.25a 左図の原調和波に戻っている．このときには $1/T_1 = 2/T$ であり，図 4.25e 右図のように，点線頂点の $1/T_1$ Hz から左方 2 個目の零交点がちょうど 0 Hz に位置している．

　標本化時間 T の離散フーリエ変換で得られる周波数スペクトルは，4.2.3 項〔1〕に記し図 4.14 の例に示したように，分解能周波数 $\Delta f = 1/T$ Hz の整数 i 倍の周波数点 $i\Delta f$ Hz に位置する離散周波数点の値になる．一方，標本化時間 T の標本化に使う方形波（図 4.25b 左図）をフーリエ変換した標本化関数の零交点間の周波数距離は，図 4.25b 右図に示すように，$1/T$ Hz である（そのうち原点の 1 点だけは標本化関数の頂点に一致する）．$1/T_1 = 2/T$ である調和波を離散フーリエ変換する図 4.25e の場合には，$i = 2$ であるから，標本化関数の頂点が原点から $1/T_1 = 2/T = 2\Delta f$ の周波数点に移動し，原点から右 2 番目の離散周波数点がちょうど標本化関数の頂点に位置する．そして他の離散周波数点 $i\Delta f$ （$i = 0, 1, 3, 4, \cdots$）は，すべて標本化関数の零交点に一致する．そこでこれらの

離散点は, 図 4.25e 右図の黒丸のように, 点線の頂点に一致する 1 点を除いてすべてがちょうど標本化関数の大きさが 0 になる零交点に一致するのである. そのため, 離散点におけるスペクトル値は, 頂点である $1/T_1 = 2/T$ Hz を除いてすべて 0 になる. 例外である頂点の 1 点は標本化関数の中心周波数 $1/T_1$ であるから, これは図 4.25a 右図に示す原時刻歴波の線スペクトルに等しい. そこで周波数軸上でも, 図 4.25e 右図のスペクトルは図 4.25a 右図の線スペクトルに戻る. この場合には, 漏れ誤差は全く発生しないことになる.

単一周波数の原調和波に対しては, 図 4.25e のように標本化周波数を対象周波数の整数倍に同調させることによって, 漏れ誤差が発生しないようにすることができる. しかし, 実現象の時刻歴波は多くの周波数成分から構成されているから, 全周波数域で漏れ誤差が発生しないようにすることは不可能である. また漏れ誤差は, 原因がはっきりしている偏り誤差の 1 種であり, いったん混入した後にはどのような信号処理を行ってもそれを除去できない. さらに都合が悪いことに, 標本化し直せば, その標本化時のデータは前標本化時のデータとは異なるから, 不連続量が別物に変り, 同じ漏れ誤差は 2 度と現れない. このように漏れ誤差は, 再現性がなく, 予測できず, 排除できる予防方法が存在せず, 発生後は除去できない, 最も厄介な誤差である. そこで漏れ誤差に対する対策は, 以下の方法で実用上問題ない程度にそれを軽減することになる.

〔3〕 **軽減方法 1：標本化時間の増加**

漏れ誤差を軽減する方法の 1 つとして, 原時刻歴波を切り取る方形窓の時間幅である標本化時間 T を長くすることが考えられる. そうすると, 標本化関数 (図 4.25b 右図) の零交点間の周波数幅である分解能周波数 $\Delta f = 1/T$ (ただし中央点を挟む幅だけは $2\Delta f = 2/T$) が小さくなり, 裾が急減して図 4.25d 右図実線の山は高く急峻になり, 図 4.25a 右図に示す原波形の線スペクトルに近くなる. また打撃試験の場合には, 打撃で生じた自由振動応答が長い時間幅 T 内で十分減衰して終端で 0 に近づくから, 加振開始前にトリガーをかけて標本化し始端を正確に 0 にすれば, 漏れ誤差の発生原因である連結部の不連続量が小さくなる.

T を増加させる際に, N を一定にしたままにすれば, 標本化間隔 $\tau (= T/N)$ が T に比例して増大し, 有効周波数の上限 $f_c (= 1/(2\tau))$ が T に反比例して低下し, 高周波数域の周波数スペクトルが計測できなくなる. このときには, τ を一定にし N を T に比例させて増加させればよい.

〔4〕 **軽減方法 2：窓関数**

漏れ誤差を軽減するもう一つの方法として, 中央を 1 とし, 両端に向って除々に小さくしていき, 始点と終点の両端を共に 0 または 0 に近くするような重み付き関数を, 図 4.25b 左図に示した方形窓の代りに**時間窓**として用い, これで原波形を切り取る方法がある. そうすれば, 離散フーリエ変換でこれを連結しても, 不連続が全くまたはほとんど生じない.

4.4 誤　　差

このような重み関数を**窓関数**と呼ぶ．窓関数としては，**図 4.26a** に時刻歴として示す**ハニング窓**がよく使われる．これは，$\cos^2 \pi t/T \ (-T/2 \leq t \leq T/2)$ で定義され，中央の時刻 $t=0$ で最大値 1，両端の時刻 $t=\pm T/2$ で 0 になる時刻歴関数である．ハニング窓自身の周波数スペクトルは，図 4.26b のようになる．他の窓関数の周波数スペクトルも，図 4.26b と類似になる．

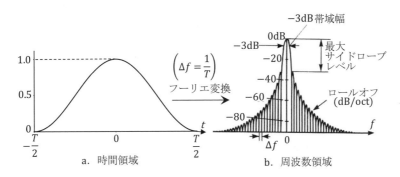

図4.26　ハニング窓とその周波数スペクトル

一般に窓関数の特性は，図 4.26b に示す以下の 3 種類の量で評価される．

① **−3 dB 帯域幅**：メインローブと呼ばれる中央の袖が，ピークレベルから −3dB，すなわち頂点の $1/\sqrt{2}$ （エネルギー比で 0.5）の大きさにまで下降した点における両袖間の周波数幅を，バンド B（1B は分解能周波数 $\Delta f = 1/T$ Hz）で表示したものである．これは，検出周波数の分解能を示し，これ以上狭い周波数範囲内に別のピークが原波形に存在しても識別できないので，この特性が小さいほど周波数分解能が良い．これは，原信号を標本化時間で切り取る際の波形の加工が少ないほど小さく，無加工の方形窓（図 4.25b 左図）が最も小さくなる．

② **最大サイドローブレベル**：メインローブ頂点とその両隣のサイドローブ頂点とのレベル差を dB で表示したものである．これは，検出周波数のレベル精度を示し，これ以上のレベル差が原波形に存在していても周波数スペクトルに表示できないので，大きいほどレベル精度が良い．

③ **ロールオフ特性**：頂点の両側に広がる裾の傾斜を dB/oct すなわち 1 オクターブ（周波数が 2 倍になる帯域の大きさ）あたり何 dB 降下するかで表示したものである．これは，ピーク周辺の周波数分離精度であり，原スペクトルの主ピークの周辺にこれ以上のレベル差を有する別のピークがあっても識別・表現できないので，この特性が大きいほどピークの分離制度が良い．これは，いったん切り取った単発波を再連結する際に生じる不連続が小さいほど，すなわちスムーズに連結できるほど大きくなる．一般にこのロールオフ特性が，上記 3 特性のうちで最も重要である．

代表的な窓関数の数式表現と上記 3 特性の値を**表 4.1** に示す．方形窓は，原時刻歴波を標本化時間幅で切り取るだけで加工しないので −3 dB 帯域幅が最も小さくて良好であるが，最大サイドロー

表4.1　代表的な窓関数とその特性

名称	時刻歴の形状	数式表現	-3dB帯域幅[B]	最大サイドローブレベル[dB]	ロールオフ[dB/oct]
方形		$1 \ (0 \leq t \leq T)$	0.89	-13	-6
三角形		$2t/T \quad (0 \leq t \leq T/2)$ $2(T-t)/T \ (T/2 \leq t \leq T)$	1.28	-27	-12
余弦		$\cos\dfrac{\pi(2t-T)}{2T}$	1.17	-23	-12
ハニング		$\cos^2\dfrac{\pi(2t-T)}{2T}$	1.44	-32	-18
ハミング	8%立上り	$0.92\cos^2\dfrac{\pi(2t-T)}{2T}+0.08$	1.30	-43	-6
ガウス (3σ)	$T=6\sigma$	$\exp\left\{-\dfrac{18(t-T/2)^2}{T^2}\right\}$	1.55	-55	-6

ブレベルとロールオフ特性が共に際立って小さいという欠点がある．この方形窓を用いることは原波形を加工しないでそのまま切り取ることを意味し，このとき生じる大きい漏れ誤差は方形窓の小さいロールオフ特性に起因する．

　図 4.26 に示したハニング窓は，重要なロールオフ特性が表 4.1 に示したすべての時間窓のうちで最も大きく両裾が急峻であるという長所を有し，他の特性も無難なことから，最もよく使われる．

　図 4.27 は，周波数 f_0 の線スペクトルを有する原調和波を離散フーリエ変換した例である．図上段は，原調和波の 1 周期の整数倍に一致する標本化時間 $T_1 = n/f_0$（n は整数）の方形窓を用いて FFT した結果であり，漏れ誤差を全く生じていない．図中段は，一致しない標本化時間 $T_2 \neq n/f_0$ の方形窓を用いて FFT した結果であり，大きい漏れ誤差が生じている．図下段は，ハニング窓を用いて図中段と同一の標本化時間で標本化し FFT した例であり，ハニング窓自身に起因する小さい漏れ

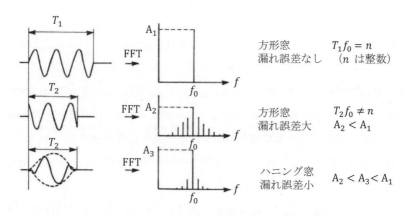

図4.27　方形窓とハニング窓を用いた調和波の
　　　　離散フーリエ変換　　　原時刻歴波　$x(t) = \sin 2\pi f_0 t$

4.4 誤　　差　　167

誤差が生じている.

〔5〕　軽減方法 3：ズーム処理

ズーム処理は，振動試験の際に計測で得られた時刻歴波を構成する周波数成分のうちで特定の狭い周波数領域の部分だけを拡大して詳しく精度良く知りたいとき，軽減衰構造に生じる大きい漏れ誤差を対策するとき，接近した固有モードを分離抽出したいとき，特定の共振点における周波数と振幅の大きさを正確に求めたいとき，などに用いる信号処理の方法であり，**ズーミング**とも呼ばれる.

以下にズーム処理の原理と方法を説明する.

例として，100Hz～110Hz の周波数帯域におけるスペクトルを詳しく知ることを考える. 100Hz と 110 Hz の余弦波に 100 Hz の余弦波を乗じれば，三角関数の倍角の公式（式 A1.21）と積の公式（式 A1.25）より

$$\cos^2(2\pi \cdot 100t) = \frac{1}{2} + \frac{\cos(2\pi \cdot 200t)}{2} \tag{4.159}$$

$$\cos(2\pi \cdot 100t) \cdot \cos(2\pi \cdot 110t) = \frac{\cos(2\pi \cdot 10t)}{2} + \frac{\cos(2\pi \cdot 210t)}{2} \tag{4.160}$$

式 4.159 は 100Hz の余弦波に同じ 100Hz の余弦波を乗じれば 0Hz の余弦波（一定値）と 200Hz の余弦波に，また式 4.160 は 110Hz の余弦波に 100Hz の余弦波を乗じれば 10Hz の余弦波と 210Hz の余弦波に，それぞれ振幅が等分される形で，2 つに分かれることを意味する. これらのことから，100Hz～110Hz の周波数成分を有する波に 100Hz の波を乗じれば，その周波数スペクトルの形を変えることなくそのまま，0Hz～10Hz と 200Hz～210Hz の 2 つの周波数領域の成分に振幅が 2 つに等分離されることが分かる. これを一般化すれば，f_0 Hz～$f_0 + f_e$ Hz の周波数成分を有する波に f_0 Hz の波を乗じれば，その周波数スペクトルの形を変えることなくそのまま，0 Hz～f_e Hz の低周波数領域と $2f_0$ Hz～$2f_0 + f_e$ Hz の高周波数領域に振幅が $1/2$ に等分離されることになる. ズーム処理はこのことを利用する方法である.

以下にズーム処理の手順を示す.

① ズーム処理を行う周波数領域を決め，その帯域の最低周波数 f_0 と帯域幅 f_e を与える.

② f_0 Hz～$f_0 + f_e$ Hz の帯域フィルタ（アナログフィルタ）に原時刻歴波を通過させて，該当する周波数領域以外の成分を除去する（**図 4.28** 上段左図）.

③ 振幅が 2 で周波数が f_0 の余弦波 $2\cos 2\pi f_0 t$ を信号発生器で発生させて，上記②で得られた時刻歴波に乗じる. これにより f_0 Hz～$f_0 + f_e$ Hz の周波数成分からなる波は，その周波数スペクトルの大きさと形を変えることなくそのまま，0 Hz～f_e Hz の低周波数領域と $2f_0$ Hz～$2f_0 + f_e$ Hz の高周波数領域に等分離される.

④ カットオフ周波数を f_e Hz より少し大きい値に設定した低域フィルタ（アナログフィルタ）に上記③で得られた時刻歴を通過させて，$2f_0$ Hz～$2f_0 + f_e$ Hz の高周波数成分を除去し，0 Hz

〜f_e Hzの低周波数成分のみを抽出する（図4.28上段右図）．これは，②で得られた波の大きさと形を変えることなく低周波数領域に移動させることを意味する．

⑤ $1/(2f_e)$ 秒より少し短い標本化間隔 τ で標本化時間 $T = N\tau$ の標本化を行い，FFTを実行する．これにより，0 Hz 〜 f_e Hz の低周波数領域の精確・詳細な周波数スペクトルが得られる．これをそのまま f_0 Hz 〜 $f_0 + f_e$ Hz の周波数スペクトルとして図示すればよい（図4.28下段）．

最近は，コンピュータの処理速度が速く，またメモリーが大容量になり，短い標本化間隔 τ と膨大な（ほとんど無制限の）数の

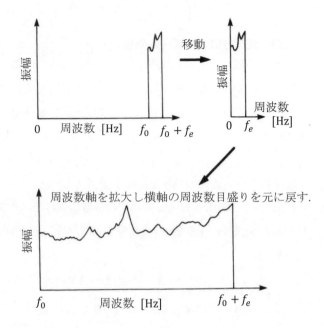

図4.28 ズーム処理における周波数スペクトルの移動と拡大

標本化点数 N を採用できるから，通常の信号処理で十分広い周波数領域にわたる精確・詳細なスペクトルを得ることができる．したがって現在では，ズーム処理はあまり行われない．

4.4.6 フーリエ変換と誤差の関係

図 4.29 に，フーリエ変換と誤差の関係をまとめて示す．最上1段目左図は原時刻歴波（連続量），同右図はそれをそのまま連続フーリエ変換した周波数スペクトル（連続量）である．

2段目左図は，原時刻歴をいったん標本化時間 T で区切って切り取り，それを繰り返し連結した時刻歴である．2段目右図は，それをフーリエ変換したものであり，分解能周波数 $\Delta f = 1/T$ ごとの離散スペクトルである．このように，時間領域の有限化は周波数領域の離散化を生じる（4.2.3項[1]）．

3段目左図は，標本化時間を2段目左図の1/2に短縮して原波形を切り取り，繰り返し連結した時刻歴である．3段目右図は，それをフーリエ変換したものであり，分解能周波数 Δf が2段目右図の2倍である粗い離散スペクトルになる．このように，標本化時間を短縮すると分解能周波数が大きく（粗く）なり分解能誤差を生じやすくなる．

4段目左図は，最上1段目左図の原時刻歴波を標本化間隔 τ で標本化した離散時刻歴である．4段目右図は，無限長の標本化時間に渡る無限個の離散時刻歴を用いてそれをフーリエ変換した周波数スペクトルであり，分解能周波数が0の連続スペクトルになる．しかし，周波数 rf_c（$r = 1, 2, 3, \cdots$）（$f_c = f_s/2$ ： $f_s = 1/\tau$ は標本化周波数）ごとに位相が逆転して折り返した繰返しスペクトルになっている．低域フィルタを使用して標本化前のアナログデータから $f \geq f_c$ の高周波数成分を予め

4.4 誤　　差　　　　　　　　　　　　　　　　　　　　　　　　169

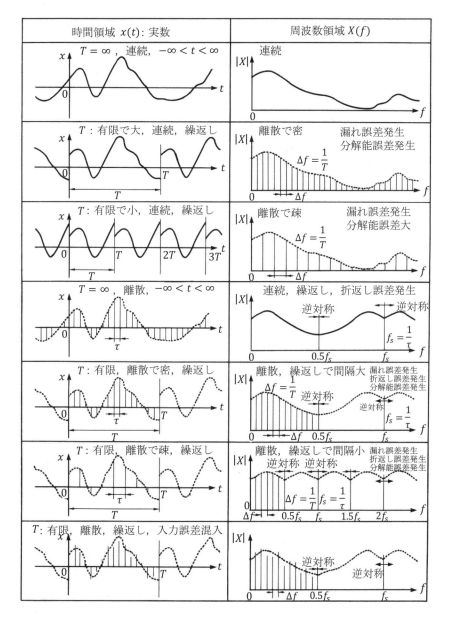

図4.29　フーリエ変換と誤差の関係

除去しておけば，4段目右図の周波数スペクトルのうち $0 < f < f_c$ の低周波数成分には，それより高周波数成分が折り返し混入することはないから，折返し誤差は発生せず，この範囲内では正しい周波数スペクトルが得られる．このように，時間領域の離散化は周波数領域の有限化を生じる（4.2.3項 [1]）．低域フィルタを通過させない原アナログデータをそのまま標本化すれば，4段目右図に示すように折返し誤差が発生し，得られた周波数スペクトルは全周波数域ででたらめになる．

5段目左図は，原波形を標本化時間 T で切り取って繰り返し連結した時刻歴を，標本化間隔 τ で標本化した離散時刻歴である．5段目右図は，それを離散フーリエ変換したものであり，時間領域

を有限化したため，周波数スペクトルが離散化されている．5 段目右図は低域フィルタを用いない場合であり，折返し誤差が発生し全周波数域ででたらめになっている．低域フィルタを用いれば，$0 < f < f_c$ の低周波数域のみで折返し誤差のない周波数スペクトルが得られる．

6 段左目図は，標本化間隔 τ を 5 段目左図の 2 倍に大きくした粗い時刻歴である．6 段目右図はそれを離散フーリエ変換した離散スペクトルであり，有効周数領域 $0 < f < f_c$ が 5 段目右図の 1/2 に減少している．

最下 7 段目左図は時刻歴波の入力に不規則誤差（雑音）が混入したものであり，最下 7 段目右図の周波数スペクトルにも入力誤差が混入している．

第5章 振 動 試 験

5.1 初 め に

　機械や構造（以下供試体という）に振動を発生させる目的で動的な作用を加えることを，**加振**または**励振**という．供試体は，加振を受けて動的に**応答**する．供試体を加振して，加振入力と応答出力を検出し，それらに適切な信号処理を施して，両者間の関係を情報として含む信号を取り出す一連の操作を，**振動試験**という．振動試験で得られる信号は，多くの場合，それを周波数（振動数）の関数として表現する**周波数応答関数**（表2.2）の形で与えられ，供試体の動的性質を実験的に決定する**同定**[4]への入力として用いられる．振動試験では，動的性質がモード特性（固有振動数・固有モード・モード減衰比）の形で同定されることが多い．モード特性を同定する目的で行う振動試験を**モード試験**といい，モード試験とモード特性の同定を合せて**実験モード解析**と呼ぶ[4]．

　加振には，力を加える**力加振**と速度を与える**速度加振**の2種類があり（1.4節），振動試験では通常前者が採用される．その場合に加える加振力は，供試体の動的性質である**動特性**（質量・剛性・粘性）により運動（加速度・速度・変位）に変換され，応答として出力される．

　実験モード解析を成功させるには，周波数応答関数を精度良く測定することが必須の条件である．実験誤差の混入が少なく精度が良い周波数応答関数を用いれば簡便な同定方法で良い結果を得るが，実験誤差が大きく信頼性が乏しい周波数応答関数を用いれば高度な理論に基づく同定を行っても良い結果は得られない．したがって，振動試験は実験モード解析の最重要過程である．

　振動試験では，一連の機器や装置を組み合せて振動試験システムを構成する．**図5.1**は，代表的なシステム構成であり，大別して加振部，検出部，処理部からなる．加振部は，加振方法によって，加振器を用いる場合・打撃ハンマーを用いる場合・非接触で加振する場合に分けられる．加振器を用いる場合の加振部は，加振信号を発生する**信号発生器**，加振信号に電気エネルギーを付加する**電**

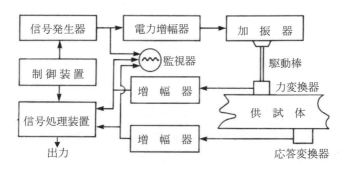

図5.1　代表的な振動試験システム構成

力増幅器，電気エネルギーを力学エネルギーに変換し動的な力を発生させる**加振器**からなる．加振器として**動電式加振器**を用いる場合には，加振器と供試体の間に**駆動棒**を介在させることが多い．**打撃ハンマー**は，人が供試体を打撃して力学エネルギーを入力する道具である．非接触加振では，音響や磁界を発生させて供試体を間接的に加振する．非接触加振では，加振力が正確には特定できないので，周波数応答関数を正しく計測することは困難である．

信号検出部は，加振力と応答運動を電気信号に変換して検出する**力変換器**と**応答変換器**，および得られた電気信号を増幅する**増幅器**からなる．力変換器としては，多くは**ピエゾ素子**（ひずみを生じると電圧を出力するチタン酸バリウムなどからなる素子），受感部が力を受けて発生するひずみを直接検出する**ひずみゲージ**を用いる．応答変換器としては，ピエゾ素子を内蔵する**加速度計**・レーザ光線を用いる非接触**変位計**・ひずみゲージを用いる変位計・レーザ光線のドップラー効果を利用する速度計・渦電流を利用する**速度計**などがある．

信号処理部は，高速フーリエ変換（FFT：4.2.3 項〔3〕）を主体とする種々の信号処理を行って，周波数応答関数，コヒーレンスなどを出力する．信号処理部では，監視器によってすべての信号・情報を観測すると同時に，システム全体を管理・調整・制御する．

振動試験によって誤差が少なく素性が良い高質の周波数応答関数を得ようとすれば，供試体の支持，加振器の種類と取付け方法，加振波形の種類と大きさ，加振力と応答を検出する変換器の精度と信頼性，計測誤差を軽減するために用いる窓関数の種類，計測・処理の方法，結果の良否の見分け方など，様々な事柄に精通・留意する必要がある．本章では，これらについて詳しく説明する．

5.2 供試体の支持

振動試験を行う際には，供試体を何らかの方法で支持しなければならない．供試体の支持は，ともすれば軽く扱われがちであるが，同一の供試体を同一の方法で加振しても支持方法によって応答は全く異なったものになる．そこで，目的に合った方法で支持することが重要になる．供試体の支持は，自由支持，固定支持，弾性支持に大別できる．

5.2.1 自 由 支 持

供試体の動きを拘束したり妨げたりしない支持を**自由支持**という．自由支持は，理想的には無重力空間に浮かんだ状態を指すが，これは実現不可能なので，ゴムひも・細い糸で吊る，タイヤチューブ・スポンジ・ゴム・空気ばねなどの柔らかい支持体上に置くなどで，実用上十分な自由支持を実現できる．自由支持実現のための主な留意事項を以下に述べる．

① 支持体の剛性が供試体の剛性より十分小さいこと．具体的には，振動試験の対象周波数領域全体にわたって，支持物の支持方向のモビリティ（速度／力：表 2.2）が，支持物との結合点における供試体単体の同方向のモビリティの 10 倍以上でなければならない[13]．このため，支持物はできるだけ柔軟にし，また供試体の剛性が大きい所を支持するように支持点を選ぶ．供試

5.2 供試体の支持

体の剛性が小さく柔らかい部分を支持すれば，支持剛性が供試体の剛性に付加される形で検出されたり，供試体が自重で変形したりして，供試体単体の自由状態における動特性が正しく測定されないことがある．

② 供試体の剛体モード（変形を伴わない剛体移動のモード）の振動数が十分小さいこと．具体的には，支持体の剛性と供試体の質量で生じる 6 方向（3 次元空間内の並進 3 方向と回転 3 方向）の剛体モードのすべての振動数が，供試体の基本弾性モード（最も小さい振動数を有する固有モード）の振動数の少なくとも半分以下でなければならず，できれば 20%以内であることが望ましい．

③ 支持体の質量が十分小さいこと．具体的には，支持体のうち供試体の変形に伴って運動する部分の質量は，供試体の質量の 0.1 倍以下でなければならない．

④ 支持体の付加による減衰の増加が十分小さいこと．振動試験では，支持体の少なくとも一部分が必ず供試体と共に振動し，その部分の減衰が供試体の力学エネルギーを吸収する．これは，供試体自身の減衰による力学エネルギーの吸収と区別できないために，供試体の減衰が本来の値よりも大きく測定される．このことは，通常はあまり気にかけなくてもよいが，供試体の減衰が小さい場合や減衰を正確に同定する必要がある場合には注意し，支持体の減衰を著しく小さくする必要がある．ただし，支持体の減衰が小さくなると，支持体の剛性と供試体の質量が生じる剛体モードの共振峰が急峻で大きくなるので，供試体単体の弾性変形の固有モードの共振峰がその影響を受けないように，上記②が重要になる．

⑤ 支持体の振動が供試体単体の振動に与える影響が小さい場所を支持すること．具体的には，対象周波数の範囲内に存在する供試体の主要な固有モード，特に低次の固有モードの節の近傍，あるいは供試体の局部剛性が高い部分を支持することが望ましい．

⑥ ゴム板やスポンジのような柔軟支持材の面接触によって供試体を支持する場合には，広範囲にわたってべったり敷くより，互いに独立した複数箇所に小さい接触面積で敷く方がよい．支持面積が大きいと，供試体の振動を拘束すると共に，支持体が吸収するエネルギーが増加し見かけの減衰が大きくなる．

以上の事項を考慮しながら，支持条件（吊りひもやゴム板などの種類，場所，位置，供試体の姿勢など）を幾通りかに変えた予備試験によってあらかじめ検討し，最適の支持条件を選ぶ．

5.2.2 固 定 支 持

固定支持は，実用時に一部が固定された状態にある供試体の動特性を，実用時と同一の状態下で知りたい場合に採用される支持方法であり，自由支持ほど一般的ではない．理論解析では，該当する支持部の変位を 0 と置くだけで，固定支持を簡単に実現できる．一方，振動試験で理想的な固定支持を実現するためには，質量と剛性が共に無限大である剛体に完全に一体化するように，供試体を取り付ける必要がある．しかしこれは実現不可能なので，実際には質量と剛性の両者が供試体よ

りはるかに大きい基礎や物体にボルト締めなどで固定した状態を固定支持とみなす．

このような方法で作った固定支持では，以下のような問題が生じる．

① 基礎の一部が供試体と共に振動し，その部分の質量が供試体への付加質量となる．

② 基礎自体の剛性と連結用ボルトや接触面などの結合部剛性が供試体の剛性に直列に付加され，全体としての剛性の低下を招く．例えば，鋼製の供試体を鋼製の基礎に鋼製のボルトで固定するのは，これらの弾性係数がすべて同じであるから，相対的な見方をすれば，豆腐を豆腐に豆腐で固定するようなものである．また，大型定盤のように見かけは剛性が大変大きそうな基礎に供試体を固定しても，結合部付近における局部剛性の低下は避けることができない．

③ 供試体をボルトなどで締め付けて固定する際の接触面は，見かけは全面が密着しているようだが，実際に接触している部分はボルト周辺の小面積だけであり，しかも接触面の粗さ・平坦度・ボルトの締付け力によって真の接触面積が大きく異なる．このような場合には，見かけとは異なる局部的な固定支持になってしまう．

例えば図 5.2 のように平板の一部を固定する場合には，その部分を基礎とブロックで挟みボルトで強く締め付けることがよく行われる．このときには通常，接触面の端である A 点を固定点とするが，実際には A 点が固定点になることはない．板を締め付けているのは，ボルトの近傍だけである．ブロックの角である A 点は，加工時の平面のだれや締め付けによるわずかな反返りにより，板と接触しないか接触していても締め付け力は発生しない．そこで，A 点より少し内側の B 点を固定点とするのが妥当である．B 点の具体的な位置は場合によって異なるので，経験に頼るか，低次の固有振動数を計算と実験で一致させるなどの手段で決める．

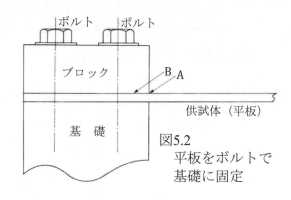

図5.2 平板をボルトで基礎に固定

④ 接触面では面に沿った方向にすべりやすいため，その方向の結合剛性は低い．また面に沿った方向の振動が生じれば，接触面間の摩擦に起因する大きい減衰が生じる．

⑤ 基礎も弾性振動をするから，基礎と供試体との連成振動が発生し，供試体単独の振動と区別できなくなる．

これらが原因で，低次固有モードの振動数が低下する・高次固有モードの形と振動数が変る・基礎単体または基礎と供試体の連成振動の共振峰が周波数応答関数中に出現し供試体単体の共振峰と区別できない・共振峰の大きさが供試体単体には存在しない付加減衰により減少する，などの誤差現象が発生しやすい．

これらを防止するために，以下の注意が必要である．

① 供試体の取付け点における基礎単体の取付け方向コンプライアンスが，取付け点における供

5.3 加振方法 175

試体単体の同方向プライアンスより十分小さくなる基礎を選ぶ.

② 図 5.2 のように接触面を介して固定する場合には，接触面の粗さをできるだけ小さく，また平坦度をできるだけ大きくするように，研削などで精確に仕上げる.

③ 基礎と供試体の結合条件を変えて予備試験を行い，得られる周波数応答関数の変化を調べて，なるべく完全固定に近い結合条件を選ぶ. 例えば，ボルトの締付け力の変化が計測結果に影響しなくなるまで締付け力を大きくする.

④ 複数点で固定する場合には静定条件を満足させる. 例えば，3 箇所固定は静定条件を満足するが，4 箇所固定は不静定になり全点をぴったり固定できないため，どこかの固定点で微少隙間による非接触が生じやすい. これをなくそうとして 4 箇所を同時に強く締め付けると，供試体に変形や内部応力が発生して固有振動数が変ることがある.

このように固定支持は実現しにくいから，できれば避けることが賢明である.

5.2.3 弾 性 支 持

一般に大型構造物や重量機械は，自由支持も固定支持も実現しにくい. また，機械の構成部品の振動試験を行う際に，構造上取り外せない場合や，組み込んだままの動特性が欲しい場合がある. このような場合には，自由と固定の中間である**弾性支持**で試験を行うことになる. 弾性支持の場合には，あらかじめ支持構造単体について，固有振動数と固有モードおよび支持点における駆動点周波数応答関数を，計算や予備実験で明らかにしておく必要がある.

弾性支持では，支持構造単体の固有振動数と剛性が，供試体単体のそれらと大きくかけ離れていることが望ましい. 支持構造は，減衰や非線形を小さくし，また把捉しやすい動特性を持たせるために，できるだけ簡単な構造であることが望ましい. 支持位置を選択できる場合には，支持構造と供試体の連成振動が生じにくいように，供試体と支持構造の両方に関して，主要な単体固有モードの節の近傍か局部剛性が高い所を支持することが望ましい. 回転自由度は動特性を計測しにくいので，回転自由度の連結はなるべく避け，並進自由度だけを連結し合う単純支持を用いることが望ましい.

5.3 加 振 方 法

5.3.1 種 類 と 特 徴

供試体に動的な作用（力または運動，多くは力）を加えて振動を生じさせるものを**加振器**という. 実験モード解析を目的とした振動試験で使われる主な加振器は，機械式，電気油圧式，圧電式，動電式の 4 種類がある. 標準的な各種加振器が発生できるおよその加振力と適用周波数範囲を，**図 5.3** に示す. 通常の加振器が有効な周波数の上限は，図 5.3 からほぼ見当がつく. しかし，極めて低い周波数帯域では，加振力の強さよりも加振振幅の大きさに対する制限の方が大きいので，有効な周波数の下限は図 5.3 からは必ずしも判断できない. 以下に各種加振器の特徴を述べる.

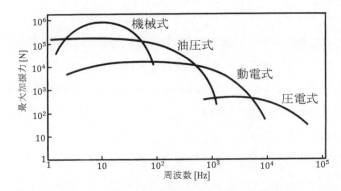

図5.3　各種加振器の適用周波数範囲
と加振力の大きさ

5.3.2　機械式加振器

　加速度を伴う機械運動によって生じる慣性力を駆動力として利用する形式の加振器である．通常用いられる**機械式加振器**は，**図 5.4** のように不釣合を有する 2 個の回転体を互いに逆方向に回転させる構造になっており，回転運動による向心加速度の反力である遠心力を利用している．両回転体の不釣合が両回転中心を結ぶ水平線上に位置するときには左右方向の遠心力が相殺されるので，上下方向のみの遠心力が交互に外部に作用し，それを取り付けた供試体を上下に加振する．

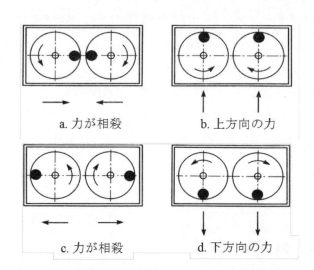

図5.4　不釣合を有する2個の回転体
を用いた機械式加振器
⟳回転方向，→遠心力の方向

　機械式加振器は，比較的安価であること・小さい不釣合で大きい加振力を発生できること・力の大きさ，位相，周波数が共に回転速度によって正確に決まるので改めて測定する必要がないこと，などの長所を有する．一方，他の種類の加振器に比べて加振周波数の範囲が狭い，単一周波数の正弦波加振しかできない，振動数と加振力の大きさは 1 対 1 で対応しており，両者は互いに独立には変えられない，加振力は回転速度すなわち加振周波数の自乗に比例するから低周波数域の加振力は小さくなる，などの欠点がある．

5.3.3　油圧式加振器

　油圧式加振器は，2 個の油圧弁が交互に開閉動作を繰り返すことによって油圧シリンダが往復運動し，供試体を加振する装置である．油圧弁の開閉を電気信号によって制御し，加振力と周波数を

調節する．この加振器を用いれば，静荷重と動荷重を互いに無関係な状態で同時に作用させることができるので，実用時に大きい予荷重が作用する種類の機械や構造物を，実際に近い状態で振動試験するのに適している．また，大きい加振力が得られる・力を直接発生する部分が小さくてすむ，という長所がある．一方，弁の切替えによって加振力を作るので，高い周波数の加振が困難・低い周波数では単一周波数の調和波からかけ離れたゆがんだ加振波形になる・ピストンとシリンダの摩擦によるノイズが発生しやすい・油圧を利用するために取扱いが面倒，という欠点がある．

5.3.4 圧電式加振

圧電式加振は，チタン酸バリウムの結晶からなるピエゾ素子が有する**ピエゾ圧電効果**を利用して加振する方法である．後述の力センサーや加速度計などの検出器と同一の原理を検出とは逆に利用するものであり，加振信号を交流電圧で与えて素子を強制的に伸縮振動させ，加振力を発生する．加振振幅は極めて小さく，加振力も小さいが，他の加振器では困難な高周波数加振が容易にできる．

5.4 動電式加振器

5.4.1 構造と特徴

動電式加振器は，テレビやコンピュータについているスピーカと同じ原理によって作動する．図5.5はその構造である．界磁コイルが作る定常磁束中に設置した**駆動コイル**に交流電流を供給すると，駆動コイルは電流に応じて上下方向に往復運動し，駆動コイルに直結した加振テーブルが，その上に取り付けた供試体を加振する．

動電式加振器は，**ダイナミックレンジ**が大きく，加振力の大きさを広範囲に変えることができる．ダイナミックレンジとは，正しく処理できる信号の最大値と最小値の比である（4.1 節）．加振器に供給する電流があまり小さ過ぎると，

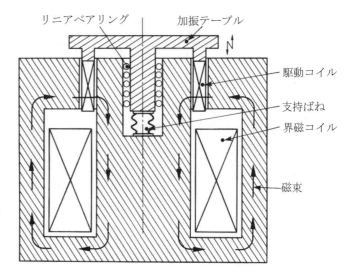

図5.5 動電式加振器の構造

加振器内部の可動部と固定部間の接触摩擦や微小ガタのため正しく働かないし，反対にあまり大き過ぎると，電流が飽和したり可動部の動きが過大になり底打ちを生じたりして，やはり正しく働かない．動電式加振器は，これら両者間の幅が他の加振器よりも大きい．また，加振力の周波数・大きさ・位相を各々独立に調節できる．さらに，数 KHz 以上の高周波数域まで加振できる．動電式加

振器は，このように広範囲な融通性を有するので，最もよく用いられる．そこで以後は，特に注釈をつけない限り，動電式加振器を単に加振器とよぶ．

5.4.2 共振点での加振力の急減
〔1〕 力学的要因

加振器には，その構造・機能上必然的に生じる欠点がある．このうち最大のものは，供試体の共振点で加振力が急減する現象である．**図 5.6** は，振動試験で測定した周波数応答関数と加振力の例である．加振力は，供試体の共振点よりわずかに低い周波数で若干大きくなり，共振点では逆に急減している．このため，最も重要な共振点において，SN比（信号／雑音）が急減する・加振力の大きさに依存する非線形現象が生じる，などが原因で，加振力と応答間のコヒーレンスが低下し，測定の精度と信頼性が失われる．

単一周波数で加振する低速掃引正弦波加振では，共振周波数で生じるこの欠点を回避するための手段を講じることが可能である（例えば図5.16）．しかし，不規則波加振や疑似不規則波加振のように広範囲の周波数成分を同時に含む広帯域加振では，特定の共振周波数だけを選択してこの欠点を避けるための操作を加えることができないために，この現象が問題になる．

共振点において加振力が急減するこの現象は，力学的要因とそれよりも支配的な電気的要因の2通りの原因が重なって発生する．まず力学的要因について，以下に説明する．

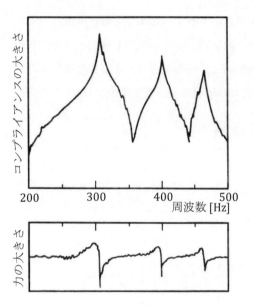

図5.6 動電式加振器を用いた振動試験の例
上図：周波数応答関数
下図：加振力

加振器によって，供試体（自由度 N）をそれ単体の r ($r=1 \sim N$) 次固有角振動数 Ω_r 近傍の角振動数 ω で加振することを考える（$\omega \cong \Omega_r$）．加振器は，電気エネルギーを力学エネルギーに変換して力を発生する．この力は，加振器の可動部（駆動コイルと加振テーブル）と，力変換器を介して可動部に剛結合されている供試体の両方を，同時に動かす．可動部の質量を M_0，可動部と加振器固定部間に介在し可動部を支える支持ばねの剛性を K_0 とする．

一方，供試体は，r 次固有モードに関してこれと等価な1自由度系に置換できる（3.4.2項）．そこで，加振器を取り付ける点を基準自由度（振幅の大きさが基準値1）とする r 次固有モードを $\{\phi_r\}$，これを用いて得られる r 次のモード質量とモード剛性をそれぞれ M_r，K_r とすれば，M_r と K_r が等価1自由度系の質量と剛性になる．

5.4 動電式加振器

図 5.7 は，等価 1 自由度系としてモデル化した供試体に加振器の可動部を剛結合した力学モデルである．この系は一見 2 自由度系のように見えるが，M_r と M_0 が剛結合により一体になっているので，質量 $M_r + M_0$，剛性 $K_r + K_0$ の 1 自由度系である．加振器がこの系を加振するために出力する力振幅を f_c，質量の応答変位振幅を x とすれば，式 2.63 より

$$x = \frac{f_c}{(K_r + K_0) - (M_r + M_0)\omega^2} \tag{5.1}$$

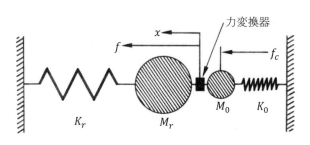

図5.7 供試体と動電式加振器可動部の結合系のモデル

- M_r ：供試体のモード質量（r 次）
- K_r ：供試体のモード剛性（r 次）
- M_0, K_0：加振器可動部の質量と剛性
- x ：結合系の変位
- f ：供試体単体を加振する力
- f_c ：加振器が結合系を加振する力

一方，加振器が供試体単体を加振する力振幅を f とする．f は力変換器を介して質量 M_0 から M_r に伝わる力の振幅であり，また力変換器で検出する加振力の振幅でもある．図 5.7 の剛結合系のうち供試体単体の部分だけを考えれば，質量 M_r が力 f により x だけ変位するから，式 2.63 より

$$x = \frac{f}{K_r - \omega^2 M_r} \tag{5.2}$$

式 5.1 と 5.2 から

$$f = \frac{K_r - \omega^2 M_r}{(K_r + K_0) - \omega^2 (M_r + M_0)} f_c \tag{5.3}$$

式 5.3 から，加振力 f は，角振動数 ω が供試体と結合系全体の固有振動数

$$\Omega_c = \sqrt{\frac{K_r + K_0}{M_r + M_0}} \tag{5.4}$$

のとき無限大になり，また供試体単体の固有振動数

$$\Omega_r = \sqrt{\frac{K_r}{M_r}} \tag{5.5}$$

のとき 0 になることが分かる．図 5.7 のモデルでは減衰を省略しているが，実際の供試体には減衰が存在するので，力 f は極大と極小の有限値になる．通常，可動部を支えるばねの剛性は供試体単体のモード剛性よりはるかに小さいから，$K_0 \cong 0$ と置いた式 5.4 と式 5.5 から

$$\Omega_c = \sqrt{\frac{M_r}{M_r + M_0}} \Omega_r \tag{5.6}$$

式 5.6 は，可動部の質量と供試体の質量の比 M_0 / M_r が小さいほど，すなわち可動部の質量 M_0 が

小さい加振器を用いるほど，Ω_c と Ω_r が接近することを意味する．

図5.8 は，供試体単体を加振し力変換器で検出される力 f と加振器が出力する力 f_c の比 f/f_c が，供試体の r 次固有モード近傍の周波数域で変化する様子を示す理論解析結果であり，実測例である図5.6における加振力の変化を定性的に説明している．図5.8a は，供試体の減衰が小さいほど，供試体単体の固有振動数 Ω_r において加振力が大きく急減することを示す．また図5.8b は，M_0/M_r が小さいほど f の変化が小さいことを示す．図5.8b から，同一の加振器（M_0 が一定）では供試体が軽量（M_r が小）であるほど供試体の共振点で加振力が急減する現象が顕著

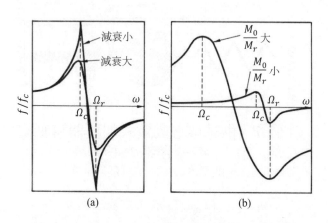

図5.8　加振力に対する供試体の減衰と加振器可動部質量 M_0 の影響

になること，逆に同一の供試体（M_r が一定）では可動部が軽い（M_0 が小）小型の加振器を用いるほどこの現象を軽減できることが分かる．振動試験では加振器の大小はあまり留意しないことが多いが，最も重要な共振周波数における測定精度向上の観点からいえば，できるだけ小さい加振器を用いることが好ましい．

可動部の質量に起因するこの力学的要因は，共振点における加振力の低下だけでなく，高周波数加振にも悪影響を及ぼす．すなわち高周波数域では，可動部の慣性反力が加振周波数の自乗に比例して急増するので，加振器が出力する力学エネルギーの大部分が可動部を動かすために消費されてしまい，供試体まで届かない．その結果，加振のエネルギー効率が低下すると共に，供試体に作用する加振力自体も小さくなる．さらに，通常の加振器では，5,000Hz 以上の高周波数域に可動部単体の基本固有振動数が存在し，これが加振周波数の上限になる．

〔2〕　**電気的要因**

理論結果の図5.8 は実測例の図5.6 を一応定性的に説明している．しかしよく見ると，図5.8 では供試体に作用する加振力の極大と極小が同程度の急峻さであるのに対して，図5.6 では極小の方が極大よりもはるかに顕著・急峻になっている．この相異は，図5.6 の縦軸が対数目盛で表示されているためでもあるが，主に機械的要因よりも影響が大きい電気的要因による．図5.8 では，駆動コイルに発生する力 f_c が周波数に関係なく一定値をとると仮定したときの，加振力 f の大きさを示している．しかし実際の加振器では，以下に述べる電気的要因によって，f_c 自体が共振点で急減する．

加振器は，駆動コイルを流れる電流に応じた力を発生する直流モータと同種類のエネルギー変換装置であり，加振器からの出力 f_c が電流に比例するように作られている．供試体の共振振動数に等しい周波数の正弦波電流を駆動コイルに入力すれば，供試体の共振現象により周波数応答関数（モ

ビリティ＝応答速度／加振力）は急成長し，供試体の応答速度は急増する．そして，共振点以外では供試体に加振力 f を作用させる働きをする駆動コイルは，供試体に剛結合されているから，共振点では逆に自身よりはるかに大質量の供試体に強制的に駆動される形で，大きい速度で激しく動く．図 5.5 に示すように駆動コイルは，界磁コイルが作り出す強力な定磁界の中を大きい速度で動くので，駆動コイルには電磁誘導によって速度に比例する大きい逆起電力が発生する（フレミングの右手の法則とレンツの法則[9]）．この逆起電力が駆動コイル中の電流を妨げるために，入力電流に対する駆動コイルの抵抗（インピーダンス）は急増する．このとき，加振器に供給される入力電圧が一定であれば，駆動コイルを流れる電流は急減し，これが原因となり共振点で力 f_c が急減する．

　加振器に電流を供給する電力増幅器は，電圧を一定に保つ定電圧型と，電流を一定に保つ定電流型と，両者の切換えが可能な型に分けられる．加振力 f_c を一定に保つ定電流型では，共振点で過大な変位が発生して加振テーブルの底打ちなどの問題現象が生じ，また大きい逆起電力を打ち消して一定電流を保持するために入力電圧が過大になり，増幅器に過負荷を生じるので，通常は定電圧型を用いることが多い．その場合には供試体単体の共振角振動数 Ω_r で，まずこの電気的要因によって加振力 f_c が減少し，その上に先述の機械的要因によって f/f_c が減少するので，供試体単体を加振し力変換器で計測される力 f は著しく減少する．

5.4.3　その他の短所

加振器は，その他に次のような短所を有する．

① 　駆動コイルを動かすことによって加振力を発生する構造になっているので，支持ばねの反力以上の静荷重をかけることができない．ただし，可動部を支持する空気ばねは，静剛性（静荷重に対する剛性）が動剛性（加振力のような動荷重に対する剛性）より大きいので，かなりの静荷重をかけることができる．

② 　低周波数域ではあまり大きい加振力が得られない．

③ 　駆動コイルのインピーダンス（電気抵抗）が非線形であり，供試体の振動の振幅や周波数に依存して変化するから，加振力は信号発生器からの加振信号通りの大きさにはならない．供試体の共振点では加振力が急減し，また高周波数域では加振器の可動部質量による慣性反力が急増するので，加振器への入力電流（加振信号）と加振器からの出力である加振力の関係は非線形になり，加振信号の振幅を一定にしても加振力は周波数によって複雑に変化する（例えば図5.21）．

5.4.4　加振器の取付け

　供試体を加振するには，加振力を発生しそれを供試体に与える働きをする"物"を供試体に取り付けなければならない．この"物"は，加振器とそれを供試体に連結し取り付ける治具からなり，**加振系**と呼ぶ．加振系は入力を発生し供試体に与えるための道具であり，振動試験の測定対象（供

試体への入力直後から応答直前に至るまでの供試体内部における力学エネルギーの流動系）の外に位置するので，ともすれば軽視しがちであるが，次の3つの理由によって重要である．

① 加振系は上記 ③ の理由で非線形フィルタの役割をし，力の発生源（駆動コイル）から供試体に力学エネルギーが伝わる間に力の大きさや性質が変る．

② 加振系が供試体を拘束し，供試体単体の振動を変質させる．

③ 加振系が供試体への付加質量となり，供試体の動特性を変えてしまう．

これらによって，予測できない・予測できても検知できない・検知できても除去できない誤差を発生する可能性があるので，加振系の供試体への取付けは慎重に行うべきである．

加振系を供試体に取り付けるときの基本的な注意点は，次の2点である．

① 目的とする1点の1方向のみに力を加え，それ以外の力は作用させない．

② 供試体単体の動特性と境界条件を変えない．

しかしこれらを実現することは困難である．もし加振器を直接取り付けると，次の3つの問題が起こり，理想とかけ離れた加振になる．

① 加振器自体が，加振方向以外にもわずかな力を発生し，この希望しない力が供試体に直接作用する．

② 加振器の剛性は，加振方向に小さく，加振と垂直な横方向と回転方向に極めて大きくできているので，取付けの傾きや位置にわずかなずれがあっても，供試体に大きい拘束力が加わる．

③ 供試体の振動は複数方向の連成を伴うことが多く，加振自体は正しい方向のみに行われても，供試体には加振とは異なる方向の応答が生じ，加振力の測定に悪影響を及ぼす．

このうち問題 ③ について考えてみよう．**図 5.9** は，左端を固定した片持ちはりの曲げ2次固有モードを励起するために，右の自由端 C にはりと垂直方向に加振器を取り付けた様子を示す．2次固有モードの腹である点 A は，上下並進方向のみにしか振動せず，横方向・傾きとの連成を生じないので，もし点 A に加振器を直接取り付ければ，2次固有モードに対しては問題を生じない．点 B は2次固有モードの節であり，この点 B には垂直方向の変位はなく，回転変位だけが存在する．そこで，点 B に加振器を直接取り付ければ，2次固有モードは励起されない上に，他の原因で2次固

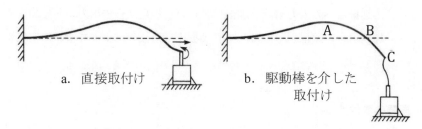

図5.9　一端固定はりの2次固有モードと先端への加振器の取付け

5.4 動電式加振器 183

有モードが生じても，加振器がこのモードによる回転変位に強く抵抗し，結果として 2 次固有モードの発生を押さえてしまう．自由端 C では，上下並進方向変位の他に回転変位とわずかな水平方向並進変位を連成して生じ，加振器がこれに抵抗して，2 次固有モードの発生を抑えてしまう．

図 5.9a は，加振器の可動部を自由端 C に直接取り付けており，次の 2 つの問題を生じる．

① 加振器によって供試体自由端の水平方向の動きと回転が共に拘束され，そのために垂直方向の運動までも押さえられる．その結果，固有モードが本来の形から変り，固有振動数は高くなり，見かけの減衰は増加する．

② これらの拘束によって，矢印のような横方向の力と回転方向のモーメントが力変換器に作用し，本来の自由端にはあり得ないこれら 2 種類の力信号を誤差として出力する．

5.4.5 駆　動　棒

上記の問題を防止するために，供試体との結合点における加振系単体の横方向並進と回転の両自由度の駆動点コンプライアンスの大きさが，測定周波数全域にわたって，本来の計測方向並進の駆動点コンプライアンスの 1/10 以下でなければならない，と決められている [13]．これを実現する手段として，図 5.9a のように加振器を供試体に直接連結するのではなく，何らかの介在物を挟んで連結することが考えられる．この介在物は

① 加振方向の力を加振器に正しく伝達する．

② 加振と垂直な横方向並進力と回転モーメントの，供試体から加振器への伝達を遮断する．

③ 供試体の横方向運動と回転運動に対する加振器からの拘束を除去する．

という 3 通りの役割を同時に果たすものでなければならない．そのために理想的には，加振方向の剛性が無限大で，それと垂直な横方向の並進剛性と回転剛性が共に 0 であることが望ましい．この理想に近い簡単な構造として，**駆動棒**という細い棒が実用されている．図 5.9b はこの駆動棒を用いた例であり，供試体片持ちはりの自由端への加振器からの拘束が遮断され，はりは単体の正しい 2 次固有モードで変形している．駆動棒としては，通常鋼線を用いるが，供試体が小型軽量であるため棒の質量を小さくする必要があるときや，柔軟な供試体を低い周波数で加振するときには，アルミニウムや高分子材料の棒を用いることもある．駆動棒を正しく選定し正しく使用するための主な留意点を，以下に述べる．

〔1〕　予　備　知　識

加振力の最大値と加振周波数帯域は，予備知識として必須である．最大加振力と駆動棒の材質から，強度的に安全な最小断面積（円断面では最小直径）が決まる．それに加え，正しく検出したい加振力の最小値，力変換器の横感度とモーメント感度（本来 0 であるべき横力とモーメントが単位量だけ力変換器に作用するときの偽の出力であり，加振力の検出誤差を生む）・加振系のうち取付け部の質量（力変換器のうち力検出部より供試体側の部分と取付け治具（ねじなど）の質量：これらは，供試体への付加質量として供試体本来の質量（図 5.7 の M_r）に加算され後に修正できない計測

誤差を生じる）・加振器のうち可動部全体の質量（図5.7のM_0）・加振器本体の質量と慣性モーメント，を知ることが望ましい．

〔2〕 固有振動数

駆動棒の固有モードには，加振方向（軸方向）の縦振動と，それと垂直な横方向の曲げ振動の2種類がある．前者の固有振動数で加振すると，加振器からの加振力が増幅され極めて大きくなる．反対に後者の固有振動数で加振すると，加振方向の加振力は供試体にほとんど伝わらなくなり，代りに大きい横方向並進力と曲げモーメントが供試体に作用する．したがって，両者は共に加振周波数帯域から除外しなければならない．

曲げの固有モードは，加振器本体の支持方法と駆動棒の供試体への取付け方法の両者によって変る．その代表的なものを**図5.10**に示す．取付け方法としては，この図のように，ねじなどで固定する方法と，単純支持する（単に押し付けるなど）方法がある．前者では横並進と回転の両拘束力を生じるが，後者は回転自由なので横並進の拘束力だけを生じる．力検出器は回転の拘束力に対して敏感であり，これによる誤差を生じやすいので，精度上からは単純支持の方が好ましい．しかし，座屈や飛離れに対する安全面からは固定の方が良い．

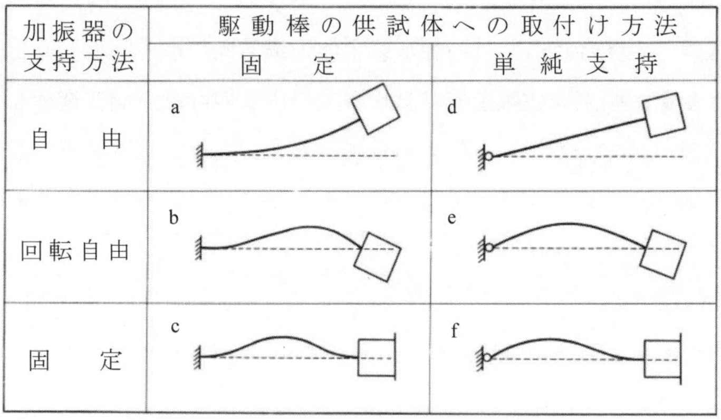

加振器の 支持方法	駆動棒の供試体への取付け方法	
	固　定	単　純　支　持
自　　由	a	d
回転自由	b	e
固　　定	c	f

図5.10　駆動棒の曲げ固有モード
左端：供試体，右端：加振器

加振器本体の支持方法は，自由，回転のみ自由，固定の3通りがある．自由の場合には，駆動棒の右端に加振器の質量を付加した図5.10aの片持はり，または同図dの単振り子になる．回転のみ自由の場合には，右端に加振器の慣性モーメントを付加した同図bの一端固定他端単純支持，または同図eの両端単純支持になる．固定の場合には，同図cの両端固定，または同図fの一端単純支持他端固定になる．

駆動棒の曲げ固有振動数は，図5.10dが0であり，同図a，e，b，f，cの順に大きくなる．これらのうちa，e，bは，加振器の質量または慣性モーメントと棒の曲げ剛性によって生じる固有モードが基本モードである．加振器の質量と慣性モーメントは大きいので，それらの固有振動数は小さい．それに対してfとcは，棒単体の質量と曲げ剛性によって生じる固有モードであり，棒は軽いのでこれらの固有振動数は大きい．

加振振動数領域としては，bとcの間あるいはeとfの間を採用するのが適切である．加振の周波数領域内にa，b，eの固有振動数が含まれる場合には，加振器を固定してこれらの固有モードが生

5.4 動電式加振器

じないようにするか，鋼線に近い十分柔軟な駆動棒の外周に高分子材などを付加して，軽量を保ちながら駆動棒単体の曲げ固有モードの発生を押さえる．cやfの曲げ固有振動数は加振周波数領域よりも十分高くする必要があり，この制限により駆動棒の長さ l の上限が制限される．駆動棒の軸方向伸縮の固有振動数は図5.10のcやfよりもはるかに大きいので，上記のように加振周波数を選べば，軸方向共振に対しては安全である．

〔3〕 曲げ剛性と座屈

駆動棒の曲げ剛性は，供試体の運動に対する横方向並進と回転の拘束力を生じ，測定精度に悪影響を及ぼすので，なるべく小さくする．しかしこれをあまり小さくすると座屈が生じる．長さ l の一様な円形断面棒の座屈荷重 P_{cr} は

$$P_{cr} = \frac{n\pi^2 EI}{l^2} \tag{5.7}$$

ここで，E は縦弾性係数，I は断面2次モーメント（直径 D の円形断面の場合には $I = \pi D^4/64$）である．また，係数 n は両端の境界条件によって決まり，図5.10aの一端固定他端自由で $n=1/4$，同図eの両端単純支持で $n=1$，同図bとfの一端固定他端単純支持で $n=2$，同図cの両端固定で $n=4$ になる．同図dは，加振器を宙づりにするので圧縮荷重をかけられず，座屈は生じない．

最大加振力は座屈荷重より小さくなければならないから，最小直径が上記〔1〕から与えられれば，最小慣性モーメントが決まり，最大加振力に対しても座屈しないための許容最大長さ l が式5.7から決まる．通常，上記〔2〕の固有振動数による許容最大長さよりも，座屈による許容最大長さの方が小さい．しかし，後者を満足させるほど棒を短くすれば，横方向と回転の拘束力が過大になることがある．このようなときには，**図5.11**のように，軽い高分子材でできた円筒の両端に細く短い鋼線を固着した棒を用いるとよい．この棒では，座屈は両端の細い鋼線部分だけで生じるのに対し，横変位と回転は棒全体で生じるので，座屈に対して安全であり，しかも供試体に対する横変位と回転の拘束力が極めて小さくなる．また軽量で供試体への付加質量が小さいことも，この棒の特徴である．

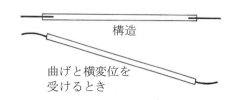

図5.11　両端に位置する2本の細い鋼線の中央部を高分子のパイプで連結した加振棒

〔4〕 静荷重

加振器は，自ら機能的に静荷重を発生することができず，また可動部を支持する支持ばね（図5.5）の剛性は小さいので，静荷重をかけながら加振する使い方は本来望ましくない．しかし実際には，押し付けたり引っ張ったりして軸方向に静荷重をかけざるをえないことがある．やむを得ず静荷重をかける場合には，静荷重と動的な圧縮荷重が重なっても式5.7に示した棒の座屈荷重より大きくならないようにする必要がある．

駆動棒を供試体に押し付ける場合には，動荷重の振幅が静荷重より大きくなって棒先端が供試体

から飛び離れることがないように気をつける．引張りの静荷重をかける場合には，駆動棒の曲げ剛性は小さくてよく，座屈も気にする必要がない．横方向並進と回転の静荷重は，力検出器に誤差を発生させる原因になるので，避けなければならない．そのために，加振器，棒，力変換器が加振軸上に一直線に並ぶように注意する．

〔5〕 力検出器の取付け

図 **5.12** は，インピーダンスヘッドまたは力検出器と駆動棒からなる加振系を供試体に取り付ける方法を示す．このうち同図 b と d は，加振力と応答加速度を別々に計測する場合であり，同図 a と c は加振力と応答加速度の両検出器を一体にしたインピーダンスヘッドを用いて両者を同時に計測する場合である．a では，供試体に棒の質量と剛性が共に付加された対象系への加振力と応答加速度が計測される．b では，供試体に棒の質量が付加された対象系への加振力が計測される．このように a と b では供試体単体の動特性が得られないので，c と d を採用すべきである．

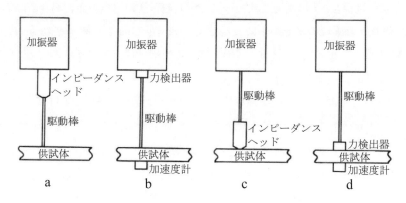

図5.12　加振系の供試体への取付け方

しかし c と d の場合でも，力検出器・インピーダンスヘッドのうち力検出部よりも先端の部分とねじなどの取付け治具が供試体への付加質量になるのは，避けられない．もし，共振点や反共振点の近傍を除く全対象周波数域で，加振系取付け点における供試体単体の駆動点モビリティの大きさが $0.01/(f_e M)$ （M は供試体への付加質量 Kg, f_e は加振周波数 Hz）より大きければ，付加質量の影響は無視できないと考え，**質量除去**による補正を行うことが推奨されている[13]．質量除去は，検出した加振力から $M\ddot{x}$ （$\ddot{x}$ は加振点の加速度）を差し引いた値を真の加振力とすることによって行う．力検出器やインピーダンスヘッドの付加質量 M はそれらのメーカに聞き，取付け治具の質量はあらかじめ測っておく．

このように，加振方向の質量除去は簡単に行うことができる．しかし質量除去は，力の測定精度向上には有効であるが，付加質量が供試体全体のモード特性に与える影響（例えば固有振動数の低下や固有モードの形状変化）まで補正することはできない．そこで，できるだけ小型の力変換器を用い，かつ取付けねじの質量を小さくして，質量除去を必要なくすることが望ましい．

次に，加振器の支持方法について述べる．図 5.13 にその例を示す．同図 a, b, c は，図 5.10 に示したように，それぞれ固定，回転自由で並進固定，自由の条件で加振器を支持したものである．加振反力は，a と b では支持構造で，c では加振器自身の慣性力で受ける．a, b, c では，供試体が自由支持され加振器の支持部と切り離されている．このように，供試体と加振器を力学的に互いに無関係にしておき，供試体には加振点の加振方向の力以外が作用しない支持方法が好ましい．供試体が自由支持でない場合に

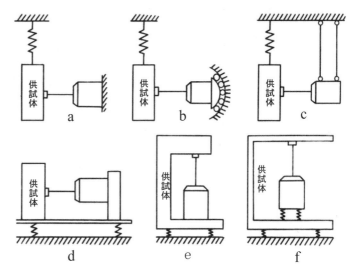

図5.13　加振器の支持方法

も，供試体を加振器から力学的に切り離すことが大切である．c は加振器の慣性力のみを使って供試体を加振するので，慣性力が小さい低周波数域では大きい加振力を得にくい．そこで，低周波数域の加振力を大きくしようとすれば，加振器に大きい質量を剛結合で付加する必要がある．また，加振器が偏心し片寄った状態で自由支持すると，加振器が加振以外の方向に動き出し，加振を乱す．a と c の中間として加振器を固定部から弾性支持する場合には，加振器の質量と支持剛性で形成される加振系の固有振動数を，加振周波数領域から除外する必要がある．

図 5.13d は供試体と加振器を同一の構造で支持する場合，同図 e は，供試体そのものに加振器を直接取り付ける場合である．これらの支持方法は，供試体上の加振点とは別の部分に加振反力が作用して，正しい測定を妨げるので，極力避ける．同図 f は，加振器を供試体自体にばねを介して弾性支持する場合であり，反力が供試体に作用するので，なるべく避ける．しかしやむを得ず同図 f を採用する場合には，支持ばねの剛性を小さくし，加振器質量と支持ばね剛性からなる 1 自由度系の固有振動数を加振周波数領域の下限より十分低くする．

5.5　加振波形

供試体を加振し，加振力と応答を測定し，両者の比として周波数応答関数を求めるという，現在普通に行われている振動試験は，1960 年代初期にトラッキングフィルタが開発されると共に始まった．トラッキングフィルタは，任意波形の中から指定周波数の成分だけを抽出する可変フィルタであり，指定周波数を自由に変化させることができるので，これによって周波数分析が初めて可能になった．当初はこのトラッキングフィルタと積分器を用いてアナログ的に信号を処理していたので，これらのアナログ変換器が定常応答に達するまでに時間がかかり，波形をゆるやかに掃引せざるを

えなかった．したがって，高速周期波や非定常波を加振波形として使うことができず，振動試験といえば低速掃引正弦波加振に決まっていた．

1970年代初期に高速フーリエ変換（FFT：4.2.3項〔3〕）を用いたデジタル信号処理装置が実用化されると，振動試験は一変した．FFT装置は，周波数分析を高速で実行できる上に，他のデジタル処理装置やコンピュータと直結できるので，直ちにアナログ処理機器を駆逐した．そして，アナログ時代には使うことができなかった多くの加振波形の使用が可能になり，今日の実験モード解析全盛時代をもたらした．信号発生器（図5.1）を内蔵したFFT装置により多種類の加振波形が使用できるようになると共に，適切な加振波形やそれを用いた加振方法の選択が，実験モード解析成功への重要な要点になってきた．

加振方法の選択にあたっては，通常まず使えるツール（ソフトとハードの両者）を考える．信号処理器の種類と能力は？ 加振器か打撃ハンマーか？ センサーやフィルタの種類は？ などである．次に供試体を考える．重さや寸法は？ 非線形はないか？ 減衰の大きさは？ 固有モードは密集しているかまたは明確に分離できるか？ 対象周波数帯域は？ 支持条件は？ などである．次に環境を考える．外乱や不確定ノイズが混入し易いか？ 許された場所・時間・期間・工数・経費は？ 実行者の熟練度は？ などである．その際には，使用可能な加振方法の性質・特徴・欠点を予め十分知っておかなければならない．

図5.14は，現在用いられている加振方法の分類である．加振方法は，使用する波形に従って定常波・周期波・不規則波・非定常波・自然波の5種類に大別され，各々がさらに細分される．本節では，これらの内容・得失・使用上の留意点などを説明する．ただし打撃加振だけは，別途詳細に後述する．

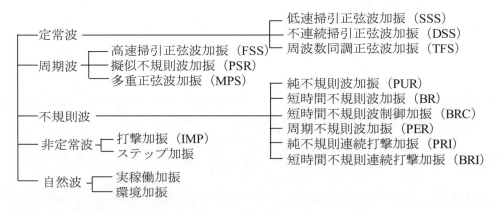

図5.14　加振方法の種類　　（かっこ内は本書で用いる略語）

5.5.1 定　常　波

〔1〕 **定常波加振とは**

基本的には，単一周波数の正弦波による定常加振力を与えて定常応答を生じさせる加振方法であ

5.5 加振波形

るが,実際には定常応答が正しく計測できる程度に周波数をゆっくり変化させ掃引して行く.この変化のさせ方によって,**低速掃引正弦波加振**(slowly swept sine excitation, 略して **SSS**)と**不連続掃引正弦波加振**(discretely stepped sine excitation, 略して **DSS**)に分けられる. SSS は,周波数を連続的に変えて測定周波数域を掃引する方法である. DSS は,周波数を不連続に変えて一定周波数でしばらく加振を続け,周波数の不連続変化によって発生する自由振動が十分減衰した後に定常応答を計測することを繰り返しながら,段階的に測定周波数域を掃引する方法である.この他に,周波数を固定した定常波を用いる方法として,**周波数同調正弦波加振**(tuned frequency sine excitation, 略して **TFS**)がある.この方法は,**正規モード法**(normal mode method)とも呼ばれる.

定常波加振は次のような長所を有する.

① 加振器が出力する力学エネルギーを単一周波数の正弦波に集中できるので,他の波形に比べて著しく大きいエネルギーを供試体に与えることができる.そのため,同じ供試体に対して他の方法よりも小さい加振器を使うことができ,加振器の付加質量による精度低下を防ぐことができる.また,機械式加振器を用いる大荷重加振が可能であり,橋や塔などの大型構造物の振動試験ができる.

② 加振力の振幅,位相,持続時間,周波数の変化速度を正確に調節できる.そのため,他の方法より高精度の実験モード解析ができる.

③ 正弦波は,あらゆる波形のうちで波高率が最小値 $\sqrt{2}=1.4$ となる.**波高率**とは,振幅の最大値と自乗平均値の比である.**図 5.15** に,振動試験に用いる代表的な波形である正弦波,不規則波,衝撃波の最大値と 2 乗平均値を示し,波高率を比較している.不規則波では,偶然に著しく大きい振幅が出現するために,波高率が大きい上に不確定で正確には予測できない.衝撃は,瞬時加振であるために,振幅の自乗平均値が 0 に近く,波高率は著しく大きくなる.波高率が小さいほど小さい振幅で大きい力学エネルギーを与えることができ,有利になる.

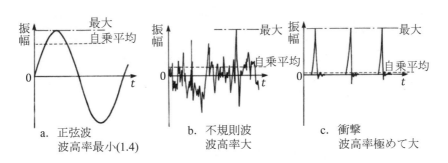

図5.15 振幅の最大値と自乗平均値
波高率=最大値/自乗平均値

すべての計測器や信号処理系では,小さすぎる信号は,感知できないか,できても外乱やノイズのために正しく計測できない.一方,大きすぎる信号は,センサーが正しく感知できる最

大値を超えて飽和し，波形の頭が切れたりゆがんだりする．これら両者の中間域で正しい計測・処理が行われる大きさの幅を，後者と前者の比の対数（$20\log_{10}$（後者／前者），単位はデシベル（dB））で表現した値を，**ダイナミックレンジ**という（4.1 節）．信号を正しく処理するには，最大振幅がダイナミックレンジの上限を越えないようにしなければならない．そこで，波高率が大きいと，平均的にはダイナミックレンジの下限近くで計測しなければならなくなり，ノイズの影響を受けやすくなり計測精度が悪くなる．図 5.15 から，正弦波はセンサーや計測機器のダイナミックレンジを最も有効に活用できる波形であることが分かる．

④　**SN 比**（signal to noise ratio ：信号／雑音）が飛び抜けて大きい．正弦波は，大きい加振エネルギーを単一周波数に集中できる上に，波形の性質上外乱に最も強い信号であり，したがって信号処理結果の精度と信頼性は最も良くなる．

⑤　加振に折返し誤差（4.4.2 項），分解能誤差（4.4.4 項），漏れ誤差（4.4.5 項）が発生しない．

⑥　加振の掃引速度・力の大きさ・周波数を，互いに独立に自在に変えることができる．例えば，重要な共振周波数付近はゆっくり掃引させて精確に計測し，他の周波数域では速く掃引させて試験時間を短縮させる操作ができる．

⑦　非線形（5.8 節）の有無・程度・種類・性質・発生原因を調べるのに適している．正弦波加振では，供試体に存在する非線形の影響が応答に最もはっきり現れる．これを利用すれば，加振力の大きさを変えて，周波数応答関数の形状，共振峰の大きさ，共振周波数などの変化（振幅依存性）を調べたり，単一周波数の加振力に対する応答の高周波数成分の存在を調べたりすることができる．これらから，非線形に対して，存在の有無，大きさ，発生原因，性質などを探ることができる．

定常波加振は，次のような短所を有する．

①　応答に非線形の影響が大きく現れ，周波数応答関数が他の方法（例えば不規則波加振）のように平均的線形近似にならず，ゆがんだり不連続になったりする．そしてその様相が加振力の大きさを変えると変化する．そのため，線形理論に基づくモード特性同定法 [2] [4] が正しく適用できず，同定誤差が発生する．つまり非線形に弱い加振波形である．これは上記の長所⑦の裏返しである．

②　時間がかかる．

特に供試体の減衰が小さい場合には，加振力が周波数掃引中に変るときに発生する自由振動が減衰し終り定常応答のみが残存するまでに時間が必要なので，掃引速度をあまり速くすると計測精度が低下する．

上記の長所 ⑥ を逆に言えば，定常波の特色を最大限に生かすためには，加振力の大きさと掃引速度を正しく調節する必要があることになる．まず大きさについて述べる．

5.5 加振波形

　加振系と計測系のダイナミックレンジは通常数十 dB である．一方，軽減衰構造では，共振峰が鋭く共振点と反共振点の差が 100dB 以上になることがある．元来定常波は加振エネルギーが大きいので，不用意に一定の加振力で掃引すれば，共振点で過大な振動を生じ，計測系のダイナミックレンジからはみ出すことが避けられない．**図 5.16** にその例を示す．同図 a は，一定振幅の加振力に対する正しい応答であり，加振力が一定振幅であるから，そのまま周波数応答関数になる．同図 a では，共振峰が上限を越え，また反共振溝が下限を下回り，共に計測系のダイナミックレンジからはみ出している．そこでこの計測系では，ダイナミックレンジより大きい部分は飽和し，またそれより小さい部分はノイズに埋もれ，同図 b のように誤った測定結果を得る．加振力が一定であるから，b はそのまま正しくない周波数応答関数の測定結果になり，これを用いて動特性を同定すれば誤ったモード特性を得る．

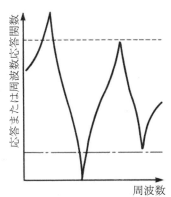
a. 一定振幅加振力に対する正しい応答
（正しい周波数応答関数）

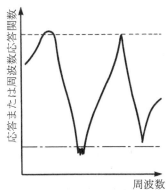
b. 一定振幅加振力に対する実際の応答
（正しくない周波数応答関数）

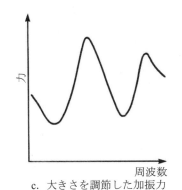
c. 大きさを調節した加振力

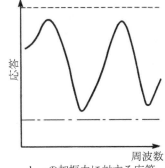
d. cの加振力に対する応答

　図5.16　正しい周波数応答関数を求めるための加振力の
　　　　　大きさの調節
　　　点線：飽和しない上限
　　　一点鎖線：ノイズに乱されない下限
　　　点線と一点鎖線の間がダイナミックレンジ（有効計測域）

そこで，応答が大きいときには加振力を小さく，反対に応答が小さいときには加振力を大きくするように調節することを考える．このような操作ができるのは，定常波加振だけである．この場合には，加振力は同図 c のようになる．そしてそれに対する応答は，同図 d のようにダイナミックレンジの範囲内に収まり，応答中にダイナミックレンジに起因する飽和や誤差が発生することはない．そこで，d を c で割れば a に示す正しいコンプライアンスを求めることができる．これを可能にするには，まず加振力を一定にした予備試験を行い，得られる応答 b の逆数の大きさに近い c のような加振力を改めて与え，加振し直せばよい．

〔2〕 低速掃引正弦波加振

一般に共振点では，応答が定常値にまで成長するのに時間がかかる（図 2.15）．加振周波数を連続的に変化させる**低速掃引正弦波加振**（SSS）では，速く掃引すると，共振時の応答の成長が周波数の変化に追いつかない恐れがある．**図 5.17** は，この例であり，あまり速い掃引では共振峰の高さが実際より低く計測されるので，減衰を過大に評価してしまう．また，周波数が大きくなる方向に掃引する場合には共振周波数を過大に，周波数が小さくなる方向に掃引する場合にはそれを過小に，評価してしまう．このような誤計測

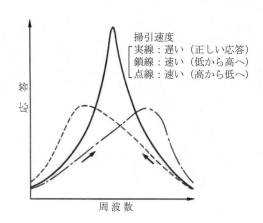

図5.17 掃引速度と周波数応答

が起こっているかを調べるためには，周波数の増加と減少の両方向に掃引させて，図 5.17 の鎖線と点線のような曲線を描き，両者の相違の有無を調べるとよい．この方法で両者間に相違が出ない適切な掃引速度を決めることができる．

ISO[13]では，共振周波数 f_r [Hz] の ±10％以内の周波数領域で応答の大きさに 5％以上の誤差を生じないために，1分間当たりの掃引速度 df/dt の上限を次式のように決めている．まず線形掃引（定速度）[Hz/min] では

$$\frac{df}{dt} = \frac{54 f_r^2}{Q^2} = 216 f_r^2 \zeta_r^2 \tag{5.8}$$

また対数掃引（対数目盛上での定速度掃引）[オクターブ/min] では

$$\frac{df}{dt} = \frac{77.6 f_r^2}{Q^2} = 310.4 f_r \zeta_r^2 \tag{5.9}$$

ここで，ζ_r はこの共振峰のモード減衰比である．また Q は，Q 値と呼ばれ，定常に達した共振峰の大きさと静負荷時の応答の大きさの比として

5.5 加振波形 193

$$Q = \frac{1}{2\zeta_r} = \frac{f_r}{\Delta f_r} \tag{5.10}$$

で定義される（1自由度系では式 B2.22 で定義）．ここで，ζ_r は r 次共振峰のモード減衰比，Δf_r [Hz] は r 次共振峰の両側で周波数応答関数の大きさが共振点（共振峰頂点）の $1/\sqrt{2}$（振動のエネルギーが頂点の半分）になる周波数幅すなわち $-3\,$dB **帯域幅**（4.4.5 項〔4〕①）であり，**半値幅**と呼ばれる．

まず予備試験を行って求めた周波数応答関数から f_r と Δf_r の値を読み，式 5.10 から Q 値を求め，式 5.8 または 5.9 から掃引速度の上限を決めればよい．

〔3〕 不連続掃引正弦波加振

加振周波数を段階的に不連続掃引していく**不連続掃引正弦波加振**（**DSS**）では，加振力を一定値に保持する時間と周波数刻み幅が問題になる．加振力を不連続に変化させると，その瞬間に強制振動に対する応答と自由振動の両方が発生する（1.3.2 項）．DSS では応答だけが計測の対象であるから，誤差になる自由振動が十分減衰してから応答の測定を始めなければならない．この自由振動は，振動試験で重要な共振点近傍では大きく成長し長く持続する．したがって共振点近傍では，加振力を不連続に変えてから測定を始めるまでの待ち時間（一定値に保持する時間）を長くし，注意深くゆっくりと試験する必要がある．

DSS において加振力の不連続変化と共に発生する自由振動の初期振幅は，加振力をよほど急変させない限り，普通は定常応答の 10% 以内と見てよい[13]．この場合に，誤差が 5% 以下という上記の ISO 規格を満足するためには，自由振動が初期の半分にまで減衰すればよい[13]．減衰自由振動の振幅は初期値から時間 t の指数関数 $e^{-2\pi f_r \zeta_r t}$ に従って減衰する（式 2.54 と 2.49）から，そのための待ち時間 τ_0 は次式を満足すればよい．

$$e^{-2\pi f_r \zeta_r \tau_0} = 0.5 \tag{5.11}$$

$\log_e 0.5 = -0.694$ であるから，式 5.11 と 5.10 $(2\zeta_r f_r = \Delta f_r)$ より

$$\tau_0 = -\frac{\log_e 0.5}{2\pi f_r \zeta_r} = \frac{0.221}{\Delta f_r} \quad [\text{s}] \tag{5.12}$$

DSS における一定加振力の保持時間は，この待ち時間 τ_0 と計測に要する時間の和になる．

一方，DSS では，共振周波数 f_r は周波数刻み幅 Δf の不連続変化毎に四捨五入して読み取られるから，f_r の読取り誤差の最大値は Δf の半分である．このことを満足するために共振点近傍で許容される Δf の最大値は，ISO 規格で次のように決められている[13]．

$$(\Delta f)_{\max} = 0.32 \Delta f_r \quad [\text{Hz}] \tag{5.13}$$

式(5.12)と(5.13)の半値幅 Δf_r（5.5.1 項〔2〕）は，予備試験で得た周波数応答関数の共振峰から読みとる．

しかし，軽減衰構造で式(5.13)の ISO 規格を満足するのは，通常は困難である．そこで共振点近傍

では $\Delta f \cong \Delta f_r$ とすれば，モード特性の同定に実用上十分な精度の周波数応答関数を得ることができる．式 5.13 は，周波数応答関数の測定値から直接共振峰の大きさを読み取るために必要な条件であり，通常の実験モード解析ではこれほどの精度は必要ないとされている．共振近傍以外で周波数応答関数が平坦な所では，保持時間や周波数刻み幅についてあまり神経を使う必要はない．

図 5.18 は，DSS において線形掃引と対数掃引を比較した事例である [19]．同図 a は，30Hz〜5KHz の範囲で 12.4Hz 毎に 400 等分した DSS の結果である．一方，同図 b は，同じ範囲を対数目盛上で等間隔になるように 400 分割した結果である．同図 b では 40〜50Hz に 2 個共振峰が分離して現れているのに対し，同図 a ではそれらが区別できず，明らかに分解能不足である．このように対数掃引では，同じ周波数刻み数で工学上重要な低次共振峰に対する分解能を上げることができる．逆に高周波数域では，同図 b よりも a の方が，周波数分解能の精度が良い．

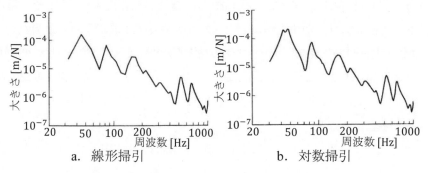

図5.18　DSSによる周波数応答関数の例
（コンプライアンス）

〔4〕 周波数同調正弦波加振

周波数同調正弦波加振（**TFS**）は，構造物のモード減衰比を精確に求めるために用いられる．この方法では，目的とする固有振動数に同調した一定周波数の正弦波で構造物を加振して，十分な振動エネルギーを与えた後に加振を止める．その後に残存する自由振動は目的とする固有モードだけで構成されるので，その減衰波形からその固有モードのモード減衰比と減衰係数を精確に求めることができる．FEM 解析や他の方法による振動試験であらかじめ固有振動数と固有モードを求めておき，その固有モードだけを効率良く励起できるように複数の加振点を選び，各点の加振の大きさと位相を正確に調節し合いながら，多点を固有振動数で同時に加振を開始し同時に加振を止めて，その後に残存するその固有モードの減衰自由振動を精確に計測する．

TFS は，重複あるいは近接する固有モードを分離するためにも用いられる．重複する固有モードが存在する場合には，通常の振動試験では，同一の固有振動数で複数の固有モードが混合して励起されるために，各固有モードの形状を判別できず，加振点を変えると共振振動の形が変ってしまう．このような場合，同じ固有振動数で多点を同時に定常波加振しながら，加振力の大きさと位相の相互関係をいろいろに変えて，重複する固有モードを分離させて発生させ，各々の固有モードの減衰

5.5 加振波形 195

係数を上の方法で求める．この方法は，複雑・大規模なので，航空機の構造減衰の計測のための振動試験のように，特に高精度を要求される実験モード解析に用いられる．

5.5.2 周　期　波

〔1〕 周期波加振とは

4.2.3 項で述べたように FFT では，標本化時間 $T = N\tau$（N は標本化点数，τ は標本化間隔）内だけデータを計測し，それと同一の波形が永遠に繰り返すとした仮想の時刻歴（図 4.8）を用いてフーリエ変換を実行する．そこで，加振力信号を標本化時間 T と同一の時間間隔だけ予め作成しておき，それを FFT 装置の計測に同調させて繰り返し与えて加振すれば，加振力と応答は時間軸上でしっかりと整合する．このような加振力信号を**周期波**という．現在用いられる周期波は，加振力信号の中身によって，図 5.14 のように 3 種類に分類できる．

これらの周期波に共通する長所は，加振信号をあらかじめ作成して与えることができるので，その周波数スペクトルを一様で平坦にできることと，波高率を小さくできることである．そのために，加振と応答が共にノイズの影響を受けにくい．また，標本化時間 T 毎に同じ時刻歴を繰り返すので，1 回毎の応答のパワースペクトル密度が同一になる．したがって，後述の不規則波のように 1 回毎に応答のパワースペクトル密度が異なる加振よりも，ノイズ除去のための平均化回数は少なくてすみ，測定時間を短縮できる．

一方，共通の短所としては，供試体に非線形が存在する場合にそれが原因で発生する周波数応答関数のゆがみや振幅依存性は，時間 T の周期で同じものが繰り返し現れるので，平均化処理では除くことができない．したがって，非線形の影響を除いた等価線形系の動特性を得たい場合には，周期波を用いた加振では良い結果が得られない．

周期波は，漏れ誤差を生じないことが長所といわれている．確かに，周期波は元々標本化時間（方形窓の時間間隔）T を基本周期として繰り返すように作成されている波であり，それを構成する調和波の周期 T_1 はすべて T の整数倍になっているから，周期波を方形窓で切り取って再び連結することによる漏れ誤差は生じない．しかし，分解能誤差が原因で漏れ誤差と類似の現象が生じる場合がある．この理由を以下に説明する．

第 4 章で述べたように FFT では，分解能周波数 $\Delta f = 1/T$［Hz］を最小単位とし，その整数倍の周波数の波しか作成することも測定することもできない．そこで，加振力を FFT で作成すれば，それは Δf の整数倍の周波数成分しか含まない．強制振動の定常応答は，加振と同一の周波数でしか発生しない（2.4.1 項）ので，Δf の整数倍の応答しか出力しない．FFT はそれを正確に測定し処理できるので，定常応答のみの測定であれば誤差は発生しない．

しかし加振の開始時と終了時には，定常応答の他に必ず過度応答が発生する．過度応答は外作用の変化によって生じる自由振動であるから，その振動数は加振周波数とは無関係な供試体の固有振動数になる（1.3.2 項）．一般に固有振動数は Δf の整数倍とは異なるので，過度応答は FFT では正

しく処理できず，分解能誤差（4.4.4 項）が生じる．この分解能誤差では，Δf の整数倍でない周波数の振動エネルギーが周辺の整数倍の周波数に漏れ出すので，漏れ誤差と類似の現象になる．例えば，振幅が 1 で 14.5Hz の振動を $\Delta f = 1\,\mathrm{Hz}$ の FFT で処理すれば，FFT はそれを Δf の整数倍の周波数の振動の重なりと解釈し，12Hz と 17Hz の成分が 0.06，13Hz と 16Hz の成分が 0.2，14Hz と 15Hz の成分が 0.6 のように，低周波数と高周波数の領域に裾が広がったスペクトル分布に変えてしまう．

測定する振幅の中に過度応答（自由振動）がどの程度含まれているかによって，分解能誤差の大きさが決まる．後述の打撃加振は完全な過渡応答であるから，分解能誤差が最大になる．後述の不規則波加振はほとんど過渡応答であるから，分解能誤差が大きい．定常波加振では定常応答のみを測定するので，分解能誤差は生じない．周期波加振では，不規則波加振よりはるかに分解能誤差が小さい．加振力信号の発生源が FFT ではなく外部の加振源にあるときには，その中に Δf の整数倍以外の成分が含まれるので，定常応答のみを測定する加振方法でも，分解能誤差は発生する．

次に，各種の周期波加振について述べる．

〔2〕 **高速掃引正弦波加振**

高速掃引正弦波加振（fast swept sine excitation または periodic chirp，略して **FSS**）は，正弦波加振であるが，目的の周波数帯域を高速で掃引することにより，FFT の 1 回の標本化時間 T 内で全周波数帯域に渡る 1 回の加振を終了させ，同一の掃引を T に同期させて繰り返す．掃引は，通常は周波数の低い方から高い方に上昇するが，その反対の下降でもよい．非線形を有する供試体では，**図 5.19** や後述図 5.54 のように，上昇と下降で周波数応答関数が異なる場合がある．その疑いがあるときには，両者を平均化することが好ましい．掃引速度は，一定の場合と周波数の対数に比例させる場合がある．後者では低周波数域でゆっくり，高周波数域で速くなるので，低次固有モードの精度を上げる観点からは後者の方が良い．FSS では，加振信号振幅の周波数スペクトルは，普通一定で平坦にするが，特定周波数の振幅を拡大させ加振するなど変化させてもよい．標準的な 1 回の加振信号波形（周波数上昇）を**図 5.20** に示す．

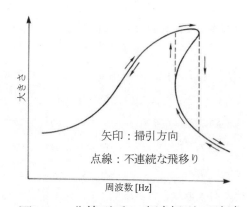

図5.19　非線形系の高速掃引正弦波加振における上昇時と下降時の周波数応答関数の違い

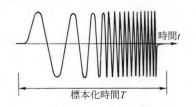

図5.20　1 回の高速掃引正弦波（上昇）

5.5 加振波形

図 5.21 に加振信号・加振力・応答の事例を示す．計測データの採取は，図5.20のように最初からでなく図5.21のように途中からでもよく，両者は同一の結果を得る．これは，FFT 処理では同一の観測窓を繰り返すので，初めも終りもないからである．図5.21では，加振信号の周波数スペクトルは平坦であるが，加振力は加振信号とは異なり振幅が一定ではなく，共振周波数直前で微増の後，共振周波数で急減している．これは，動電式加振器を用いて加振する際に発生する図 5.6 の現象に他ならない．数 Hz の低周波数で加振力波形が極端に大きくなっているのは，この周波数が動電式加振器の可動部質量とその支持ばねが形成する固有振動数であり，図 5.7 における角振動数 $\sqrt{K_0/M_0}$ [rad/s] に相当する．

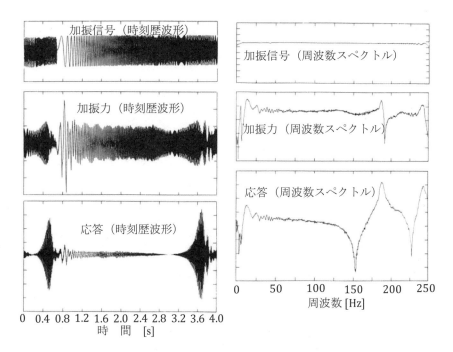

図5.21　高速掃引正弦波（加振信号，加振力，応答）の時刻歴と周波数スペクトル

FSS の長所を述べる．

① 瞬間的には単一周波数の正弦波加振であるから，多くの周波数成分が混合した信号を用いる広帯域加振法に比べ波高率が小さく，加振エネルギーが大きい．

② 加振力の大きさ・周波数帯域・掃引速度を，精確に調整できる．

③ 同じ周期波でも，後述の擬似不規則波のように位相が不連続かつ不規則に変るのではなく，連続的に変化していく．その結果，がたなどの非線形による周期的ノイズ（平均化では消えない）が，丸められて出現しにくい．そこで，非線形があるときの周波数応答関数のゆがみが小さく，曲線適合による線形近似モード特性の同定精度が SSS より良い．

④ 瞬間的には単一正弦波加振なので，1回の標本化時間T内で広帯域加振を行う加振方法の中で最も誤差が混入しにくく，SN比が大きい．そこで，ノイズ除去のための平均化回数が少なくてすみ，結果の精度が高い．

FSSの短所を述べる．

① 正弦波加振であるから，非線形が存在するときにはその影響（例えば図5.19）が定常波加振と同じように周波数応答関数中に現れるにもかかわらず，定常波加振とは異なり，非線形の大きさの判別や性格付けができない．

② 実働時の加振とは異なる特殊な加振方法であり，実動時のシミュレーションのための加振実験としては使えない．

③ 図5.21を見ると，加振力の掃引に従って供試体が低周波数から高周波数へ短時間に次々と共振し，異なる固有振動数の自由振動を連続的に生じて減衰することを繰り返している．このようにFSSにおける応答は，振動数が異なる過渡応答の時間をずらした重合せであり，特定周波数の共振は標本化時間T中に1回で一瞬しか生じない．そのために，加振信号は瞬間的には単一周波数の正弦波でありその波高率は定常波に近い約1.4であるにもかかわらず，応答の波高率はSSSとDSSよりも大きくなる．また，この加振方法では自由振動である過渡応答を測定しているから，周期波加振にもかかわらず応答中に分解能誤差を生じる可能性がある．

〔3〕 擬似不規則波加振

振幅が同一で位相が不規則である，分解能周波数Δfの整数倍の周波数点における離散周波数スペクトルを，与えられた対象周波数領域内であらかじめ用意しておき，それを重ね合せて逆フーリエ変換し，標本化時間Tの間隔分だけの時刻歴波形を作成する．そしてこれを一固まりとし，この固まりを加振信号として標本化時間Tに同期させながら与え，繰り返して加振するのが，**擬似不規則波加振**（pseudo-random excitation，略して**PSR**）である．**図5.22**に，加振信号の時刻歴および加振信号・加振力・応答の周波数スペクトルを示す．この時刻歴は，一見不規則波のように見える．しかしPSRは，対象周波数内の全標本化周波数点における同一振幅の正弦波を重ね合せたものであ

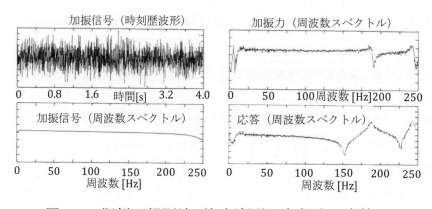

図5.22 擬似不規則波（加振信号，加振力，応答）

5.5 加振波形 199

り，後述図 5.23 のような不規則波ではないことが，図 5.22 中の加振信号の周波数スペクトルから分かる．つまり PSR は，周波数が異なる多くの正弦波を互いに無関係な位相で重ね合せて加振しているにすぎず，確定波であり，その同一の固まりが時間 T 毎に繰り返すので，周期波である．

加振信号は通常図 5.22 のように周波数スペクトルを一定にするが，希望する大きさや分布の加振信号スペクトルを任意に与えることもできる．例えば，供試体の共振点で加振力が減少するという動電式加振器の特性（図 5.6 下図）を補正するために，共振周波数近傍の成分を大きくした加振信号を用いることができる．

PSR の長所を述べる．

① 加振信号の振幅と周波数帯域を，自由かつ正確に与えることができる．

② 加振信号の振幅を一定にすれば，特定周波数に片寄らない加振ができる．

③ 目的の周波数帯域全体を同時かつ均等に加振するので，応答の波高率が FSS より小さい．

④ 加振力と応答の漏れ誤差と分解能誤差を，共に無くすことができる．それには，標本化時間 T 毎の加振を複数回繰り返して行い，初回に生じた過渡応答が消滅し定常応答だけになってからデータの取込みを開始する．この繰返し回数は，衝撃応答が消滅する時間 T_0 によって決まる．例えば $T_0 < T$ なら 2 回目以後に，$T_0 \cong 5.5T$ なら 7 回目以後にデータを取り込む．できれば，あらかじめ打撃試験を行って T_0 を測定し，それを基に繰返し回数を決める．

PSR の短所を述べる．

① 非線形の影響を受けやすい．位相が不規則だから，がたや非線形の影響が出やすく，しかも周期的に出るので，それを平均化によって除去できない．したがって非線形がある場合には，周期数応答関数にゆがみを生じモード特性の同定精度が低下する．

② 全周波数帯域を同時に加振するから，周波数あたりの加振エネルギーは定常波加振の場合より小さい．

③ 加振力は一見正弦波ではなく不規則に変化するので，波高率が FSS より大きい．

〔4〕 多重正弦波加振

多重正弦波加振（multi-piled sine excitation，略して **MPS**）は，PSR と同様に多数の正弦波を重ねる方法であるが，PSR のように位相を無関係に重ねるのではなく，コンピュータシミュレーションによる試行錯誤によって，波高率ができるだけ小さくなるように，周波数成分間の位相関係を予め調整しておく方法である．PSR は，加振力の波高率が大きく 4 程度であるため，加振系のダイナミックレンジを有効に活用できない欠点があった．これに対し MPS では，PSR の長所を保ちながら波高率を 2.8 まで改善した加振波形が得られている[16]．

5.5.3 不 規 則 波

〔1〕 不規則波加振とは

不規則波は，自己相関関数やパワースペクトル密度（4.3.2 項〔1〕）によってその性質を統計学的

に表現することはできるが，特定時刻の値は不確定な波である．もちろん周期性はなく，現在まで
の波形が分かっても一瞬先の値は全く予測できない．このような不規則波を用いる加振に共通の性
質を述べる．

① 振幅が偶然極端に大きくなる可能性があるので，波高率は不確定であり，一般には大きい．
したがって，波高率を予測して計測・処理系のダイナミックレンジを有効に利用できるように
あらかじめ設定することが困難である．

② 多くの周波数成分を含む広帯域波であり，供試体の全固有モードを同時に励起する．そのた
め，広周波数帯域加振では正弦波加振より大きいパワーを必要とする．反対に狭周波数帯域加
振では，広帯域を同時に加振するこの方法はエネルギーの利用効率が悪い．ただし，帯域フィ
ルタを使用して対象帯域外の加振周波数成分を予め除くことにより，この問題は改善できる．

③ 非線形の影響を受けにくい．供試体に非線形があると，周波数応答関数は振幅依存性を有し，
形が変ったりゆがんだりする上に，加振力の大きさによってその様相が変化する（5.8 節）．不
規則波加振ではこれらの現象も不規則に出現するから，線形応答成分とは無相関になる．そこ
で，応答に十分な回数の平均化処理を行えば，非線形現象は統計的性質によって減少し，平均
化近似した線形特性が優位になる．その結果，平均化した周波数応答関数に非線形特有のゆが
みがあまり現れないので，元来線形系にしか適用できないモード特性同定の理論が適用でき，
曲線適合の精度が良くなる．しかしその反面，様々な非線形現象が不規則に発生しては消えて
いくから，非線形の有無・大きさ・性格付け・原因を判定できない．

④ 周期波に外乱として混入する不規則誤差は，式 4.156 に示したように，平均化処理によって
除去できる．周期波加振では，応答も標本化時間 T の周期波であるから，1 回のデータ取込み
毎に同一の波形を繰り返すので，少数回の平均化処理だけで不規則誤差（ノイズ）を除去でき
た．しかし不規則波加振では，応答自体も不規則であり 1 回毎に波形が異なる．そこで，供試
体の動特性に起因する応答本来の性質が優勢になるまで，かなり多数回の平均化を行わなけれ
ばノイズの影響を除去できない．不規則波は周期波より波高率が大きくしかも周波数スペクト
ルが不規則に変化するので，本来外乱の影響を受けやすいことも，平均化回数が大きくなる理
由である．ISO[13] では，不規則波加振の際に混入する外乱による誤差が 5％以内であることが
90％の信頼度で成立するまで平均化する必要がある，とされている．そのためには，例えばコ
ヒーレンスが 0.97 程度のかなり質の良いデータに対しても，30 回程度の取込みデータを平均す
る必要がある（図 5.58 の一点鎖線）．

⑤ 漏れ誤差が発生しやすい．FFT は，実現象の時刻歴を標本化時間 T で切り取りそれを繰返し
連結した周期 T の波形に変えて実行する．そこで，原波形が周期 T でない限り，結果は真のス
ペクトルとは異なったものになる．このとき生じる誤差が漏れ誤差（4.4.5 項）である．漏れ誤
差は，周期成分を有しない不規則波加振では必ず発生する大きい問題であり，これを少なくす
るための様々な工夫がなされている．その結果，不規則波加振方法は，図 5.14 に示すように，

5.5 加振波形

6種類に分けられる．
次にこれらについて説明する．

〔2〕 純不規則波加振

不規則信号は，広帯域白色雑音と同一であり，ダイオードの熱雑音などを利用して簡単に得ることができる．**純不規則波加振**（pure random excitation，略して**PUR**）は，この不規則信号を標本化時間Tの初端から終端までそのまま用いて加振する方法である．**図 5.23**に，純不規則波加振に用いる不規則信号の例を示す．同図 a は 1 回の標本化時間$T = 0.4$秒間の時刻歴波形である．その振幅の分布（頻度）は，同図 b のように 0 を中心としそれから遠ざかるほど小さい値になっている．純不規則波の振幅分布を**ガウス分布**という．同図 c はその周波数スペクトルである．白色ノイズの周波数スペクトルは周波数に関係なく一定で平坦であるといわれるが，それはあくまで無限時間の平均値（期待値と言う）であり，各瞬間の周波数スペクトルは，同図 c に示すように，一定値の付近を不規則に変動する．そしてその大きさの分布は，同図 b と同様のガウス分布になっている．このように純不規則波は，時間軸と周波数軸上で同じ統計的性格を有する不規則過程である．同図 a も同図 c もこれを測定した時点での 1 回限りの波形であり，両者共これと同じ波形は 2 度と現れない．

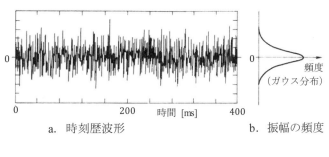

a. 時刻歴波形　　　　　　b. 振幅の頻度

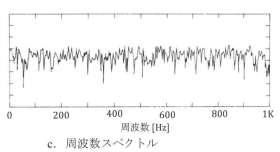

c. 周波数スペクトル

図5.23　純不規則波

図 5.23 の純不規則波は 0Hz～1KHz 間の成分を含んでいるが，目的とする周波数範囲が，例えば 400Hz～500Hz のように狭い場合には，帯域フィルタを用いてその周波数範囲の信号成分だけを残し，加振エネルギーをその帯域に集中させると共に，標本化時間Tを長くして周波数分解能を向上させる（分解能周波数$\Delta f = 1/T$を小さくする）ことができる．

定電圧型の電力増幅器からの加振信号を用いた加振では，動電型加振器の特性により，図 5.6 のように共振点で加振力が急減する．定常波加振では，常に単一の周波数で加振しているから，加振力を共振周波数で大きくする調整によりこの問題を軽減できる．しかし，PUR のように広い周波数帯域を同時に入力する種類の加振波形では，特定周波数成分の選択調整ができない．そこで PUR では，共振点において加振力の SN 比が低下し，コヒーレンスの低下が生じる．

PUR の最大の欠点は，漏れ誤差が不規則波の中で最も大きいことである．図 5.23a のように，標

本化時間の始点と終点では加振力の大きさが無相関であり一般に大きく異なる．PURでは，FFTでこれを連結した加振信号を用いるので，つなぎ目に大きい不連続が生じ，これが大きい漏れ誤差を生じさせる．漏れ誤差は，コヒーレンスを低下させ周波数応答関数の信頼性を失わせる．そこでPURは，窓関数（4.4.5項〔4〕）を用いないと漏れ誤差が大きくて使いものにならない．

〔3〕 短時間不規則波加振

短時間不規則波加振（burst random excitation，略して **BR**）は，標本化時間T内の開始からの初期部分時間に純不規則波加振を行い，その後は加振を止めて供試体を自由振動させる方法である．BRは，基本的にはPURの長所を保持しながら，その欠点である漏れ誤差を少なくするために開発された加振方法である．BRの加振信号・加振力・応答の時刻歴波形，および加振信号・加振力の周波数スペクトルの例を，図5.24に示す．図5.24は，標本化時間$T = 4$sのうちで初期の$0.4T = 1.6$s間だけ加振し，以後の2.4s間は自由振動させている．

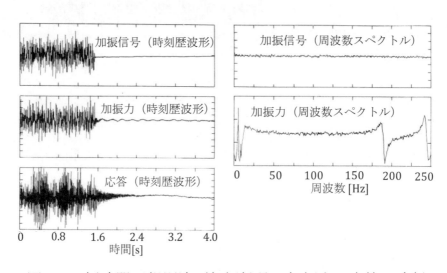

図5.24　短時間不規則波（加振信号，加振力，応答の時刻歴波形と，加振信号，加振力の周波数スペクトル．初期40%加振）

BRでは，加振終了後の自由振動を予備試験であらかじめ観察し，それが時間T内で十分減衰するように供試体の減衰の大きさに合せて加振時間を決めておく．こうすれば，時間Tの終点で信号が0に近くなるので，加振開始直前を計測の始点にとれば，加振力の漏れ誤差は著しく軽減する．BRのもう一つの長所は，加振終了後には，自由振動が自然に消えるのを待つのではなく，動電式加振器（図5.5）が電磁ダンパの役割をして，自由振動を自動的・積極的に減衰させていることである．加振時に供試体に加振力を作用させていた加振器の可動部（加振テーブル）は，供試体に剛結合されているから，加振終了後には供試体の自由振動に伴って振動する．そうすると，界磁コイルが生じる静磁束を横切って動く可動部駆動コイル内には，その速度に比例した逆起電力が発生し，逆電流が流れる．この逆電流は，可動部の動きを止めようとするから，電磁ブレーキの役割をして，供

5.5 加振波形

試体の自由振動を積極的に減衰させる．

図 5.24 から分かるように，信号発生器から供給される加振信号は時間 T の初期 40%以後では正確に 0 になっているが，供試体に作用する力は加振終了後も 0 になっていない．加振終了後のこの力は，加振信号によって生じる力ではなく，逆起電力による制動力である．

ただ電磁ダンパは，いつもこのように有効に作用するとは限らない．例えば，定電流型電力増幅器を用いる場合には，その大きい出力インピーダンスが駆動コイルに直列に連結されるので，逆起電力が生じても逆電流がほとんど流れず，電磁ダンパはほとんど作動しない．定電圧電力増幅器を用いる場合でも，加振器が小型の場合には，内部の静磁束が元々弱いので逆起電力は小さく，電磁デンパはあまり効かない．

加振器が電磁ダンパとして作用しても，周波数応答関数の測定は全く影響を受けない．それは，加振終了後の加振器は自然に生じる逆起電力によって供試体の自由振動を止めるような加振をしているにすぎず，その加振力とそれによる応答はすべて検出器で検出され周波数応答関数の算出に用いられているからである．この電磁ダンパは，自由振動の自然減衰が小さい軽減衰構造に対して大きい効果を発揮する．

しかしそれでも，供試体自身の減衰が大変小さいときや標本化時間 T が短く周波数分解能が低いときには，自由振動は十分には減衰せず，PUR ほどではないが漏れ誤差が発生する．これを防ぐためにさらに初期の加振時間を短くし自由振動が減衰する時間を増やそうとすれば，加振エネルギーが過度に減少して波高率が大きくなり，加振系や計測系をダイナミックレンジの下限近くで利用しなければならなくなるため，SN 比の低下を招きコヒーレンスが低下する．減衰が小さいほど共振峰は急峻になり，計測系は広いダイナミックレンジを必要とするので，このことは BR の欠点になる．

図 5.25 は，図 5.24 の加振に対する応答を示す．図 5.25 は，不規則波加振ではノイズの影響が大きいので，かなり多数回の平均化を行う必要があることを示す．

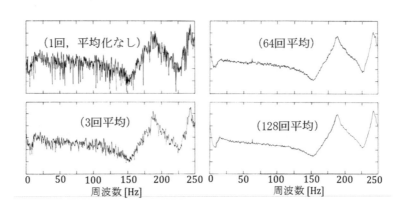

図5.25 短時間不規則波加振における応答
（図5.24と同じ供試体）
平均化回数：1（平均化なし），3，64，128

一般に，PUR 加振でハニング窓（図 4.26）を使用するよりも，BR 加振の方が，漏れ誤差の防止に対して効果的である．

〔4〕 短時間不規則波制御加振

前述の BR は，PUR の最大の欠点である漏れ誤差を軽減するために開発された加振方法である．しかし供試体が軽減衰の場合には，加振終了後の自由振動が標本化時間内で十分には減衰しないために，BR でもその効果が薄い．もし人為的に自由振動を短時間で減衰させることができるなら，この問題は解決する．

BR では，加振終了後に加振器が電磁ダンパとして機能し，供試体に積極的に減衰を与える役割をして，自由振動の減衰を助長することを，すでに述べた．そこで，加振器のこの役割をもっと進め，加振終了後には自由振動を能動的に押さえるアクチュエーターとして機能させることを，白井が提案した[16]．それが，ここで説明する**短時間不規則波制御加振**（burst random controlled excitation，略して **BRC**）である．BRC では，加振点の速度を計測し，それを用いてフィードバック制御することにより，系の減衰を能動的に増大させるための制御系を，本来の加振系に付加する．

供試体に本来存在する粘性減衰力は，速度の負値に比例する．したがって，外部から能動的に粘性減衰力を加えるには，速度フィードバック制御により，速度の負値に比例する外力をアクチュエーターで人為的に発生させ，供試体に作用させるのが効果的である．BR では，不規則波加振終了直後から標本化時間 T が終るまでの間，加振器を遊ばせながら自由振動が減衰するのを待っている．そこで，不規則波加振終了後直ちにこの制御を作動させ，加振器をアクチュエーターとして利用し，不規則波加振で生じた自由振動を能動的に減衰させても，加振器でこのような加振をしているというだけであり，本来の測定を乱すことは全くない．

図 5.26 に，BRC の機器構成を示す．加振中はスイッチを上に接続して不規則信号を加振器に供給し，通常の短時間不規則波加振を行い，加振終了と同時にスイッチを下に切り替える．そうすれば，加振系と供試体の間に速度フィードバック制御系が形成される．そして，供試体上の加振点における加速度を検出し，積分して速度に変え，増幅し，位相を反転した信号を加振器に供給する．この速度フィードバック制御により，加振終了後の自由振動は速やかに減衰し消滅する．

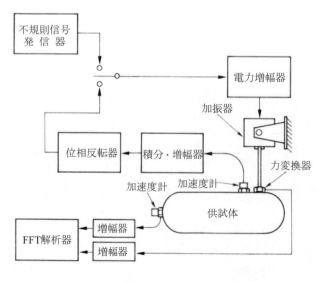

図5.26 短時間不規則波制御加振のための機器構成

このように BR に制御系を付加しても，

5.5 加振波形

本来の周波数応答関数の測定には全く影響を与えない．その理由は，BR において加振終了後に加振器が電磁デンパの役割をすることが測定に影響を与えないことと同一であり，すでに説明した．

図 5.27 は，軽減衰供試体を BR と BRC で標本化時間 $T = 0.4\,\mathrm{sec}$ とする振動試験をしたときの，加振力と応答変位の時刻歴波形の比較例である．いずれも加振時間は T の 40% であり，初期の 0.16sec で加振が終了し加振信号は 0 になる．

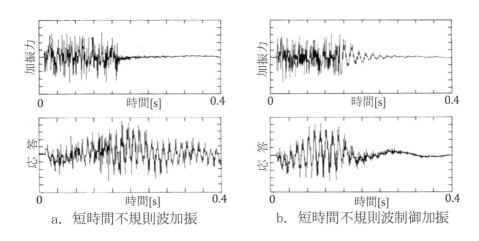

　　　a．短時間不規則波加振　　　　　　b．短時間不規則波制御加振

図5.27　加振力と応答の時刻歴波形

図 5.27a は BR であり，加振終了後には，加振信号が存在しないにもかかわらず，加振力は完全には 0 にならず，少し残存している．これは，加振器が加振終了直後から電磁デンパの役割をし始め，自由振動を抑制し減衰させる力を少し出しているためである．加振期間中の変位は，不規則波加振による強制振動応答と自由振動が混合したものであるが，加振終了の瞬間に強制振動応答は消え自由振動だけが残存する．供試体が軽減衰であるため，標本化時間 T の終了時には，自由振動はほとんど減衰することなく残存し，このままでは大きい漏れ誤差を発生する．

図 5.27b は BRC である．加振終了と同時に速度フイードバック制御が始まり，自由振動と位相が逆転した加振力が加振器から供試体に作用している．そして，不規則波加振終了後に残存した自由振動は速やかに減衰して標本化時間 T 終了時には消滅している．このため，時間 T 間の標本化で計測した区間時刻歴は，始点と終点の両方が 0 になり，これを連結しても不連続点は発生せず，漏れ誤差は応答中に生じない．

図 5.28 は，同じ構造物を 20%，40%，60% の加振時間で加振したときの，加振力と応答間のコヒーレンスと周波数応答関数のナイキスト線図の例である[16]．

図 5.28a は BR であり，加振時間により周波数応答関数が大きく異なっている．これは，軽減衰構造物を BR で加振した結果は加振時間によって変化し，信頼性が失われていることを意味する．周波数応答関数は，加振時間が長いほどナイキスト線図上で丸みをおびている．丸みがあるのは共振峰が低くなだらかな裾が生じていることを意味している．これは，共振峰のエネルギーがその周辺

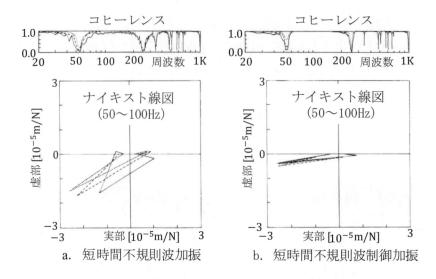

　　　　　　a. 短時間不規則波加振　　　　b. 短時間不規則波制御加振

　図5.28　加振時間を変えるときの
　　　　　コヒーレンスと周波数応答関数の例
　　　　上図：コヒーレンス
　　　　下図：周波数応答関数のナイキスト線図
　　（加振時間：――― 20%，------ 40%，――― 60%）

の裾に漏れ出す現象が生じているためであり，漏れ誤差が生じていることを示す．このようにBRにおける漏れ誤差は，加振時間が長いほど増大している．このことは，加振時間が長いほど共振点におけるコヒーレンスが低下していることからも明らかである．

　図5.28bはBRCである．コヒーレンスはBRより大幅に改善され，1に近くなっている．また周波数応答関数は，加振時間によらずほぼ一定で横に細い形になっており，周波数応答関数がナイキスト線図上で大きい円を描くことを示唆している．これは，漏れ誤差がほとんど生じないために，軽減衰構造物本来の急峻な共振峰が測定できていることを意味する．

〔5〕　周期不規則波加振

　周期不規則波加振（periodic random excitation，略して**PER**）は，周期波加振と不規則波加振の中間的な性格を有するので，このような一見自己矛盾する名前がつけられた．まず，周期波の1種である擬似不規則波で加振する．加振開始と共に発生した過度応答（自由振動）が消えて定常応答（強制振動応答のみ）に達した後に，標本化時間Tの1回分だけ応答を測定する．そして，加振力と応答の両パワースペクトルと両者間のクロススペクトルを計算する．次に，前回とは無相関の擬似不規則波を用いて加振し，定常状態に達した後に時間Tだけ応答を測定し，前回と同じパワースペクトルとクロススペクトルを計算する．これを，平均化に必要な回数だけ繰り返し，各回で得たスペクトルを平均化処理する．最後に，式4.142または4.152を用いて周波数応答関数を計算する．

　図5.29は，PERの加振波形を2回のデータ取込み分だけ示した図である．この場合には，前半の標本化時間Tだけ待機し，後半の時間Tでデータ取込みを行っているから，1回ごとに，待機時間$T+$

5.5 加振波形

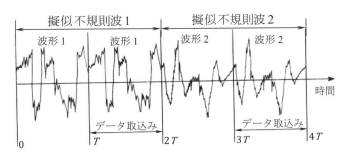

図5.29 周期不規則波

測定時間 $T = 2T$ の時間を要している．もっと減衰が小さい供試体に対しては，待機時間を $2T$ 以上にし，自由振動を十分減衰させる必要がある．

PSR は，漏れ誤差は生じないが，非線形が存在すればそれによる周波数応答関数上の共振峰のゆがみや高周波数成分の出現を平均化処理によって周波数応答関数から除くことができない．反対に PUR は，非線形の影響を平均化によって除くことはできるが，漏れ誤差が発生する．PER は，これら両者の特徴を保持しながら欠点を排除した方法であり，次の長所を有する．

① 周期波（擬似不規則波）を用いており，しかも波形が変更する毎に初期外乱として発生する自由振動が消えるまで待ち，定常応答だけを測定しているので，漏れ誤差が発生しない．

② 1回の加振毎に無相関の波形を使うから，試験全体としては不規則波加振といえる．非線形の影響は1回毎に不規則に現れるので平均化処理によって消去でき，平均的性質を持った線形系の周波数応答関数が得られる．したがって，非線形を有する供試体に対しても，線形理論によるモード特性の同定が精度良くできる．

③ 1回ごとの加振では擬似不規則波というあらかじめ作成した確定波を用いるから，加振力の大きさと周波数成分を正確に決められる．また，応答の大きさが計測系のダイナミックレンジに合うように，加振信号の大きさを調節できる．

④ 精度が良い周波数応答関数を得るまでの平均化回数が PUR よりも少ない．

PER は次の欠点を有する．

① 1回の測定毎に待機時間が必要なので，他の方法よりも時間がかかる．

② 測定方法が複雑であり，専用の装置を必要とする．

〔6〕 **不規則連続打撃加振**

理想的な振動試験を行うには，供試体は，本来何の拘束も受けずまた目的の加振力以外何の作用も受けない，自由な状態でなければならない．しかしながら，これまで説明してきた加振方法ではすべて，供試体に加振器の力検出部を取り付ける必要があった．そのため，次のような共通の不都合が生じていた．

① 加振器を供試体に取り付ければ，供試体が加振器の影響を受けることによる問題は避けられない．具体的には，力検出器の出力を狂わせる横力や回転モーメントが加わる，加振器取り付け部の質量と回転慣性が供試体本体に付加される，加振器の剛性が供試体の振動を拘束する，

などである.

② 供試体が小形,実機,高価,特殊材料などの理由で取付け加工が許されず,供試体に加振器を取り付けることが困難な場合がある.

③ 多点同時加振で加振力間に相関が生じる.多点同時加振は,単点加振では十分な振動エネルギーを供給できないとき,単点に大きい力を集中させると構造物が被害を受けるとき,供試体全体に渡り均一なあるいは対称性のある加振力分布が必要なとき,1回の振動現象で多点の加振と計測を同時に行うことにより実験時間を短縮しながら信頼性の高い周波数応答関数を得たいとき,局所的な片寄りのないモード特性を得たいとき,などに実行される.その際に,多点間の周波数応答関数を正しく求めるには,異なる点の加振力が互いに無相関でなければならず,そのために不規則波を用いる.しかしながら,不規則波のうち PUR や BR による多点同時加振では,互いに完全に無相関な加振信号を各点に与えても,次の理由によって加振力間に若干の相関が生じることは避けられない.

加振器を用いる場合の加振力は,加振器が発生する力だけで決まるものではなく,供試体の応答にも支配される.供試体の応答が小さい周波数域では,加振力は加振信号に基づいて加振器が発生する力そのものである.したがって,多点間に互いに無相関の加振信号を与えれば,加振力には多点間の相関は生じない.しかし供試体の共振振動数近傍では,図 5.7 の M_0 と K_0 でモデル化される加振器可動部が,大きく振動する供試体から通常の加振とは逆方向の大きい速度加振を受けるので,可動部にはそれに対する反力が生じる.供試体の速度は全体に渡る一体振動で生じるから,これに起因する可動部反力は,同一供試体上の多点間で完全な相関を有する.供試体からの速度加振は蹴返しと呼ばれ,加振器を供試体に連結する限り避けられない現象である.力検出器は,加振信号に基づき発生する力とこの反力の代数和(正負を考慮した和)を,加振力として検出する.多点間では,前者が無相関,後者が有相関であるから,多点の加振力間には必ず若干の相関が生じ,これが振動試験の精度低下を招く.

以上のうち ① と ② の不都合は,後述の打撃加振によれば解決できる.しかし通常の打撃加振は,加振器を固定する方法に比べて,加振エネルギーが小さい,波高率が極端に大きい,非線形の影響を受けやすい,信頼性と再現性が乏しい,などの欠点を有する.また,通常の打撃加振では,多点同時加振を行うことはできず,上記 ③ の不都合に対応できない.

白井は,上記 ① ～ ③ の問題を同時に解決するために,以下の不規則連続打撃加振法を提案した[16].この方法は,**純不規則連続打撃加振**(pure random continuous impact excitation,略して **PRI**)と**短時間不規則連続打撃加振**(burst random continuous impact excitation,略して **BRI**)に分けられる.

不規則連続打撃加振を,**図 5.30** を見ながら説明する.まず,信号発生器で純不規則波を発生する.次に,その波があらかじめ設定したしきい値を越える度にパルスを発生するパルス信号発生器を使用し,**図 5.31** のように不規則なパルス列を作成する.電力増幅器によってこのパルス列に電気エネルギーを与え,アクチュエーターに供給する.アクチュエーターがパルス列に従って供試体を打撃

5.5 加振波形

することにより，1回の標本化時間T内で多数回の打撃加振を不規則に行う．このためのアクチュエーターとしては，通常の加振器を流用してもよいが，もっと小型軽量簡便な専用のものを使用すれば，適用範囲が広がる．

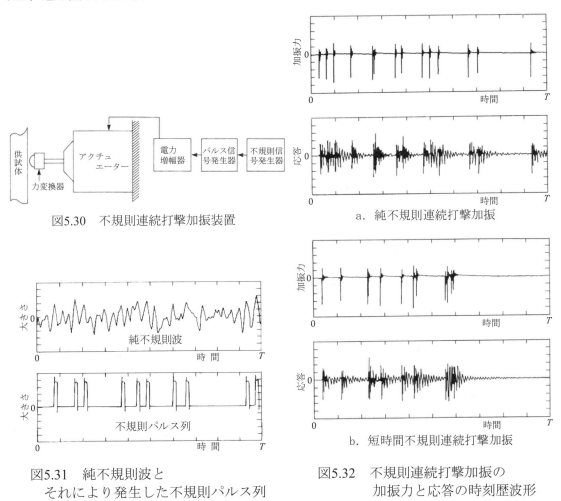

図5.30　不規則連続打撃加振装置

図5.31　純不規則波とそれにより発生した不規則パルス列

a. 純不規則連続打撃加振

b. 短時間不規則連続打撃加振

図5.32　不規則連続打撃加振の加振力と応答の時刻歴波形

図 5.32 は，この方法による加振力と応答の時刻歴波形の例である．図 5.32a は，標本化時間T全体で加振を行う PRI である．この場合には，自由振動が時間Tの終端に残存し漏れ誤差が生じる可能性がある．この漏れ誤差を防ぐために，標本化時間の前半のみで加振する方法が図 5.32b の BRI であり，時間Tの終端には自由振動が消えており，漏れ誤差は生じない．

PRI と BRI では，加振器を供試体に連結する必要がないので，上記①～③のすべての問題を同時に解決できる．特に③は他の方法では解決できないので，BRI は多点同時加振に対する有用性が大きい．PRI と BRI は，通常の単一打撃加振に比べて，装置は複雑であるが，複数回打撃するので加振エネルギーが大きく，外乱に強い，波高率が小さい，アクチュエーターを用いるので手動加振より信頼性が大きい，などの利点を有する．さらに，非線形の影響を受けにくいなど，不規則波加

振が有する長所を合せ持っている.

5.5.4 非 定 常 波

非定常波とは，加振力が時間の関数として短時間だけ急激に変化した後に，1回の標本化時間T内で消える種類の波である．これを用いる加振では，加振時にそれにより生じた自由振動を応答として測定し，それから供試体の動特性を求める．この方法は，**打撃加振**（impact excitation, 略して**IMP**）と**ステップ加振**に分けられる．1回限りの高速掃引正絃波加振（chirp）も非定常波に入る．打撃加振は5.6節で改めて詳しく説明し，ここではステップ加振について述べる．

ステップ加振とは，構造物を鋼線や索などで引っ張って初期変位を与えておき，力を瞬時に解放することによって生じる自由振動を計測する．元来，大型構造物の振動試験を行う方法であり，土木建築分野では引き綱法と呼ばれている．

ステップ加振では，標本化時間Tの開始時には力も変位も大きい値を持っている．それをデータ取込み途中で瞬時に解放するから，Tの終了時には両者共に0になる．これをこのままFFTにかけると，Tの両端で値が大きく不連続に変わる波の繰返しになり，非常に大きい漏れ誤差が生じて使いものにならない．この問題は，高域フィルタを用いて加振力と変位の両方から直流成分を除く方法により，簡単に解決できる．その際に，フィルタのカットオフ周波数を，供試体の最低次固有振動数より十分低くしておく必要がある．

ステップ加振は，次の長所を有する．

① 低周波数域で大きい加振力が得られる．

② 実施時間が短い．

③ 加振器を用いないので，加振装置が供試体に与える影響がない．

④ 加振力の大きさと方向を簡単・正確に決ることができ，また再現性が良い．

これらのことから，橋や建物などの大型構造物の振動試験に適している．同時に，小さい物，軽い物，大きさの割に剛性が低く固有振動数が小さい物の振動試験にも適している．

ステップ加振は，次の短所を有する．

① 加振エネルギーは静荷重を除去する一瞬に入るだけなので，加振力の波高率が大きい．

② 大きい初期変位を与えて解放するので，がたなど非線形の影響を受けやすい．

③ 供試体を引っ張るので，どこかを固定または支持しておく必要がある．初めから固定部を有する供試体なら問題はないが，そうでない供試体を自由状態で加振することはできず，初期荷重の反力を受ける支持部を付加しなければならない．その際に，供試体単体の固有モードが変化するような支持をしてはならない．

5.5.5 自 然 加 振

自然加振は，人為的に加振するのではなく，供試体が自然の状態で受けている力を利用する方法

5.5 加振波形

であり，**環境加振**と**実動加振**に分けられる．環境加振は風，地震などの自然環境下での振動を測定する．この方法は，巨大構造物のように人為的な加振が困難な場合に用いる．一方，実動加振は，供試体が実動中や運転中に生じている振動を測定する方法である．例えば，飛行中の航空機，実動中の回転機械，走行中の自動車の振動である．

自然加振の利点は，測定した応答が自然・運転中・使用中の状態をそのまま表現していることである．一方，欠点は，加振力が測定できないことである．そのため，通常のモード特性同定の理論・方法は適用できない．

5.5.6 比較

これまで述べてきた各加振力の性質をまとめて**表 5.1**に示す．実際には，複数の方法で予備試験を行い，その中で目的に最も合う方法を見つけて本試験を行うことが望ましい．また，複数の方法を適用した結果を相互比較することによって，構造物の性質を知ることができる．例えば，PSR と

表 5.1　加振方法の比較（方法の略語は図 5.14 参照）

項目 方法	大きさ調節	スペクトル調整	エネルギー	波高率	対雑音性	大型重量構造	小型軽量構造	軽減衰構造	大減衰構造	振幅依存性の検討	非線形性の平均化除去	ノイズの平均化除去	測定時間	漏れ誤差
定常波	最良	最良	最大	最小	最良	最適	不適	最適	適	最良	不可	良	最長	無
FSS	良	可	大	中	良	適	不適	不適	適	可	不可	良	短	小
PSR	良	可	中	中	良	中	中	適	適	可	不可	良	短	無
MPS	良	可	中	小	良	中	中	適	適	可	不可	良	短	無
PUR	可	難	中	中	良	中	中	不適	適	不可	可	可	中	大
BR	可	難	小	大	中	中	中	中	中	不可	可	可	中	小
BRC	可	難	小	大	中	中	中	適	不適	不可	可	可	中	無
PER	良	可	中	中	良	中	不適	中	適	可	可	可	長	無
BRI	可	不可	小	大	中	適	適	中	不適	不可	不可	可	短	小
IMP	難	不可	最小	最大	劣	不適	適	中	不適	不可	不可	可	最短	小

BR が異なった結果を導けば，非線形が大きいと判断できる．また，BR と IMP の結果が異なれば，加振器取付けの影響が大きいと考えられる．

5.6 打 撃 試 験

5.6.1 初 め に

打撃試験（**IMP**）は，FFT による実験解析装置の開発と共に現場に急速に普及し，振動試験の中で主役の座を占めている．機械の動的性質を調べたり不具合対策をしたりする人は，ほとんどまず IMP による打撃試験を行うことから始める．これは，打撃試験が短時間で手軽にできるので，一見簡単そうに見えるからである．しかし，実際には多くの落し穴があって良い結果を得るのが意外に難しい．むしろ，打撃試験はすべての振動試験の中で最も困難な方法であると言っても過言ではない．これは，方法の簡単さが，人と計測・処理機器に負荷をかけることによって実現されているからである．打撃試験では，加振器を用いて行う他の振動試験と異なり，加振の主役が人であるから，人の技能が試験の成否を決める．初心者と熟練者の実行結果の間にこれほど優劣の差が出る試験方法は，他にはない．また，低周波数から高周波数に至るまでの全周波数領域を同時に加振するための力学エネルギーを，一瞬で供試体に注入する際の加振力を精確に計測・処理するために，センサーや処理器は他の振動試験よりはるかに厳しい条件下で使用せざるを得ない．そこで，打撃試験に対する一般の認識とは逆に，振動試験の中で最もノイズに強く高信頼性で高精度の計測機器を用いる必要がある．

打撃試験は，大別して 3 つの目的で行われる．第 1 に固有振動数と固有モードの存在とそれらのおよその値と形を知るため，第 2 に他の高精度な本試験を行う前の予備試験として，第 3 に他の方法と同様に正確な周波数応答関数を得るため，である．第 1 や第 2 の場合には適当に行ってもよいが，第 3 の場合には，豊富な経験と深い知識無しでは良い結果は得られない．

5.6.2 長 所 と 短 所

まず，長所を述べる．

① 時間が短い ： 準備と実施の時間が，全加振方法の中で最も短い．

② 装置が簡単 ： 打撃ハンマーと加速度計と FFT 実験解析装置さえあれば実行でき，加振器を使う他の加振方法に比べて装置が簡単・安価である．また，機動性に優れ，現場で容易に実施できる．

③ 方法が簡単 ： 叩くだけで結果が得られ，誰でもすぐに実行できる．他の振動試験では加振点を固定させて応答点を移動させるが，打撃試験では加振点と応答点の両者を自由に移動できる．

④ 加振系を供試体に取り付けなくてよい ： 他の振動試験では，加振系を供試体に取り付け，それを通して振動エネルギーを供給する．これに対して打撃ハンマーは，エネルギーを注入す

5.6 打撃試験

る瞬間だけ供試体に接触させればよいから，加振系が供試体に影響を与えその動特性や挙動を変えることがない．

⑤ 広い周波数帯域の加振が瞬時にできる ： 打撃力は広範囲の連続周波数スペクトルからなるから，広い周波数帯域の瞬時加振ができる．特に，他の方法では困難な高周波数加振が容易である．また，加振力の周波数スペクトルをほとんど平坦にできるから，応答から周波数応答関数のおよその形が読める．

⑥ 加振力に漏れ誤差が全く生じない．

⑦ 広いはん用性を有する ： 橋や鉄塔などの大型重量物からマイクロマシンの部品などの小型軽量物まで，叩ける物であれば何でも加振できる．実働中の機械を，運転状態を乱すことなく加振できる．ハンマー先端にワックスを塗布する，薄いテフロンシートを挟んで叩く，などによって接触時の摩擦力をなくし，高速回転中の機械を加振できる．

次に短所を述べる．

① 波高率が大きい ： 大きい力を1回瞬間的に加えるだけなので，瞬時の最大荷重と標本化時間 T 全体の平均荷重の比である波高率が極端に大きい．そのために計測系に過負荷を生じ，加振力が頭切れになって正しく測定できていないことが多い．

② SN 比が小さい ： 加振力は瞬時に1回だけ作用し，後はノイズだけが続くので，ノイズのエネルギーが積み重なって加振エネルギーを被ってしまう．全周波数域にわたる加振力成分を瞬間的に同時投入するから，周波数あたりの加振エネルギーは極端に小さい．このように，打撃加振はノイズに著しく弱いため，一般の認識とは逆に，ノイズの混入に対して強く信頼性が高い高級な測定・処理のツールが必要になる．用いる変換器や信号処理器は，他の方法より線形性が良く，耐ノイズ性が良好で，ダイナミックレンジが広いものにしなければならない．方法が簡単なことの代償として，装置に負荷がかかるのである．

③ 非線形に弱い ： がたなどの非線形が供試体に存在すると，測定結果の再現性が失われ，1回ごとに結果が異なる．また相反性が失われ，ハンマーとセンサーの位置を入れ換えたときの周波数応答関数が異なる．

④ 減衰により制限を受ける ： 減衰が大きすぎると，打撃で1点に投入された加振エネルギーが系全体に行き渡る前に消散してしまう．逆に小さすぎると，応答（自由振動）が十分減衰せず，標本化時間 T の終了時に大きい自由振動が残存する．標本化開始のトリガーは打撃前にかけるから，始点の応答振幅は必ず0である．そこで，FFT で用いるために1回の標本化データを繰返し連結した時刻歴には，標本化時間 T 毎に大きい不連続が周期的に存在し，これが原因で生じる漏れ誤差が大きくなる．

⑤ 結果の良否が実施者の技能や熟練度に大きく依存する ： 加振器を用いる他の方法と異なり，加振系の一部に人が介在する形で加振を人が行うから，結果が実施者の技能に大きく影響される．打撃加振は，最も簡単な方法として初心者が手軽に行うが，反対に最も困難な加振方法な

のである．

⑥ 全周波数域を同時に加振するから，加振力の大きさ，周波数範囲，周波数成分の混合割合を調整しにくい．

⑦ 一瞬の打撃で加振エネルギーを投入するから，その低周波数成分は極端に小さく，低周波数域の加振が困難である．

⑧ 供試体の1点に加振エネルギーを注入するから，エネルギー分布が空間的に不均一になり，局部振動を生じやすい．

⑨ 特別な窓関数を必要とする（5.6.6項）．

5.6.3 打撃ハンマー
〔1〕 構　　造

打撃ハンマーの構造を**図5.33**に示す．これは，釘を打つ金槌のように，柄を持って供試体を叩くことにより加振する道具である．本体質量の前部に**力変換器**が付き，その前端に可変チップが付いている．可変チップは，供試体に直接接触して打撃力を伝える．本体の後部には，必要に応じて**可変質量**を付けることができる．可変チップと可変質量は，通常本体1個につきそれぞれ数種類用意されており，供試体や加振条件に適したものを選んで取り付ける．

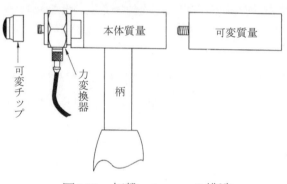

図5.33　打撃ハンマーの構造

打撃ハンマーは，多くは片手で軽く打撃できる大きさであるが，供試体によって様々なものがある．小型構造物に対しては，位置と方向を正しく決められるように案内部が付いたものがある．一方，人力で打撃できない大型構造物に対しては，大きい質量をクレーンなどで吊し，その落下や揺動によって打撃する．

〔2〕 使 い 方

打撃試験では，人が加振系の一部になるから，加振の良否が実施者の技能・経験・ノウハウに依存する度合が他の方法よりもはるかに大きく，初心者はなかなかうまく行かない．そこで以下に，打撃試験を実施する際に必要で有益な知識・指針・留意点を述べる．

まず，ハンマー本体・可変質量・チップの種類，打撃点の位置と方向，を目的に合うように選ぶ．打撃時に最も大切なのは，人の力で叩くのではなくハンマーの質量が有する慣性力だけを加振力とすることである．打撃の瞬間には，ハンマーは宙に浮いた自由状態でなければならず，人の手で拘束を加えてはならない．手は，ハンマーに初速度を与えるだけであり，ハンマーをやわらかく軽く支え，力を加えるために使ってはならない．人が力を使えば必ず加振が乱れる．そして衝突と同時

5.6 打撃試験 215

にすばやく引く．そのために，"当てる"よりも"引く"方に意識を集中して打撃する．

打撃エネルギーの大きさを人の手で変える場合には，単にハンマーの初速度を変えるだけでそれを行い，叩く手の力を変えてはならない．人が力の大きさを変えようとすれば，熟練者でも結果が乱れ，再現性を損なう．叩き方はできるだけ一通りで一定にし，力の調節はハンマーの仕様を変えることによって行う．

チップの先端は小さいながら面積を有しているので，その中心点を目的の打撃点に正しく一致させる．打撃の瞬間にはチップに遮られて加振点が見えないから，あらかじめ位置決めをきちんとしておく．供試体が小さい場合には，特に加振位置に注意する．

加振方向は，ハンマーに付いている力検出器の受感軸方向であるハンマー本体の軸方向と一致させる．また，加振方向が供試体表面の法線方向から 10 度以上傾かないようにする．図 5.33 に示すように，ハンマーが軸方向に細長い可変質量を付けるのは，加振方向を定めやすいためである．打撃に際しては，手はハンマーに軸方向の並進速度を与えるだけであり，回転運動は決して生じさせないようにする．ハンマーが回転すると，打撃時のチップが供試体表面をこすり，接触摩擦によるエネルギー損失が生じて加振が乱れる．特に，大きい可変質量を後端に付ける場合には，ハンマーの重心点が手元より後方に移り，そこを中心とした回転運動を生じて，先端の打撃点が供試体接触面の接線方向に大きく動くため，こすりが増大して打撃を乱すので，注意する．

〔3〕 2度たたき

2度たたきとは，1 度目の打撃を受けて振動を始めた供試体が，振動の半周期後の最初の反動で戻ってきたときに，最初の打撃とは逆にハンマーを叩く形でハンマーに再衝突する現象である．2 度たたきを生じると，1 度目の打撃でハンマーから供試体に注入した振動エネルギーの大部分が，2 度目の衝突で逆にハンマーに戻されるので，供試体の振動エネルギーは急減する．供試体の振動はハンマーへの再衝突によって強制的に止められ，加振が成立しない．そこで 2 度たたきが生じると，FFT 装置が自動的にデータ採取を拒否するようになっており，振動試験にならない．

以下に 2 度たたきのシミュレーション例を示す．

図 5.34a は，測定開始後 τ_1 と τ_2 だけ経過した時刻に，供試体に 2 個の三角パルス加振力を続けて作用させた時刻歴波形である．2 個目は 1 個目より小さい．これら 2 個を個別にフーリエ変換すれば，図 5.34b の実線と点線のようになる．両加振パルスの周波数スペクトルは，大きさは同じ形をしているが，位相は 1 個目（実線）より 2 個目（点線）の方が周波数あたりの変化の割合が大きい．

図 5.34a に示す 2 個の三角パルスを，位相を考慮して足し合わせた図 5.34c が，2 度たたきの周波数スペクトルであり，周波数軸上では大きさが極小になる溝が一定の周期で繰り返し，位相が不規則に変化している．これが 2 度たたきの周波数スペクトルの特徴である．

もし，2 度たたきのデータを除去することなく採用すれば，次の 2 通りの問題を生じる．① 低周波数から高周波数に向って周期的に現れる加振力の溝の近傍に供試体の固有振動数が存在すれば，その固有モードは加振力が小さいためほとんど励起されず，ノイズに埋もれて見逃してしまう．

② 溝の部分では加振力が急減するから，応答は小さくノイズに埋もれる．センサーはこのノイズを応答とみなして計測するから，急減した加振力でこれを割った計算上の偽のピークが溝ごとに現れ，等間隔に並んだ多数の共振峰と誤認する．

図 5.35 は，故意に 2 度たたき（正確には 3 度たたき）を生じさせた場合の実測例である．供試体の応答は 2 度目（と 3 度目）の衝突時に急減しており，1 度目の衝突で供試体に入った振動エネル

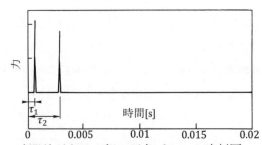
a. 時間差がある2個の三角パルスの時刻歴

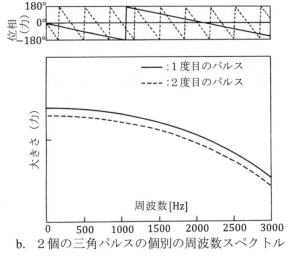
b. 2個の三角パルスの個別の周波数スペクトル

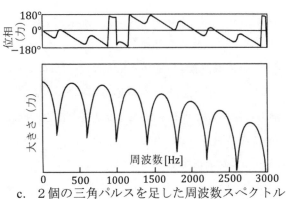
c. 2個の三角パルスを足した周波数スペクトル

図5.34　2度叩きのシミュレーション（加振力）

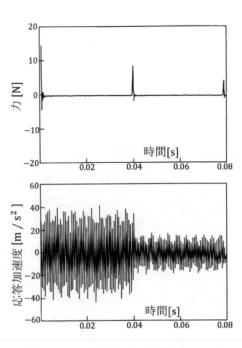

図5.35　2度叩きの時刻歴（実測例：正確には3度叩き）

5.6 打撃試験 217

ギーの大部分が，再衝突によってハンマーに戻されている．

供試体が最初に戻ってくる主振動の半周期後に，それが接触しない位置にまでハンマーが後退していれば，2度たたきは発生しない．

ハンマーが衝突後素早く後退するためには，ハンマーの質量を供試体の主固有モードのモード質量よりずっと小さくするのが効果的である．供試体が軽量の場合にはそのモード質量（3.4.1項）も小さいから，固有振動数が高く振動が速くなり，特に2度たたきが生じやすい．振動試験以前に供試体のモード質量を知ることは不可能なので，できるだけ小型のハンマーを用いる方が，2度たたきについては安全である．ただし，適切な質量のハンマーを選んでも，初心者は無意識に手がハンマーの動きを拘束するから，2度たたきを生じやすい．

5.6.4 加　振　力

〔1〕 波形とスペクトル

図 5.36a は打撃試験で与える衝撃力の時刻歴を表し，その継続時間は t_p 秒である．図5.36bはその周波数スペクトルであり，周波数軸上 p/t_p Hz で最初に大きさが0になっている．この点を**零交点**（4.2.4項〔1〕）という．ここで，p は衝撃力の形で決まる定数であり，方形波の場合には $p=1$（式4.96（$i=1$の場合）と図 4.15 で時間幅が $2a(=t_p)=1$ s の方形パルスの最初（$i=1$）の零交点が $f_z=1$ Hz になっていることから理解できる），半正弦波の場合には $p=3/2$ である．このように，零交点の周波数は波の継続時間 t_p に反比例し，波形が鋭く継続時間 t_p が短いほど零交点周波数は高くなる．$t_p \to 0$，大きさ→無限大，のデルタ関数の場合には，式4.96（$2a=t_p$）のように，零交点の周波数 f_z は無限大であり，周波数スペクトルは平坦で加振力の周波数成分は一定になる．実際の加振では**図 5.37** のように，零交点はノイズのため0にはならず，スペクトルの溝になる．

加振力の零交点近傍の周波数域には，打撃による加振エネルギーがほとんど入力されないから，供試体の固有振動数が零交点近傍に存在すれば，その固有モードはほとんど励起されず，ノイズに埋もれて検出できない．そこで，対象周波数領域内のすべての固有モードを励起させるためには，打撃試験の際に設定する対象周波数の上限 f_{max} を，零交点より十分小さくしなければいけない．通常の打撃加振力は半正弦波に近く，零交点は $3/(2t_p)$ Hz と見なしてよいから，$f_{max} < 3/(2t_p)$，すなわち $t_p < 3/(2f_{max})$ でなければならない．一方，4.1 節で述べた標本化定理により，周波数 f_{max} の波を正しく表現するには，ナイキスト周波数 $2f_{max}$ の標本化間隔 $\tau = 1/(2f_{max})$ 秒で標本化しなければならない．したがって $t_p < 3\tau$ でなければならない．これは，打撃試験の対象周波数の上限 f_{max} が打撃加振力の零交点より小さいためには，加振力の継続時間 t_p が標本化間隔 τ の3倍より短くなければならないことを意味している．つまり，加振力の継続時間内に存在する標本化点は1個か2個でなければならず，3個以上存在すれば対象周波数内に零交点を必ず含むのである．

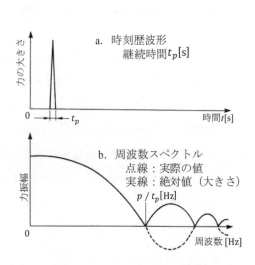
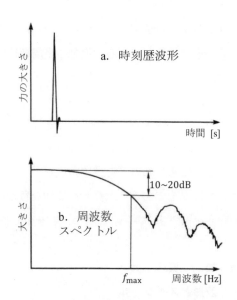

図5.36　単一衝撃力の時刻歴波形と周波数スペクトル（pは定数）　　　図5.37　打撃加振力の測定結果　f_{max}が対象周波数の上限

　零交点近傍の周波数には加振エネルギーがほとんど存在しないので，SN比が極端に低下し，ノイズの影響で応答の正しい測定が困難になる．そこで，実際の対象周波数の上限f_{max}は，図5.37のように，零交点よりかなり小さくし，できるだけ平坦な周波数スペクトルで加振することが好ましい．しかしこれにより，加振力の持続時間内に許される標本化点の数はますます少なくなり，事実上1個になってしまう．この1個が，加振力が最大になる力パルスの頂点の時刻に一致することはまずありえない．そこで，打撃試験で検出した加振力は，それが存在する時刻だけは特定できるがその大きさや波形は検出できない，と考えてよい．

　打撃試験では，周波数軸上の精度と時間軸上の精度が背反関係にある．すなわち，高周波数域まで精度良く加振する → 零交点周波数を高くする → 加振力パルスの時刻歴波形が鋭く持続時間が短くなる → 持続時間に含まれる標本化点数が減少し波形が正しく検出されない．通常は，見た目の精度を優先するために，陰に隠れた時間軸上の精度を犠牲にする形で表に現れる周波数軸上の精度を向上させている．加振力の零交点を対象周波数の上限よりできるだけ高くした方が平坦な周波数スペクトルが得られ周波数軸上の精度が向上するが，そうすると次の2つの問題が生じる．

① 1回の打撃で入力できる加振エネルギーの総量は，同型のハンマーを使う限りほぼ一定である．そこで，平坦な部分が高周波数まで伸びると，周波数あたりのエネルギー密度すなわちパワースペクトル密度が減少し，SN比が全周波数域で低下する．

② 持続時間t_pが減少し，加振波形が鋭く加振力の最大値が大きくなる．力センサーで過負荷が発生し，加振力の頭が切れて変質し，加振力が正しく検出されない．

　これらの理由で，零交点をあまり高くすることは好ましくない．したがって，加振力スペクトルを平坦にする，元来少ない加振エネルギーを対象周波数範囲に集中させ効率よく利用する，加振力

5.6 打 撃 試 験　　　　　　　　　　　　　　　　　　　　　　　　　　　　　　　　219

の過負荷を避ける，ことを念頭におき，対象周波数範囲と零交点の関係を適切に選ぶ必要がある．
図 5.37b に示すように，周波数が 0 における周波数スペクトルの最大値から $10 \sim 20\,\mathrm{dB}$ だけ減少し
た点が $f_{\max}$ になる程度の鋭さを持つ時刻歴波形を用いるのが好ましい，とされている．

〔2〕　調　　　節

　打撃加振では，加振力をあらかじめ調節しておく必要がある．加振力の調節は，エネルギーと周
波数成分の両方について行う．加振エネルギーは，外乱に強くするためには大きい方が良いが，過
負荷を生じさせないためにはあまり大きくない方が良い．一方，加振周波数成分は，動特性が未知
の供試体を調べる上では高周波数域まで存在する方が良いが，限られた加振エネルギーを必要な周
波数に集中させ外乱に強くするためにはあまり高周波成分まで存在しない方が良い．

　加振エネルギーの調節は，打撃速度を人が変える，ハンマーの大きさ（本体質量）を変える，可
変質量を変える，の 3 通りの方法のいずれかで行うことができる．人の操作により加振速度を定量
的に調節しそれを再現性良く行うには，極めて高度の熟練が必要なので，加振エネルギーの大きさ
はできるだけハンマーや可変質量によって調節した方が良い．しかし，ハンマー本体と可変質量は
数種類しかないので，加振エネルギーは段階的にしか変えることができない．これらの質量が大き
くなると，加振エネルギーは増大するが，同じチップを用いても供試体との接触時間が長くなるた
めに，加振エネルギーの周波数成分が低い方に移動し，また 2 度たたきを生じやすくなる．チップ
の硬さを変えたら，加振力の最大値と作用時間は大きく変るが加振エネルギーの総量はほとんど変
らない．硬いチップは供試体を傷つけやすいので，柔らかいチップの場合ほど強く叩けず，軽く叩
いて加振エネルギーを小さめにする必要がある．

　一方，加振エネルギーの周波数成分は打撃力の形で決まり，その形は可変チップと供試体の両方
の剛性に支配される．両者が硬くなるほど接触時間が短くなり，高周波数成分が増加する．両者の
うち変えることができるのはチップだけであるから，周波数成分は可変チップの選択によって調節
する．しかし，同じチップでも供試体によって周波数成分が変化するので，周波数成分は相手次第
ということになり，ハンマーの質量だけによって決まる加振エネルギーの大きさほどには細かく調
節することは困難である．供試体の剛性は，チップとの接触点の極部的な硬さよりも供試体全体の
たわみやすさ（接触点における低次固有モードのモード剛性（3.4.1 項））に大きく支配される．供
試体のモード剛性が小さい場合には，硬いチップを使っても高周波数成分はあまり増加しないので，
チップを硬くするよりハンマーの質量を小さくする方が，高周波数成分の励起に有効である．

　図 5.38 は，チップの材料として硬質と軟質の高分子材料を使用する場合の加振力の時刻歴波形と
周波数スペクトルの例を示す[16]．この例では零交点は，硬質が約 2,500Hz，軟質が約 250Hz であり，
周波数スペクトルの平坦さの点でいえば，硬質の方が優れている．しかし両者の時刻歴波形は異な
り，硬質では加振力の最大値が軟質の 10 倍以上であり，これを正しく測定・処理するには，センサ
ー・増幅器・フィルタ・FFT 入力部などのアナログ機器の計測可能域上限を大きくする必要がある．
その結果ダイナミックレンジの下限が大きくなり，耐ノイズ性能が低下する．このようにチップの

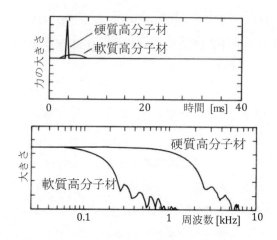

図5.38 加振力の時刻歴波形と周波数スペクトル（チップの材質による相違）

材質は，エネルギーの周波数成分を一様・平坦にするためには，十分な硬さを有しなければならない反面で，過負荷を防止し限られたダイナミックレンジを最大限に活用し，かつ少ない加振エネルギーを有効利用するためには，過度に硬くしてはいけない．例えば図5.38 で 0Hz～150Hz の周波数範囲を試験しようとする場合には，周波数スペクトルの大きさが平坦な高質チップより上限の 150Hz で 10dB 程度低下する軟質チップの方が適している．

チップの材質としては，高分子材料の他に金属（多くはアルミニウム），ゴムなどが用意されている．金属では図 5.38 よりも零交点周波数が高くゴムでは低い．チップの材質を変えて予備試験を行い，図 5.38 のような図を出力させて観察しながら，周波数スペクトルの大きさが，図 5.37b のように，計測周波数の上限で最大値より 10～20dB 落ちる程度の材質のチップを選ぶ．

〔3〕 過 負 荷

打撃力の中には，対象周波数域より高い周波数成分が多く混入している．これは次の 2 つの理由で都合が悪い．まず，不要な高周波成分は折返し誤差防止のための低域フィルタを通過させる際に捨ててしまうから，加振エネルギーの利用効率を低下させる．次に，高周波数成分は時刻歴波形を鋭くし，力の最大値が力検出器のダイナミックレンジの上限を越えて**過負荷**を生じるため，加振力は頭切れとなり，真の力パルスとは異なる波形を検出する．過負荷は，瞬間的な現象であり，加振，計測，処理のどの段階でも，またアクチュエーター，センサー，信号増幅器，解析装置のどこでも発生する．過負荷により加振力の頭は切れるが，その後の波形は増幅器により丸められ，さらに低域フィルタで大きく変身して，**図 5.39** 点線のように原波形とは全く異なる波形になり，原波形計測時の過負荷の有無は FFT では判断できなくなる．もし，低域フィルタ通過後の加振力（図 5.39 点線）の最大値に処理系のダイナミックレンジを合わせると，原波形取込みの際に大きい過負荷が発生し，加振力の計測誤差は著しく増大する．

過負荷の監視は，フィルタ以前のアナログ波を対象にし，バンド幅を十分大きくした記憶型オシロスコープで行うと分かりやすい．そして，打撃力を小さい方から段階的に増していき，図 5.37b に示す零交点や曲線の形が急変したりゆがみ始めたりすれば，そこで過負荷が生じている可能性が大き

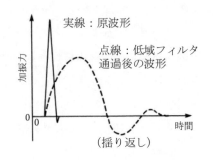

図5.39 加振力の時刻歴波形

いと判断する.

予備試験で過負荷の可能性を検知したら，まず，使用中の可変チップと可変質量が目的に合っているかを調べ直す．その上で力変換器，増幅器，フィルタなどのダイナミックレンジを調べ，その範囲内に納まるまで加振力を小さくするか，信号処理系のゲインを小さくするか，感度の低い変換器に取り換える.

〔4〕　監　　視

力センサーの過負荷防止，加振系ダイナミックレンジの適正利用，窓関数（力窓：5.6.6 項〔3〕）の選択，計測開始トリガー位置の決定のために，加振力を監視する必要がある．通常加振力の監視は，FFT 装置の画面に時刻歴波形を出力して行う．しかし FFT 装置で図示した加振力は，大きさ・波形形状・継続時間・周波数成分については，次の理由で当てにならない.

① FFT の標本化点数 N が一定であれば，時間軸上の分解能である標本化間隔 τ と周波数軸上の分解能周波数 $\varDelta f$ $(1/T = 1/(N\tau))$ は精度的に排反関係にある．すなわち，$\varDelta f$ を小さく（標本化時間 T を長く）して離散周波数点間隔を細かくし周波数軸上の精度を向上させれば，$\tau = 1/(N\varDelta f)$ が増大して粗い標本化になり時間軸上の精度が低下する．動特性の同定は周波数応答関数を用いて周波数軸上で行うので，通常は時間軸よりも周波数軸の精度の方を重視し，$\varDelta f$ を小さくする．そこで，τ が増加して時間軸上で粗い標本化になり，時間軸上での打撃力の形状監視は当てにならない．ただし，最近のメモリーは容量がほぼ無制限に使用可能なので，N を増加させて両者を同時に向上させることが，十分可能である.

② 5.6.4 項〔1〕で述べたように，打撃力の零交点を対象周波数範囲の上限よりも十分高くすれば，波形が鋭く時間が短くなり，その計測時間内の標本化点は 1 点か 2 点になる．この場合には，加振力パルスの頂点に標本化点が一致することはまずないので，加振力の大きさは把握できないと考えてよい.

③ 折返し誤差（4.4.2 項）を防ぐために標本化以前に低域フィルタを通した加振力は，図 5.39 点線のように，最大値が著しく減少し継続時間が長くゆるやかに変化する波形になり，原波形（実線）とは似ても似つかない形に変身する．なによりも大きい変化は，俗に揺り返しと呼ばれる負の部分（引張力）が大きく現れる．打撃で引張力が発生することは実現象ではありえないから，これは明らかに，低周波数成分だけを取り出した結果現れた偽の現象である.

図 5.39 の点線は，低域フィルタのカットオフ周波数以下では原波形（実線）の成分を正しく再現しているので，対象周波数の上限をそれ以下に限定する限り，以後の処理には問題を生じない．しかし図 5.39 の点線を真の加振力波形と誤解してはならない.

そこで，力加振器が検出した図 5.39 の原アナログ波形（実線）を，低域フィルタを通す前の段階で監視する必要がある．しかし次の理由で，実線も真の加振力とは異なる．これらは不可避であるが，知っておく必要がある.

① 力変換器に作用し加振力として計測されるのは，チップ先端から供試体に作用する真の衝撃

圧縮力から，チップの有効質量による慣性力を引いた力である．チップの有効質量は，実際の質量にチップの変形による増加分が加わったものになる．すなわち，打撃の瞬間にはチップはつぶれて一部が横方向の加速度を持ち，これが慣性力の増加分としてセンサーに作用する．チップの材質が柔らかいほどこの増加分は大きくなり，実際の質量の 15%~30%増になることがある．

② 力変換器内で瞬時の過負荷が発生し，実際の加振力の頭が切れて検出されている．

③ 加振直後には，ハンマー内を圧縮弾性波が後方に伝搬し後部自由端で逆転反射して生じた引張弾性波として後方からセンサーに返ってくる．図 5.39 の実線中にわずかな揺り返しが生じているのは，このためであり，これはハンマー自身の内部に生じる弾性波による引張力であり，供試体に作用する力ではない．

5.6.5 現 場 校 正

このように，真の打撃加振力は測定も監視もできない．また，これまで述べてきたように，打撃試験全体には数多く難点が存在し，これらすべてを克服・解決することは不可能である．この問題に対処し諸難点を総合的に回避する唯一の方法が，本試験開始前（できれば終了後にも）の**現場校正**である（変換器に関しては 5.7.2 項〔3〕）．現場校正は，以下の方法で行う．

現場校正では，加振・計測・増幅・処理のすべてについて本試験時と同一のシステムを組み，使用する打撃ハンマー・力検出器・加速度計・試験実施者はすべて本試験と同一にする．まず，既知質量のブロックを鉛直方向に吊り下げて自由状態に置き，それに加速度計を水平方向に取り付け，ハンマーで水平方向に打撃して加振力と応答加速度を測定し，周波数応答関数（アクセレランス）$L(\omega)$ を検出する．その際，加振力を本試験と同じ大きさにする．また現場校正時の周波数応答関数が本試験のものと同程度の大きさになるような質量のブロックを選ぶ．次に，ブロック質量と加速度計質量の和を M とし，補正係数 $C(\omega) = 1/(M L(\omega))$ を算出する．

その終了直後に現場校正と同一の環境下で本試験を実行し，その結果として得られた周波数応答関数（アクセレランス）に $C(\omega)$ を乗じた補正値を，正しい周波数応答関数とすればよい．

質量 M のアクセレランス $L(\omega)$ は，原理的には周波数 ω には無関係に，大きさが一定値 $1/M$ （式 2.109），位相が 0 になるはずである．しかし一般には，$L(\omega)$ は周波数 ω の複素関数として検出され，$C(\omega)$ も 0 でない位相を有する複素関数になる．$L(\omega)$ の大きさや位相が一定値とはとても見なせないほど周波数によって大きく変化する場合には，打撃試験システムのどこかに問題が存在すると考え，本試験の前にその原因を調べ，できれば解決しておく必要がある．反対に対象周波数領域全体に渡り，$C(\omega)$ の大きさが 1 から，また位相が 0 から，±5％以内の差しか生じていない場合には，$C(\omega) = 1$ であると見なし，上記の補正は行わなくてよい．

5.6 打撃試験　　223

5.6.6　誤差と窓関数

〔1〕　不規則誤差

打撃加振では，加振力が作用する時間は通常標本化時間 T の 1%以下と極めて短く，残りの 99%以上の時間はノイズだけを計測することになる．そのため，標本化時間 T 全体で平均した加振エネルギーは極めて小さくなって SN 比が低下する．また，全周波数帯域の加振力成分を 1 回で瞬間的に投入するので，周波数あたりのエネルギー密度はさらに小さく，後述図 5.40b のように，加振力のスペクトルは全周波数領域に渡ってノイズに覆われ乱される．この現象は，軽減衰構造の打撃試験で漏れ誤差防止のために応答（自由振動）を十分減衰させようとして標本化時間 T を長くすると著しくなり，加振力の計測が困難になる．これを解決するために T を短くすれば，打撃で発生した応答が T の終端までほとんど減衰することなく残存し，応答に大きい漏れ誤差が発生する．

加振器で加振する振動試験では，加振力が再現性を有し同一の加振力を何回でも繰り返して与えることができる．そこで，振動試験中に不規則誤差が混入する場合には，平均化によってこれを除去できる（4.4.1 項）．しかし打撃試験では，加振力自身に再現性が存在せず，1 回の打撃毎に異なる加振力で生じる異なる応答（自由振動）の中に，さらに不規則誤差が混入するので，誤差除去に対する平均化処理の効果が小さく，毎回同一の加振力を与える他の振動試験に比べ，誤差除去に必要な平均化回数が多くなる．

〔2〕　漏れ誤差

打撃試験は，打撃で生じた自由振動を応答として利用するが，軽減衰構造ではそれが標本化時間 T 内で十分減衰しないで残存したまま不連続に打ち切られ，大きい漏れ誤差（4.4.5 項）が発生する．漏れ誤差は，偏り誤差の一種であり発生後には除去できない．4.4.5 項〔3〕で述べたように T を長くすれば，漏れ誤差は減少するが加振力に混入する不規則誤差は増大して SN 比が低下する（上記〔1〕）．

以上のように打撃試験では，手軽さの代償として誤差の混入・発生が大きい問題になる．これを解決する手段として，以下に述べる力窓と指数窓という打撃試験特有の 2 種類の時間窓が使われる．

〔3〕　力　　窓

打撃加振力に混入する不規則誤差による SN 比減少の問題を解決するために，標本化時間のうちで加振力を含む短い時間を 1 とし，打撃終了後で明らかにノイズだけとなる他の大部分の時間を 0 とする時間関数（方形窓）を，標本化を行う前の加振力の時刻歴に乗じる．この関数を**力窓**という．ここでは，無限に続く信号を標本化時間 T の時間窓（図 4.25b）で切り取った後に，すでに T で切り取った加振力の一部をさらに方形窓（力窓：もう 1 つの時間窓）で切り取る．**図 5.40a~d** にその例を示す．同図 b と d を比較すれば，力窓の使用により加振力に混入するノイズの影響の多くが除かれていることが分かる．

力信号中に直流成分が誤差として含まれている場合や，電源周波数などの特定の周期誤差が混入している場合に，力窓を不用意に用いれば，SN 比は改善されるものの，新しい漏れ誤差が標本化の

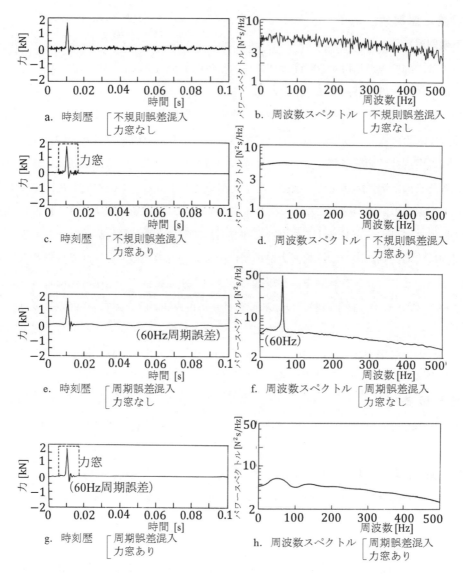

図5.40 打撃加振力に混入する誤差と力窓の効果

中に発生する．これは，混入する周期誤差を力窓により不連続に切り取るためである．その例を図5.40e~h に示す．これは，加振力の中に 60Hz の電源による周期誤差が混入した例である．力窓を使用しないとき（図 5.40e）には 60Hz の周波数点だけに線スペクトルとして存在し容易に識別できていた誤差（図 5.40f）が，力窓の付加（図 5.40g）により広い周波数範囲に拡散されている（図 5.40h）．

〔4〕 指 数 窓

打撃試験の応答を標本化時間 T の時間窓で切り取る際には，その開始時刻を打撃の開始以前にとる（トリガーをかける）ので，初端は必ず 0 になる．そこで，応答に漏れ誤差を発生しないためには，打撃で生じた自由振動が時間窓の終端で初端の 1% 以下に減衰している必要があるが，これは判断が困難である．そこでこれを判断する目安として，時間窓 T の中央時刻（$T/2$）で 10% 以下に

5.6 打撃試験

減衰しているかを調べればよい．これを満足していればそのまま標本化しても問題が生じないほど漏れ誤差は小さいが，そうでない場合には何らかの対策が必要である．

その手段として，初期値が 1 で時間と共に減少する次式の指数関数を，標本化前の応答（自由振動）に乗じることが行われる．

$$f(t) = e^{-at} \tag{5.14}$$

式 5.14 を**指数窓**という．ここで，a は人為的に付加する減衰の大きさを表す正の既知定数である．これは，応答に人為的に減衰を付加することによって，信号処理で生じる漏れ誤差を軽減させることを意味する．そこで信号処理後に，この人為的な減衰を除き供試体が本来有する減衰を求めるための補正を行う必要がある．その方法は後述する．

指数窓には次のような長所がある．

① 指数窓の指数には負の実数 $-a$ を用いるから，固有振動数は変えないで減衰を増加させる．その増加量は既知であり，試験後に簡単に除去し補正できる．

② 対象周波数領域全体に同一減衰を付加するので，周波数スペクトルをゆがめることがない．したがって，人為的な付加減衰を除去する前の周波数スペクトルからでも，周波数応答関数の特徴や性質を判断できる．

③ 供試体全体に同一減衰を付加するので，応答振幅は全体で一様に減少するだけで固有モードの空間的形状は変らない．

④ 場所によって減衰が大きく異なる供試体や部分的に集中減衰がある供試体では，指数窓を用いない場合には，応答の測定場所によって漏れ誤差の大きさが異なり，モード特性の同定精度にばらつきが生じる．指数窓は，供試体全体で一様に漏れ誤差を防止するので，モード特性の同定精度を全体的に向上させると共に，場所による精度のばらつきを減少させる．

⑤ 指数窓は，応答が大きい標本化時間 T 前部のデータを重視し，応答が小さくノイズの影響が増加する T 後部のデータを縮小・軽視する性質を持つ．そのために，SN 比を改善する効果がある．

一方，指数窓には，次のような短所がある．

① 周波数が接近した複数の固有モードが重なる場合には，それらの相互連成を強めてしまう．個々の共振峰に付加した指数窓の減衰は補正で除去できるが，この連成により生じる固有モードの分離精度低下は補正できない．

② 指数窓の指数は，小さ過ぎると効果がない．しかし逆に大き過ぎると，次の問題を生じる．第 1 に，元来他の方法に比べ加振エネルギーが小さい打撃試験における応答振幅をさらに縮小し過小評価してしまうので，指数窓をかけた後の処理段階で混入するノイズに対して弱くなる．第 2 に，T の初期以外のデータを縮小してしまうので，周波数応答関数を統計的に推定する段階での精度が低下する．第 3 に，本来有する減衰よりはるかに大きい減衰を付加した上でデータを取り込み，その後に，付加した減衰を数式上で差し引いて補正するので，データ処理操作

の計算精度が悪い（有効桁数が少ない）と，供試体本来の減衰の推定値の信頼性を低下させる．

これらのことを考え合わせれば，標本化時間 T の終端で指数窓の大きさが 0.05 になる指数窓を用いるのが無難である．このときには，式 5.14 より $e^{-aT} = 0.05$ であるから，付加減衰の既知定数を $a = (-\ln_e 0.05)/T = 3/T$ と与えればよい．

応答（自由振動）を計測して指数窓を乗じた後に周波数応答関数を計算し，それを曲線適合して同定したモード減衰比 ζ_{re} $(r = 1 \sim n)$ から指数窓によって人為的に付加された減衰 a を除去して，供試体が本来有するモード減衰比 ζ_r $(r = 1 \sim n)$ を分離抽出して，補正を行う．ただし，供試体は線形系で減衰は粘性とする．

供試体（n 自由度粘性減衰系）の r 次 $(r = 1 \sim n)$ 固有モードの減衰自由振動の振幅は，$e^{-\Omega_r \zeta_r t}$ の指数関数に従って時間 t と共に減衰する（1 自由度の場合の式 2.49 と 2.54 参照）．ここで，Ω_r は供試体の r 次固有振動数である．これに式 5.14 の指数窓を乗じれば，自由振動の振幅は $e^{-\Omega_r \zeta_{re} t} = e^{-(\Omega_r \zeta_r + a)t}$ に従って減衰することになる．そこで，$\Omega_r \zeta_r + a = \Omega_r \zeta_{re}$ が成立し

$$\zeta_r = \zeta_{re} - \frac{a}{\Omega_r} \quad (r = 1 \sim n) \tag{5.15}$$

式 5.15 を用いて指数窓による既知付加減衰 a を除去すれば，供試体が本来有するモード減衰比 ζ_r $(r = 1 \sim n)$ を知ることができる．また，粘性減衰系の周波数応答関数の共振点の振幅値はモード減衰比に逆比例する（式 B2.22）から，指数窓を乗じた状態の周波数応答関数の共振点の値を ζ_{re}/ζ_r 倍すれば，供試体本来の共振点の振幅値が得られる．

この補正は，供試体本来の減衰があまり小さいときには信頼性を損ねる．この場合には $\zeta_{re}(>> \zeta_r) \approx a/\Omega_r$ になるが，ζ_{re} は実測応答からの同定値であり実験誤差を含むので本来有効桁数が少なく，式 5.15 から計算した $\zeta_r (<< \zeta_{re})$ は ζ_{re} の同定誤差に埋もれてしまうからである．この問題を生じさせないためには，指数窓を用いる以前の応答（自由振動）が，すでに標本化時間 T 終端で振幅が初期振幅の 1/4 程度にまで減衰している必要がある．このことは，修正した減衰比の信頼性を判断する目安として適している．これを満足していない応答に対しては，指数窓は単に漏れ誤差を防止するだけなら十分効果があるが，減衰の定量的推定の精度は悪いとみるべきである．このときには，この条件を満足するまで標本化時間 T を伸ばした上で指数窓を用いる必要がある．

図 5.41 は，軽減衰構造物を打撃試験した例である．図示する応答の時刻歴は 1 回の波形であるが，周波数応答関数は 8 回の平均化を行っている．同図 a は，指数窓を使用しない場合である．時刻歴波形を見ると，標本化時間 T（この図の例では $T = 0.8$ 秒）の初端（トリガーをかけた応答発生前の時点）では 0 であるが，終端ではかなり大きい応答（自由振動）が残存する状態で打ち切られている．周波数応答関数（図 5.41a の下図）を見ると，大きい漏れ誤差が発生し，大きさがゆがみ位相が乱れていることが分かる．一方，同図 b は，標本化時間 T の終端で初端の 0.05 倍になる指数窓（点線）を用いた場合である．このときの周波数応答関数（図 5.41b 下図）を見ると，大きさのゆがみ

5.6 打撃試験

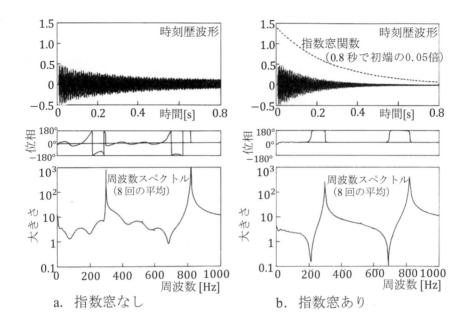

a. 指数窓なし　　　　　　b. 指数窓あり

図5.41　打撃試験における応答の
時刻歴波形と周波数スペクトル

がなく，位相が共振点と反共振点で正しく変化しており，漏れ誤差はほとんど発生していない．この例から，指数窓により漏れ誤差を除去できることが分かる．ただし，図 5.41a と b の下図同士を比較すれば，指数窓を用いる場合（同図 b 下図）には指数窓の付加減衰のために共振峰の高さが同図 a 下図より明らかに減少しており，供試体が本来有する減衰を求めるためには，上記の方法でこれを補正する必要がある．

5.6.7 非　線　形

打撃試験は，次に述べる理由で，**非線形**を有する供試体には適さないので，5.5 節で述べた他の加振方法で振動試験を行うことが望ましい．

① 1 回の打撃で広い周波数帯域の加振エネルギーを瞬時に入力するから，入力と応答が急変する中で状態量に依存する様々な種類の非線形現象が同時に発生して混在し，互いに複雑に影響し合い絡み合うので，非線形の存在・性質・大きさを正しく確認・分離できない．

② 歯車・軸受・部品同士の連結部のようなガタや微小すきまを有する供試体では，打撃試験による剛性の推定精度は極めて悪くなり，周波数応答関数はゆがんで再現性を失う．ガタの近くを打撃すれば，元来少ない加振エネルギーが局部的な摩擦・ずれ・衝突で消費されて供試体全体に行き渡らなくなるから，供試体全体にわたる応答が励起されない．反対にガタから離れた場所を打撃すれば，それによって投入された加振エネルギーはガタに到達するまでに拡散されて小さくなるから，ガタは静摩擦のために固着したままであり，相対運動が起こらず摩擦エネルギーが消費されない．そこで，相反定理が成り立たなくなり，同一の 2 点間でも加振と応答

を入れ換えれば周波数応答関数が別物に変化してしまう.

供試体が本来有する分布減衰は局部的なガタのために過大に評価される.

ガタに起因する非線形振動を避けるためには，静的予荷重をかければよい．しかし打撃試験では，静荷重を加振とは別の拘束によって加えなければならず，この措置は供試体の境界条件を変えてしまう.

③　振幅依存性の非線形があると，1 回の打撃による測定時間 T の間に，応答が減衰して行くに従い，時間と共に非線形の性質と様相が移り変るので，周波数応答関数はゆがんでくる.

5.6.8　減　　　衰

減衰が過大な供試体では，応答（自由振動）がすぐに消えるから，観測窓である標本化時間 T を短くしがちであり，分解能周波数 $\Delta f = 1/T$ が増大して周波数軸上で粗い離散化を生じ，周波数分解能が低下する．これを防ぐために T を長くすれば，加振力に混入するノイズによる SN 比が低下する．また，1 点に瞬時に注入した加振エネルギーは，大きい減衰のために，供試体全体に広がる以前に加振点近傍だけで吸収・散逸され，生じるのは打撃点近傍の局部振動だけになる.

逆に減衰が過小な供試体では，共振峰が急峻になるため，その頂点の値を読み取るには，分解能周波数 $\Delta f = 1/T$ が極めて小さく高い周波数分解能を必要とする．そのため T を長くしなければならず，標本化点数 N が一定の場合には標本化周波数 $f_s = N/T$ が低下し，高周波数域の測定が困難になる．また，応答である自由振動が減衰せず T の終端に残存するため，大きい漏れ誤差が生じる.

5.6.9　信　号　処　理

打撃試験の手順は，およそ次の通りである.

①　供試体を打撃して，加振力と応答を時刻歴アナログ信号として検出する.

②　増幅器，フィルタなどの信号処理系で必要なアナログ処理を行う.

③　AD 変換してデジタル信号に変える.

④　離散フーリエ変換（FFT）して周波数スペクトルを算出する.

⑤　入力と出力のパワースペクトルとクロススペクトルを計算する.

⑥　周波数応答関数とコヒーレンスを計算する.

まずフィルタについて述べる．打撃試験では，入力はその性質上高周波数成分を必ず含むから，折返し誤差（4.4.2 項）防止のために，標本化前に必ず低域アナログフィルタを用いる．その際，低域フィルタの遮断傾斜を表す有限のロールオフ特性によって，カットオフ周波数 f_c より少し高周波数成分がわずかに残存し，これが原因で f_c より少し低周波数域に折返し誤差が発生する．そこで通常，$0.8 f_c$ を対象周波数の上限とすることによって，この問題を回避する（図 4.23）．低域フィルタにより折返し誤差が消えていることを確かめるには，信号発生器でカットオフ周波数よりも高周波数の正弦波を発生させ，使用中の信号処理系に入力して，カットオフ周波数以下の周波数帯域に信

5.6 打撃試験 229

号が現れていないことを確認すればよい.

振動試験の対象周波数帯域に下限がある場合には，FFT のダイナミックレンジを有効に利用するためと，直流成分による図 5.40h のような誤差の周波数拡散を防ぐために，高域フィルタで下限以下の周波数成分を加振力から除去しておくことが望ましい．ただし FFT 装置は，オシロスコープのような他の計測装置と同様に，非常に低い周波数成分を除く高域フィルタを元々内蔵しているので，FFT 装置の入力結合を AC にしてその機能を作動させておけば，直流成分の混入による誤差防止に関しては，別の高域フィルタを用いる必要はない.

標本化時間 T は，ナイキスト周波数 $f_s = N/T$ が対象周波数の 2 倍より十分大きいという条件を満足する範囲内で，できるだけ長くする方が，漏れ誤差を防止し周波数分解能を向上させるためにはよい．しかしあまり T を長くすると，加振力の SN 比が低下する．排反関係にある SN 比と漏れ誤差の両方の兼ね合いで考えると，標本化時間 T の終端で応答が最大値の 1%程度にまで減衰するのが好ましい．軽減衰構造では，この条件を満足させることが困難である．このときの対策として，前述の指数窓が有効である.

平均化処理は，打撃試験ではあまり行われないが，周波数応答関数だけでなくコヒーレンスの計測精度改善にも有用であるから，なるべく実行することを推奨する．ノイズが著しく少ない良い環境下では，平均化は 3~5 回程度で十分だが，通常の現場ではもう少し多い方がよい．平均化のために同じ点を続けて打撃する際には，応答が干渉しないように，前回の応答が十分減衰してから次回の打撃を行う．軽減衰構造や小形構造では，データ収集が終った後に供試体を手で押さえて前回の応答を完全に消してから，次の打撃を行う.

5.6.10 検　　　証

打撃加振は簡単に行うことができるので，結果も軽く扱われがちである．しかしこれまでに述べてきたように，打撃試験には多くの留意点・問題・落し穴があり，よい結果を得るのが意外に難しい．そこで，以下の各項を調べることによって，結果の精度と有効性を検証する必要がある.

〔1〕 コヒーレンス

コヒーレンスは，式 4.147 で計算され，該当する周波数における出力と入力の間の線形関係の程度を表す．信頼性のあるコヒーレンスを得るためには，パワースペクトルとクロススペクトルの平均化を行う必要がある．平均化の適切な回数は，コヒーレンス自身の値によって異なる．コヒーレンスが 0.9 以上であれば 5~10 回で十分であるが，それより小さいときにはさらに回数を多くすることが望ましい（図 5.58 参照）.

打撃試験においてコヒーレンスが低下する理由は

① 力センサーで計測された力信号に過負荷やノイズの混入が生じている.

② 応答センサーで計測された応答信号の中にノイズが混入している.

③ 平均化のために打撃を繰り返す間に打点の位置や方向が変化する.

④ 応答の処理中に漏れ誤差が生じている.

⑤ 非線形が存在する.

反共振点近傍では必ずコヒーレンスが低下するが,これは単に応答の信号が小さくノイズに埋もれる,という当然のことを示しているにすぎないから,あまり気にする必要はない.しかしこのような場合には,反共振点近傍のデータは,モード特性同定のための入力データとしては用いない方がよい.

応答にノイズが混入する場合には,打撃の再現性を保ち偏り誤差が生じないように注意して平均化回数を増加させれば,コヒーレンスを増大させることができる.しかし,入力にノイズが混入する場合には,平均化処理があまり有効ではない.そこで,入力中のノイズを力窓であらかじめ除去しておく必要がある.

〔2〕 再 現 性

打撃試験の終了時に,少なくとも1点で本試験と同じ加振を繰り返して,結果が許容誤差の範囲内で再現性を有するか否かを調べる.これは,供試体の構造(ガタなど)・支持条件・温度・計測系の特性などが試験中に変化していないかを確認するためである.

〔3〕 可 逆 性

同じ2点間について,加振点と応答点を交換して同じ打撃加振を行い,両方の周波数応答関数が一致しているかを調べる.両者が異なっていれば,取り付けた応答変換器(加速度計など)の質量が大き過ぎるか,ガタ・内部摩擦のように局所的にエネルギーを散逸させる非線形がある可能性が疑われるので,その正体を探り,必要で可能な対策を行う.

〔4〕 線 形 性

ハンマーの仕様を変えるなどによって加振力の大きさを幾通りかに変えて打撃し,周波数応答関数が変化しないかを見る.ただし,非線形の存在が疑われる場合には次項〔5〕を行う.

〔5〕 他の方法との比較

上記〔2〕～〔4〕の検証において,結果がおかしい場合や,打撃試験が適していないのではないかと感じる場合には,加振器を使う他の方法で振動試験を行って,打撃試験の結果と比較し,打撃試験の有効性と信頼性を検討することが望ましい.

5.7 変 換 器

5.7.1 必 要 事 項

振動試験に用いる**変換器**は,物理量を電気信号に変換して検出する機器であり,応答変換器,力変換器,インピーダンスヘッドに分けられる.まず,これらに共通の必要事項について述べる.

① 入力と出力が比例関係を有する範囲(ダイナミックレンジ)が,対象周波数全域にわたり,測定時のすべての入力に対応できるように,十分広い.

5.7 変換器

② すべての入力を正しく測定できるように，十分な感度と耐ノイズ性能を有する．またこれらは，時間的に安定している．

③ 温度，湿度，磁界，電界，音場，応力場，受感軸からの垂直な方向の入力，大地の電流などの，測定に無関係な入力や環境条件の影響を受けない．

④ 供試体に取り付ける変換器の質量と慣性モーメントが十分小さく，供試体単体の動特性に影響を与えない．

⑤ 供試体への変換器取付け部の接触面積が十分小さく，供試体単体の剛性と減衰に影響を与えない．

次に応答変換器について述べる．応答変換器は，接触形と非接触形に分けられる．前者は加速度を検出する圧電型とサーボ型，速度を検出する動電型，変位を検出する差動トランス型とひずみゲージ型に分けられる．一方，後者は，速度を検出するレーザドップラー型，変位を検出する容量型とレーザ型と渦電流型に分けられる．これらの中で，ピエゾ素子の圧電効果を利用した圧電型の加速度計は，小形，軽量，取扱いが容易，周波数帯域が広い，位相特性が良い，安価などの理由で，最も普通に用いられる．加速度計は，上記の共通必要事項を満足しなければならないが，特に下記に注意する必要がある．

① 加速度計の質量を取り付けることによって供試体の動特性が変化する可能性がある．この変化の度合は加速度計の取付け場所によって異なり，振動の節近くでは小さいが，腹では大きく，供試体本来の固有振動数や固有モード形に影響を与えてそれらを変化させることがある．

図 5.42 にその例を示す[19]．これは，厚さ 2.2mm のアルミ板を折り曲げた軽量供試体上の 1 点を加振し，質量 4g と 0.2g の 2 種類の加速度計を移動させながら応答加速度を測定し，多くの点の周波数応答関数を加算平均したものである．0.2g の加速度計を用いた同図 b の場合には，加速度計の質量がほとんど影響しないために，周波数応答関数は供試体そのものの動特性を表現し，3 個の固有モードの存在がきれいに判別できる．これに対して 4g の加速度計を用いた同

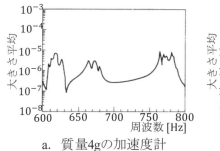
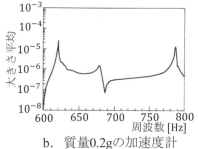

a. 質量4gの加速度計　　b. 質量0.2gの加速度計

図5.42　軽量構造の周波数応答関数の例
（加速度計を移動して測定）
大きさ平均：全測定点のコンプライアンスの
大きさの平均値

図aの場合には，加速度計の質量が大きいため取付け場所によって固有振動数が変動し，加算平均すると，共振点が乱れてあたかも多数の固有モードが密集しているように見える．同図aの周波数応答関数の測定結果を用いれば，曲線適合の精度は大きく下がる．特に，複数の周波数応答関数を同時に用いる多点参照法の曲線適合に同図aの測定結果を用いれば，ひどい結果を導く．

加速度計の質量を除去するための補正は，駆動点周波数応答関数を測定する場合にのみ可能であり，加振点と応答点が異なる伝達周波数応答関数の測定の場合には不可能である．この問題を解決するには，非接触形変換器を用いればよい．

② 耐ノイズ特性には十分注意する．**図5.43**は，AとBの2種類の加速度計を用い，加振力を60Nと10Nの2通りに変えて自動車のホワイトボディの振動試験を行った結果の応答とコヒーレンスの例である[19]．加振力振幅が60Nで大きい同図aとbでは応答も大きいのでノイズの影響は小さく，加振力振幅が10Nで小さい同図cとdでは応答も小さいのでノイズの影響は大きくなっている．加速度計AとBは，感度は同一であるが耐ノイズ特性はAの方がBより良いものを選んでおり，感度特性の差が測定精度に大きい影響を与えていることが分かる．

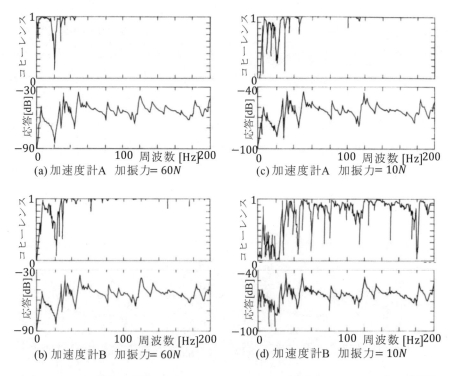

図5.43 応答の大きさとコヒーレンスに対するノイズの影響

③ 供試体が同時に複数の方向に振動しているときや，主振動方向と測定方向が異なる可能性があるときには，**横感度**に注意し，それが小さいものを用いる．

④ 温度とその変動に関して，次の2点に注意する．第1に，加速度計の感度は温度と共に変化

5.7 変換器

する. 低温や高温下では感度が常温とは異なる場合があるので, そのときの温度特性を調べる.

第2に, 圧電素子が急激な温度変化を受けると素子の分極状態が変化し, 振動が全くないにもかかわらず素子の表面や端子に電圧が発生する. これを**パイロ効果**と呼ぶ.

力変換器とインピーダンスヘッドについてはすでに5.4.5項〔5〕で詳しく述べたので, ここでは大切な事項を略記する.

① 受感部分より先端部の質量とねじなどの取付け部の質量を, 小さくする.

② 力変換器とその取付け部が形成する振動系が, 対象周波数範囲内で共振しないようにする.

③ 慣性モーメントを小さくする.

5.7.2 校　　　正

一般に変換器の**校正**は, 振動試験自体とは関係がない余計で面倒な作業のように思われ, 軽視され勝ちであるが, 変換器の特性には経年変化が大きい場合があるので, 計測の精度と信頼性を保つために, きちんと実行しなければならない. 校正は, 基本校正, 補助校正, 現場校正に分けられる. 前2者は, 機能と性能の経年変化や故障がないかを見るためであり, 定期的に (年1回程度) 行う. 後者は, 使用するシステムの組み合せ状態における全体感度を見るためであり, 振動試験毎に行うことが望ましい.

ここでは, 主に加速度計や力変換器などのピエゾ電気形変換器を対象にして, これらの説明を行う. 校正は, 計測器製造メーカの指示に従い, 実際の使用条件と同一条件で行う. 電線の静電容量は重要であるから, 必ず指定の電線を用いて変換器と増幅器を連結する. また力変換器とインピーダンスヘッドは, 取付け部の平坦度とねじを締める際のトルクを製造メーカの指示通りに校正する.

〔1〕 基 本 校 正

基本校正では, 変換器の基本性能である感度と電気インピーダンスを校正する. このうち後者は, 出力端子間の抵抗, 静電容量, 全端子と取付け面の間の遮断抵抗を調べるものであり, 原則として製造メーカが行う. これらはあまり正確には測定できないので, 前回よりも5%以上変化している場合にだけ, 詳細な検査と, 必要なら修理を行う. 一方, 感度は原則として使用者が行い, 以下に説明する.

まず加速度計の校正は, 比較法によって行う. 絶対校正によってすでに検定されている校正専用の標準加速度計と校正すべき対象加速度計を, **図 5.44** に示すように, 同一の加振器上に重ねて設置して行う. 校正時の振動の振幅は, 通常の振動試験に用いる変動範囲, 例えば $1.0 \sim 100 \mathrm{mm/s^2}$ とする. 周波数は単一, 例えば80Hzとする[13].

次に力変換器の校正は, それを製造者が推奨する予圧トルクで加振器に取り付けて行う. まず, 力変換器の端面に標準加速度計を直接取り付けた状態で, 一定の加速度振幅 α で加振し, 力変換器の出力電圧振幅 E_0 を測定する. 次に, 標準加速度計を外し, 代りに**図 5.45** に示すように, 力変換器の端面に質量 M の剛体ブロックを取り付け, その上に前と同じ標準加速度計を取り付ける. そし

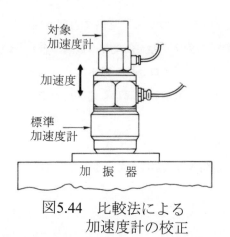

図5.44 比較法による
加速度計の校正

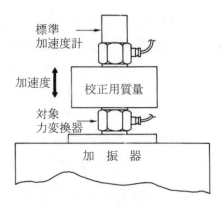

図5.45 力変換器の校正

て，標準加速度計の出力が，前と正確に同一の加速度振幅 α になるように加振器を調節したときの，力変換器の出力電圧振幅 E_m を測定する．質量 M を付加することにより，出力電圧が E_0 から E_m に変ったのだから，力変換器の感度 S_F は

$$S_F = \frac{E_m - E_0}{M\alpha} \quad （単位 V/N） \tag{5.16}$$

インピーダンスヘッドは，それを校正する加速度計と力変換器を，それぞれ上に述べた方法で個別に校正する．

〔2〕 補 助 校 正

補助校正は，変換器の補助的特性を調べるために，原則として製造者が行う．これは，各型式の標本について行えばよく，特に問題が生じない限り同一形式の個々の変換器について行う必要はない．項目としては，寸法・質量・力変換器とインピーダンスヘッドの有効端質量（力受感部より先端の質量）と取付け剛性・極性・入力と出力の間の伝達関数の周波数スペクトル・線形性・温度感度・横感度・ひずみ感度などがある [13]．

〔3〕 現 場 校 正

使用する加振器・力検出器・加速度計・増幅器・フィルタ・FFT 装置などすべての機器が決まった後，振動試験前に必ず実行しなければならないことの1つが**現場校正**（打撃試験の場合には 5.6.5 項）である．現場校正は，個々の機器について行うのではなく，それらすべてを本番と同一の状態に組み合わせたシステム全体の実試験時の総合感度を求め，必要な誤差修正を行うるためのものである．

現場校正では，周波数応答関数の感度を相対値すなわち力変換器と加速度計の感度の比の形で求めればよいから，個別機器の感度の絶対値を求める基本校正よりもはるかに容易である．精確な振動試験を行おうとすれば，その直前だけでなく直後にも，また長期にわたる重要な試験では途中の複数回または試験条件を変える毎に，現場校正を行い，変動の有無を監視しておくことが望ましい．

5.7 変 換 器　　　　　　　　　　　　　　　　　　　　　　　　　　　　　　　　235

　現場校正は，加速度計と力変換器の質量よりも十分大きい質量 M の剛体ブロックを供試体とした振動試験を行う形で実行する．加振器を用いる場合には，図 5.45 に示した方法による．打撃試験の場合には，5.6.5 項で述べたように，自由状態に吊り下げた質量を供試体とする．周波数応答関数の測定結果は，アクセレランスの形で表示すれば，理想的には対象周波数範囲全体にわたって，大きさが一定値 $1/M$（式 2.109），位相が 0 になるはずである．しかし多くの場合には，両者共これらの値から多少ずれてくる．現場校正で得たこのずれが無視できないとみなせる場合には，実際の振動試験における測定結果をこのずれの分だけ補正することによって，正しい周波数応答関数を求めることができる．ただし，大きさ（振幅）のずれが全体的に 5%以上あったり，位相または大きさのずれが周波数によって大きく変化したり，現場校正中に変動したりする場合には，そのまま上記の補正を実行するよりも，システム全体を再点検し，必要なら基本校正をやり直したり，変換器をより良好なものと交換することが望ましい．

5.7.3　加速度計の取付け

加速度計による測定誤差の原因には，主に次のようなものがある．

① 供試体の加速度が受感部に正しく伝わらない．

② 受感軸が測定すべき方向からずれている．

③ 供試体が，取付け部に回転を生じるような変位をする．

④ 温度が変動する．

⑤ 導線の拘束や動きが測定に影響し，ノイズを生じる．

　加速度計の取付けは，理想的には剛でなければならない．しかし実際には，どのように取り付けても剛にはならず，接触面を含む取付け部の剛性と加速度計の質量が振動系を形成する．この振動系の共振を**取付け共振**という．加速度計を取り付けたときの特性（出力電圧／供試体加速度）が周波数に無関係に一定であり大きさの変化と位相ずれがないためには，測定周波数の上限を取付け共振の周波数より十分低くしなければならない．前者が後者の 1/5 以下であれば，周波数スペクトルの平坦度が数%の誤差範囲内に収まり上記①による誤差は生じない [13]．

　加速度計の製造者が示している測定可能な周波数範囲は，それを製造者の指示通りに取り付けた場合にだけ有効である．この範囲は取付け方法によって大きく変るので，試験実施者が常用している取付け方法の共振周波数をできれば自身で測定した上で，測定周波数を決めておくことが望ましい．取付け共振周波数の測定は，鉛直方向の吊下げなどで自由支持した剛体ブロックの重心を通る水平線に受感軸を一致させて加速度計を取り付け，水平方向の低速掃引正弦波加振か打撃加振によって行う．打撃加振による場合には，別に吊り下げた剛体ブロックからなる振子を衝突させるかハンマーで叩くかする．取付け共振周波数を精度良く求めることは困難であるが，概略値がわかればその 1/5 以下を安全な測定周波数とすればよい．

　加速度計の取付けは次の方法による．

① ねじ固定

これは最も確実な方法であるが，供試体にねじ穴を加工しなければならないという欠点がある．ねじ穴は，表面に正しく垂直になるようにする．供試体表面の平坦度と粗さ，および締付けトルクは，測定精度に大きく影響するので，製造メーカの指示通りにする．接触面上の摩擦を小さくして同じ締付けトルクで最大の接触圧力を得るためと，接触面が振動中瞬間的に離れるのを防ぎ加速度の伝達を良くするために，油やグリスなどの薄い粘性膜を接触面間に介存させるとよい．

② 接 着

表面を加工できないとき，接触部を電気的に絶縁する必要があるとき，供試体表面の平坦度や粗さがあまり良くないときに行う．取付け剛性を低下させないために，接着剤の層はできるだけ薄くする．溶剤を乾燥させる種類の接着剤は，中に溶剤が閉じ込められて気泡が残り，剛性が低下するので，化学反応により硬化する種類の接着剤の方がよい．

③ その他

薄いワックス膜，両面テープ，磁石などがある．これらは温度が限定される．例えば，ワックス膜は40℃位になると流れ出し加速度計が離れる．磁石を用いる場合には，加速度振幅が大きいと飛離れによる誤差を生じる．加速度計を手で持って押し付ける手持ちは，周波数が極めて低いとき，および共振の有無や振幅の大きい場所を単に調べる略式試験以外には，勧められない．

表面が曲面のときや斜方向の加速度を測定するときに用いる治具やパッドは，できるだけ小形で軽く慣性モーメントが小さく剛性が大きいものを選ぶ．

取付け共振周波数のおよその目安は次の通りである．ねじ固定（粘性膜有）30KHz，ねじ固定（粘性膜無）20KHz，接着 10KHz，薄い両面テープ 10KHZ，厚い両面テープ 1KHz，磁石 7KHz，ワックス膜 10KHz，手持ち 2KHz．

加速度計からの電気信号を取り出す導線は，緩んでいると振動試験中に暴れ，振動する供試体表面と摩擦して静電気が発生し，出力信号にノイズが混入する．これを防ぐため，導線は供試体に固定する．固定に際しては，無理に引っ張ったり圧縮したり曲げたりすると，加速度計に余分な力やモーメントを及ぼす．導線の影響は，加速度計が軽く小さいほど大きいので，注意が必要である．

次に，加振器と供試体の間に挿入するインピーダンスヘッド自身とその取付け部を合せた剛性の測定について述べる[13]．これは，5.7.2項〔3〕で述べた現場校正と同じ方法で行えばよい．すなわち，インピーダンスヘッドに比べ質量が十分大きい剛体ブロックを自由支持し，低速掃引正弦波加振（5.5.1項〔2〕）を行うことにより求める．そのモビリティの例を**図5.46**に示す．

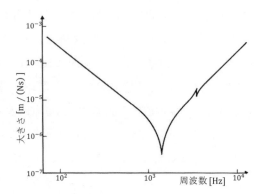

図5.46 インピーダンスヘッドの取付け剛性を調べるための振動試験におけるモビリティの例

この例では，2KHz 付近に反共振点があり，その両側は直線にぜん近している．低周波数側の直線は質量一定を示し，その質量はインピーダンスヘッドの有効質量とブロックの質量の合計に等しい．高周波数側の直線は，測定の目的である取付け部の剛性の大きさを表す．その途中にある小さい乱れは，インピーダンスヘッドが供試体への取付け点のまわりに横揺れする固有モードがあることを示している．

5.8 非線形

5.8.1 様々な非線形

〔1〕 非線形とは

入力 A に対する出力が B，入力 C に対する出力が D であるとき，入力 A+C に対する出力が B+D であるならば，これらの入出力の関係に**重ね合せの原理**が成り立つという．この重ね合せの原理は，線形理論の本質的な原理であり，関数，微分方程式，物体，系を問わず，線形であれば必ずこの原理が成立する．**非線形**とは，この原理が成立しない系・数式・事象・物体の総称である．

動力学や機械開発に関連する非線形には，以下に述べるように様々な種類が存在し，その発生の原因やメカニズムは雑多であるが，構造に起因するものと材料に起因するものに大別できる．

〔2〕 構造非線形

一般に機械は多くの部品から構成されており，部品間には必ず微小すきまや接触面間摩擦が存在する．また，はめあい・軸受・歯車・がた・ボルト結合なども非線形現象を生じる．**図 5.47** は，**構造非線形**の例を示す．同図 a は微小すきま間に置かれた板が振動する様子であり，小振幅では線形振動をするが，大振幅では根元ががたに接触して非線形振動を生じる．同図 b は支持部との間に摩擦を有する 1 自由度系のモデル図である．同図 c は浅い曲面殻に横力を加えるときに生じる非線形の飛移り現象である．同図 d は単振子であり，振幅が大きくなると振動数が小さくなり長周期の揺動をする．e は鋼線で張った質量であり，振幅が大きくなると振動数が高くなり短周期の振動をする．

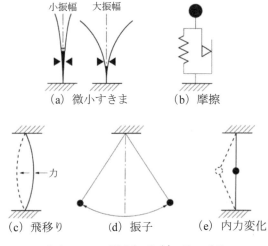

図 5.47　構造非線形の例

機械では，非線形を利用して目的とする機能・性能を実現することが多い．自動車を例にとれば，別個の部品が摩擦で滑りながら一体化と分離を繰り返すブレーキ・クラッチ・変速機，地面との非線形摩擦を利用して走る・止まる・曲がるを演出するタイヤ，内燃エンジンの激しい振動を広周波数範囲で緩和・遮断するエンジンマウント，ばね下からの振動を絶縁して車室内居住空間の安定と静粛を守るサスペンション，コーナリング時に車体の安定性を保つシャシーなどがある．

〔3〕 材料非線形

多くの材料の力学特性は非線形を有する．**図 5.48** は**材料非線形**の例である．同図 a は，剛性が変位に依存して変化する**非線形剛性**であり，硬化と軟化に分けられる．後述の高分子材料の多くは変位硬化弾性を有し，変位が大きくなると剛性が増大する．炭素鋼以外の多くの金属はわずかな変位軟化剛性を有し，変位が大きくなり塑性変形域に近くなると剛性が減少する．一般に粘性は，同図 b に示すように速度依存性を示す．流体の粘性抵抗力は，速度が小さい層流では速度に比例するが，速度が増して乱流になると急増し，速度の自乗に比例するようになる．

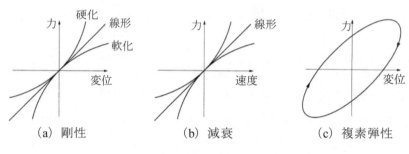

図5.48 材料非線形

同図 c は，弾性（剛性）の速度依存性を示し，変位の作用速度が増大すると復元力が変形より時間的に遅れて生じるため，力ー変位線図がヒステリシス環を描くようになる．速度依存弾性は，位相遅れを有する**複素剛性**として表現される．このヒステリシス環の内部面積が，変形時に消散される力学エネルギーに等しい．人体や食肉は速度依存弾性の例であり，生体の多くは，作用速度に対する抵抗力（復元力）を時間的に遅らせることにより衝撃時の力学エネルギーを吸収して熱エネルギーに変え，自己損傷を防止するように出来ている．運動靴の靴底・寝具・椅子など人が直接接触する道具には，生体に似たこの複素剛性を故意に持たせ，耐衝撃性や心地よさを実現しているものがある．粘性が大きい高分子材料を挟んだ 2 枚の鋼板からなる**制振鋼板**，結晶間に微細な乱れやマイクロクラックを持たせた**制振合金**は，粘性・複素剛性を利用して遮音・吸音・振動吸収・振動絶縁を行っている．

〔4〕 高分子材料の非線形

機械に多用される高分子材料の力学特性について，以下に説明する．

高分子材料は，数万個の炭素原子が，隣接原子同士で電子を共有する共有結合でつながった主鎖からなっている．炭素原子は 4 本の結合手を有し，主鎖以外の結合手で別の原子と共有結合することによって枝（副鎖）を出している．共有結合は，隣接原子同士の距離は拘束するが回転は拘束せず自由な結合である．物質を構成しているすべての原子は熱エネルギー（微視的な運動エネルギー）によって微小不規則振動（ミクロブラウン運動）をしているから，高分子は常に動き回っている．各々が数万本の足を持った無数匹の超長いムカデが互いに絡み合い，暴れのたうちまわっているのが，高分子材料の基本的なイメージである．高分子材料の巨視的な剛性と粘性には，上記の複雑なミクロ構造と微小不規則振動に起因する複雑な非線形が存在する[29]．

5.8 非線形

図 5.49 は，高分子材料の非線形剛性（変位依存性）の概要を示す．作用力が大変小さい変形初期では，高分子同士のもつれ（物理架橋と言う）がほどける際の抵抗力によって，剛性がわずかに増大する（同図 a 部）．作用力がもう少し大きくなると，**エントロピー弾性**に起因する小さい剛性域に移る（同図 b 部）．

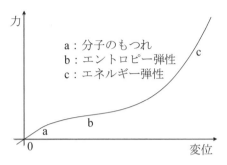

図5.49 高分子材料の非線形剛性

しなやかで超長い一本の糸（主鎖）に，数万本の同じくしなやかな糸（副鎖）を介して数万匹の蝉をつなぎ，主鎖をぴんと直線状に伸ばした状態から解放すると，蝉は逃げようとして自由勝手な方向に不規則にあばれ回る．しばらくすると全体の形状は，エントロピー（存在確率）が最小の直線から最大の球に変化する．このイメージのように，高分子が外力に抗してエントロピーが増大する方向に縮み，球状になろうとするために生じる抵抗力が，エントロピー弾性の正体であり，これは力学エネルギーとは無関係な現象である．

作用力がもっと大きくなると，各高分子は作用力の方向に伸び切ってさらに引っ張られるため，炭素原子間の距離が増大し始める．これは，原子間の微細ポテンシャル場における位置エネルギー（例えば補章 E の図 E.3）が増大するというエネルギー現象であり，金属材料の剛性の発現と同様な（はるかに小さいが）**エネルギー弾性**の正体である（同図 c 部）．透明なビニールの膜を引っ張る際に，外力を大きくしていくと，急に白く濁り同時に抵抗力が増大する．これがエントロピー弾性からエネルギー弾性に移る際の現象であり，白く濁るのは，ビニールを構成する高分子が外力の作用方向に伸び切り，透過光が方向性を有し始めるためである．

ペットボトルは，ポリエチレンテレフタレートという高分子材料の容器である．空のペットボトルの温度を上げていくと，140℃付近で急に形が崩れてつぶれ，それ以上の温度では剛性が急減しやわらかいゴム状になって，構造体としては使えなくなる．これを急冷すると元の常温の剛性を有する透明な塊になり，徐冷すると微細結晶が増加し白濁した塊になる．この例のように，高分子材料の剛性は大きい温度依存性を有する．

図 5.50 は，高分子材料の剛性と粘性の温度依存非線形の概要を示す．低温では固体（ガラス体：同図 a 部）であり，温度を上げていくと，ある温度で剛性が急減し始め，転移領域（同図 b 部）を経てゴム体（同図 c 部）に変る．剛性が急減し始める温度を**ガラス転移温度**，それ以下の温度域を**ガラス領域**，転移領域以上の温度域を**ゴム領域**という．

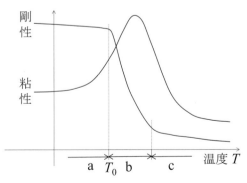

図5.50 高分子材料の剛性と粘性の温度依存性
　　　　a ：ガラス領域
　　　　b ：転移領域
　　　　c ：ゴム領域
　　　T_0 ：ガラス転移温度

低分子からなるガラス体は，結晶を有しない固体であるため，静荷重に対しては剛性が大きいが，靭性がなく衝撃を与えると簡単に脆性破壊する．これに対して金属体は，原子同士が固く結合され整然と配列している結晶体であり，著しく大きい剛性を有する．高分子からなるガラス体は，透明であっても数％～数十％の微細結晶域を含み，高分子の長い主鎖が複数の微視結晶域を貫いて連結しているため，適度の剛性と靭性を有し，構造体として優れている．眼鏡を落とすとガラスレンズは割れるがプラスチックレンズは割れないのは，このためである．

ゴム状の高分子材料は，基本的には構造体としては使えない．しかし，硫黄原子を介在させ高分子間を連結させた（化学架橋という）人工ゴムは，他の構造材では得られない大きい伸縮性を持つ．また炭素微粒子と高分子材料を混合させれば，高分子主鎖の炭素原子が炭素微粒子と共有結合して微粒子同士を固く連結させるため，自動車のタイヤやエンジンマウントのように特有の力学的性質を有する極めて有用な構造体になる．

ガラス転移温度は，高分子材料の種類によって異なる．例えば，食肉は氷点下であり冷蔵庫に置かれると凍る（ガラス状になる）．高分子の一種である薔薇の花弁は，液体窒素に浸けガラス状にした花弁で肉が切れる．逆に，耐火高分子材料のガラス転移温度は数百℃に達するものがある．また同一の高分子材料でも，ガラス転移温度は振動数に依存し，一般に高振動数になるほど高くなる．

高分子材料の粘性は，図 5.50 のように，極めて大きい温度依存性を示し，ガラス領域とゴム領域間の転移領域の狭い温度範囲で急増する．自動車や高級客船の居住空間の耐振動や静音，潜水艦の対ソナー探知防音などに用いる制振材料は，使用温度がこの転移領域に一致する高分子材料を選ばないと，効果が小さい．

5.8.2 非線形系の周波数応答関数
〔1〕 振幅依存

周波数応答関数は，出力（応答）と入力（加振力）の比である（2.6.1 項）から，重ね合せの原理（5.8.1 項〔1〕）が成立し加振力と応答間に比例関係が存在する線形系では，加振力の振幅（大きさ）を変化させても変化しない．

これに対して非線形系では，加振力の振幅を変化させれば，図 5.51 に示すように，周波数応答関数の大きさ（特に共振峰の高さ）・共振振動数・減衰比・形状のいずれかが変化する．したがって，加振力の大きさを幾通りかに変えて低速掃引正弦波加振（5.5.1 項〔2〕）を実施し，周波数応答関数の変化の有無を調べれば，非線形の有無と程度が分かる．

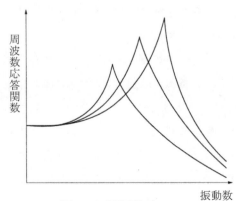

図5.51 振幅依存

〔2〕 高調波と分数調波

強制振動では，対象系は加振力と同一の振動数の

5.8 非線形

みで振動し,加振力と異なる振動数の応答が生じることはない.そこで,単一振動数の加振力に対する周波数応答関数は必ず同一の単一振動数の線スペクトルになるはずである.

ところが,対象系に非線形が存在すると,図 5.52 に示すように,周波数応答関数に加振振動数の整数倍の高周波数成分(高調波成分)が出現する.そこで,単一振動数の定常正弦波加振(5.5.1 項〔1〕)を実施して高調波成分の有無を調べれば,非線形の有無と大きさが分かる.

周波数応答関数中のこの高調波成分は,応答中に加振周波数の振動とは別の高調波振動が実際に生じるのではなく,図 5.53 に示すように,非線形が原因で波形がゆがむことにより,応答が正弦波ではなくなることを意味する.ゆがんだ波形をフーリエ変換すると,基本周波数である加振力の振動数成分にその整数倍の高調波成分が混入した波形と認知され周波数応答関数に表示されるのである.非線形の種類によっては,基本振動数の整数分の1の分数調波成分が出現することがある.

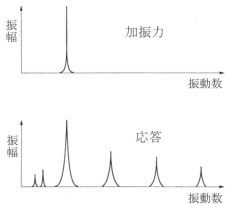

図5.52 単一振動数の加振力に対する応答の高調波と分数調波の周波数スペクトル

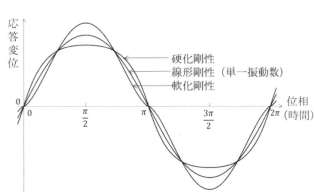

図5.53 単一振動数加振力に対する応答変位 非線形剛性では応答がゆがむ.

〔3〕 跳躍と履歴

振動試験において,低速掃引正弦波加振で加振振動数を増加させる方向に上昇掃引する場合と減少させる方向に下降掃引する場合の周波数応答関数は,対象系が線形である場合には同一であり,また共振峰の形状は左右がほぼ対称になる.これに対して対象系が非線形である場合には,上昇掃引と下降掃引の履歴が異なり,共振峰の形状は左右非対称になる.

図 5.54 は,対象が1自由度系で非線形を有する場合の周波数応答関数の様相を示す.同左図は変位硬化非線形系であり,上昇掃引では共振峰頂上で大きい跳躍による不連続減少を生じるのに対し,下降掃引では共振峰頂上より少し低い周波数点で小さい跳躍による不連続増加を生じ,結果として周波数応答関数の共振峰の形状は,周波数が大きい方向に傾く非対称になる(図 5.19).図 5.54 右図は変位軟化非線形系であり,同左図と左右反対の様相を示している.

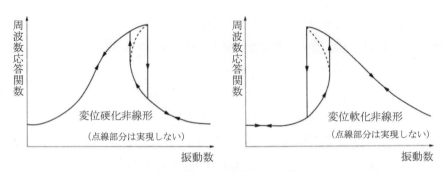

図5.54 跳躍と履歴

〔4〕 共振峰の鈍化・乱れと不確定成分

非線形でゆがんだ応答をフーリエ変換して生じる（上記②）高調波成分への見かけのエネルギー漏れなどのため，共振峰が鈍化する．このため，減衰を誤って過大評価することがある．また，共振峰に乱れが生じ，近接した複数の固有モードの重なりと誤解することがある．さらに，非線形があると不確定成分が生じて周波数応答関数が全体的に乱れ，不規則な外部雑音が混入していると誤解することがある．ただし，実験中に漏れ誤差（4.4.5 項）が発生しても，これらと同様な現象が生じることに注意する必要がある．図 5.55 は，これらの現象を示す．

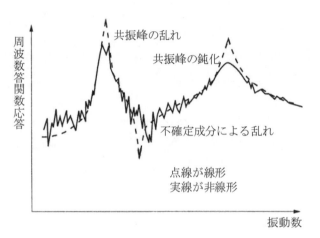

図5.55 共振峰の鈍化・乱れと不確定成分

〔5〕 不可逆性

非線形があると，線形系では必ず成立する相反定理が成立しなくなり，振動試験において加振点と応答点を逆転させると，得られる周波数応答関数が異なることがある．

5.8.3 観察とモデル化

力学系の数式処理や振動試験における信号処理は，基本的には線形理論に基づいて行う．これに対して実際の機械の多くは非線形を有し，振動の解析・実験を困難にし，精度低下を生じることが多い．そこで，対象系に非線形の存在が疑われる場合には，まずその存在の有無・程度・種類などを詳細に調べる必要がある．

非線形の存在の有無や種類を実験的に調べる際には，低速掃引正弦波加振（5.5.1 項〔2〕）が最も適している．その理由を以下に記す．

① 加振エネルギーが大きく，しかもそれを単一振動数に集中させることができるので，外乱や

5.8 非線形

実験誤差が混入しにくい.

② 加振力の大きさ・掃引速度・振動数の上昇と下降を自由に変えて, 非線形の詳細な観察ができる.

③ 5.8.2項に記したように, 得られる周波数応答関数中にいろいろな非線形の特徴がはっきり現れる.

低速掃引正弦波加振ほどではないが, より手軽な高速掃引正弦波加振 (5.5.2項〔2〕) を用いても, 非線形の有無が識別できる. 不規則波加振は, 非線形の存在の確認には不向きである. 打撃加振は, 非線形の存在の確認に用いてはいけない.

上記とは逆に, 非線形が存在する対象系を線形系として扱い, 解析に導入したい場合がある. このような場合には, 非線形の影響を平均化あるいは無視した等価線形モード特性を実験的に知る必要があり, その際には不規則加振が適している. その理由は以下の通りである.

不規則加振では, 様々な周波数・大きさ・位相の加振力で同時に加振することになるので, 種々雑多な非線形現象が同時に出現して平均化され, 線形に近い周波数応答関数が得られる. そこで非線形系に対しても, 線形の仮定に基づく曲線適合の理論を適用して周波数応答関数の精度良い実験同定ができ, 平均化された等価線形モード特性が得られる. ただし不規則加振を用いる場合には, 加振力の平均振幅を実機稼働時の荷重と同程度の大きさにすることが望ましい.

非線形現象の存在・大きさ・性質を調べるのに適している低速や高速の掃引正弦波加振は, 個々の非線形現象が周波数応答関数中にはっきり表れるので, 等価線形モード特性を求めるための加振方法としては, 適していない. 打撃試験は, 非線形の存在を確認する場合と同様に, 非線形を平均化した等価線形モード特性を求めるためにも用いてはいけない.

図5.56は, 非線形を有する供試体の周波数応答関数の例である[20]. 同図aは, 測定したコンプライアンスの生データをボード線図上に表示したものであり, 実線が高速掃引正弦波, 点線が短時間

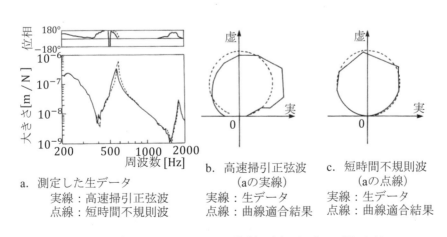

図5.56 すべり面による非線形部を含む構造物の
周波数応答関数 (コンプライアンス)

不規則波による振動試験の結果である.

実線は,共振峰が鈍化して低くなり形がゆがんでおり,非線形の存在をはっきり表している.これに対して点線は,このようなことが生じておらず,比較的きれいな共振峰を示している.同図 b は,高速掃引正弦波(同図 a の実線)の生データと,それをナイキスト線図上で曲線適合(円近似:点線)した結果であり,生データの形がゆがんでいるために,曲線適合がうまく行われていない.同図 c は,短時間不規則波の結果であり,曲線適合結果が生データと良く一致している.

これは,高速掃引正弦波による振動試験が非線形の存在・大きさ・種類・性質を鮮明に再現するのに対し,短時間不規則波による振動試験はそれらを中和して平均的線形特性に変えるためである.

このことは,前者より後者の方が振動試験として優れていることを意味するのではない.非線形の存在・大きさ・性質を知りたいときには前者を,非線形を線形近似したいときには後者を使うほうが良い.目的に応じて適切な加振の波形と方法を選ぶべきである.

周波数応答関数の信頼性が小さいとき,その不具合は共振点近傍に現れることが多い.それを調べるには,共振点近傍のみを強調して表示するナイキスト線図が適していることが,図 5.56 から分かる.

図 5.57 は,非線形を含む系のモデル化の概略手順を示す.まず,振動試験で非線形現象を観察し,非線形の有無・性質・種類・程度を判断する.非線形の存在が無視できる程度であれば,

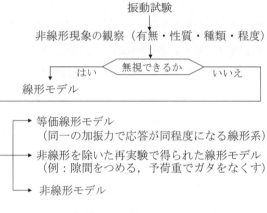

図5.57 非線形を含む系のモデル化

そのまま線形モデルを作成する.無視できない場合には,非線形系と応答が同程度になる等価線形モデルを作成するか,非線形をそのままモデルの中に表現した非線形モデル作成する.後者の場合には,運動方程式が非線形になり,個別対応の面倒な解析や後処理を必要とする.ガタや微小すきまなどの構造非線形の場合には,すきまをつめる,予荷重をかけてガタをなくす,などの処置によって非線形を除いた後の再実験で得られた線形モード特性で線形モデルを作成する.

5.9 周波数応答関数の信頼性

振動試験の結果として得られた周波数応答関数の信頼性を判断・評価する手段について,説明する[13)20)].

5.9.1 コヒーレンス

4.3.3 項で説明した**コヒーレンス**は,振動の応答がどの程度加振力に関連しているかを示し,周波数応答関数の信頼性を表現する重要な量である.コヒーレンスは本来統計的性質を有するので,そ

5.9 周波数応答関数の信頼性

れ自身の信頼性を確保するために，複数回の振動試験で求めた値を平均化する必要がある．コヒーレンスが 1 より低いときには，周波数応答関数の信頼性が減少している．その原因について述べる．

コヒーレンスが広い周波数範囲で低く特に反共振点で低下が顕著な場合には，応答現象が小さすぎるか，ノイズが大きすぎて SN 比が低下しているか，あるいはダイナミックレンジの使い方が適切でなくその下限近くしか使っていないために，信号処理の段階でノイズが混入し計測を乱している，と考えられる．これらはすべて不規則誤差であるから，平均化処理が有効になる．**図 5.58** [13] は，不規則外乱によって周波数応答関数中に誤差が発生したときに，その誤差が縦軸の値（％）以下であることが統計的に90％の確かさで言えるための，平均化回数を示す．例えば図 5.48 の点線は，コヒーレンスが 0.8 である周波数応答関数中の誤差が5％以下であることが 90％の確かさで言えるためには，178 回の取込みデータを用いて平均化処理すべきことを意味する．

コヒーレンスが共振点で特に低くなる最大の原因は，図 5.6 のように共振点で加振力が低減するという動電式加振器本来の性質が引き起こす現象である可能性が高く，その原因と対策については 5.4.2 項で説明した．

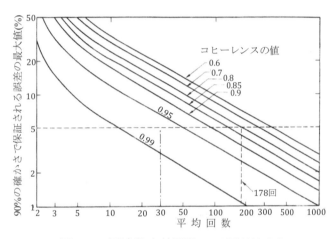

図5.58　周波数応答関数の不規則外乱と平均回数の関係　（確かさ90％）

最も多いのが，共振点と反共振点の両方でコヒーレンスが低い場合であり，次のような原因が考えられる．

① 周波数分解能不足
平均化処理では除去できず，標本化時間 T の増加で解決できる．

② 供試体の非線形性
5.8.2 項で述べたように，非線形は周波数応答関数の精度と信頼性を低下させる．非線形に対しては，正体を明らかにする場合，除去する場合，利用する場合，線形化近似による平均的な動特性を知る場合など，目的によって対処が異なる．

③ 複数の入力
計測する加振力以外に何らかの外作用が存在する．原因を見つけて除去する．

④ 計測系の過負荷
加振力や応答の検出器に過負荷が生じ，計測データの一部が切れてゆがんでいる．発生場所を見出し，該当機器のダイナミックレンジの使用を改善する．

⑤ 漏れ誤差

標本化時間を長くするか，指数窓（5.6.6項〔4〕：打撃試験の場合）やハニング窓（4.4.5項〔4〕）を用いて対策する．この誤差は平均化処理では除去できない．

⑥ 標本化時間両端のデータ

不規則波加振で応答に窓関数を用いない場合のコヒーレンスの低下の原因は，必ずしも漏れ誤差だけではない．種々の周波数成分の加振力を同時に与える不規則波加振の応答は，多数の衝撃応答として生じた多数の自由振動の重合せである．例えば，純不規則波加振において，標本化時間 T の前端ではデータ採取以前の衝撃応答がまだ消えておらず，一方，後端では立ち上がったばかりの応答が途中で切り捨てられる．このように T の両端では，元来入出力間の関係が正しく評価されず，これがコヒーレンスを低下させる．

⑦ 窓関数

窓関数（4.4.5項〔4〕）は，応答データを処理前に加工することで効果を発揮するが，不適切な用い方をすれば，データを変質させコヒーレンスの低下を招く．

コヒーレンスは，入出力間の相関の程度を示しているだけであるから，それが 1 であるからといって，周波数応答関数が目的に合った良いものであるとは必ずしもいえない．例えば，加振や応答の測定位置や方向のずれなどは，コヒーレンスの低下にはつながらない．コヒーレンスが全体的に一様に 1 に極めて近いときには，手放しで喜ばず，入力と出力の回路の間に，振動試験とは別に何らかの直接の相互干渉や導通がないかを一応調べる．

5.9.2 相 反 性

線形系では，相反定理が成立し，任意の 2 点間の伝達周波数応答関数は，加振点と応答点を入れ換えて逆にしても変らない．これらを入れ換えたときに周波数応答関数が異なる場合には，2 点間にエネルギーを散逸させるがたなどの非線形や内部摩擦などの減衰がある，加振力不足のために周波数応答関数の精度と信頼性が損なわれている，などが考えられる．

5.9.3 曲 線 適 合

振動試験で得られた周波数応答関数を**曲線適合**[4]したとき，その結果は理想的には元の周波数応答関数と一致するはずである．これらの間に大きい差があるときには，適切な振動試験が行われていない可能性がある．

図 5.59 は，周波数応答関数のナイキスト線図表示の例であり，実線が生データ，点線が曲線

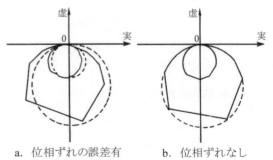

a. 位相ずれの誤差有　　b. 位相ずれなし

図5.59　周波数応答関数の曲線適合例
　　　実線：測定した生データ
　　　点線：曲線適合結果

5.9 周波数応答関数の信頼性

適合結果（円近似）を示す．同図 a は，位相が全周波数領域で一様に約 10 度ずれた場合であり，両者はあまり一致していない．同図 b は，位相ずれの原因を除いた後の結果であり，両者は良く一致している．位相ずれは，センサー，増幅器，フィルタ，などアナログ系機器の位相特性に問題がある場合によく生じる．

5.9.4 そ の 他

〔1〕 周波数応答関数の性質

駆動点周波数応答関数には，共振点と反共振点が交互に出現する，コンプライアンスの位相が必ず 0°～180°の範囲内に存在する，という性質がある．異なる 2 点間の伝達周波数応答関数では，これらのことは必ずしも成立しない．

周波数を 0 に近づけると，コンプライアンスが一定値に漸近し，その値は支持剛性の逆数に一致する．また，供試体が自由支持（5.2.1 項）されている場合には，周波数を 0 に近づけると，アクセレランスが一定値に漸近し，その値は供試体の質量の逆数に一致する．

これらのうち一つでも成立しない場合には，その周波数応答関数はもちろん振動試験全体が信頼できない．

〔2〕 試 験 条 件

加振方法，加振力振幅，標本化時間，変換器の種類などの試験条件をいくつかに変化させてみる．理想的には，周波数応答関数は試験条件にかかわらず同じものが得られるはずである．それらが異なる場合には，原因を明らかにした上で最適な試験条件を決める．

〔3〕 環 境

温度，環境振動などが影響していないかを調べる．もしそれらが試験に影響を及ぼしていれば，原因を除去する．

補章A　数　学　基　礎

補章A1　三　角　関　数

A1.1　基　　本

　角の単位には2通りある．まず**度**であり，これは説明する必要がない．直角が90度（90°と記す），1周が360°である．もう一つは**ラジアン**である．これは，円弧の長さが半径（radius）の長さに等しくなるとき，その円弧の両端と中心点を結ぶ2本の半径が挟む角を単位量1ラジアン（1rad または単に1）にとったものである．半径1の円の円周の長さは2πであるから，1周が2π rad，直角が$\pi/2$ rad である．度とラジアンの換算式は

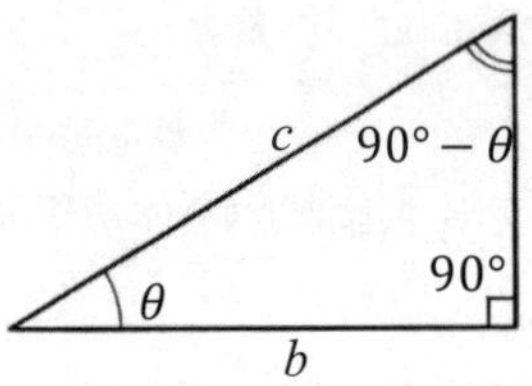

$$1\text{rad} = \frac{180°}{\pi} = 57.3°, \quad 1° = \frac{\pi}{180°} = 0.0175\text{rad} \quad (A1.1)$$

図A1.1　直角三角形の角と辺

　三角関数は，元来直角三角形の辺と角の関係を表現するために定義されたものであり，これが三角関数と呼ばれるゆえんである．**図A1.1**において

$$\left. \begin{array}{lll} \text{正弦関数} \ \sin\theta = \dfrac{a}{c} & \text{正接関数} \ \tan\theta = \dfrac{a}{b} & \text{正割関数} \ \sec\theta = \dfrac{c}{b} \\ \text{余弦関数} \ \cos\theta = \dfrac{b}{c} & \text{余接関数} \ \cot\theta = \dfrac{b}{a} & \text{余割関数} \ \mathrm{cosec}\,\theta = \dfrac{c}{a} \end{array} \right\} \quad (A1.2)$$

式A1.2 より

$$\sec\theta = \frac{1}{\cos\theta}, \quad \mathrm{cosec}\,\theta = \frac{1}{\sin\theta}, \quad \cot\theta = \frac{1}{\tan\theta}, \quad \tan\theta = \frac{\sin\theta}{\cos\theta} \quad (A1.3)$$

　このように直角三角形を使った三角関数の定義は，角θが$0 < \theta < 90°$の範囲内にしか適用できない．そこで，任意の角に適用できるようにこれを拡張し，単位円（半径が1の円）を用いた次の定義を採用する．これが，三角関数が**円関数**とも呼ばれるゆえんである．

　図A1.2の単位円において，x軸から反時計回りに角θをとれば

$$\sin\theta = \frac{y}{1} = y, \quad \cos\theta = \frac{x}{1} = x, \quad \tan\theta = \frac{y}{x} \quad (A1.4)$$

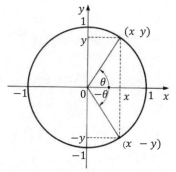

図A1.2　半径1の単位円の円周上の点

補章 A1　三 角 関 数

式 A1.4 の定義を負の角 $-\theta$ に拡張して適用すれば，図 A1.2 から明らかなように

$$\sin(-\theta) = -y, \quad \cos(-\theta) = x, \quad \tan(-\theta) = \frac{-y}{x} \tag{A1.5}$$

式 A1.4 と A1.5 を比較すれば

$$\sin(-\theta) = -\sin\theta, \quad \cos(-\theta) = \cos\theta, \quad \tan(-\theta) = -\tan\theta \tag{A1.6}$$

式 A1.6 は，$\sin\theta$ と $\tan\theta$ が奇関数（$\theta = 0$ に関して反対称である関数），$\cos\theta$ が偶関数（$\theta = 0$ に関して対称である関数）であることを示す．図 A1.2 に示す半径 1 の単位円の方程式は

$$x^2 + y^2 = 1 \tag{A1.7}$$

式 A1.4 を式 A1.7 に代入すれば

$$\cos^2\theta + \sin^2\theta = 1 \tag{A1.8}$$

図 A1.1 において $90° - \theta$ の角について式 A1.2 の定義を適用すれば

$$\sin(90° - \theta) = \frac{b}{c} = \cos\theta, \quad \cos(90° - \theta) = \frac{a}{c} = \sin\theta, \quad \tan(90° - \theta) = \frac{b}{a} = \cot\theta \tag{A1.9}$$

式 A1.4 のように，$\sin\theta$ は単位円の円周上の点の y 軸への投影であるから，**図 A1.3** 内で，θ の増加と共に $0(0°) \to 1(90°) \to 0(180°) \to -1(270°) \to 0(360°)$ と変化する．一方，$\cos\theta$ は，単位円の円周上の点の x 軸への投影であるから，図 A1.3 内で，θ の増加と共に，$1(0°) \to 0(90°) \to -1(180°) \to 0(270°) \to 1(360°)$ と変化する．$\sin\theta$ と $\cos\theta$ は共に $360°$（2π rad）を 1 周期とする周期関数であり上記の変化を $360°$ 毎に繰り返す．一方，$\tan\theta$ は，**図 A1.4** に示すように，角 θ の 0 からの増加と共に 0 から増大し，$\theta = 90°$ で正の無限大から負の無限大へと不連続に変化し，その後増大して $\theta = 180°$ で再び 0 になる．このように，$\tan\theta$ は $180°$（π rad）を 1 周期とする周期関数であり，上記の変化を $180°$ 毎に繰り返す．

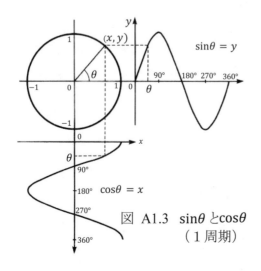

図 A1.3　$\sin\theta$ と $\cos\theta$（1 周期）

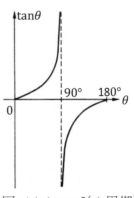

図 A1.4　$\tan\theta$（1 周期）

A1.2 加 法 定 理

図 A1.5 において，$\overline{OA}$ は，原点 O を一端とする長さ 1 の線分であり，x 軸から反時計回りに $\theta_1 + \theta_2$ の方向を向いている．

x 軸から反時計回りに θ_2 の方向に直線を描き，点 A からその直線に下した垂線の足を点 B とする．点 B から x 軸に下した垂線の足を点 C とする．一方，点 A から x 軸に下した垂線の足を点 E，線分 $\overline{AE}$ と線分 $\overline{OB}$ の交点を F，点 B から線分 $\overline{AE}$ に下した垂線の足を D とする．このとき，次の関係が成立する．

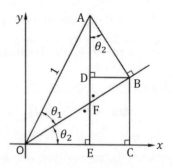

図 A1.5 三角関数の加法定理の証明

$$\overline{OA} = 1, \quad \overline{AB} = \sin\theta_1, \quad \overline{OB} = \cos\theta_1 \tag{A1.10}$$

$$\overline{BC} = \overline{OB}\sin\theta_2 = \cos\theta_1 \cdot \sin\theta_2, \quad \overline{OC} = \overline{OB}\cos\theta_2 = \cos\theta_1 \cdot \cos\theta_2 \tag{A1.11}$$

三角形 OEF は直角三角形であるから，角 $\angle OFE = 90° - \theta_2$．角 $\angle AFB = \angle OFE$ であるから，$\angle AFB = 90° - \theta_2$．三角形 AFB は直角三角形であるから，$\angle BAF = 90° - \angle AFB = 90° - (90° - \theta_2) = \theta_2$．したがって式 A1.10 から，直角三角形 ABD について

$$\overline{BD} = \overline{AB}\sin\theta_2 = \sin\theta_1 \sin\theta_2, \quad \overline{AD} = \overline{AB}\cos\theta_2 = \sin\theta_1 \cos\theta_2 \tag{A1.12}$$

直角三角形 OAE について

$$\overline{AE} = \sin(\theta_1 + \theta_2), \quad \overline{OE} = \cos(\theta_1 + \theta_2) \tag{A1.13}$$

一方では，式 A1.11 と A1.12 より

$$\left.\begin{array}{l} \overline{AE} = \overline{AD} + \overline{DE} = \overline{AD} + \overline{BC} = \sin\theta_1 \cos\theta_2 + \cos\theta_1 \sin\theta_2 \\ \overline{OE} = \overline{OC} - \overline{CE} = \overline{OC} - \overline{BD} = \cos\theta_1 \cos\theta_2 - \sin\theta_1 \sin\theta_2 \end{array}\right\} \tag{A1.14}$$

式 A1.13 と A1.14 を等置して

$$\sin(\theta_1 + \theta_2) = \sin\theta_1 \cos\theta_2 + \cos\theta_1 \sin\theta_2 \tag{A1.15}$$

$$\cos(\theta_1 + \theta_2) = \cos\theta_1 \cos\theta_2 - \sin\theta_1 \sin\theta_2 \tag{A1.16}$$

式 A1.15 と A1.16 において，θ_2 を $-\theta_2$ と置き換えて，式 A1.6 を用いれば

$$\sin(\theta_1 - \theta_2) = \sin\theta_1 \cos(-\theta_2) + \cos\theta_1 \sin(-\theta_2) = \sin\theta_1 \cos\theta_2 - \cos\theta_1 \sin\theta_2 \tag{A1.17}$$

$$\cos(\theta_1 - \theta_2) = \cos\theta_1 \cos(-\theta_2) - \sin\theta_1 \sin(-\theta_2) = \cos\theta_1 \cos\theta_2 + \sin\theta_1 \sin\theta_2 \tag{A1.18}$$

式 A1.15～A1.18 を **加法定理** という．

式 A1.15 において，$\theta_1 = \theta_2 = \theta$ とすれば

$$\sin 2\theta = 2\sin\theta\cos\theta \tag{A1.19}$$

式 A1.16 において，$\theta_1 = \theta_2 = \theta$ とし式 A1.8 を用いれば

$$\cos 2\theta = \cos^2\theta - \sin^2\theta = 2\cos^2\theta - 1 = 1 - 2\sin^2\theta \tag{A1.20}$$

式 A1.19 と A1.20 を **倍角の公式** という．

式 A1.20 を変形して

補章 A1　三角関数　　　　　251

$$\cos^2\theta = \frac{1+\cos 2\theta}{2}\ ,\ \ \sin^2\theta = \frac{1-\cos 2\theta}{2} \tag{A1.21}$$

式 A1.21 において，θ を $\theta/2$ に置き換えて平方根をとれば

$$\cos\frac{\theta}{2} = \pm\sqrt{\frac{1+\cos\theta}{2}} \tag{A1.22}$$

$$\sin\frac{\theta}{2} = \pm\sqrt{\frac{1-\cos\theta}{2}} \tag{A1.23}$$

式 A1.22 と A1.23 を**半角の公式**という．

式 A1.15 と A1.17 を加えて 2 で割れば

$$\sin\theta_1\cos\theta_2 = \frac{\sin(\theta_1+\theta_2)+\sin(\theta_1-\theta_2)}{2} \tag{A1.24}$$

式 A1.16 と A1.18 を加えて 2 で割れば

$$\cos\theta_1\cos\theta_2 = \frac{\cos(\theta_1+\theta_2)+\cos(\theta_1-\theta_2)}{2} \tag{A1.25}$$

式 A1.18 から A1.16 を引いて 2 で割れば

$$\sin\theta_1\sin\theta_2 = \frac{\cos(\theta_1-\theta_2)-\cos(\theta_1+\theta_2)}{2} \tag{A1.26}$$

式 A1.24〜A1.26 を**積の公式**という．

式 A1.15 とA1.16 に $\theta_2 = 90°$ を代入して θ_1 を θ に置き換えれば，式A1.4 の定義より $\sin 90° = 1$，$\cos 90° = 0$ であるから

$$\sin(\theta+90°) = \sin\theta\cos 90° + \cos\theta\sin 90° = \cos\theta \tag{A1.27}$$

$$\cos(\theta+90°) = \cos\theta\cos 90° - \sin\theta\sin 90° = -\sin\theta \tag{A1.28}$$

式A1.15 とA1.16 に $\theta_2 = 180°$ を代入して θ_1 を θ に置き換えれば，式A1.4 の定義より $\sin 180° = 0$，$\cos 180° = -1$ であるから

$$\sin(\theta+180°) = \sin\theta\cos 180° + \cos\theta\sin 180° = -\sin\theta \tag{A1.29}$$

$$\cos(\theta+180°) = \cos\theta\cos 180° - \sin\theta\sin 180° = -\cos\theta \tag{A1.30}$$

A1.3　微分と積分

式 A1.15 と A1.16 において，θ_1 を θ に，また θ_2 を $\Delta\theta$ に置き換えれば

$$\left.\begin{array}{l}\sin(\theta+\Delta\theta) = \sin\theta\cos\Delta\theta + \cos\theta\sin\Delta\theta\\\cos(\theta+\Delta\theta) = \cos\theta\cos\Delta\theta - \sin\theta\sin\Delta\theta\end{array}\right\} \tag{A1.31}$$

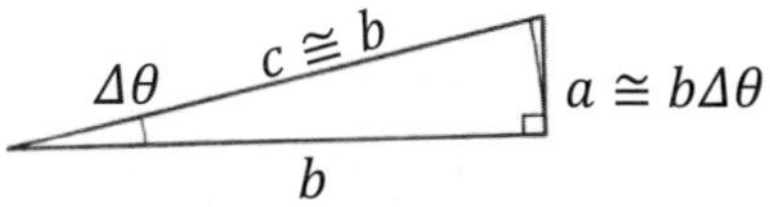

図 A1.6　1 角が微小である
直角三角形

角 θ をラジアンで表現し，$\Delta\theta$ が微小であるとする．**図 A1.6** に示すように，直角三角形の 1 角 $\Delta\theta$ が小さいときには，斜辺の長さ c は他の 1 辺の長さ b にほぼ等しく，$\Delta\theta$ に対面する辺の長さ a は，$\Delta\theta$ を中心角とする半径 b の円の円弧の長さにほぼ等しくなる．したがって，式 A1.2 の定義より

$$\sin\Delta\theta = \frac{a}{c} \cong \Delta\theta, \quad \cos\Delta\theta = \frac{b}{c} \cong 1 \tag{A1.32}$$

式 A1.32 を式 A1.31 に代入して

$$\left.\begin{array}{l}\sin(\theta+\Delta\theta) \cong \sin\theta + \Delta\theta\cos\theta \\ \cos(\theta+\Delta\theta) \cong \cos\theta - \Delta\theta\sin\theta\end{array}\right\} \tag{A1.33}$$

$\Delta\theta$ が限りなく小さくなったとき，式 A1.33 の両辺は等しくなる．

$\sin\theta$ と $\cos\theta$ を微分する．微分の定義から

$$\frac{d\sin\theta}{d\theta} = \lim_{\Delta\theta\to 0}\frac{\sin(\theta+\Delta\theta)-\sin\theta}{\Delta\theta}, \quad \frac{d\cos\theta}{d\theta} = \lim_{\Delta\theta\to 0}\frac{\cos(\theta+\Delta\theta)-\cos\theta}{\Delta\theta} \tag{A1.34}$$

式 A1.34 に式 A1.33 を代入して

$$\frac{d\sin\theta}{d\theta} = \cos\theta, \quad \frac{d\cos\theta}{d\theta} = -\sin\theta \tag{A1.35}$$

式 A1.35 をもう一回微分すれば

$$\frac{d^2\sin\theta}{d\theta^2} = \frac{d\cos\theta}{d\theta} = -\sin\theta, \quad \frac{d^2\cos\theta}{d\theta^2} = \frac{d(-\sin\theta)}{d\theta} = -\cos\theta \tag{A1.36}$$

このように $\sin\theta$ と $\cos\theta$ は，2 回微分すれば元の関数の負値になる．

式 A1.35 の両辺を積分すれば

$$\int\cos\theta\,d\theta = \sin\theta, \quad \int\sin\theta\,d\theta = -\cos\theta \tag{A1.37}$$

$\tan\theta$ を微分する．式 A1.3，A6.4（積の微分：後述），A1.35，A1.8 を用いて

$$\frac{d\tan\theta}{d\theta} = \frac{d}{d\theta}(\frac{\sin\theta}{\cos\theta}) = \frac{d}{d\theta}(\sin\theta\times\frac{1}{\cos\theta}) = \frac{d\sin\theta}{d\theta}\frac{1}{\cos\theta} + \sin\theta\frac{d}{d\theta}(\frac{1}{\cos\theta})$$

$$= 1 + \sin\theta(-\frac{1}{\cos^2\theta}\times\frac{d\cos\theta}{d\theta}) = 1 + \frac{\sin^2\theta}{\cos^2\theta} = \frac{\cos^2\theta+\sin^2\theta}{\cos^2\theta} = \frac{1}{\cos^2\theta}$$

$$\tag{A1.38}$$

補章 A2　複素指数関数

A2.1　複　素　数

実世界にある数はすべて**実数**であり，それらを**自乗**（同じ数同士を乗じること，2 乗とも記す）すれば，必ず正の実数になる．これに対して数学では，自乗すれば負の数になる数を仮想し，実数と合せて用いている．このような数は実の世界には無いので，これを仮想上の虚の数すなわち**虚数**と呼ぶ．

補章 A2 複素指数関数

数を用いる際には，まずその基になる**単位数**を定義しておく必要がある．実数の単位すなわち**単位実数**は，もちろん 1 である．虚数の単位数としては，自乗したら負の単位数すなわち−1 のなる仮想の数を導入するのが自然であろう．これを**単位虚数**という．単位虚数は，英語 imaginary number の頭文字である i で記すこともあるが，虚数を駆使する電気の分野で電流を i と記すことが定着しているので，これと区別するために，単位虚数は一般に j と表現する．

$$j^2 = -1 \quad \text{または} \quad j = \sqrt{-1} \tag{A2.1}$$

複素数は複すなわち 2 つの素からなる数である．2 つの素はもちろん実数と虚数であり，これら 2 つを組み合せた数が複素数である．これら 2 つの素のうち，実数を単位実数の 1 の a 倍すなわち a，虚数を単位虚数 j の b 倍すなわち jb と表現すれば，複素数 z は

$$z = a + jb \quad (a：実部，b：虚部，\quad a と b は共に実数) \tag{A2.2}$$

実部を何倍しても虚部を作ることができず，その逆も然りである．このように，複素数は互いに独立で無関係な 2 つの素からなる数である．一方，実世界（時空間）は，時間と空間という互いに独立な 2 つの素（相対性理論では両者が関連しているが，私達のレベルでは互いに無関係としてよい）からなっているので，実世界を数式表現する際に複素数を用いれば，1 つの時空間事象を 1 つの数字で代表できて，大変便利である．そこで，数学を用いて実世界の物理量を表現し現象を説明する際に，この複素数が強力な道具になっている．

2 つの素からなる複素数を図示する場合には，実数のように 1 次元直線上の点としては表現できず，2 次元平面上の点として表現せざるをえない．この平面座標系を形成するために必要な 2 本の直交基準軸として，2 つの素すなわち実数と虚数を用い，**実軸**と**虚軸**を導入する．そして，両軸の尺度になる基準単位数として，単位実数 1 と単位虚数 j を用いる．このように決めた平面を**複素平面**と呼ぶ．式 A2.2 の複素数をこの複素平面に図示すれば，**図 A2.1** のように，原点を始点とし点 $(a\ b)$ を終点とする 2 次元ベクトルになる．

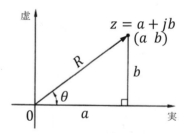

図 A2.1　複素平面上における複素数

図 A2.1 において，ベクトル z の大きさ（矢印の始点から終点までの長さ）を R，このベクトルと実軸のなす角（実軸を起点としそれから反時計回りを正とする）を θ とする．この角 θ を**偏角**という．複素数は，前述のように実数と虚数という 2 個の素からなる 2 次元数であるが，図 A2.1 から，大きさと偏角という 2 つの素から成る 2 次元数とみなしてもよいことが分かる．このベクトルの終点から実軸に下した垂線の長さは b であり，垂線の足の実軸上の座標は a であるから，図 A2.1 は，図 A1.1 において a と b を置き換え，また直角三角形の斜辺 c を R とおいた図に等しい．そこで，式 A1.2 の定義がそのまま適用できて

$$\cos\theta = \frac{a}{R}, \quad \sin\theta = \frac{b}{R}, \quad \tan\theta = \frac{b}{a} \tag{A2.3}$$

式 A2.3 を式 A2.2 に代入すれば
$$z = R(\cos\theta + j\sin\theta) \tag{A2.4}$$

次に複素数の四則演算について述べる．複素数の四則演算は，2つの素である実数と虚数を互いに独立な数として，別個に実行すればよい．いま
$$z_1 = a_1 + jb_1, \quad z_2 = a_2 + jb_2 \tag{A2.5}$$
であるとき，これら両複素数の加減算は
$$z_1 \pm z_2 = (a_1 \pm a_2) + j(b_1 \pm b_2) \quad (\text{複合同順}) \tag{A2.6}$$
乗算は，式 A2.1 より
$$z_1 z_2 = (a_1 + jb_1)(a_2 + jb_2) = (a_1 a_2 - b_1 b_2) + j(a_1 b_2 + a_2 b_1) \tag{A2.7}$$
除算は，分母を実数にするための操作を加えるので
$$\frac{z_1}{z_2} = \frac{a_1 + jb_1}{a_2 + jb_2} = \frac{(a_1 + jb_1)(a_2 - jb_2)}{(a_2 + jb_2)(a_2 - jb_2)} = \frac{(a_1 a_2 + b_1 b_2) + j(a_2 b_1 - a_1 b_2)}{a_2^2 + b_2^2} \tag{A2.8}$$

式 A2.8 において，分母を実数にするために用いた複素数 $a_2 - jb_2$ は，元の分母 $a_2 + jb_2$ の中の単位虚数 j を $-j$ に置き換えたものである．このように，元の複素数の中の j を $-j$ に置き換えた複素数を**共役複素数**という．1個の複素数には，それに対応して必ず1個の共役複素数が併存する．また，共役複素数の共役複素数は元の複素数になることは，定義から明らかである．このように，複素数とその共役複素数は1対1で対応する．式 A2.2 または A2.4 の共役複素数を $\bar{z}$ と表示すれば
$$\bar{z} = a - jb = R(\cos\theta - j\sin\theta) \tag{A2.9}$$

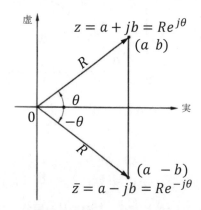

図 A2.2　複素平面上の複素数と共役複素数

共役複素数を図示することを試みる．式 A2.9 は $\bar{z} = a + j(-b)$ と表現してもよいから，$\bar{z}$ の複素平面上の座標は $(a, -b)$ である．これを図示すれば，**図 A2.2** のように，共役複素数は，実軸から $-\theta$ の偏角を有するベクトルになる．そこで，式 A2.4 の定義によって
$$\bar{z} = R\{\cos\theta + j\sin(-\theta)\} \tag{A2.10}$$
式 A2.10 が式 A2.9 と同一であることは，式 A1.6 から明らかである．

2個の複素数の積の共役複素数は，式 A2.7 より
$$\overline{z_1 z_2} = (a_1 a_2 - b_1 b_2) - j(a_1 b_2 + a_2 b_1) \tag{A2.11}$$
一方，2個の共役複素数の積は，式 A2.5 から
$$\bar{z}_1 \bar{z}_2 = (a_1 - jb_1)(a_2 - jb_2) = (a_1 a_2 - b_1 b_2) - j(a_1 b_2 + a_2 b_1) \tag{A2.12}$$
したがって
$$\overline{z_1 z_2} = \bar{z}_1 \bar{z}_2 \tag{A2.13}$$

複素数とその共役複素数の加減は，A2.2 と A2.9 から
$$z + \bar{z} = 2a, \quad z - \bar{z} = 2jb \tag{A2.14}$$

補章 A2 複素指数関数 255

複素数とその共役複素数の積は

$$z\bar{z} = (a+jb)(a-jb) = a^2 - (jb)^2 = a^2 + b^2 \tag{A2.15}$$

あるいは，式 A2.4，A2.9 および A1.8 より

$$z\bar{z} = R^2(\cos\theta + j\sin\theta)(\cos\theta - j\sin\theta)$$
$$= R^2(\cos^2\theta + \sin^2\theta) = R^2 \tag{A2.16}$$

式 A2.15 と A2.16 より

$$R = \sqrt{a^2 + b^2} = \sqrt{z\bar{z}} \tag{A2.17}$$

このことは，図 A2.1 の直角三角形の 3 辺の長さの関係を表すピタゴラスの定理から明らかである．したがって，図 A2.1 に示すベクトルの長さ，すなわち複素数の大きさは，その複素数と共役複素数の積の平方根である．$\bar{z}$ の大きさは $\bar{z}$ とその共役複素数 z の平方根 $\sqrt{z\bar{z}}$ に等しいから，式 A2.17 から，複素数の大きさとその共役複素数の大きさは等しくなる．このことは，図 A2.2 から明らかである．

複素数の自乗を考えてみる．式 A2.2 から

$$z^2 = (a+jb)^2 = (a^2 - b^2) + 2jab \tag{A2.18}$$

式 A2.17 と A2.18 から明らかなように

$$z^2 \neq R^2 \tag{A2.19}$$

このように，複素数の自乗はその大きさの自乗とは異なることに注意を要する．例えば，$z = j$ の場合には $z^2 = -1$，$R^2 = 1$ である．

共役複素数の自乗を考えてみる．式 A2.9 と A2.18 から

$$\bar{z}^2 = (a-jb)^2 = (a^2 - b^2) - 2jab = \overline{z^2} \tag{A2.20}$$

式 A2.20 から類推できるように，任意の整数 n について

$$\bar{z}^n = \overline{z^n} \tag{A2.21}$$

A2.2 指数関数と対数関数

指数 e は，次のように定義される数である．

$$e = \lim_{n\to\infty}(1+\frac{1}{n})^n \tag{A2.22}$$

式 A2.22 の右辺を計算してみると，$n = 2$ のとき 2.25，$n = 4$ のとき 2.44，$n = 8$ のとき 2.57，$n = 128$ のとき 2.71 になり，$n \to \infty$ では

$$e \cong 2.71828 \tag{A2.23}$$

指数のべき乗の中に独立変数を含む関数を**指数関数**という．独立変数を x とすれば，例えば e^x は指数関数である．

$$y = e^x \tag{A2.24}$$

ある数が底の何乗になるかという数を，ある数の**対数**といい，log（logarithm の略）と書く．通常の対数は 10 を底にとる．例えば， $\log_{10} 1000 = 3$ は $1000 = 10^3$ と同意である．式 A2.24 の両辺の**自然対数**（ e を底とする対数）をとれば

$$x(= \log_e y) = \log y \tag{A2.25}$$

式 A2.25 は， y を独立変数と見なしたとき， y が対数の中に含まれるので，**対数関数**という．このように，指数関数と対数関数は裏腹の関係にある．

指数関数 e^x を微分することを考える．微分の定義から

$$\frac{de^x}{dx} = \lim_{h \to 0} \frac{e^{x+h} - e^x}{h} = \lim_{h \to 0} \frac{e^x e^h - e^x}{h} = e^x \lim_{h \to 0} \frac{e^h - 1}{h} \tag{A2.26}$$

式 A2.26 中の h は，0 に近づく数なら何でもよいから，次のように置いてみる．

$$h = \log_e(1 + \frac{1}{n}) \quad (n \to \infty \text{ のとき } h \to \log_e 1 = 0) \tag{A2.27}$$

式 A2.27 の両辺の指数をとって変形すれば

$$e^h - 1 = \frac{1}{n} \tag{A2.28}$$

$e^0 = 1$ であるから， h が 0 に近づけば，式 A2.28 の両辺は 0 に近づき，従って n は限りなく大きくなる．式 A2.28 と A2.27 を式 A2.26 に代入して変形した後に，式 A2.22 の定義を用いれば， $\log_e e = 1$ であるから

$$\frac{de^x}{dx} = e^x \lim_{h \to 0} \frac{1}{nh} = e^x \lim_{n \to \infty} \frac{1}{n \log_e(1 + 1/n)} = e^x \lim_{n \to \infty} \frac{1}{\log_e(1 + 1/n)^n}$$
$$= e^x \Big/ \left\{ \log \lim_{n \to \infty} e(1 + \frac{1}{n})^n \right\} = e^x / \log_e e = e^x \tag{A2.29}$$

式 A2.29 の両辺を積分すれば

$$e^x = \int e^x dx \tag{A3.30}$$

式 A2.29 と A2.30 は，指数関数 e^x を微分しても積分しても変化しないことを示す．

A2.3 テーラー展開

一般に，独立変数 x の関数 $f(x)$ が $x = 0$ の近傍で連続であれば，次のように x の高次多項式で近似表現できることが分かっている．

$$f(x) = a_0 + a_1 x + a_2 x^2 + a_3 x^3 + a_4 x^4 + a_5 x^5 + \cdots\cdots \tag{A2.31}$$

式 A2.31 の右辺の項数を無限個とれば，両辺は厳密に等しくなる．関数 f の n 次微分 $d^n f / dx^n$ を $f^{n)}$ と表現し，式 A2.31 を次々に微分していけば

補章 A2　複素指数関数　　　257

$$f^{1)}(x) = a_1 + 2a_2 x + 3a_3 x^2 + 4a_4 x^3 + 5a_5 x^4 + \cdots$$
$$f^{2)}(x) = (2 \times 1)a_2 + (3 \times 2)a_3 x + (4 \times 3)a_4 x^2 + (5 \times 4)a_5 x^3 + \cdots$$
$$f^{3)}(x) = (3 \times 2 \times 1)a_3 + (4 \times 3 \times 2)a_4 x + (5 \times 4 \times 3)a_5 x^2 + \cdots$$
$$f^{4)}(x) = (4 \times 3 \times 2 \times 1)a_4 + (5 \times 4 \times 3 \times 2)a_5 x + \cdots$$

(A2.32)

式 A2.31 と A2.32 に $x = 0$ を代入すれば，両式の右辺には 1 項目だけが残る.

そこで，整数 n の**階乗**を

$$n \times (n-1) \times (n-2) \times \cdots\cdots \times 3 \times 2 \times 1 = n!$$

(A2.33)

のように表現すれば

$$a_0 = f(0),\ a_1 = f^{1)}(0),\ a_2 = \frac{f^{2)}(0)}{2!},\ a_3 = \frac{f^{3)}(0)}{3!},\ a_4 = \frac{f^{4)}(0)}{4!},\ \cdots$$

(A2.34)

式 A2.34 を式 A2.31 に代入すれば

$$f(x) = f(0) + f^{1)}(0)x + \frac{f^{2)}(0)}{2!}x^2 + \frac{f^{3)}(0)}{3!}x^3 + \frac{f^{4)}(0)}{4!}x^4 + \cdots$$

(A2.35)

式 A2.35 は，関数 $f(x)$ を $x = 0$ のまわりで x の高次多項式に展開した式であり，**マクローリン展開**という.

式 A2.35 を一般化することを考える. 式 A2.31 は何も $x = 0$ の近傍だけに限ったことではなく，任意点 $x = x_0$ の近傍についても成立する. このときには，$x = x_0 + h$ とおけば，式 A2.31 に相当する表現は

$$f(x) = f(x_0 + h) = a_0 + a_1 h + a_2 h^2 + a_3 h^3 + a_4 h^4 + a_5 h^5 + \cdots\cdots$$

(A2.36)

上記の手順と同様に，式 A2.36 を次々と微分していく. x_0 は定数であるから，$dx = dh$，すなわち $dh/dx = 1$ である. したがって，式 A2.36 を x によって次々と微分することは，h によって次々と微分することと等しい.

式 A2.36 を h によって次々と微分すれば，式 A2.32 の右辺の x を h と書き換えた式になる. その式に $h = 0$ すなわち $x = x_0$ を代入すれば

$$a_0 = f(x_0),\ a_1 = f^{1)}(x_0),\ a_2 = \frac{f^{2)}(x_0)}{2!},\ a_3 = \frac{f^{3)}(x_0)}{3!}, a_4 = \frac{f^{4)}(x_0)}{4!},\ \cdots$$

(A2.37)

式 A2.37 を式 A2.36 に代入すれば

$$f(x) = f(x_0 + h) = f(x_0) + f^{1)}(x_0)h + \frac{f^{2)}(x_0)}{2!}h^2 + \frac{f^{3)}(x_0)}{3!}h^3 + \frac{f^{4)}(x_0)}{4!} + \cdots$$

(A2.38)

式 A2.38 は，関数 $f(x)$ を $x = x_0$ のまわりで高次多項式に展開したものであり，**テーラー展開**という．マクローリン展開は，$x_0 = 0$ のときのテーラー展開であり，通常はこれをテーラー展開と呼んでいる．

以下に，テーラー展開の例を示す．まず，指数関数 $f_e(x) = e^x$ を $x = 0$ のまわりに展開する．式 A2.29 に示したように，この関数 e^x は何度微分しても変らないから

$$f_e(0) = f_e^{1)}(0) = f_e^{2)}(0) = f_e^{3)}(0) = \cdots\cdots = e^0 = 1 \tag{A2.39}$$

式 A2.39 を式 A2.35 に代入すれば

$$e^x = 1 + x + \frac{x^2}{2!} + \frac{x^3}{3!} + \frac{x^4}{4!} + \cdots\cdots \tag{A2.40}$$

次に，正弦関数 $f_s(x) = \sin x$ を $x = 0$ のまわりに展開する．式 A1.35 より

$$\left.\begin{array}{l} \dfrac{d\sin x}{dx} = \cos x \ , \quad \dfrac{d^2\sin x}{dx^2} = \dfrac{d\cos x}{dx} = -\sin x \ , \\[3mm] \dfrac{d^3\sin x}{dx^3} = -\dfrac{d\sin x}{dx} = -\cos x \ , \quad \dfrac{d^4\sin x}{dx^4} = -\dfrac{d\cos x}{dx} = \sin x \ , \cdots \end{array}\right\} \tag{A2.41}$$

このように，正弦関数 $\sin x$ は，4 回微分する毎に元の関数に戻る．また $\cos 0 = 1$，$\sin 0 = 0$ であるから，$f(x) = \sin x$ では

$$\left.\begin{array}{l} f(0) = 0 \ , \quad f^{1)}(0) = 1 \ , \quad f^{2)}(0) = 0 \ , \quad f^{3)}(0) = -1 \ , \\[2mm] f^{4)}(0) = 0 \ , \quad f^{5)}(0) = 1 \ , \quad f^{6)}(0) = 0 \ , \quad f^{7)}(0) = -1 \ , \cdots \end{array}\right\} \tag{A2.42}$$

式 A2.42 を式 A2.35 に代入すれば

$$\sin x = x - \frac{x^3}{3!} + \frac{x^5}{5!} - \frac{x^7}{7!} + \cdots \tag{A2.43}$$

次に，余弦関数 $f_c(x) = \cos x$ を $x = 0$ のまわりに展開する．式 A1.35 より，$\cos x$ は $\sin x$ を 1 回微分すれば得られるから，式 2.43 を 1 回微分して

$$\cos x = 1 - \frac{x^2}{2!} + \frac{x^4}{4!} - \frac{x^6}{6!} + \cdots \tag{A2.44}$$

A2.4　複素指数関数

指数のべき乗の中に複素数を独立変数として含む関数を**複素指数関数**という．複素数を式 A2.2 のように表現すれば，複素指数関数 e^z は

$$e^z = e^{a+jb} = e^a e^{jb} \tag{A2.45}$$

式 A2.45 右辺のうち e^a はすでに説明した通常の指数関数なので，ここでは指数のべき乗が虚数である場合の複素指数関数を説明する．

補章 A2　複素指数関数　　　　　　　　　　　　　　　　　　　　　　　　　　　　　　259

複素指数関数 $f_z(x) = e^{jx}$ を，$x = 0$ のまわりにテーラー展開する．式 A2.29 より，e^{jx} を jx で微分しても変らないから

$$\frac{de^{jx}}{dx} = \frac{de^{jx}}{d(jx)}\frac{d(jx)}{dx} = je^{jx} \tag{A2.46}$$

式 A2.46 から分かるように，e^{jx} を x で 1 回微分することは e^{jx} に単位虚数 j を 1 回乗じることに等しい．また，$j^2 = -1$ であるから

$$\frac{d^2e^{jx}}{dx^2} = j^2e^{jx} = -e^{jx} \ , \ \frac{d^3e^{jx}}{dx^3} = j^3e^{jx} = -je^{jx} \ , \ \frac{d^4e^{jx}}{dx^4} = j^4e^{jx} = e^{jx} \ , \cdots \tag{A2.47}$$

このように関数 e^{jx} は，4 回微分する毎に元の関数に戻る．$e^{j0} = 1$ であるから $f(x) = e^{jx}$ では

$$\left.\begin{array}{l} f(0) = 1 \ , \ f^{1)}(0) = j \ , \ f^{2)}(0) = -1 \ , \ f^{3)}(0) = -j \ , \\ f^{4)}(0) = 1 \ , \ f^{5)}(0) = j \ , \ f^{6)}(0) = -1 \ , \ f^{7)}(0) = -j \ , \cdots \end{array}\right\} \tag{A2.48}$$

式 A2.48 を式 A2.35 に代入すれば

$$\begin{aligned} e^{jx} &= 1 + jx - \frac{x^2}{2!} - \frac{jx^3}{3!} + \frac{x^4}{4!} + \frac{jx^5}{5!} - \frac{x^6}{6!} - \frac{jx^7}{7!} + \cdots \\ &= (1 - \frac{x^2}{2!} + \frac{x^4}{4!} - \frac{x^6}{6!} + \cdots) + j(x - \frac{x^3}{3!} + \frac{x^5}{5!} - \frac{x^7}{7!} + \cdots) \end{aligned} \tag{A2.49}$$

式 A2.43 と A2.44 を式 A2.49 に代入すれば

$$e^{jx} = \cos x + j\sin x \tag{A2.50}$$

式 A2.50 の x を $-x$ に置き換え，式 A1.6 を用いれば

$$e^{-jx} = \cos(-x) + j\sin(-x) = \cos x - j\sin x \tag{A2.51}$$

式 A2.50 と A2.51 を加えて 2 で割れば

$$\cos x = \frac{e^{jx} + e^{-jx}}{2} \tag{A2.52}$$

式 A2.50 から式 A2.51 を引いて $2j$ で割れば

$$\sin x = \frac{e^{jx} - e^{-jx}}{2j} \tag{A2.53}$$

式 A2.50～A2.53 から，複素指数関数と三角関数は，元来同じものであり相互に変換できることが分かる．これらの変換式を**オイラーの公式**という．このように複素指数関数は，**周期関数**であり，しかも単一の周波数で表現される**調和関数**である．式 A2.50 と式 A2.51 の中の変数 x を θ に置き換えて，それぞれ式 A2.4 と A2.9 に代入すれば

$$z = Re^{j\theta} \ , \ \bar{z} = Re^{-j\theta} \tag{A2.54}$$

式 A2.54 は，任意の複素数がその大きさ R とその偏角 θ の複素指数関数の積で表現できることを示

している．前述のように，複素数は大きさと偏角という2個の素からなる2次元数であるが，複素指数関数 $e^{j\theta}$ は，それらのうち偏角を表現する関数なのである．複素数を実数と虚数の2個の素からなる2次元数と見なしたときの表現が式A2.2であり，一方，大きさと偏角という2個の素からなる2次元数と見なしたときの表現が式A2.54である．

式A2.54から，共役複素数は，図A2.2に示したように，大きさが元の複素数と同一，偏角が元の複素数と正負が逆の複素数であることが分かる．

複素指数関数 $e^{j\theta}$ についてもう少し考察する．$e^{j\theta}$ は複素数の1種類であるが，それが複素数の大きさと偏角のうち偏角だけを表現していることから，$e^{j\theta}$ 自身の大きさは単位量1である．したがって，$e^{j\theta}$ を実部と虚部に分けて表現すれば，複素数の表現式A24で $R=1$ と置いた式になる．同様に $e^{j\theta}$ の共役複素数 $e^{-j\theta}$ は，式A2.9で $R=1$ とおいた式になる．これらの式は，式A2.50とA2.51で $x=\theta$ と置いたものであり

$$e^{j\theta} = \cos\theta + j\sin\theta, \quad e^{-j\theta} = \cos\theta - j\sin\theta \tag{A2.55}$$

複素数の大きさの自乗は，式2.16より，それとその共役複素数の積になる．そこで式A2.55中の2式を乗ずれば

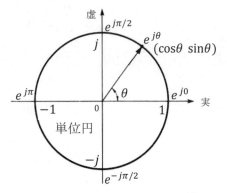

図A2.3 複素平面上の $e^{j\theta}$

$$e^{j\theta}e^{-j\theta} = \cos^2\theta + \sin^2\theta = 1 \tag{A2.56}$$

式A2.56は，式A1.8と同一の式である．

式A2.55を用いて，$e^{j\theta}$ を複素平面上に図示すれば，**図A2.3** のように，原点を中心とする半径1の単位円上の点になり，その座標は $(\cos\theta \ \sin\theta)$ である．

式A2.54の表現方法を用いれば，複素数同士の乗算と除算が簡単になる．式A2.54の表現方法を用いれば，複素数同士の乗算と除算が簡単になる．例えば式A2.5と同じ複素数を

$$z_1 = R_1 e^{j\theta_1}, \quad z_2 = R_2 e^{j\theta_2} \tag{A2.57}$$

とすれば，両者の乗算は

$$z_1 z_2 = R_1 R_2 e^{j(\theta_1 + \theta_2)} \tag{A2.58}$$

のように大きさを乗じ偏角を加えればよい．式A2.58は式A2.7より簡単である．また両者の除算は

$$\frac{z_1}{z_2} = \frac{R_1 e^{j\theta_1}}{R_2 e^{j\theta_2}} = \frac{R_1}{R_2} e^{j(\theta_1 - \theta_2)} \tag{A2.59}$$

のように，大きさを割り偏角を引けばよい．式A2.59は式A2.8より簡単である．

補章A3　ベクトルと行列

A3.1　定　　　義

次のような2元1次連立方程式を考える．

補章 A3　ベクトルと行列　　　261

$$\left.\begin{array}{l} a_{11}p_1 + a_{12}p_2 = b_1 \\ a_{21}p_1 + a_{22}p_2 = b_2 \end{array}\right\} \tag{A3.1}$$

この連立方程式をまとめて表現すると

$$\begin{bmatrix} a_{11} & a_{12} \\ a_{21} & a_{22} \end{bmatrix} \begin{Bmatrix} p_1 \\ p_2 \end{Bmatrix} = \begin{Bmatrix} b_1 \\ b_2 \end{Bmatrix} \tag{A3.2}$$

あるいは式 A3.2 を簡略に表現して

$$[A]\{p\} = \{b\} \tag{A3.3}$$

式 A3.3 の $\{p\}$ と $\{b\}$ は，行（縦）方向の 1 列に数字を並べたものであり，**列ベクトル**という．式 A3.3 では，左辺の係数をまとめて $[A]$ と表現している．$[A]$ の中身は，式 A3.2 から分かるように，行（横）と列（縦）に数字を並べたものであり，これを**行列**あるいは**マトリクス**という．この場合の $[A]$ は 2 行 2 列の行列である．このように行と列の数が等しい行列を**正方行列**という．一般には行と列の数は等しくなく，行と列の数が異なる行列を**長方行列**という．列ベクトル $\{p\}$ と $\{b\}$ は 2 行 1 列の長方行列とみなすこともできる．

　正方行列 $[A]$ において $a_{12} = a_{21}$ とすれば，右下がり対角線に関して対称な行列すなわち**対称行列**になる．さらに $a_{12} = a_{21} = 0$ とすれば，右下がり対角線上の項以外のすべての項が 0 の行列になる．この行列を**対角行列**といい，「A」のように表現する．対角行列においてすべての対角項が単位量 1 の行列を**単位行列**といい，「I」で表現する．2 行 2 列の単位行列は

$$\lceil I \rfloor = \begin{bmatrix} 1 & 0 \\ 0 & 1 \end{bmatrix} \tag{A3.4}$$

行列の行と列を入れ換えることを**転置**という．転置した行列を**転置行列**といい，右肩に T を添付して表現する．例えば，式 A3.2 の $[A]$ の転置行列は

$$[A]^T = \begin{bmatrix} a_{11} & a_{12} \\ a_{21} & a_{22} \end{bmatrix}^T = \begin{bmatrix} a_{11} & a_{21} \\ a_{12} & a_{22} \end{bmatrix} \tag{A3.5}$$

列ベクトルを転置すれば，列（横）方向の 1 行に数字を並べたベクトルになる．これを**行ベクトル**といい $\lfloor \cdot \rfloor$ のように表現する．式 A3.2 の $\{p\}$ の転置ベクトルは

$$\{p\}^T = \begin{Bmatrix} p_1 \\ p_2 \end{Bmatrix}^T = \lfloor p_1 \quad p_2 \rfloor = \lfloor p \rfloor \tag{A3.6}$$

行ベクトル $\lfloor p \rfloor$ は，1 行 2 列の長方行列とみなすことができる．

　以上は 2 次元について例を示したが，これらを一般化すれば，次のようになる．

列ベクトル（N行1列）　　　$\{p\}_{N\times 1} = \begin{Bmatrix} p_1 \\ p_2 \\ \vdots \\ p_N \end{Bmatrix}$　　　(A3.7)

行ベクトル（1行N列）　　　$\lfloor p \rfloor_{1\times N} = \lfloor p_1 \; p_2 \; \cdots\cdots \; p_N \rfloor$　　　(A3.8)

正方行列（N行N列）　　　$[A]_{N\times N} = \begin{bmatrix} a_{11} & a_{12} & \cdots & a_{1N} \\ a_{21} & a_{22} & \cdots & a_{2N} \\ \vdots & \vdots & \ddots & \vdots \\ a_{N1} & a_{N2} & \cdots & a_{NN} \end{bmatrix}$　　　(A3.9)

長方行列（N行M列）　　　$[A]_{N\times M} = \begin{bmatrix} a_{11} & a_{12} & \cdots & a_{1M} \\ a_{21} & a_{22} & \cdots & a_{2M} \\ \vdots & \vdots & \ddots & \vdots \\ a_{N1} & a_{N2} & \cdots & a_{NM} \end{bmatrix}$　$(N \neq M)$　(A3.10)

対角行列（N行N列）　　　$\lceil A \rfloor_{N\times N}$　（式A3.9で$a_{ij}=0$ $(i \neq j, i=1\sim N, j=1\sim N)$）

(A3.11)

単位行列（N行N列）　　　$\lceil I \rfloor_{N\times N}$　（式A3.11で$a_{ii}=1$ $(i=1\sim N)$）　　　(A3.12)

A3.2　ベクトルの演算

2個のベクトルの和と差は，それらを構成する各項毎の和と差になる．**図 A3.1** に示すように

$$\{p\} \pm \{b\} = \begin{Bmatrix} p_1 \\ p_2 \end{Bmatrix} \pm \begin{Bmatrix} b_1 \\ b_2 \end{Bmatrix} = \begin{Bmatrix} p_1 \pm b_1 \\ p_2 \pm b_2 \end{Bmatrix} \quad \text{（複号同順）} \tag{A3.13}$$

$$\lfloor p \rfloor \pm \lfloor b \rfloor = \lfloor p_1 \; p_2 \rfloor \pm \lfloor b_1 \; b_2 \rfloor = \lfloor p_1 \pm b_1 \; p_2 \pm b_2 \rfloor \quad \text{（複合同順）} \tag{A3.14}$$

2個のベクトルの乗算のうち，列ベクトルに前から行ベクトルを乗じる形式を**内積**または**スカラー積**といい，結果は，前の行ベクトルの左からの数と後の列ベクトルの上からの数が等しい両項の積の総和である**スカラー量**（単一の数値で表せる量）になる．例えば

$$\lfloor p \rfloor \{b\} = \lfloor p_1 \; p_2 \rfloor \begin{Bmatrix} b_1 \\ b_2 \end{Bmatrix} = p_1 b_1 + p_2 b_2 \tag{A3.15}$$

内積は2個のベクトルの次元（行または列の数）が等しい場合にのみ実行できる．

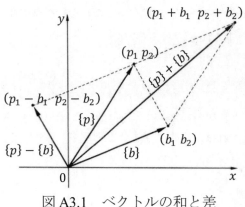

図 A3.1　ベクトルの和と差

逆に，行ベクトルに前から列ベクトルを乗じる形式の積では，前の列ベクトルの行の項と後の行ベクトルの列の項の積が，その行と列の番号の項を構成する行列になる．例えば

$$\{p\}\lfloor b \rfloor = \begin{Bmatrix} p_1 \\ p_2 \end{Bmatrix} \lfloor b_1 \quad b_2 \rfloor = \begin{bmatrix} p_1 b_1 & p_1 b_2 \\ p_2 b_1 & p_2 b_2 \end{bmatrix} \tag{A3.16}$$

ベクトルの内積は，順序を入れ換えても変化しない．例えば

$$\lfloor p \rfloor \{b\} = \lfloor b \rfloor \{p\} \tag{A3.17}$$

しかし，式 A3.16 の形式の積は，2 個のベクトルの順序を入れ換えると，結果として得られる行列の行と列が入れ換わる転置行列になる．

$$\{b\}\lfloor p \rfloor = (\{p\}\lfloor b \rfloor)^T \tag{A3.18}$$

他に，3 次元空間で定義できる形式の積として，外積（ベクトル積）があるが，これについては説明を省略する．

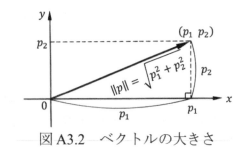

図 A3.2　ベクトルの大きさ

ベクトルの**大きさ**は，**絶対値**または**ノルム**といい，同じベクトル同士の内積の平方根，すなわち全項の自乗和の平方根で表される．例えば，$\{p\}$ または $\lfloor p \rfloor$ の大きさは $\|p\|$ と記し，**図 A3.2** のようにベクトル $\{p\}$ を斜辺とする直角三角形の 3 辺の長さの関係から

$$\|p\| = \sqrt{\lfloor p \rfloor \{p\}} = \sqrt{p_1^2 + p_2^2} \tag{A3.19}$$

大きさが 1 のベクトルを**単位ベクトル**または正規ベクトルという．大きさを 1 にすることを**正規化**という．ベクトルを正規化するためには，それを構成する各項をベクトルの大きさで割ればよい．例えば，$\{p\}$ の正規ベクトルを $\{p\}_{unit}$ とすれば

$$\{p\}_{unit} = \frac{\{p\}}{\|p\|} = \begin{Bmatrix} p_1/\|p\| \\ p_2/\|p\| \end{Bmatrix} = \begin{Bmatrix} p_1/\sqrt{p_1^2 + p_2^2} \\ p_2/\sqrt{p_1^2 + p_2^2} \end{Bmatrix} \tag{A3.20}$$

以上の 2 次元ベクトルについての例を一般化すれば，次のようになる．

列ベクトルの和と差

$$\{p\}_{N \times 1} \pm \{b\}_{N \times 1} = \begin{Bmatrix} p_1 \\ p_2 \\ \vdots \\ p_N \end{Bmatrix} \pm \begin{Bmatrix} b_1 \\ b_2 \\ \vdots \\ b_N \end{Bmatrix} = \begin{Bmatrix} p_1 \pm b_1 \\ p_2 \pm b_2 \\ \vdots \\ p_N \pm b_N \end{Bmatrix} \quad \text{(複合同順)} \tag{A3.21}$$

行ベクトルの和と差

$$\lfloor p \rfloor_{1 \times N} \pm \lfloor b \rfloor_{1 \times N} = \lfloor p_1 \quad p_2 \quad \cdots \quad p_N \rfloor \pm \lfloor b_1 \quad b_2 \quad \cdots \quad b_N \rfloor = \lfloor p_1 \pm b_1 \quad p_2 \pm b_2 \quad \cdots \quad p_N \pm b_N \rfloor \quad \text{(複号同順)} \tag{A3.22}$$

行ベクトル×列ベクトル（内積）

$$\lfloor p \rfloor_{1 \times N} \{b\}_{N \times 1} = \lfloor p_1 \quad p_2 \quad \cdots \quad p_N \rfloor \begin{Bmatrix} b_1 \\ b_2 \\ \vdots \\ b_N \end{Bmatrix} = p_1 b_1 + p_2 b_2 + \cdots + p_N b_N = \sum_{i=1}^{N} p_i b_i \quad \text{(A3.23)}$$

列ベクトル×行ベクトル

$$\lfloor p \rfloor_{N \times 1} \{b\}_{N \times 1} = \begin{Bmatrix} p_1 \\ p_2 \\ \vdots \\ p_N \end{Bmatrix} \lfloor b_1 \quad b_2 \quad \cdots \quad b_N \rfloor = \begin{bmatrix} p_1 b_1 & p_1 b_2 & \cdots & p_1 b_N \\ p_2 b_1 & p_2 b_2 & \cdots & p_2 b_N \\ \vdots & \vdots & \ddots & \vdots \\ p_N b_1 & p_N b_2 & \cdots & p_N b_N \end{bmatrix} \quad \text{(A3.24)}$$

ベクトルの大きさは，式 A3.19 と A3.23 から類推できるように

$$\|p\| = \sqrt{\lfloor p \rfloor \{p\}} = \sqrt{\sum_{i=1}^{N} p_i^2} \quad \text{(A3.25)}$$

すなわち，ベクトルを構成する各要素の自乗和の平方根に等しい．

A3.3　ベクトルの相関と直交

2 個のベクトルの間の関係の強さを表す方法を調べてみよう．まず考えられるのは，両者がどれだけ離れているかを知ることである．例えば 2 次元空間すなわち平面上では，2 個のベクトルの始点を同一点に置いたときの終点間の距離を測ればよい．この距離が小さければ，両者は近く強い関係にあるといえる．図 A3.3 に示すベクトル $\{p\}$ と $\{b\}$ 間の距離は両者の差ベクトル $\{b\}-\{p\}$ の大きさ $\|\{b\}-\{p\}\|$ で表されるから，式 A3.13 と A3.19 を用いて

$$\|\{b\}-\{p\}\| = \sqrt{(b_1 - p_1)^2 + (b_2 - p_2)^2} \quad \text{(A3.26)}$$

距離だけでよいのだろうか．図 A3.4 には 3 個のベクトル $\{v_1\}$，$\{v_2\}$，$\{v_3\}$ があり，$\{v_2\}$ と $\{v_3\}$ は $\{v_1\}$ から等しい距離にある．しかし，$\{v_2\}$ は $\{v_1\}$ からの角度が 0 で同方向にあり $\{v_1\}$ を

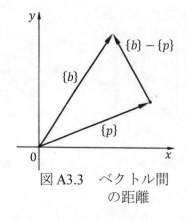

図 A3.3　ベクトル間の距離

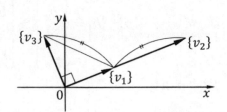

図 A3.4　ベクトル間の距離と相関
$|\{v_2\}-\{v_1\}| = |\{v_3\}-\{v_1\}|$

補章 A3　ベクトルと行列

何倍かすれば作ることができるのに対し，$\{v_3\}$ は $\{v_1\}$ から直角方向にあり，$\{v_1\}$ にどのような操作を加えても作ることができない．この意味で，$\{v_2\}$ と $\{v_3\}$ は $\{v_1\}$ から等距離にあるにもかかわらず，$\{v_2\}$ は $\{v_1\}$ と極めて強い関係にあり，$\{v_3\}$ は全く無関係だといえる．これから，ベクトル間の関係の強さを距離だけで表現するのは十分ではなく，両ベクトルが挟む角度が重要であることが分かる．両ベクトルが挟む角度 θ が $0°$ のとき最も関係が強く（$\cos 0° = 1$），$90°$ のとき全く無関係になる（$\cos 90° = 0$）ことから，両者の関係のもう一つの尺度を $\cos\theta$ とするのが妥当であると考えられる．

$\cos\theta$ は，両ベクトルの成分とどのような関係にあるのだろうか．**図 A3.5** において，2本のベクトル $\{p\}^T = \lfloor p_1 \ p_2 \rfloor$，$\{b\}^T = \lfloor b_1 \ b_2 \rfloor$ と x 軸のなす角度をそれぞれ θ_p，θ_b とする．両ベクトルの大きさは，式 A3.19 より

$$\|p\| = \sqrt{p_1^2 + p_2^2} \ , \ \|b\| = \sqrt{b_1^2 + b_2^2} \quad (A3.27)$$

両ベクトルがなす角度 θ は

$$\theta = \theta_b - \theta_p \quad (A3.28)$$

ベクトル $\{p\}$ と $\{b\}$ から x 軸に下した垂線の長さが p_2 と b_2，それらの垂線と x 軸の交点の x 座標が p_1 と b_1 であるから，三角関数の定義式 A1.2 より

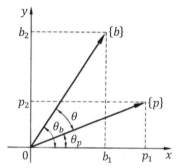

図 A3.5　ベクトルの成分と角度 $\{p\} = \begin{Bmatrix} p_1 \\ p_2 \end{Bmatrix}$ $\{b\} = \begin{Bmatrix} b_1 \\ b_2 \end{Bmatrix}$

$$\left.\begin{array}{l} \cos\theta_p = \dfrac{p_1}{\|p\|}, \ \sin\theta_p = \dfrac{p_2}{\|p\|} \\ \cos\theta_b = \dfrac{b_1}{\|b\|}, \ \sin\theta_b = \dfrac{b_2}{\|b\|} \end{array}\right\} \quad (A3.29)$$

式 A1.18（三角関数の加法定理）と A3.28 より

$$\cos\theta = \cos(\theta_b - \theta_p) = \cos\theta_b \cos\theta_p + \sin\theta_b \sin\theta_p \quad (A3.30)$$

式 A3.30 に式 A3.29 を代入して

$$\cos\theta = \frac{p_1 b_1 + p_2 b_2}{\|p\|\|b\|} \quad (A3.31)$$

式 A3.15（ベクトルの内積）を式 A3.31 に代入して，$\cos\theta = r$ と置けば

$$r = \cos\theta = \frac{\{p\}^T \{b\}}{\|p\|\|b\|} \quad (A3.32)$$

このように $\cos\theta$ は，$\{p\}$ と $\{b\}$ の内積を両ベクトルの大きさの積で割った値になる．

2個のベクトル間の関係を別の例で考えよう．**図 A3.6** のように，水平方向にしか動けない円筒の中心に斜上

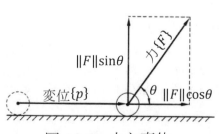

図 A3.6　力と変位

方 θ の角度の方向に大きさ $\|F\|$ の力を加えて，円筒を引っ張ってみる．力を垂直成分と水平成分に分ける．円筒は垂直方向には動けないから，力の垂直成分は作用としては無効であり，水平方向成分 $\|F\|\cos\theta$ だけが動きを生じる源となる有効成分である．円筒が水平方向に距離 $\|p\|$ だけ動くときにこの力がなす仕事は，距離に力の有効成分を乗じた量に等しいので，$\|p\|\|F\|\cos\theta$ になる．変位ベクトルを $\{p\}$，力ベクトルを $\{F\}$ とすれば，式 A3.32 より，この仕事は内積 $\{p\}^T\{F\}$ に等しくなる．このように，物体に作用する力がなす仕事は，変位ベクトルと力ベクトルの内積に等しくなる．もし力を水平方向に加えれば，力全体が有効であり，仕事は最大値 $\|p\|\|F\|$ になる．また，力を垂直方向に加えれば，力全体が無効であり，仕事は 0 になる．このように，作用力の有効性の度合いを見る尺度として，$\cos\theta$ が適切である．

式 A3.32 で定義される $\|r\|$ は，2 個のベクトル間の相互関係の強さすなわち**相関**を表現する係数であるから，**相関係数**と呼ぶ．$-1 \leq \cos\theta \leq 1$ であるから

$$-1 \leq r \leq 1 \tag{A3.33}$$

相関係数 r は，両ベクトルの大きさには無関係であり，両ベクトルのなす角度だけに依存する量である．そして，角度が 0 で両ベクトルの方向が一致するときに最大値 1 をとり，角度が 90° で両ベクトルが直交するときに 0 になる．r は，角度が $90° < \theta \leq 180°$ のときには負になる．このときには負の相関があるという．2 個のベクトルが同一の方向であるときには正の完全な相関，直交するときには無相関，逆の方向であるときには負の完全な相関，とみなす．

2 個のベクトルが互いに直交しているという性質すなわち**直交性**は，次式で表現できる．

$$\{p\}^T\{b\} = 0 \quad \text{または} \quad r = 0 \tag{A3.34}$$

例えば，2 次元平面内で直交座標系を形成する x 軸と y 軸は互いに直交し，これらの単位ベクトル $(1\ \ 0)$ と $(0\ \ 1)$ の内積は，式 A3.15 から，$1×0+0×1=0$ である．

A3.4 行列の演算

2 個の行列の加減は，それらを構成する各項の加減になり，両者の行と列の数が共に等しいときにのみ定義される．例えば

$$[A] \pm [C] = \begin{bmatrix} a_{11} & a_{12} \\ a_{21} & a_{22} \end{bmatrix} \pm \begin{bmatrix} c_{11} & c_{12} \\ c_{21} & c_{22} \end{bmatrix} = \begin{bmatrix} a_{11} \pm c_{11} & a_{12} \pm c_{12} \\ a_{21} \pm c_{21} & a_{22} \pm c_{22} \end{bmatrix} \text{（複号同順）} \tag{A3.35}$$

2 個の行列の乗算は，前の行列の行と後の行列の列の積和によって定義される．例えば

$$[E][F] = \begin{bmatrix} e_{11} & e_{12} \\ e_{21} & e_{22} \\ e_{31} & e_{32} \end{bmatrix} \begin{bmatrix} f_{11} & f_{12} & f_{13} & f_{14} \\ f_{21} & f_{22} & f_{23} & f_{24} \end{bmatrix} = \begin{bmatrix} e_{11}f_{11}+e_{12}f_{21} & e_{11}f_{12}+e_{12}f_{22} & e_{11}f_{13}+e_{12}f_{23} & e_{11}f_{14}+e_{12}f_{24} \\ e_{21}f_{11}+e_{22}f_{21} & e_{21}f_{12}+e_{22}f_{22} & e_{21}f_{13}+e_{22}f_{23} & e_{21}f_{14}+e_{22}f_{24} \\ e_{31}f_{11}+e_{32}f_{21} & e_{31}f_{12}+e_{32}f_{22} & e_{31}f_{13}+e_{32}f_{23} & e_{31}f_{14}+e_{32}f_{24} \end{bmatrix}$$

$$\tag{A3.36}$$

行列同士の乗算は，前の行列の列数と後の行列の行数が等しい（式 A3.36 では共に 2）ときにだけ

補章 A3　ベクトルと行列　　　　267

実行でき，得られる行列は，行数が前の行列の行数（式 A3.36 では 3）と，列数が後の行列の列数
（式 A3.36 では 4）と等しい．

　一般に，対称行列同士の積は非対称行列になる．例えば

$$\begin{bmatrix} a_{11} & a_{12} \\ a_{12} & a_{22} \end{bmatrix}\begin{bmatrix} c_{11} & c_{12} \\ c_{12} & c_{22} \end{bmatrix} = \begin{bmatrix} a_{11}c_{11}+a_{12}c_{12} & a_{11}c_{12}+a_{12}c_{22} \\ a_{12}c_{11}+a_{22}c_{12} & a_{12}c_{12}+a_{22}c_{22} \end{bmatrix} \tag{A3.37}$$

　3 個以上の行列の乗算は，後の 2 個の乗算から始め，式 A3.36 の手順に従って順に前に向かって
実行して行く．

　列ベクトルに行列を前から乗じる形の乗算は，例えば式 A3.36 において，$[F]$ を 1 列の行列すなわ
ち列ベクトルに置き換えれば，この式の手順で実行できて，結果は列ベクトルになる．また行ベク
トルに行列を後から乗じる形の乗算は，例えば式 A3.36 において，$[E]$ を 1 行の行列すなわち行ベク
トルに置き換えれば，この式の手順で実行できて，結果は行ベクトルになる．ベクトル同士の内積
は，例えば式 A3.36 において，$[E]$ を 1 行，$[F]$ を 1 列とおけば，この式の手順で実行できて，結果
は例えば式 A3.15 に示すように，1 行 1 列の行列であるスカラーになる．このように，ベクトルと
行列あるいはベクトル同士の乗算も，行列同士の乗算の特例として，式 A3.36 で定義できる．

　行列同士の乗算では，乗じる行列の順序を入れ換えることは一般には不可能である．例えば，式
A3.36 の順序を逆にした乗算 $[F][E]$ は，$[F]$ の列数 (4) と $[E]$ の行数 (3) が異なるので，実行でき
ない．前の行列の行と列の数が共に後の行列の列と行の数と等しい長方行列同士や，同じ行数の正
方行列同士の乗算では，順序を入れ換えることができるが，入換えにより異なった結果を得る．例
えば，2 行 4 列の行列に 4 行 2 列の行列を乗じると 2 行 2 列の行列を得るが，順序を入れ換えると 4
行 4 列の行列になる．

$$[A][C] \neq [C][A] \tag{A3.38}$$

　ある行列に乗じれば結果が単位行列になるような行列を**逆行列**という．例えば，$[A]$ の逆行列は
$[A]^{-1}$ と記し

$$[A]^{-1}[A] = [A][A]^{-1} = \lceil I \rfloor \tag{A3.39}$$

これは，ある数（スカラー量）にその逆数を乗じると 1（単位量）になることに対応する．行列演
算では，ある行列で除する（割る）ことを，その逆行列を乗じる形で実行する．

　逆行列は正方行列に対してしか定義できない．これは以下のように考えれば納得できる．

　逆行列は，元の行列の逆数に相当するから，少なくとも元の行列と同じ次元，すなわち行も列も
同じ数の行列でなくてはならないことは明らかである．そこで例えば，式 A3.36 内の行列 $[F]$ のよう
な 2 行 4 列の行列に，もし逆行列というものがあるとすれば，それは 2 行 4 列でなければならない．
ところが，2 行 4 列の行列同士では式 A3.39 が成立しないどころか，乗算自体が成り立たないので
ある．なぜなら，2 個の行列の乗算では，式 A3.36 に示したように，前の行列の列と後の行列の行
の数が等しくなければならないのに，この場合には 4 と 2 であり等しくないからである．長方行列
では，逆行列が定義できない代りに，擬似逆行列という概念を用いるが，このことについては補章

A5 で説明する.

2 個の行列の積の逆行列を個々の行列の逆行列の積に分解する際には，順序を入れ換える必要がある.

$$([A][C])^{-1} = [C]^{-1}[A]^{-1} \tag{A3.40}$$

以下に，このことを証明する．まず式 A3.39 の定義から

$$([A][C])([A][C])^{-1} = \lceil I \rfloor \tag{A3.41}$$

行列同士の積 $[A][C]$ に後から $[C]^{-1}$ を乗じれば，$[A][C][C]^{-1}$ になるが，3 個以上の行列の乗算ではまず後の 2 個同士を乗じるので，式 A3.39 の定義からこれは $[A]\lceil I \rfloor = [A]$ になる．続いてこれに後ろから $[A]^{-1}$ を乗じれば，同じく式 A3.39 の定義から，これは $\lceil I \rfloor$ になる．この 2 つの操作は，結果的には $([A][C])$ に後から $([C]^{-1}[A]^{-1})$ を乗じたことになる．このことを式に表せば

$$([A][C])([C]^{-1}[A]^{-1}) = \lceil I \rfloor \tag{A3.42}$$

式 3.41 と 3.42 を比較すれば，式 A3.40 が成立することが分かる.

2 個の行列の積の転置行列を個々の行列の転置行列の積に分解する際にも，順序を入れ換える必要がある.

$$([E][F])^T = [F]^T[E]^T \tag{A3.43}$$

このことを証明するために，式 A3.36 の行列について，式 A3.43 の右辺を実行してみる.

$$[F]^T[E]^T = \begin{bmatrix} f_{11} & f_{21} \\ f_{12} & f_{22} \\ f_{13} & f_{23} \\ f_{14} & f_{24} \end{bmatrix} \begin{bmatrix} e_{11} & e_{21} & e_{31} \\ e_{12} & e_{22} & e_{32} \end{bmatrix} = \begin{bmatrix} f_{11}e_{11}+f_{21}e_{12} & f_{11}e_{21}+f_{21}e_{22} & f_{11}e_{31}+f_{21}e_{32} \\ f_{12}e_{11}+f_{22}e_{12} & f_{12}e_{21}+f_{22}e_{22} & f_{12}e_{31}+f_{22}e_{32} \\ f_{13}e_{11}+f_{23}e_{12} & f_{13}e_{21}+f_{23}e_{22} & f_{13}e_{31}+f_{23}e_{32} \\ f_{14}e_{11}+f_{24}e_{12} & f_{14}e_{21}+f_{24}e_{22} & f_{14}e_{31}+f_{24}e_{32} \end{bmatrix}$$

$$\tag{A3.44}$$

式 A3.44 右辺は，明らかに式 A3.36 右辺の行と列を入れ換えた転置行列になっており，式 A3.43 が成立することが確かめられた.

A3.5 行　列　式

式 A3.1 の 2 元 1 次連立方程式を実際に解いてみる.

$$\left. \begin{array}{l} a_{11}p_1 + a_{12}p_2 = b_1 \\ a_{21}p_1 + a_{22}p_2 = b_2 \end{array} \right\} \tag{A3.1}$$

式 A3.1 の上式 $\times a_{22}$ から下式 $\times a_{12}$ を引けば，左辺の p_2 の項が消えて

$$(a_{11}a_{22} - a_{21}a_{12})p_1 = b_1a_{22} - b_2a_{12} \tag{A3.45}$$

ここで

$$D = a_{11}a_{22} - a_{21}a_{12} \tag{A3.46}$$

とおけば，$D \neq 0$ のときにのみ p_1 を求めることができて

補章 A3　ベクトルと行列　　　　　　　　　　　　　　　　　　　　269

$$p_1 = \frac{b_1 a_{22} - b_2 a_{12}}{D} \tag{A3.47}$$

一方，式 A3.1 の下式 $\times a_{11}$ から上式 $\times a_{21}$ を引けば，$(a_{11}a_{22} - a_{21}a_{12})p_2 = Dp_2 = b_2 a_{11} - b_1 a_{21}$ となる．この式でも $D \neq 0$ のときにのみ p_2 を求めることができて，$p_2 = (b_2 a_{11} - b_1 a_{21})/D$．このように，連立方程式 A3.1 が解けるための条件が，$D \neq 0$ になっている．

それでは $D = 0$ のときにはどうなるだろうか？　このときには式 A3.46 から

$$a_{11}a_{22} = a_{21}a_{12} \tag{A3.48}$$

式 A3.1 上式に a_{22} を乗じて，$a_{11}a_{22}p_1 + a_{12}a_{22}p_2 = a_{22}b_1$．この式に式 A3.48 を代入して，$a_{12}a_{21}p_1 + a_{12}a_{22}p_2 = a_{22}b_1$．この式の両辺を a_{12} で割れば

$$a_{21}p_1 + a_{22}p_2 = \frac{a_{22}}{a_{12}}b_1 \tag{A3.49}$$

もし $(a_{22}/a_{12})b_1 \neq b_2$ であれば，式 A3.1 上式だけを使って導いた式 A3.49 は，右辺が式 A3.1 下式右辺に等しいにもかかわらず，左辺は式 A3.1 下式左辺とは異なるから，2 元連立方程式 A3.1 は元々自己矛盾しており成立しない（例えば，$x + y = 1$ でかつ $x + y = 2$ となるような x を求めよ，という連立方程式になる）．今は式 A3.1 が成立しているから，$(a_{22}/a_{12})b_1 = b_2$ であり，式 A3.1 上式だけから導いた式 A3.49 は式 A3.1 下式になる．このことは，連立方程式 A3.1 を構成する上下 2 式が同一であり，式 A3.1 は元々 1 個の式からなっていることを意味する．このとき，式 A3.1 の未知数は 2 個であり式は 1 個しかないから，当然この式は解けない．

式 A3.1 を式 A3.2 または式 A3.3 のように行列で表現すれば，式 A3.46 で定義される D は，式 A3.3 の左辺係数行列 ［A］ の各項だけで決まり，未知数 $\{p\}$ と右辺の条件 $\{b\}$ に無関係なスカラー量になる．この D を行列 ［A］ の**行列式**といい，次のように表記する．

$$D = |A| \tag{A3.50}$$

連立方程式は，係数行列の行列式が 0 のときには解くことができないのである．

これと同様のことは，2 元のみではなく一般の N 元連立方程式において成立する．一般の N 元連立方程式の行列式は，式 A3.46 のように簡単な式では表現できず，数値解法によって求めざるをえない．

この例のように，正方行列には必ず行列式という値が存在する．そして，その行列式が 0 でない場合にのみ，それを係数行列とする 1 次連立方程式を構成しているすべての式が互いに独立であり，連立方程式を解くことができて，解が一義的に決まる．ここで "独立である" というのは，"ある式が他のどの式にも等しくなく，かつ他のどの式同士を線形結合（定数を乗じて加減する形の結合であり 1 次結合ともいう）してもその式を作ることができない" という事項が，連立方程式を構成するすべての式について成立することをいう．

A3.6 固有値と固有ベクトル

A3.6.1 連立方程式から固有値問題へ

連立方程式 A3.2（または式 A3.3）を A3.1 項とは別の見方で考えてみよう．

$$\begin{bmatrix} a_{11} & a_{12} \\ a_{21} & a_{22} \end{bmatrix} \begin{Bmatrix} p_1 \\ p_2 \end{Bmatrix} = \begin{Bmatrix} b_1 \\ b_2 \end{Bmatrix} \tag{A3.2}$$

図 A3.7 のように，2次元空間（平面）内に2個の座標点 $(p_1 \; p_2)$ と $(b_1 \; b_2)$ を記入する．原点からこれらの2点に向かって矢印を画き，それらの矢印をそれぞれベクトル $\{p\}$，$\{b\}$ とする．そして，この2元1次連立方程式 A3.2 は，ベクトル $\{p\}$ をベクトル $\{b\}$ に変換するための変換式であり，左辺係数行列 $[A]$ はこのベクトル変換を行う変換行列である，と考える．このようにベクトルは，行列を前から乗じることによって，大きさも方向も異なる別のベクトルに変換することができる．

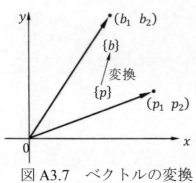

図 A3.7 ベクトルの変換
$[A]\{p\} = \{b\}$

さて，この行列 $[A]$ を乗じることによって，方向は同一で大きさだけが異なるベクトルに変換される，そういうベクトルはないだろうか．このようなベクトルは，この行列固有の構成項だけで決まるベクトルであるから，これを**固有ベクトル**という．図 A3.8 に示すように，固有ベクトルを $\{\phi\}^T = \lfloor \phi_1 \; \phi_2 \rfloor$ とし，行列 $[A]$ を乗じることによって変化する大きさの倍率を λ とする．この λ の値は，この行列固有の構成項だけで決まる値であるから，これを**固有値**という．この関係を式の形で表現するには，式 A3.2 において変換前のベクトル $\{p\}$ を $\{\phi\}$，変換後のベクトル $\{b\}$ を $\lambda\{\phi\}$ と置けばよいから

$$\begin{bmatrix} a_{11} & a_{12} \\ a_{21} & a_{22} \end{bmatrix} \begin{Bmatrix} \phi_1 \\ \phi_2 \end{Bmatrix} = \lambda \begin{Bmatrix} \phi_1 \\ \phi_2 \end{Bmatrix} = \begin{bmatrix} \lambda & 0 \\ 0 & \lambda \end{bmatrix} \begin{Bmatrix} \phi_1 \\ \varphi_2 \end{Bmatrix} = \lambda \begin{bmatrix} 1 & 0 \\ 0 & 1 \end{bmatrix} \begin{Bmatrix} \phi_1 \\ \phi_2 \end{Bmatrix} \tag{A3.51}$$

あるいは式 A3.51 を簡単に表現して

$$[A]\{\phi\} = \lambda\{\phi\} = \lambda \lceil I \rfloor \{\phi\} \tag{A3.52}$$

式 A3.52 の右辺には，単位行列「I」が入っている．これは，左辺がベクトルに前から行列を乗じた形になっているので，これと形を合わせただけのことである．ベクトルに前から単位行列を乗じるということは，スカラー量に単位量1を乗じるのと同様に，何も乗じないことと同じであるから，「I」を乗じてもかまわないのである．式 A3.51 を変形すれば

$$\left(\begin{bmatrix} a_{11} & a_{12} \\ a_{21} & a_{22} \end{bmatrix} - \begin{bmatrix} \lambda & 0 \\ 0 & \lambda \end{bmatrix} \right) \begin{Bmatrix} \phi_1 \\ \phi_2 \end{Bmatrix} = \begin{Bmatrix} 0 \\ 0 \end{Bmatrix} \tag{A3.53}$$

式 A3.35 から，式 A3.53 は

補章 A3　ベクトルと行列

$$\begin{bmatrix} a_{11}-\lambda & a_{12} \\ a_{21} & a_{21}-\lambda \end{bmatrix} \begin{Bmatrix} \phi_1 \\ \phi_2 \end{Bmatrix} = \begin{Bmatrix} 0 \\ 0 \end{Bmatrix} \tag{A3.54}$$

式 A3.54 は，式 A3.2 と同じ形の 2 元 1 次連立方程式であり，すでに説明したように，もし左辺の係数行列の行列式が 0 でなければ，解くことができて解が得られる．式 A3.54 は右辺が 0 ベクトルであるから，その解は必ず $\phi_1 = 0$，$\phi_2 = 0$ になる．これは $\{\phi\}$ が 0 ベクトルと言うことであり，言い換えれば，**図 A3.8** に示すような条件を満足するベクトルは存在しないことを意味する．そこで，0 ベクトル以外の $\{\phi\}$ が存在するためには，係数行列の行列式が 0 でなければならない．0 以外の固有ベクトル $\{\phi\}$ が存在するための条件は，係数行列の行列式が 0 であることなのである．

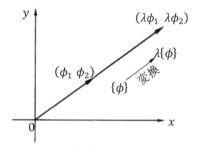

図 A3.8　変換が同方向になるベクトル $[A]\{\phi\} = \lambda\{\phi\}$

係数行列が 0 であることは，連立方程式 A3.54 を構成する 2 個の式が同一であることを意味する．このことを簡単な例で示そう．次のように，右辺が 0 である 2 個の同一式からなる 2 元 1 次連立方程式を作ってみる．

$$\left. \begin{array}{l} 3\phi_1 + 5\phi_2 = 0 \\ 6\phi_1 + 10\phi_2 = 0 \end{array} \right\} \quad \text{すなわち} \quad \begin{bmatrix} 3 & 5 \\ 6 & 10 \end{bmatrix} \begin{Bmatrix} \phi_1 \\ \phi_2 \end{Bmatrix} = \begin{Bmatrix} 0 \\ 0 \end{Bmatrix} \tag{A3.55}$$

この式の左辺係数行列の行列式は，式 A3.46 の定義から

$$D = \begin{vmatrix} 3 & 5 \\ 6 & 10 \end{vmatrix} = 3 \times 10 - 6 \times 5 = 0 \tag{A3.56}$$

式 A3.56 の例から分かるように，2 次元行列の行列式は，右下り斜めの項の積から左下り斜めの項の積を引くことによって計算できる．この場合には，式 A3.49 に関して説明したように，式 A3.55 左辺の係数行列の行列式 D が 0 であり実質の式の数は 1 個であるから，2 個の未知数を有する 2 元連立方程式 A3.55 は解くことができない．しかし，完全に解くことができないのではなく，解が一義的には決まらないのであり，2 個の未知数のうち 1 個を与えれば他の 1 個が得られる．この場合には

$$\phi_2 = -0.6\phi_1 \tag{A3.57}$$

を満足する任意の値が解になる．

3 元 1 次連立方程式を構成する 3 個の式のうち 1 個が独立でない場合の例を示す．

$$\left. \begin{array}{l} \phi_1 + \phi_2 + \phi_3 = 0 \\ 2\phi_1 + 3\phi_2 - \phi_3 = 0 \\ 4\phi_1 + 5\phi_2 + \phi_3 = 0 \end{array} \right\} \quad \text{すなわち} \quad \begin{bmatrix} 1 & 1 & 1 \\ 2 & 3 & -1 \\ 4 & 5 & 1 \end{bmatrix} \begin{Bmatrix} \phi_1 \\ \phi_2 \\ \phi_3 \end{Bmatrix} = \begin{Bmatrix} 0 \\ 0 \\ 0 \end{Bmatrix} \tag{A3.58}$$

連立方程式 A3.58 の下段の式は，上段の式を 2 倍して中段の式を加えることによって作ったものであり，これら 3 式は互いに独立ではなく，式 A3.58 は実質的には互いに独立な 2 個の式からなる．この式の左辺係数行列の行列式は，次のようになる．

$$D = \begin{vmatrix} 1 & 1 & 1 \\ 2 & 3 & -1 \\ 4 & 5 & 1 \end{vmatrix} = 1 \times 3 \times 1 + 1 \times (-1) \times 4 + 1 \times 2 \times 5 - 1 \times 3 \times 4 - 1 \times 2 \times 1 - 1 \times (-1) \times 5 = 0$$

(A3.59)

このように，2次元行列の場合と同様に3次元行列の行列式も，右下がり斜めの項の積（3通り）の和から左下がり斜めの項の積（3通り）を引くことによって計算できる（4次元以上ではこのように簡単には計算できない）．このように行列式が0であるから，この3元連立方程式の解は一義的には決まらず

$$\phi_2 = -0.75\phi_1 \ , \quad \phi_3 = -0.25\phi_1$$

(A3.60)

を満足する任意の値が解になる．以上のように，連立方程式を構成するすべての式が独立ではないときの解は，比が決まるだけで絶対値は決まらない．図A3.7の2次元例から分かるように，この"比"はベクトルの方向を示す．解ベクトルの方向は決まるが大きさは決まらないのである．

A3.6.2　固有値問題とは

右辺が0ベクトルである連立方程式A3.54が0ベクトル$\{\phi\} = \{0\}$以外の解を有するためには，左辺係数行列の行列式が0でなければならないことは，上記の例から理解できたと思う．式A3.54に関するこの条件を式A3.46の定義に従って示せば

$$(a_{11} - \lambda)(a_{22} - \lambda) - a_{12}a_{21} = 0$$

(A3.61)

すなわち

$$\lambda^2 - (a_{11} + a_{22})\lambda + a_{11}a_{22} - a_{12}a_{21} = 0$$

(A3.62)

これはλに関する2次方程式であり，根の公式からその解は

$$\lambda = \frac{(a_{11} + a_{22}) \pm \sqrt{(a_{11} + a_{22})^2 - 4(a_{11}a_{22} - a_{12}a_{21})}}{2}$$

(A3.63)

λが式A3.63の値をとるときには，式A3.54の係数行列が0となる．そして，式A3.54を構成する2個の式は互いに独立ではなくなり，同一の式になる．以下にこのことを確認する．式A3.54を通常の連立方程式の形に表現すれば

$$\left.\begin{array}{r} (a_{11} - \lambda)\phi_1 + a_{12}\phi_2 = 0 \\ a_{21}\phi_1 + (a_{22} - \lambda)\phi_2 = 0 \end{array}\right\}$$

(A3.64)

すなわち

$$\frac{\phi_2}{\phi_1} = \frac{\lambda - a_{11}}{a_{12}} \ , \quad \frac{\phi_2}{\phi_1} = \frac{a_{21}}{\lambda - a_{22}}$$

(A3.65)

式A3.65を構成する2個の式が同一であるためには，式A3.61が成立すればよい．すなわち，係数行列の行列式が0であればよいのである．

ここで改めて

補章 A3　ベクトルと行列　　　　　　　　　　　　　　　　　　　　　　273

$$\frac{\phi_2}{\phi_1} = \alpha \tag{A3.66}$$

とおく．この比 α の値は，式 A3.63 を式 A3.65 中の左右 2 式のうちどちらか（どちらでも同一の結果を得る）に代入すれば求めることができる．このように，ϕ_1 と ϕ_2 は一義的には決まらず，両者の比 α が決まるだけである．すでに述べたように，このことは，図 A3.8 に示した変換条件を満足するベクトル $\{\phi\}$ は，大きさが決まらず方向だけが決まることを意味している．ここで注意すべきことは，ベクトル $\{\phi\}$ 自体の大きさは決まらないが，それに前から行列 $[A]$ 乗ずることによる大きさの変化率 λ は，式 A3.63 のように決まった値をとることである．式 A3.63 は，この変化率 λ が 2 通り存在することを示している．そこで，λ のうち大きい方を λ_1，小さい方を λ_2 と書く．そして，これら 2 通りの λ の値に応じて，2 通りのベクトル $\{\phi\}$ が式 A3.65 から決まる（比すなわち方向のみ）ので，これらを改めて次のように，λ_1 に対応する比を α_1，ベクトルを $\{\phi_1\}$ と記し，また λ_2 に対応する比を α_2，ベクトルを $\{\phi_2\}$ と記す．

$$\{\phi_1\} = \left\{\begin{matrix} \phi_{11} \\ \phi_{12} \end{matrix}\right\} = \left\{\begin{matrix} 1 \\ \alpha_1 \end{matrix}\right\} \quad , \quad \{\phi_2\} = \left\{\begin{matrix} \phi_{12} \\ \phi_{22} \end{matrix}\right\} = \left\{\begin{matrix} 1 \\ \alpha_2 \end{matrix}\right\} \tag{A3.67}$$

これらの大きさは決まらず適当に変えてもよいから，式 A3.20 に従って正規化すれば

$$\{\phi_1\} = \left\{\begin{matrix} 1/\sqrt{1+\alpha_1^2} \\ \alpha_1/\sqrt{1+\alpha_1^2} \end{matrix}\right\}, \quad \{\phi_2\} = \left\{\begin{matrix} 1/\sqrt{1+\alpha_2^2} \\ \alpha_2/\sqrt{1+\alpha_2^2} \end{matrix}\right\} \tag{A3.68}$$

以上の説明から，2 行 2 列の正方行列は，それを前から乗じることによって大きさだけを変え方向は変えないベクトル（方向のみ）を 2 通り有し，それぞれにベクトルの方向に対して決まった大きさの変化値（倍率）を各々 1 個有することが分かった．これらは，その行列に固有のベクトルと値であるから，**固有ベクトル**および**固有値**という．

このことは，2 行 2 列の行列だけではなく一般の正方行列に関しても成立し，N 行 N 列の正方行列は，行列の次元と同じ数である N 通りの固有ベクトルと固有値の組を有する．そして，式 A3.51 または A3.52 は，行列が与えられたときその固有ベクトルと固有値を求める式であり，**固有値問題**という．

A3.6.3　一般固有値問題とは

ベクトルに行列を前から乗じると，一般には大きさも方向も異なる別のベクトルに変換されることは，すでに説明した．

互いに無関係な 2 個の正方対称行列 $[M]$，$[K]$ があるとき，それらを同じベクトルに乗じて変換したら，一般には方向も大きさも互いに無関係な 2 個のベクトルに変換される．ところが，この変換の後にも 2 個のベクトルは方向が同じになり大きさだけが異なってくる，そういう性質を有するベクトルを $\{\phi\}$ とし，変換後の両ベクトルの大きさの比を λ とする．このことは**図 A3.9** のように

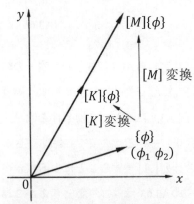

図A3.9　2個の行列[M]と[K]の変換が同方向になるベクトル{φ}
λ：両ベクトル間の大きさの比
[M]{φ}=λ[K]{φ}

図示でき，これを数式で表現すれば

$$[M]\{\phi\} = \lambda [K]\{\phi\} \tag{A3.69}$$

このような2次元ベクトルを $\{\phi\} = \lfloor \phi_1 \; \phi_2 \rfloor$ とし，式A3.69を2次元について記せば

$$\begin{bmatrix} M_{11} & M_{12} \\ M_{12} & M_{22} \end{bmatrix} \begin{Bmatrix} \phi_1 \\ \phi_2 \end{Bmatrix} = \lambda \begin{bmatrix} K_{11} & K_{12} \\ K_{12} & K_{22} \end{bmatrix} \begin{Bmatrix} \phi_1 \\ \phi_2 \end{Bmatrix} \tag{A3.70}$$

式A3.69は，固有値問題A3.52右辺の単位行列「I」を一般の行列に置き換えて一般化した形式になっているので，これを**一般固有値問題**という．

固有値問題と一般固有値問題の関係について述べる．

対称行列 $[K]$ を，対角項を含む右上の三角形部分が0でなく，それ以外の左下の三角形部分が0である三角行列 $[U]$ とその転置行列の積の形に分解する．

$$[K] = [U]^T [U] \tag{A3.71}$$

2次元の場合には，式A3.71は

$$\begin{bmatrix} K_{11} & K_{12} \\ K_{12} & K_{22} \end{bmatrix} = \begin{bmatrix} u_{11} & 0 \\ u_{12} & u_{22} \end{bmatrix} \begin{bmatrix} u_{11} & u_{12} \\ 0 & u_{22} \end{bmatrix} = \begin{bmatrix} u_{11}^2 & u_{11}u_{12} \\ u_{11}u_{12} & u_{12}^2 + u_{22}^2 \end{bmatrix} \tag{A3.72}$$

式A3.72を項別に書き直せば

$$K_{11} = u_{11}^2, \; K_{12} = u_{11}u_{12}, \; K_{22} = u_{12}^2 + u_{22}^2 \tag{A3.73}$$

$K_{11} > 0$ でかつ $K_{11}K_{22} - K_{12}^2 > 0$ という条件を満足すれば，式A3.73は解けて

$$u_{11} = \sqrt{K_{11}}, \; u_{12} = K_{12}/\sqrt{K_{11}}, \; u_{22} = \sqrt{(K_{11}K_{22} - K_{12}^2)/K_{11}} \tag{A3.74}$$

式A3.71のような分解を**コレスキー分解**という．一般に次の条件を満足する N 行の正方対称行列は，上記と同じやり方でコレスキー分解することが可能である．この行列の左上から右下に向かって1行目から r 行目まで取り出した部分正方対称行列の行列式の値を D_r とすれば，その条件とは

$$D_r > 0 \quad (r = 1 \sim N) \tag{A3.75}$$

式A3.73を解く際に与えた条件のうちで，K_{11} は，式A3.72左辺の行列 $[K]$ のうち左上の1行目だけをとり出した1行1列の行列の行列式 D_1 である．また $K_{11}K_{22} - K_{12}^2$ は，対称行列 $[K]$ の行列式 D_2 であることは，式A3.46から分かる．$K_{11} > 0$，$K_{11}K_{22} - K_{12}^2 > 0$ という条件は，$N = 2$ のときの式A3.75なのである．

補章 A3　ベクトルと行列

式 A3.71 によって求めた三角行列を，一般固有値問題である式 A3.69 を満足するベクトル $\{\phi\}$ に前から乗じることによって求めたベクトルを，$\{\psi\}$ とする.

$$[U]\{\phi\} = \{\psi\} \tag{A3.76}$$

式 A3.76 に前から逆行列 $[U]^{-1}$ を乗じると，$[U]^{-1}[U] = \lceil I \rfloor$ だから

$$\{\phi\} = [U]^{-1}\{\psi\} \tag{A3.77}$$

式 A3.69 に式 A3.71 と A3.77 を代入すれば

$$[M][U]^{-1}\{\psi\} = \lambda[U]^T[U][U]^{-1}\{\psi\} = \lambda[U]^T\{\psi\} \tag{A3.78}$$

式 A3.78 に前から $[U]^{-1T}$ を乗じれば

$$[U]^{-1T}[M][U]^{-1}\{\psi\} = \lambda[U]^{-1T}[U]^T\{\psi\} = \lambda \lceil I \rfloor \{\psi\} \tag{A3.79}$$

ここで

$$[U]^{-1T}[M][U]^{-1} = [B] \tag{A3.80}$$

とおく. 行列 $[M]$ が対称であるから，行列 $[B]$ も対称である. 式 A3.80 を式 A3.79 に代入して

$$[B]\{\psi\} = \lambda \lceil I \rfloor \{\psi\} \tag{A3.81}$$

式 A3.81 は，式 A3.52 と同様の通常の固有値問題である. このように一般固有値問題は通常の固有値問題と本質的に同一であり，前者は後者に直して解くことができる. すなわち，行列 $[K]$ をコレスキー分解して三角行列 $[U]$ を求め，式 A3.80 から行列 $[B]$ を求め，式 A3.81 を解いて $\{\psi\}$ と固有値 λ を求め，式 A3.77 を用いて固有ベクトル $\{\phi\}$ を求めればよい.

A3.7　固有ベクトルの直交性

A3.7.1　直交性とは

固有値問題の式 A3.51 または A3.52 において行列 $[A]$ が対称である，次の場合を考える.

$$a_{12} = a_{21} \tag{A3.82}$$

このとき，式 A3.67 で表現される固有ベクトル $\{\phi_1\}$ と $\{\phi_2\}$ の内積を求めてみる.

$$\{\phi_1\}^T\{\phi_2\} = \lfloor 1 \quad \alpha_1 \rfloor \begin{Bmatrix} 1 \\ \alpha_2 \end{Bmatrix} = 1 + \alpha_1\alpha_2 \tag{A3.83}$$

式 3.65 の 2 式は同一でありどちらを用いてもよいから，これらのうち左式と式 3.66 から

$$\alpha_1 = \frac{\lambda_1 - a_{11}}{a_{12}} \quad , \quad \alpha_2 = \frac{\lambda_2 - a_{11}}{a_{12}} \tag{A3.84}$$

式 A3.84 を式 A3.83 に代入して

$$\{\phi_1\}^T\{\phi_2\} = 1 + \frac{(\lambda_1 - a_{11})(\lambda_2 - a_{11})}{a_{12}^2} = \frac{\lambda_1\lambda_2 - a_{11}(\lambda_1 + \lambda_2) + a_{11}^2 + a_{12}^2}{a_{12}^2} \tag{A3.85}$$

λ_1 と λ_2 は 2 次方程式 A3.62 の 2 根であるから $(\lambda - \lambda_1)(\lambda - \lambda_2) = \lambda^2 - (\lambda_1 + \lambda_2)\lambda + \lambda_1\lambda_2 = 0$ を式 A3.62 と比較すれば

$$\lambda_1 + \lambda_2 = a_{11} + a_{22} \ , \quad \lambda_1 \lambda_2 = a_{11}a_{22} - a_{12}a_{21} \tag{A3.86}$$

式 A3.86 を式 A3.85 に代入し，式 A3.82 を用いれば

$$\{\phi_1\}^T\{\phi_2\} = \frac{a_{11}a_{22} - a_{12}^2 - a_{11}(a_{11} + a_{22}) + a_{11}^2 + a_{12}^2}{a_{12}^2} = \frac{a_{11}a_{22} - a_{12}^2 - a_{11}^2 - a_{11}a_{22} + a_{11}^2 + a_{12}^2}{a_{12}^2} = 0 \tag{A3.87}$$

式 A3.15 に示したように，内積はベクトルの順序を入れ換えても変化しないから

$$\{\phi_2\}^T\{\phi_1\} = 0 \tag{A3.88}$$

式 A3.87 と A3.88 は，対称行列 $[A]$ の固有ベクトル $\{\phi_1\}$ と $\{\phi_2\}$ の内積が 0 である，すなわちこれら 2 個の固有ベクトルは平面上で互いに $90°$ の角度をなして交わっており，直交している（式 A3.34），すなわち**直交性**がある，ことを示している．この例から，2 次元の固有値問題では，固有ベクトルが直交することが分かった．

次に一般の N 次元固有値問題について考えてみる．その表現式は，2 次元の場合と同様に式 A3.52 であり，$[A]$ は $N \times N$ の正方対称行列である．N 次元固有値問題では，固有値と固有ベクトルの N 通りの組が存在し，任意の r 番目の組については，式 A3.52 より

$$[A]\{\phi_r\} = \lambda_r\{\phi_r\} \qquad (r = 1 \sim N) \tag{A3.89}$$

式 A3.89 に前から，r と異なる l 番目（$r \neq l$）の固有ベクトルの転置 $\{\phi_l\}^T$ を乗じれば

$$\{\phi_l\}^T[A]\{\phi_r\} = \lambda_r\{\phi_l\}^T\{\phi_r\} \tag{A3.90}$$

式 A3.90 を転置する．まず $[A]$ は正方対称行列であるから，転置しても変らない．また，行列の積については，式 A3.43 のように，転置すると順序が入れ換わるが，ベクトルは 1 行あるいは 1 列の行列であるから，このことはベクトルの積についても成立する．したがって，式 A3.90 の転置は

$$\{\phi_r\}^T[A]\{\phi_l\} = \lambda_r\{\phi_r\}^T\{\phi_l\} \tag{A3.91}$$

一方，l 番目の固有ベクトルについても，式 A3.89 と同一の式が成立するから

$$[A]\{\phi_l\} = \lambda_l\{\phi_l\} \qquad (l = 1 \sim N) \tag{A3.92}$$

式 A3.92 に前から r 番目の固有ベクトルの転置 $\{\phi_r\}^T$ を乗じれば

$$\{\phi_r\}^T[A]\{\phi_l\} = \lambda_l\{\phi_r\}^T\{\phi_l\} \tag{A3.93}$$

式 A3.91 と式 A3.93 は左辺が同一であるから，前式から後式を引けば

$$(\lambda_r - \lambda_l)\{\phi_r\}^T\{\phi_l\} = 0 \tag{A3.94}$$

一般に r 番目と l 番目（$r \neq l$）の固有値は異なり $\lambda_r \neq \lambda_l$ であるから，$r \neq l$ である任意の r と l について次式が成立する．

$$\{\phi_r\}^T\{\phi_l\} = 0 \qquad (r \neq l \quad r = 1 \sim N \quad l = 1 \sim N) \tag{A3.95}$$

このことは，一般の N 次元固有値問題を解いて求めた N 個の固有ベクトルについても，2 次元と同様に，次のことが成立することを意味している．すなわち，任意の異なる 2 個の固有ベクトルは，

補章 A3　ベクトルと行列　　　　　　　　　　　　　　　　　　　　　　　　　　277

内積が 0 であり，N 次元空間において互いに直交しており，相関が無い（式 A3.32 で定義される相関係数 $r = 0$）．ただし，N 次元空間といっても，この世には 1 次元（線），2 次元（平面）および 3 次元（空間）しかない．4 次元以上は仮想の空間であり，N 次元空間は N 自由度空間と呼んでもよい．

A3.7.2　一般直交性

これまでは，通常の固有値問題を解いて求めた固有ベクトルの直交性を論じてきたが，ここでは一般固有値問題について考える．一般固有値問題は，式 A3.69 で定義され，この式を満足する $\{\phi\}$ が，対象となる固有ベクトルである．一般固有値問題は，基本的には通常の固有値問題と同一であることを，式 A3.69 が式 A3.81 に変形できることによって実証した．式 A3.81 は通常の固有値問題であるから，それを満足する固有値ベクトル $\{\psi\}$ は，式 A3.87 と同様な直交関係が成立する．

$$\{\psi_1\}^T \{\psi_2\} = 0 \tag{A3.96}$$

一般固有値問題を満足する固有ベクトル $\{\phi\}$ は，$\{\psi\}$ と式 A3.76 の関係を有するから，式 A3.76 とその転置を式 A3.96 に代入して

$$\{\phi_1\}^T [U]^T [U] \{\phi_2\} = 0 \tag{A3.97}$$

行列 $[U]$ を定義する式 A3.71 を式 A3.97 に代入して

$$\{\phi_1\}^T [K] \{\phi_2\} = 0 \tag{A3.98}$$

式 A3.69 より

$$\frac{1}{\lambda_2} [M] \{\phi_2\} = [K] \{\phi_2\} \tag{A3.99}$$

であるから，式 A3.99 を式 A3.98 に代入すれば

$$\{\phi_1\}^T [M] \{\phi_2\} = 0 \tag{A3.100}$$

式 A3.51 の定義で述べたように，ベクトルに前から単位行列を乗じても変らないから

$$\{\psi_2\} = \ulcorner I \lrcorner \{\psi_2\} \tag{A3.101}$$

式 A3.101 を式 A3.96 に代入すれば，通常の直交性（式 A3.96）の別の表現方法として

$$\{\psi_1\}^T \ulcorner I \lrcorner \{\psi_2\} = 0 \tag{A3.102}$$

式 A3.98 または式 A3.100 は，通常の直交性と似てはいるが異なる．これらの式は，通常の直交性を表現する式 A3.102 中の単位行列を一般の行列に置き換えることによって一般化した形になっており，**一般直交性**と呼ばれる．

固有値問題を満足する固有ベクトルは直交性を有するように，一般固有値問題を満足する固有ベクトルは一般直交性を有する．このことを，N 次元一般固有値問題について証明する．これを満足する固有値 λ と固有ベクトル $\{\phi\}$ の組は N 個存在し，そのうち任意の λ_r，$\{\phi_r\}$ $(r = 1 \sim N)$ について，式 A3.69 が成立する．

$$[M] \{\phi_r\} = \lambda_r [K] \{\phi_r\} \qquad (r = 1 \sim N) \tag{A3.103}$$

式 A3.103 に前から，r と等しくない l 番目（$r \neq l$）の固有ベクトルの転置 $\{\phi_l\}^T$ を乗じれば

$$\{\phi_l\}^T [M] \{\phi_r\} = \lambda_r \{\phi_l\}^T [K] \{\phi_r\} \tag{A3.104}$$

式 A3.104 を転置する．A3.6.3 項で述べたように，行列 $[M]$ と $[K]$ は正方対称行列であるから，転置しても変らない．転置によって全体の順序が逆転するから

$$\{\phi_r\}^T [M] \{\phi_l\} = \lambda_r \{\phi_r\}^T [K] \{\phi_l\} \tag{A3.105}$$

一方，l 番目の固有値と固有ベクトルについても，式 A3.103 と同一の式が成立するから

$$[M]\{\phi_l\} = \lambda_l [K]\{\phi_l\} \quad (l = 1 \sim N) \tag{A3.106}$$

式 A3.106 に前から r 番目の固有ベクトルの転置 $\{\phi_r\}^T$ を乗じれば

$$\{\phi_r\}^T [M]\{\phi_l\} = \lambda_l \{\phi_r\}^T [K]\{\phi_l\} \tag{A3.107}$$

式 A3.105 と式 A3.107 は左辺が等しいから，前式から後式を引けば

$$(\lambda_r - \lambda_l)\{\phi_r\}^T [K]\{\phi_l\} = 0 \tag{A3.108}$$

一般には $\lambda_r \neq \lambda_l$ であるから，$r \neq l$ である任意の r と l について次式が成立する．

$$\{\phi_r\}^T [K]\{\phi_l\} = 0 \quad (r \neq l) \tag{A3.109}$$

式 A3.109 は，2 次元空間における式 A3.98 を一般の N 次元空間に拡張したものである．このように N 次元空間における固有ベクトルについても一般直交性が成立することが，数式上で明らかにされた．

ベクトルの一般直交性とは，具体的には何を意味するのだろうか．結論から先に述べると，「2 個のベクトル間に一般直交性がある」ということは，「2 個のベクトルが互いに独立している」ということと同意であり，それ以外の何者でもないのである．もちろん，独立であっても互いに無相関ではない．このことを 2 次元空間の例で示す．図 A3.10 において 2 点 $(1\ 1)$，$(-2\ 1)$ をそれぞれベクトル $\{\phi_1\}$，$\{\phi_2\}$ とする．この他に点 $(2\ 2)$ というベクトルを考えれば，このベクトルは $\{\phi_1\}$ を 2 倍すれば得られるから，これら両者は互いに独立ではなく完全に従属している．これに対し，$\{\phi_1\}$ を何倍しても $\{\phi_2\}$ を得ることはできないから，$\{\phi_1\}$ と $\{\phi_2\}$ は互いに独立である．しかし両者は直交しておらず，内積は式 A3.15 より

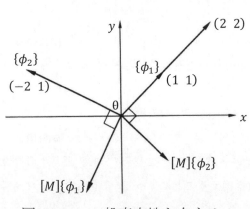

図 A3.10　一般直交性を有する 2 個のベクトル

$$\{\phi_2\}^T \{\phi_1\} = \begin{bmatrix} 2 & 1 \end{bmatrix} \begin{Bmatrix} 1 \\ 1 \end{Bmatrix} = -2 + 1 = -1 \neq 0 \tag{A3.110}$$

このように互いに直交してはいないが独立である 2 個のベクトルがあるとき，一方に前から対称行列 $[M]$ を乗じれば，それによって新しく生じたベクトルは，他方と直交する．そのような性質を

補章 A3　ベクトルと行列　　　　　　　　　　　　　　　　　　　　　　　　　　279

有する行列 $[M]$ を一義的に決めることができれば，独立していることと一般直交性があることは同意であることになる．このことを式の形で表現すれば

$$\{\phi_2\}^T\left([M]\{\phi_1\}\right)=\lfloor-2\quad1\rfloor\begin{bmatrix}M_{11}&M_{12}\\M_{12}&M_{22}\end{bmatrix}\begin{Bmatrix}1\\1\end{Bmatrix}=0 \tag{A3.111}$$

　式 A3.111 だけでは行列 $[M]$ は一義的には決まらない．なぜならば，この式は，直交という 2 個のベクトルの間の方向の関係を規定しているだけであり，大きさには言及していないからである．すなわち，図 A3.10 内の 2 個の新しいベクトル $[M]\{\phi_1\}$, $[M]\{\phi_2\}$ は，それぞれ $\{\phi_2\}$, $\{\phi_1\}$ と直角に交わっていさえすれば，大きさは任意でよい，というのが式 A3.111 の意味である．行列 $[M]$ を決めるためには，$[M]\{\phi_1\}$ と $[M]\{\phi_2\}$ の大きさをあらかじめ与える 2 つの条件を追加する必要がある．例えば，これらの条件として

$$\{\phi_1\}^T\left([M]\{\phi_1\}\right)=\lfloor1\quad1\rfloor\begin{bmatrix}M_{11}&M_{12}\\M_{12}&M_{22}\end{bmatrix}\begin{Bmatrix}1\\1\end{Bmatrix}=6 \tag{A3.112}$$

$$\{\phi_2\}^T\left([M]\{\phi_2\}\right)=\lfloor-2\quad1\rfloor\begin{bmatrix}M_{11}&M_{12}\\M_{12}&M_{22}\end{bmatrix}\begin{Bmatrix}-2\\1\end{Bmatrix}=3 \tag{A3.113}$$

上式右辺の数字 6 と 3 は，適当に与えただけで，特別な意味は何もない．式 A3.111〜A3.113 を変形して

$$\lfloor-2\quad1\rfloor\begin{Bmatrix}M_{11}+M_{12}\\M_{12}+M_{22}\end{Bmatrix}=0\ ,\ \lfloor1\quad1\rfloor\begin{Bmatrix}M_{11}+M_{12}\\M_{12}+M_{22}\end{Bmatrix}=6\ ,\ \lfloor-2\quad1\rfloor\begin{Bmatrix}-2M_{11}+M_{12}\\-2M_{12}+M_{22}\end{Bmatrix}=3$$
$$\tag{A3.114}$$

すなわち

$$\left.\begin{aligned}-2M_{11}-M_{12}+M_{22}&=0\\M_{11}+2M_{12}+M_{22}&=6\\4M_{11}-4M_{12}+M_{22}&=3\end{aligned}\right\} \tag{A3.115}$$

式 A3.115 は容易に解けて

$$M_{11}=1,\qquad M_{12}=1,\qquad M_{22}=3 \tag{A3.116}$$

したがって，ベクトル $\lfloor1\quad1\rfloor$ と $\lfloor-2\quad1\rfloor$ は次の行列 $[M]$ に関して一般直交性を有する．

$$[M]=\begin{bmatrix}1&1\\1&3\end{bmatrix} \tag{A3.117}$$

このことは，式 A3.111 に式 A3.117 を代入すれば，容易に分かる．

　このように，2 個の互いに独立なベクトルが与えられれば，それらの間の一般直交性の記述に必要な行列を決めることができた．

　上記の 2 次元だけでなく一般の N 次元でも，このことは成り立つだろうか．N 次元空間におい

て，一般固有値問題を満足する N 個の固有ベクトルは，それぞれ自分以外の $N-1$ 個の固有ベクトルと一般直交関係にあるので，一般直交関係を記述する条件式の数は，全部で $N(N-1)$ になる．しかし，これらの中には前後を入れ換えた同一の条件が 2 個の組になって含まれているので，式 A3.111 と同様な条件式のうち互いに独立な式の数はその半分であり，$N(N-1)/2$ である．またその他の条件式として，式 A3.112 や A3.113 のように行列 $[M]$ の両側から同一のベクトル $\{\phi_r\}$ $(r=1\sim N)$ を乗じて形成される式は，固有ベクトルと同数の N 個存在する．したがって，与えられる条件式の数は，全部で $N(N-1)/2+N=N(N+1)/2$ 個である．一方，N 行の正方対称行列の未知項は，対角項を含む右三角形に含まれる項の数に等しく，$N+(N-1)+\cdots\cdots+2+1=N(N+1)/2$ である．このように，条件式の数と未知項の数が等しいので解けて，一般直交性のための行列 $[M]$ が一義的に決まる．こうして，任意の互いに独立な N 個のベクトルを与えさえすれば，それらを固有ベクトルとする一般固有値問題を導くことができる．

$N=3$ として上記の事項を説明すると，次のようになる．**図 A3.11** のように，3 次元空間内に互いに直角に交わってはないが独立である 3 個のベクトル $\{\phi_1\}$，$\{\phi_2\}$，$\{\phi_3\}$ を任意に与えるとする．

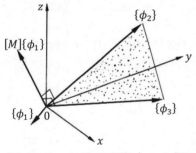

図 A3.11　3 次元空間内の 3 個の独立なベクトルと一般直交性

このとき，"$\{\phi_1\}$ に特定の行列 $[M]$ を乗じると，$\{\phi_2\}$ と $\{\phi_3\}$ が形成する平面に垂直に交わるベクトルに変換することができる，そのような行列 $[M]$ が必ず 1 個だけ存在する"．同様に N 次元空間内に，独立な任意のベクトルを N 個与えれば，"そのうち 1 個に特定の行列を乗じることによって，他の $N-1$ 個のベクトルが形成する超平面に直交するベクトルに変換することができる，そのような行列が必ず 1 個だけ存在する"．これが一般直交性の物理的意味である．

A3.7.3　直交性と一般直交性の関係

結論からいうと，一般直交性と（直接の）直交性は 1 対 1 で対応する．一般直交性を規定する行列が既知であるときには，式 A3.98 のように一般直交性を有するベクトル $\{\phi_1\}$ と $\{\phi_2\}$ は，式 A3.96 のように直接の直交性を有するベクトル $\{\psi_1\}$ と $\{\psi_2\}$ と，式 A3.71 と A3.76 を介して 1 対 1 で対応していることを実際に確かめることができる．この行列が不明のときには，式 A3.111～A3.117 と同様な手順で行列を求めた上で，式 A3.71 と A3.76 を用いて，一般直交性を有するベクトル群 $\{\phi\}$ から通常の直交性を有するベクトル群 $\{\psi\}$ を求めればよい．

しかし，以下の例のように，前者のベクトル群が与えられれば，それから直接後者を決めることもできる．

まず 2 次元の例を記す．**図 A3.12** に示す次の 2 個のベクトル $\{a_1\}$ と $\{a_2\}$ は，互いに独立であるが直角に交わってはいない．このとき，$\{a_1\}$ を何倍しても $\{a_2\}$ を求めることはできないが，$\{a_1\}$ と $\{a_2\}$ の内積は 0 にはならない．

補章 A3　ベクトルと行列

$$\{a_1\}^T = \lfloor 2 \ 1 \rfloor, \quad \{a_2\}^T = \lfloor 1 \ 2 \rfloor \tag{A3.118}$$

これら$\{a_1\}$と$\{a_2\}$から，互いに直交するベクトル$\{b_1\}$と$\{b_2\}$を求めてみる．まず

$$\{b_1\} = \{a_1\} \tag{A3.119}$$

とおく．次に$\{a_2\}$を，$\{b_1\}$と同方向の成分と直交する成分に分け，後者を$\{b_2\}$とする．$\{a_2\}$と$\{b_1\}$のなす角をθとすれば，$\{b_1\}$と同方向のベクトルの成分は，大きさが$\|a_2\|\cos\theta$で表される．式 A3.32 より$\cos\theta = \{a_2\}^T\{b_1\}/(\|a_2\|\|b_1\|)$であるから，$\|a_2\|\cos\theta$は$\{a_2\}^T\{b_1\}/\|b_1\|$になる．一方，$\{b_1\}$の方

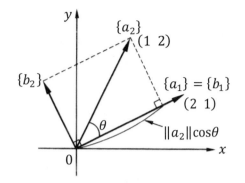

図 A3.12　一般直交性を有するベクトル群から直交性を有するベクトル群への変換
2次元の場合：$\{a_1\},\{a_2\} \to \{b_1\},\{b_2\}$

向は，単位ベクトル$\{b_1\}/\|b_1\|$で表現される．また，ベクトルの大きさを表す式 A3.19 より$\|b_1\|^2 = \{b_1\}^T\{b_1\}$．したがって，$\{a_2\}$のうち$\{b_1\}$と同方向の成分は，その大きさと方向の積，すなわち

$$\frac{\{a_2\}^T\{b_1\}}{\|b_1\|} \cdot \frac{\{b_1\}}{\|b_1\|} = \frac{\{a_2\}^T\{b_1\}}{\{b_1\}^T\{b_1\}}\{b_1\} \tag{A3.120}$$

$\{b_2\}$は$\{a_2\}$から式 A3.120 を引いたものになるから，式 A3.118 と A3.119 を用いて

$$\{b_2\} = \{a_2\} - \frac{\{a_2\}^T\{b_1\}}{\{b_1\}^T\{b_1\}}\{b_1\} = \begin{Bmatrix}1\\2\end{Bmatrix} - \left\{\left(\lfloor 1 \ 2 \rfloor\begin{Bmatrix}2\\1\end{Bmatrix}\right)\Big/\lfloor 2 \ 1 \rfloor\begin{Bmatrix}2\\1\end{Bmatrix}\right\}\begin{Bmatrix}2\\1\end{Bmatrix} = \begin{Bmatrix}1\\2\end{Bmatrix} - \frac{4}{5}\begin{Bmatrix}2\\1\end{Bmatrix} = \begin{Bmatrix}-3/5\\6/5\end{Bmatrix} \tag{A3.121}$$

2個のベクトル$\{b_1\}$と$\{b_2\}$が直角に交わっていることを，以下に示す．

$$\{b_1\}^T\{b_2\} = \lfloor 2 \ 1 \rfloor\begin{Bmatrix}-3/5\\6/5\end{Bmatrix} = -\frac{6}{5} + \frac{6}{5} = 0 \tag{A3.122}$$

同様の例を 3 次元で示す．3 個のベクトル$\{a_1\}$，$\{a_2\}$，$\{a_3\}$は，互いに独立であるが直角に交わってはいないとし，これらから互いに直角に交わる 3 個のベクトル$\{b_1\}$，$\{b_2\}$，$\{b_3\}$を求める．$\{b_1\}$と$\{b_2\}$はそれぞれ式 A3.119・式 A3.121 と同じ方法によって求める．$\{b_3\}$は，$\{b_1\}$と$\{b_2\}$の両方に直角に交わるように決める．そのためには$\{a_3\}$の中で$\{b_1\}$に平行な成分と$\{b_2\}$に平行な成分の両方を引けばよいが，これら両成分は式 A3.120 と同じ方法によって計算できるので

$$\{b_3\} = \{a_3\} - \frac{\{a_3\}^T\{b_1\}}{\{b_1\}^T\{b_1\}}\{b_1\} - \frac{\{a_3\}^T\{b_2\}}{\{b_2\}^T\{b_2\}}\{b_2\} \tag{A3.123}$$

これらの例から類推できるように，一般にN次元空間内において互いに独立なN個のベクトル群

$\{a_r\}$（$r=1\sim N$）から，互いに直交する（直角に交わる）N個のベクトル群$\{b_r\}$（$r=1\sim N$）を求めるには，次の式を用いればよい．

$$\{b_1\} = \{a_1\},\quad \{b_r\} = \{a_r\} - \sum_{i=1}^{r-1} \frac{\{a_r\}^T\{b_i\}}{\{b_i\}^T\{b_i\}}\{b_i\} \tag{A3.124}$$

この方法は，**シミットの直交化法**と呼ばれる．

A3.8 正規直交座標系

A3.8.1 正規直交座標系とは

平面内に互いに直交する2個のベクトルがあれば，それらを正規化（ベクトルの大きさを単位量1にすること）した正規直交ベクトルを基準ベクトルとする座標系を用いることによって，平面内の任意のベクトルを規定できる．例えば**図 A3.13** のベクトル$\{b\}^T = \lfloor b_1\ b_2 \rfloor$は，$x$軸および$y$軸方向の正規ベクトル$\lfloor 1\ 0 \rfloor$および$\lfloor 0\ 1 \rfloor$を基準ベクトルとして用いて，次のように表現したものである．

$$\{b\} = \begin{Bmatrix} b_1 \\ b_2 \end{Bmatrix} = b_1\begin{Bmatrix}1\\0\end{Bmatrix} + b_2\begin{Bmatrix}0\\1\end{Bmatrix} = \begin{bmatrix}1&0\\0&1\end{bmatrix}\begin{Bmatrix}b_1\\b_2\end{Bmatrix} = \lceil I \rfloor \{b\} \tag{A3.125}$$

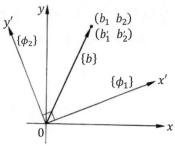

図 A3.13　固有ベクトルを基準にする座標系

式 A3.125 は，ベクトル$\{b\}$がx軸方向の正規ベクトルをb_1倍したものと，y軸方向の正規ベクトルをb_2倍したものの和であることを示している．

また，3次元空間内のベクトル$\{c\}^T = \lfloor c_1\ c_2\ c_3 \rfloor$は，$x$軸，$y$軸および$z$軸方向の正規ベクトル$\lfloor 1\ 0\ 0 \rfloor$，$\lfloor 0\ 1\ 0 \rfloor$，$\lfloor 0\ 0\ 1 \rfloor$を基準ベクトルとして用いて，次のように表現したものである．

$$\{c\} = \begin{Bmatrix}c_1\\c_2\\c_3\end{Bmatrix} = c_1\begin{Bmatrix}1\\0\\0\end{Bmatrix} + c_2\begin{Bmatrix}0\\1\\0\end{Bmatrix} + c_3\begin{Bmatrix}0\\0\\1\end{Bmatrix} = \begin{bmatrix}1&0&0\\0&1&0\\0&0&1\end{bmatrix}\begin{Bmatrix}c_1\\c_2\\c_3\end{Bmatrix} = \lceil I \rfloor \{c\} \tag{A3.126}$$

上の例で用いたベクトル$\lfloor 1\ 0 \rfloor$や$\lfloor 1\ 0\ 0 \rfloor$などが正規ベクトルであることは，式 A3.25 を用いてこれらの大きさを計算すれば 1 になることから明らかである．このように正規直交ベクトルを基準とした座標系を**正規直交座標系**という．

A3.8.2 固有モードによる座標系

式 A3.51 の固有値問題を満足する式 A3.68 の 2 個の固有ベクトルは，正規化されており，また互いに直交しているので，これらを基準ベクトルとして用いて，正規直交座標系を形成することができる．図 A3.13 のように，これらの固有ベクトルを基準座標軸x'およびy'としたときの，ベクトル$\{b\}$の座標を$(b_1'\ b_2')$とすれば，式 A3.125 と同一のベクトルが次のように表現できる．

補章 A3　ベクトルと行列

$$\{b\} = \begin{Bmatrix} b_1 \\ b_2 \end{Bmatrix} = b_1'\{\phi_1\} + b_2'\{\phi_2\} = b_1'\begin{Bmatrix} \phi_{11} \\ \phi_{21} \end{Bmatrix} + b_2'\begin{Bmatrix} \phi_{12} \\ \phi_{22} \end{Bmatrix}$$

$$= \begin{bmatrix} \begin{Bmatrix} \phi_{11} \\ \phi_{21} \end{Bmatrix} & \begin{Bmatrix} \phi_{12} \\ \phi_{22} \end{Bmatrix} \end{bmatrix} \begin{Bmatrix} b_1' \\ b_2' \end{Bmatrix} = \begin{bmatrix} \phi_{11} & \phi_{12} \\ \phi_{21} & \phi_{22} \end{bmatrix} \begin{Bmatrix} b_1' \\ b_2' \end{Bmatrix} = [\phi] \begin{Bmatrix} b_1' \\ b_2' \end{Bmatrix} = [\phi]\{b'\}$$

(A3.127)

式 A3.127 は，ベクトル $\{b\}$ が 2 個の固有ベクトル方向の正規ベクトルをそれぞれ b_1' 倍と b_2' 倍したものの和であることを示している．また，固有ベクトル方向の正規ベクトル $\{\phi_1\}$ と $\{\phi_2\}$ を列方向に並べた行列 $[\phi]$ は，固有ベクトル座標から $(x \quad y)$ 座標への変換行列である．

　式 A3.125 と A3.126 では，基準ベクトルを列方向に並べた行列が単位行列「I」である．これに対応して式 A3.127 では，基準ベクトルとして採用した正規固有ベクトルを列方向に並べた行列 $[\phi]$ を新たに導入している．この行列 $[\phi]$ について考える．式 A3.39 の逆行列の定義から

$$[\phi]^{-1}[\phi] = [I]$$

(A3.128)

一方，式 A3.127 の定義から

$$[\phi]^T[\phi] = \begin{bmatrix} \phi_{11} & \phi_{21} \\ \phi_{12} & \phi_{22} \end{bmatrix} \begin{bmatrix} \phi_{11} & \phi_{12} \\ \phi_{21} & \phi_{22} \end{bmatrix} = \begin{bmatrix} \lfloor \phi_{11} \quad \phi_{21} \rfloor \\ \lfloor \phi_{12} \quad \phi_{22} \rfloor \end{bmatrix} \begin{bmatrix} \begin{Bmatrix} \phi_{11} \\ \phi_{21} \end{Bmatrix} & \begin{Bmatrix} \phi_{12} \\ \phi_{22} \end{Bmatrix} \end{bmatrix}$$

$$= \begin{bmatrix} \lfloor \phi_1 \rfloor \\ \lfloor \phi_2 \rfloor \end{bmatrix} [\{\phi_1\} \quad \{\phi_2\}] = \begin{bmatrix} \lfloor \phi_1 \rfloor\{\phi_1\} & \lfloor \phi_1 \rfloor\{\phi_2\} \\ \lfloor \phi_2 \rfloor\{\phi_1\} & \lfloor \phi_2 \rfloor\{\phi_2\} \end{bmatrix}$$

(A3.129)

ここで用いる固有ベクトルは，式 A3.68 に示すように，大きさが 1 になるように正規化されているから，式 A3.19 の定義より

$$\lfloor \phi_1 \rfloor\{\phi_1\} = \|\phi_1\|^2 = 1, \qquad \lfloor \phi_2 \rfloor\{\phi_2\} = \|\phi_2\|^2 = 1$$

(A3.130)

また，固有ベクトルは直交性を有するから，式 A3.87，A3.88 および A3.130 を式 A3.129 に代入すれば

$$[\phi]^T[\phi] = \begin{bmatrix} 1 & 0 \\ 0 & 1 \end{bmatrix} = [I]$$

(A3.131)

式 A3.128 と A3.131 から

$$[\phi]^{-1} = [\phi]^T$$

(A3.132)

　平面内の任意ベクトル $\{p\}$ について，式 A3.127 と同一の関係が成立するから

$$\{p\} = \begin{Bmatrix} p_1 \\ p_2 \end{Bmatrix} = [\phi] \begin{Bmatrix} p_1' \\ p_2' \end{Bmatrix} = [\phi]\{p'\} = [\{\phi_1\} \quad \{\phi_2\}]\{p'\}$$

(A3.133)

A3.8.3　連立方程式の非連成化

2 元 1 次連立方程式 A3.3 は，通常の 2 次元直交座標系 $(x \quad y)$ で表現したものであるが，これを，固有ベクトルを基準ベクトル $(x' \quad y')$ とする座標系（図 A3.13）で表現することを考える．式 A3.127 と A3.133 を式 A3.3 に代入すれば

$$[A][\phi]\{p'\} = [\phi]\{b'\} \tag{A3.134}$$

あるいは

$$[[A]\{\phi_1\} \quad [A]\{\phi_2\}]\{p'\} = [\phi]\{b'\} \tag{A3.135}$$

式 A3.52 は 2 個の固有ベクトル $\{\phi_1\}$, $\{\phi_2\}$ について成立するから

$$[A]\{\phi_1\} = \lambda_1\{\phi_1\}, \quad [A]\{\phi_2\} = \lambda_2\{\phi_2\} \tag{A3.136}$$

式 A3.136 をまとめて

$$[A][\{\phi_1\} \quad \{\phi_2\}] = [\lambda_1\{\phi_1\} \quad \lambda_2\{\phi_2\}] = [\{\phi_1\} \quad \{\phi_2\}]\begin{bmatrix} \lambda_1 & 0 \\ 0 & \lambda_2 \end{bmatrix} \tag{A3.137}$$

すなわち

$$[A][\phi] = [\phi][\lambda] \tag{A3.138}$$

式 A3.136 を式 A3.135 に代入すれば

$$[\lambda_1\{\phi_1\} \quad \lambda_2\{\phi_2\}]\{p'\} = [\phi]\{b'\} \tag{A3.139}$$

式 A3.139 に前から $[\phi]^{-1}$ を乗じれば，式 A3.128 より

$$[\phi]^{-1}[\lambda_1\{\phi_1\} \quad \lambda_2\{\phi_2\}]\{p'\} = [\phi]^{-1}[\phi]\{b'\} = \{b'\} \tag{A3.140}$$

式 A3.140 に式 A3.132 を代入すれば

$$[\phi]^T[\lambda_1\{\phi_1\} \quad \lambda_2\{\phi_2\}]\{p'\} = \begin{bmatrix} \lfloor\phi_1\rfloor \\ \lfloor\phi_2\rfloor \end{bmatrix}[\lambda_1\{\phi_1\} \quad \lambda_2\phi_2]\{p'\} = \{b'\} \tag{A3.141}$$

式 A3.141 の係数行列は，2 個の行列の積になっている．式 A3.36 で示したように，2 個の行列の乗算は，前の行列の行と後の行列の列の積和，すなわち前の行列の行ベクトルと後の行列の列ベクトルの内積（式 A3.15）になっているので，式 A3.141 は次のように書き換えることができる．

$$\begin{bmatrix} \lambda_1\lfloor\phi_1\rfloor\{\phi_1\} & \lambda_2\lfloor\phi_1\rfloor\{\phi_2\} \\ \lambda_1\lfloor\phi_2\rfloor\{\phi_1\} & \lambda_2\lfloor\phi_2\rfloor\{\phi_2\} \end{bmatrix}\begin{Bmatrix} p_1' \\ p_2' \end{Bmatrix} = \begin{Bmatrix} b_1' \\ b_2' \end{Bmatrix} \tag{A3.142}$$

固有ベクトルの直交性を表現する式 A3.87 と A3.88，ならびに固有ベクトルが正規化されていることを表現する式 A3.130 を，式 A3.142 に代入すれば

$$\begin{bmatrix} \lambda_1 & 0 \\ 0 & \lambda_2 \end{bmatrix}\begin{Bmatrix} p_1' \\ p_2' \end{Bmatrix} = \begin{Bmatrix} b_1' \\ b_2' \end{Bmatrix} \tag{A3.143}$$

すなわち

$$\lambda_1 p_1' = b_1', \quad \lambda_2 p_2' = b_2' \tag{A3.144}$$

式 A3.144 を構成する 2 個の方程式は，互いに連成しておらず，各々が独立している．すなわち式 A3.144 中の 2 式は，互いに無関係であるから，別個に解くことができる．

このように，連立方程式の係数行列（上記の例では式 A3.3 の $[A]$）が対称行列である場合には，その固有ベクトルを基準ベクトルに採用した正規直交座標系を用いてその連立方程式を表現すれば，連立方程式は非連成になり，互いに独立した別々の方程式として扱うことができる．このことは，上記の例のように 2 次元だけではなく，任意の N 次元について成立する．すなわち，"N 元 1 **次連**

立方程式の N 行 N 列の係数行列が対称行列である場合には，その N 個の正規固有ベクトルを N 次元空間の基準座標ベクトルとして採用すれば，連立方程式を非連成にすることができる"のである．これは，**モード解析の根幹となる重要な事項**である．

A3.8.4 行列によるベクトル変換

$(x\ y)$ 平面内においてベクトル $\{p\}$ で表現される点 $(p_1\ p_2)$ が半径 1 の単位円上に存在する場合を考える．このとき $p_1^2 + p_2^2 = 1$．単位円は座標軸の方向を変えても単位円のままであるから，**図 A3.14** のように正規直交ベクトルを基準とする $(x'\ y')$ 座標系においても

$$p'^2_1 + p'^2_2 = 1 \quad (A3.145)$$

式 A3.145 に式 A3.3 と同一式である A3.144 を代入すれば

$$\frac{b'^2_1}{\lambda_1^2} + \frac{b'^2_2}{\lambda_2^2} = 1 \quad (A3.146)$$

式 A3.146 は，図 A3.14 に示すように，点 $(b'_1\ b'_2)$ すなわち $(b_1\ b_2)$ が，2 本の正規固有ベクトルを対称軸とし，それらの方向の半径がそれぞれ λ_1 と λ_2 である楕円上に位置していることを示す．この対称軸を**主軸**という．式 A3.3 に示す行列 $[A]$ は，単位長さの任意方向のベク

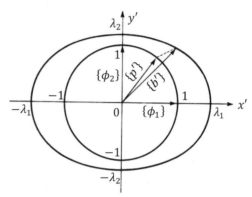

図 A3.14　正規固有ベクトルを基準にとる直交座標系での変換 $[A]\{p'\} = \{b'\}$
$\{p'\}$ は単位円上にあり $|p'| = 1$
$\{b'\}$ は半径 λ_1 と λ_2 の楕円上にある．
$\{\phi_1\}$ と $\{\phi_2\}$ は正規固有ベクトル

トル $\{p\}$ を，$[A]$ の固有ベクトルを主軸とし固有値を半径とする楕円上の点に終点を有するベクトル $\{b\}$ に変換する行列である．このことは，一般の N 次元についても言える．すなわち一般に N 行正方対称行列は，N 次元超空間内において，単位長さの任意方向のベクトルを，その正方対称行列の固有ベクトルに変換する．楕円体というのは，3 次元空間におけるラグビーボールのようなものだと思えばよい．ラグビーボールには対称軸が 3 本ある．これらが主軸であり，その長さの半分が半径である．固有ベクトルの数は空間の次元の数と必ず同一であるから，主軸の数は次元の数と同一になる．

A3.8.5　直交関数による基準座標系

これまでは，行列の固有ベクトルに話を限ってきた．しかし，必ずしも固有ベクトルでなくても，N 次元空間で互いに直交する N 個のベクトル群 $\{\phi_1\}, \{\phi_2\}, \cdots, \{\phi_r\}, \cdots, \{\phi_N\}$ が存在すれば，式 A3.125〜A3.127 のように，これらを用いた座標系を形成できる．これを**広義のフーリエ変換**と呼ぶ．まず，群を形成するすべてのベクトルを各々の大きさ $\|\phi_r\| = \sqrt{\{\phi_r\}^T\{\phi_r\}}$ $(r = 1\sim N)$ で割って正規化する．そして，これらを**基準座標ベクトル**とする正規直交座標系を形成し，それによって任意の

N 次元ベクトルを次のように表現する.

$$\{x\} = \xi_1\{\phi_1\} + \xi_2\{\phi_2\} + \cdots + \xi_r\{\phi_r\} + \cdots + \xi_N\{\phi_N\} = \sum_{r=1}^{N}\xi_r\{\phi_r\} = [\{\phi_1\}\{\phi_2\}\cdots\cdots\{\phi_r\}\cdots\cdots\{\phi_N\}]\begin{Bmatrix}\xi_1\\\vdots\\\xi_r\\\vdots\\\xi_N\end{Bmatrix} = [\phi]\{\xi\}$$

(A3.147)

式 A3.147 に前から $\{\phi_l\}^T$ を乗じれば

$$\{\phi_l\}^T\{x\} = \sum_{r=1}^{N}\xi_r\{\phi_l\}^T\{\phi_r\}$$

(A3.148)

$\{\phi_r\}$ $(r = 1 \sim N)$ は正規直交ベクトル群であるから（2 次元では式 3.87 と 3.130）

$$\{\phi_r\}^T\{\phi_r\} = 1 \quad , \quad \{\phi_l\}^T\{\phi_r\} = 0 \quad (l \neq r)$$

(A3.149)

式 A3.149 を A3.148 に代入すれば

$$\xi_r = \{\phi_r\}^T\{x\} \quad (r = 1 \sim N)$$

(A3.150)

ベクトル $\{x\}$ と正規直交ベクトル群 $\{\phi_r\}$ $(r = 1 \sim N)$ が与えられれば，式 A3.150 を用いて，式 A3.147 の係数 ξ_r $(r = 1 \sim N)$ を決めることができる．ξ_r は，ベクトル $\{x\}$ の中に $\{\phi_r\}$ の成分がどのぐらい含まれているかを示す重み係数（または影響係数）であるが，これが $\{\phi_r\}$ と $\{x\}$ の内積として簡単に得られることを，式 A3.150 は意味する．式 A3.32 を参照すれば，ξ_r は 2 個のベクトル $\{x\}$ と $\{\phi_r\}$ の相関を示す量であることが分かる．

式 A3.147 に用いた $\{\phi_r\}$ は，必ずしも行列の固有ベクトルとする必要はなかった．しかし実際には，任意の正規直交ベクトル群に対し，それらを固有ベクトルとする行列を決めることができる．すなわち固有値問題の式 A3.138 に後から $[\phi]^{-1}$ を乗じれば

$$[\phi][\lambda][\phi]^{-1} = [A]$$

(A3.151)

互いに直交する任意のベクトル群 $\{\phi_r\}$ $(r = 1 \sim N)$ が与えられれば，これらを左から順に横方向（列方向）に並べて $[\phi]$ を作る．次に固有値に相当する λ_r $(r = 1 \sim N)$ として適当な正の数値を与えれば，任意の直交ベクトル群を固有ベクトルとする N 次元の行列 $[A]$ を，式 A3.151 によって決めることができる．ただし，λ_r の与え方によって $[A]$ が変るので，$\{\phi_r\}$ を与えただけでは $[A]$ は一義的には決まらない．

A3.8.6　一般直交性と基準座標系

これまでは，直接の直交性を有するベクトル群を規準として正規直交座標系を形成してきた．しかし，必ずしも直接の直交性を有するベクトル群でなくても，互いに独立で一般直交性を有するベクトル群があれば，それらの基準ベクトルとして用いた座標系を形成することができる．このことは，互いに独立であることと，一般直交性を有することと，直接の直交性を有することが，一義的

補章 A3　ベクトルと行列　　　　287

に対応する（A3.7.2 項）ことから明らかである.

　3 次元空間における例を示す. x, y, z の3 軸方向の正規ベクトルを基準にした任意ベクトル$\{c\}$ の表現は，式 A3.126 にすでに示した. ここでは，x, y, z 軸の代りに，3 個のベクトル$(1\ \ 1\ \ 1)$，$(1\ \ -1\ \ 1)$，$(1\ \ 1\ \ -1)$ を基準ベクトルにすることを考えてみる. これらのうち 2 個を何倍してもまたどのように 1 次結合しても他の 1 個を得ることができない. このことは連立方程式

$$d_1\begin{Bmatrix}1\\1\\1\end{Bmatrix}+d_2\begin{Bmatrix}1\\-1\\1\end{Bmatrix}=\begin{Bmatrix}1\\1\\-1\end{Bmatrix}\quad すなわち\quad \begin{bmatrix}d_1+d_2=1\\d_1-d_2=1\\d_1+d_2=-1\end{bmatrix} \tag{A3.152}$$

が，未知数が 2 個であるのに式の数は 3 個であるから，解くことができず，この式を満足する d_1 と d_2 の値は存在しないことから，明らかである. これは，これら 3 個のベクトルが互いに独立であることを意味する. しかし

$$\begin{bmatrix}1&1&1\end{bmatrix}\begin{Bmatrix}1\\-1\\1\end{Bmatrix}=1-1+1=1\neq 0 \tag{A3.153}$$

のように，どの 2 個同士の内積も 0 でないから，互いに直角に交わってはいない. このとき，式 A3.126 の任意ベクトル$\{c\}$は，上記の 3 個のベクトルを基準にした座標系を用いて，次のように表現できる.

$$\{c\}=\begin{Bmatrix}c_1\\c_2\\c_3\end{Bmatrix}=\xi_1\begin{Bmatrix}1\\1\\1\end{Bmatrix}+\xi_2\begin{Bmatrix}1\\-1\\1\end{Bmatrix}+\xi_3\begin{Bmatrix}1\\1\\-1\end{Bmatrix}=\begin{bmatrix}1&1&1\\1&-1&1\\1&1&-1\end{bmatrix}\begin{Bmatrix}\xi_1\\\xi_2\\\xi_3\end{Bmatrix} \tag{A3.154}$$

なぜなら，$(c_1\ \ c_2\ \ c_3)$ がどのような値であろうと，それらを与えさえすれば式 A3.154 を解くことができて，$(\xi_1\ \ \xi_2\ \ \xi_3)$ の値が一義的に決まるからである.

　3 個のベクトル$(1\ \ 1\ \ 1)$，$(1\ \ -1\ \ 1)$，$(1\ \ 1\ \ -1)$ のうち 2 個だけを基準ベクトルにしたのでは，3 次元空間が形成できないから，基準座標軸になる互いに独立したベクトルの数は，空間の次元数と同一でなければならない.

　一般固有値問題を満足する固有ベクトルが互いに一般直交性を有することは，すでに A3.7.2 項で述べた. したがって，一般固有値問題を満足する固有ベクトルを基準ベクトルとした座標系を形成して，任意のベクトルを表現することは可能である. このことを数式表現したのが，式 A3.147 である. 3 次元空間だけでなく，一般の N 次元空間においても，互いに独立な N 個のベクトル群 $\{\phi_1\}$，$\{\phi_2\}$，$\cdots$，$\{\phi_r\}$，$\cdots$，$\{\phi_N\}$ があれば，それが直接の直交性を有していなくても，これらを基準ベクトルにして，式 A3.147 を用いて，任意の N 次元ベクトル$\{x\}$を表現することができる. その際に，これらのベクトル群の間に，式 A3.100 のように

$$\{\phi_l\}^T[M]\{\phi_r\}=0\quad (r\neq l) \tag{A3.155}$$

という一般直交性を成立させる行列 $[M]$ が前もってわかっていれば，次のように，係数 ξ_r $(r = 1 \sim N)$ を決めることができる．

式 A3.147 に左から $\{\phi_l\}^T[M]$ を乗じれば

$$\{\phi_l\}^T[M]\{x\} = \sum_{r=1}^{N} \xi_r \{\phi_l\}^T[M]\{\phi_r\} \quad (l = 1 \sim N) \tag{A3.156}$$

ここで

$$\{\phi_r\}^T[M]\{\phi_r\} = M_r \quad (r = 1 \sim N) \tag{A3.157}$$

とおき，式 A3.155 と A3.157 を式 A3.156 に代入すれば

$$\xi_r = \frac{\{\phi_r\}^T[M]\{x\}}{M_r} \quad (r = 1 \sim N) \tag{A3.158}$$

行列 $[M]$ が前もってわかっていないときには，2 次元について式 A3.117 を導く例を示したように，$[M]$ を決定してから，式 A3.158 を用いればよい．

補章 A4　関　　　数

A4.1　実関数の大きさ

図 A4.1 のように，時間 t を独立変数とする**実関数** $f(t)$ を考える．この関数を離散化し，時刻 t_0 から t_N までの時間間隔 T 内で等間隔 dt 毎にとった（標本化した）N 個の離散値 f_i $(i = 0 \sim N-1)$ で表現する．これら f_i を並べたベクトルを作ると，このベクトルの大きさは，式 A3.25 の定義によれば，ベクトルを構成する各要素の自乗の総和の平方根 $\sqrt{f_0^2 + f_1^2 + \cdots\cdots + f_{N-1}^2}$ である．この値を，この時間間隔 T における関数 $f(t)$ の大きさとみなすことはできないだろうか．しかしこれでは，同一の時間間隔の同一の関数に対しても，離散化点数 N の値によって大きさが変わってくる．これを避けるために，総和の代りに平均を利用し，離散化表現した関数の**大きさ**を各離散量の自乗平均の平方根で定義すれば，関数 $f(t)$ の大きさ $\|f\|$ は

$$\|f\| = \sqrt{\frac{1}{N}(f_0^2 + f_1^2 + f_2^2 + \cdots\cdots + f_i^2 + \cdots\cdots + f_{N-1}^2)} = \sqrt{\frac{1}{N}\sum_{i=0}^{N-1} f_i^2} \tag{A4.1}$$

図 A4.1 から

$$T = Ndt \quad または \quad \frac{1}{N} = \frac{dt}{T} \tag{A4.2}$$

式 A4.2 を式 A4.1 に代入すれば

$$\|f\| = \sqrt{\frac{1}{T}\sum_{i=0}^{N-1} f_i^2 dt} \tag{A4.3}$$

図 A4.2 は，図 A4.1 の関数の自乗 $f^2(t)$ の面積を等間隔の幅 dt の棒グラフで近似した図である．

補章 A4 関　　数

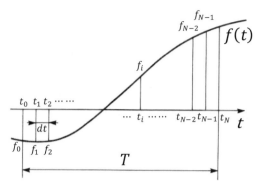
図 A4.1　時間 t の関数 $f(t)$

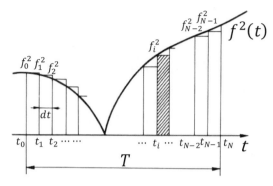
図 A4.2　$f^2(t)$ の棒グラフ表示と積分

i 番目の棒の面積は $f_i^2 dt$ であるから，$\sum_{i=0}^{N-1} f_i^2 dt$ はすべての棒の面積の総和である．したがって，時間 T を変えないで N を限りなく大きくすれば，dt は限りなく小さくなり，式 A4.3 は，時間 T の区間に関数の自乗 $f^2(t)$ と横軸が囲む面積すなわち $f^2(t)$ の時間積分値に漸近する．したがって N を限りなく大きくしたときの連続関数の大きさは，式 A4.3 より

$$\|f\| = \sqrt{\frac{1}{T}\int_{t_0}^{t_N} f^2(t)\,dt} \tag{A4.4}$$

さて，時刻 t_0 から t_N までの時間 T で標本化したある時系列データ $F(t)$ ($i=1 \sim N-1$) の平均値を f_m とすれば

$$f_m = \frac{1}{N}\sum_{i=0}^{N-1} F(t_i) \tag{A4.5}$$

$F(t_i)$ の平均値からのずれを関数 $f(t_i) = f_i$ とすれば

$$f_i = F(t_i) - f_m \tag{A4.6}$$

式 A4.6 の大きさ $\|f\|$ は式 A4.1 で定義される．このとき $\|f\|$ を**標準偏差**，$\|f\|^2$ を**分散**と呼ぶ．標準偏差または分散は，この時系列データがどの程度ばらついているかを示す指標として用いられる．

$f(t)$ が時間と共に変化する電流または電圧の瞬時値を表すとき，その全体としての平均的な大きさを示すために，式 A4.4 を用いる．このときの $\|f\|$ を**実効値**という．$f(t)$ が調和関数 $A\sin i\omega t$ ($i=1, 2, 3, \cdots$) の交流電圧の場合には，時間 T として $i=1$ のときの1周期 $T = 2\pi/\omega$ を用いれば，補償 A1 節の式 A1.21 と A1.37 より

$$\|f\| = \|A\sin i\omega t\| = \sqrt{\frac{1}{T}\int_0^T A^2 \sin^2 i\omega t\,dt} = \sqrt{\frac{A^2}{2T}\int_0^T (1-\cos 2i\omega t)\,dt} = \sqrt{\frac{A^2}{2T}\left[t - \frac{\sin 2i\omega t}{2i\omega}\right]_0^T}$$

$$= \sqrt{\frac{A^2}{2T}\left((T - \frac{\sin 4\pi i}{2i\omega}) - (0 - \sin 0)\right)} = \frac{A}{\sqrt{2}} \tag{A4.7}$$

式 A4.7 は，時間の調和関数で表現される交流電圧の実効値が，周波数 $\omega/(2\pi)$ には関係なく，最大

振幅値 A の $1/\sqrt{2}$ の大きさであることを示している．

A4.2 実関数の相関と直交

2個の実関数 $f(t)$ と $g(t)$ の相互関係の強さを示す方法を調べてみよう．まず考えられるのは，両者がどれだけ離れているかを知ることである．**図 A4.3** のように，時間 t を独立変数とする2個の実関数 $f(t)$ と $g(t)$ を考える．この関数を離散化し，時刻 t_0 から t_N までの時間間隔 T 内の等間隔 dt 毎にとった（標本化した）N 個の離散化 f_i と g_i $(i = 0 \sim N-1)$ で表現する．そして，同一時刻の値の差 $f_i - g_i$ を用いて，式 A4.1 によって両関数の差の大きさを定義すれば

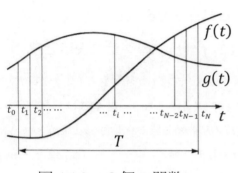

図 A4.3　2個の関数

$$\|f - g\| = \|g - f\| = \sqrt{\frac{1}{N} \sum_{i=0}^{N-1} (f_i - g_i)^2} \tag{A4.8}$$

ここでは，$\|f - g\|$ を関数間の**距離**と呼ぶ．2個の連続関数 $f(t)$ と $g(t)$ 間の距離は，式 A4.4 を用いれば，次のように定義できる．

$$\|f - g\| = \sqrt{\frac{1}{T} \int_{t_0}^{t_N} (f(t) - g(t))^2 dt} \tag{A4.9}$$

式 A4.8 または A4.9 は，誤差の**自乗平均**としてしばしば用いられている．例えば，真値 $g(t)$ に誤差が混入した値を $f(t)$ とすれば，混入した誤差全体の平均的大きさを示す値として，この $\|f - g\|$ を用いる．

2個の関数の相互関係の強さを表すのに，距離だけでは不十分である．例えば，$\sin t$ とこれを100倍した $100\sin t$ の $-1 \leq t \leq 1$ の範囲内における距離は，$\sin t$ と t^2 の距離よりもはるかに大きいことは明らかである．しかし，$\sin t$ と $100\sin t$ の方が $\sin t$ と t^2 よりも相互関係が強い，すなわち相似関係にあることも明らかである．

A3.3 項では，2個のベクトル間の関係の強さを表す一つの指標として，ベクトル同士の内積を両ベクトルの大きさで割った相関係数 r（式 A3.32）を定義した．関数についてもこのような相関係数 r を考えてみよう．そのためには，ベクトルの内積に相当する量を関数についても定義する必要がある．2個のベクトルの内積は，それらを構成する各項の積の総和として，式 A3.23 のように定義した．そこで，2個の関数が図 A4.3 のように離散値で表されているとき，それらの内積を，ベクトルの場合と同じ方法で定義する．ただし，関数の大きさを式 A4.1 で定義したときと同じ理由で，総和ではなく，それを離散値の総数 N で割った平均を考える．そして，2個の関数の内積を，次式のように，各離散値同士の積の平均として定義する．

補章 A4　関　　数　　　　291

$$\langle f(t) \cdot g(t) \rangle = \frac{1}{N}(f_0 g_0 + f_1 g_1 + f_2 g_2 + \cdots\cdots + f_i g_i + \cdots\cdots + f_{N-1} g_{N-1}) = \frac{1}{N}\Sigma_{i=0}^{N-1} f_i g_i$$

(A4.10)

式 A4.2 を式 A4.10 に代入すれば

$$\langle f \cdot g \rangle = \frac{1}{T}\Sigma_{i=0}^{N-1} f_i g_i dt$$

(A4.11)

T が一定のままで N を限りなく大きくすると，関数の大きさである式 A4.3 が式 A4.4 のような積分表現に変ったのと同じ理由で，式 A4.11 は次の積分表現に変る．

$$\langle f \cdot g \rangle = \frac{1}{T}\int_{t_0}^{t_N} f(t)g(t)\,dt$$

(A4.12)

関数 f と g の間の相関係数 r は，ベクトルの場合の式 A3.32 を参照して次のように定義される．

$$r = \frac{\langle f \cdot g \rangle}{\|f\|\|g\|}$$

(A4.13)

関数が離散値で表現されている場合には，式 A4.1 と A4.10 より

$$r = \frac{\Sigma_{i=0}^{N-1} f_i g_i}{\sqrt{(\Sigma_{i=0}^{N-1} f_i^{\,2})(\Sigma_{i=0}^{N-1} g_i^{\,2})}}$$

(A4.14)

関数が連続値で表現されている場合には，式 A4.4 と A4.12 より

$$r = \frac{\int_{t_0}^{t_N} f(t)g(t)\,dt}{\sqrt{(\int_{t_0}^{t_N} f^2(t)\,dt)(\int_{t_0}^{t_N} g^2(t)\,dt)}}$$

(A4.15)

相関係数 r は，2 個の関数の相関が最大であるとき，すなわち両者が同一の関数であるとき，最大値 1 をとる．これは，式 A4.14 または A4.15 で，$g(t)$ を $f(t)$ と置き換えれば明らかである．また，$g(t)$ が $-f(t)$ であるときに最小値 -1 をとる．このとき両者は最大の負の相関を有する．そして r は $-1 \leq r \leq 1$ の範囲で変化する．

$r = 0$ の場合には，両関数は相関が無く互いに無関係で独立している．このときには，ベクトルの直交にならって，両関数は互いに直交している，といい，式 A4.14 と A4.15 から

$$\Sigma_{i=0}^{N-1} f_i g_i = 0$$

(A4.16)

または

$$\int_{t_0}^{t_N} f(t)g(t)\,dt = 0$$

(A4.17)

式 A4.16 または A4.17 が関数の直交条件である．

A4.3　複　素　関　数

複素関数 $f(t) = f_R(t) + jf_I(t)$ とそれと共役な複素関数 $\bar{f}(t) = f_R(t) - jf_I(t)$ を考える．ここで，

添字 R は実部を，添字 I は虚部を表す．これらの関数を離散化し，時刻 t_0 から t_N までの時間間隔 T 内で等間隔 dt 毎にとった N 個の離散値を $f_i = f_{iR} + jf_{iI}$ と $\overline{f_i} = f_{iR} - jf_{iI}$ $(i = 0 \sim N-1)$ で表現する．複素関数の大きさは次のように定義される（式 A2.17）.

$$\|f(t)\| = \sqrt{\frac{1}{N}(f_0\overline{f_0} + f_1\overline{f_1} + f_2\overline{f_2} + \cdots\cdots + f_i\overline{f_i} + \cdots\cdots + f_{N-1}\overline{f_{N-1}})}$$

$$= \sqrt{\frac{1}{N}\Sigma_{i=0}^{N-1} f_i\overline{f_i}} = \sqrt{\frac{1}{N}\Sigma_{i=0}^{N-1}(f_{iR} + jf_{iI})(f_{iR} - jf_{iI})} = \sqrt{\frac{1}{N}\Sigma_{i=0}^{N-1}(f_{iR}^2 + f_{iI}^2)}$$

$$\text{(A4.18)}$$

離散点数 N を限りなく大きくすると，実関数の大きさが式 A4.1 から式 A4.4 に変ったように，式 A4.18 中の和が積分に変り

$$\|f\| = \sqrt{\frac{1}{T}\int_{t_0}^{t_N} f(t)\overline{f(t)}\,dt} = \sqrt{\frac{1}{T}\int_{t_0}^{t_N}(f_R(t)^2 + f_I(t)^2)\,dt} \tag{A4.19}$$

式 A4.19 は連続複素関数の大きさである．

次に，もう 1 つの複素関数 $g(t)$ とその共役複素関数 $\overline{g}(t)$ を考える．そしてこれらを離散化表現したものを g_i および $\overline{g_i}$ $(i = 1 \sim N-1)$ とする．2 個の複素関数 $f(t)$ と $g(t)$ の間の距離は，次のように定義される．まず，離散値を用いるときには

$$\|f - g\| = \sqrt{\frac{1}{N}\Sigma_{i=0}^{N-1}(f_i - g_i)(\overline{f_i - g_i})} \tag{A4.20}$$

連続関数の場合には

$$\|f - g\| = \sqrt{\frac{1}{T}\int_{t_0}^{t_N}(f(t) - g(t))(\overline{f(t) - g(t)})dt} \tag{A4.21}$$

2 個の複素関数 $f(t)$ と $g(t)$ 間の相関係数 r は，次のように定義される．

$$r = \frac{\|\langle f \cdot \overline{g} \rangle\|}{\|f\|\|g\|} \tag{A4.22}$$

関数が離散値で表現されている場合には，式 A4.10 を参照して

$$r = \frac{\left\|\Sigma_{i=0}^{N-1} f_i\overline{g_i}\right\|}{\|f\|\|g\|} \tag{A4.23}$$

連続関数の場合には，式 A4.12 を参照して

$$r = \frac{\left\|\int_{t_0}^{t_N} f(t)\overline{g}(t)\,dt\right\|}{\|f\|\|g\|} \tag{A4.24}$$

複素関数の直交条件は $r = 0$ であり，次のように定義される．

離散値表現の場合には，式 A4.23 より

補章 A4 関 数 293

$$\Sigma_{i=0}^{N-1} f_i \overline{g_i} = 0 \tag{A4.25}$$

連続関数の場合には，式 A4.24 より

$$\int_{t_0}^{t_N} f(t)\overline{g(t)}\,dt = 0 \tag{A4.26}$$

A4.4 正規直交関数系

関数の直交条件が，実関数の場合には式 4.16 または A4.17，複素関数の場合には式 A4.25 または A4.26 であることを説明してきた．互いに直交している関数にはどのようなものがあるのだろうか．まず考えられるのは，偶関数と奇関数である．なぜならば，偶関数をどのように組み合わせても奇関数はできず，その逆も言えるからである．つまり両者は明らかに無関係だからである．これらが直交条件を満たしているかを調べてみよう．一般に，**偶関数** $f(t)$ と**奇関数** $g(t)$ は次のように表現できる．

$$\left.\begin{array}{ll} 偶関数 \quad f(t) = f(-t) & (t=0 に関して対称) \\ 奇関数 \quad g(t) = -g(-t) & (t=0 に関して反対称) \end{array}\right\} \tag{A4.27}$$

$\tau = -t$ とおき，式 A4.27 を用いれば，偶関数 $f(t)$ と奇関数 $g(t)$ の積の積分には，次のような性質がある．

$$\int_{-t_0}^{0} f(\tau)g(\tau)\,d\tau = \int_{t_0}^{0} f(-t)g(-t)\,d(-t) = -\int_{t_0}^{0} f(t)\{-g(t)\}\,dt = \int_{t_0}^{0} f(t)g(t)\,dt = -\int_{0}^{t_0} f(t)g(t)\,dt \tag{A4.28}$$

式 A4.28 を用いれば，原点に対称な区間 $-t_0 \leq t \leq t_0$ における直交条件式 A4.17 は，次のように満足されていることが分かる．

$$\int_{-t_0}^{t_0} f(t)g(t)\,dt = \int_{-t_0}^{0} f(t)g(t)\,dt + \int_{0}^{t_0} f(t)g(t)\,dt = -\int_{0}^{t_0} f(t)g(t)\,dt + \int_{0}^{t_0} f(t)g(t)\,dt = 0 \tag{A4.29}$$

例えば，偶関数 t^2 と奇関数 t を直交条件式 A4.17 に代入すれば

$$\int_{-t_0}^{t_0} t^2 \cdot t\,dt = \int_{-t_0}^{t_0} t^3\,dt = \left[\frac{t^4}{4}\right]_{-t_0}^{t_0} = \frac{t_0^4}{4} - \frac{t_0^4}{4} = 0 \tag{A4.30}$$

三角関数について考える．第 1 に，$\sin i\omega t$ $(i=1,2,3,\cdots)$ は奇関数，$\cos l\omega t$ $(l=0,1,2,\cdots)$ は偶関数である（式 A1.6）から，式 A4.29 に示した通り直交条件式は成立しており，両者は，i と l が等しいか否かにかかわりなく互いに直交している（ここで，$\omega = 2\pi/T$ は角振動数，T は周期）．第 2 に，$\sin i\omega t$ と $\sin l\omega t$ $(i \neq l)$ $(i, l = 1, 2, 3, \cdots)$ の関係を調べる．直交関係式 A4.17 において，$t_0 = -\pi/\omega$，$t_N = \pi/\omega$ とし，三角関数の積の公式 A1.26 と式 A1.35 を用いれば

$$\int_{-\pi/\omega}^{\pi/\omega} \sin(i\omega t)\sin(l\omega t)\,dt = \frac{1}{2}\int_{-\pi/\omega}^{\pi/\omega}\big[\cos\{(i-l)\omega t\} - \cos\{(i+l)\omega t\}\big]dt$$

$$= \frac{1}{2}\left[\frac{\sin\{(i-l)\omega t\}}{(i-l)\omega} - \frac{\sin\{(i+l)\omega t\}}{(i+l)\omega}\right]_{-\pi/\omega}^{\pi/\omega} = \frac{1}{2}\left\{\frac{0-0}{(i-l)\omega} - \frac{0-0}{(i+l)\omega}\right\} = 0$$

(A4.31)

したがって，$\sin\omega t$，$\sin 2\omega t$，$\sin 3\omega t$，$\cdots$ はすべて互いに直交している．

第 3 に，$\cos i\omega t$ と $\cos l\omega t$ $(i \neq l)$ $(i, l = 0, 1, 2, \cdots)$ の関係を調べる．直交条件式 A4.17 において $t_0 = -\pi/\omega$，$t_N = \pi/\omega$ とし式 A1.25 と式 A1.35 を用いれば，式 A4.31 と同様に

$$\int_{-\pi/\omega}^{\pi/\omega} \cos(i\omega t)\cos(l\omega t)\,dt = \frac{1}{2}\int_{-\pi/\omega}^{\pi/\omega}\big[\cos\{(i-l)\omega t\} + \cos\{(i+l)\omega t\}\big]dt = 0 \qquad \text{(A4.32)}$$

したがって，$1(=\cos 0\omega t)$，$\cos\omega t$，$\cos 2\omega t$，$\cos 3\omega t$，$\cdots$ はすべて互いに直交している．

第 4 に，$\sin i\omega t$ $(i = 1, 2, 3, \cdots)$ の大きさは $1/\sqrt{2}$ であることが，すでに式 A4.7 で示されている．また，$\cos i\omega t$ $(i = 1, 2, 3, \cdots)$ は，$\sin i\omega t$ を時間軸方向に $t = \pi/(2i\omega)$ だけずらしたものである（式 A1.27）から，その大きさも同じく $1/\sqrt{2}$ である．したがって，$\sqrt{2}\sin i\omega t$ と $\sqrt{2}\cos i\omega t$ $(i = 1, 2, 3, \cdots)$ の大きさは共に 1 になる．

さて，区間 $(t_0 \quad t_N)$ で，自分自身の大きさが 1 であり，自分以外のどの関数とも直交している関数の集合を，**正規直交関数系**という．三角関数に関する上記の 4 つの説明から，次の無限個の関数群は，区間 $(-\pi/\omega \quad \pi/\omega)$ において正規直交関数系であることが分かる．

$$1 ，\sqrt{2}\cos\omega t ，\sqrt{2}\sin\omega t ，\sqrt{2}\cos 2\omega t ，\sqrt{2}\sin 2\omega t ，\sqrt{2}\cos 3\omega t ，\sqrt{2}\sin 3\omega t ，\cdots$$

続いて，下式の複素指数関数を考えてみる．ここで

$$f(t) = e^{ji\omega t}，\quad g(t) = e^{jl\omega t} \qquad (i, l = 0, 1, 2, 3, \cdots) \qquad \text{(A4.33)}$$

複素関数の直交関係式 A4.26 左辺に式 A4.33 を代入し，区間を $(-\pi/\omega \quad \pi/\omega)$ とする．

$$R_c = \int_{-\pi/\omega}^{\pi/\omega} f\,\overline{g}\,dt = \int_{-\pi/\omega}^{\pi/\omega} e^{ji\omega t} e^{-jl\omega t}\,dt = \int_{-\pi/\omega}^{\pi/\omega} e^{j(i-l)\omega t}\,dt \qquad \text{(A4.34)}$$

式 A4.34 において $i \neq l$ の場合には，式 A2.30 とオイラーの公式 A2.53 を用いて

$$R_c = \frac{1}{j(i-l)\omega}\left[e^{j(i-l)\omega t}\right]_{-\pi/\omega}^{\pi/\omega} = \frac{2}{(i-l)\omega}\frac{1}{2j}\left\{e^{j(i-l)\pi} - e^{-j(i-l)\pi}\right\} = \frac{2}{(i-l)\omega}\sin(i-l)\pi = 0$$

(A4.35)

式 A4.34 において $i = l$ の場合には，式 A4.33 より $\overline{g} = \overline{f}$，$e^0 = 1$ であるから

$$R_c = \int_{-\pi/\omega}^{\pi/\omega} f\,\overline{f}\,dt = \int_{-\pi/\omega}^{\pi/\omega} e^0\,dt = \int_{-\pi/\omega}^{\pi/\omega} dt = \big[t\big]_{-\pi/\omega}^{\pi/\omega} = \left(\frac{\pi}{\omega} + \frac{\pi}{\omega}\right) = \frac{2\pi}{\omega} = T \qquad \text{(A4.36)}$$

式 A4.35 から，複素指数関数群は互いに直交している．一方，式 A4.36 を式 A4.19 に代入すれば，

補章 A4　関　　数　　　　　　　　　　　　　　　　　　　　　　　　　　　295

$\|f\|=1$. これは，式 A4.33 の大きさが 1 であることを示している．したがって，次の無限個の関数群は，区間 $(-\pi/\omega\quad\pi/\omega)$ に関して互いに正規直交関係にある．

$$1,\quad e^{j\omega t},\quad e^{2j\omega t},\quad e^{3j\omega t},\quad\cdots$$

さて，補章 A3 において，N 次元空間内で互いに直交し自身の大きさが 1 である N 個のベクトルがあれば，これらの基準ベクトルにとった正規直交座標系を形成し，それによって任意の N 次元ベクトルを式 A3.147 のように**基準座標ベクトル**の和として表現できることを示した．これと同じことが関数についても言えるのである．すなわち，無限の自由度を有する空間において，互いに直交し，しかも自身の大きさが 1 である無限個の正規直交関数系があれば，それらを**基準関数**にとった無限個の関数空間を形成し，それによって任意の関数を基準関数の線形結合として表現できる．これにより，任意の関数をあらかじめ性質が分かった複数の関数に分解できる．

一般に，区間 $(t_0\quad t_N)$ 内における正規直交関数系を $\phi_i(t)\quad(i=0,1,2,3,\cdots)$ とおけば，任意関数 $x(t)$ は，ベクトルの場合の式 A3.147 と同様に

$$x(t)=\xi_0\phi_0+\xi_1\phi_1+\xi_2\phi_2+\xi_3\phi_3+\cdots=\textstyle\sum_{i=0}^{\infty}\xi_i\phi_i \tag{A4.37}$$

これを広義のフーリエ級数という．$\phi_i(t)$ が実関数群である場合には，式 A4.37 に右から $\phi_l(t)$ を乗じて，区間 $(t_0\quad t_N)$ で積分すれば

$$\int_{t_0}^{t_N}x(t)\phi_l(t)\,dt=\int_{t_0}^{t_N}\left(\textstyle\sum_{i=0}^{\infty}\xi_i\phi_i\right)\phi_l\,dt=\textstyle\sum_{i=0}^{\infty}\xi_i\left(\int_{t_0}^{t_N}\phi_i\phi_l\,dt\right) \tag{A4.38}$$

$\phi_i(t)$ は正規直交関数系であるから，それ自身の大きさは 1 である．一方，式 A4.4 の大きさの定義によれば，この ϕ_i の大きさは $\|\phi_i\|=\sqrt{\left(\int_{t_0}^{t_N}\phi_i^2\,dt\right)/T}$ である．これが 1 に等しいのだから，式 A4.38 の右辺のかっこ内の項は，$i=l$ の場合には $T=(t_N-t_0)$ になる．また直交条件式 A4.17 より $i\neq l$ の場合には，0 になる．したがって，式 A4.37 の無限個の係数は次のように決めることができる．

$$\xi_i=\frac{1}{T}\int_{t_0}^{t_N}x(t)\phi_i(t)\,dt\qquad(i=0,1,2,\cdots) \tag{A4.39}$$

$\phi_i(t)$ が複素関数群である場合には，式 A4.37 に右から共役複素関数 $\overline{\phi}_l(t)$ を乗じて，区間 $(t_0\quad t_N)$ で積分すれば

$$\int_{t_0}^{t_N}x(t)\overline{\phi}_l(t)\,dt=\textstyle\sum_{i=0}^{\infty}\xi_i\left(\int_{t_0}^{t_N}\phi_i\overline{\phi}_l\,dt\right) \tag{A4.40}$$

$\phi_i(t)$ は正規直交関数であるから，式 A4.40 の右辺のかっこ内の項は，$i=l$ の場合には T，$i\neq l$ の場合には直交条件式 A4.26 より 0 になる．したがって，式 A4.37 の無限級数の係数は

$$\xi_i=\frac{1}{T}\int_{t_0}^{t_N}x(t)\overline{\phi}_i(t)\,dt\quad(i=0,1,2,\cdots) \tag{A4.41}$$

式 A4.39 と A4.41 は，ベクトルの場合の式 A3.150 に相当する．

前述の三角関数群と複素指数関数群は正規直交関数系であるから，当然式 A4.37 の基準関数になり得る．これらがフーリエ級数（式 4.1 と式 4.14）である．

式 A3.147 において，ベクトル $\{\phi_r\}$ を固有モードに選べば，モード解析におけるモード座標変換式（式 3.60）になる．このように，"モード解析とフーリエ変換は基本理論が共通" なのである．

補章 A5　最小自乗法

図 A5.1 のように，時間 t の関数 $x(t)$ があり，これを時刻 t_1，t_2，t_3 で計測した結果，それぞれ x_1，x_2，x_3 の測定値を得たとする．$x(t)$ を次のように t の 1 次関数であると仮定し，最もふさわしい直線を，これらの測定値を用いて決定することを試みる．

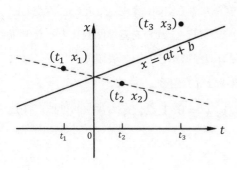

図 A5.1　3 点の最適な直線近似

$$x = at + b \tag{A5.1}$$

図 A5.1 を見ると，3 測定点は直線上に並んでいない．式 A5.1 の仮定が正しいとすれば，これは，測定結果が誤差を含んでいるためであると考えられる．しかし，誤差の大きさは不明であるため，この測定結果からは，真の直線を決めることができない．そこですぐに思い浮かぶことは，決定すべき未知量の数と同数の測定値だけを採用し他を捨てることにより，採用した測定値を正確に満足する未知量を一義的に決定することである．例えば，式 A5.1 で決定すべき量は a と b の 2 個であるから，これと同数の x_1 と x_2 だけをデータとして採用すれば，図中の点線のように，これら 2 点を正確に通る直線を一義的に決定できる．しかし，この直線がもっともふさわしいものではないことは，一見して明らかである．これは，3 点を結ぶ直線がないことと，測定値が誤差を含むことがはっきりしているにもかかわらず誤差を無視していることからである．測定値が誤差を含んでいる場合には，むしろできるだけ多数の測定値を参照して直線を推定するほうがよい．このときには，決定すべき未知量の数よりも条件のほうが多くなるという問題が生じる．

これを解決するための方法が**最小自乗法**であり，測定値の直線からの差の自乗の総和が最も小さくなるように直線を決定する．この方法で決定した直線が真値であるという保証はどこにもないが，少なくとも一番もっともらしい直線が得られることは納得できると思う．最小自乗法は，実験や試験における測定結果や自然現象のように誤差や不確定性と確定現象が不可分に混在しているデータから，確定現象やその本質となる特性などを分離抽出する推定方法として最も普通に用いられる方法である．以下に，この方法を説明する．

3 個の測定値の式 A5.1 からの隔たりを誤差 ε_1，ε_2，ε_3 とすれば

$$\left.\begin{array}{l} \varepsilon_1 = x_1 - (at_1 + b) \\ \varepsilon_2 = x_2 - (at_2 + b) \\ \varepsilon_3 = x_3 - (at_3 + b) \end{array}\right\} \tag{A5.2}$$

補章 A5 最小自乗法 297

あるいは

$$
\begin{Bmatrix} \varepsilon_1 \\ \varepsilon_2 \\ \varepsilon_3 \end{Bmatrix} = \begin{Bmatrix} x_1 \\ x_2 \\ x_3 \end{Bmatrix} - \begin{bmatrix} t_1 & 1 \\ t_2 & 1 \\ t_3 & 1 \end{bmatrix} \begin{Bmatrix} a \\ b \end{Bmatrix}
\tag{A5.3}
$$

誤差関数 λ を誤差全体の大きさの自乗，すなわち各誤差の自乗和として定義すれば

$$
\lambda = \varepsilon_1^2 + \varepsilon_2^2 + \varepsilon_3^2
\tag{A5.4}
$$

この λ が最少になるように式 A5.1 中の a と b を決定する．式 A5.2 と A5.4 から分かるように，λ は a と b の 2 個の独立変数の関数であるから，λ が最小になるためには，λ は a と b で偏微分した値が共に 0 になる必要がある．

ここで少し横道に逸れ，次のように α と β を独立変数とする関数 y を考える．

$$
y = (\alpha - 2)^2 + (\beta - 1)^2
\tag{A5.5}
$$

式 A5.5 の y は，$\alpha = 2$，$\beta = 1$ のときに最小値 0 をとることは明らかである．y を α と β で偏微分したものを 0 とおけば

$$
\frac{\partial y}{\partial \alpha} = 2(\alpha - 2) = 0, \quad \frac{\partial y}{\partial \beta} = 2(\beta - 1) = 0
\tag{A5.6}
$$

式 A5.6 の解は $\alpha = 2$，$\beta = 1$ であり，y が最小値をとる独立変数 α と β の値がこの方法によって求められていることが分かる．

話を元に戻す．式 A5.4 を a と b で偏微分して 0 とおけば

$$
\frac{\partial \lambda}{\partial a} = \sum \frac{\partial \lambda}{\partial \varepsilon_i} \frac{\partial \varepsilon_i}{\partial a} = 0, \quad \frac{\partial \lambda}{\partial b} = \sum \frac{\partial \lambda}{\partial \varepsilon_i} \frac{\partial \varepsilon_i}{\partial b} = 0
\tag{A5.7}
$$

ここで，$\sum$ は $\sum_{i=1}^{3}$ であり，$i = 1 \sim 3$ の総和を意味する．式 A5.2 より

$$
\frac{\partial \varepsilon_i}{\partial a} = -t_i, \quad \frac{\partial \varepsilon_i}{\partial b} = -1 \qquad (i = 1 \sim 3)
\tag{A5.8}
$$

また，式 A5.4 より

$$
\frac{\partial \lambda}{\partial \varepsilon_i} = 2\varepsilon_i \qquad (i = 1 \sim 3)
\tag{A5.9}
$$

式 A5.8 と A5.9 を式 A5.7 に代入すれば

$$
\left. \begin{aligned} t_1 \varepsilon_1 + t_2 \varepsilon_2 + t_3 \varepsilon_3 &= 0 \\ \varepsilon_1 + \varepsilon_2 + \varepsilon_3 &= 0 \end{aligned} \right\}
\tag{A5.10}
$$

あるいは

$$
\begin{bmatrix} t_1 & t_2 & t_3 \\ 1 & 1 & 1 \end{bmatrix} \begin{Bmatrix} \varepsilon_1 \\ \varepsilon_2 \\ \varepsilon_3 \end{Bmatrix} = \begin{Bmatrix} 0 \\ 0 \end{Bmatrix}
\tag{A5.11}
$$

式 A5.2 を式 A5.10 に代入すれば

$$\left.\begin{array}{l}\sum t_i x_i - (\sum t_i^2)a - (\sum t_i)b = 0 \\ \sum x_i - (\sum t_i)a - 3b = 0\end{array}\right\} \tag{A5.12}$$

あるいは

$$\begin{bmatrix} t_1 & t_2 & t_3 \\ 1 & 1 & 1 \end{bmatrix}\begin{Bmatrix} x_1 \\ x_2 \\ x_3 \end{Bmatrix} - \begin{bmatrix} \sum t_i^2 & \sum t_i \\ \sum t_i & 3 \end{bmatrix}\begin{Bmatrix} a \\ b \end{Bmatrix} = \begin{Bmatrix} 0 \\ 0 \end{Bmatrix} \tag{A5.13}$$

式 A5.12 は，未知数を a，b とする 2 元 1 次連立方程式であり，これを解けば

$$a = \frac{3\sum t_i x_i - (\sum t_i)(\sum x_i)}{3\sum t_i^2 - (\sum t_i)^2}, \quad b = \frac{(\sum t_i^2)(\sum x_i) - (\sum t_i)(\sum t_i x_i)}{3\sum t_i^2 - (\sum t_i)^2} \tag{A5.14}$$

上の手順を見ると，式 A5.7 の導入により条件の数が 3 から未知数の数と同一の 2 に変化しており，問題の解決を可能にしていることが分かる．この式が最小自乗法の中核である．

次に，行列を用いて上記と同一の手順をたどってみよう．式 A5.3 を簡単に表現すれば

$$\{\varepsilon\} = \{x\} - [A]\{v\} \quad ただし \quad \{\varepsilon\} = \begin{Bmatrix} \varepsilon_1 \\ \varepsilon_2 \\ \varepsilon_3 \end{Bmatrix}, \quad \{x\} = \begin{Bmatrix} x_1 \\ x_2 \\ x_3 \end{Bmatrix}, \quad [A] = \begin{bmatrix} t_1 & 1 \\ t_2 & 1 \\ t_3 & 1 \end{bmatrix}, \quad \{v\} = \begin{Bmatrix} a \\ b \end{Bmatrix} \tag{A5.15}$$

誤差関数の定義式 A5.4 は，次のようにベクトル $\{\varepsilon\}$ 自身の内積として表現できる（式 A3.25）．

$$\lambda = \{\varepsilon\}^T\{\varepsilon\} \tag{A5.16}$$

式 A5.16 をベクトル $\{v\}$ で微分して 0 とおけば，式 A5.7 と同一の式として

$$\frac{\partial \lambda}{\partial \{v\}} = \frac{\partial \lambda}{\partial \{\varepsilon\}}\frac{\partial \{\varepsilon\}}{\partial \{v\}} = \lfloor 0 \quad 0 \rfloor \tag{A5.17}$$

スカラーをベクトルで微分するのは奇妙に思われるかもしれないが，ベクトルの各要素で微分したものを横に並べたベクトルになると考えればよい．$\{v\}$ は 2 行の列ベクトルであるから，式 A5.17 左辺は 2 列の行ベクトル $\lfloor \partial\lambda/\partial a \quad \partial\lambda/\partial b \rfloor$ になる．式 A5.15 のベクトル $\{\varepsilon\}$ をベクトル $\{v\}$ で微分すれば

$$\frac{\partial \{\varepsilon\}}{\partial \{v\}} = -[A] \tag{A5.18}$$

ベクトルをベクトルで微分すれば，両ベクトルの要素同士の微分を並べる行列になる．一般に，微分されるベクトルを l 行，微分するベクトルを k 行とすれば，微分の結果は l 行 k 列の行列になる．式 A5.18 では，$\{\varepsilon\}$ が 3 行，$\{v\}$ が 2 行のベクトル，$[A]$ が 3 行 2 列である（A5.15）．また，式 A5.16 のベクトルを $\{\varepsilon\}$ で微分すれば

$$\frac{\partial \lambda}{\partial \{\varepsilon\}} = 2\{\varepsilon\}^T \tag{A5.19}$$

補章 A5　最小自乗法　　　　　　　　　　　　　　　　　　　　　　　299

式 A5.18 と A5.19 を式 A5.17 に代入して -2 で割れば

$$\{\varepsilon\}^T[A] = \lfloor 0 \quad 0 \rfloor \tag{A5.20}$$

式 A5.15 から分かるように，未知ベクトル $\{v\}$ は $\{\varepsilon\}$ に含まれているから，未知数を係数行列の後に持って行くために式 A5.20 を転置すれば

$$[A]^T\{\varepsilon\} = \{0\} \tag{A5.21}$$

式 A5.21 は，式 A5.11 と同一の式である．式 A5.21 に式 A5.15 を代入すれば

$$[A]^T\{x\} - [A]^T[A]\{v\} = \{0\} \tag{A5.22}$$

　式 A5.22 は，式 A5.13 と同一の式である．行列 $[A]$ は式 A5.3 に示すように 3 行 2 列の長方行列であり，逆行列は存在しない．しかし，行列 $[A]^T[A]$ は，式 A5.13 に示すように 2 行 2 列であり，逆行列 $([A]^T[A])^{-1}$ が存在する．そこで，これを式 A5.22 に左から乗じれば，$\{v\}$ の係数行列は消えて，

$$\{v\} = ([A]^T[A])^{-1}[A]^T\{x\} \tag{A5.23}$$

式 A5.23 は，式 A5.14 と同一の式である．

　これまでは，式 A5.15 以後の流れをそれ以前の流れと同一として説明してきた．しかし，式 A5.15 以後は，最小自乗法の一般的な説明でもある．このとき，決定すべき未知数の数を n，与える条件の数を m とすれば，$\{\varepsilon\}$ と $\{x\}$ は m 行の列ベクトル，$\{v\}$ は n 行の列ベクトル，$[A]$ は m 行 n 列の行列になる．

　以上のように誤差の概念を導入することなく，3 点 $(t_1 \quad x_1)$，$(t_2 \quad x_2)$，$(t_3 \quad x_3)$ を式 A5.1 に直接代入すれば

$$\left.\begin{array}{l} x_1 = at_1 + b \\ x_2 = at_2 + b \\ x_3 = at_3 + b \end{array}\right\} \tag{A5.24}$$

あるいは

$$\{x\} = [A]\{v\} \tag{A5.25}$$

もし式 A5.25 が 2 個の式から構成されておれば，行列 $[A]$ は 2 行 2 列の行列であり逆行列も存在するので，これらを前から乗じて

$$\{v\} = [A]^{-1}\{x\} \tag{A5.26}$$

しかし，実際には式 A5.25 は 3 個の式からなっており，未知数は 2 個であるから，解くことはできない．これは，図 A5.1 において 3 点を通る直線が存在しないからであり，3 行 2 列の長方行列 $[A]$ には逆行列が存在しないからである．式 A5.23 を式 A5.26 と比較すれば，3 行 2 列の長方行列である $([A]^T[A])^{-1}[A]^T$ はあたかも同じく 3 行 2 列の長方行列である $[A]$ の逆行列のような役割をしていることが分かる．したがって

$$[A]^+ = ([A]^T[A])^{-1}[A]^T \tag{A5.27}$$

を，長方行列の**疑似逆行列**と呼ぶ．誤差全体の大きさを最小にする最適な未知数を決める最小自乗

法は，この疑似逆行列の応用例の 1 つである．

補章 A6　積の微分と積分

t を独立変数とする関数 $f(t)$ の微分は，次のように定義される．

$$\frac{d\,f(t)}{dt} = \lim_{\Delta t \to 0} \frac{f(t+\Delta t) - f(t)}{\Delta t} \tag{A6.1}$$

2 個の関数 $P(t)$ と $G(t)$ を考え

$$\frac{d\,P(t)}{dt} = p(t), \quad \frac{d\,G(t)}{dt} = g(t) \tag{A6.2}$$

とする．式 A6.2 の両辺を積分すれば

$$P(t) = \int p(t)\,dt, \quad G(t) = \int g(t)\,dt \tag{A6.3}$$

関数 $P(t)$ と $G(t)$ の積を微分する．式 A6.1 の微分の定義より

$$
\begin{aligned}
\frac{d(P(t) \cdot G(t))}{dt} &= \lim_{\Delta t \to 0} \frac{P(t+\Delta t) \cdot G(t+\Delta t) - P(t) \cdot G(t)}{\Delta t} \\
&= \lim_{\Delta t \to 0} \frac{P(t+\Delta t) \cdot G(t+\Delta t) - P(t) \cdot G(t+\Delta t) + P(t) \cdot G(t+\Delta t) - P(t) \cdot G(t)}{\Delta t} \\
&= \lim_{\Delta t \to 0} \left\{ \frac{P(t+\Delta t) - P(t)}{\Delta t} \cdot G(t+\Delta t) + P(t) \cdot \frac{G(t+\Delta t) - G(t)}{\Delta t} \right\} \\
&= \lim_{\Delta t \to 0} \frac{P(t+\Delta t) - P(t)}{\Delta t} \lim_{\Delta t \to 0} G(t+\Delta t) + P(t) \lim_{\Delta t \to 0} \frac{G(t+\Delta t) - G(t)}{\Delta t} \\
&= \frac{dP(t)}{dt} \cdot G(t) + P(t) \cdot \frac{dG(t)}{dt} = p(t) \cdot G(t) + P(t) \cdot g(t)
\end{aligned}
\tag{A6.4}
$$

式 A6.4 は，**積の微分**の実行方法を示す．

次に関数 $p(t)$ と関数 $G(t)$ の積を積分する．式 A6.4 から

$$p(t) \cdot G(t) = \frac{d(P(t) \cdot G(t))}{dt} - P(t) \cdot g(t) \tag{A6.5}$$

式 A6.5 の両辺を $a \le t \le b$ の範囲で定積分すると

$$\int_a^b p(t) \cdot G(t)\,dt = \Big[P(t) \cdot G(t) \Big]_a^b - \int_a^b P(t) \cdot g(t)\,dt \tag{A6.6}$$

式 A6.2 と A6.3 を式 A6.6 に代入して

$$\int_a^b p(t) \cdot G(t)\,dt = \Big[\big(\textstyle\int p(t)\,dt\big) \cdot G(t) \Big]_a^b - \int_a^b \big(\textstyle\int p(t)\,dt\big) \cdot \frac{dG(t)}{dt}\,dt \tag{A6.7}$$

式 A6.7 は**積の積分**の実行方法を示す．

301

補章B　さらなる学習へ

補章 B1　1自由度系の自由振動

B1.1　不　減　衰　系

2.2.1 項で，1自由度不減衰系の運動方程式 2.5 の解として仮定した式 2.12 と 2.13 中の未定係数を，初期条件を与えて決め，自由振動の解を確定する．

| 運動方程式 | $M\ddot{x}(t) + Kx(t) = 0$ | (2.5) |

| 三角関数を用いた解（変位） | $x(t) = X_c \cos\Omega t + X_s \sin\Omega t$ | (2.12) |

| 複素指数関数を用いた解（変位） | $x(t) = X_1 e^{j\Omega t} + X_2 e^{-j\Omega t}$ | (2.13) |

（X_c と X_s および X_1 と X_2 は未定係数）

| 変位と速度の初期条件 | $x(t=0) = x_h$,　$\dot{x}(t=0) = v_h$ | (2.14) |

〔1〕　三角関数を用いた解

三角関数を用いた解を求める．式 2.12 を時間微分すれば，式 A1.35 より

$$\dot{x}(t) = \Omega(-X_c \sin\Omega t + X_s \cos\Omega t) \tag{B1.1}$$

式 2.12 と B1.1 で $t=0$ とおき，式 2.14 を与えれば，$\cos 0 = 1$，$\sin 0 = 0$ であるから

$$X_c = x_h, \quad X_s = \frac{v_h}{\Omega} \tag{B1.2}$$

こうして未定係数が確定された．式 B1.2 を式 2.12 に代入して

$$x(t) = x_h \cos\Omega t + \frac{v_h}{\Omega} \sin\Omega t \tag{B1.3}$$

ここで，次のような関係を満足する X と φ を新しく導入する．

$$X\cos\varphi = x_h, \quad X\sin\varphi = -\frac{v_h}{\Omega}, \quad \tan\varphi = \frac{\sin\varphi}{\cos\varphi} = -\frac{v_h}{x_h\Omega} \tag{B1.4}$$

また，$\cos^2\varphi + \sin^2\varphi = 1$（式 A1.8）の関係より

$$X = \sqrt{x_h{}^2 + (\frac{v_h}{\Omega})^2} \tag{B1.5}$$

式 B1.4 を式 B1.3 に代入すれば

$$x(t) = X(\cos\varphi\cos\Omega t - \sin\varphi\sin\Omega t) \tag{B1.6}$$

三角関数の加法定理（式 A1.16）を式 B1.6 に適用すれば

$$x(t) = X\cos(\Omega t + \varphi) \tag{B1.7}$$

式 B1.3 または B1.7 が，三角関数を用いた運動方程式 2.5 の解である．

〔2〕 複素指数関数を用いた解

複素指数関数を用いた解を求める．式 2.13 を時間微分すれば

$$\dot{x}(t) = j\Omega(X_1 e^{j\Omega t} - X_2 e^{-j\Omega t}) \tag{B1.8}$$

式 2.13 と B1.8 で $t = 0$ とおき，式 2.14 を与えれば，$e^0 = 1$ であるから

$$x_h = X_1 + X_2, \quad v_h = j\Omega(X_1 - X_2) \tag{B1.9}$$

$1/j = -j$ の関係を用いて，式 B1.9 を書き換えれば

$$X_1 = \frac{1}{2}(x_h - j\frac{v_h}{\Omega}), \quad X_2 = \frac{1}{2}(x_h + j\frac{v_h}{\Omega}) \tag{B1.10}$$

こうして未定係数 X_1 と X_2 が確定された．X_1 と X_2 は，互いに共役な複素数である．

式 B1.10 を式 2.13 に代入して

$$x(t) = \frac{1}{2}(x_h - j\frac{v_h}{\Omega})e^{j\Omega t} + \frac{1}{2}(x_h + j\frac{v_h}{\Omega})e^{-j\Omega t} = x_h \frac{e^{j\Omega t} + e^{-j\Omega t}}{2} + \frac{v_h}{\Omega}\frac{e^{j\Omega t} - e^{-j\Omega t}}{2j}$$

$$\tag{B1.11}$$

実部と虚部の差・和で表現されている係数である式 B1.10 を，大きさ X と位相 φ で表現する．式 B1.4 を式 B1.10 に代入して

$$X_1 = \frac{X(\cos\varphi + j\sin\varphi)}{2}, \quad X_2 = \frac{X(\cos\varphi - j\sin\varphi)}{2} \tag{B1.12}$$

オイラーの公式 A2.50 と A2.51 を用いて，式 B1.12 を指数関数に置き換えれば

$$X_1 = \frac{Xe^{j\varphi}}{2}, \quad X_2 = \frac{Xe^{-j\varphi}}{2} \tag{B1.13}$$

式 B1.13 を式 2.13 に代入すれば

$$x(t) = \frac{Xe^{j\varphi}}{2}e^{j\Omega t} + \frac{Xe^{-j\varphi}}{2}e^{-j\Omega t} = \frac{X\{e^{j(\Omega t+\varphi)} + e^{-j(\Omega t+\varphi)}\}}{2} \tag{B1.14}$$

式 B1.11 または B1.14 が，複素指数関数を用いた運動方程式 2.5 の解である．

オイラーの公式 A2.52 と A2.53 を用いて，式 B1.11 と B1.14 を三角関数に書き換えれば，それぞれ式 B1.3 と B1.7 を導く．式 B1.3 と B1.7 の右辺は実数であるから，これと同一である式 B1.11 と B1.14 右辺も，一見複素数のように見えるが，任意の時刻 t で実数である．

同一の振動現象を表す式 2.12 と 2.13 の係数間の関係を示す．式 B1.2 を式 B1.10 に代入して

$$X_1 = \frac{X_c - jX_s}{2}, \quad X_2 = \frac{X_c + jX_s}{2} \tag{B1.15}$$

〔3〕 実現象の複素数表示

運動方程式 2.5 の正しい解（複素指数関数表示）は，式 B1.11 または B1.14 である．しかし，不減衰自由振動を式 B1.14 の代りに

$$x(t) = Xe^{j(\Omega t+\varphi)} \tag{B1.16}$$

と表現することが多い．式 B1.16 右辺は虚部を含む複素数であり，実数である式 B1.14 右辺とは明

補章 B1　1 自由度系の自由振動　　303

らかに異なる．オイラーの公式 A2.50 を用いて式 B1.16 を三角関数に書き換えれば

$$x(t) = X\cos(\Omega t + \varphi) + jX\sin(\Omega t + \varphi) \tag{B1.17}$$

式 B1.17 右辺の実部が式 B1.7 に等しいことから明らかなように，式 B1.16 右辺の実部は実数である式 B1.14 右辺に等しい．したがって式 B1.16 のように，一般に複素数で実現象を表現する場合には，その実部のみがその時点の実現象を表現しており，虚部はその時点の現象としては意味を持たないと考えればよい（2.2.1 項の疑問 2 への解答）．すなわち，式 B1.17 のうち，この瞬間 t における実現象は $X\cos(\Omega t + \varphi)$ であり，$jX\sin(\Omega t + \varphi)$ はその時点の実現象としては意味を持たない．

B1.2　粘 性 減 衰 系

2.3.3 項で，1 自由度粘性減衰系の運動方程式 2.4 の解として仮定した式 2.50 または 2.54 中の未定係数を，初期条件を用いて決め，自由振動の解を確定する．

運動方程式 $\qquad\qquad M\ddot{x}(t) + C\dot{x}(t) + Kx(t) = 0 \tag{2.4}$

複素指数関数を用いた解（変位）$\quad x = X_A e^{(-\sigma + j\omega_d)t} + X_B e^{(-\sigma - j\omega_d)t} \tag{2.50}$

振動を三角関数で表現した解（変位）$\quad x = e^{-\sigma t}(X_D \cos\omega_d t + X_E \sin\omega_d t) \tag{2.54}$

（X_A と X_B および X_D と X_E は未定係数）

変位と速度の初期条件 $\qquad x(t=0) = x_h, \quad \dot{x}(t=0) = v_h \tag{2.14}$

〔1〕　複素指数関数を用いた解

複素指数関数を用いた解を求める．式 2.50 を時間微分すれば

$$\dot{x}(t) = (-\sigma + j\omega_d)X_A e^{(-\sigma + j\omega_d)t} - (\sigma + j\omega_d)X_B e^{(-\sigma - j\omega_d)t} \tag{B1.18}$$

式 2.50 と B1.18 で $t=0$ とおき，式 2.14 を用いれば，$e^0 = 1$ であるから

$$x_h = X_A + X_B, \quad v_h = -\sigma(X_A + X_B) + j\omega_d(X_A - X_B) \tag{B1.19}$$

式 B1.19 から

$$X_A = \frac{1}{2}\left(x_h - j\frac{v_h + \sigma x_h}{\omega_d}\right), \quad X_B = \frac{1}{2}\left(x_h + j\frac{v_h + \sigma x_h}{\omega_d}\right) \tag{B1.20}$$

こうして未定係数 X_A と X_B が確定された．X_A と X_B は，互いに共役な複素数である．

〔2〕　三角関数を用いた解

三角関数を用いた解を求める．式 2.54 右辺は，指数関数と三角関数という 2 種類の関数の積であるから，式 A6.4 の積の微分の定義，式 A1.35 および式 A2.29 を参照しながら，式 2.54 を時間微分すれば

$$\begin{aligned}
\dot{x}(t) &= -\sigma e^{-\sigma t}(X_D \cos\omega_d t + X_E \sin\omega_d t) - \omega_d e^{-\sigma t}(X_D \sin\omega_d t - X_E \cos\omega_d t) \\
&= -e^{-\sigma t}\left\{(\sigma X_D - \omega_d X_E)\cos\omega_d t + (\sigma X_E + \omega_d X_D)\sin\omega_d t\right\}
\end{aligned} \tag{B1.21}$$

式 2.54 と B1.21 で $t=0$ とおき，式 2.14 を用いれば，$\cos 0 = 1$，$\sin 0 = 0$ であるから

$$X_D = x_h, \quad X_E = \frac{v_h + \sigma x_h}{\omega_d} \tag{B1.22}$$

こうして未定係数が確定された.

ここで次のような関係を満たす X_0 と φ を導入する.

$$X_0 \cos\varphi = X_D, \quad X_0 \sin\varphi = -X_E, \quad \tan\varphi = \frac{\sin\varphi}{\cos\varphi} = -\frac{X_E}{X_D} \tag{B1.23}$$

式 B1.23 と $\cos^2\varphi + \sin^2\varphi = 1$ （式 A1.8）より

$$X_0 = \sqrt{X_D{}^2 + X_E{}^2} \tag{B1.24}$$

式 B1.23 を式 2.54 に代入すれば

$$x = X_0 e^{-\sigma t}(\cos\omega_d t \cos\varphi - \sin\omega_d t \sin\varphi) \tag{B1.25}$$

三角関数の加法定理（式 A1.16）を式 B1.25 に適用すれば

$$x = X_0 e^{-\sigma t}\cos(\omega_d t + \varphi) \tag{B1.26}$$

式 B1.26 にオイラーの公式 A2.52 を適用して複素指数関数の形に書き直せば

$$x = \frac{X_0 e^{-\sigma t}\left\{e^{j(\omega_d t + \varphi)} + e^{-j(\omega_d t + \varphi)}\right\}}{2} \tag{B1.27}$$

式 B1.26 右辺は実関数であるから，これと同一式 B1.27 右辺も一見複素数のように見えるが実関数である．式 B1.26 または式 B1.27 が運動方程式 2.4 の解である.

〔3〕 実現象の複素数表示

運動方程式 2.4 の正しい解（複素指数関数表示）は，式 B1.27 である．しかし，減衰自由振動を式 B1.27 の代りに

$$x = X_0 e^{-\sigma t} e^{j(\omega_d t + \varphi)} \tag{B1.28}$$

と表現することが多い．式 B1.28 右辺は複素数である．オイラーの公式 A2.50 を用いて，式 B1.28 を三角関数に書き直せば

$$x = X_0 e^{-\sigma t}\left\{\cos(\omega_d t + \varphi) + j\sin(\omega_d t + \varphi)\right\} \tag{B1.29}$$

式 B1.29 は，その実部が正しい解である式 B1.26 と等しく，それに虚部が付随している．この例から分かるように，一般に時刻歴現象を実部と虚部を有する複素数で表す場合には，実部がその時刻 t における実現象を表現しており，虚部はその時刻の現象としては意味を持たない.

式 B1.22 を式 B1.23 と B1.24 に代入して，$\omega_d = \Omega\sqrt{1 - \zeta^2}$（式 2.49）を用いれば

$$\tan\varphi = -\frac{v_h + \sigma x_h}{\omega_d x_h} \tag{B1.30}$$

$$X_0 = \sqrt{x_h{}^2 + \frac{(v_h + \sigma x_h)^2}{\omega_d{}^2}} = \frac{\sqrt{\omega_d^2 x_h^2 + v_h^2 + 2v_h\sigma x_h + \sigma^2 x_h^2}}{\omega_d}$$

$$= \frac{\sqrt{\Omega^2(1 - \zeta^2)x_h^2 + v_h^2 + 2\sigma x_h v_h + \Omega^2 \zeta^2 x_h^2}}{\omega_d} = \frac{\sqrt{\Omega^2 x_h^2 + 2\sigma x_h v_h + v_h^2}}{\omega_d} \tag{B1.31}$$

1 自由度系の減衰自由振動を式 2.50 で表現するときの係数が式 B1.20 であり，式 2.54 で表現する

補章 B1　1自由度系の自由振動 305

ときの係数が式 B1.22 であり，式 B1.26 または B1.27 または B1.28 で表現するときの φ と X_0 が式 B1.30 と B1.31 である．

〔4〕　特別な初期条件

$\varphi = 0$ の場合には，$\tan\varphi = 0$ であるから，式 B1.30 より

$$v_h = -\sigma x_h \tag{B1.32}$$

式 B1.32 を式 B1.31 に代入して，$\sigma = \Omega\zeta$（式 2.49）を用いれば

$$X_0 = \frac{\sqrt{\Omega^2 x_h^2 - 2\sigma^2 x_h^2 + \sigma^2 x_h^2}}{\omega_d} = \frac{\sqrt{\Omega^2 x_h^2 - \sigma^2 x_h^2}}{\omega_d} = \frac{\sqrt{\Omega^2(1-\zeta^2)x_h^2}}{\omega_d} = \frac{\sqrt{\omega_d^2 x_h^2}}{\omega_d} = x_h \tag{B1.33}$$

したがって，式 B1.26 は次のように書き換えられる．

$$x = x_h e^{-\sigma t}\cos\omega_d t \tag{B1.34}$$

式 B1.34 は，式 B1.32 の初期条件で生じる．式 B1.34 は，式 2.54 で $X_E = 0$ とおいた式に相当する。

剛性（ばね）に静変位を与えて開放するときには初期速度 $v_h = 0$ であるから，式 B1.22，B1.23，$\sigma = \Omega\zeta$，$\omega_d = \Omega\sqrt{1-\zeta^2}$（式 2.49）より

$$\tan\varphi = -\frac{\sigma}{\omega_d} = -\frac{\zeta}{\sqrt{1-\zeta^2}}, \quad X_0 = \frac{\Omega x_h}{\omega_d} = \frac{x_h}{\sqrt{1-\zeta^2}} \tag{B1.35}$$

質量に衝撃を与える場合には初期変位 $x_h = 0$ であるから式 B1.22 と B1.23 より

$$\tan\varphi = -\infty \text{ すなわち } \varphi = -90° = -\frac{\pi}{2}, \quad X_0 = \frac{v_h}{\omega_d} \tag{B1.36}$$

式 B1.36 を式 B1.26 に代入して，式 A1.27（$\theta \to \omega_d t - 90°$）を用いれば

$$x = (\frac{v_h}{\omega_d})e^{-\sigma t}\cos(\omega_d t - 90°) = (\frac{v_h}{\omega_d})e^{-\sigma t}\sin\omega_d t \tag{B1.37}$$

式 B1.36 を式 B1.27 に代入して，$e^{j\pi/2} = j$，$e^{-j\pi/2} = -j$（図 A2.3 の虚軸），$-j = 1/j$ を用いれば

$$x = (\frac{v_h}{2\omega_d})e^{-\sigma t}\left\{e^{j(\omega_d t - \pi/2)} + e^{-j(\omega_d t - \pi/2)}\right\} = (\frac{v_h}{2\omega_d})e^{-\sigma t}\left\{e^{j\omega_d t}e^{-j\pi/2} + e^{-j\omega_d t}e^{j\pi/2}\right\}$$

$$= (\frac{v_h}{2\omega_d})e^{-\sigma t}\left\{-je^{j\omega_d t} + je^{-j\omega_d t}\right\} = (\frac{v_h}{\omega_d})e^{-\sigma t}\frac{e^{j\omega_d t} - e^{-j\omega_d t}}{2j} \tag{B1.38}$$

式 B1.38 にオイラーの公式 A2.53 を適用すれば

$$x = (\frac{v_h}{\omega_d})e^{-\sigma t}\sin\omega_d t \tag{B1.39}$$

式 B1.39 は式 B1.37 と同一の式である．

式 B1.36 を式 B1.28 式に代入すれば

$$x = \frac{v_h e^{-\sigma t} e^{j(\omega_d t - \pi/2)}}{\omega_d} = e^{-j\pi/2} \frac{v_h e^{-\sigma t} e^{j\omega_d t}}{\omega_d} = -j \frac{v_h e^{-\sigma t} e^{j\omega_d t}}{\omega_d} \tag{B1.40}$$

オイラーの公式 A2.50 を式 B1.40 に適応して

$$x = -j \frac{v_h e^{-\sigma t} (\cos\omega_d t + j\sin\omega_d t)}{\omega_d} = \frac{v_h e^{-\sigma t} (\sin\omega_d t - j\cos\omega_d t)}{\omega_d} \tag{B1.41}$$

式 B1.39 右辺は実関数である．これに対して，式 B1.40 右辺は複素関数であり，その実部は現時点 t における実現象を表現している式 B1.39 に等しいことが，式 B1.40 と同一の式である B1.41 から分かる．

補章 B2　1 自由度系の強制振動

B2.1　不減衰系の共振解析

1 自由度不減衰系に作用する加振力の角振動数 ω が不減衰固有角振動数 Ω に等しい $f(t) = Fe^{j\Omega t}$ の場合の強制振動を解析する．運動方程式は，式 2.58 より

$$M\ddot{x} + Kx = Fe^{j\Omega t} \tag{B2.1}$$

まずこの特解（応答）を，式 2.60 と同様に，次のように仮定してみる．

$$x = X_{r0} e^{j\Omega t} \tag{B2.2}$$

式 B2.2 とその 2 階微分 $\ddot{x} = -\Omega^2 X_{r0} e^{j\Omega t}$ を式 B2.1 左辺に代入すれば，式 2.19 より $\Omega^2 = K/M$ であるから，式 B2.1 左辺は

$$X_{r0}(-\Omega^2 M + K)e^{j\Omega t} = X_{r0}(-K + K)e^{j\Omega t} = 0 \tag{B2.3}$$

したがって，式 B2.2 は式 B2.1 の解にはなりえない．しかし，解 $x(t)$ が $e^{j\Omega t}$ という式 B2.1 右辺と同一の時間関数を含むことは，式 B2.1 が時間に無関係に常に成立する力学法則（力の釣合）であることから，明らかである．

そこで次のように，式 B2.2 に時間 t の関数 $p(t)$ を乗じた形の解を仮定してみる．

$$x = X_{r0} p(t) e^{j\Omega t} \tag{B2.4}$$

積の微分を示す式 A6.4 を参考にして式 B2.4 を微分すれば

$$\left.\begin{array}{l} \dot{x} = X_{r0}(\dot{p} + j\Omega p)e^{j\Omega t} \\ \ddot{x} = X_{r0}\{(\ddot{p} + j\Omega\dot{p}) + j\Omega(\dot{p} + j\Omega p)\}e^{j\Omega t} = X_{r0}(\ddot{p} + 2j\Omega\dot{p} - \Omega^2 p)e^{j\Omega t} \end{array}\right\} \tag{B2.5}$$

式 B2.4 と B2.5 下式を式 B2.1 に代入すれば

$$X_{r0}\{M\ddot{p} + 2jM\Omega\dot{p} + (-M\Omega^2 + K)p\}e^{j\Omega t} = Fe^{j\Omega t}$$

となるが，式 2.19 より $M\Omega^2 = K$ であるから

$$MX_{r0}(\ddot{p}(t) + 2j\Omega\dot{p}(t)) = F \tag{B2.6}$$

右辺が定数である式 B2.6 は，関数 $p(t)$ の 1 階微分 $\dot{p}$ と 2 階微分 $\ddot{p}$ の和が時間 t に無関係な定数になる，ことを意味する．これを満足する関数 p は，$\dot{p}$ が定数でありそれを時間微分した $\ddot{p}$ が 0 にな

補章 B2　1 自由度系の強制振動　　307

る 1 次関数以外にない．そこで $p(t) = t$（$\dot{p} = 1$）とし，式 B2.6 に代入すれば

$$2jM\Omega X_{r0} = F \quad \text{すなわち} \quad X_{r0} = \frac{F}{2jM\Omega} \tag{B2.7}$$

図 A2.3 の複素平面から，$1/j = -j = e^{-j\pi/2}$ であるから，式 B2.7 は

$$X_{r0} = \frac{Fe^{-j\pi/2}}{2M\Omega} \tag{B2.8}$$

式 B2.8 と $p(t) = t$ を式 B2.4 に代入すれば

$$x = (\frac{F}{2M\Omega}t)e^{j(\Omega t - \pi/2)} \tag{B2.9}$$

式 B2.9 が，1 自由度不減衰系の共振振動を表す式である．これから，不減衰系の共振振動は，加振力よりも位相が $\pi/2 = 90°$ 遅れ，振幅が時間 t に比例して増大し続ける振動であることが分かる．

B2.2　粘性減衰系

B2.2.1　変位振幅と位相

図 2.13 に示す 1 自由度粘性減衰系に角振動数 ω の加振力

$$f(t) = Fe^{j\omega t} \qquad （F は力振幅であり実数） \tag{2.59}$$

が作用するときの応答は

$$x(t) = Xe^{j\omega t} \tag{2.60}$$

ここで

$$\frac{X}{X_{st}} = \frac{1}{1 - \beta^2 + 2j\zeta\beta} \qquad (X_{st} = \frac{F}{K},\ \beta = \frac{\omega}{\Omega}\ :\ 式2.64) \tag{2.76}$$

　第 2 章では，ここまで説明した．X は変位応答の振幅であり複素数であるから，これを**複素振幅**という．ここでは，この複素振幅を詳しく論じる．まず，式 2.76 右辺の分子と分母に $1 - \beta^2 - 2j\zeta\beta$ を乗じて，分母を実数にすれば

$$\frac{X}{X_{st}} = \frac{1 - \beta^2 - 2j\zeta\beta}{(1 - \beta^2 + 2j\zeta\beta)(1 - \beta^2 - 2j\zeta\beta)} = \frac{1 - \beta^2 - 2j\zeta\beta}{(1 - \beta^2)^2 + (2\zeta\beta)^2} \tag{B2.10}$$

式 B2.10 を実部 X_R と虚部 X_I に分けて $X = X_R - jX_I$ と書く．ここで

$$\frac{X_R}{X_{st}} = \frac{1 - \beta^2}{(1 - \beta^2)^2 + (2\zeta\beta)^2},\quad \frac{X_I}{X_{st}} = \frac{2\zeta\beta}{(1 - \beta^2)^2 + (2\zeta\beta)^2} \tag{B2.11}$$

図 A2.3 より，$-j = e^{-j\pi/2}$ であるから，式 2.60 より

$$x = (X_R - jX_I)e^{j\omega t} = (X_R + X_I e^{-j\pi/2})e^{j\omega t} = X_R e^{j\omega t} + X_I e^{j(\omega t - \pi/2)} \tag{B2.12}$$

　式 B2.12 より，X_R は加振力（式 2.59）と同相の変位振幅成分を，X_I は加振力から $\pi/2$ 遅れた変位振幅成分を示していることが分かる．一方，複素振幅 X を大きさ $|X|$ と位相 φ で表現すれば（式

A2.54), 式 A2.2, A2.17, B2.11 より

$$X = |X|e^{j\varphi} \tag{B2.13}$$

$$\frac{|X|}{X_{st}} = \sqrt{(\frac{X_R}{X_{st}})^2 + (-\frac{X_I}{X_{st}})^2} = \sqrt{\frac{(1-\beta^2)^2 + (2\zeta\beta)^2}{\{(1-\beta^2)^2 + (2\zeta\beta)^2\}^2}} = \frac{1}{\sqrt{(1-\beta^2)^2 + (2\zeta\beta)^2}}$$

$$\tag{B2.14}$$

複素数 $X = X_R - jX_I$ を式 A2.2 と比較し式 A2.17 を用いれば, $a = X_R$, $b = -X_I$, $R = |X| = \sqrt{X_R^2 + (-X_I)^2}$. これらと式 A2.3, 式 B2.11, B2.14 から

$$\sin\varphi = \frac{-X_I}{|X|} = \frac{-X_I/X_{st}}{|X|/X_{st}} = -\frac{2\zeta\beta\sqrt{(1-\beta^2)^2 + (2\zeta\beta)^2}}{(1-\beta^2)^2 + (2\zeta\beta)^2} = \frac{-2\zeta\beta}{\sqrt{(1-\beta^2)^2 + (2\zeta\beta)^2}} = -2\zeta\beta\frac{|X|}{X_{st}}$$

$$\tag{B2.15}$$

$$\tan\varphi = \frac{-X_I}{X_R} = -\frac{2\zeta\beta}{1-\beta^2} \tag{B2.16}$$

式 B2.15 は, 式 2.87 と同一式であり, 強制振動における振幅 $|X|$ と位相 φ の関係 (図 2.14 の右図と左図の関係) を示す.

式 B2.13 を強制振動における応答の変位を表す $x = Xe^{j\omega t}$ (式 2.60) に代入して

$$x = |X|e^{j(\omega t + \varphi)} \tag{B2.17}$$

このように, $|X|$ と φ は応答の変位振幅と位相を表現している.

B2.2.2 共振の振動数と振幅

〔1〕 変位共振

応答の変位振幅が最大 (多自由度系では極大) になる変位共振について論じる. 式 A5.5 と A5.6 の例で述べたように, ある関数が極値 (最大値または最小値) をとるときには, それを独立変数で微分した値が 0 になる. 1 自由度系の変位共振では式 B2.14 が最大値になる. 式 B2.14 は

$$\frac{|X|}{X_{st}} = \{(1-\beta^2)^2 + (2\zeta\beta)^2\}^{-\frac{1}{2}} \quad (\beta = \frac{\omega}{\Omega}) \tag{B2.18}$$

式 B2.18 を独立変数 $\beta (= \omega/\Omega)$ (ζ はパラメータ) で微分して 0 と置けば

$$\frac{d(|X|/X_{st})}{d\beta} = -\frac{1}{2}\{(1-\beta^2)^2 + (2\zeta\beta)^2\}^{-\frac{3}{2}}\{-2\beta \cdot 2(1-\beta^2) + 8\zeta^2\beta\}$$

$$\tag{B2.19}$$

$$= 2\beta\{(1-\beta^2)^2 + (2\zeta\beta)^2\}^{-\frac{3}{2}}(1-\beta^2-2\zeta^2) = 0$$

式 B2.19 は $\beta^2 = 1 - 2\zeta^2$ のとき 0 になるから, この β を ω_f/Ω と書けば, ω_f は

$$\omega_f = \Omega\sqrt{1-2\zeta^2} \tag{B2.20}$$

ω_f は**変位共振**の角振動数である. このときの変位振幅は, $\beta = \sqrt{1-2\zeta^2}$, $X_{st} = F/K$ (式 2.64),

補章 B2　1自由度系の強制振動　　　　　　　　　　　　　　　　　　　　309

$\zeta = C/C_C = C\Omega/(2K)$（式 2.56 より），$\Omega\sqrt{1-\zeta^2} = \omega_d$（式 2.49）を式 B2.14 に代入して

$$|X|_{\max} = \frac{X_{st}}{\sqrt{\{1-(1-2\zeta^2)\}^2 + 4\zeta^2(1-2\zeta^2)}} = \frac{F}{2K\zeta\sqrt{1-\zeta^2}} = \frac{F}{C\Omega\sqrt{1-\zeta^2}} = \frac{F}{C\omega_d}$$

(B2.21)

変位共振振幅 $|X|_{\max}$ を静変位 $X_{st} = F/K$ で割った値を Q 値と呼ぶ．式 B2.21, 2.49, 2.45, 2.19 より り Q 値は

$$Q = \frac{|X|_{\max}}{X_{st}} = \frac{K}{C\omega_d} = \frac{K}{(C/C_C)C_C\Omega\sqrt{1-\zeta^2}} = \frac{K}{\zeta 2\sqrt{MK}\sqrt{K/M}\sqrt{1-\zeta^2}} = \frac{1}{2\zeta\sqrt{1-\zeta^2}}$$

(B2.22)

〔2〕　速 度 共 振

応答の速度振幅が最大になる**速度共振**について論じる．応答の速度は，式 B2.17 を時間 t で微分して

$$\dot{x} = j\omega|X|e^{j(\omega t+\varphi)}$$

(B2.23)

式 B2.23 より速度振幅の大きさは $\omega|X|$ であるから，これを最大にする角振動数 $\omega = \Omega\beta$ は，$d(\omega|X|)/d\omega = d(\beta|X|)/d\beta = 0$ を満足する．そこで，関数の積の微分（式 A6.4）を参照しながら，式 B2.14 と B2.19 を用いてこれを満足する ω を求める．

$$\frac{1}{X_{st}}\left\{\frac{d(\omega|X|)}{d\omega}\right\} = \frac{d(\beta|X|/X_{st})}{d\beta} = \frac{|X|}{X_{st}} + \beta\frac{d(|X|/X_{st})}{d\beta}$$

$$= \left\{(1-\beta^2)^2 + (2\zeta\beta)^2\right\}^{-\frac{1}{2}} + 2\beta^2\left\{(1-\beta^2)^2 + (2\zeta\beta)^2\right\}^{-\frac{3}{2}}(1-\beta^2-2\zeta^2)$$

$$= \left\{(1-\beta^2)^2 + (2\zeta\beta)^2\right\}^{-\frac{3}{2}}\left[\{(1-\beta^2)^2 + (2\zeta\beta)^2\} + 2\beta^2(1-\beta^2-2\zeta^2)\right]$$

$$= \left\{(1-\beta^2)^2 + (2\zeta\beta)^2\right\}^{-\frac{3}{2}}(1-2\beta^2+\beta^4+4\zeta^2\beta^2+2\beta^2-2\beta^4-4\zeta^2\beta^2)$$

$$= \left\{(1-\beta^2)^2 + (2\zeta\beta)^2\right\}^{-\frac{3}{2}}(1-\beta^4) = 0$$

(B2.24)

式 B2.24 の解は $\beta = 1$ であるから，この β を ω_v/Ω と書けば

$$\omega_v = \Omega$$

(B2.25)

式 B2.25 は速度共振の角振動数である．このように速度共振の角振動数は，減衰比 ζ の値（粘性の有無や大きさ）に関係なく系の不減衰固有角振動数 Ω に等しい．

$\omega = \omega_v$ のときの速度振幅 $|V|_{\max}$ は，式 B2.25 を式 B2.23 の振幅の大きさに代入すれば，$\Omega|X|$ になる．$\beta = 1$（$\omega = \Omega$），$X_{st} = F/K$（式 2.64），$\zeta = C/C_C = C\Omega/(2K)$（式 2.56 より）を式

B2.14 に代入して,

$$|V|_{\max} = \Omega|X| = \frac{X_{st}\Omega}{\sqrt{(1-1)^2 + (2\zeta)^2}} = \frac{F\Omega}{2K\zeta} = \frac{F}{C} \tag{B2.26}$$

式 B2.26 が速度共振の速度振幅である.

$$\beta = 1, \quad X_{st} = F/K, \quad \zeta = C/C_C = C\Omega/(2K), \quad \text{式 B2.26 を式 B2.15 に代入すれば}$$

$$\sin\varphi = -2\frac{C\Omega}{2K}\frac{K}{F}|X| = -\frac{C}{F}\Omega|X| = -1 \quad \text{すなわち} \quad \varphi = -\frac{\pi}{2} \tag{B2.27}$$

このように速度共振の位相は,減衰比の値に関係なく $-\pi/2\,\mathrm{rad}$($-90°$)である.

〔3〕 加速度共振

加速度の振幅が最大になる加速度共振について論じる.式 B2.23 を時間 t で微分すれば,応答の加速度は

$$\ddot{x} = -\omega^2|X|e^{j(\omega t + \varphi)} \tag{B2.28}$$

式 B2.28 より,加速度振幅の大きさは $\omega^2|X|$ である.これを最大にする角振動数 ω は,$\beta = \omega/\Omega$ であるから,$d(\omega^2|X|)/d\omega = \Omega X_{st}d(\beta^2|X|/X_{st})/d\beta = 0$ を満足する.そこで,式 B2.24 と同様に式 A6.4,B2.14,B2.19 を用いてこれを満足する ω を求める.

$$\frac{1}{\Omega X_{st}}\left\{\frac{d(\omega^2|X|)}{d\omega}\right\} = \frac{d(\beta^2|X|/X_{st})}{d\beta} = 2\beta\frac{|X|}{X_{st}} + \beta^2\frac{d(|X|/X_{st})}{d\beta}$$

$$= 2\beta\left\{(1-\beta^2)^2 + (2\zeta\beta)^2\right\}^{-\frac{1}{2}} + 2\beta^3\left\{(1-\beta^2)^2 + (2\zeta\beta)^2\right\}^{-\frac{3}{2}}(1-\beta^2 - 2\zeta^2)$$

$$= 2\beta\left\{(1-\beta^2)^2 + (2\zeta\beta)^2\right\}^{-\frac{3}{2}}\left[\left\{(1-\beta^2)^2 + (2\zeta\beta)^2\right\} + \beta^2(1-\beta^2 - 2\zeta^2)\right]$$

$$= 2\beta\left\{(1-\beta^2)^2 + (2\zeta\beta)^2\right\}^{-\frac{3}{2}}(1-2\beta^2 + \beta^4 + 4\zeta^2\beta^2 + \beta^2 - \beta^4 - 2\zeta^2\beta^2)$$

$$= 2\beta\left\{(1-\beta^2)^2 + (2\zeta\beta)^2\right\}^{-\frac{3}{2}}(1-\beta^2 + 2\zeta^2\beta^2) = 0 \tag{B2.29}$$

式 B2.29 を満足する β を ω_a/Ω と書けば,ω_a は

$$\beta^2 = \frac{1}{1-2\zeta^2} \quad \text{すなわち} \quad \omega_a = \frac{\Omega}{\sqrt{1-2\zeta^2}} \tag{B2.30}$$

式 B2.30 は,加速度共振の角振動数を表す.このとき($\omega = \omega_a$)の加速度振幅 $|A|_{\max}$ は,式 B2.30 を式 B2.28 の振幅に代入し,式 B2.14,$X_{st} = F/K$(式 2.64),$\zeta = C/C_C = C\Omega/(2K)$(式 2.56 より),$\omega_d = \sqrt{1-\zeta^2}$(式 2.49)を用いれば

補章 B2　1自由度系の強制振動　　311

$$|A|_{max} = \omega_a{}^2|X| = \frac{X_{st}\Omega^2/(1-2\zeta^2)}{\sqrt{(1-1/(1-2\zeta^2))^2 + 4\zeta^2/(1-2\zeta^2)}} = \frac{(F/K)\Omega^2}{\sqrt{(1-2\zeta^2-1)^2 + 4\zeta^2(1-2\zeta^2)}}$$

$$= \frac{(F/K)\Omega^2}{2\zeta\sqrt{1-\zeta^2}} = \frac{\Omega^2 F}{C\omega_d} \tag{B2.31}$$

B2.2.3　粘性減衰系の共振解析

1自由度粘性減衰系に作用する加振力の角振動数 ω が系の不減衰固有角振動数 Ω に等しい場合の強制振動を解析する．このときの運動方程式は式 2.71 より

$$M\ddot{x} + C\dot{x} + Kx = Fe^{j\Omega t} \tag{B3.32}$$

式 B2.7 から，不減衰系の変位応答を表現する式 B2.4 中の X_{r0} が虚数であることが分かっている．減衰系の表現式は不減衰系の表現式を含むから，減衰系の変位応答を，式 B2.4 の X_{r0} を jX_q（X_q は実数）に置き換えて

$$x = jX_q p(t)e^{j\Omega t} \tag{B2.33}$$

のように仮定する．式 B2.5 中の X_{r0} を jX_q に置き換えたものが速度と加速度であるから，これらと式 B2.33 を式 B2.32 に代入すれば

$$jX_q(M\ddot{p} + 2jM\Omega\dot{p} - M\Omega^2 p + C\dot{p} + jC\Omega p + Kp)e^{j\Omega t} = Fe^{j\Omega t} \tag{B2.34}$$

$M\Omega^2 = K$ であるから，式 B2.34 は

$$jX_q(M\ddot{p} + C\dot{p}) - X_q\Omega(2M\dot{p} + Cp) = F \tag{B2.35}$$

$p(t)$ が時間 t の実関数でありかつ X_q が実数であるから，式 B2.35 が成立するためには，次の 2 式が同時に成立しなければならない．

$$M\ddot{p} + C\dot{p} = 0 \tag{B2.36}$$

$$2M\dot{p} + Cp = -\frac{F}{X_q\Omega} \tag{B2.37}$$

まず式 B2.37 を解いてみる．同式の特解は，明らかに $p = -F/(X_q C\Omega)$ という定数である．また一般解は，同式右辺を 0 と置く式 $2M\dot{p} + Cp = 0$ を満足する解，すなわち $p = X_{c0}e^{-Ct/(2M)}$ という指数関数になる（X_{c0} は未定係数）．一般に微分方程式の解は特解と一般解の和であるから，式 B2.37 の解は

$$p(t) = -\frac{F}{X_q C\Omega} + X_{c0}e^{-Ct/(2M)} \tag{B2.38}$$

次に式 B2.36 について述べる．$p(t)$ が任意定数である場合には $\dot{p} = \ddot{p} = 0$ であり式 B2.36 が成立するから，式 B2.38 右辺第 1 項（式 B2.37 の特解）は式 B2.36 を満足する．しかし，式 B2.37 の一般解である式 B2.38 の右辺第 2 項は式 B2.36 を満足しない．これは，$p(t)$ が実関数でありかつ X_q が実数である，という条件の下では式 B2.35 を解くことができないことを意味する．

そこで，式 B2.36 を 1 回時間積分した上で変形して

$$2Mp + Cp = E_0 - Cp \tag{B2.39}$$

と記してみる．ここで，E_0 は任意定数である．$E_0 = -F/(X_q \Omega)$，$C \to 0$ と置けば，式 B2.39 は式 B2.37 に一致するから，この場合には式 B2.37 の一般解である $p = X_{c0} e^{-Ct/(2M)}$（式 B2.38 右辺第 2 項）は，$C \to 0$ と置けば式 B2.36 に一致する式 B2.39 を満足する．そこで，式 B2.37 の解である式 B2.38 は，粘性 C が小さいときの式 B2.36 の解（近似解）でもある．

加振を開始した瞬間の応答は明らかに 0 であるから，式 B2.33 の初期条件である初期変位は $x(t=0) = 0$，すなわち $p(t=0) = 0$．これを式 B2.38 に代入すれば，$e^0 = 1$ であるから，未定係数は

$$X_{c0} = \frac{F}{X_q C \Omega} \tag{B2.40}$$

式 B2.40 を式 B2.38 に代入し，その結果をさらに式 B2.33 に代入して，$-j = e^{-j\pi/2}$ の関係を用いれば

$$x = jX_q \frac{-F}{X_q C\Omega}(1 - e^{-Ct/(2M)})e^{j\Omega t} = -j\frac{F}{C\Omega}(1 - e^{-Ct/(2M)})e^{j\Omega t} = \frac{F}{C\Omega}(1 - e^{-Ct/(2M)})e^{j(\Omega t - \pi/2)}$$

$$\tag{B2.41}$$

式 B2.41 が，粘性 C が小さいときの粘性減衰系の変位共振振動の解（近似解）である．

式 B2.41 を図示すれば，図 2.15 のようになる．この図から，不減衰固有角振動数 Ω に等しい角振動数を有する加振力が，粘性 C が小さい減衰系に作用するときの共振振動は，加振力よりも位相が $\pi/2$ rad 遅れ，時間の経過と共に振幅が 0 から次第に成長してやがて振幅が一定値 $F/(C\Omega)$（式 2.81）に漸近し，定常状態になることが分かる．

さて，B2.2.2 項〔1〕に記したように，変位共振は角振動数 $\omega_f = \Omega\sqrt{1 - 2\zeta^2}$（式 B2.20）で生じ，そのときの変位共振振幅は $|X|_{\max} = F/C\omega_d$（B2.21）であった．一方 B2.2.2 項〔2〕に記したように，速度共振は角振動数 $\omega_v = \Omega$（式 B2.25）で生じ，そのときの速度振幅は $|V|_{\max} = F/C$（B2.26）であった．速度共振における変位振幅は，速度振幅 $|V|_{\max}$ を角振動数 Ω で割った値であるから，$F/(C\Omega)$ になり，式 B2.41 の $t \to \infty$ における漸近値に等しい．このことから，加振角振動数を初めから $\omega = \omega_v = \Omega$ と置いた運動方程式 B2.32 の解である式 B2.41 は，速度共振時の変位 $x(t)$ を表していることが分かる．

変位共振角振動数 $\omega_f = \Omega\sqrt{1 - 2\zeta^2}$ は，減衰固有角振動数 $\omega_d = \Omega\sqrt{1 - \zeta^2}$ よりも，また速度共振角振動数 $\omega_v = \Omega$ よりも小さい．また，$\Omega > \omega_d = \Omega\sqrt{1 - \zeta^2}$ だから，速度共振時の変位振幅 $|V|_{\max}/\Omega = F/(C\Omega)$ は変位共振時の変位振幅 $|X|_{\max} = F/C\omega_d$（式 B2.21）よりも小さい．

式 B2.41 は，不減衰共振振動の解である式 B2.9 と一見異なる形をしている．しかし，式 B2.41 において $C \to 0$ とすれば式 B2.9 になることを，以下に証明する．

補章 B2　1自由度系の強制振動　　　　　　　　　　　　　　　　　　　　　313

式 A2.40 で $x = -Ct/2M$ と置いて指数関数 $e^{-Ct/(2M)}$ をテーラー展開（A2.3 項）すれば，式 B2.41 右辺の $1 - e^{-Ct/(2M)}$ は

$$1 - e^{-Ct/(2M)} = 1 - \left\{ 1 + (-\frac{C}{2M})t + \frac{1}{2}(-\frac{C}{2M})^2 t^2 + \cdots \right\} = \frac{C}{2M}t - \frac{C^2}{8M^2}t^2 + \cdots \quad \text{(B2.42)}$$

式（B2.42）において $C \cong 0$ とし，C^2 より高次の項を省略すれば

$$1 - e^{-Ct/(2M)} = \frac{C}{2M}t \quad \text{(B2.43)}$$

式 B2.43 を式 B2.41 に代入すれば，式 B2.9 に一致する．これから，粘性減衰系の速度共振を表現する式 B2.41 で $C \to 0$ とすれば，不減衰系の共振を表現する式 B2.9 が得られることが判明した．

B2.2.4　仕　　事

〔1〕　加振力がなす仕事

加振力が 1 周期になす**仕事**を求める．加振力は通常 $f(t) = Fe^{j\omega t}$ （式 2.59）のように複素数を用いて表現するが，実現象を表現し実際に仕事をするのは，その実部のみである（2.2.1 項疑問 2）．式 A2.14 を参照すれば，式 2.59 の実部 f_R は

$$f_R = \frac{F(e^{j\omega t} + \overline{e^{j\omega t}})}{2} = \frac{F(e^{j\omega t} + e^{-j\omega t})}{2} \quad \text{(B2.44)}$$

一方，強制振動における応答速度を複素数で表した式 B2.23 は，$j = e^{j\pi/2}$ を用いれば

$$\dot{x} = \omega |X| e^{j(\omega t + \varphi + \pi/2)} \quad \text{(B2.45)}$$

式 2.59 の実部が式 B2.44 であるのと同様に，式 B2.45 の実部 $\dot{x}_R$ は，$\pm j = e^{\pm j\pi/2}$ の関係を用いれば（下式右辺には j がついているが全体としては実数になる）

$$\dot{x}_R = \omega |X| \frac{e^{j(\omega t + \varphi + \pi/2)} + e^{-j(\omega t + \varphi + \pi/2)}}{2} = j\omega |X| \frac{e^{j(\omega t + \varphi)} - e^{-j(\omega t + \varphi)}}{2} \quad \text{(B2.46)}$$

系が dx_R の微小変位をする間に加振力 f_R がなす仕事は $f_R \, dx_R$ であるから，加振力が 1 周期に系になす仕事 W_0 は，これを振動の 1 周期にわたって積分して

$$W_0 = \int_0^{2\pi/\omega} f_R \, dx_R = \int_0^{2\pi/\omega} f_R \frac{dx_R}{dt} dt = \int_0^{2\pi/\omega} f_R \dot{x}_R \, dt \quad \text{(B2.47)}$$

式 B2.44 と B2.46 を式 B2.47 に代入すれば

$$W_0 = \frac{j\omega F |X|}{4} \int_0^{2\pi/\omega} (e^{j\omega t} + e^{-j\omega t}) \left\{ e^{j(\omega t + \varphi)} - e^{-j(\omega t + \varphi)} \right\} dt$$

$$= \frac{j\omega F |X|}{4} \left[\int_0^{2\pi/\omega} \left\{ e^{j(2\omega t + \varphi)} - e^{-j(2\omega t + \varphi)} \right\} dt + (e^{j\varphi} - e^{-j\varphi}) \int_0^{2\pi/\omega} 1 \, dt \right] \quad \text{(B2.48)}$$

複素指数関数 $e^{\pm j(2\omega t + \varphi)}$ は，$t = \pi/\omega$ を 1 周期とする周期関数である．式 B2.48 右辺第 1 項は，これを 2 周期にわたって積分しており，必ず 0 になる．したがって，$j = -1/j$ の関係とオイラーの

公式 A2.53 を用いて，式 B2.48 を変形すれば

$$W_0 = \frac{j\omega F|X|}{4}(e^{j\varphi} - e^{-j\varphi})[t]_0^{2\pi/\omega} = \frac{j\pi F|X|}{2}(e^{j\varphi} - e^{-j\varphi}) = -\pi F|X|\frac{e^{j\varphi} - e^{-j\varphi}}{2j} = -\pi F|X|\sin\varphi$$

(B2.49)

加振力 $f(t) = Fe^{j\omega t}$ （式 2.59）に対する応答変位は，$x = |X|e^{j(\omega t + \varphi)}$（式 B2.17）で記述される．加振力が作用した結果として生じた応答変位は，因果律からすれば加振力より時間的に遅れている．そこで，位相角は $-\pi \leq \varphi \leq 0$（図 2.14 右図）であり，必ず $\sin\varphi \leq 0$ になる．したがって，B2.49 の仕事は $W_0 \geq 0$ である．

不減衰系では，位相角は $\varphi = 0$ または $-\pi$（図 2.10 右図）であり，式 B2.49 より，加振力が一周期に系になす仕事は $W_0 = 0$ である（図 2.16a または e）．

加振力が単位時間になす仕事（振動 1 周期の平均値：パワー）を求める．強制振動では加振力と応答の周期は同一で共に $T = 2\pi/\omega$ であるから，式 B2.49 より

$$\frac{W_0}{T} = -\frac{\omega F|X|\sin\varphi}{2}$$

(B2.50)

〔2〕 粘性がなす仕事

粘性 C が出す粘性抵抗力 $f_C = -C\dot{x}$（式 2.3）が振動の 1 周期 $2\pi/\omega$ になす仕事 W_C を求める．f_C のうちで実際に仕事をするのは，その実部 $f_{CR} = -C\dot{x}_R$ である．系が dx_R の微小変位をする間に粘性抵抗力がなす仕事は $f_{CR}dx_R = -C\dot{x}_R dx_R$ であるから，これを 1 周期にわたって積分して

$$W_C = \int_0^{2\pi/\omega} -C\dot{x}_R\,dx_R = \int_0^{2\pi/\omega} -C\dot{x}_R\frac{dx_R}{dt}dt = -C\int_0^{2\pi/\omega}\dot{x}_R^2\,dt$$

(B2.51)

式 B2.46 を式 B2.51 に代入すれば

$$W_C = \frac{C\omega^2|X|^2}{4}\int_0^{2\pi/\omega}\left\{e^{j(\omega t+\varphi)} - e^{-j(\omega t+\varphi)}\right\}^2 dt = \frac{C\omega^2|X|^2}{4}\left[\int_0^{2\pi/\omega}\left\{e^{2j(\omega t+\varphi)} - e^{-2j(\omega t+\varphi)}\right\}dt - \int_0^{2\pi/\omega}2\,dt\right]$$

(B2.52)

複素指数関数 $e^{\pm 2j(\omega t+\varphi)}$ は，$t = \pi/\omega$ を 1 周期とする周期関数である．式 B2.52 右辺第 1 項は，これらを 2 周期にわたって積分しており，必ず 0 になるので

$$W_C = \frac{C\omega^2|X|^2}{4}[-2t]_0^{2\pi/\omega} = -\pi C\omega|X|^2$$

(B2.53)

W_C が負であるのは，粘性は常に系に負の仕事をし（系がその速度（式 B2.23）で粘性に正の仕事をし），力学エネルギーを系から吸い取って熱エネルギーに変えて散逸させるからである．

粘性抵抗力が単位時間になす仕事（振動 1 周期の平均値：パワー）を求める．角振動数 ω の振動の周期は $T = 2\pi/\omega$ であるから，速度振幅 $\omega|X|$ を V とすれば，式 B2.53 より

補章 B2　1 自由度系の強制振動　　315

$$\frac{W_C}{T} = -\frac{C\omega^2 |X|^2}{2} = -C\frac{(\omega|X|)^2}{2} = -\frac{1}{2}CV^2 \tag{B2.54}$$

系から粘性に作用する速度が粘性になして散逸させるパワー（$CV^2/2$）を**散逸関数**という（補章 E の式 E.3）．

B2.2.5　基礎からの振動伝達

図 2.18 のように，基礎からの**速度加振**（1.4.2 項）による応答を求める．基礎の振動は

$$x_b = Be^{j\omega t} , \quad \dot{x}_b = j\omega Be^{j\omega t} \tag{2.92}$$

絶対空間内の質量の変位を x，振動する基礎から見た質量の変位を y とすれば

$$y = x - x_b , \quad \dot{y} = \dot{x} - \dot{x}_b \tag{2.93}$$

質量からの慣性力は絶対空間内の加速度に比例し，$f_M = -M\ddot{x}$（式 2.1）．粘性と剛性は基礎と質量を連結しているので，粘性抵抗力と復元力はそれぞれ両端間の速度差と変位差に比例し，$f_C = -C\dot{y}$ と $f_K = -Ky$．系にはこれら 3 力以外の力は存在せず，力の法則によりこれら 3 力は釣り合っているから，運動方程式は

$$M\ddot{x} + C\dot{y} + Ky = 0 \tag{2.95}$$

式 2.93 と 2.92 を式 2.95 に代入すれば

$$M\ddot{x} + C\dot{x} + Kx = C\dot{x}_b + Kx_b = B(K + jC\omega)e^{j\omega t} \tag{B2.55}$$

複素数の 2 通りの表現を示す式 A2.2，A2.54，A2.17 および A2.3 を参照して，式 B2.55 右辺の係数を複素指数関数で表示すれば

$$B(K + jC\omega) = F_b e^{j\eta} \tag{B2.56}$$

ここで

$$F_b = B\sqrt{K^2 + C^2\omega^2} \tag{B2.57}$$

$$\tan\eta = \frac{C\omega}{K} \tag{B2.58}$$

式 B2.56 を式 2.55 に代入すれば

$$M\ddot{x} + C\dot{x} + Kx = F_b e^{j(\omega t+\eta)} \tag{B2.59}$$

式 B2.59 を式 2.71（右辺の 0 を除外）と比較すれば，式 2.92 の速度加振は，系が式 B2.59 右辺の加振力 $F_b e^{j(\omega t+\eta)}$ による力加振と等価であることが分かる．こうして，基礎からばねへの速度加振を表現する運動方程式を，質量への力加振による通常の運動方程式に変換できた．ただしこの場合には，加振力は基礎からの加振速度がばねと粘性を介して力に変換されて質量 M に作用するので，加振力振幅は，式 B2.57 と B2.58 のように外部（基礎）の速度振幅 B と対象系の力学特性である剛性 K と粘性 C の 3 者によって決定される．

式 2.71（右辺の 0 を除外）の解が式 2.60 であることから，式 B2.59 の解は，式 2.76，B2.56，$X_{st} = F_b/K$　を用いて

$$x = X e^{j(\omega t + \eta)} = \frac{X_{st}}{1 - \beta^2 + 2j\zeta\beta} e^{j\eta} e^{j\omega t} = \frac{F_b / K}{1 - \beta^2 + 2j\zeta\beta} \frac{B(K + jC\omega)}{F_b} e^{j\omega t} = \frac{B(1 + jC\omega/K)}{1 - \beta^2 + 2j\zeta\beta} e^{j\omega t} \tag{B2.60}$$

ここで，式 2.87 を導く際に用いた $C\omega/K = 2\zeta\beta$ の関係を式 B2.60 に代入して

$$x = \frac{B(1 + 2j\zeta\beta)}{1 - \beta^2 + 2j\zeta\beta} e^{j\omega t} \tag{B2.61}$$

式 B2.61 は，基礎からの速度加振における質量の絶対変位である．基礎や床と質量の間隔の変化すなわち相対変位 y が必要な場合には，式 B2.61 を式 2.93 に代入して式 2.92 を用いれば

$$y = B\left\{ \frac{(1 + 2j\zeta\beta)}{1 - \beta^2 + 2j\zeta\beta} - 1 \right\} e^{j\omega t} = \frac{B\beta^2}{(1 - \beta^2 + 2j\zeta\beta)} e^{j\omega t} \tag{B2.62}$$

式 2.76 を用いれば，式 B2.62 の相対変位の振幅は $B\beta^2|X|/X_{st} = B\omega^2|X|/(X_{st}\Omega^2)$ になる．式 B2.28 から分かるように，これは，質量を外部から力加振する場合の加速度振幅 $\omega^2|X|$ に定数 $B/(X_{st}\Omega^2)$ を乗じたものである．このように，基礎を速度加振する場合の基礎と質量の間の相対変位応答 y は，質量を力加振する場合の質量の加速度応答と同一の性質を有している．したがって，この相対変位の振幅が最大になる角振動数は，式 B2.30 に示す ω_a になる．

基礎の速度加振における加振変位振幅 B に対する質量の応答変位振幅 $|X|$ の倍率を λ_b とすれば，式 B2.14 より

$$\lambda_b = \frac{|X|}{B} = \frac{X_{st}}{B\sqrt{(1 - \beta^2)^2 + (2\zeta\beta)^2}} \tag{B2.63}$$

一方，式 B2.57 と $C\omega/K = 2\zeta\beta$ の関係（式 2.87 より）から

$$X_{st} = \frac{F_b}{K} = B\sqrt{1 + (C\omega/K)^2} = B\sqrt{1 + (2\zeta\beta)^2} \tag{B2.64}$$

式 B2.64 を式 2.63 に代入すれば

$$\lambda_b = \sqrt{\frac{1 + (2\zeta\beta)^2}{(1 - \beta^2)^2 + (2\zeta\beta)^2}} \tag{B2.65}$$

式 B2.65 を式 2.91 と比較すれば，$\lambda_b = \lambda$．これは，基礎からの速度加振における加振変位振幅 B に対する系（質量）の応答変位振幅 $|X|$ の倍率 $\lambda_b = |X|/B$ が，質量への加振力振幅 F に対する基礎への伝達力振幅 F_t の倍率 $\lambda = F_t/F$ と等しく，両者共に同一の振動伝達率になることを意味する．

不減衰（$C = 0$，$\zeta(= C/C_C) = 0$）の場合には，B2.61 より

$$x = \frac{B}{1 - \beta^2} e^{j\omega t} \tag{B2.66}$$

また，式 B2.62 より

補章 B2　1自由度系の強制振動　　　　317

$$y = \frac{B\beta^2}{1-\beta^2} e^{j\omega t}$$

(B2.67)

B2.3　周波数応答関数

B2.3.1　コンプライアンス

1自由度粘性減衰系のコンプライアンスは

$$G = \frac{1/K}{1-\beta^2+2j\zeta\beta}$$

(2.96)

ここで，次の式を考える．ただし，$\omega_d = \Omega\sqrt{1-\zeta^2}$，$\sigma = \Omega\zeta$（式2.49）と $\Omega = \sqrt{K/M}$（式2.19）と $\beta = \omega/\Omega$（式2.64）を用いる．

$$\{j(\omega+\omega_d)+\sigma\}\{j(\omega-\omega_d)+\sigma\} = \{(j\omega+\sigma)+j\omega_d\}\{(j\omega+\sigma)-j\omega_d\} = (j\omega+\sigma)^2-(j\omega_d)^2$$

$$= -\omega^2+2j\omega\sigma+\sigma^2+\omega_d^2 = -\omega^2+2j\zeta\Omega\omega+\Omega^2\zeta^2+(\Omega\sqrt{1-\zeta^2})^2$$

$$= \Omega^2-\omega^2+2j\zeta\Omega\omega = \Omega^2\left\{1-(\frac{\omega}{\Omega})^2+2j\zeta(\frac{\omega}{\Omega})\right\} = \frac{K(1-\beta^2+2j\zeta\beta)}{M}$$

(B2.68)

式B2.68を利用すれば，式2.96は，2個の部分分数の和に変換できる．

$$G = \frac{1/K}{1-\beta^2+2j\zeta\beta} = \frac{1/M}{\Omega^2-\omega^2+2j\zeta\Omega\omega} = \frac{B_1}{j(\omega+\omega_d)+\sigma} + \frac{B_2}{j(\omega-\omega_d)+\sigma}$$

$$= \frac{j\omega(B_1+B_2)+\sigma(B_1+B_2)-j\omega_d(B_1-B_2)}{\Omega^2-\omega^2+2j\zeta\Omega\omega}$$

(B2.69)

式B2.69の分子は実数であるから，この式が任意の ω の下で成立するためには，部分分数の分子 B_1 と B_2 の間に次の関係が成立しなければならない．

$$B_1+B_2 = 0 ，\quad B_1-B_2 = -\frac{1}{j\omega_d M} = \frac{j}{\omega_d M}$$

(B2.70)

式B2.70を解けば

$$B_1 = -B_2 = \frac{j}{2\omega_d M}$$

(B2.71)

式B2.71を式B2.69に代入すれば

$$G = \frac{j}{2\omega_d M}\left\{\frac{1}{j(\omega+\omega_d)+\sigma} - \frac{1}{j(\omega-\omega_d)+\sigma}\right\}$$

(B2.72)

　減衰が小さいときの共振点近傍では $\omega \cong \omega_d$，$\sigma \cong 0$ であるから，式B2.72右辺第2項が第1項に比べて極めて大きくなる．そこで，近似的に第1項を無視すれば

$$G \cong \frac{-j}{2\omega_d M\{j(\omega-\omega_d)+\sigma\}} = \frac{-j\{-j(\omega-\omega_d)+\sigma\}}{2\omega_d M\{j(\omega-\omega_d)+\sigma\}\{-j(\omega-\omega_d)+\sigma\}}$$
$$= \frac{-(\omega-\omega_d)-j\sigma}{2\omega_d M\{\sigma^2+(\omega-\omega_d)^2\}} = G_{GR}+jG_{GI}$$
(B2.73)

式 B2.73 の実部 G_{GR} と虚部 G_{GI} 間の関係式として，次式を考える．

$$G_{GR}^2+(G_{GI}+\frac{1}{4\omega_d\sigma M})^2 = \frac{(\omega-\omega_d)^2}{4\omega_d^2 M^2\{\sigma^2+(\omega-\omega_d)^2\}^2}+\frac{1}{4\omega_d^2 M^2}\left[\frac{-\sigma}{\{\sigma^2+(\omega-\omega_d)^2\}}+\frac{1}{2\sigma}\right]^2$$
$$= \frac{1}{4\omega_d^2 M^2}\left[\frac{4\sigma^2(\omega-\omega_d)^2}{4\sigma^2\{\sigma^2+(\omega-\omega_d)^2\}^2}+\frac{\{-2\sigma^2+\sigma^2+(\omega-\omega_d)^2\}^2}{4\sigma^2\{\sigma^2+(\omega-\omega_d)^2\}^2}\right]$$
$$= \frac{4\sigma^2(\omega-\omega_d)^2+\sigma^4-2\sigma^2(\omega-\omega_d)^2+(\omega-\omega_d)^4}{(4\omega_d\sigma M)^2\{\sigma^2+(\omega-\omega_d)^2\}^2} = (\frac{1}{4\omega_d\sigma M})^2$$
(B2.74)

実数を横軸，虚数を縦軸にとった複素平面（ナイキスト線図：2.6.3 項）上に，点(G_{GR} G_{GI})をとれば，その点は

$$\text{中心}(0\quad -\frac{1}{4\omega_d\sigma M}),\quad \text{半径}\frac{1}{4\omega_d\sigma M}$$

または，式 2.49 と $M=K/\Omega^2$ を用いて

$$\text{中心}(0\quad -\frac{1}{4K\zeta\sqrt{1-\zeta^2}}),\quad \text{半径}\frac{1}{4K\zeta\sqrt{1-\zeta^2}}$$

の円を画くことを，式 B2.74 は示している．

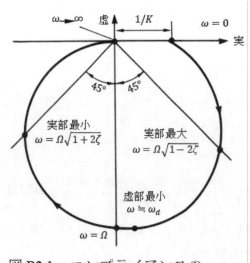

図 B2.1 コンプライアンスの
　　　　ナイキスト線図
　　　（1 自由度粘性減衰系）

実際には多少の減衰（粘性 C）があるので，式 B2.72 右辺の第 1 項は完全には無視できず，同式は正確な円にはならない．式 B2.69 において $\omega=0$（$\beta=0$）とすれば $G=1/K$，また $\omega\to\infty$（$\beta\to\infty$）とすれば $G=0$．したがって，コンプライアンスはナイキスト線図上で $\omega=0$ で点 $(1/K\quad 0)$ から出発して $\omega\to\infty$ で原点 $(0\quad 0)$ に至る，**図 B2.1** のような円に近い軌道を画く．

B2.3.2 モビリティ

モビリティの実部 H_R と虚部 H_I は，式 2.100 と 2.97 より

$$H_R = \frac{2\Omega\zeta\beta^2/K}{(1-\beta^2)^2+(2\zeta\beta)^2}, \quad H_I = \frac{\Omega\beta(1-\beta^2)/K}{(1-\beta^2)^2+(2\zeta\beta)^2} \tag{B2.75}$$

式 B2.75 の H_R と H_I 間の関係式として，次式を考える．

$$(H_R - \frac{\Omega}{4K\zeta})^2 + H_I^2 = \left\{\frac{2\Omega\zeta\beta^2/K}{(1-\beta^2)^2+(2\zeta\beta)^2} - \frac{\Omega/K}{4\zeta}\right\}^2 + \frac{\Omega^2\beta^2(1-\beta^2)^2/K^2}{\{(1-\beta^2)^2+(2\zeta\beta)^2\}^2}$$

$$= \frac{\Omega^2}{K^2}\frac{[8\zeta^2\beta^2-\{(1-\beta^2)^2+(2\zeta\beta)^2\}]^2+16\zeta^2\beta^2(1-\beta^2)^2}{16\zeta^2\{(1-\beta^2)^2+(2\zeta\beta)^2\}^2} = \frac{\Omega^2}{K^2}\frac{\{4\zeta^2\beta^2-(1-\beta^2)^2\}^2+16\zeta^2\beta^2(1-\beta^2)^2}{16\zeta^2\{(1-\beta^2)^2+(2\zeta\beta)^2\}^2}$$

$$= \frac{\Omega^2}{K^2}\frac{16\zeta^4\beta^4-8\zeta^2\beta^2(1-\beta^2)^2+(1-\beta^2)^4+16\zeta^2\beta^2(1-\beta^2)^2}{16\zeta^2\{(1-\beta^2)^2+(2\zeta\beta)^2\}^2} = \frac{\Omega^2}{K^2}\frac{(1-\beta^2)^4+8\zeta^2\beta^2(1-\beta^2)^2+(2\zeta\beta)^4}{16\zeta^2\{(1-\beta^2)^2+(2\zeta\beta)^2\}^2}$$

$$= \frac{\Omega^2}{K^2}\frac{\{(1-\beta^2)^2+(2\zeta\beta)^2\}^2}{16\zeta^2\{(1-\beta^2)^2+(2\zeta\beta)^2\}^2} = (\frac{\Omega}{4K\zeta})^2 \tag{B2.76}$$

実数を横軸，虚数を縦軸にとった複素平面（ナイキスト線図）上に点 $(H_R \quad H_I)$ をとれば，その点は**図 B2.2** のように

中心 $(\frac{\Omega}{4K\zeta} \quad 0)$, 半径 $\frac{\Omega}{4K\zeta}$

の円を画くことを，式 B2.76 は示している．

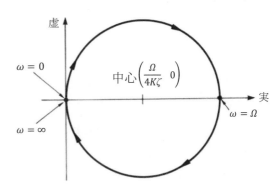

図 B2.2　モビリティのナイキスト線図
（1自由度粘性減衰系）

B2.4　周波数領域における自由振動

1自由度粘性減衰系の自由振動を，初期条件を与えて確定し，周波数領域で表現する．外力が作用しない場合の運動方程式を周波数領域で記述（強制振動の運動方程式 4.106 右辺で $F(\omega)=0$ とした式）すれば

$$(-\omega^2 M + j\omega C + K)X(\omega) = Mv_h + (j\omega M + C)x_h \tag{4.108}$$

ここで，変位と速度の初期条件を次のように与える．

$$x(t=0) = x_h, \quad \dot{x}(t=0) = v_h \tag{2.14}$$

式 4.108 の両辺を M で割って

$$(-\omega^2 + j\omega\frac{C}{M} + \frac{K}{M})X(\omega) = v_h + (j\omega + \frac{C}{M})x_h \tag{B2.77}$$

式 2.19 と 2.45 から

$$\frac{K}{M} = \Omega^2, \quad \frac{C}{M} = C_C \frac{\zeta}{M} = 2\sqrt{MK}\frac{\zeta}{M} = 2\sqrt{\frac{K}{M}}\zeta = 2\Omega\zeta \tag{B2.78}$$

式 B2.78 を式 B2.77 に代入して変形すれば

$$X(\omega) = \frac{v_h + (j\omega + 2\Omega\zeta)x_h}{\Omega^2 - \omega^2 + 2j\Omega\zeta\omega} \tag{B2.79}$$

式 B2.79 と B2.69 の分母は同一であるから，式 B2.69 が式 B2.72 のように部分分数に変形できることと同様に，式 B2.79 は次のような部分分数に分けることができる.

$$X(\omega) = \frac{X_{\omega 1}}{(\sigma - j\omega_d) + j\omega} + \frac{X_{\omega 2}}{(\sigma + j\omega_d) + j\omega} \tag{B2.80}$$

係数 $X_{\omega 1}$ と $X_{\omega 2}$ を求めるために，式 B2.80 を通分し，分子だけを取り出して，式 B2.79 の分子と等置する．そして $\Omega\zeta = \sigma$ （式 2.49）を用いれば

$$(X_{\omega 1} + X_{\omega 2})(\sigma + j\omega) + (X_{\omega 1} - X_{\omega 2})j\omega_d = v_h + (j\omega + 2\sigma)x_h$$

すなわち

$$(X_{\omega 1} + X_{\omega 2})j\omega + (X_{\omega 1} + X_{\omega 2})\sigma + (X_{\omega 1} - X_{\omega 2})j\omega_d = x_h j\omega + v_h + 2\sigma x_h \tag{B2.81}$$

式 B2.81 は，角振動数 ω に無関係に常に成立しなければならないから

$$X_{\omega 1} + X_{\omega 2} = x_h \tag{B2.82}$$

$$(X_{\omega 1} + X_{\omega 2})\sigma + (X_{\omega 1} - X_{\omega 2})j\omega_d = v_h + 2\sigma x_h \tag{B2.83}$$

式 B2.82 を式 B2.83 に代入して $-j = 1/j$ の関係を用いれば

$$X_{\omega 1} - X_{\omega 2} = -\frac{j(v_h + \sigma x_h)}{\omega_d} \tag{B2.84}$$

式 B2.82 と B2.84 を解けば

$$X_{\omega 1} = \frac{x_h}{2} - j\frac{v_h + \sigma x_h}{2\omega_d}, \quad X_{\omega 2} = \overline{X_{\omega 1}} \tag{B2.85}$$

式 B2.80 を逆フーリエ変換して時間領域になおせば

$$x(t) = X_{\omega 1}e^{(-\sigma + j\omega_d)t} + X_{\omega 2}e^{(-\sigma - j\omega_d)t} = e^{-\sigma t}(X_{\omega 1}e^{j\omega_d t} + X_{\omega 2}e^{-j\omega_d t}) \tag{B2.86}$$

式 B2.80 を逆フーリエ変換すれば式 B2.86 になることを，フーリエ変換を用いて逆の道筋で証明する．式 B2.86 を構成している

$$x'(t) = \begin{cases} 0 & (t < 0) \\ e^{(-\sigma \pm j\omega_d)t} & (t \geq 0) \end{cases} \tag{B2.87}$$

という時刻歴関数を，式 4.38 を用いてフーリエ変換すれば

$$X'(\omega) = \int_0^\infty e^{(-\sigma \pm j\omega_d)t}e^{-j\omega t}dt = \int_0^\infty e^{-\{(\sigma \mp j\omega_d) + j\omega\}t}dt = \frac{-1}{(\sigma \mp j\omega_d) + j\omega}\left[e^{-\{(\sigma \mp j\omega_d) + j\omega\}t}\right]_0^\infty = \frac{1}{(\sigma \mp j\omega_d) + j\omega}$$

$$\tag{B2.88}$$

補章 B3　多自由度系の自由振動

B3.1　$g^2-4dh>0$ の証明

式 3.19 右辺中の平方根の中味 g^2-4dh が必ず正であることを証明する．まず M_a と M_b は質量であるから正．また式 3.20 の定義より

$$\begin{aligned}
g^2-4dh &= (M_a K_b + M_b K_a + M_b K_b)^2 - 4M_a M_b K_a K_b \\
&= M_a^2 K_b^2 + M_b^2 K_a^2 + M_b^2 K_b^2 + 2M_a M_b K_a K_b + 2M_a M_b K_b^2 + 2M_b^2 K_a K_b - 4M_a M_b K_a K_b \\
&= (M_a^2 K_b^2 + M_b^2 K_a^2 + M_b^2 K_b^2 - 2M_a M_b K_a K_b - 2M_a M_b K_b^2 + 2M_b^2 K_a K_b) + 4M_a M_b K_b^2 \\
&= (M_a K_b - M_b K_a - M_b K_b)^2 + 4M_a M_b K_b^2 > 0
\end{aligned}$$

(B3.1)

B3.2　固有モードの直交性

〔1〕　2自由度系を用いた証明

図 3.1 の 2 自由度系を例にとり，固有モードの一般直交性が成立することを解析的に確認する．まず，式 3.39 上式左辺（$l=1, r=2$）を，式 3.3 左辺に示した質量行列 $[M]$ を用いて作成し，式 3.30 と 3.28 を用いて変形すれば

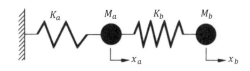

図3.1　2自由度不減衰系

$$\begin{aligned}
\{\phi_1\}^T[M]\{\phi_2\} &= \lfloor 1 \quad \alpha_1 \rfloor \begin{bmatrix} M_a & 0 \\ 0 & M_b \end{bmatrix} \begin{Bmatrix} 1 \\ \alpha_2 \end{Bmatrix} = \lfloor 1 \quad \alpha_1 \rfloor \begin{Bmatrix} M_a \\ M_b \alpha_2 \end{Bmatrix} = M_a + M_b \alpha_1 \alpha_2 \\
&= M_a + \frac{M_b K_b^2}{(K_b - \Omega_1^2 M_b)(K_b - \Omega_2^2 M_b)} = \frac{(M_a + M_b)K_b^2 - (\Omega_1^2 + \Omega_2^2)M_a M_b K_b + \Omega_1^2 \Omega_2^2 M_a M_b^2}{(K_b - \Omega_1^2 M_b)(K_b - \Omega_2^2 M_b)}
\end{aligned}$$

(B3.2)

式 3.19 と 3.21 より

$$p_1 = \frac{1}{\Omega_1^2} = \frac{g+\sqrt{g^2-4dh}}{2d} , \quad p_2 = \frac{1}{\Omega_2^2} = \frac{g-\sqrt{g^2-4dh}}{2d}$$

(B3.3)

式 3.20 と式 B3.3 より

$$\Omega_1^2 \Omega_2^2 = \frac{4d^2}{g^2-(g^2-4dh)} = \frac{d}{h} = \frac{K_a K_b}{M_a M_b}$$

(B3.4)

$$\Omega_1^2 + \Omega_2^2 = (\frac{1}{\Omega_1^2} + \frac{1}{\Omega_2^2})\Omega_1^2 \Omega_2^2 = (p_1+p_2)\frac{d}{h} = \frac{g}{d}\frac{d}{h} = \frac{g}{h} = \frac{M_a K_b + M_b K_a + M_b K_b}{M_a M_b}$$

(B3.5)

式 B3.4 と B3.5 を式 B3.2 の分子に代入すれば

$$(M_a + M_b)K_b^2 - (\Omega_1^2 + \Omega_2^2)M_aM_bK_b + \Omega_1^2\Omega_2^2 M_aM_b^2 \tag{B3.6}$$
$$= (M_a + M_b)K_b^2 - (M_aK_b^2 + M_bK_aK_b + M_bK_b^2) + M_bK_aK_b = 0$$

式 B3.2 と B3.6 より

$$\{\phi_1\}^T[M]\{\phi_2\} = 0 \quad (式 3.39 上式で N = 2) \tag{B3.7}$$

次に，式 3.39 下式左辺（$N = 2$）を，式 3.3 左辺に示した剛性行列 $[K]$ を用いて作成し，式 3.30 と 3.28 を用いて変形すれば

$$\{\phi_1\}^T[K]\{\phi_2\} = \lfloor 1 \quad \alpha_1 \rfloor \begin{bmatrix} K_a + K_b & -K_b \\ -K_b & K_b \end{bmatrix} \begin{Bmatrix} 1 \\ \alpha_2 \end{Bmatrix} = \lfloor 1 \quad \alpha_1 \rfloor \begin{Bmatrix} K_a + K_b(1 - \alpha_2) \\ -K_b(1 - \alpha_2) \end{Bmatrix}$$

$$= K_a + K_b(1 - \alpha_1 - \alpha_2 + \alpha_1\alpha_2) = K_a + K_b - \frac{K_b^2}{K_b - \Omega_1^2 M_b} - \frac{K_b^2}{K_b - \Omega_2^2 M_b} + \frac{K_b^3}{(K_b - \Omega_1^2 M_b)(K_b - \Omega_2^2 M_b)} \tag{B3.8}$$

式 B3.8 を，分母が $(K_b - \Omega_1^2 M_b)(K_b - \Omega_2^2 M_b)$ になるように通分すれば，その分子は

$$(K_a + K_b)(K_b - \Omega_1^2 M_b)(K_b - \Omega_2^2 M_b) - K_b^2(K_b - \Omega_2^2 M_b) - K_b^2(K_b - \Omega_1^2 M_b) + K_b^3$$
$$= K_aK_b^2 + K_b^3 - (\Omega_1^2 + \Omega_2^2)M_bK_b(K_a + K_b) + \Omega_1^2\Omega_2^2 M_b^2(K_a + K_b) - 2K_b^3 + (\Omega_1^2 + \Omega_2^2)M_bK_b^2 + K_b^3$$
$$= K_aK_b^2 - (\Omega_1^2 + \Omega_2^2)M_bK_aK_b + \Omega_1^2\Omega_2^2 M_b^2(K_a + K_b) \tag{B3.9}$$

式 B3.9 に式 B3.4 と B3.5 を代入し，M_aM_b を乗じれば

$$M_aM_bK_aK_b^2 - (M_aK_b + M_bK_a + M_bK_b)M_bK_aK_b + M_b^2K_aK_b(K_a + K_b) \tag{B3.10}$$
$$= M_bK_aK_b(M_aK_b - M_aK_b - M_bK_a - M_bK_b + M_bK_a + M_bK_b) = 0$$

B3.10 は，式 B3.8 を通分したときの分子が 0 になることを示すから

$$\{\phi_1\}^T[K]\{\phi_2\} = 0 \quad (式 3.39 下式で N = 2) \tag{B3.11}$$

式 B3.7 と B3.11 は，互いに異なる固有モードの間に行列 $[M]$ と $[K]$ に関する一般直交性が成立することを，2 自由度系の例で証明している．

〔2〕 仮想仕事の原理からの説明

多自由度系における固有モードの一般直交性は，次式で定義される．

$$\left.\begin{array}{l} \{\phi_l\}^T[M]\{\phi_r\} = 0 \\ \{\phi_l\}^T[K]\{\phi_r\} = 0 \end{array}\right\} \quad (r \neq l) \tag{3.39}$$

3.3.3 項で，式 3.39 の固有モードの一般直交性を力の釣合式から導いた．ここでは，多自由度系の変形形状（振幅比）を表現する固有モードが互いに独立である，とはどういうことなのかを，力学の基本原理の一つであり，力の釣合の法則と等価である**仮想仕事の原理** [28] を用いて，さらに詳しく説明する．

図 3.1 に示した 2 自由度不減衰系の質量 M_a と M_b がそれぞれ $x_a(t)$ と $x_b(t)$ だけ変位するときに，

補章 B3　多自由度系の自由振動

各質点に作用する慣性力を f_{Ma} と f_{Mb}，また復元力を f_{Ka} と f_{Kb} と表現すれば，力の釣合式 3.1 を求める際に示したように

$$f_{Ma} = -M_a \ddot{x}_a \, , \quad f_{Ka} = -K_a x_a - K_b(x_a - x_b) \, , \quad f_{Mb} = -M_b \ddot{x}_b \, , \quad f_{Kb} = -K_b(x_b - x_a)$$

(B3.12)

式 B3.12 をまとめて表現すれば

$$\begin{Bmatrix} f_{Ma} \\ f_{Mb} \end{Bmatrix} = -\begin{bmatrix} M_a & 0 \\ 0 & M_b \end{bmatrix} \begin{Bmatrix} \ddot{x}_a \\ \ddot{x}_b \end{Bmatrix} \, , \quad \begin{Bmatrix} f_{Ka} \\ f_{Kb} \end{Bmatrix} = -\begin{bmatrix} K_a + K_b & -K_b \\ -K_b & K_b \end{bmatrix} \begin{Bmatrix} x_a \\ x_b \end{Bmatrix}$$

(B3.13)

式 B3.13 を N 自由度に拡張し一般化すれば

$$\{f_M\} = -[M]\{\ddot{x}\}, \quad \{f_K\} = -[K]\{x\}$$

(B3.14)

多自由度不減衰系が r 次の固有モード $\{\phi_r\}$ で自由振動しているときの変位と加速度は，式 3.32 と 3.33（$X \to \phi_r$，$\Omega \to \Omega_r$）より

$$\{x\} = \{\phi_r\}e^{j\Omega_r t}, \quad \{\ddot{x}\} = -\Omega_r^2\{\phi_r\}e^{j\Omega_r t}$$

(B3.15)

このとき系の内力は，式 B3.15 を式 B3.14 に代入して

$$\{f_M\} = \Omega_r^2[M]\{\phi_r\}e^{j\Omega_r t}, \quad \{f_K\} = -[K]\{\phi_r\}e^{j\Omega_r t}$$

(B3.16)

式 B3.16 で与えられる内力は，角振動数 Ω_r で時間と共に周期的に変化しているが，ある瞬間 t で時間が止まったと仮に想像してみる．この仮想状態のもとで，r 次とは異なる l 次の固有モード $\{\phi_l\}$ の変形形式の変位

$$\{\Delta x\} = \{\phi_l\} \quad (r \neq l)$$

(B3.17)

をこの系に与えてみる．この $\{\Delta x\}$ を**仮想変位**という．一般に，力が作用している系が変位すれば仕事をする．これは仮想変位の下でも成立し，仮想変位による仕事を**仮想仕事**という．内力を $\{f\}$ で表せば，仮想仕事は $\{\Delta x\}^T\{f\}$ になる．このことを理解するために，まず，図 3.1 の 2 自由度系について仮想仕事を求めてみる．

　仮想変位ベクトルは，式 A3.8 の表現を用いれば $\{\phi_l\}^T = \lfloor \phi_{al} \quad \phi_{bl} \rfloor$ $(l = 1 , 2)$ であるから，質量 M_a と M_b の仮想変位はそれぞれ ϕ_{al} と ϕ_{bl} になる．式 B3.12 または B3.13 で表される内力が作用している 2 自由度系の各質量を，これらの量だけ仮想変位させたときの，慣性力と復元力による仮想仕事をそれぞれ W_M と W_K とすれば，式 A3.15 の内積の定義から

$$\left.\begin{aligned} W_M &= \phi_{al}f_{Ma} + \phi_{bl}f_{Mb} = \lfloor \phi_{al} \quad \phi_{bl} \rfloor \begin{Bmatrix} f_{Ma} \\ f_{Mb} \end{Bmatrix} = \{\phi_l\}^T\{f_M\} \\ W_K &= \phi_{al}f_{Ka} + \phi_{bl}f_{Kb} = \lfloor \phi_{al} \quad \phi_{bl} \rfloor \begin{Bmatrix} f_{Ka} \\ f_{Kb} \end{Bmatrix} = \{\phi_l\}^T\{f_K\} \end{aligned}\right\}$$

(B3.18)

式 B3.18 を一般の N 自由度系に拡張して式 B3.16 を用いれば

$$\left.\begin{array}{l} W_M = \Omega_r^2 \{\phi_l\}^T [M]\{\phi_r\} e^{j\Omega_r t} \\ W_K = -\{\phi_l\}^T [K]\{\phi_r\} e^{j\Omega_r t} \end{array}\right\} \quad (r \neq l) \tag{B3.19}$$

固有モードの一般直交性を示す式 3.39 を式 B3.19 に代入すれば

$$W_M = 0, \quad W_K = 0 \tag{B3.20}$$

　仮想仕事の原理は例外を許さないから，式 B3.20 は時間に無関係に常に無条件に成立する．このことは，"l 次の固有モードの変形形式は，それと異なる r 次の固有モードの変形形式で振動し内力を生じている系に対して，仕事をしない"ことを意味する．例えば，平面上に置いてある物体が x 軸方向の力を受ければ，x 軸方向に動く．このとき，仮に時間を止めてそれを x 軸と直交する y 軸方向に仮想変位させても，x 軸方向の力は決して仕事をしない．これは，x 軸方向の変位と y 軸方向の変位は力学的・エネルギー的に互いに無関係な変位形式であるためである．この例から分かるように，"異なる固有モードは互いに力学的・エネルギー的に無関係な変形形式"なのである．

補章C　自　励　振　動

補章 C1　自 励 振 動 と は

　自励振動は，「非振動的エネルギーがその系の内部で振動的な励振に変換されて発生する振動」と定義されている（JIS 用語）．定常的で非振動的なエネルギーの場に置かれた系が，何らかの外乱をきっかけにしてそのエネルギーの一部を系の内部に取り込み始め，それを自分で振動的なエネルギーに変えて励振力を作り出し，それを用いて自分自身を励振して振動する現象が，自励振動である．いったん振動し始めると，この働きに勢いがつき，取り込むエネルギーの量は振幅の増大と共に増加するので，振幅の増大と共に励振力も増大し，振動は増加し続ける．

　自励振動の機構は多岐にわたるが，発生原因から見れば，① 摩擦によるもの，② 流体力によるもの，③ 制御系の不安定現象，が主なものである．①の例としては，バイオリンなどの弦楽器の音，自動車のブレーキ鳴きやクラッチジャダー，旋盤などの工作機械のびびり振動，ふすまのきしみなどがある．②の例としては，ラッパや尺八などの管楽器の音，人の声，動物の鳴き声，飛行機翼のフラッタ，つり橋の風による振動，送電線の風による鳴音，旗のはためきなどがある．③の例としては，スピルオーバーと呼ばれる高次固有モードの振動現象がある．これらの例のように，自励振動は私達の身近で頻繁に発生する普通の現象である．機械や構造物に生じる自励振動はしばしば故障や不具合の原因になるので，振動がからんだ機械の不具合や事故の診断に対しては，まず共振振動，次に自励振動を疑うのが常道である．

　自励振動は，過去に多くの重大事故を誘発した．1940 年に発生したわずか秒速 19m の風による米国タコマ橋の崩壊は，流体による自励振動の発生機構を解明するきっかけになった．また，自励振動による翼根の疲労破壊で，初期の旅客機が次々と墜落し多くの人命が奪われた．朝鮮戦争でも同じ原因で超音速戦闘機が頻繁に墜落し，米国航空宇宙研究所（NASA）は，研究プロジェクトを実施してこの問題を解決した．その付属成果として生まれたのが，現在工学を席巻している有限要素法である．

　自励振動が発生する必要条件は，次の通りである．① 系が取り込み振動エネルギーとして利用できる非振動エネルギー源が系外部に存在する．② 系外部の非振動エネルギーを取り込んで励振力に変換する機構が系内部に存在する．③ 発生のきっかけになる外乱やゆらぎが系に作用する．

　自励振動は複雑・多様な振動現象であるが，その発生や挙動を決める主役は通常の線形振動と同一の力学特性（質量・剛性・減衰）である．したがって，その原因究明や対策には，力学に対する基礎知識や実験モード解析などの振動実験技術が不可欠で有効である．

補章 C2　理　論　解　析

減衰は，運動エネルギーを熱などの非振動エネルギーに変換して系外部に放出し散逸させる働きをする．そこで，系外部の非振動エネルギーを系内部に取り込んで振動エネルギーに変える性質・機構は，減衰と逆のエネルギー流れを生じるから，数式上ではこれを"負の減衰"と見なすことができる．そこで，粘性が負である1自由度振動系を考える．外部から作用する加振力が存在しない粘性減衰系の運動方程式 2.4 で粘性 C を負にすれば

$$M\ddot{x} - C\dot{x} + Kx = 0 \tag{C.1}$$

式 C.1 は，力の釣合という力学法則を表している．法則は例外を許さないから，式 C.1 はどのような条件下でも時間に無関係に常に成立する．そのためには，この式を満足する変数 $x(t)$ は時間で何回微分しても同一の時間関数であることが必要である．これを満足するのは指数関数しかない（式A2.29）ので，式 C.1 の解を式 2.40 と 2.41 のように

$$x = X_0 e^{\lambda t}, \quad \dot{x} = \lambda X_0 e^{\lambda t}, \quad \ddot{x} = \lambda^2 X_0 e^{\lambda t} \tag{C.2}$$

とおく．式 C.2 を式 C.1 に代入すれば

$$X_0(M\lambda^2 - C\lambda + K)e^{\lambda t} = 0 \tag{C.3}$$

指数関数 $e^{\lambda t}$ は 0 にはならず，また解（式 C.2）が動力学的に意味を有するためには $X_0 \neq 0$ でなければならないから

$$M\lambda^2 - C\lambda + K = 0 \tag{C.4}$$

これは λ に関する 2 次方程式であり，その解は

$$\lambda = \frac{C \pm \sqrt{C^2 - 4MK}}{2M} = \frac{C}{2M} \pm \sqrt{\left(\frac{C}{2M}\right)^2 - \frac{K}{M}} = \sqrt{\frac{K}{M}}\left(\frac{C}{2\sqrt{MK}}\right) \pm \sqrt{\frac{K}{M}}\sqrt{\left(\frac{C}{2\sqrt{MK}}\right)^2 - 1} \tag{C.5}$$

ここで，式 2.19 と 2.45 と 2.56 で定義した

$$\Omega = \sqrt{\frac{K}{M}}, \quad C_c = 2\sqrt{MK} = 2\frac{K}{\Omega}, \quad \zeta = \frac{C}{C_C} \tag{C.6}$$

という量を導入する．式 C.6 を式 C.5 に代入すれば

$$\lambda = \Omega\frac{C}{C_c} \pm \Omega\sqrt{\left(\frac{C}{C_c}\right)^2 - 1} = \Omega\zeta \pm \Omega\sqrt{\zeta^2 - 1} \tag{C.7}$$

式 C.7 のように運動方程式 C.4 の解 λ が 2 つ存在することは，両解が表す 2 種類の現象が同時に発生して重なり合うことを意味する．そこで式 C.2 は

$$x = X_0\left(e^{(\Omega\zeta + \Omega\sqrt{\zeta^2 - 1})t} + e^{(\Omega\zeta - \Omega\sqrt{\zeta^2 - 1})t}\right) \tag{C.8}$$

式 C.8 右辺には平方根が存在し，生じる現象はその中身の正負によって次のように異なる．

$\zeta \geq 1$ の場合には，平方根の中身は正であり，また明らかに $\zeta > \sqrt{\zeta^2 - 1}$ であるから，式 C.7 の 2 個の λ は共に正の実数になる．そこで式 C.8 右辺の 2 項は，どちらも正の実数を指数に有する指数

関数になり，時間の経過と共に単調に増大し続ける現象を表す．したがって式 C.8 は，粘性が負でありかつその大きさが式 C.6 の C_c（臨界粘性減衰係数：2.3.4 項〔2〕）より大きい $\zeta \geq 1$ の場合には，振動を生じることなく，何らかの初期外乱をきっかけに，時間と共に変位が単調に増大して発散する不安定現象が発生することを，意味する．

$\zeta < 1$ の場合には，平方根の中身は負であり，式 C.7 の 2 個の λ は共に正の実部 $\Omega\zeta$ を有する複素数になる．そこで，式 2.49 のように

$$\sigma = \Omega\zeta, \quad \omega_d = \Omega\sqrt{1-\zeta^2} \tag{C.9}$$

とおき，λ を正の実部 σ と虚部 $\pm j\omega_d$ に分けて表示すれば，式 C.2 は

$$x = X_0 e^{\sigma t}(e^{j\omega_d t} + e^{-j\omega_d t}) \tag{C.10}$$

式 C.10 右辺のかっこ内は，角振動数 ω_d の振動を表す複素指数関数である．そして，その振幅を表す係数 $X_0 e^{\sigma t}$ は，正の数（$\sigma > 0$）を有する指数関数であり，時間と共に単調に増大するから，式 C.10 は，振動の振幅が時間と共に単調に増大し続けることを示す．そこで負の粘性の大きさが C_c より小さい $\zeta < 1$ の場合には，初期外乱をきっかけに，**図 C.1** のように，角振動数 ω_d の自由振動が発生し，時間と共にその振幅が増大し続ける．これが自励振動であり，**自励振動は負の減衰を持つ系の自由振動として解析できる**．

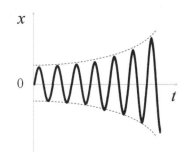

図C.1 負の減衰が作用する系の自励振動
振幅：$X_0 e^{\sigma t}$，角振動数：ω_d

補章 C3 発 生 機 構

C3.1 固 体 摩 擦

まず，固体同士の接触面に生じる**摩擦**の発生機構を説明する．

① すべての固体表面には必ず凹凸が存在し，固体同士の接触面では，**図 C.2** に示すように 一方の凸部が他方の凹部に入り込む．

② 巨視的には全面でぴったり密着して接触しているように見えるが，真実に接触している部分の面積は全面積よりはるかに小さい．この真実接触面積だけで全面圧を受けるので，この真実接触部分には非常に大きい局部集中圧力が生じ，双方の物質は分子融合して一体化し，凝着状態になる．

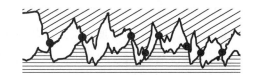

図C.2 固体面同士の接触
黒丸は真実接触部分

これら 2 現象が接触面間の相対すべりを妨げ，**静摩擦力**を生じる．この接触状態で静止している 2 物体間に，接触面に平行な方向の相対速度を与えると，次の 2 現象が生じる．

① 硬いほうの凸部が柔らかいほうの凸部を削りとる．
② 真実接触部分の凝着がはがれる．

すべりの開始時には，この削れとはがれを生じさせるために大きい力が必要になるので，大きい抵抗力が発生する．いったんすべりすべり始めると，接触面間には微視的に見ると大きい相対速度が存在するので，凸部が凹部に入り込む時間も2物体が凝着する時間もない．そのために，接触面間の面圧力が同一でも，相対速度が存在しない初期静止状態よりすべりに対する抵抗力が小さくなる．これが，**動摩擦力**が静摩擦力より小さい理由である．

実現象における摩擦力は，静摩擦力から動摩擦力に不連続に変化するのではなく，**図C.3**のように，相対速度 v が小さい領域では相対速度の0からの増大と共に次第に減少し，静摩擦力から動摩擦力へと連続的に移行していく．相対速度がもっと増加すると，動摩擦力の領域に入る．動摩擦力は相対速度の広い範囲でほとんど一定になる．相対速度がさらに大きくなり，接触すべりで発生する摩擦熱が増大して物体内部の熱伝導により周囲に散逸する量を超えると，接触面に熱が蓄積して温度が上昇し，そのため物体が軟化して真実接触面が増大し，その部分が高熱のため溶解し始め，広範囲に凝着が生じる．こうして摩擦力は急増する．

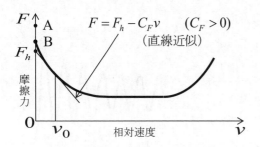

A：静摩擦力
B：相対すべり開始時の摩擦力

図C.3　接触面間の相対速度と摩擦力の関係

摩擦による自励振動は，上記のうち静摩擦力から動摩擦力に移行しつつある速度領域で発生する．この移行領域における摩擦力 F を直線近似すれば

$$F = F_h - C_F v \qquad (C_F > 0) \tag{C.11}$$

C3.2　バイオリン

摩擦が原因で生じる自励振動の例として，バイオリンの弦の振動の発生機構を説明する．

図C.4で，弓を一定速度 v_0 で上方向に動かし続けるとする．その際演奏者は，弦を振動させようという意図は全くなく，弓を小さい力で軽くやわらかく支えて，静かにゆっくりと上方向に移動させる．弦は，動き始めには弓からの上方向の静摩擦力を受け，弓と一体になって上方向に動くスティック状態にある．やがて，弦の張力による下方向の復元力が増大して静摩擦力（図C.3の点A）を越えると，急にすべり出してスリップ状態に移り，弓と弦の間には相対速度が生まれる．その瞬間に摩擦力は急減少して静摩擦力から動摩擦力に移行するので，力の釣合が崩れて弦が弓から離れ，下方向の加速度が生じて勢いよく下方向に跳ね返る．そして弦は，上方向に一定速度 v_0 で動き続ける弓の上をすべりながら下方向に移動していく．やがて，弦の張力による下方向の復元力が上方向

の動摩擦力より小さくなると，弦は再び摩擦力によって弓に拘束され，弓と一体になって上方向に動き始める．この繰返しが振動である．

この振動において弓が弦になす仕事は，図C.4内の表のようになる．これを説明する．

弦が弓と共に上方向に移動しつつあるスティック状態では，弓から弦に上方向に作用する摩擦力に従って弦が上方向に動いているから，摩擦力は弦に対して正の仕事をし，力学エネルギーが弓から弦に流入する．このときの摩擦力は静摩擦力であり大きいから，流入する力学エネルギー量は多い．

反対に，上方向に動き続ける弓から弦に作用する上方向の摩擦力に逆らって弦が下方向にすべり移動しつつあるスリップ状態では，摩擦力は弦に対して負の仕事をし，力学エネルギーが弦から弓に流出する．このときには，弦が弓の上をすべっており，接触圧力自体が小さい上に，

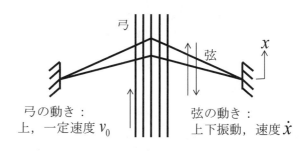

弓の動く方向	上	
弦の動く方向	上	下
相対速度 $v = v_0 - \dot{x}$	$v \cong 0$	$v > 0$
弓から弦への摩擦力 方向	上	
弓から弦への摩擦力 大きさ	大	小
摩擦力仕事	正, 大	負, 小
1周期間の仕事	正	

図C.4 バイオリンの自励振動の発生機構

相対速度が大きく摩擦力は動摩擦力で小さいから，弦から弓に流出する力学エネルギー量は少ない．このように振動の1周期間に，力学エネルギーが弦に多量流入し少量流出するから，スティック・スリップの繰返しによって，力学エネルギーが弦に流入し続ける．

このスティック・スリップの繰返しが弦の固有振動数に一致するように，弓の速度 v_0 を適切に調節すれば，弦は，その固有振動数の自由振動に同期して周期的に流入する力学エネルギーをすべて受け入れて内部に取り込み，自身の自由振動のエネルギーに自ら変換する．その結果，流入し続ける力学エネルギーは弦内部に蓄積され，自由振動は成長し続ける．これが摩擦に起因する自励振動であり，バイオリンの妙なる音の発生機構である．

弓の速度 v_0 の調節を誤って，スティック・スリップの繰返しが弦の固有振動数から外れると，繰返し毎に周期的に流入する力学エネルギーは，バイオリンが本来有する正の減衰の働きですべて熱エネルギーに変換されて散逸し，自由振動は成長することはなく，摩擦力による定常強制振動のみになる．これが，素人がバイオリンを弾くときの聞くに耐えない摩擦音の発生機構である．

自励振動は，弓から弦への摩擦力が常に正（図 C.4 の上方向）であるという条件下でのみ成立する現象である．したがって，自励振動が持続するためには，相対速度 v が常に正，すなわち弦の速

度 $\dot{x}$ が弓の速度 v_0 よりも常に小さいことが必要になる（後述式 C.12 で $v > 0$）．振動が成長して $\dot{x} > v_0$ になると，この条件が破られ，弦が上方向に動くときに弓から受ける摩擦力の方向が逆転して下方向になって，弦の運動を押さえる．そこで，自励振動はそれ以上の大きさに成長することはなく，振幅一定の定常振動に移行する．このように，弦の速度が弓の速度に等しくなる状態が，バイオリンの自励振動の成長限度である．

バイオリンの自励振動を発生させるには，次の条件が必要になる．

① スティックとスリップの繰返しの速さが弦の固有振動数に一致する．

② 弓と弦の間の静摩擦力と動摩擦力の差が十分に大きい．

③ スリップ状態における弦の自由な動きを妨げず，かつスティック状態を保持できるように，接触圧力が適切である．

バイオリンの演奏には，音の高低・強弱が目まぐるしく変わる音楽の演奏中，途切れることなく常時これら 3 項を同時に満足させるために，極めて高度の技術を必要とする．

バイオリンの自励振動を解析する．まず，弓との接触点における弦の等価質量（基本モードのモード質量：式 3.49 上式で $r = 1$）を M，等価剛性（基本モードのモード剛性：式 3.49 下式で $r = 1$）を K とおき，弦をこれらの力学特性からなる 1 自由度系とみなす．弦の自然長の状態を原点 0 とする上方への変位を x，弓の上方への一定速度を v_0 とすれば，弦と弓の相対速度 v は

$$v = v_0 - \dot{x} \tag{C.12}$$

弓から摩擦力 F が作用する弦の運動方程式は，バイオリン自身の減衰を省略すれば

$$M\ddot{x} + Kx = F \tag{C.13}$$

式 C.13 に式 C.11 と C.12 を代入すれば

$$M\ddot{x} - C_F\dot{x} + Kx = F_h - C_F v_0 \tag{C.14}$$

弦は鋼線でありその剛性 K は大きいから，C_F は $C_c = 2K / \Omega$（式 C.6）より小さくなる．そこで，式 C.14 の右辺を 0 とした一般解は式 C.10 になる．また式 C.14 の特解は，その右辺（定数）を K で割った一定値になる．そこで式 C.14 の解は，一般解と特解の和として

$$x = X_0 e^{\sigma t}(e^{j\omega_d t} + e^{-j\omega_d t}) + \frac{F_h - C_F v_0}{K} \tag{C.15}$$

式 C.15 は，弦が一定変位 $x_0 = (F_h - C_F v_0) / K$ を中立点とする自励振動を生じることを示す．

C3.3 カ ル マ ン 渦

一定の速度で流れている空気や水などの流体中に置かれた物体には，流体に内在する非振動的な運動エネルギーを取り込むことによって発生する自励振動が，しばしば生じる．**図 C.5** はその 1 つの原因であるカルマン渦を示す．以下に，その発生機構を説明する．

補章 C3　発生機構

定常流れの中に置かれた薄板状の物体が，上下方向にわずかに揺らぐ場合を考える．物体後部が上方に動く瞬間には，後部上面の圧力と流速が下面よりわずかに大きくなるので，流体が後端に沿って上から下へと回り込み，後端に時計回りの渦が発生する．流体の

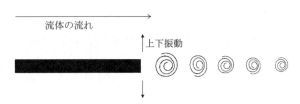

図C.5　カルマン渦による自励振動

この回り込みによって，物体後端は下方向の力を受けて下方に動く．そうすると，前と反対に後部下面の圧力と流速が上面よりわずかに大きくなるので，流体が後端に沿って下から上へと回り込み，後端に前とは逆の反時計回りの渦が発生する．流体のこの回り込みによって，物体後端は上方向の力を受けて上方に動く．このように，定常流れの中に置かれた板の後部は，上方向に動けば下方向に，下方向に動けば上方向に，流体から力を受ける．

これら上下方向の渦は，等時間間隔で交互に発生し流体の定速度流れに乗って後方（図中右方）に移動していくため，物体後方に等距離間隔に交互に逆方向の渦列が発生する．これがカルマン渦である．このカルマン渦は，物体後端を上下に励振し，自励振動を発生させる．旗や鯉のぼりのはためきや風を受ける電線の鳴音は，カルマン渦による自励振動の例である．カルマン渦による自励振動は一般に小さいので，それ自体が直接の原因になって問題を起こすことはあまりなく，初期ゆらぎとしてフラッタの発生のきっかけになることが多い．

C3.4　フラッタ

片端または両端が固定された板状物体の曲げとねじりの固有振動数が一致または近接する場合に発生し，曲げ共振とねじり共振が互いを励振し合う悪循環による自励振動である．**図C.6** のように，一定流速の流体中に置かれたこの板状物体に，何らかの初期乱れによって時計回りの回転（ねじれ）変形が発生したとする．このときは，板の下面に流体が当るから，板には上方向の力が作用し，上方向の並進（固定端

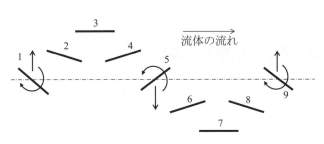

図C.6　並進と回転の連成による自励振動

からの曲げ）変形を誘起する．曲げとねじれの固有モードの固有振動数が同一であれば，板が上方向に並進移動しつつある間は，ねじれ方向が時計回りであり，流体は下面に当り，板は上方向の力を受ける．そして，曲げ振動の 1/4 周期が経過し板が最上端に来たときには，ねじれ振動も 1/4 周期が経過し，板は水平になる．次に，板が下方向に移動しつつある間は，ねじれは反時計回りであり，流体は板の上面に当り，板は下方向の力を受ける．このように，ねじれ振動が曲げ振動の励振

力を，曲げ振動がねじれ振動の励振力を生み出し，ねじれと曲げの振動は互いに同調し合って共に増大し続ける．これが，フラッタと呼ばれる自励振動の発生機構である．

補章 C4　成　長　限　界

①　利用可能なエネルギー量の限界

外部に存在する定常エネルギー量は有限であり，系が取り込んで利用できるエネルギー量はさらにその一部にすぎない．系はこれ以上のエネルギーを外部から吸収できず，自励振動はこれ以上には増大しない．

②　系が本来有する減衰

すべての系は必ず正の減衰を有し，それによって外部に散逸されるエネルギー量は，振動の成長と共に増加していく．減衰が粘性による場合には，低速（層流）では速度に，高速（乱流）では速度の 2 乗に比例して増大する．そこで，系が本来有する正の減衰によって散逸するエネルギー量が，系が外部から取り込んで自身を振動させるエネルギー量よりも少ない間は，自励振動は成長し続けるが，前者が後者の上限に達する時点で，自励振動の成長は止まる．

③　エネルギー吸収機構の非線形性

系が外部の定常エネルギーを吸収する機構は，非線形性を有する．振動の振幅が大きくなると，この非線形性のために外部の定常エネルギーを吸収して振動エネルギーに変える機構が崩れ，それ以上の振動エネルギーを系内部で作り出すことができなくなる．この時点で，自励振動の成長は止まる．バイオリンでは，弦の速度 $\dot{x}$ が弓の速度 v_0 を越えると，相対速度 $v = v_0 - \dot{x}$（式 C.12）が負になり，摩擦力が弦の振動を抑える方向に作用し始める．そこで，$\dot{x} = v_0$ の時点で成長が止まり，振幅一定の定常振動に推移するから，これ以上大きい音は決して出すことができない．

補章 C5　強制振動と自励振動の違い

製品開発における不具合対策や問題解決に際しては，現実に生じている振動が強制振動（A）か自励振動（B）かを見分ける必要があることが多い．そこで，両者の主な違いについて論じる．

①　加振源

A：外部に加振源が存在する．

B：外部に定常エネルギー場は存在するが，加振源は存在しない．

②　拘束

A：外部から拘束を加えて振動を強制的に止めても，加振力自体は存在し続けるので，拘束を除去した瞬間に拘束以前と同じ振動が再び発生する．

補章 C6　防止方法　　333

B：外部から拘束を加えて振動を強制的に止めると，同時に励振力も消滅する．そこで，一旦
　　加えた拘束を除去した後もしばらくは振動が再発せず，何らかの初期じょう乱をきっかけに
　　振動が生じ，次第に成長していく．

③　振動数

A：加振源が存在し，系の振動数が加振力の振動数と一致するから，加振力の振動数を変えれ
　　ば系の振動数もそれと同期して変る．

B：加振力のように外部から振動数を決めるものは存在せず，常に系自体の固有振動数で振動
　　する．

④　構造変更

A：加振振動数で共振している場合には，系の質量・剛性を変えれば，固有振動数が変化して
　　加振振動数から外れ振動の大きさは低減するが，振動数は加振源で決まるから変化せず，系
　　は加振振動数のままで振動を続ける．

B：系の質量・剛性を変えれば，振動数が新しい固有振動数に変化するのみであり，外部の定
　　常エネルギーを取り込む機構が崩れない限り，振動の大きさはあまり変化しない．

⑤　減衰付加

A：加振振動数で共振している場合には，減衰を付加すれば，共振点の振幅が減少するが，共
　　振現象自体はなくならない．

B：減衰を付加すれば，振動の成長速度と成長し終わった後の一定振幅の両者が共に減少する．
　　そして，付加減衰の大きさがある値以上になると，系が本来有する負の減衰（外部の定常エ
　　ネルギーを内部に取り込む機構）の大きさを越えるため，自励振動は発生しなくなる．

補章 C6　防　止　方　法

①　外部の定常エネルギー源を，除去するか系から隔絶する．
　（例）摩擦による自励振動では，潤滑して摩擦を除く．風による自励振動では，風を止め
　るか避ける．

②　系を変える．
　（例）互いに一致または近接した並進と回転の固有振動数が連成するフラッタ（C3.4 項）
　では，両固有振動数のうちどちらかまたは両方を変える．

③　（正の）減衰を付加するか増加させる．
　（例）制振材料を塗布するか動吸振器を取り付ける．

④　剛性を付加するか大きくする．そうすると，固有振動数が高くなり，系が本来有する材料減
　衰や構造減衰などの正の減衰の効果が増大し，自励振動が起こりにくくなる．

補章D　力学の再構成

補章D1　今なぜ再構成か

D1.1　対称性と因果律

自然界は対称である [26)27)]．太陽も地球も月も球である．花びら，木の葉の葉脈，雪の結晶，海原の水平線など，**対称性**は私達の身のまわりのどこにでも見られる．振子の搖動や自由振動は，時間と空間の両者に関し対称である．電子と陽電子，陽子と反陽子，クオークと反クオーク，実在するこれらの物質と反物質は，宇宙から量子に至るまでの自然界の対称性を示唆する．

物理学を覗いてみれば，いたる所に対称性が存在している [27)]．宇宙のどこに行っても，また何万年経っても，ベクトルの理論・運動の法則・電磁誘導の法則は変らない．時空間不変性は連続対称性であり，対称性という言葉で代表される普遍・不動の物理法則は，自然界の荘厳な美しさを見事に表示している．

原因を与えると結果が生じることを，**因果関係**が存在するといい，**因果律**が成立するという．万物の閉じた因果関係は代表的な時間対称性である [26)]．海の水は，蒸発して雲となり雨が降って，地上に落ちた水が川を流れて再び海に帰る．諸行無常・因果応報・諸象流転．因は果となり果は次の因となり，万事万象は巡り巡って継続し，常にそして永遠に流転・転生し続けている．現世界は閉じた因果関係の連鎖からなり，すべての事象は原因と結果を有している．

自然界のドラマを記述する物理学には，時空間の対称性と因果律が忠実に表現されていなければならない．

D1.2　在来力学の特徴

在来の古典力学は次の特徴を有する [8)9)10)]．

① **力と運動が表に出て，エネルギーが陰に隠れている．**

古典力学は，エネルギーという概念がまだこの世に存在しなかった時代にニュートンが発見し提唱した，「物体の運動は，力が作用しなければ変化せず，作用すれば変化する．」という力と運動の関係を規定する，慣性の法則と運動の法則を基本に置く学問である．これを忠実に継承する在来の古典力学は，物理学全体の根幹をなすエネルギー原理が確立した現在でも，力と運動が表に出てエネルギーが陰に隠れた理論体系を保持している．

② **対称性が欠落している．**

物理法則の正当性の判断基準は，まず，**a. 実験事実と合う**ことである．物理学は自然界を記述する学問である以上，これは当然である．もう１つの判断基準は，**b. 対称性を有する**ことである．

補章 D1　今なぜ再構成か　　　335

自然界が対称である以上，物理法則も対称性を有するのは当然である．事実，超ひも理論やゲージ理論のように実験検証が不可能な先端物理学理論は，対称性の多さを根拠に正当性が主張されている[26]．

しかし在来力学では，専ら実験事実と会うことを根拠に法則の正当性が保証され，対称性については保証されていない．例えば，在来力学にはニュートンの法則・フックの法則・運動量保存の法則の対称となる法則は存在せず，また力学エネルギーに対称性が導入されていない．

③　因果関係が閉じていない．

力学を創生した偉人の言を以下に列挙する[22)23)24)25]．

「力は物体の（動きの）状態を変える原因である．」：**墨子**（B.C.400 頃）［墨経］

「物体の自然な状態は静止であり，物体が運動するときは必ず原因となる力が必要である．」：**アリストテレス**（B.C.384- B.C.322）

「力は神が与えた形而上の存在であり，力の原因は人知の範疇にはない．」：**デカルト**（1596-1650）

「力学は，どのような力にせよそれから結果する運動の学問，またどのような運動にせよそれを生じるのに必要な力の学問であり，それらを精確に提示し証明するものである．」：**ニュートン**（1643-1727）［プリンキピア］

「力とは，どのようなものであれ，それが作用していると考えられる物体を運動させる原因，もしくは運動させようとする原因のことと題される．」：**ラグランジュ**（1736-1813）［解析力学］

人類は，天空を周回する星や地面に落下するリンゴを観て，目に映る運動の裏には原因があるに違いないと考え，それを力と名付けた．この見方を学問に仕上げた古典力学は，全歴史を通して，**「力は運動の原因であり，運動は力の結果である」** という片道通行の開いた因果関係を暗黙の前提としている．そして力学では，力の原因（例えば万有引力はどうして生じるか）を因果関係の枠外に排除しているから，古典力学の中には力の原因を規定する法則は存在しない．

上記の 3 つの特徴は，在来力学の不完全さを意味している．この不完全さは，一見して欠点のように見えるが，決してそうではなく，逆に長所となっている．

まず，人の感覚に直結する力と運動（位置・速度・加速度）を表に出した力学理論は，エネルギーというはっきりしない物理実体を直接扱うよりも即物的で理解・納得・利用しやすい．また力学は，対称性と閉じた因果関係を有しないと言っても，それらを否定しているのではなく，関知しないだけである．私達が力学を用いる際には，作用力を与えて運動方程式を立て，初期時刻の位置と速度を条件としてこれを解き，初期以後の運動を求めるのが常とう手段である．その際私達は，作用力（例えば重力）の発生原因と初期以前の運動には関知しない．

そして何よりも力学は，上記の不完全さ故に全物理学を支配する，という特異な優位性・汎用性を有する．力学は力の原因には関与しないから，どのような力であろうとそれが運動を変化させる物理実体であれば，運動の法則が適用できる．例えば，電磁気力（ローレンツ力）に支配される荷

電粒子の運動は，力学（運動の法則）を用いて求められている．

D1.3　ものづくりと力学

在来の古典力学が有する上記の不完全さは，力学を単独で用いる場合には何の不都合も生じない．しかし，昨今のものづくりでは，固体，流体，熱，電気，化学などの異なる物理領域を横断してエネルギーが縦横無尽に移動し変換することによって実現される機械製品の機能・性能・信頼性を極限まで追求する過程で，単一物理領域の理論のみでは対処できない課題が多出している（例えば，自動車の燃費・排ガス組成と振動・騒音の背反問題，ハイブリッドエンジンの電子制御，燃料電池の材料設計）．昨今のモデルベース開発によるものづくりでこれに対処するには，複合物理領域を統合するモデル化とシミュレーションが必要である[9)10)11)]．エネルギーを根幹に置き全領域を統一する物理学理論が存在しない現状でこれを実行するには，複合領域間に共通性を持たせ横糸を通すことが不可欠になる．その共通性とは

①　**全領域を貫く唯一の物理事象であるエネルギーを理論の表に出す**，

②　**物理法則の対称性と事象の因果律（閉じた因果関係）を具現する**，

の2項であると，著者は考える．

エネルギーという概念がこの世に生まれる百数十年以前に，ガリレイやニュートンが目に見える運動を観察し，「運動の裏には力という原因が存在し，運動は力の結果として生じる」という天才の直感から生まれた在来の古典力学は，当然のことながら，エネルギーが陰に隠れ，対称性が欠落し，力から運動への片道通行の開いた因果関係のみからなっている．この在来力学をそのまま用いるのでは，昨今のものづくりに十分対処できない．例えば在来力学は，エネルギーを直接扱い対称性を有し因果律に従う電磁気学とは，直接には連結・一体化できない[9)10)11)]．

なお，相対性理論や量子力学などの現代物理学では，古典力学が有する上記の不完全さは，より高い学術レベルで1世紀も前にすでにすべて解決されている．しかし私達は現在でも，通常のものづくりには古典力学を用いるから，昨今の製品開発に不可欠な複合物理領域シミュレーションには，在来の古典力学が有する上記の不完全さを，同水準の古典力学レベルで解消しておく必要がある．

D1.4　何を再構成するか

著者は，上記のような実用上の必要性に迫られ，エネルギー原理・対称性・因果律という3原理に基づいて，以下の3点に関して在来の古典力学を再構成することを試みている[8)9)10)11)]．

①　**エネルギーを表に出す．**

著者は，力学の基本概念を，力学だけに通用する力と運動間の関係，すなわち「**力が作用しない物体は運動を一定に保ち（慣性の法則），力が作用する物体は運動を変化させる（運動の法則）**」から，自然界全体を支配する唯一の保存量であり全物理学が共有する唯一の物理量であるエネルギーの均衡と不均衡，すなわち「**力学エネルギーの均衡状態にある物体はそれを保ち，不均衡状**

態にある**物体は均衡状態に復帰しようとする**」に移す．そして，力学エネルギーを表に出し力と運動をその下に置く理論構成に改める．

② 対称性を導入する．

物理学は対称性を有する自然界を記述する学問であるから，力学の中にも対称性を実現できるはずである．著者はこの認識に基づいて，**力学の概念や物理事象に対称性を導入し，同時に在来の力学法則と対称・双対の関係にある新しい力学法則を提唱する．**

③ 弾性体の力学に閉じた因果関係を実現する．

著者は，在来の古典力学には存在しなかった「**運動が原因で力が結果**」の因果関係を新しく力学に導入し，在来力学の「**力が原因で運動が結果**」の片道通行の因果関係と合せることによって，**力と運動を扱う学問である力学の中に閉じた因果関係を新しく実現する．** とはいえ，力学では力の発生原因を初めから理論の枠外に置いているから，このことは一般的には不可能である．例えば，万有引力の発生原因は，相対性理論によらない限り説明できない．ただし幸いなことに，唯一の例外がある．それは，物体（原子の質量）と場（原子間のポテンシャル弾性：例えば図 E.3）という 2 つの物理特性を同時に有する弾性体内に発生する力と運動を扱う**弾性体の力学**である．そしてさらに幸いなことに，通常のものづくりには弾性体の力学の再構成で十分事足りる．

補章 D2　状　　態　　量

物理事象の状態を表現する量を**状態量**という．力学をはじめ物理学の多くの分野には，互いに対称・双対の関係にある 2 種類の基本状態量が存在する [10]．力学では，当然のことながらその名称通り力 f を一方の基本状態量としている．力学は力と運動の関係を扱う学問であるから，もう一方の基本状態量は運動になる．

運動は位置・速度・加速度で表現される．在来力学では，これらのうち位置 x を基本状態量とし，他をその時間微分値（$\dot{x}, \ddot{x}$）として扱ってきた．位置は，直接目に見える量であり，速度や加速度よりも直感的に知覚・認識・計測しやすいから，これは自然である．また，形状・構造・寸法が要点のものづくりでは，これは実用上便利である．さらに，すべての運動方程式は微分方程式で表現されるので，これは都合が良く，数式処理上不可欠である．

しかし力学の本質から見れば，位置の代りに速度を運動の基本状態量にとる方が，理にかなっている．その理由を以下に述べる．

① 仕事率（力学における瞬時エネルギー）P は力 f と速度 v の積で表現される．

$$P = fv \tag{D.1}$$

そこで，対称性を導入しエネルギーを表に出す力学では，力と速度が互いに対称・双対関係にあるとするのが妥当である．

② 力と速度は共に，現時点の瞬時状態を表す状態量である．それに対して運動量（力積）と位置（速度積）は，瞬時状態量の蓄積（時間積分）であり，過去の履歴に依存する蓄積量である．

力学では，現時点の瞬時状態量である力・速度と，現時点までの履歴を含む蓄積状態量である運動量・位置を，それぞれ互いに対称・双対とみなし，これら両対を区別して扱うことが望ましい．瞬時状態量である力を基本状態量にとることは力学では不可避である以上，運動を代表する基本状態量も，蓄積状態量の位置ではなく瞬時状態量の速度とすることは，自然である．

補章 D3　力 学 特 性

D3.1　在来力学の考え方

力学において，エネルギーの変換を演じその結果状態量の変遷を生じる物体の性質を，**力学特性**という．力学特性には質量，剛性，粘性の 3 種類が存在する．在来力学では，これらは次のように定義されている（2.1.1 項〔1〕）．

　質量：単位加速度を生じる力の大きさ（運動の法則）

　剛性：単位変位を生じる力の大きさ（フックの法則）

　粘性：単位速度を生じる力の大きさ

これらの定義をあえて批判的に見れば

① 　運動（変位・速度・加速度）は力学特性が機能して生じる結果であるから，これらは結果による原因の定義になっている．しかし，熱によって生じる体積膨張で，温度を測ることはできるが，体積膨張の原因である熱自体を定義することはできないように，結果で原因を定義することは，本来不可能である．

② 　これらは，力と運動を関係付ける比例定数以外の物理的意味を持たず，定義に必須の働き（機能）が記述されていない．

③ 　質量と剛性は共に同一物体の力学特性であるから，両者の間には何らかの関係があるはずなのに，それが見えない．

D3.2　弾性体の力学特性

弾性体は，弾性という力学特性を有する物体である．**弾性** H は，フックの法則の発見以来現在まで力学特性としてきた**剛性** K の反意語である（$H = 1/K$）．弾性が大きいことは，しなやかで柔らかいことであり，剛性（復元性）が小さく硬くないことであり，同一の内力（弾性力）を生じる変形が大きいことである．剛性が無限大（剛体）になれば弾性体（ばね）でなくなり，弾性エネルギーを保有することができなくなることから分かるように，弾性体の基本性質は剛性（硬さ・こわさ）でなく文字通り弾性（柔らかさ・しなやかさ）である．物体は，重さと柔らかさでエネルギーを保有する．質量がエネルギーを持つと高速になって重くなり（相対性原理），弾性がエネルギーを持つと高温になって（熱エネルギーは体積膨張を伴う微視的力学エネルギー）柔らかくなる．

エネルギーの概念がまだ存在しなかった時代に生きたフックは，力から運動（変位）への関係から，同一の変位下での復元性の強さ（復元力の大きさ）を物体（ばね）の基本性質とし，それを剛

補章 D3　力 学 特 性　　　　　　　　　　　　　　　　　　　　　　　　　339

性と名付けた．力学現象を力学エネルギーで説明できる現在では，弾性エネルギーの蓄積しやすさ
である弾性を，運動エネルギーの蓄積しやすさである質量と対称・双対と考えることは自然である．

　機械系の固有角振動数は，剛性を用いれば $\sqrt{K/M}$ と表現されるが，この数式表現からは剛性と
質量の関係が明らかでない．一方，弾性を用いれば $\sqrt{1/(MH)}$ となり，重いことと柔らかいことは，
共に固有角振動数を減少させることが分かる．この例からも，質量と対称・双対の関係にある力学
特性は剛性ではなく弾性であると考えることは，自然で正当である．そこで本補章 D では，弾性体
の力学特性は質量と弾性であるとする．ちなみに，電気系の共振角周波数は $\sqrt{1/(CL)}$ であり [9]，電
磁気学では静電容量 C とインダクタンス L が対称・双対の関係にある．

フックの法則（ f は弾性力，x は変位）

$$f = Kx \tag{D.2}$$

を弾性 $H = 1/K$ を用いて記述すれば

$$x = Hf \tag{D.3}$$

D3.3　エネルギーと力学特性

　力学で扱う**力学エネルギー**は，**運動エネルギー**と**位置エネルギー**からなる [25]．運動エネルギー T
は，運動する物体（質量 M ）が速度 v の形で保有するエネルギーであり，次式で表される [25]．

$$T = \frac{1}{2}Mv^2 \tag{D.4}$$

　一方，位置エネルギー U は，**保存力** [9] の場（時空間のゆがみ）が保有する力学エネルギーである．
保存力とは，**力学エネルギー保存の法則**が成立する種類の力をいう．位置エネルギーの形態は，保
存力の種類に依存する [25]．例えば，重力 Mg （ g は重力加速度）の場が保有する位置エネルギー
は Mgh （ h は基準面からの高さ）である．

　弾性体は，物体（質量）であると同時に保存力の場（弾性）でもある．弾性体の保存力である弾
性力は，弾性体（場）が発生し自身（物体）に作用する内力であり，重力や万有引力のように他の
物体（地球や星など）に起因する場が生み出し対象物体に作用する外力とは異なる．

　弾性体という場が保有する位置エネルギーを**弾性エネルギー**と呼ぶ．在来力学では，弾性エネル
ギーは弾性体が変形することによって生じるとされ [25]

$$U = \frac{1}{2}Kx^2 \tag{D.5}$$

と記述されている．しかし式 D.5 は，弾性体が形を形成する固体でありかつエネルギー変化が変形 x
を伴う場合のみに有効な表現式であり，等積変化のように変形を伴わないエネルギー変化には無効
である．例えば，ばねの両端を拘束して長さを一定に保ちながら熱を加え温度を上昇させると，体
積膨張が阻害されるので圧縮の弾性力が増大し，変形しないにもかかわらず弾性エネルギーが増加
する．また，形を形成しないから変形が定義できず式 D.5 が適用できない弾性体である液体・気体

に，体積を変えることなく熱を加え温度を上昇させれば（等積変化），内圧力（弾性力）が増大し，保有するエネルギーが増加する．このときのエネルギーは，熱エネルギーであると同時に，外部に力を作用させ仕事をする能力すなわち力学エネルギー（弾性エネルギー）でもある．

上記のすべてに共通するのは，弾性体は力学エネルギーを力（内力：弾性力）の形で保有する，という事実である．したがって弾性エネルギーは，在来の式 D.5 のように変形 x ではなく，弾性力 f を用いて表現するほうが，より妥当・正当・適切であると言える．そこで，式 D.5 に弾性と剛性の関係式 $H = 1/K$ とフックの法則（式 D.3）を代入すれば

$$U = \frac{1}{2}Hf^2 \tag{D.6}$$

著者は，弾性エネルギーの新しい表現式として，この式 D.6 を提示する．

著者のこの提示のきっかけは，"ネーターの定理" を知ったことであった．ネーター（1882-1935）の定理は，「**物理法則の何か一つの連続的対称性があれば，それに伴って一つの保存則が存在するはずである．何か一つの保存則があれば，それに伴って一つの連続的対称性が存在するはずである．**」と記述される [26]．力学の中核である力学エネルギー保存の法則は力学エネルギーが保存量であることを保証しているから，ネーターの定理によれば，弾性体の力学エネルギーを構成する運動エネルギー T と弾性エネルギー U の間には，対称性が存在するはずである．しかし在来力学では，それを構成し支配する事象・法則に対し，対称性に関する議論はなされておらず，式 D.4 と D.5 を比較してもこのことは不明である．運動エネルギーを表現する式 D.4 は不動であるから，力学エネルギーの対称性を保証するためには，弾性エネルギーを式 D.5 とは別の，式 D.4 と対称性を有する形（式 D.6）で表現すべきではないか，と著者は考えたのである．

前述のように，質量 M と弾性 H，速度 v と力 f は互いに対称・双対の関係にあるから，**運動エネルギー T と弾性エネルギー U は互いに対称・双対の関係にあることが，式 D.4 と D.6 を比較すれば一見して分かる**．弾性エネルギーを式 D.5 で記述していた在来の弾性体の力学では不明であった力学エネルギーの対称・双対性が，著者によって初めて明らかにされた．

一般に，物体を温めて**熱エネルギー**（熱エネルギーの大部分は原子・分子が微小な不規則振動の速度の形で保有する微視的運動エネルギーであり，残りは原子・分子間距離の増大に起因する体積膨張の位置エネルギー（D5.1 項）である）を与えれば，柔らかくなりやがて溶解する（補章 E4 節）．このことから分かるように弾性体は，硬さ（剛性 K）ではなく柔らかさ（弾性 $H(=1/K)$）でエネルギーを保有する．

剛性が無限大である剛体（弾性が 0 で変形しない）は，弾性体ではないから，弾性エネルギーを保有できない．"**弾性エネルギーは文字通り，剛性 K ではなく弾性 H が保有する力学エネルギー**"なのである．"**弾性エネルギーは弾性体が変位 x ではなく力（弾性力という内力）f の形で保有する力学エネルギー**"であり，在来の式 D.5 より著者が提示する式 D.6 のほうが適切・正当な表現式である．

補章 D3　力学特性　　　　341

D3.4　エネルギーに基づく機能定義

著者は，力学の根幹を力と運動の関係からエネルギーの均衡と変換に移すことを試みており（D1.4項①），それに基づいて力学特性の働き（機能）を，"物体はあるがままの状態を保とうとする" のような現象的・表面的・抽象的表現（2.1.1項〔1〕）から，**"物体は力学エネルギーの均衡状態ではそれを保ち，不均衡状態では均衡状態に復帰しようとする"** のように，全物理学の根幹であるエネルギーを表に出した本質的・具体的表現に変えようとしている．これに基づき質量と弾性の機能を，以下のように新しく定義する[9)10)]．

質量の静的機能　：　力学エネルギーの均衡状態では，0 を含む一定の**速度**で力学エネルギーを保有する（**慣性の法則**）．

質量の動的機能　：　力学エネルギーの不均衡状態では，その不均衡を**力の不釣合**で受け，それを減少させる方向に**速度**変動（加速度）を生じる（**運動の法則**：式 D.9）．**速度**変動は，時間の経過と共に蓄積され，**速度**を変化させる．質量は，この**速度**の変化分の力学エネルギーを吸収することにより，**力の不釣合**を解消し，力学エネルギーの均衡を回復させる．

弾性の静的機能　：　力学エネルギーの均衡状態では，0 を含む一定の**力**（弾性力）で力学エネルギーを保有する（**弾性の法則**：D4.1項〔1〕）．

弾性の動的機能　：　力学エネルギーの不均衡状態では，その不均衡を**速度の不連続**（弾性両端間の速度差 ＝ 相対速度）で受け，それを減少させる方向に**力**変動を生じる（**力の法則**：D4.1項〔2〕：式 D.10）．**力**変動は，時間の経過と共に蓄積され，**力**を変化させる．弾性は，この**力**の変化分の力学エネルギーを吸収することにより，**速度の不連続**を解消し，力学エネルギーの均衡を回復させる．

力学エネルギーを表に出したこれらの定義では，質量の機能と弾性の機能が，互いに対称・双対の関係にある**力**と**速度**，および**力の不釣合**と**速度の不連続**の言葉（**太字**で表記）の相互入換以外には，同一の文章で表現されている．このことは，質量と弾性が互いに対称・双対の機能を演じることを意味する．このように，同じ弾性体（物体であり同時に場である）の力学特性（質量は物体の，弾性は場の力学特性）であるにもかかわらずこれまで相互関係が明らかでなかった **"質量と弾性は弾性体の力学エネルギーに関して互いに対称・双対関係にある"** ことが，著者によって初めて明らかにされた．

弾性体では，質量と弾性が共に機能して，力と速度の双方向変換を生じる．質量は，不釣合力を受けてそれを速度に変えることによって，「力が原因で運動（速度）が結果」の因果関係を演じる．これに対して弾性は，不連続速度（両端間の速度差）を受けてそれを弾性力に変えることによって，「運動（速度）が原因で力が結果」の因果関係を演じる．**"弾性体では，質量と弾性が協力して力と運動の間の閉じた因果関係を実現する"** のである．この閉じた因果関係の典型例が自由振動である．

このように著者が提示した，エネルギーを表に出した力学特性の新しい概念によって初めて，弾性体の力学に限定してではあるが，在来力学の不完全さ（D1.2項）を解消し，力学に対称性と閉じ

た因果関係を導入することができた.

　著者が新しく定義した上記の弾性（ばね）の機能について説明を追加する．ばねは2点（両端）を有し，ばねに対する速度の作用は，ばねの両端間に速度差（相対速度）を与えばねの両端間の速度を不連続にすることによってなされる．相対速度は，両端間の距離が増加しばねが正の変位を生じる（伸びる）方向を正，両端間の距離が減少し負の変位を生じる（縮む）方向を負とする.

　外部から正の速度作用を受けるばねには，それに比例した正の弾性力変動が生じ，それが蓄積（時間積分）されて正の弾性力（引張力）になる．同時に正の相対速度は蓄積されて正の変位（伸び）を生じる．また同時にばねは，弾性力を有しない本来の形（自然長）に復元しようとして，弾性力の反作用力である負の復元力を，ばねの両端に接続された外部に加える．これに対して外部は，復元力の反作用力であり弾性力に等しい正の拘束力（引張力）を，外部からばねの両端に加える.

　反対に，負の速度作用（両端間の距離が減少し縮む相対速度）を受けるばねには，それに比例した負の弾性力変動が生じ，それが蓄積（時間積分）されて負の弾性力（圧縮力）になる．同時に負の相対速度は蓄積されて負の変位（縮み）を生じる．また同時にばねは，弾性力を有しない本来の形（自然長）に復元しようとして，弾性力の反作用力である正の復元力を，ばねの両端に接続された外部に加える．これに対して外部は，復元力の反作用力であり弾性力に等しい負の拘束力（圧縮力）を，外部からばねの両端に加える.

　このように復元力は，拘束力（外部から仕事をして力学エネルギーを供給する作用力ではなく，内力（弾性力）と変位の維持を外部から単に強制するだけの力）に対する抵抗力であると同時に，ばねに弾性力が蓄積された結果として初めて生じる，弾性力の反作用力である.

　次に，**粘性の機能**について述べる．粘性は，外部から仕事をされ注入される巨視的運動エネルギーを，直ちに原子・分子の微小不規則振動の微視的運動エネルギー（巨視的には熱エネルギー）に変換する．微視的不規則運動は隣接する原子・分子を次々に励起し，熱エネルギーは周辺に拡散しながら薄まっていく[9]．これによって粘性は，不均衡力学エネルギーを吸収すると同時に散逸させ，力学エネルギーの均衡を回復させようとする.

　同時に粘性は，粘性抵抗力（$f_C(t) = -C\dot{x}(t)$：式 2.3）を出して外作用に抵抗する．この抵抗力に抗して粘性 C に外から加える力 f は

$$f(=-f_C) = C\dot{x} = Cv \tag{D.7}$$

粘性は，外から仕事をされ注入された力学エネルギーをただ散逸させるだけであり，内部に蓄積し保有することができない．この点が質量・弾性と根本的に異なる．粘性の**散逸パワー**（パワー：単位時間になす仕事の量：仕事率）は，式 D.7 より

$$P = fv = Cv^2 \tag{D.8}$$

散逸されたエネルギーは元に戻ることはないから，粘性の機能は受動的・不可逆的である．また，動くこと自体を嫌いあらゆる速度に対する抵抗力を生じる粘性は，すべての動現象の発生を妨げ発生したら減衰させるだけで，能動的にその発生に寄与することはない．したがって動力学では，粘

補章 D3　力学特性　　　　343

性は単なる抑制・阻害要因にすぎず，その立役者にはなりえない.

D3.5　質量と弾性の対比

　(1)　質量が静的機能を演じるときの力学エネルギーの均衡は，力が存在しないか存在しても力の釣合が成立していることを意味する．このとき，質量は自由状態にあり，静止または等速直線運動をしている（**慣性の法則**）．これに対して，弾性が静的機能を演じるときの力学エネルギーの均衡は，速度が存在しないか存在しても両端間の速度が等しく，速度の連続が成立していることを意味する．このとき，弾性は拘束状態（弾性力が一定の状態：固体の場合には変形が一定の状態）にあり，静止または剛体運動をしている（**弾性の法則**）.

　質量の自由状態と弾性の拘束状態は，共に力学エネルギーの均衡を具現する状態であり，互いに対称・双対関係にある．これら両状態では共に，対象（弾性体）は外部からエネルギー的に隔絶されており，外部と対象の間には作用が存在せず，力学エネルギーの内外間の移動が生じない.

　(2)　質量と弾性に作用を加えることの意味は，質量に対しては不釣合力を加えて速度変動を生じさせることであり，弾性に対しては両端間に不連続速度を加えて力（弾性力）変動を生じさせることである.

　(3)　質量は，作用を力で受けることはできるが，速度で受けることはできない．質量に力を作用させれば，速度が変動する（加速度が生じる）だけであり，静止している質量に瞬時（時間的不連続）に有限の速度を生じさせることはできない.

　これに対して弾性は，作用を速度で受けることはできるが，力で受けることはできない．弾性に速度を作用させれば，力が変動するだけであり，自然長の弾性に瞬時（時間的不連続）に有限の弾性力を生じさせることはできない．自然長の弾性は，力に対して無抵抗であり，反作用力を生じることができない．"のれんに腕押し"の格言通り，力に対する手応えのないものには速度を与えることはできても力を加えることはできない.

　(4)　一般に人や物体は，自身が持っているものしか出すことができない．質量は，力学エネルギーを速度の形で保有する（式 D.4）から，速度を出すことで外部に仕事をする．質量は，変形できず内部に力（弾性力）を持つことができないから，外部に力を出して仕事をすることはできない．速度を有する質量が他の物体に接触した瞬間には，相手の接触部に質量と同一の速度を与えるだけであり，相手に自ら力を作用させるわけではない．接触部に生じる接触力は，質量が相手にめり込んだ結果相手が有する弾性内に生じる弾性力の反作用力（復元力）であり，質量が相手に直接加えるものではない.

　これに対して弾性は，力学エネルギーを力の形で保有する（式 D.6）から，力を出すことで外部に仕事をする．弾性力を有する弾性が他の物体に連結された瞬間には，その反作用力（復元力）を相手に加えるだけであり，連結の瞬間にそれまで静止していた相手に瞬時（時間的不連続）に有限の速度を与えることはできない.

補章D4 力 学 法 則

D4.1 力と運動の法則

ニュートンは，やがて古典力学の根幹となる次の3法則を提唱した．

慣性の法則：力が作用しない物体は速度を有しないか一定の速度を有する．

運動の法則：力が作用する物体は作用力に比例する速度変動（加速度）を生じる．

力の作用反作用の法則：作用力に対し反作用力は常に逆向きで大きさが等しい．

物理学は，自然界の物理事象を忠実に記述する学問である．自然界は対称であり閉じた因果関係からなる以上，それを表現する物理法則は対称性と閉じた因果関係を有するはずである（D1.1 項）．一般に物理学では，法則の正当性が，① 実験事実と合うこと，② 対称性を有すること，の2つで判断される．しかし在来力学では，専ら①によって法則の正当性が主張・立証されており，②に関してはこれまで議論されていなかった（D1.2 項）．著者は，力学も物理学である以上例外ではなく，力学を構成する物理法則には対称性が存在すべきであり，実際に存在する，と考える．そして，力学の根幹をなす上記のニュートンの法則に対称性を導入することを試み，以下の3法則を新しく提唱する[8)9)]．

弾性の法則：速度が作用しない物体は力を有しないか一定の力を有する．

力の法則：速度が作用する物体は作用速度に比例する力変動を生じる．

速度の作用反作用の法則：作用速度に対し反作用速度は常に逆向きで大きさが等しい．

ここで力とは，弾性体の内力である弾性力を意味する．

著者は，これまで誰でも知っているが法則という認識を全く持っていなかったあたりまえの既知事実をあえて取り上げ，それをそのまま "法則ではないだろうか？" と提言するだけであり，ニュートンのように未知の学術知見を発見しそれを基に新しい法則を無から創造・確立するのでは毛頭ない！ 著者が法則として取り上げる学術知見を発見したのは，すべて過去の偉大な諸学者である．

一般に新しい概念や法則を導入する際には，議論を可能にするために何らかの名称を付加することが不可欠になる．しかし一方では "法則" は，万人が認めた上で初めて使うことが許される言葉である．上記の新しい3法則の名称は，著者がこのことを十分承知の上で万やむをえず独断で付与した仮称であることを，深いお詫びと共に記しておく．

著者が提唱する上記3法則は，"力" と "速度" という言葉の相互入換以外には，ニュートンの3法則と全く同一の文章で表現されている．これは，**"ニュートンの3法則と著者の3法則が，力と運動（速度）に関して互いに対称・双対の関係にある"** ことを意味する．以下に著者が提唱する法則について説明する．

〔1〕 弾性の法則

慣性の法則は，物体を質量と見なし，質量の静的機能（D3.4 項）を規定している．すべての物体は質量を有するから，慣性の法則は力学全体に適用できる．

補章 D4　力 学 法 則　　　　　　　　　　　　　　　　　　　　　　　　　　　345

　これに対して弾性の法則は，物体を弾性と見なし，弾性の静的機能（D3.4 項）を規定している．
そこで当然ながら弾性の法則は，弾性という力学特性を有する弾性体の力学に対してしか適用でき
ない．弾性体は質量と弾性からなるから，弾性体の力学では慣性の法則と弾性の法則が共に成立し，
両者は互いに対称・双対の関係にある．ちなみに，すべての物体は質量と弾性を有する弾性体であ
り，弾性を無視し物体を質量のみからなる質点・剛体と見る運動体の力学は，物体に対する古典力
学特有の近似的見方である．

　弾性は速度しか受けることができない（D3.5 項（3））から，弾性に対する作用は速度で行われ
ることを，弾性の法則の前提としている．弾性の法則において "速度が作用しない" という言葉は，
弾性の両端に不連続速度（速度差）が存在しないことを意味する．このとき弾性体は，弾性力が 0
の自然長かまたは一定長（流体の場合には一定体積）に拘束され，一定弾性力（0 を含む）を有し
ながら，静止または剛体運動をしている．弾性体の剛体運動の速度 v が変化する場合には，弾性体
を構成する質量が保有する運動エネルギー（式 D.4）は変化するが，力（弾性力）f は一定のまま
であり弾性が保有する弾性エネルギー（式 D.6）は変化しない．

〔2〕　力 の 法 則

　運動の法則は，物体を質量と見なし，質量の動的機能（D3.4 項）を規定している．すべての物体
は質量を有するから，運動の法則は力学全体に適用できる．これに対して力の法則は，物体を弾性
と見なし，弾性の動的機能（D3.4 項）を規定している．そこで当然ながら力の法則は，弾性という
力学特性を有する弾性体に対してしか適用できない．弾性体は質量と弾性からなるから，弾性体で
は運動の法則と力の法則が共に成立し，両者は互いに対称・双対の関係にある．

　弾性は速度しか受けることができない（D3.5 項（3））から，弾性に対する作用は速度で行われ
ることを，力の法則の前提としている．力の法則において "速度が作用する" という言葉は，弾性
の両端間に速度差（不連続速度）を与えることを意味する．このとき弾性には，作用速度と弾性の
両者に比例する力（弾性力）変動が生じ，それが蓄積されて弾性力が変化し，同時に弾性両端間の
速度差が蓄積されて変形（流体の場合には体積変化）を生じる．

　質量は力を受けてそれを速度に変える（D3.4 項：質量の動的機能）．運動の法則は，作用力が質
量によって速度変動に変換され時間と共に蓄積された結果として速度が変化することを意味し，「力
が原因で運動（速度）が結果」という片方向通行の因果関係を支配する．一方，弾性は速度を受け
てそれを力に変える（D3.4 項：弾性の動的機能）．力の法則は，作用速度が弾性によって力変動に
変換され時間と共に蓄積された結果として弾性力が変化することを意味し，「運動（速度）が原因で
力が結果」という前記と逆方向通行の因果関係を支配する．したがって，**運動の法則と力の法則を
合せることによって初めて，弾性体における力と運動の世界を支配する双方向に閉じた因果関係（因
果律）を力学に導入できる．この閉じた因果関係の連鎖の典型例が自由振動であり，自由振動の正
しい説明は力の法則の導入によって初めて可能になる．**

　力の法則は弾性体のみで成立するから，力と速度の間に閉じた因果関係が実現するのは，弾性体

の力学のみである．それ以外では力は外から与えられ，力学は力の発生原因には関与しないから，元々閉じた因果関係は実現できない（例えば万有引力による天体の運動）．

　"質量に力が作用すれば作用力に比例する速度変動（加速度）を生じる"という**運動の法則**を数式で表現すれば

$$f = M\dot{v} \tag{D.9}$$

　"弾性に速度が作用すれば作用速度に比例する力変動を生じる"という**力の法則**を数式で表現すれば

$$v = H\dot{f} \tag{D.10}$$

力 f と速度 v，質量 M と弾性 H がそれぞれ互いに対称・双対であるから，式 D.9 と D.10 は互いに対称・双対の関係にある．弾性体の力学では，式 D.9 と D.10 が共に成立する．

〔3〕 速度の作用反作用の法則

　力の作用反作用の法則は，"物体 A から物体 B に力を作用させることを物体 B 上にいる観測者から見れば，物体 B から物体 A にそれと逆方向で大きさが等しい力を作用させることである"ことを意味する．これに対して著者が提唱する速度の作用反作用の法則は，"物体 A から物体 B に速度を作用させることを物体 B 上にいる観測者から見れば，物体 B から物体 A にそれと逆方向で大きさが等しい速度を作用させることである"ことを意味する．上記の 2 文章は，力と速度の相互入換以外には同一である．力と速度は互いに対称・双対であるから，これら両法則は互いに対称・双対の関係にある．

　地上に静止している人から速度 v で走る電車に乗っている人を見ると速度 v で移動しており，逆にこの電車に乗っている人から地上に静止している人を見ると速度 $-v$ で移動している．"すべての運動は相対的である"あるいは"慣性系は無数に存在し，どの系でも同一の力学法則が成立する"という**ガリレイの相対性原理**[25] によれば，これら両者間に優劣の差はなく，両者共に同等の権利をもって，"自分が静止し相手が動いている"ことの正当性を主張できる．これら両者は，共に真の事実であり同一の現象の対称・双対表現なのである．このように，著者が提唱する速度の作用反作用の法則は，ガリレイの相対性原理の別表現である．

　前述のように，古典力学は力の発生原因には関与しない（D1.2 項）から，ニュートンの 3 法則は，運動を変化させる実体の力であればあらゆる種類の力に対して有効であり，力学全体を支配する．これに対し，力の種類を弾性力に限定する弾性の法則と力の法則は，弾性体の力学に対してしか適用できない．一方速度の作用反作用の法則は，速度の発生原因が何であっても速度が存在しさえすれば成立するから，力の作用反作用の法則と同様に，弾性体の力学のみでなく力学全体を支配する．

D4.2　フックの法則

　在来力学では，フックの法則は静力学を，ニュートンの法則は動力学を支配する法則であり，両者は無関係であるとされている．また，フックの法則の対称・双対となる法則は，在来力学の中に

補章 D4　力 学 法 則　　　　　　　　　　　　　　　　　　　　　　　　　347

は存在しない，とされている．しかし，弾性体の力学ではニュートンの法則とフックの法則を用い
て運動方程式を立てるのが常道であることから推察できるように，両者は共に弾性体の力学を構成
する法則であり，何らかの相互関係を有するはずである．また，フックの法則も物理法則である以
上，それと対称・双対となる法則が存在するはずである．著者は，この認識に基づいて，以下の記
述内容を新しく提言する．

　力 f の時間積分は運動量 p であるから，式 D.9（運動の法則）を時間で積分すれば

$$p = Mv \tag{D.11}$$

式 D.11 は**運動量の定義**である．一方，速度 v の時間積分は位置 x であるから，弾性 H が一定不変
であるという仮定の下に式 D.10（力の法則）を時間で積分すれば

$$x = Hf \tag{D.3}$$

式 D.3 は，剛性 K ではなく弾性 $H(=1/K)$ を用いたフックの法則である．力 f と速度 v，それら
を時間積分した運動量 p と位置 x，質量 M と弾性 H はそれぞれ互いに対称・双対であるから，式
D.11 と D.3 は互いに対称・双対の関係にある．このように，"**フックの法則は，力の法則の時間積
分に他ならず，運動の法則の時間積分である運動量の定義と互いに対称・双対の関係にある**"こと
が，著者によって新しく明らかにされた．

　式 D.3 は，弾性 $H = 1/K$ が一定不変であるという仮定の下に，力の法則である式 D.10 を時間積
分して得られる式である．このことは，フックの法則は厳密には線形弾性系にしか適用できないこ
とを意味する．これに対して**力の法則は，共に瞬時状態量である力と速度の関係を規定するから，
線形・非線形を問わずすべての弾性体に適用できる，フックの法則よりも普遍性を有する基本法則**，
である．

　以上のように，**著者が提唱する新しい法則によって初めて，これまで無関係とされていたフック
の法則と他の力学法則を関係付けることができ，またフックの法則に対称性を導入できた**．

　フックの法則は，弾性力と変位間の比例関係を規定する法則であり，弾性（ばね）に対する拘束
力とばねの変位の比例関係を規定する法則でもある．弾性力はばねの変位と同期して現れる内力で
あり，両者の間には時間差がなく，両者は共にばねに対する作用速度（原因）から時間的に遅れて
生じる結果である．そこで，因果関係の立場から見れば，フックの法則は，ばねに速度が作用し続
け弾性エネルギーが蓄積した結果として生じる"結果（弾性力）と結果（変位）の関係"を記述す
る法則であると言える．

D4.3　運動量の法則

　在来力学では，運動量保存の法則をニュートンの運動の法則と力の作用反作用の法則から導く形
で説明している[9]．これは，前法則が後 2 法則より時代的に遅れて発見されたためであるが，運動
量保存の法則は，力学エネルギー保存の法則と同様に，運動の法則よりも基本的かつ一般的な法則
である．

在来力学では，運動量の法則・運動量保存の法則と対称性を有する法則は存在しないとされていた．著者は以下に，これらの法則に対称性を導入することを新しく試みる．

運動量の法則は，「**運動量の時間変化は力積に等しい**」または「**運動量の時間変化率は力に等しい**」と記述される．これを数式で表現すれば

$$p(t_2) - p(t_1) = \int_{t_1}^{t_2} f \, dt \qquad \text{または} \qquad \dot{p} = f \qquad\qquad (D.12)$$

上記の記述において，運動量 p と力 f を，それぞれと対称・双対の関係にある位置 x と速度 v（D2節）に置き換えれば，「**位置の時間変化は速度積に等しい**」または「**位置の時間変化率は速度に等しい**」という，自明の事実になる．ここではこれを仮に "**位置の定義**" と呼ぶことにする．これを数式で表現すれば

$$x(t_2) - x(t_1) = \int_{t_1}^{t_2} v \, dt \qquad \text{または} \qquad \dot{x} = v \qquad\qquad (D.13)$$

式 D.12 と D.13 が互いに対称・双対の関係にあることは一見して明らかである．

「**速度が作用しない物体の位置は保存される**」という自明の事実を，ここでは仮に "**位置保存の定義**" とよぶことにする．そうすれば，「**力が作用しない物体の運動量は保存される**」という**運動量保存の法則**とこの位置保存の定義は，互いに対称・双対の関係にある．

こうして，在来力学では存在しないとされていた，運動量の法則・運動量保存の法則と対称の関係にある事象（定義）が明らかになった．

運動量の法則・運動量保存の法則，および位置の定義・位置保存の定義は，力の作用反作用の法則・速度の作用反作用の法則と同様に，自明であたりまえの事実であり，力学エネルギー保存の法則の成立・不成立とは無関係にいかなる場合にも常に成立し，力学全体を支配する．法則とはこのように自明であたりまえの事実なのである．

著者による以上の新事実の指摘によって初めて，**ニュートンの法則・フックの法則と同様に，運動量の法則・運動量保存の法則に対して対称性を導入でき，力学を構成する主要な基本法則における対称性の存在が明らかにされた．**

補章 D5　力学エネルギー

D5.1　エネルギーとは

本補章 D で著者は，力学の基本を，在来力学の "**力が作用しない物体は運動を一定に保ち，力が作用する物体は運動を変化させる**" という力と運動を表に出した概念から，"**力学エネルギーの均衡状態にある物体はこれを保ち，不均衡状態にある物体は均衡状態に復帰しようとする**" というエネルギーを表に出した概念に変えることを試みている．

エネルギーは，全物理学領域を支配する唯一の物理量であり，ものづくりに不可欠・最重要な概念である．しかし，エネルギーという概念がまだこの世に存在しない時代に誕生し，力から運動への因果関係を根幹に置く在来の古典力学の中には，当然のことながらエネルギーに関する詳細な説明は存在しない．そこで本項では，まずエネルギーとは？ について論じる．

補章 D5　力学エネルギー　　　　　　　　　　　　　　　　　　　　　　　　　　　　　　　349

　英語の energy はギリシャ語の $\varepsilon\nu\varphi\rho\gamma\varepsilon\nu\alpha$（英文字 energeia）から由来する．この言葉の中の $\varepsilon\nu$ は英語の in，$\varepsilon\rho\gamma o\nu$ は "仕事" を意味する．この言葉から理解できるように力学では，**"エネルギーは仕事をする能力である"** と定義されている．この定義から見れば，エネルギーは仕事をする方向からされる方向へと移動する，と考えるのが自然である．

　エネルギーは**仕事**をする能力であるから，エネルギーの単位は仕事と同一であると決められている．しかし，エネルギーと仕事は，単位は同一であるが互いに異なるものであることに注意を要する．エネルギーは "持っている" ものであり，質量なら速度，ばねなら弾性力または変位が決まれば，外部の状況に関係なく自身の力学特性だけで決まってしまう．これに対して仕事は "する" ものであり，物体が外部になす行為の量であり，外部との関係で決まる．例えて言えば，エネルギーは所有する財産の量であり，仕事は消費という行為の量である．ただし，消費すれば財産はその分だけ減少するから，エネルギーと仕事は互いに深く関係し，両者は個別に存在することはできない．仕事は必ずエネルギーの移動を伴い，仕事をすればエネルギーは減少する．

　エネルギーには，重力・運動・熱・弾性・電気・化学・輻射・核など，様々な形態があり，物理学では明確に定義されているが，それらは数学的な抽象量である．エネルギーとは何か？ については，時間とは何か？ についてと同様に，現在の物理学では何も言えない．

　ライプニッツ（1647-1716）は，Mv^2 という量を定義して活力と名付け，外作用が無いときの物体の運動ではこれが保存されることを主張した．これが運動エネルギーの萌芽である．18 世紀末には，物体は純粋に力学的な方法では初速度 0 で自由落下を始めた高さより高い位置に自らでは到達できないことが実証された．これが力学的エネルギー保存の法則の萌芽である．**ヤング**（1773-1829）は 19 世紀初めに，"力" の代りに "エネルギー" という言葉を初めて用いた．**コリオリ**（1792-1843）は 1829 年に，運動エネルギーを初めて $Mv^2/2$ と定義した．

　力学の範囲を超えて熱現象をも含めた**エネルギー保存の法則**は，ニュートンの法則による力学誕生以来約 150 年後にようやく，**マイヤー**（1814-1878），**ジュール**（1818-1889），**ヘルムホルツ**（1821-1894）等によって，実験的にも理論的にも確立された[23]．

　古典力学では，運動エネルギーは物体（質量）に，位置エネルギーは場に宿るとされている．**場**は，時空間のゆがみであるが，単なる時間・空間とは異なり，エネルギーと運動量を保有するれっきとした物理実体である．位置エネルギーを保有する場は，力学エネルギー保存の法則を成立させる種類の作用力である**保存力**（万有引力など）を出すから，**保存力の場**という[9]．

　弾性体の力学では物体と場が同一（＝弾性体），他の力学（運動体の力学など）では両者が別物，である．物体の物理学である古典力学は，対象物体とは別に存在する場（宇宙空間など）におけるエネルギーの正体には関与せず，場からの作用を既知力（万有引力など）として与えている．これに対して，**場が物体と同一である弾性体の力学に限っては，場が有するエネルギーを古典力学の範囲内で扱うことが可能であり，それによってこれまで実現困難とされていたエネルギー現象の対称**

性と閉じた因果関係を古典力学に導入できる，というのが，著者の主張である．

熱エネルギーは，基本的には原子・分子の微視的不規則振動の運動エネルギーである．しかし，温度が高いと激しく振動をする原子・分子同士が衝突・反発し合うために，原子・分子間の平均距離がわずかに大きくなる．これを巨視的に見れば，熱膨張であり位置エネルギーの増加である（補章 E4 節）．このように熱エネルギーは，大部分が原子の質量が有する運動エネルギー，残りは原子間ポテンシャル場が有する位置エネルギーであり，両者共に力学エネルギーである．巨視的視点からしか物理現象を把握・判断できない私達は，この微視的力学エネルギー全体を熱と呼んでいる．

原子・分子が不規則振動すると，隣接する原子・分子を励起・加振する．その結果，微視的力学エネルギーの一部が隣接する原子・分子に移動し，不規則振動は周辺の原子・分子に広がっていく．全体としての微視的力学エネルギーの量は保存され変化しないから，個々の原子・分子が有する力学エネルギーは減少し不規則振動は弱まっていく．熱の消散は，全体として微視的力学エネルギー保存の法則が成立しながらエネルギーが拡散・希薄されることであり，消滅することではない．

電気エネルギーは，電荷の斥力と引力に関係する．電磁気学では，電気・磁気のエネルギーは場に宿るとされている[9]．その正当性は，時間と空間以外に何もない真空中を伝わる電磁波（エネルギーの波動伝搬）の存在から明らかである．

化学エネルギーの主なものは，電子と陽子の相互作用が生む電気エネルギーであり，大部分は電気力による位置エネルギーである．残りは，原子核のまわりを運動する電子の運動エネルギーである．

一般に物理学では，保存される量が重要な役割を持つ．現在まで知られているあらゆる自然現象の全部に当てはまる事実（法則）が 1 つある．それが**エネルギー保存の法則**であり，**自然界でどのような現象が起こってもエネルギーという量は変化しない**．自然現象の時間連続対称性を支配するエネルギー保存の法則は，物理法則が時間不変であることと深く関係している[26]．

D5.2 対称性の導入

〔1〕 力学エネルギーの数式表現

すでに D3.3 項で述べたように，**力学エネルギーは運動エネルギーと位置エネルギーからなる．これら両エネルギー間の相互変換は力学の根幹を支配するから，両者間には対称性と因果律から見て不可分の関係があり，これが力学における最重要事項である**．しかし，古典力学は物体の力学であり，場（重力場など）が保有する位置エネルギーの発生原因や存在理由には関知しない立場をとっているから，これについては本来議論できない．幸いなことに，唯一の例外がある．それが，位置エネルギーを保有する場（弾性 $H = 1/K$（K は剛性）は弾性体という場の力学特性）と運動エネルギーを保有する物体（質量 M は弾性体という物体の力学特性）が同一である弾性体の力学である．

そこで著者は，在来力学では不明とされていた，弾性体の力学におけるこれら両エネルギー間の

補章 D5　力学エネルギー　　　　　　　　　　　　　　　　　　　　　　　　　351

対称性を明らかにする.

　弾性体（場）が力 f の形で保有する位置エネルギーである**弾性エネルギー**は式 D.6 で表現され，フックの法則 $x = Hf$ （式 D.3）と $H = 1/K$ の関係を用いれば

$$U = \frac{1}{2}Hf^2 = \frac{1}{2}(\frac{1}{H})(Hf)^2 = \frac{1}{2H}x^2(=\frac{1}{2}Kx^2) \tag{D.14}$$

　一方，弾性体（物体）が速度の形で保有する運動エネルギーは式 D.4 で表現され，運動量の定義 $p = Mv$ （式 D.11）を用いれば

$$T = \frac{1}{2}Mv^2 = \frac{1}{2}(\frac{1}{M})(Mv)^2 = \frac{1}{2M}p^2 \tag{D.15}$$

　力 f と速度 v，それらを時間積分した運動量 p と位置 x がそれぞれ互いに対称・双対であり（D2 節），また弾性体では弾性 H と質量 M が互いに対称・双対である（D3 節）から，弾性エネルギー（式 D.14）と運動エネルギー（式 D.15）は互いに対称・双対の関係にあることは一見して明らかである.

　こうして，**弾性体の力学エネルギーに対称性を導入できた**（D3.3 項）.

〔2〕　**在来力学の考え方**

　在来力学では，すべての作用は力によってなされるとし，物体を質量とみなし，物体になされる仕事は運動エネルギーを変化させると考える [1].　一方弾性体に対しては，フックの法則で表現される力 $f = Kx$ （式 D.2）が外部から物体（弾性）に作用して仕事をし，次式に従って弾性エネルギーを変化させると説明されている.

$$W = \int_0^t f\,dx = \int_0^t Kx\,dx = (\frac{1}{2}Kx^2)_0^t = U - U_0 \tag{D.16}$$

この考え方は，以下の理由によって厳密さを欠く.

① 弾性には，速度を作用させる（両端間に速度差を与える）ことはできるが，力を作用させることはできない（D3.5 項(3)）.

② 一般に外作用力は，それを発生する作用源のみによって決められ与えられるものである. これに対して力 $f = Kx$ は，作用源には無関係であり，作用を受ける対象である弾性体（ばね）の力学特性である剛性 K と，作用を受けた結果として対象に生じる変位 x のみに依存して決定される. したがってこの力は，外部の作用源が作用対象である弾性に仕事をして力学エネルギーを供給する外作用力ではなく，外部から弾性に速度が作用して仕事をした結果，弾性体の中に生じた弾性力 Kx （内力）である. 同時にこの力は，弾性力を有する弾性の両端から外部に作用する復元力 $-Kx$ （弾性力の反作用力）に抗して弾性の両端を拘束する，外部からの拘束力（復元力の反作用力 ＝ 弾性力）である. 拘束力は，対象（弾性）を拘束するだけで仕事をしない [9] から，外部からエネルギーを供給して弾性に仕事をする作用力ではない. 因果関係から見れば $f = Kx$ は，作用速度が原因となってその結果生じた弾性力 f と，それと同時に生じた変位 x の関係を記述する式であり "結果と結果" の関係式である（D4.2 項）.

補章 D6　概念の明確化

D6.1　力 の 釣 合

質点に複数の力 f_i $(i = 1, 2, \cdots)$ が作用するとき，それらの合力が 0 であることを，**力の釣合**が成立するという．これを表現する力の釣合式は

$$f = \Sigma_i f_i = 0 \tag{D.17}$$

現在，"力の釣合"という概念の意味については，以下に記すように若干の混乱がある．

高校教科書[25]には，力の釣合が次のように定義されている．「1 つの物体にいくつかの力が同時に働いていて，それらの合力が 0 のとき，これらの力は釣り合っているという．物体に働く力が釣り合っているとき，物体は静止または等速直線運動をする．」高校教科書に書かれている以上，これは正しい定義であると考えてよい．これを逆に見れば，力を受けて運動の法則に従って加速度を生じ速度が変化しながら運動している物体は，すべて力の不釣合状態にあることになる．

ケルビン（1824-1907）は，「静力学は力の釣合を扱い，動力学は物体の運動を生み出すないしは運動を変化させる，釣り合っていない力の効果を扱う．」と述べている[8][9]．これによれば，動力学における運動方程式は，加速度を含み運動が生み出されたり変化したりする状態を表現しているから，すべて力の不釣合式であることになる．

一方，**ダランベール**（1717-1783）は **"釣合の法則"** を提唱し，力の釣合は力学全体でいかなる場合にも成立する，とした[8][9]．後世の力学者は，この法則に基づいて **"静力学と動力学は力の釣合によって統一できる"** とし，これを **"ダランベールの原理"** と称した[1]．法則・原理は例外を許さないから，これによれば力の釣合が成立しない力学状態は存在しないことになる．事実私達は日常，力の釣合がいかなる場合にも成立することを暗黙の前提として，力の釣合式を作成し動力学における運動方程式を導いている．

本項では，力の釣合の正しい意味を説明し，上記の混乱を解消する．

現在，力の釣合という言葉は，次の 2 通りの意味で用いられている．

① **狭義の力の釣合**　　高校教科書に記されケルビンが言う力の釣合である．

物体（質量）に力が作用すれば，質量から必ず反作用力が返ってくる．狭義の力の釣合では，反作用力は勘定に入れず，作用力のみで釣合の成否を論じる．狭義の力の釣合が成立する場合には，作用力のみの総和としての式 D.17 が成立するから，力が釣り合うことと作用力が存在しないことは等価になる．このとき質量は，慣性の法則に従って静止か一定の速度を維持する．一方狭義の力の釣合が成立しない場合には，質量は運動の法則に従って加速度を生じ，速度が変化する．

狭義の力の釣合は力学エネルギーの均衡と等価である．狭義の力の釣合が成立する場合には，力学エネルギーは均衡状態にあって流動せず，質量は静的機能（D3.4 項）を演じる．狭義の力の釣合が成立しない場合には，力学エネルギーは不均衡状態にあって移動し，質量は動的機能

補章 D6　概念の明確化　　　　　　　　　　　　　　　　　　　　　　　　　　　353

（D3.4 項）を演じ，均衡状態に復帰しようとして自身の速度を変動させる（加速度を生じる）.

　狭義の力の釣合は，成立する場合としない場合があるから，単なる力学条件であり，原理・法則ではない.

②　広義の力の釣合　　ダランベールがいう力の釣合であり，"**広義の力の釣合 ＝ ダランベールの原理 ＝ 力の作用反作用の法則**" の関係がある [8].

　広義の力の釣合では，作用力と反作用力を別個の力として扱っている. 作用力は必ず反作用力を伴い，作用力と反作用力を足せば必ず 0 になるから，広義の力の釣合は力が存在すればいかなる場合にも成立する法則である. 狭義の力の釣合が成立する場合にも作用反作用の法則はもちろん成立するから，広義の力の釣合は狭義の力の釣合を含む.

ニュートン・ダランベールの時代には，力の釣合の概念がまだ未分化であり，力学エネルギーの概念も存在しなかった [22), 23)] ため，力の作用反作用・力の釣合・力学エネルギーの均衡，の 3 者間の区別がついていなかった. そしてケルビンの時代に，これら 3 者が分化し区別され狭義の釣合の概念が生まれた [23)].

　質量に作用する力が 1 つである場合には，合力を形成できないから，力の釣合の議論の対象にはならないが，強いていえば，この場合には必ず狭義の力の不釣合状態にあり，質量は運動の法則に従って加速度を生じ運動が変化する. そしてもちろんこの場合には，反作用力が存在し力の作用反作用の法則が成立するから，広義の力の釣合は成立する.

　狭義の力の釣合は，力学エネルギーの均衡状態を扱う静力学では成立し，不均衡状態を扱う動力学では成立しない. これに対して広義の力の釣合は，力学エネルギーの均衡・不均衡には関係なく，力が存在するいかなる場合にも例外なく成立する. したがって広義の力の釣合に基づけば，静力学と動力学を同一の方法で扱うことができる.

　運動方程式は，加速度を含み変化する運動を表現するから，狭義の力の不釣合式である. 同時に運動方程式は，作用源から質量に作用する作用力と質量から作用源に作用する反作用力（慣性力）の和が 0 である，という力の作用反作用の法則を記述するから，広義の力の釣合式である. 例えば，運動の法則を表す式 D.9 を変形した

$$f + (-M\dot{v}) = 0 \tag{D.18}$$

は，質量 M に対する単一の作用力 f とその反作用力である慣性力 $-M\dot{v}$ の和が 0 であるという，力の作用反作用の法則の記述式である. 式 D.18 は，狭義の力の釣合から見れば加速度を含み運動が変化する力の不釣合状態を表現する式であり，作用力のみの和が 0 という式 D.17 とは異なるが，広義の力の釣合から見れば作用力と反作用力の和が 0 という力の釣合式であり，式 D.17 の一種である.

　力の釣合に関する上記の混乱は，狭義と広義を混同して用いるために生じたものであり，両者を区別することによって解決できる.

　弾性体の力学に話を移す. **図 D.1** に示すように弾性体は，実体は連続体であるが，多数の質量と多数の弾性（ばね）が網の目のように複雑多岐に連結された多自由度系としてモデル化される. 弾

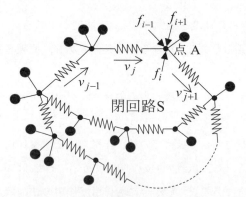

図D.1 多自由度系における作用力と作用速度

性体内の任意の点Aには，それに接続する外部・質量・弾性から複数の力 $f_i\,(i=1,2,\cdots)$ が作用する．これらの力は，点Aに加えられる個々の作用力とそれに対する反作用力であり，それらの総和に関しては，力学エネルギーがこの点を流動するか否かには無関係に，作用力が存在すればいかなる場合にも式D.17が成立する．これが弾性体の力学における広義の力の釣合（ダランベールの原理）であり，これは力学法則である．

D6.2 速度の連続

物体（弾性体）の力学的性質のうちで速度を受けるのは弾性（ばね）である（D3.5項（3））から，速度の作用と連続・不連続を議論する場合には物体を弾性と見なす．物体を質量と見なす場合の力の釣合・不釣合の概念は力学全体に適用できるが，速度の連続・不連続の概念は弾性体の力学にしか適用できない．弾性体の力学では，力の釣合と速度の連続は互いに対称・双対の関係にある概念であり（D3.4項），速度の連続も力の釣合と同様に，次の2通りの意味で用いられている．

① **狭義の速度の連続**　物体を弾性（ばね）と見なすことを前提として，狭義の速度の連続は次のように定義される．「**物体に複数の速度を与えても力（弾性力）が変化しないとき，速度は連続しているという．**」

狭義の速度の連続状態にある物体は，弾性の法則（D4.1項〔1〕）に従って0を含む一定弾性力（物体が形を形成し変形する固体である場合には弾性力を変形と置き換えてもよい）を維持する．これに対して狭義の速度の不連続状態では，物体内の自由度間に速度差（伸び・縮みの相対速度）が生じ，隣接する2自由度間を連結している弾性内には，力の法則（D4.1項〔2〕）に従って弾性力の変動を生じる．このように狭義の速度の連続は，成立するときとしないときがあるから，いかなる場合でも例外なく成立する法則ではなく，単なる力学条件にすぎない．

② **広義の速度の連続**　図D.1に示す多自由度系内において複数の弾性（ばね）の直列接続からなる任意の閉回路Sについて考える．この閉回路を形成する個々の弾性 $j\,(j=1,2,3,\cdots)$ には相対速度（両端間の速度差）v_j が存在し，これらは狭義の速度の不連続状態にあるとする．この閉回路を1周すれば元の接続点に戻るから，各弾性に作用する速度の1周にわたる総和は必ず0になり，次式がいかなる場合にも例外なく成立する．

$$v = \sum_j v_j = 0 \tag{D.19}$$

式D.19が，広義の速度の連続を表す式である．このように広義の速度の連続は，単一の弾性ではなく弾性体内の任意の閉回路を形成する複数の弾性の閉連鎖全体に対して成立する概念で

補章 D6　概念の明確化　　　　　　　　　　　　　　　　　　　　　　　　　　　355

ある．式 D.19 はいかなる場合にも成立するから，広義の速度の連続は力学法則である．

D6.3　慣　性　力

慣性力という言葉は，あいまいで混乱を生じやすいので，以下に正しい意味を説明する．

高校の物理学教科書 [25] には，慣性力が次のように説明されている．

「加速する電車の中で，手すりにつかまっている乗客は，手すりが引く力によって前に引っ張られている．これを同じ電車の中にいる観測者から見ると，観測者に対して乗客は静止しているように見える．このとき観測者は，手すりが乗客を前に引く力に対して反対の後向きに慣性力という力が乗客に働いており，これら 2 つの力が互いに釣り合うから乗客が静止している，と考えるのである．しかし実際には，この慣性力はどこにも存在しない．このように，加速度運動している立場から見れば，物体に加速度と反対の向きに働いているように見える力が，慣性力である．**慣性力は見かけの力であり，実在の力ではないので，反作用を伴わない．**」

慣性系（慣性の法則が成立する座標系）で，何の力をも受けないで，慣性の法則に従って静止している物体を，自身が加速度 $\dot{v}$ を有する座標系（非慣性系という：例えば動き始めて増速しつつある電車の中）にいる観測者から見れば，物体は，あたかも観測者自身の加速度 $\dot{v}$ とは逆向きで同じ大きさの加速度 $-\dot{v}$ で動いているかのように見える．そこで観測者は，物体（質量 M ）には $f = -M\dot{v}$ という力が働いて，その結果加速度 $-\dot{v}$ の運動を生じていると，誤って認識する．実際にはどこにも存在しないこの力は，この静止物体が慣性の法則に従っているが故にあたかも生じているように見えるので，慣性力と呼ばれている．**この慣性力は実在しない見かけの力であるから，それに対する反作用力も実在しない．**

さて，外部の作用源が物体（質量 M ）に作用力 f を加えることを，この質量上にいる観測者から見れば，作用源からの作用力と逆向きで同じ大きさの力を作用源に対して加えることになる．これが "力の作用反作用の法則（ニュートンの第 3 法則）" であり，明らかに実在するこの力が反作用力 $f_M = -f$ である．このことは，力の釣合が成立するか否か，また力が仕事をする作用力であるか仕事をしない単なる拘束力であるかを問わず，すべての力に関して成立する．反作用力を伴わない力は，この世には存在しないのである．

外部から作用力 f を受ける質量は，自身に速度変動（加速度）$\dot{v}$ を生じ，同時に反作用力 $f_M = -M\dot{v}$ を生じて外部に作用させる（式 D.18）．私達は，質量が生じるこの反作用力をもまた，慣性力という．この力が慣性力と呼ばれるのは，この力は "今あるままの状態を保とうとする" という物体の力学的性質（＝慣性＝質量）が生じる力だからである（2.1.1 項 [1] ①）．作用力を受け仕事をされる質量は，反作用力としてこの慣性力を生じることによって動的に機能し（D3.4 項），力学エネルギーを吸収する．**この慣性力は，運動の法則に従って実際に生じる実在の力であり，反作用力を有する．**反作用の反作用は作用であるから，慣性力の反作用力は，もちろん作用力である．

作用力が実在する以上反作用力も実在する．この慣性力は，観測者がいる系が慣性系か非慣性系

かには無関係に，いかなる場合にも必ず実在する力であり，先に述べた，非慣性系のみで生じているように誤認識され実在せず反作用力を伴わない見かけの力である慣性力とは，明らかに異なる．

以上のように，**力学では慣性力という言葉を異なる 2 種類の意味で用いている**．慣性力という言葉を用いる際には，このことを認識し，誤解や混乱を招かないように注意する必要がある．

D6.4　作　　　用

まず，**力の作用**について述べる．"力が物体（質量）に作用する" と言うときの "作用" の言葉には，次の 2 通りの意味がある．まず，慣性の法則と運動の法則に用いられている "作用" は，狭義の力の釣合（D6.1 項①）が成立しない不釣合力の作用であり，力が質量に仕事をし，力の作用源から質量へと力学エネルギーが流動する場合のみに用いられる作用である．これに対して力の作用反作用の法則に用いられている "作用" は，力が釣合っているか否か，力が仕事をするか否か，力学的エネルギーが流動するか否か，には無関係に，力が存在するあらゆる場合に適用される作用であり，力の作用は力の存在と同義である．

質量に，大きさが同一で方向が互いに逆である 2 つの力が加わり，狭義の力の釣合が成立している場合を考える．前者の意味から言えば，この場合には力が質量に作用していないことになり，質量は慣性の法則に従って静止か等速直線運動を続ける．一方後者の意味から言えば，2 つの力が質量に個別に作用していることになり，質量から各々の力の作用源に対して個別に反作用力が作用する．

次に，**速度の作用**について述べる．"速度が物体（弾性）に作用する" というときの作用の言葉には，次の 2 通りの意味がある．まず，弾性の法則（D4.1 項〔1〕）と力の法則（D4.1 項〔2〕）に用いられている "作用" は，狭義の速度の連続（D6.2 項①）が成立せず弾性の両端間に速度差（不連続速度）を生じる場合の作用であり，不連続速度が弾性に仕事をし，速度の作用源から弾性へと力学エネルギーが流動する場合のみになされる作用である．これに対して，速度の作用反作用の法則（D4.1 項〔3〕）に用いられている "作用" は，速度が連続であるか否か，速度が仕事をするか否か，力学エネルギーが流動するか否かには無関係に，速度が存在するあらゆる場合になされる作用であり，速度の作用は速度の存在と同義である．

弾性（ばね）の両端に個別に 2 つの速度を与えるとき，これら 2 つの速度の大きさと方向が共に同一であり，両端間に速度差が無く速度の連続が成立している場合を考える．前者の意味（狭義）から言えば，この場合には速度が弾性に "作用していない" ことになり，弾性は弾性の法則に従って内力（弾性力）を保有しない（自然長）かまたは一定の内力を保有し続ける．これに対して後者の意味（広義）から言えば，2 つの速度が弾性の両端に個別に "作用している" ことになり，弾性の両端から各々の速度の作用源に対して個別の反作用速度（D4.1 項〔3〕）が作用する．

補章 D7　補章 D のまとめ

補章 D7　補章 D のまとめ

　補章 D では，エネルギー原理・対称性・因果律という自然界を支配する 3 原理に注目し，① 力学理論の基本概念を力と運動から力学エネルギーに移す，② 力学を構成する法則と物理事象に対称性を導入する，③ 弾性体の力学に閉じた因果関係（因果律）を導入する，の 3 点に関して，古典力学の再構成を行った．その結果，多くの新知見が得られ，力学の新しい全体像を提示できた．

　図 D.2 に，力学を構成する物理量（状態量・力学特性・力学エネルギー）の対称性を示す．まず状態量に関しては，力と速度が，またそれらを時間積分した運動量と位置が，それぞれ互いに対称・双対関係にある．次に力学特性に関しては，質量と弾性が互いに対称・双対関係にある．また力学エネルギーに関しては，運動エネルギーと弾性エネルギーが互いに対称・双対関係にある．弾性体における力学エネルギーの対称性は，弾性エネルギーが変位（式 D.5）ではなく力（弾性力：式 D.6）

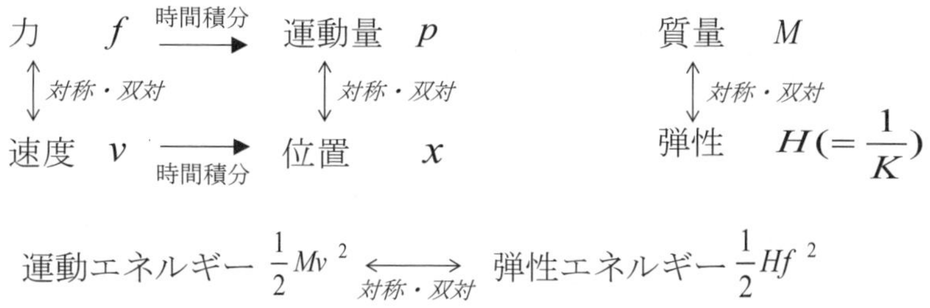

力　　f　$\xrightarrow{\text{時間積分}}$　運動量　p　　　　　質量　　M

$\updownarrow$ *対称・双対*　　　　　　$\updownarrow$ *対称・双対*　　　　　　　$\updownarrow$ *対称・双対*

速度　　v　$\xrightarrow{\text{時間積分}}$　位置　　x　　　　　弾性　　$H(=\dfrac{1}{K})$

運動エネルギー $\dfrac{1}{2}Mv^2$ $\xleftrightarrow[\text{対称・双対}]{}$ 弾性エネルギー $\dfrac{1}{2}Hf^2$

図D.2　力学における状態量・力学特性・力学エネルギーの
対称性

で保有される，という著者の新しい提言によって，初めて明らかになった．

　図 D.3 に，力学を構成する法則間の全体像と相互関係を，対称・双対性に注目してまとめる．図中，下線を付したものは著者が新しく提唱する法則（名称は仮名）であり，その他は在来力学の法則である．また，従来から常識とされていた自明の事実を定義と呼んでいるが，これらは法則に準じたものとして扱う．

　慣性の法則と弾性の法則，運動の法則と力の法則，運動量の法則と位置の定義，運動量保存の法則と位置保存の定義，運動量の定義とフックの法則，力の釣合則と速度の連続則，力の作用反作用の法則と速度の作用反作用の法則は，それぞれ互いに対称・双対の関係にある．速度の作用反作用の法則はガリレイの相対性原理に由来する法則である．

　慣性の法則は力が作用しないときの質量の静的機能，弾性の法則は速度が作用しないときの弾性の静的機能，運動の法則は力が作用するときの質量の動的機能，力の法則は速度が作用するときの弾性の動的機能を規定する．運動量に関しては，作用力が存在しない場合には運動量保存の法則，存在する場合には運動量の法則が成立する．位置に関しては，作用速度が存在しない場合には位置保存の定義，存在する場合には位置の定義が成立する．

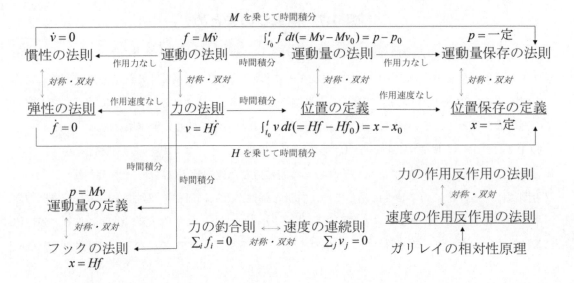

図D.3　力学法則の全体像　（下線付きは著者が提唱，名称は仮名）

弾性の法則，力の法則およびフックの法則は弾性体の力学のみを支配する法則であり，その他はすべて力学全体を支配する法則である．

図 D.3 では，運動量の法則と位置の定義はそれぞれ運動の法則と力の法則の時間積分の結果として得られ，同様に運動量保存の法則と位置保存の定義はそれぞれ慣性の法則と弾性の法則の時間積分の結果として得られると示されている．しかしこれはあくまでニュートンの法則を根幹とする古典力学の流儀に従った説明であり，実際には，運動量の法則・運動量保存の法則・位置の定義・位置保存の定義は，運動の法則・力の法則・慣性の法則・弾性の法則よりも基本的な法則である．

フックの法則は，弾性が一定不変であるという仮定の下に力の法則を時間積分して得られる法則である．したがって，フックの法則は厳密には線形弾性体にしか適用できない．これに対して瞬時状態量（力と速度）同士を関係付ける力の法則は，線形・非線形を問わずすべての弾性体に適用できる，フックの法則よりも基本的な法則である．

図 D.3 に示すように，在来力学における法則群に著者が提唱する新しい法則群（下線付き）を加えることにより，力学を構成し支配するすべての法則が相互に関係し合って，整然と統一された力学法則の世界を形成し，すっきりと美しく整った自然界の片鱗を，古典力学の中に表現できることを，理解いただけると思う．

以上，著者によって初めて，力学の根幹を力と運動から力学エネルギーに移し，また力学全体に自然界の対称性を具現し，合せて物理事象の閉じた因果関係（因果律）を弾性体の力学に導入できた．これにより，私達が現在通常のものづくりに用いている古典力学を，本来あるべき姿に再構成し筋を通すことができた．

なお，本補章 D の内容をさらに詳しく知りたい方は，参考文献 10 の 1 章あるいは参考文献 9 の 1.8 章をお読みいただきたい．

補章E　粘性の正体

補章E1　粘性とは

E1.1　歴史的背景

粘性については，空気や水の中を運動する物体に作用する抵抗力として古くから認識され，地上的・現実的・軍事的な問題として重視されてきたが，それが中世に学問の対象として取り上げられることはなかった[23]．**デカルト**（1596-1650）は，「運動は最初に神が世界に与えた後は減りも増えもしない」という形而上学的保存命題を動的宇宙論の原理とし，地上物体のすべての運動に見られ運動を減少させる摩擦や抵抗の存在には目をつむった．**ガリレイ**（1564-1642）は，著書［新科学対話］に，「媒体の抵抗から生じるかく乱はといえば，これは著しいことであるが，その影響が多様なので，一定の法則も，的確な論述も述べることができない．‥‥そこで運動の問題を科学的な方法で取り扱うためには，これらの困難を切り離して観ることが必要である．」と記し[23]，流体からの抵抗や固体摩擦の存在と重要性は認めながら，それに関する考察を，運動を論じるための数学的科学から追放した．つまりデカルトにせよガリレイにせよ，永続的・周期的運動を続ける不生不滅の天上世界と，すべての運動が必ず減衰し消滅する地上世界を統一するために，地上運動に必然的に付随する空気抵抗や摩擦などの運動の減衰要因を，それらを当時の学問の対象にできないという理由で，非本質的・副次的なものと見なして捨てた[23]．これらのことから理解できるように粘性の概念は，経験的にではあるが，運動に対する抵抗現象として，**フック**（1635-1702）による剛性（復元性）や**ニュートン**（1643-1727）による質量（慣性）の概念よりも早くから存在し，認識されていた．

力から運動への関係を表す3法則を提唱し，力の概念を初めて科学の俎上に乗せる形で力学を創生したニュートンは，媒質からの抵抗による運動の減衰を初めて力と見なし，数学的法則の支配下に置いた．彼は著書［プリンキピア］で，速度に比例する抵抗力の下での物体の運動解析を行っており，その際示した運動の法則は差分方程式（ $\Delta(Mv)=(f-Cv)\Delta t$ ）であった．ニュートンは，この差分方程式を幾何学的方法で解いた．またニュートンは，潮の干満の正体を説明する際に，流体が粘性抵抗を有することを考慮に入れていた．

これらの先駆的研究は，やがて，**ポアズイユ**（1797-1869），**レイノルズ**（1842-1912），**プラントル**（1875-1953）などに代表される粘性流体の研究へと発展していく．ただしこれらの研究は，粘性自体の正体や発生機構に関するものではなく，粘性の存在・性質・働きをあるがままに認め，それを前提とした，運動に対する粘性の影響に関するものに限られていた．粘性という力学的特性が，エネルギー原理とどういう関係にあり，なぜ発生し，どうして速度に比例する抵抗を発現するか，については，著者の知る限りでは，現在に至るまで明らかにされていない．

動力学を支配する3種類の力学特性である質量・剛性・粘性のうち質量と剛性（補章Dでは剛性をその逆数の弾性として扱った）は，エネルギー原理との関係が明解であり，私達は日常，それをあたりまえのこととして利用している．例えば有限要素法では，質量行列$[M]$と剛性行列$[K]$は，エネルギー原理に基づいて自動的に作成される．これに対して粘性は，振動工学では重要であるにもかかわらず，その発生機構はまだ解明されていない．

著者は本補章Eで，これまで不明とされていた粘性の発生機構が，エネルギー原理を用いて説明できることを提示する．またこれに関連して，**物質の固体・液体・気体の相変換の原因を新しく明らかにする**．

E1.2　機　　　能

古典力学では粘性は，"単位速度を生じる力の大きさ"と定義され（D3.1項），弾性と同じように2端を有し両端間に相対速度を受けるとそれに比例する抵抗力を生じる力学特性，として扱われている．ただし，運動する物体を囲む外部流体は，物体の絶対速度（外部の静止空間からの相対速度）に比例する抵抗力を生じる．

著者は補章Dで，力学を力と運動の学問からエネルギーの学問へと再構成することを試みており，その中で力学特性の機能を"**力学エネルギーの均衡状態ではそれを保ち，不均衡状態では均衡状態に復帰しようとする**"と表現し，それに従って質量と弾性（剛性の逆数）の機能を定義した（D3.4項）．粘性に対してもこの表現を適用し，粘性の機能を力学エネルギーに基づいて次のように定義する．**粘性は，力学エネルギーの不均衡を不連続速度（両端間の相対速度）で受け，それに比例する抵抗力を発生させながら，作用速度と抵抗力の積に等しいパワー（瞬時力学エネルギー）を単位時間に吸収することによって，力学エネルギーの均衡状態に復帰しようとする．粘性は，吸収したパワーを内部に蓄積・保有することなく，直ちに熱エネルギーに変換し，周辺に拡散・散逸させる**．

以下に，これを詳しく述べる．

粘性は，外部から仕事をされ注入される巨視的運動エネルギーを，直ちに原子・分子の不規則振動の微視的運動エネルギー（巨視的に見れば熱エネルギー）に変換する．原子・分子の不規則振動は，隣接する原子・分子を励起し，自身が有する微視的運動エネルギーの一部を周辺の原子・分子に与える．これにより熱エネルギーは，周辺に拡散しながら薄まっていく[9]．こうして粘性は，不均衡力学エネルギーを吸収すると同時に散逸させることによって，力学エネルギーの均衡を回復させようとする．

粘性Cは，両端間の不連続速度vを受けて仕事をされ，力学エネルギーを吸収しながら，粘性抵抗力$f_c = -C\dot{x}$を出して外作用に抵抗する（式2.3）．この抵抗力に抗して粘性Cに外から加える力fは粘性抵抗力の反作用力であり

$$f(=-f_C)=C\dot{x}=Cv \tag{E.1}$$

粘性は，自身に注入された力学エネルギーをただ散逸させるだけであり，内部に蓄積・保有する

補章 E1　粘性とは　　　　　　　　　　　　　　　　　　　　　　　　361

ことができない．この点が質量・弾性と根本的に異なる．粘性が吸収し散逸させる**散逸パワー**（パワー＝単位時間になす仕事＝仕事率）は，式 E.1 より

$$P = fv = Cv^2 = C\dot{x}^2 \tag{E.2}$$

散逸されたエネルギーは元に戻ることはないから，粘性の機能は常に受動的・不可逆的である．また，動くことを嫌い速度に対する抵抗力を生じる粘性は，すべての動的現象の発生を抑制して妨げ，発生したら減衰させるだけで，能動的にその発生に寄与することはない．したがって動力学では，粘性は単なる抑制・阻害要因にすぎず，質量・剛性とは異なりその立役者にはなりえない．

強制振動 $x = X\sin\omega t$ （$\dot{x} = \omega X\cos\omega t = V\cos\omega t$：$V = \omega X$ は振動の速度振幅）において，粘性への作用速度 v が粘性になして散逸させるパワーを**散逸関数**という（補章 B の式 B2.54）．散逸関数 P_C は，力 f （式 E.1）と速度 $v = \dot{x}$ の積として定義され，振動の 1 周期 $T = 2\pi/\omega$ になす仕事の時間平均値であり，式 E.2 と A1.21 と A1.37 より

$$\begin{aligned}
P_C &= \frac{1}{T}\int_0^T C\dot{x}^2\,dt = \frac{C}{T}\int_0^T \omega^2 X^2 \cos^2\omega t\,dt = \frac{C\omega^3 X^2}{2\pi}\int_0^{2\pi/\omega}\frac{\cos 2\omega t + 1}{2}\,dt \\
&= \frac{C\omega^3 X^2}{4\pi}\left[\frac{\sin 2\omega t}{2\omega} + t\right]_0^{2\pi/\omega} = \frac{1}{2}C(\omega X)^2 = \frac{1}{2}CV^2
\end{aligned} \tag{E.3}$$

粘性は，外部から力学エネルギーを吸収し直ちに熱エネルギーに変換して散逸させるだけであり，力学エネルギーを自身の内部に蓄積し保有することはない．自分が保有していないものを放出し他に与えることはできないから，**粘性は，ただ力学エネルギーを吸収して散逸させるだけで，自ら外に作用を加えて能動的に仕事をすることはない．このように粘性の機能は，受動的かつ不可逆的であり，すべての動的現象の発生を妨害・抑制し，生じたら減衰・消滅させるだけで，粘性単独で力学現象を発生させることはない．**

質量・弾性は，力学エネルギーの均衡状態では一定の力学エネルギーを保有し一定の速度・力（弾性力）を維持する，という静的機能と，その不均衡状態では不均衡分を吸収して自身の速度・力を変動させる，という動的機能の両者を演じる（D3.4 節）．吸収し保有している力学エネルギーは放出できるから，質量と弾性の機能はエネルギーの吸収と放出から見て可逆的である．これに対して**粘性は，力学エネルギーを保有できないから，力学エネルギーが均衡状態にある静的状態では機能せず，力学エネルギーの不均衡に起因する動的状態においてのみそれを抑制するように機能する**（D3.4 節）．この点で粘性は，質量・弾性と異なり，エネルギー流れが不可逆的である．

本来粘性は，弾性と同様に 2 端を有し，力学エネルギーの不均衡を不連続速度（両端間の相対速度）として受ける力学特性である．しかし粘性は，作用速度によって流入するパワーが内部に蓄積（時間積分）されて弾性エネルギーが生じて初めて抵抗力（復元力）を発生する弾性とは異なり，作用速度と同時にそれに対する抵抗力を発生し，作用速度（原因）と抵抗力（結果）が同時刻になる．そこで，少なくとも時間的には，因果関係を逆にして現象を解釈することができる．すなわち

粘性の機能を，"速度を受けて力を発生させる"代りに"力を受けて速度を発生させる"と見なすこともできる．物体が固体である場合の後者が**"塑性"**と呼ばれる力学的性質であり，後者の蓄積が"塑性変形"となる．粘性と塑性は同一の力学的原因から生じるのである．

補章 E2　ポテンシャルエネルギー場における粘性

物質には，力学エネルギーを散逸させる性質が存在し，機械力学ではこれを**減衰**と総称する．在来力学では減衰は，**力学エネルギー保存の法則**（D5.1 項，以下保存則）に従わない力学的性質であり，保存則に従う力学的性質である弾性とは無関係であると考えられてきた．著者は，本節でこれを否定し，その理由を，減衰を代表する粘性について，以下に説明する．

保存則に従わないエネルギー現象はこの世には存在せず，粘性も例外ではない．また粘性と弾性は決して無関係ではなく，密接な関係がある．このことは，弾性が支配する固体に熱エネルギー（原子・分子レベルの微視的力学エネルギー）を与えるだけで溶解し，粘性が支配する流体に変質する（後述 E4 節）ことから，推察できる．以下に，このことの正当性を物理学的に解明する．

弾性と粘性の違いは次の通りである．弾性が物体を連続体と見る巨視的観点からの保存則に従うのに対して，粘性は巨視的観点からの運動エネルギーを原子・分子の不規則振動という微視的観点からの運動エネルギーに変換する．私達は，前者を力学エネルギー，後者を熱エネルギーと呼んでいるにすぎず，巨視・微視の区別を除けば，粘性も保存則に従うことに変りない．力学エネルギーから熱エネルギーへの変換は自然の状態ではエントロピー増大の原理による不可逆現象であることと，熱エネルギーは周辺の原子・分子に伝搬され拡散すること（広がり薄められることであり消滅することではない）から，粘性は保存則に従わない，とされているのである．

質量と弾性からなる力学系では，保存則が成立し，ニュートンの運動の法則とフックの法則が適用できて，運動方程式は線形微分方程式になる．これに対して減衰を有する力学系では，運動方程式が非線形微分方程式になる．これには 1 つの例外がある．それが粘性という種類の減衰であり，粘性が存在しても運動方程式は線形になる（式 2.4）．線形運動方程式はエネルギー原理から導かれる [1) 8)] ので，粘性は，同じく線形運動方程式を構成する質量・弾性と同様に，その発現機構と機能をエネルギー原理に基づいて物理学の立場から説明できるはずである．しかし，著者が知る限りではこのような試みはこれまで行われておらず，在来力学では粘性の発現機構は不明とされている．

本補章では，粘性の発生機構と速度に比例する抵抗力を出す理由を，エネルギーを用いて説明する．まず，ポテンシャルエネルギー（位置エネルギー）を用いれば弾性と粘性の機能と現象を統一的に説明できることを述べる．簡単のために，原点 $x = 0$ に関して対称性を有する次の 1 次元ポテンシャルエネルギー場 $U(x)$ を想定し，位置 x に物体が存在するとする．

$$U(x) = ax^n \quad (x \geq 0) , \quad U(x) = U(-x) \quad (x < 0) \tag{E.4}$$

ここで a は正の定数である．**図 E.1** にこの 1 次元ポテンシャルエネルギー場を，指数 n をパラメータとして示す．この場に置かれた物体には，場から力が作用する．場からの作用力 $f(x)$ は場の位置

補章 E2 ポテンシャルエネルギー場における粘性　　　　363

x に関する微分の負値に等しい[8)9)] から

$$f(x) = -\frac{dU}{dx} = -nax^{n-1} \quad \text{(E.5)}$$

ポテンシャルエネルギーは場が力を出して仕事をする潜在（potential）能力であり，実際に力を出して外部に作用させればその分だけ潜在能力は減少する．したがって，重力場に置かれた物体には重力エネルギーが減少する鉛直下方に力が作用するように，力は，常にポテンシャルエネルギーが減少する方向に作用し，式 E.5 のように場 U の勾配の

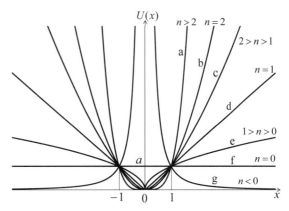

図 E.1　1次元ポテンシャルエネルギー場
$U(x) = ax^n$, $U(-x) = U(x)$

負値として定義される．場が弾性体である場合には，場からの作用力は復元力になる．復元力は，内力（弾性力）の反作用力であり，弾性エネルギー（弾性体という場におけるポテンシャルエネルギー：式 D.6）が減少して 0（ばねの自然長）に向う方向に作用する．

図 E.2 に，ポテンシャルエネルギー場から作用する力を，指数 n をパラメータとして示す．同図の縦軸は，力の性質（大きさではない）を比較しやすいように $f(x)/n$ とし，正は斥力，負は引力を意味する．作用力の勾配は，式 E.5 から

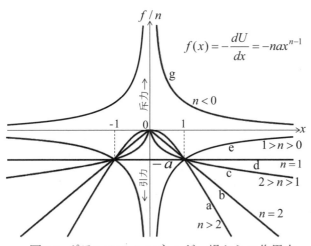

図 E.2　ポテンシャルエネルギー場からの作用力

$$\frac{df}{dx} = -\frac{d^2U}{dx^2} = -n(n-1)ax^{n-2} \quad \text{(E.6)}$$

図 E.1 と E.2 から分かるように，このポテンシャルエネルギー場と作用力の性質は，指数 n に支配され，その中に置かれた物体の挙動は，n の値によって次のように異なってくる．

① 　$n > 0$　：　**原点 $x = 0$ からの引力の場**（図 E.1 と E.2 の a, b, c, d, e）

　図 E.1 のように，ポテンシャルエネルギー U は，原点で最小値 0 となり，原点からの距離 x の増加と共に増大する．一般に，U が最小値（ここでは 0）となる位置（場の底点）が，場に置かれた物体の安定位置である．この場合，原点 $x = 0$ が安定位置であり，それ以外の位置に置かれた物体には，図 E.2 に示すように，必ず原点からの引力が作用する．

①−1 　$n > 1$　：　**弾性の場**（図 E.1 と E.2 の a, b, c）

　引力 f（引力であるから式 E.5 のように負値）の大きさ $-f$ は，位置 x の増加と共に増大し（図

E.2），引力の勾配の大きさ $-df/dx$ が常に正である（式 E.6）．このような場を**弾性の場**という．弾性の場では，引力は復元力であり，その勾配をフックの法則における剛性 K と見なすことができる（$df = -Kdx = (df/dx)dx$）．ただし，剛性 K は位置 x の関数になっており，$n = 2$ では定数（線形弾性）であるが，それ以外では定数ではない（非線形弾性）．

　原点 $x = 0$ 以外の位置にある物体には，場から原点への方向に引力が作用する．この物体に対して原点から遠ざかる方向に一定の外力を作用させれば，物体は，外力が引力より大きい場合には原点からの距離 x が増大する方向に，小さい場合には減少する方向に動き，外力と引力がちょうど釣り合う位置にまで移動して停止する．そして，外力を除けば場からの引力だけが残り，物体は直ちに原点に復帰する．

①−1−1　$n > 2$ ：　硬化非線形弾性の場（図 E.1 と E.2 の a）

　式 E.6 から $K = n(n-1)ax^{n-2}$ であり，原点からの距離 x の増加と共に剛性が増大する．原点からの引力の大きさは距離の増加と共に増大し，増大の割合も距離の増加と共に増大する．

①−1−2　$n = 2$ ：　線形弾性の場（図 E.1 と E.2 の b）

　式 E.6 から $K = 2a$（定数）であり，原点からの距離 x には無関係に剛性が一定である．原点からの引力の大きさは距離の増加に比例して増大し，剛性を一定とした線形系のフックの法則が成立する．

①−1−3　$2 > n > 1$ ：　軟化非線形弾性の場（図 E.1 と E.2 の c）

　式 E.6 から $K = n(n-1)a/x^{2-n}$ であり，原点からの距離 x の増加と共に剛性が減少する．原点からの引力の大きさは距離の増加と共に増大するが，増大の割合は距離の増加と共に減少する．

①−2　$1 \geq n > 0$ ：　粘性の場（図 E.1 と E.2 の d, e）

　式 E.6 から，引力 f の勾配 $n(n-1)a/x^{2-n}$ は 0 か負である．剛性 K は物理量であり正値でなければならないから，この勾配は剛性 K と見なすことができない．この場はフックの法則が成立せず弾性の場ではないから，これを構成する物体はもはや弾性体ではない．以下に，指数 n のこの領域で生じる現象を考察し，この場が**粘性の場**であることを明らかにする．

①−2−1　$n = 1$ ：　一定引力の粘性の場（図 E.1 と E.2 の d）

　式 E.5 より　　　　　$f = -\dfrac{dU}{dx} = -a$ ：　一定　　　　　　　　　　　(E.7)

引力 f は位置 x に無関係に一定である．

　この場の原点 $x = 0$ 以外の位置にある物体には，場から常に原点への方向に，位置 x には無関係に一定の引力（引力であるから負値 $-a$）が作用する．外部からこの物体に対して，原点から遠ざかる方向に一定外力を作用させるとする．このとき，外力の大きさが一定引力の大きさ a より小さい場合には，物体は原点に向かって動き続け，やがて原点に到達して停止する．外力の大きさが一定引力の大きさ a に等しい場合には，物体はどこにあろうと静止したまま動かない．外力

補章 E2　ポテンシャルエネルギー場における粘性　　　　　　　　　　　365

の大きさが一定引力の大きさ a よりも大きい場合には，外力から一定引力の大きさ a を引いた力の不釣合分が物体に作用して，物体は原点から遠ざかる方向に一定の加速度で運動し，その速度は徐々に増大し続ける．この運動中にも一定引力 $-a$ は作用し続けているから，外力を除去すれば，その瞬間に加速度は逆転して負になり，速度は減少に転じ，やがて速度は反転して負になり，物体は原点に向かって動き，最終的に原点の安定位置 $x=0$ に到達して停止する．

①－2－2　　$1>n>0$ ：　距離 x が増大すると引力が減少する粘性の場（図 E.1 と E.2 の e）

　　式 E.5 より　　　　　　$f = -\dfrac{dU}{dx} = -\dfrac{na}{x^{1-n}}$　　　　　　　　　　　　　(E.8)

　　引力の大きさ $-f$ は，原点からの距離 x の増加と共に単調に減少し，原点から無限遠 $x=\infty$ で 0 になる．

　この性質を有する場に置かれた物体に，原点から遠ざかる方向の一定外力を作用させるとする．このとき，外力の大きさが初期位置における引力の大きさより小さい場合には，物体は原点に向かって動き続け，やがて原点の安定位置に到達して停止する．外力の大きさがその点における引力の大きさに等しい場合には，物体は静止したまま動かない．外力の大きさがその点における引力の大きさよりも大きい場合には，前者から後者を引いた力の不釣合分が物体に作用して，物体は原点から遠ざかる方向に加速度運動を開始する．外力の大きさは一定であり，引力の大きさは物体が原点から離れるに従って減少するから，前者から後者を引いた物体への作用力は，物体が原点から離れるに従って増大する．そして，それに比例する加速度も，物体が原点から離れるに従って増大する．引力は，原点から離れるに従って減少しつつではあるが存在し続けるから，外力を急に除去すればその瞬間に物体の速度は増大から減少に転じ，やがて速度は反転して負になり，物体は原点に向かって動き，最終的に原点の安定位置に到達して停止する．

　これは，水餅や飴のような粘い物体の両端を両手でつかみ，両手の間を引き離そうとして引張力を加えるときに生じる現象と類似している．これは，粘性という力学的性質が原因で生じる現象に他ならない．このような性質を有する物体を粘性体といい，この性質を有する場を粘性の場という．

　場から作用する引力の大きさよりも外力の大きさの方が大きい場合には，物体は，外力が作用する方向（原点から遠ざかる方向）に移動するから，外から仕事をされる．この仕事によって外部から物体に流入する力学エネルギーは，すべて運動エネルギーに変換され，物体が原点から離れるにつれて加速度は大きくなり速度は増大し続ける．

　このように，粘性の場は，弾性の場と同様にポテンシャルエネルギー場であるから，力学エネルギー保存の法則は完全に成立し，力学エネルギーが熱エネルギーに変換され散逸することはない．

②　　$n=0$ ：　　等ポテンシャルエネルギーの場（図 E.1 の f）

　　式 E.4 より，ポテンシャルエネルギー U が原点からの距離 x に無関係に一定であり，式 E.5 からこの場には作用力が存在しない．この場に置かれた物体は，他から別の外作用を受けない限り，自由浮遊状態にあり，慣性の法則に従う．この例として，無重力場がある．

③ $n < 0$: **原点からの斥力の場**（図 E.1 と E.2 の g）

式 E.5 より，場からの作用力 f は正すなわち斥力になる．物体は，場が有する斥力より大きい力を原点への方向に外作用として与えない限り，初期にどこに存在しようと，原点から遠ざかる方向に力を受けて離れ去る．この場合には，原点 $x = 0$ では斥力が無限大であり，原点は不安定位置である．

以上のように，**弾性と粘性は，ポテンシャルエネルギーの場（エネルギー保存の法則が成立する保存力の場）が発現する力学特性として統一的に説明できる．このことは，本来粘性は弾性と同様に力学エネルギー保存の法則に従う性質であることを意味する．** 粘性は，それ自身では本来は力学エネルギーの散逸を伴わないのである．粘性によって力学エネルギーが熱エネルギーに変換され散逸するのは，後述の E3.2 項で説明する別の原因による．

補章 E3　粘性の発生機構

E3.1　原子間ポテンシャルと粘性

すべての物質は原子からできている．原子は，常に動き回って（震えて，あるいは不規則に振動して）いる，およそ半径 1〜2 オングストローム（ 1 オングストロームは 10^{-8} cm ）の小さい粒である．私達は，この原子の不規則振動を"熱"という言葉で表現する．隣接する原子同士は互いに引き合うが，あまり近づくと強烈に反発し合う．

ヘリウムやアルゴンなどの電気的に中性の原子からなる希ガスや，電荷が中性である非極性分子からなる流体では，原子・分子間に，離れていれば距離の 7 乗に反比例する引力が，近ければ非常に強い斥力が作用する．このような原子間のポテンシャルエネルギー場として

$$U(r) = \varepsilon \left\{ (\frac{r_0}{r})^{12} - 2(\frac{r_0}{r})^6 \right\} \tag{E.9}$$

が仮定されている[21]．ここで r は，隣接する原子間の距離である．これを**レナードジョーンズポテンシャル**（LJ ポテンシャル）（**レナードジョーンズ**：1894-1954）という．

量子論によれば，原子核を周回する電子の存在は不確定であり，電子雲とよばれる確率的な分布を示す．異なる電子の電子雲同士は重なり合うことができないことがわかっており，これを**パウリの排他律**（**パウリ**：1900-1958）という．このために，電子雲が重なり合うほどの至近距離に接近した原子同士は，$r^{-9} 〜 r^{-15}$ に比例する強烈な斥力を発生して，互いに激しく反発し合う．これを**交換斥力**という．式 E.9 の右辺第 1 項は，この交換斥力が形成する場であり，r^{-12} に比例するポテンシャルエネルギーの場として表現されている．

式 E.9 の右辺第 2 項は，**ファンデルヴァールス引力**（vW 引力）（**ファンデルヴァールス**：1837-1923）と呼ばれ，r^{-6} に比例するポテンシャルエネルギー場からなる．vW 引力は次の原因により発生する．中性の原子では原子核を囲む電子雲は平均的には全方向に等方向分布であり，それ故に原子全体では電気的に中性である．このような原子を非極性原子という．しかし量子論によれば，電子雲は

補章 E3　粘性の発生機構

常に揺らいでいるために，瞬間的には，電子が有する負電荷の中心と原子核が有する正電荷の中心が一致しなくなり，原子は電荷の偏りすなわち方向性を持つ．電荷の偏りの値にこれら両中心間の距離を乗じたものを**電気双極子モーメント**という[9]．

この電子雲の揺らぎに誘発されて，隣接する原子でも同方向の電子雲の揺らぎが起り，両揺らぎは連動して挙動・推移する．ある原子の左側が正，右側が負の電荷を有する瞬間には，横方向に隣接する原子でも同じく左側が正，右側が負の電荷を有する，というように，隣接原子間では互いに連動して電子雲が揺らぐのである．こうして，隣接する原子同士の対面側は必ず正負が逆の電荷を帯びるので，常に引き合う．そして結果的には，すべての原子間に引力が作用し合うのである．この電子雲の揺らぎによる電荷の偏りは，r^{-3} に反比例した電界を形成する．隣接原子も同様な電界を形成するから，両者間には r^{-6} に比例するポテンシャルエネルギー場が存在することになる．これが vW 引力場である．

中性原子の間には，交換斥力場と vW 引力場が重なり合った LJ ポテンシャル場（LJ 場）が存在する（式 E.9）．この LJ 場は，水のような中性の分子間にも存在する．またこれと類似のエネルギー場は，共有結合，イオン結合，水素結合のような他の種類の原子間結合にも存在する．あらゆる物質を構成する原子・分子間には，結合の原因や種類によって強弱は異なるが，LJ 場と同様なポテンシャルエネルギー場が必ず存在するのである．

式 E.9 を図示すれば，**図 E.3** のようになる．図 E.3 から分かるように，この LJ 場のような原子間ポテンシャルエネルギー場は，必ず 1 個の最小点すなわち底点 a を有する．この底点 a が，隣接する 2 個の原子間の安定距離 r_a であり，異なる原子同士が自然の安定状態で互いに接近しうる距離になる．水の分子同士の場合には，この安定原子間距離は $r_a = 0.26$ nm である．外作用を受けない中性原子同士は，微小不規則振動をしながら，この底点の平均距離を保って位置し，安定

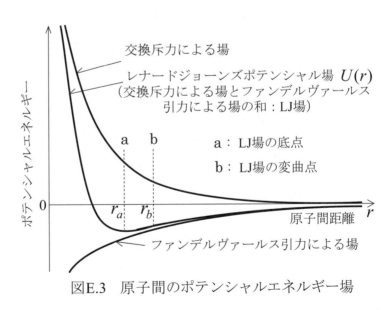

図 E.3　原子間のポテンシャルエネルギー場

している．そして，何らかの外作用あるいは自身の不規則振動が原因で，原子間距離が安定距離から変化した場合には，安定距離に復元しようとする力が場から作用する．

このポテンシャルエネルギー場のもう 1 つの特徴は，**底点よりわずかに離れた距離 r_b に必ず 1 個の変曲点 b を有する**ことである．変曲点とは，場の 2 階微分（作用力の 1 階微分）の符号（正負）

が逆転する点，例えば式 E.6 において $n>1$ から $1>n>0$ に変化する点である．従来の物理学ではこの変曲点 b の存在は注目されておらず，この存在を指摘しその力学的役割を論じた研究は，著者の知る限りではこれまでに存在しない．著者は，"**この変曲点 b が，E.2 節で説明した弾性と粘性の境界点として，力学的にも物性的にも重要な意味を有する**"ことを，新しく提言する．

以下にその理由を説明する．式 E.5 から，隣接する 2 個の原子間に作用する力は，図 E.3 のポテンシャルエネルギー場を時間で 1 回微分して負号をつけた次式になる．

$$f = -\frac{\partial U(r)}{\partial r} \tag{E.10}$$

式 E.10 を図示すれば**図 E.4** の実線のようになり，正値が斥力，負値が引力を示す．図 E.4 の点線は図 E.3 と同じく式 E.9 で表される LJ ポテンシャルのエネルギー場を図示したものであり，図 E.4 の実線はそれを原子間距離 r で微分し負号をつけたものである．式 E.5 に関してすでに述べたように，式 E.10 の負号は，ポテンシャルエネルギーの場では常に場が有するエネルギーが減少する方向に力が作用することを意味する．

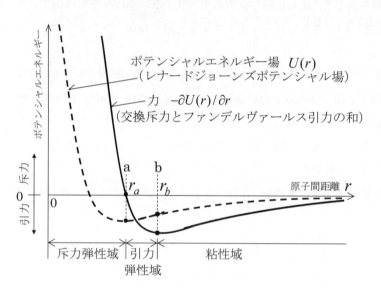

図 E.4　原子間のポテンシャルエネルギー場と作用力
点線：エネルギー場，　実線：作用力
a：力の零点（安定位置，エネルギー場の底点）
b：最大引力点（エネルギー場の変曲点）

図 E.4 の実線のように原子間に作用する力は，ポテンシャルエネルギー場（LJ ポテンシャル：図 E.4 の点線）の底点 a で 0 であり，原子間距離が底点以近では非常に大きい斥力が，底点以遠では引力が作用する．引力は，式 E.10 を原子間距離 r でもう 1 回微分した $\partial f/\partial r$ の値が 0 になる位置である変曲点 b 以近では原子間距離 r の増加と共に大きさが増大し，変曲点 b で大きさが最大になり，それ以遠では大きさが減少している．さらに原子間距離が大きくなれば，引力は式 E.9 の右辺第 2 項の 1 次微分である距離の -7 乗に比例する大きさになり，原子間距離が無限大になると引力は 0 に収れんする．これが vW 引力である．

著者は以下に，これまで不明とされていた粘性の発生機構を，変曲点を用いて説明する．

① **変曲点以近の原子間距離は弾性域**

図 E.4 の実線で示す作用力は，点線で示すポテンシャルエネルギー場の最小点である底点 a の

補章 E3　粘性の発生機構　　　　　　　　　　　　　　　　　　　　　　　　369

安定位置$r = r_a$では 0 であり，この底点を境にして，原子間距離rの増加と共に斥力から引力に変化している．そこで，底点に位置する原子に外力を作用させるときの底点からの移動距離（変位）が，r_aに比べて十分小さい場合には，底点近傍の作用力と移動距離に関して，底点を中立点とする微視的なフックの法則が成立する．

　底点 a を含めた変曲点 b 以近の原子間距離$0 < r < r_b$では，ポテンシャルエネルギーを表現する曲線（図 E.4 の点線）は上に凹であるから，ポテンシャルエネルギー場を表す曲線$U(r)$を位置rで 2 階微分した曲率は正であり，それを物理的に有意な力学特性である剛性と定義できる．したがって，変曲点 b 以近の位置$0 < r < r_b$におけるポテンシャルエネルギー場は，ポテンシャルエネルギーを表現する曲線が上に凹である図 E.1 の a, b, c のように，式 E.4～E.6 において$n > 1$の場合である弾性の場に相当する．

　図 E.4 の実線のように，原子間作用力が 0 で安定位置r_aである底点 a より大きい原子間距離$r_a < r$に位置する原子間に作用するのは引力であり，その大きさは，変曲点以近の距離$r_a < r < r_b$では，底点からの距離の増加と共に増大し，変曲点 b の位置$r = r_b$で最大になり，変曲点以遠$r_b < r$では距離の増加と共に減少して，無限遠$r = \infty$で 0 になる．原子同士を底点の安定距離r_aから離す方向に外力が作用する場合に，その大きさが，変曲点 b における引力の最大値よりも小さければ，領域$r_a < r < r_b$内において引力が外力と同じ大きさになる位置rで力が釣り合い，停止する．その状態で外力を除くと，引力だけが残って復元力として作用し，原子間距離は減少して底点の安定位置r_aに復元する．

　一方，原子同士を底点の安定位置r_aから減少させ近づける方向に外力が作用する場合には，交換斥力と外力が釣り合う位置で停止する．交換斥力は非常に大きいから，この場合の底点r_aからの移動距離は極めて小さい．外力を除くと，残った交換斥力が復元力として作用し，原子は底点r_aに復元する．

　以上から，変曲点 b 以近の原子間距離$0 < r < r_b$は，底点 a を中立点とする弾性域であり，$0 < r < r_a$は斥力弾性域，$r_a < r < r_b$は引力弾性域であることが分かる．物体は，無数の原子がすべてポテンシャルエネルギーの底点 a の距離r_aに平均的に位置することによって，構成されている．すべての原子間の安定距離r_aはこの弾性域内に存在するから，物体は微小弾性の無数の直列接続と考えることができ，この微小弾性の膨大な積重ねによって，巨視的な連続体の力学的性質としての弾性が発現する．

② 変曲点以遠の距離は粘性域

　図 E.3 でポテンシャルエネルギー場（LJ ポテンシャル）を表現する曲線の曲率は，変曲点 b 以近$r < r_b$では図 E.1 の a, b, c と同様に上に凹（$n > 1$：弾性の場），変曲点以遠$r_b < r$では図 E.1 の e と同様に上に凸（$1 > n > 0$：粘性の場），となっている．また，図 E.3 の LJ ポテンシャルを 1 階微分した原子間作用力（（図 E.4 の実線：底点以遠（変曲点を含む）では引力）の大きさは，変曲点以近では図 E.2 の c と同様に，距離rの増加と共に増大するが，その増大の傾きは変曲点

に近づくにつれて減少する（$2 > n > 1$：E2 節①－1－3：軟化弾性の場）．変曲点でその傾きは 0 になり，引力の大きさが最大になる．そして変曲点以遠では，図 E.2 の e（$1 > n > 0$：E2 節①－2：粘性の場）と同様に引力の大きさは減少し，$r \rightarrow \infty$ で 0 になる．

変曲点以遠 $r_b \leq r$ では，図 E.4 のポテンシャルエネルギーの場の曲線（点線）を位置で 2 階微分した曲率の値が負（上に凸）になるから，図 E.1 と E.2 の e（$1 \geq n > 0$：粘性の場）と同様に，それを有意な物理量として定義できない（弾性域では，この値が正（上に凹）であり，これを剛性と定義できた）．

底点の安定位置 r_a の距離を隔てて位置する 2 個の原子間距離を増大させる方向に外力が作用するとき，その外力の大きさが変曲点 r_b における引力の大きさ（全域での最大値）よりも大きければ，原子間距離は変曲点を越えてさらに増大していく．底点 r_a からの引力の大きさは，図 E.4 の実線のように，変曲点 b までは増加し，変曲点で最大値をとり，さらに原子間距離が増大すると減少に転じる．したがって，変曲点における最大引力値よりも大きい一定外力を受ける原子は，変曲点を通過した後に，外力から引力を引いた力を受けて加速度を生じ，最初は微速度で，少しずつ加速しながら，原子間距離が増大する方向にずるずると離れ，速度が次第に増加していく．やがて原子間距離が十分大きくなり，隣接原子の拘束域を超えてそれから解放されるときには，原子は大きい速度を有して離脱する．離脱前に外力を急に除くと，変曲点以遠でも引力は存在するから，それが復元力となり，原子は負の加速度を生じて減速に転じ，やがて反転して原子間距離が減少する方向に動き，変曲点を先ほどとは逆方向（図 E.4 の右から左へ）に通過し，最終的に底点 r_a（安定距離）へと復元する．

餅や水飴を引っぱると，初期には抵抗力（引力）が大きく，伸びるに従って抵抗力が減少し，やがて切れるときには切断面が相対速度を持ってパチンと切れるように離れる．これが "粘い" という言葉で表現される巨視的・総合的感覚の原因となる一連の現象である．そして，原子間でこれと同じ現象のからくりを説明した上記記述が，粘性という力学特性の発現機構である．

以上のことから，変曲点 b 以遠で引力が 0 になる無限遠までの原子間距離 $r_b \leq r$ は，すべて粘性域であることが分かる．粘性域は，このような中性原子間のポテンシャルエネルギー場に限らずすべての種類の原子・分子間のポテンシャルエネルギー場において必ず存在し，粘性域に比べてはるかに狭い弾性域（変曲点以近）と共存する．**弾性と粘性は，あらゆる物質の構成原子・分子間の相互作用において必ず共存する力学特性である．**

変曲点以遠の粘性域でも引力は存在し，作用力を急に除去すればポテンシャルエネルギー場の安定位置である底点 r_a にまで復元するから，粘性域は不安定領域ではない．しかし，引力の減少に合せて作用力を徐々に減少させると原子同士は離れ続けるから，安定域でもない．このように粘性域は力学的に中途半端な領域である．

ポテンシャルエネルギー場の変曲点を越えるのに十分な大きさの一定引張外力を受ける原子同士

補章 E3　粘性の発生機構　　　　　　　　　　　　　　　　　　　　　　　　　　　371

は，原子間距離が粘性域に入ると互いに自発的に離れていき，やがて引力が 0 になって相互の影響
域から解放される．その間に外力がなす仕事のうち，ポテンシャルエネルギー場の変曲点以遠の坂
を上るのに費やされる部分は，場のポテンシャルエネルギーとして蓄積されていく．このことは，
原子間距離が大きくなり変曲点を越えて互いの影響域から脱出するまで，変らない．しかし粘性域
では，ポテンシャルエネルギー場の坂の勾配が原子間距離の増加とともに減少し，その坂を上るの
に必要なエネルギーの量も減少していくので，一定外力によってなされる一定仕事のうちポテンシ
ャルエネルギーに変換されない部分が次第に増加していく．その部分は運動エネルギーに変換され，
原子同士が互いの影響域から脱出する際の離反速度を生む．

　図 E.3 に示すようなポテンシャルエネルギー場は，原子・分子間に限らずあらゆる物体間に存在
し，それには 1 つの底点 r_a と 1 つの変曲点 r_b が必ず存在する．例えば，地球が作る万有引力（重力）
の場では，弾性体である地面からの接触斥力と重力が釣り合う点が，物体が地上に静止する底点の
安定位置であり，地上にある物体がそれより地球中心に近づこうとすれば，地面から強烈な交換斥
力を受ける．また変曲点は底点上方の超至近距離にあり，地上に置かれた物体に重力より大きい鉛
直上方の外力を加えれば，物体は直ちにその変曲点を越え，速度を増加させながら上昇していく．
重力は，万有引力の法則に従って地上からの距離の 2 乗に反比例して減少し，その形は vW 引力場
に定性的に類似している．

E3.2　力学エネルギーの散逸

　粘性に関してこれまでに説明したすべての現象は，ポテンシャルエネルギーと運動エネルギーの
和である力学エネルギー保存の法則に支配されながら推移しており，その中には力学エネルギーの
散逸機構は存在しない．上記のように粘性は，本来複数個の原子・分子の相互作用が形成するポテ
ンシャルエネルギー場が必ず有し弾性と常に共存する力学的性質であり，力学エネルギー保存の法
則に従うから，力学エネルギーの散逸は生じないはずである．しかし現実には粘性は，力学エネル
ギーの散逸を伴い，非保存力（力学エネルギー保存の法則が成立しない種類の力（粘性力以外の例：
摩擦力））の場を形成する．

　著者は以下に，**粘性による力学エネルギーの散逸機構**を提唱する．

　物体は，前述のように 2 個ではなく無数の原子から構成されている．弾性は，2 個の原子間のポ
テンシャルエネルギー場における変曲点以近 $0 < r < r_b$ での底点 r_a 近傍のわずかな距離変動で生じ
る力学的性質であり，これに対しては他の原子からの影響は無視できるから，弾性の発生機構は，
上記のように該当する 2 個の原子間の相互作用が生む力学エネルギー保存の場のみで説明できる．
したがって弾性という力学性質は，力学エネルギー保存の法則を満足する．

　これに対して粘性は，変曲点以遠 $r_b < r \to \infty$ の大きい距離の移動を伴うから，対象原子は，そ
の周囲に存在する他の多くの原子からも影響を受けながら挙動する．これが，力学エネルギーの散
逸（正確には巨視的力学エネルギーから微視的力学エネルギーへの変換）という，弾性にはない粘

性特有の性質を生み，（巨視的）力学エネルギー保存の法則を不成立にさせるのである（原子レベルの微視的観点から見た力学エネルギー（巨視的にはこれを熱エネルギーと呼ぶ：E1.2 項）保存の法則は粘性でももちろん成立する）．弾性と粘性の決定的な違いは，この点にある．

粘性による力学エネルギー散逸機構を以下に説明する．

簡単のために，**図 E.5** のように，対象原子が，その左右に隣接して存在する別の 2 個の相手原子の間を，左から右へと移動することを考える．なお，これら別の 2 個の相手原子間の距離は変化しないとする．

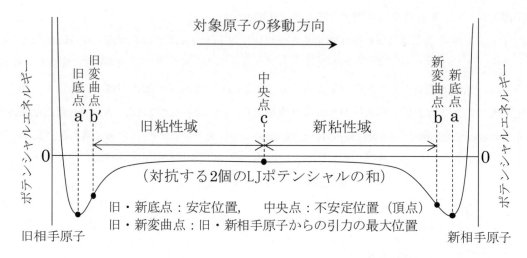

図E.5　2個の原子間のポテンシャルエネルギー場を移動する対象原子

図 E.5 に描いたポテンシャルエネルギー場は，図 E.3 に示した 2 個の原子間の LJ 場を 2 つ取り出し，片方の左右の向きを逆転させた上で，2 個の相手原子間距離の半分だけずらして両者を足し合せたものである．対象原子は，旧・新 2 個の相手原子からの影響を同時に受けながら，外作用力に従ってこのポテンシャルエネルギー場の中を移動していく．

今，左端に存在する旧相手原子が作るポテンシャルエネルギー場の旧底点 a' の安定位置に存在していた対象原子が，右向きの外作用力を受けて右方向に動き出し，旧相手原子からの左向きの引力に逆らいながら移動し，旧変曲点 b' を通り越して旧相手原子とのポテンシャルエネルギー場の粘性域（旧粘性域）に入り，さらに離れて行くとする．対象原子が左端の旧相手原子から離れていくことは，右端の新相手原子に近づいていくことである．この移動に伴って，旧相手原子からの左向きの引力は徐々に減少し，同時に新相手原子からの右向きの引力が徐々に増大するから，対象原子の右方向への移動に対する抵抗力は少しずつ減少する．対象原子は，右向きの一定の外力を受け続けているから，抵抗力の減少と共に右方向の加速度は少しずつ増大し続け，速度が次第に増していく．

やがて，対象原子は中央点 c に到達する．中央点は，ポテンシャルエネルギーが極大となる，場の頂点であり，左と右から作用する同じ大きさの引力が釣り合って相殺され，場から力が作用しな

補章 E3　粘性の発生機構　　　　373

い．外力が作用しない自由状態の対象原子が中央点からわずかにずれると，ずれた方向に引力を受けて，山頂からの落石のように，自発的にポテンシャルエネルギー場を下って中央点から離れていく．このように，中央点 c は不安定点である．

　対象原子は，場から作用力が存在しない中央点を，それまで獲得した右方向の速度を保ちながら，また一定の外力を右向きに受け続けながら，左から右へと通過し，旧相手原子からの左方向の引力が勝る旧粘性域から，新相手原子からの右方向の引力が勝る新粘性域に移る．それに伴い，ポテンシャルエネルギー場から対象原子に作用する引力は，左向きからの右向きに変化する．そこで，中央点通過後には作用力と引力が同方向になり，共に対象原子の速度方向と一致する．そのために対象原子は，急加速されながら新粘性域を右に向かって移動し，新変曲点 b を素早く通過して，新底点 a に勢いよく落ち込み，新相手原子に衝突する．

　このようにして対象原子が旧底点 a' から新底点 a に移動する間に外力がなした仕事はすべて運動エネルギーに変換され，新底点に到達した時点では，左から右への移動速度の形で，対象原子に保有されている．対象原子は大きい移動速度で新底点を右方向に通過して新相手原子に近づこうとし，新相手原子からの強烈な交換斥力を受けて急制動がかかる．新相手原子は，対象原子のこの衝突による強烈な衝撃力（交換斥力の反作用力）を右方向に受けて激しい不規則振動を始める．この不規則振動は，新相手原子に隣接する複数の原子を励振する．この励振作用の連鎖により，不規則振動は周辺に広がっていく．

　このように，対象原子が旧相手原子から新相手原子への移動中に得た運動エネルギーは，対象原子の新底点への落ち込みによって一気に放出され，その多くは対象原子自身と新相手原子を含む周辺原子の不規則微小振動（震え）の微視的運動エネルギー（巨視的には熱エネルギー）に変換される．こうして，外作用が対象原子になした仕事は，一旦対象原子と新相手原子の微視的運動エネルギーになった後に，熱エネルギーに変換され，周辺に拡散・希薄される．力学的運動を熱に変換する**熱励起**は，この様にして生じる．

　隣接するすべての原子同士は，図 E.4 の実線で示す力を及ぼし合って弾性域 $0 < r < r_b$ に位置し，無数の質点がすべて弾性（ばね：原子間ポテンシャルの場）でつながった超多自由度系の状態にあるから，そのうち 1 個の原子が励起され振動し始めれば，必ず隣の原子がその運動エネルギーの一部を吸い取って連動し振動し始める．隣接原子の不規則微小振動は，さらにそれらを囲む周辺原子を励起する．この連鎖によって熱エネルギーは伝達・分散・拡散し続け，これに併せて個々の原子の不規則微小振動は減少し，熱エネルギーは広がると共に希釈されていく．これが熱エネルギーの散逸である．熱エネルギーは，微視的力学エネルギー保存の法則に従いながら拡散され薄まるだけであり，消滅するのではない．

　物質は無数の原子からなり，互いに隣接する原子間にはすべて図 E.5 のようなポテンシャルエネルギー場が存在する．そして，物質内の原子間ポテンシャルエネルギー場は，例外なく底点 a（安定位置）・変曲点 b（引力が最大の位置）・頂点 c（中央点：不安定位置）が交互に連なって無数に形成

されている．図 E.5 の旧底点 a' から旧変曲点 b'・頂点 c・新変曲点 b を経て新底点 a に至るまでの曲線が繰返し縦横無尽につながった無数の連続ポテンシャルエネルギー場が，すべての物質を構成している．これらの場が秩序正しく整然と定位置に配置されているのが固体の結晶構造，不規則に位置しているのが脆性体，変動し続けているのが流体である．

2 個の原子が，それらが形成する相互間のポテンシャルエネルギー場から開放されて互いに離れていく際には，周辺の他の多くの原子との位置関係も，同時に変化する．こうして，1 箇所における原子配列の変化の影響は周辺に広がり，広範囲にわたる原子配列の変化が連動して生じる．その際に，無数の原子について上記の力学エネルギーの散逸現象が発生し，外力がなす仕事は，いったん力学エネルギーとして吸収されるが，直ちに熱エネルギーに変換されて拡散し，物質の温度がかすかに上昇する．

1 箇所の原子再配列の影響が広範囲に広がり，すべての原子が新しい安定位置を再び取り戻して物質が再構成され終わるためには，時間の経過が必要である．そこで，粘性を有する物質では，力学的作用によって生じる巨視的応答現象の出現には，作用からの時間遅れを伴う．この時間遅れと，無数の原子・分子が移動中にポテンシャルエネルギー場の底点と頂点を繰り返し越える際の抵抗力の増減の繰返しが，「粘性があるとずるずるとすべる」という巨視的感覚を生む．

図 E.6 に，原子が等間隔に配置されている上下 2 本の原子列と，それらの間に存在するポテンシャルエネルギー場を示す．この上下原子列間のポテンシャルエネルギー場は，図 E.5 に示した 2 個の原子間に存在するポテンシャルエネルギー場のうちで両底点 a' と a に挟まれた部分を，繰り返しつないだものである．これは，水平方向に配列する同列内の原子間のポテンシャルエネルギー場ではなく，上列の原子と下列の原子間の関係として，上下方向に存在する原子間のポテンシャルエネルギー場を示している．上列と下列のすべての原子同士が列と垂直な鉛直上下方向に位置し，上下の原子間距離が最も近くなる所が，ポテンシャルエネルギー場の底点であり，外作用がない場合には，この安定位置で上下の原子列は配置されている．

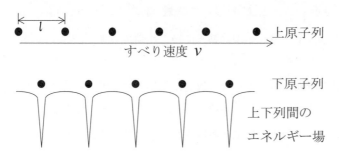

図E.6　上下の等間隔原子列間のすべりで生じるポテンシャルエネルギー場

図 E.6 中の上下列間のポテンシャルエネルギー場の底点の両側に存在する 2 つの変曲点に挟まれた極めて狭い領域は弾性域，その他の広い領域は粘性域であり，この粘性域の中央に不安定点である頂点が存在する．図 E.6 には，下列の原子間の 2 等分点である中間中央の鉛直上方に，上列の原子が位置する時点の様子が描かれており，この位置は図 E.5 におけるポテンシャルエネルギー場の

補章 E3　粘性の発生機構　　　　　375

中央点 c に対応する不安定位置である.

　上下の原子列間に相対すべりの外力が作用して，下の原子列は静止したままで，上の原子列のみ
が初期の底点から水平右方向に移動することによって，上下の原子列間にすべりの相対速度 v が生
じる場合を考える．上列原子は，下列原子から左向きの引力を受けながら，それに逆らってポテン
シャルエネルギー場を底点の安定位置から右方向に上昇し，頂点の不安定位置に達し，それを左か
ら右へと越える．その後は，下列の原子から上列の原子への引力の水平方向成分の向きが逆転して，
上列の原子の運動方向と一致する右向きになる．これによって上列原子は，速度を急に増しながら
さらに水平右方向に移動して場を下って行き，最初の底点から見て 1 つ右隣の底点（安定位置）に
勢いよく落ち込む．その際に上列の原子は，隣接する 2 つの底点間を移動する間に外力がなした仕
事によって吸収し獲得した運動エネルギーの大部分を，一気に放出する．これにより，上列の原子
は急減速されいったん速度を失う．こうして開放された力学エネルギーは，周辺原子の微小不規則
振動の力学エネルギーすなわち熱エネルギーに変る．このようにして外からの仕事によって系にな
された力学エネルギーが，熱エネルギー変換される．このように，1 原子間隔の上下原子列間相対
すべりごとに，力学エネルギーを熱エネルギーに変換する過程が繰り返されていく．

　これによって原子が得た熱エネルギーは，周辺の原子を熱励起する形で周囲に伝達され，希釈さ
れながら広領域に拡散していく．その結果，物質の巨視的範囲に含まれる原子の不規則振動がかす
かに激しくなる．これが，物質の熱エネルギーの微量増加と，それによるわずかな温度上昇になる.

　以上が，粘性が外部からなされる仕事をいったん力学エネルギーとして吸収し，それを直ちに熱
エネルギーに変換して散逸させるメカニズムである.

E3.3　速度比例抵抗力の発生理由

　図 E.6 の上列原子 1 個分のすべりを単位すべりとし，この単位すべりで熱エネルギーに変換され
失われる力学エネルギーを，原子 1 個あたり一定値 E_C とする．水平方向の原子列において隣接す
る原子間の距離を l，上原子列のすべり速度を v とすれば，上列の原子 1 個が単位時間に v/l 個の下
列の原子とすれ違うから，上列の原子 1 個が失う力学エネルギーは，単位時間に $(E_C/l)v$ である．
そしてこの現象が，単位時間に v/l 個の上列の原子について同時に起こるから，原子列同士の相対
すべりによって失われる単位時間あたりの力学エネルギー（パワー）は，$(E_C/l^2)v^2$ になり，速度
の 2 乗に比例する.

　この相対すべりに対する粘性抵抗力 f_C に抗して相対すべりを続けさせるための外作用力 $-f_C$ が
単位時間になす仕事は，この失われる力学エネルギーに等しいから（式 E.2）

$$-f_C v = \frac{E_C}{l^2} v^2 \tag{E.11}$$

この式から

$$f_C = -\frac{E_C}{l^2}v = -Cv \tag{E.12}$$

になる（式 2.3）．ここで，定数 C は粘性の抵抗係数（定数）であり

$$C = \frac{E_C}{l^2} \tag{E.13}$$

式 E.12 は，粘性抵抗力が速度に比例することを意味している．

　ここまでは，原子が等間隔に配列され格子結晶構造を形成している固体内の原子間すべりについて述べてきたが，流体のように原子が不規則に位置している場合にも，同様の現象が起こる．

　静止流体中に 1 個の原子・分子を速度 v で打ち込めば，その原子・分子が単位時間に衝突する静止流体の原子・分子数は，打ち込まれた原子・分子の速度 v に比例する．また，速度 v で流れる流体と静止流体が混合される際，あるいは互いに相対速度 v を有する流体同士が出会って混合される際には，互いに単位時間に相手の流体中に速度 v に比例する個数の原子・分子が相対速度 v で打ち込まれる．そしてこれらの原子・分子同士の衝突に際しては，図 E.6 の原子間ポテンシャルエネルギー場を用いて説明した過程と同様の過程により，力学エネルギーが熱エネルギーに変換され散逸する．つまり，単位時間に速度 v に比例する個数の原子・分子が，1 個ごとに速度 v に比例する回数の衝突を生じるのである．

　1 個の原子が他の 1 個の原子との 1 回の衝突で失われる力学エネルギーは，上記と同じ E_c であるから，相対速度 v で流れる 2 流体の衝突・混合によって，単位時間に熱エネルギーに変換されて失われる力学エネルギーは，上記と同様に $E_c v^2$ に比例する．これが粘性抵抗力 f_c に抗して作用源が単位時間に系になす仕事 $-f_c v$ に等しいから，流体の場合にも，粘性抵抗力 f_c は速度 v に比例するのである（式 2.3）．

　こうして，**粘性が，速度の 2 乗に比例する力学エネルギーの散逸を生じ，それによって速度に比例する粘性抵抗力を発生するからくりを，定性的にではあるが，原子間ポテンシャルエネルギー場を用いた原子論的立場から**説明できた．

　2 流体間に生じる上記の現象は，両流体間の相対速度が遅く両流体が層流の状態を保ちながら混合し続けることができる場合にのみ成立する．相対速度が大きく両流体が混合中に乱流状態になると，頻繁で強い多重衝突によって両流体の原子・分子の速度の大きさと方向は共に激しく乱れる（乱流）ため，粘性抵抗力は速度比例より急増する．

　このように，粘性の機能は不均衡力学エネルギーの散逸を伴う．そして，力学エネルギーが再び均衡状態に復帰した後には，原子配列や結晶構造などの内部組織の再編成と温度の上昇という，2 種類の痕跡を残す．内部組織の再編成は，物質が形を形成しない流体やゲル状物体の場合には，表に現れず巨視的な形の変化としては残存しない．しかし，金属のように原子が規則的に配列することによって形を形成している固体の場合には，内部組織の再編成は，不可逆変形として残存し，巨視的な形の変化として表に現れる．この不可逆変形が**塑性変形**である．このように，粘性と塑性の

補章 E4　固体・液体・気体の物性　　　　　　　　　　　　　　　　　　　　377

発生機構は同一である.

補章 E4　固体・液体・気体の物性

　固体に対する基本的なイメージは，隣接する原子同士が同一の電子を共有しあう共有結合の場合のように，互いに電気力でしっかり結び付けられている構成原子が整然と並び，結晶構造を組み上げている，ことである. これにより固体は，体積と形の両者を形成している. 固体を力学の立場で見れば，このような結晶構造における原子の安定位置は，図 E.3 のような原子間ポテンシャルエネルギー場（定性的には LJ ポテンシャルと同形であるが定量的には LJ ポテンシャルよりはるかに大きい）の安定平衡点である底点 a に対応している. このような規則正しい原子配列で組み立てられている固体を変形させようとすれば，隣り合う原子の原子核や電子の間に作用している強い電気力による大きい抵抗を受ける. そのため，原子の位置はポテンシャルエネルギー場の底点近傍の弾性域から容易に抜け出ることができず，固体に変形を生じさせるには極めて大きい作用力を必要とする. そしてこの抵抗力が材料の巨視的な変形を押さえ，結晶構造からなる固体の剛性と強度を作り出す.

　液体と気体は，固体とは違った物性と挙動を示す. 液体では，分子・原子を集結させようとする分子・原子間力が固体のそれよりもはるかに弱いので，**液体は，体積は形成するが形は形成しない.**気体では，個々の分子・原子が固体や液体に比べて互いに大きく離れていて，分子・原子間に作用する電気力はあまりにも弱いので，各分子・原子は互いに拘束しあうことなく自由に運動する. したがって**気体は，体積も形も形成せず，外からの影響によって自由自在に変化し拡散する.** 気体を閉じ込めた容器に作用する圧力は，分子・原子が拡散しようとして容器内壁に不規則に衝突する際の力の膨大な累積であり，単一の分子・原子の質量と衝突する分子・原子の数とそれらが内壁に衝突する際のはね返りの平均速さから，正確に計算できる.

　固体，液体，気体の間で分子・原子間に作用する力の性質に大きい差がある理由は，従来はまだよく分かっていないとされていた[21]. しかし，著者がその発生機構を初めて明らかにした粘性の上記概念を用いれば，定性的ではあるが，これらの分子・原子間の作用力の差を生じる原因に関する1 つの仮説（力学モデル）を導くことができる. 以下にこの仮説を紹介し，それに基づけば，**固体，液体，気体間の物性の違いが，上記の分子・原子間のポテンシャルエネルギー場によって，定性的にではあるが明解に説明できる，**ことを述べる.

　まず固体について説明する. すべての物質を構成している原子は，図 E.3 におけるポテンシャルエネルギー場の底点である平衡安定位置に静止しているわけではない. 固体に力学的な作用を加えない自由な状態では，その温度が絶対零度でない限り，図 E.3 における変曲点以近の範囲内で常に不規則に微小振動して（震えて）いる. 固体の格子点における原子のこのような微小不規則振動を**格子振動**といい，この状態を，**熱励起**されている，という. 固体中を音波が伝わるのは，この格子点の振動が波動の形で固体中に広がっていくからである. 我々の耳には聞こえないが，固体は絶え

ず微弱な音を出し続けている．金属の電気抵抗は温度が高くなると大きくなるが，これは温度の上昇に伴い熱励起による格子振動が激しくなり，電子がより強く散乱され，自由電子の移動が生じにくく（電流が流れにくく）なるためである[9]．また，固体の低温における比熱は絶対温度の 3 乗に比例するが，これも格子振動に起因する．さらに，格子振動は超伝導が起きる原因になっている．このように格子振動は固体の物性と深いかかわりを持つ．

　原子の熱励起は，温度が低いときには弱く，原子は，わずかに不規則振動しながら，原子間ポテンシャルエネルギー場の変曲点以近の狭い弾性域内で底点の極めて近傍に存在する．そのために，**隣接する原子は互いにポテンシャルエネルギー場の底点である格子点の距離と位置に拘束され，原子は整然と配列される．これを結晶構造と呼ぶ．その結果，物質の体積と形の両者が正確に形成される．これが固体である．**

　固体における原子間のポテンシャルエネルギー場は，主に原子が電子を共有し合う共有結合により形成されるから，電気的に中性な原子同士が形成する図 E.3 の LJ ポテンシャルに起因するポテンシャルエネルギー場よりもはるかに強大であるが，本質的・定性的にはこれと同形状のものである．

　この物質に対して，原子間を押し付けたり引っ張ったりする外力が作用する場合を考える．この外力による図 E.6 の安定中立点（底点）からの移動距離（変位）が格子点間の距離 l に比べて非常に小さければ，ポテンシャルエネルギー場の 1 次微分で表される力−変位曲線は近似的に直線と見なすことができる．これが微視的なフックの法則である．外力が原子間を引き離す方向に作用する場合に，その外力が原子間ポテンシャルエネルギー場の変曲点以遠の距離まで原子を引き離すほど大きくないときには，原子間距離は変曲点以近の範囲内の変化に留まる．そしてその外力を取り去った後には，安定中立点である元の格子点に正確に復帰し，原子配列は変化しない．これが**弾性変形**である．

　外力がそれよりも大きい場合には，原子同士は，ポテンシャルエネルギー場の変曲点を越えて粘性域に入り，互いにすべりはじめる．そして，図 E.6 の不安定頂点を越えて，隣の格子点によるポテンシャルエネルギー場の支配域に入り，格子点 1 個分ずれた新しい安定位置（底点）に自ら落ち込む．このずれが**塑性変形**である．この過程で外力がなした仕事により得られた力学エネルギーは，新しいポテンシャルエネルギー場の底点に落ち込むときに解放され，原子の微小不規則振動の熱エネルギーに変る．このようにして，外力によってなされた仕事が，原子を熱励起するのである．この熱励起は，周辺の原子に伝播し広がっていく．これを巨視的に見れば，外力仕事によって得た力学エネルギーが熱エネルギーに変換され，散逸することになる．このように塑性変形は，粘性変形と同様に温度上昇を伴うが，固体の場合には格子を形成している原子間の結合力が流体の原子間の結合力よりもはるかに大きいので，固体の塑性変形には大きい温度上昇を伴う．

　図 E.4 の実線から分かるように，底点以近では原子間距離のわずかな減少に対して強烈な交換斥力が発生し，図 E.2 の曲線 g と同様な強い硬化斥力非線形弾性になる．一方底点以遠では，原子間距離の増加と共に引力が増大する割合は減少していくから，図 E.2 の曲線 c と同様な軟化引力非線

補章 E4　固体・液体・気体の物性　　　　379

形弾性になる．すなわち，原子同士は底点位置から近づきにくく遠ざかりやすいのである．このような場で温度が上昇し不規則微小振動が増大すると，原子の平均位置は底点以遠にわずかに移動する．これが物質を構成する全原子間で生じるから，原子間距離は一様に増大し，その結果物質の巨視的体積が少し増加する．これが物質の**熱膨張**である．

　物質の温度が上昇し，この平均位置がポテンシャルエネルギー場の変曲点 b の距離を越えて図 E.4 の粘性域に入ると，物質を支配する力学特性は弾性ではなく粘性になる．このような状態の物質は，わずかな外作用力をきっかけに自発的に原子間すべりを生じ，原子の相対位置が容易・自在に変化するようになる．したがって，もはや物質は形を形成できず，自由自在に流動・変形し，常に最も存在しやすい形に自ら変化する．これが**溶解**である．1 箇所が溶解すると，原子間エネルギーの均衡が崩れてなだれ現象が生じ，溶解は一気に広がる．その際に物質は，それを構成する全原子の不規則振動をこの自発的原子間すべりに必要な平均振幅にまで急成長させるために必要な熱エネルギーを，一気に吸収する．この吸収エネルギーが**溶解熱**である．

　しかし，この段階における**微視的不規則振動の平均振幅は，周辺の原子間ポテンシャルエネルギー場による拘束をすべて振り切るほど大きくはないので，原子間引力による相互拘束は存在する．そして，固体のときよりも平均原子間距離が増大し，弾性域を超えて粘性域に入るから，巨視的に見ると固体のときよりも膨張するものの，体積自身は保持し続ける．これが液体である．**

　このように液体は，特定の形は形成しないが体積は保持するので，一定体積のまま自由に移動し，周囲の形状に従って自ら変形する．例えば重力下では，自身の重さのために高さが低いほうに自発的に流れ落ちる．そして，静止状態における表面は，重力が形成するポテンシャルエネルギー場の等ポテンシャルエネルギー面である水平面を常に保つ．

　個々の原子が有する微小振動の運動エネルギーの大きさは，統計的性質を有し確率分布に従っており，不規則振動によって生じる原子間距離の増加は，あくまでも平均的なものである．したがって，全体的には原子がポテンシャルエネルギーの粘性域に拘束されている液体にも，原子の不規則振動の振幅が平均値よりはるかに大きく熱励起されている原子は，確率的には必ず存在し，それらは原子間引力から開放されて離れ去る．これが液体表面からの**蒸発**である．

　原子間結合力が，中性原子間の vW 引力のように弱い場合には，物質は常温でも液体や気体になるが，極性原子間の共有結合のように強い場合には，多くは常温では固体であり，高温で溶解し液体となる．

　固体に比べて弱い原子間引力による結合下において液体の状態にある物質から，熱を奪って温度を下げると，原子・分子の熱励起による不規則振動は弱くなり，その平均振幅がポテンシャルエネルギー場の変曲点以近に減少して弾性域内に収まる．これが**凍結**である．原子・分子が相互に移動して最適位置に整然と収まり結晶が成長する時間がないほど急速に熱を奪えば，原子・分子は結晶を形成しない不規則分布状態のままで凍結し，通常の氷のように非結晶で**ガラス状態**の固体（実態は凍結液体）になる．ガラス状態にある固体に原子間距離を引き離す方向に何らかの外力が作用し，

その外力が原子間ポテンシャルの影響域から原子を開放させるに十分な大きさになると，ガラス状態の固体は元々格子結晶構造を持たず，また原子・分子の再配列もできないので，原子・分子同士は塑性変形を経ることなく直ちに分離してしまう．これが非結晶固体の**脆性破壊**である．なお，氷が水（液体）を経ずに直接蒸発するように，蒸発現象はガラス状態にある固体表面でもわずかではあるが生じる．

　温度がさらに上昇して，ほとんどすべての原子が図 E.3 に示すポテンシャルエネルギー場の底点から無限遠点に至るまでのエネルギーの差以上の運動エネルギーを持つようになると，**微小不規則振動の平均振幅が原子間引力の支配域を越える**ため，原子は互いの拘束から開放され，勝手な方向に自由に飛び去って離れていってしまう．したがって物質は，形も体積も形成しなくなり，限りなく**拡散する．これが気体である．**ただし気体といえども，外圧力によって有限空間内に閉じ込められているか，または地球表面の空気層のように自重が生む圧力によって拘束されている場合には，原子間の平均距離はポテンシャルエネルギー場の粘性域内に保たれ，粘性を有する．

　固体・液体・気体の物性の違いは，固体が弾性に，液体が粘性に，気体が構成原子・分子の不規則運動に支配されていることに，由来する．弾性と粘性は，共に原子間ポテンシャルエネルギーが有する力学的性質であるが，両者の違いは，分子・原子間の平均距離の違いであり，平均距離が図 E.3 の変曲点 b を越えなければ弾性，越えれば粘性となる．

このように，**著者が初めて指摘・提示した，変曲点の存在とそれに基づく粘性の発生機構**を用いれば，これまで明らかにされていなかった，**固体・液体・気体間の物性の相違や相変換**が，定性的にではあるが，明解に説明できる．

参 考 文 献

1) 青木弘，長松昭男：工業力学，養賢堂，1979.

2) 長松昭男：モード解析，培風館，1985.

3) 長松昭男，大熊政明：部分構造合成法，培風館，1991.

4) 長松昭男：モード解析入門，コロナ社，1993.

5) 長松昭男他編：ダイナミクスハンドブック，朝倉書店，1993.

6) 長松昭男他編：モード解析ハンドブック，コロナ社，2000.

7) 長松昭男他編：制振工学ハンドブック，コロナ社，2008.

8) 長松昭男：機械の力学，朝倉書店，2007.

9) 長松昌男，長松昭男：複合領域シミュレーションのための電気・機械系の力学，コロナ社，2013.

10) 長松昌男：次世代ものづくりのための電気・機械一体モデル，共立出版，2015.

11) 長松昌男，長松昭男：1DCAE のための電気・機械系の力学とモデル化，設計工学，Vol.51，No.6 (2016-6)，pp364-374.

12) ISO 5348 : Mechanical Vibration and Shock – Mechanical Mounting of Accelerometers.

13) ISO 7626: Vibration and Shock – Experimental Determination of Mechanical Mobility – Part 1: Basic Definition and Transducers, Part 2: Mersurements Using Single-Point Translation Excitation with an Attached Vibration Exciter.

14) Rao D. K. : Electrodynamic Interaction between a Resonating Structure and an Exciter, Proc. 5th IMAC (1987), p.1142.

15) Peterson E. L., etc. : Modal Excitation – Force Drop-off at Resonances, Proc.8th IMAC (1990), p1226.

16) 白井正明：大型機械・構造物のモード解析に関する研究，博士論文 (1989)，東京工業大学.

17) 白井正明，山口正勝，長松昭男：実験モード解析のための加振方法（第 2 報，速度フィードバックバースト不規則加振法の提案），日本機械学会論文集（C 編），58－553 (1992－9)，p. 2615.

18) 中村正信，山口正勝，大熊政明：FFT 法を用いた打撃試験における Force & Response 窓関数の影響，日本機械学会講演論文集，No. 920-55 (ⅢA) (1992-7)，pp.491-496.

19) 白井正明：周波数応答関数計測における加振器，センサー特性の影響，日本機械学会講習会教材，No. 920-1 (1992-1)，pp.15-28.

20) 白井正明：モード解析における実験技術－周波数応答関数の測定方法，日本機械学会講習会教材，No. 920-107 (1992-12)，pp.39-68.

21) R. P. Feynman，etc，坪井忠二訳：ファインマン物理学 I 力学，岩波書店，1967.

22) 山本義隆：重力と力学的世界，現代数学社，1981.

23) 山本義隆：ニュートンからラグランジュへ　古典力学の形成，日本評論社，1997.

24) 三輪修三：機械工学史，丸善，2000.

25) 高等学校教科書・物理Ⅰ，同・物理Ⅱ，東京書籍，2008.

26) L. M. Lederman，C. T. Hill，小林茂樹訳：対称性，白揚社，2008.

27) I. Stewart，水谷淳訳：もっとも美しい対称性，日経 BP 社，2008.

28) 日本機械学会編：機械工学事典，丸善，1997.

29) A. D. Nashif, D. I. G. Jones, J. P. Henderson：Vibration Damping, Wiley Interscience Pub., 1985.

索　　　引

【 あ ～ お 】

アクセレランス　58
圧電式加振　177
アナログ信号　117
位相　33, 117
位置　23
　　──の定義　348
　　──保存の定義　348
一般固有値問題　274
一般直交性　79, 277
一般粘性減衰系　95
因果関係　334
因果律　23, 334
ウイナー・ヒンチンの定理
　150
運動の法則　17, 26, 344
運動方程式　20, 70
運動量　23, 347
　　──の定義　347
　　──の法則　347
　　──保存の法則　348
液体　377, 379
SN 比　120, 190
AD 変換　118
エネルギー　348
　　──弾性　239
　　──保存の法則　349
　　位置──　339
　　運動──　23, 339
　　化学──　350
　　弾性──　24, 339, 351
　　電気──　350
　　熱──　350
　　ポテンシャル──　365

FFT　135
エリアシング　155
円関数　248
エントロピー弾性　239
オイラーの公式　259
応答　171
応答変換器　172
大きさ　263, 288
折返し誤差　135, 155, 158

【 か ～ こ 】

階乗　257
ガウス分布　201
角周波数　30, 117
角振動数　117
確定信号　117
過減衰　42
重ね合せの原理　237
加振　171
　　──系　181
　　速度──　9, 56
　　力──　8
加振器　172, 175
加振力　42
仮想仕事　323
　　──の原理　322
仮想変位　373
加速度　15, 17
　　──計　172
　　──ベクトル　70
偏り誤差　154
可動機構　69
過負荷　220
可変質量　214
加法定理（三角関数の）　250

ガラス状態　379
ガラス転移温度　239
ガラス領域　240
ガリレイの相対性原理　346
カルマン渦　330
環境加振　211
慣性　17
　　──系　18
　　──拘束　104
　　──の法則　17, 26, 344
慣性力　17, 355
機械インピーダンス　58
機械式加振器　176
奇関数　293
擬似逆行列　299
擬似不規則波加振　198
基準関数　295
基準座標ベクトル
　285, 295
気体　377, 380
ギブス現象　127
基本角周波数　121
基本角振動数　121
基本校正　233
基本周期　117, 121
基本周波数　121
基本振動数　75, 121
基本調波　121
基本波　121
基本モード　75
逆フーリエ変換　128
Q 値　192, 309
共振　44, 77, 97
　　──振動数　97
　　──点　45, 97

――峰　97
　　加速度――　310
　　速度――　309
　　変位――　308
強制振動　5
共役複素数　254
行列　261
　　逆――　267
　　正方――　262
　　対角――　262
　　対称――　261
　　単位――　261
　　長方――　262
　　転置――　261
行列式　268
曲線適合　246
虚軸　253
虚数　30, 252
距離　290
金属疲労　3
空間座標　85
偶関数　293
空間モデル　10
偶然誤差　154
矩形波　118
駆動コイル　177
駆動点　97
駆動点周波数応答関数　97
駆動棒　172, 183
クロススペクトル密度　150
結晶構造　378
原子間ポテンシャル　366
減衰　228
　　――行列　91
　　――固有角振動数 40, 94
　　――固有周期　40
　　――固有振動数　40
　　――比　42
　　――率　40
原点からの引力の場　363

原点からの斥力の場　366
現場校正　222, 234
硬化非線形弾性の場　364
交換斥力　366
格子振動　377
校正　233
剛性　18, 338
　　――行列　70
構造　68
構造非線形　237
高速掃引正弦波加振　196
高速フーリエ変換　135
剛体　10
剛体モデル　10
高調波　121
高分子材料　238
コクアド線図　61
誤差　153
誤差関数　297
固定支持　173
コヒーレンス　152, 229, 244
ゴム領域　240
固有角振動数　32, 72
固有周期　32, 72
固有振動数　32, 72, 77
固有値　270, 273
　　――解法　75
　　――問題　75, 272
　　一般――　273
固有ベクトル　270, 273
固有モード　74, 77
　　――の直交性　78
コレスキー分解　274
コンプライアンス　58

【 さ ～ そ 】

最小自乗法　296
作用　356
　　速度の――　356
　　力の――　356

作用反作用の法則　344
　　速度の――
　　　　26, 344, 346
　　力の――　26, 344
散逸関数　315, 361
散逸パワー　342, 361
三角関数　30, 248
サンプリング　118
時間窓　164
自己周波数応答関数　97
自己相関関数　146
仕事　313, 349
自乗　252
自乗平均　290
指数　255
　　――関数　255
　　――窓　225
自然加振　210
自然対数　256
実関数　288
実験モード解析　13, 99, 171
実効値　289
実軸　253
実数　252
質点　10
質点系モデル　10
質点モデル　10
実動加振　211
質量　17, 23
　　――行列　70
　　――除去　186
　　――正規固有モード　84
　　――の静的機能　24, 341
　　――の動的機能　25, 341
シミットの直交化法　282
周期　117
　　――関数　30, 259
　　――信号　117
　　――波　195
　　――波加振　195

索引

——不規則波加振　206
自由支持　172
自由振動　4, 29, 37, 68, 90
自由度　10, 68
周波数　117
——応答関数 58, 97, 171
——同調正弦波加振
　189, 194
主軸（楕円・楕円体の）　285
状態量　23, 337
蒸発　379
剰余剛性　105
剰余コンプライアンス　105
剰余質量　104
初期位相　33
初期条件　30
純不規則波加振　201
純不規則連続打撃加振　288
自励振動　8, 325
信号　117
——処理　117
——発生器　171
振動試験　171
振動数　117
振動数方程式　75
振動伝達率　56
振幅　33, 117
推定　151, 153
数学モデル　11
スカラー積　262
スカラー量　262
ステップ加振　210
スペクトル密度　149
ズーミング　167
ズーム処理　167
正規化　263
正規直交関数系　293
正規直交座標系　282
正規モード法　189
正弦波加振　189, 192

脆性破壊　380
制振合金　238
制振鋼板　238
積の公式（三角関数の）　251
積の積分　300
積の微分　300
斥力の場　366
節　97
絶対値　263
零交点　143, 217
線形弾性の場　364
相関　266
——関数　146
——係数　146, 266
相互周波数応答関数　97
相互相関関数　147
相反定理　57, 99
増幅器　172
速度　15, 18
速度加振　9, 56, 171, 315
速度共振　309
速度計　172
速度の作用　356
速度の作用反作用の法則
　26, 344
速度の連続　354
速度ベクトル　91
塑性変形　376, 378

【　た　～　と　】

対称性　23, 334, 337
対数　256
——関数　256
ダイナミックレンジ
　120, 177, 190
打撃加振　210
打撃試験　212
打撃ハンマー　172, 214
多重正弦波加振　199
ダランベールの原理　20, 352

単位　14
単位虚数　253
単位実数　253
単位衝撃　144
単位数　253
短時間不規則波制御加振
　204
短時間不規則連続打撃加振
　208
弾性　23, 338
——支持　175
——体　10, 338
——体の力学　337
——変形　378
——の静的機能 25, 341
——の動的機能 25, 341
——の場　364
——の法則　26, 344
　硬化非線形——　364
　線形——　364
　軟化非線形——　364
力加振　8, 171
力の作用　356
力の作用反作用の法則
　26, 344
力の釣合　20, 352
力の法則　26, 344
力変換器　172, 214
力窓　223
調和関数　30, 259
調和振動　31
直交性　79, 93, 275
　一般——　79, 277
釣合の法則　20, 352
DA 変換　120
低速掃引正弦波加振 189, 192
デジタル信号　117
テーラー展開　258
デルタ関数　144
電気双極子モーメント　367

伝達関数　57
伝達周波数応答関数　97
転置（行列の）　261
電力増幅器　171
度　248
等価 1 自由度系　82
等価剛性　98
同期平均　154
凍結　379
動剛性　58
動質量　58
同定　11, 171
動電式加振器　172, 177
動特性　171
等ポテンシャルエネルギー
　　の場　365
特性方程式　75
閉じた因果関係　23
取付け共振　235

【 な ～ の 】

ナイキスト周波数　119
ナイキスト線図　61
ナイキストの標本化定理 119
内積　262
軟化非線形弾性の場　364
2 進法　120
2 度たたき　215
入力誤差　153
ネーターの定理　340
熱エネルギー　340, 350
熱膨張　379
熱励起　373, 377
粘性　18, 359
　　——減衰行列　91
　　——減衰係数　19
　　——減衰比　42
　　——減衰力　19
　　——体　365
　　——抵抗力　18

——の機能　25, 342
——の場　364
のこぎり波　125
ノルム（ベクトルの）　263

【 は ～ ほ 】

倍角の公式（三角関数の）250
パイロ効果　233
パウリの排他律　366
波高率　189
ハニング窓　165
パワースペクトル密度　149
半角の公式（三角関数）251
反共振　97
　　——溝　97
　　——振動数　97
　　——点　97
半値幅　193
ピエゾ圧電効果　177
ピエゾ素子　172
非慣性系　18
ひずみゲージ　172
非線形　227, 237
　　構造——　237
　　高分子材料の——　238
　　材料——　238
非線形剛性　238
非線形振動　8
ビット　120
非定常波　210
標準偏差　289
標本化　118
　　——間隔　118
　　——関数　143
　　——時間　118
　　——周期　118
　　——周波数　118
　　——点数　118
比例粘性減衰　92
比例粘性減衰系　92

疲労限度　3
ファンデルヴァールス引力
　　366
不規則信号　117
不規則波　199
不規則波加振　199
　　疑似——　198
　　周期——　206
　　純——　201
　　短時間——　202
不規則連続打撃加振　207
　　純——　208
　　短時間——　208
復元性　18
復元力　18
複素関数　291
複素剛性　238
複素固有モード　96
複素指数関数　30, 258
複素振幅　307
複素数　30, 252
複素平面　253
不減衰系　20
節（振動の）　97
不足減衰　42
フックの法則
　　18, 339, 346
物性　377
　　液体の——　377
　　気体の——　377
　　固体の——　377
フラッタ　331
フーリエ解析　121
フーリエ級数　121
フーリエ係数　122
フーリエ展開　121
フーリエ変換　128
　　広義の——　285
　　高速——　135
　　離散——　130, 133

索引 387

離散逆── 133
連続── 128
連続逆── 128
不連続掃引正弦波加振
189, 193
分解能誤差 160
分解能周波数 119
分散 289
ベクトル 260
行── 262
単位── 262, 263
変位── 70
列── 262
変位 15
変位共振 308
変位計 172
偏角 253
変換器 230
変曲点（原子間ポテンシャル
の） 368
方形波 1, 124
補助校正 234
保存力 339, 349
──の場 349
ボード線図 60

【 ま ～ も 】

−3dB 帯域幅 165, 193
マクローリン展開 257
摩擦 327
静── 327
動── 328
窓関数 165
マトリクス 261
無周期運動 39
モデル 9
──化 9
モード解析 11
モード行列 85
モード減衰 93

モード減衰比 94
モード減衰率 94
モード剛性 82
モード座標 85
モード試験 171
モード質量 82
モード定数 98
モード特性 99
モードモデル 10
モビリティ 58
漏れ誤差 161

【 や ～ よ 】

油圧式加振器 176
溶解 379
──熱 379
横感度 232

【 ら ～ ろ 】

ラジアン 248
力学エネルギー 23, 339, 348
──の閉回路 6
──保存の法則 36, 339
力学特性 10, 19, 338
力学法則 26, 344
力学モデル 9, 19
リーケージ 161
離散化 118
留数 98
量子化 118, 120
量子化誤差 159
臨界粘性減衰 41
臨界粘性減衰係数 41
励振 171
列ベクトル 261
レナードジョーンズポテン
シャル 366

―― 著 者 略 歴 ――

長松　昌男（ながまつ　まさお）
1997 年　東京都立大学大学院工学研究科
　　　　博士後期課程修了
　　　　博士（工学）
1997 年　北海道工業大学工学部講師
2008 年　北海道工業大学創生工学部准教授
2014 年　北海道科学大学工学部准教授
　　　　現在に至る

長松　昭男（ながまつ　あきお）
1970 年　東京工業大学大学院理工学研究科
　　　　博士課程修了
　　　　工学博士
1970 年　東京工業大学工学部助手
1984 年　東京工業大学工学部教授
2000 年　東京工業大学名誉教授
　　　　法政大学工学部教授
2010 年　キャテック株式会社勤務
　　　　現在に至る

実用モード解析入門
Introduction to Practical Modal Analysis　　　　　　　　ⓒ Masao Nagamatsu 2018

2018 年 1 月 10 日　初版第 1 刷発行

検印省略		
著　　者	長　松　昌　男	
	長　松　昭　男	
発 行 者	長　松　昌　男	
印 刷 所	萩 原 印 刷 株 式 会 社	
製 本 所	株式会社　グ リ ー ン	

112-0011　東京都文京区千石 4-46-10
発 売 元　株式会社 コ ロ ナ 社
CORONA PUBLISHING CO., LTD.
Tokyo Japan
振替 00140-8-14844・電話(03)3941-3131(代)
ホームページ　http://www.coronasha.co.jp

ISBN 978-4-339-08227-2　C3053　Printed in Japan

本書のコピー，スキャン，デジタル化等の無断複製・転載は著作権法上での例外を除き禁じられています。
購入者以外の第三者による本書の電子データ化及び電子書籍化は，いかなる場合も認めていません。
落丁・乱丁はお取替えいたします。

著者発行の既刊本

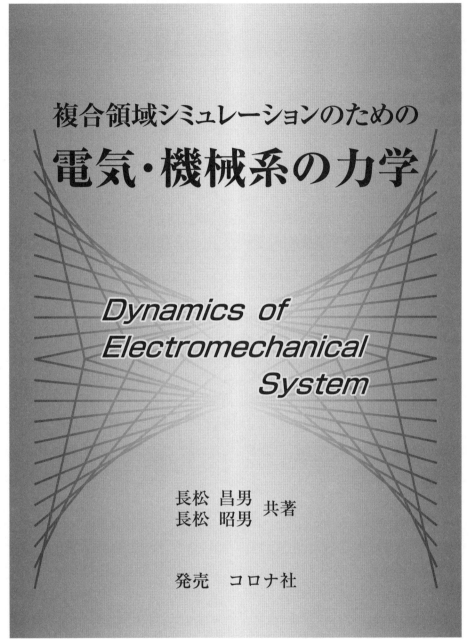

B5 判，360 ページ，並製
ISBN：978-4-339-08226-5，本体 3,400 円（定価は本体価格＋税です）

　本書は，「力と運動」，「電気と磁気」の 2 編で構成しています。機械力学と電磁気学をそれぞれ詳細に解説したうえで，随所で互いに関連付け，両分野を同時に初歩から学ぶことを可能としました。従来にはない，学際領域の工学専門書です。本書と併せて是非ご購読ください。

　ご注文は，コロナ社または最寄りの書店にご注文ください。